Einführung in die Wasserversorgung

Wasserrecht, Organisation, Wassergewinnung, Wassergüte, Aufbereitung, Transport und Verteilung, Hausinstallation

Impressum:

Einführung in die Wasserversorgung

Herausgeber
Weiterbildendes Studium Wasser und Umwelt
Bauhaus-Universität Weimar
Coudraystraße 7
99421 Weimar

in fachlicher Kooperation mit dem
DVGW Deutscher Verein des Gas- und Wasserfaches e.V. und dem
Institut IWAR (Wasserversorgung und Grundwasserschutz · Abwassertechnik · Abfalltechnik ·
Industrielle Stoffkreisläufe · Umwelt- und Infrastrukturplanung) der Technischen Universität Darmstadt,

entwickelt auf Grundlage der
Vorlesung „Trinkwasserversorgung in der Praxis" (Vertiefer-Vorlesung) von Prof. Dr.-Ing. W. Merkel
sowie des DVGW-Grundlagenkurses „Einführung in die Wasserversorgung".

1. Auflage Dezember 2004,
2. Auflage Juli 2005,
3. Auflage September 2007,
4. durchgesehene und aktualisierte Auflage August 2010

Druck: docupoint Magedburg GmbH

Bezugsmöglichkeiten:

Bauhaus-Universität Weimar

Verlag
Fax: 03643/581156
E-Mail: verlag@uni-weimar.de

Redaktion: Weiterbildendes Studium Wasser und Umwelt
Satz und Layout: Satzservice S. Matthies · www.doctype-satz.de

ISBN: 978-3-86068-242-5

Vorwort des Herausgebers

Seit dem Jahre 1998 wird im Rahmen des „Weiterbildenden Studiums Wasser und Umwelt" der Kurs WW 55 „Einführung in die Wasserversorgung" angeboten. Nach mehreren erfolgreichen Neuauflagen hat sich die betreuende Arbeitsgruppe an der Bauhaus-Universität Weimar entschlossen, das Studienmaterial in gedruckter Form herauszugeben.

Hauptautor ist seit Beginn Prof. Dr.-Ing. Wolfgang Merkel, Hauptgeschäftsführer des DVGW Deutscher Verein des Gas- und Wasserfaches e.V. (i.R.) und Honorarprofessor der Technischen Universität Darmstadt. Das Studienmaterial ist über den Rahmen des Kurses WW 55 hinaus erweitert worden, da es zugleich für die Vorlesung am Institut IWAR (Wasserversorgung und Grundwasserschutz · Abwassertechnik · Abfalltechnik · Industrielle Stoffkreisläufe · Umwelt- und Infrastrukturplanung) der TU Darmstadt und für den Grundkurs „Wasserversorgung" des DVGW genutzt wird.

Der thematische Rahmen umfasst die gesamte technisch-wissenschaftliche Aufgabe der Trinkwasser-Versorgung – vom Schutz der Wasserressourcen über Gewinnung, Qualitätsfragen, Aufbereitung, Förderung, Transport und Verteilung bis zur Hausinstallation. Das einführende Kapitel informiert über die rechtlichen und organisatorischen Bedingungen, unter denen in Deutschland die öffentliche Wasserversorgung betrieben wird.

Zur vierten Auflage ist das Studienmaterial wiederum von Grundauf aktualisiert worden. Änderungen der gesetzlichen Regeln (national und europäisch) und der technischen Regelwerke (DIN, DIN EN, DVGW) haben Eingang gefunden. Gleichfalls sind die Literaturangaben einschließlich der technischen Regelwerke auf den neusten Stand gebracht worden.

Das Kapitel Wasseraufbereitung wurde von Dipl.-Ing. Rainer Ließfeld erarbeitet. Für diese vierte Auflage konnte zur fachlichen Aktualisierung und Ergänzung Frau Dipl.-Ing. Paula Rentzsch, Referentin Wasseraufbereitung, Bereich Wasser beim DVGW gewonnen werden.

Wir danken recht herzlich allen, die an der Bearbeitung und Herausgabe mitgewirkt haben, insbesondere den Autoren und den Mitarbeitern der Arbeitsgruppe „Wasser und Umwelt".

Einen speziellen Dank richten wir an das Thüringer Kultusministerium, das im Rahmen einer mehrjährigen Projektförderung die Bearbeitung und Herausgabe der vierten Auflage erst ermöglichte.

Möge die Fortsetzung dieser Reihe im Wissensgebiet „Wasser und Umwelt" in der Fachwelt eine freundliche Aufnahme finden und der Aufgabe dienen, unsere Umwelt und die Ressource Wasser einer fachgerechten und nachhaltigen Nutzung zuzuführen.

Weimar, im August 2010

Univ.-Prof. Dr.-Ing. Hans-Peter Hack
Leiter der AG Weiterbildendes Studium „Wasser und Umwelt"

Bauhaus-Universität Weimar

Inhaltsverzeichnis

1 Wasserrechtliche Grundlagen und Organisation der Wasserwirtschaft

Prof. Dr.-Ing. W. Merkel

In Deutschland ist die Kompetenz für Gesetzgebung und Vollzug zwischen Bundestag, Bundesrat (Länderkammer) und den Länderparlamenten bzw. der Bundesregierung und den Regierungen der sechzehn Bundesländer aufgeteilt.

1.1 Grundgesetz

Die Verfassung der Bundesrepublik Deutschland – das Grundgesetz (GG) – erkennt die wichtige Rolle der Länder an und garantiert deren Staatlichkeit und Selbständigkeit. Art. 70 Abs. 1 GG sichert den Ländern das Recht der Gesetzgebung, soweit nicht das Grundgesetz dem Bund Gesetzesbefugnis verleiht. Bis zur Änderung des GG aufgrund der Föderalismus-Reform – in Kraft seit 1. September 2006 – gab Artikel 75 Abs. 4 GG dem Bund das Recht, Rahmenvorschriften zu erlassen über „die Bodenverteilung, die Raumordnung und den Wasserhaushalt". Sie wurden durch die Gesetzgebung der Länder ausgefüllt und ergänzt.

Nunmehr erstreckt sich nach Art. 74 Abs. 1 GG die konkurrierende Gesetzgebung auch auf folgende Gebiete:

- Ziff. 29 – *den Naturschutz und die Landschaftspflege,*
- Ziff. 30 und 31– *die Bodenverteilung und die Raumordnung,*
- Ziff. 32 – *den Wasserhaushalt,*
- Ziff. 33 – *die Hochschulzulassung und die Hochschulabschlüsse.*

Zur konkurrierenden Gesetzgebung zählen nach Artikel 74 GG wie bisher:

- Ziff. 19 – *die Maßnahmen gegen gemeingefährliche und übertragbare Krankheiten*, also der Sektor des öffentlichen Gesundheitswesens,
- Ziff. 20 – *das Recht der Lebensmittel ..., das Recht der Genussmittel, Bedarfsgegenstände und Futtermittel ... sowie der Pflanzen- und Tierschutz*

→ Trinkwasser ist das wichtigste Lebensmittel!

Nach Art. 72 Abs. 1 GG haben im Bereich der konkurrierenden Gesetzgebung die Länder die Befugnis zur Gesetzgebung, solange und soweit der Bund von seiner Zuständigkeit keinen Gebrauch gemacht hat. Hat er aber davon Gebrauch gemacht, können gemäß Art. 72 Abs. 3 die Länder durch Gesetz hiervon abweichende Regelungen über die vorgenannten Gebiete nach Ziff. 29 bis 33 treffen; diese „Abweichungs-Gesetzgebungskompetenz" gilt erst ab dem 1. Januar 2010; sie betrifft aber nicht anlagen- und stoffbezogene Regelungen (so genannte Emissionsregelungen).

Die Wasserbewirtschaftung und die Verfahrensregelungen liegen weiterhin in der Kompetenz der Länder. Im Rahmen der neuen Kompetenzverteilung hatte sich die Bundesregierung als ein erstes Ziel die Schaffung eines umfassenden Umweltgesetzbuches vorgenommen, dessen für Anfang 2009 vorgesehene Verabschiedung aber gescheitert ist – s. *Kap. 1.3 Bund.*

Das Grundgesetz garantiert den Gemeinden das Recht, die Angelegenheiten der örtlichen Gemeinschaft im Rahmen der Gesetze in eigener Verantwortung zu regeln (Art. 28 Abs. 2 GG). Wasserversorgung und Abwasserentsorgung gehören zu den Dienstleistungen, die erbracht werden müssen, um angemessene Lebensbedingungen zu garantieren; sie werden unter dem Begriff „Daseinsvorsorge" zusammengefasst. Die Gemeinden können in dem vom jeweiligen Bundesland vorgegebenen Rahmen die dafür notwendigen institutionellen und organisatorischen Maßnahmen frei wählen. Die Schaffung öffentlicher Einrichtungen zur Versorgung der Bevölkerung, des Gewerbes und der Industrie ist somit ein Teil der kommunalen Selbstverwaltung.

Mit Art. 23 GG (eingefügt am 21. Dezember 1992) bekennt sich die Bundesrepublik zur Europäischen Union, das heißt zur Umsetzung der Ziele des Vertrags über die Europäische Union (sog. Maastricht-Vertrag von 1993). Die Bundesregierung hat den Deutschen Bundestag und die Länder bzw. den Bundesrat in Angelegenheiten der Europäischen Union zu unterrichten und zu beteiligen. Das vorrangige Instrument zur Harmonisierung der Rechtsvorschriften in Europa ist die EG-Richtlinie nach Art. 95 EG-Vertrag (Amsterdamer Fassung von 1997); sie richtet sich an die Mitgliedstaaten, ist also nicht unmittelbar auf nationaler Ebene wirksam, sondern ist von den Mitgliedsstaaten der Europäischen Union in angemessener Frist (meist zwei Jahre) in die nationale Gesetzgebung zu implementieren. Demgegenüber hat die EG-Verordnung allgemeine Geltung und gilt unmittelbar in jedem Mitgliedstaat (Art. 249 EG-Vertrag). Das Instrument der Verordnung wurde bisher vor allem im Sektor der Agrarpolitik genutzt, könnte aber künftig aufgrund der Ratifizierung des EU-Verfassungsvertrags (Vertrag von Lissabon) auch in anderen Sektoren an Bedeutung gewinnen.

1.2 Europäische Union

Seit Beginn der aktiven europäischen Umweltpolitik im Jahre 1973 wurde eine Reihe von EG-Richtlinien zum Gewässerschutz verabschiedet, nämlich die Richtlinie über Qualitätsanforderungen an Oberflächenwasser für die Trinkwassergewinnung 1975 (aufgehoben), die Gewässerschutzrichtlinie 1976 (aufgehoben), die Grundwasser-Richtlinie 1980 – novelliert (auf Grundlage von Art. 17 Wasser-Rahmenrichtlinie) als Richtlinie

2006/118/EG zum Schutz des Grundwassers vor Verschmutzung und Verschlechterung, ferner die Richtlinie 91/271/EWG über die Behandlung von kommunalem Abwasser, die Richtlinie 91/676/EWG zum Schutz der Gewässer vor Verunreinigung durch Nitrat aus landwirtschaftlichen Quellen, die Richtlinie 91/414/EWG über das Inverkehrbringen von Pflanzenschutzmitteln sowie 98/8/EG über das Inverkehrbringen von Bizid-Produkten – beide sollen durch eine EU-Verordnung über des Inverkehrbringen von Pestiziden ersetzt werden, die noch 2010 erwartet wird, und schließlich die Richtlinie 2008/1/EG über die Integrierte Vermeidung und Verminderung der Umweltverschmutzung – IVU.

Die Europäische Wasser-Rahmenrichtlinie (Richtlinie des Rates 2000/60/EG zur Schaffung eines Ordnungsrahmens für Maßnahmen der Gemeinschaft im Bereich der Wasserpolitik) war in den Mitgliedsstaaten bis zum Ende 2003 in nationales Recht umzusetzen. Dies ist – soweit es seinerzeit die Rahmenkompetenz des Bundes ermöglichte – durch die Novelle des Wasserhaushaltsgesetzes 2002 geschehen; nunmehr finden sich die entsprechenden Regelungen im neuen Wasserhaushaltsgesetz (so z.B. bezüglich der Maßnahmenprogramme in §§ 82-84 WHG) – s. *Kap. 1.3 Bund*. Es folgten: die Richtlinie 2004/35/EG über Umwelthaftung zur Vermeidung und Sanierung von Umweltschäden, die Richtlinie 2006/11/EG betreffend die Verschmutzung infolge der Ableitung bestimmter gefährlicher Stoffe in die Gewässer der Gemeinschaft, die Richtlinie 2007/60/EG über die Bewertung und das Management von Hochwasserrisiken sowie die Richtlinie 2008/105/EG über Umweltqualitätsnormen im Bereich der Wasserpolitik … Sie setzt den Auftrag der Wasserrahmenrichtlinie 2000/60/EG zur Festlegung von Umweltqualitätsnormen um.

Die Richtlinie über die Qualität von Wasser für den menschlichen Gebrauch von 1980 ist am 3. November 1998 (98/83/EG) novelliert worden. Eine weitere grundlegende Novellierung ist im Gange; die Vorlage der Europäischen Kommission an Parlament und Rat könnte sich noch bis 2011 verzögern. Die Richtlinie 2004/22/EG vom 31. März 2004 über Messgeräte – in Kraft getreten zum Oktober 2006 – enthält wichtige neue Bestimmungen für Kalt- und Warmwasserzähler, s. dazu *Kap. 5.6 Wassermengen- und Wasserdurchfluss-Messung*. Für die Versorgungsunternehmen sind von Bedeutung die Bauproduktenrichtlinie 89/106/EWG und die Sektorenrichtlinie 2004/17/EG, mit der die Unternehmen verpflichtet werden, oberhalb bestimmter Vertragssummen ihre Bau-, Liefer- und Dienstleistungsaufträge europaweit auszuschreiben. Ein Richtlinien-Vorschlag der Europäischen Kommission, der eine umfassende Ausschreibungspflicht für Konzessionen aller Art vorsah, wurde vom Europäischen Parlament EP als unnötig erachtet und am 18. Mai 2010 abgelehnt.

1.3 Bund

Auf Bundesebene werden Grundsatzfragen der Wasserwirtschaft vom Bundesministerium für Umwelt, Naturschutz und Reaktorsicherheit wahrgenommen; ihm nachgeordnet ist das Umweltbundesamt. Wasserwirtschaftliche Aufgaben im ländlichen Raum sowie seit Januar 2001 die Zuständigkeit für das Lebensmittelrecht sind dem Bundesministerium für Ernährung, Landwirtschaft und Verbraucherschutz zugewiesen. Zuständig für die Gesundheitsvorsorge und die Trinkwasserqualität ist das Ministerium für Gesundheit. Das Bundesministerium für Verkehr, Bau und Stadtentwicklung verwaltet die Bundeswasserstraßen; nachgeordnet ist die Bundesanstalt für Gewässerkunde. Das Bundesministerium für Bildung und Forschung koordiniert die Forschungsförderung des Bundes, eingeschlossen die Programme zur Wasserforschung und Wassertechnologie.

Grundlage der Ordnung des Wasserhaushalts war als Rahmengesetz des Bundes das **Wasserhaushaltsgesetz (WHG)** von 1957 in der Neufassung vom 19.8.2002 (BGBl.I S. 3245), zuletzt geändert 22.12.2008 (BGBl.I S. 2986); seine Regelungen wurden durch die Wassergesetze der Länder ausgefüllt.

Die Harmonisierung und Fortentwicklung des deutschen Umweltrechts sind ein seit Beginn der 90er Jahre diskutiertes Ziel. Der von einer Sachverständigenkommission erarbeitete Entwurf für ein **Umweltgesetzbuch (UGB)** lag seit 1997 vor. Am Widerstand der Länder ist das Vorhaben unter Hinweis auf deren verfassungsgemäße Zuständigkeiten für die Wasserwirtschaft zunächst gescheitert (Herbst 1999). Das Ziel der Zusammenfassung des Umweltrechts in einem Umweltgesetzbuch war eines der wichtigen Ziele der Föderalismusreform vom 1. September 2006.

Das UGB sollte in sechs Teilen erscheinen:

UGB I	Allgemeiner Teil, gültig für alle Umweltmedien (integrierte Vorhabengenehmigung iVG, Verfahren, Begriffskatalog und Definitionen);
UGB II	Recht der Wasserwirtschaft;
UGB III	Naturschutzrecht;
UGB IV	Nicht ionisierende Strahlung;
UGB V	Emissionshandel;
UGB VI	Erneuerbare-Energien-Gesetz (strittig!);
EG UGB	Einführungsgesetz.

Die Integrierte Vorhabengenehmigung (iVG) zählte zu den wesentlichen Neuregelungen des UGB I. Sie sollte in Gestalt der *Genehmigung und Planerischen Genehmigung* als fach- und medienübergreifendes Zulassungsinstrument alle bisherigen Genehmigungstypen des Umweltsektors ablösen.

Das parlamentarische Verfahren hätte spätestens Anfang 2009 abgeschlossen werden müssen, um im Hinblick auf die Abweichungs-Regelung für die Länder keinen rechtsfreien Raum ab 2010 zu schaffen. Dies ist an Wünschen der Länder zum Naturschutz und Streit über die iVG gescheitert. So hat das Bundeskabinett am 11. März 2009 einen wesentlichen Teil der geplanten

Regelungen als Einzelgesetze auf den Weg gebracht – folgende Gesetze wurden im Bundestag am 19. Juni, im Bundesrat am 10. Juli 2009 beschlossen:

- Gesetz zur Neuregelung des Rechts des Naturschutzes und der Landschaftspflege
- Gesetz zur Neuregelung des Wasserrechts – Art.1: **Wasserhaushaltsgesetz (WHG)**
- Gesetz zur Regelung des Schutzes vor nichtionisierender Strahlung
- Gesetz zur Bereinigung des Bundesrechts im Geschäftsbereich des Bundesministeriums für Umwelt, Naturschutz und Reaktorsicherheit.

Im **Wasserrecht** sind die erklärten Ziele (s. Begründung zum Gesetz):

- Ersatz des geltenden Rahmenrechts des Bundes durch Vollregelungen,
- Systematisierung und Vereinheitlichung des Wasserrechts mit dem Ziel, Verständlichkeit und Praktikabilität der Wasserrechtsordnung zu verbessern,
- Umsetzung verbindlicher EG-rechtlicher Bestimmungen durch bundesweit einheitliche Rechtsvorschriften (genannt werden die Richtlinien 80/68, 91/271, 2000/60, 2008/105, 2004/35, 2006/11, 2006/118, 2007/60),
- Überführung von bisher im Landesrecht normierten Bereichen der Wasserwirtschaft in Bundesrecht, soweit ein Bedürfnis nach bundeseinheitlicher Regelung besteht.

Das neue Wasserrecht – **Gesetz zur Neuregelung des Wasserrechts, Art. 1 „Gesetz zur Ordnung des Wasserhaushalts (Wasserhaushaltsgesetz – WHG)",** BGBl. I S. 2585 vom 6. August 2009 – tritt am 1. März 2010 in Kraft; gleichzeitig tritt das WHG-alt außer Kraft. Einige Regelungen nach §§ 48, 57, 58, 62 und 63 sind bereits am Tag nach der Verkündung (7. August 2009) in Kraft getreten; diese Regelung gilt auch für Verordnungen nach § 23.

Die für die öffentliche Wasserversorgung wesentlichen Bestimmungen seien im Folgenden zusammengefasst (in Klammern ist ggf. der entsprechende § aus WHG-alt angegeben):

§ 1– Zweck (§ 1a Abs. 1 alt)

Zweck dieses Gesetzes ist es, durch eine nachhaltige Gewässerbewirtschaftung die Gewässer als Bestandteil des Naturhaushalts, als Lebensgrundlage des Menschen, als Lebensraum für Tiere und Pflanzen sowie als nutzbares Gut zu schützen.

Einbezogen sind nach § 2 oberirdische Gewässer, Küstengewässer und Grundwasser.

§ 3 bringt eine Zusammenstellung von Begriffsbestimmungen, vor allem auch solcher, die sich auf die Terminologie der Wasserrahmenrichtlinie beziehen. So ist der (neue) Begriff *„Schädliche Gewässerveränderungen"* als Oberbegriff zu verstehen, der grundsätzlich alle Fälle des WHG-alt umfasst, in denen auf nachteilige Veränderungen von Gewässereigenschaften abgestellt wird. Schädlich sind Veränderungen von Gewässerei-

genschaften, die das Wohl der Allgemeinheit, insbesondere die öffentliche Wasserversorgung, beeinträchtigen oder wasserrechtlichen Vorschriften nicht entsprechen. Gleichfalls findet sich in § 3 die Legaldefinition des *„Stands der Technik"* (§ 7a Abs. 5 alt).

Der *§ 1 – Zweck* wird ergänzt durch

§ 6 – Allgemeine Grundsätze der Gewässerbewirtschaftung (§ 1a Abs. 1 alt)

(1) Die Gewässer sind nachhaltig zu bewirtschaften, insbesondere mit dem Ziel

1. *ihre Funktions- und Leistungsfähigkeit als Bestandteil des Naturhaushalts und als Lebensraum für Tiere und Pflanzen zu erhalten und zu verbessern, insbesondere durch Schutz vor nachteiligen Veränderungen von Gewässereigenschaften,*
2. *Beeinträchtigungen auch im Hinblick auf den Wasserhaushalt der direkt von den Gewässern abhängenden Landökosysteme und Feuchtgebiete zu vermeiden und unvermeidbare, nicht nur geringfügige Beeinträchtigungen so weit wie möglich auszugleichen,*
3. *sie zum Wohl der Allgemeinheit und im Einklang mit ihm auch im Interesse Einzelner zu nutzen,*
4. *bestehende oder künftige Nutzungsmöglichkeiten insbesondere für die öffentliche Wasserversorgung zu erhalten oder zu schaffen,*
5. *möglichen Folgen des Klimawandels vorzubeugen,*
6. und 7. betreffen Hochwasserschutz und Meeresumwelt

   Die nachhaltige Gewässerbewirtschaftung hat ein hohes Schutzniveau für die Umwelt insgesamt zu gewährleisten; dabei sind mögliche Verlagerungen nachteiliger Auswirkungen von einem Schutzgut auf ein anderes sowie die Erfordernisse des Klimaschutzes zu berücksichtigen.

(2) Gewässer, die sich in einem natürlichen oder naturnahen Zustand befinden, sollen in diesem Zustand erhalten bleiben und nicht naturnah ausgebaute natürliche Gewässer sollen so weit wie möglich wieder in einen naturnahen Zustand zurückgeführt werden, wenn überwiegende Gründe des Wohls der Allgemeinheit dem nicht entgegenstehen.

Der Umsetzung der EG-Wasserrahmenrichtlinie dient

§ 7 – Bewirtschaftung nach Flussgebietseinheiten (§ 1b alt)

(1) Die Gewässer sind nach Flussgebietseinheiten zu bewirtschaften. Die Flussgebietseinheiten sind: Donau, Rhein, Maas, Ems, Weser, Elbe, Eider, Oder, Schlei/Trave und Warnow/Peene.

Eine Karte der Flussgebietseinheiten ist als Anlage 2 dem Gesetz beigefügt.

(5) Die zuständigen Behörden der Länder ordnen innerhalb der Landesgrenzen die Einzugsgebiete oberirdischer Gewässer sowie Küstengewässer und das Grundwasser einer Flussgebietseinheit zu. ...

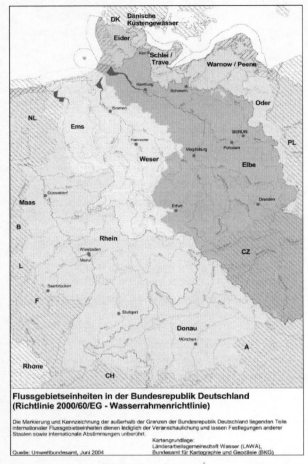

Flussgebietseinheiten in der Bundesrepublik Deutschland (Richtlinie 2000/60/EG - Wasserrahmenrichtlinie)

Die Markierung und Kennzeichnung der außerhalb der Grenzen der Bundesrepublik Deutschland liegenden Teile internationaler Flussgebietseinheiten dienen lediglich der Veranschaulichung und lassen Festlegungen anderer Staaten sowie internationale Abstimmungen unberührt.

Kartengrundlage:
Länderarbeitsgemeinschaft Wasser (LAWA),
Bundesamt für Kartographie und Geodäsie (BKG)

Quelle: Umweltbundesamt, Juni 2004

Abb. 1.1: Flussgebietseinheiten in der Bundesrepublik Deutschland (nach Richtlinie 2000/60/EG) – Quelle: D. Bundestag Drucksache 16/12275 Anlage 2 zu § 7 Abs.1 Satz 3

Die Ziele der Gewässer-Bewirtschaftung werden nach oberirdischen Gewässern und Grundwasser unterschieden.

§ 27 – Bewirtschaftungsziele für oberirdische Gewässer (§ 25a alt)

(1) Oberirdische Gewässer sind, soweit sie nicht nach § 28 als künstlich oder erheblich verändert eingestuft werden, so zu bewirtschaften, dass

1. *eine Verschlechterung ihres ökologischen und ihres chemischen Zustands vermieden wird und*
2. *ein guter ökologischer und ein guter chemischer Zustand erhalten oder erreicht werden.*

(2) Für Gewässer nach § 28 wird der Begriff „gutes ökologisches Potenzial" anstelle des Begriffes „guter ökologischer Zustand" verwendet.

Der *§ 28 – Einstufung künstlicher und erheblich veränderter Gewässer* folgt der Bewirtschaftungssystematik der Wasserrahmenrichtlinie. Eine solche Einstufung betrifft z.B. Gewässer bzw. Gewässerteile für „Zwecke der Wasserspeicherung, insbesondere zur Trinkwasserversorgung, der Stromerzeugung oder der Bewässerung" (Nr. 1d).

Die Bewirtschaftungsziele sollen nach § 29 bis zum 22. Dezember 2015 erreicht werden. Abweichungen von dieser Frist, abweichende Bewirtschaftungsziele und Ausnahmen sind in §§ 29-31 geregelt.

§ 47 – Bewirtschaftungsziele für das Grundwasser (§ 33a alt)

(1) Das Grundwasser ist so zu bewirtschaften, dass

1. *eine Verschlechterung seines mengenmäßigen und seines chemischen Zustands vermieden wird,*
2. *alle signifikanten und anhaltenden Trends ansteigender Schadstoffkonzentrationen auf Grund der Auswirkungen menschlicher Tätigkeiten umgekehrt werden,*
3. *ein guter mengenmäßiger und ein guter chemischer Zustand erhalten oder erreicht werden; zu einem guten mengenmäßigen Zustand gehört insbesondere ein Gleichgewicht zwischen Grundwasserentnahme und Grundwasserneubildung.*

(2) Die Fristen entsprechen denen für oberirdische Gewässer.

(3) verweist auf Ausnahmen von den Bewirtschaftungszielen.

Es ist ein bedauerliches Defizit, dass weiterhin der ökologische Zustand bzw. das ökologische Potenzial des Grundwassers nicht angesprochen wird; allerdings fehlen auch noch weitgehend die wissenschaftlichen Kriterien dafür. Das Gleichgewicht zwischen Grundwasserentnahme und Grundwasserneubildung (Abs. 1 Ziff. 3) lässt sich auch durch die künstliche Grundwasseranreicherung erreichen. Nach bisherigem Verständnis wird sie durch diese Regelung nicht ausgeschlossen.

Benutzungen der Gewässer bedürfen grundsätzlich einer wasserrechtlichen Genehmigung.

§ 8 – Erlaubnis, Bewilligung

(1) Die Benutzung eines Gewässers bedarf der Erlaubnis oder der Bewilligung, ...

(2) und (3): Ausnahmen betreffen die Abwehr gegenwärtiger Gefahr für die öffentliche Sicherheit und Übungen für Verteidigungszwecke.

(4) ....

Nach § 9 zählen zu den **Benutzungen** u.a. Wasserentnahmen oder Ableiten von Wasser aus oberirdischen Gewässern oder dem Grundwasser, das Einbringen oder Einleiten von Stoffen in oberirdische Gewässer oder ins Grundwasser. Bezüglich Grundwasser zählen dazu auch Erdaufschlüsse (§ 49), eingeschlossen Erdwärmesonden, die über eine Anzeige hinaus einer Erlaubnis bedürfen, wenn sich das Einbringen fester Stoffe nachteilig auf die Grundwasserbeschaffenheit auswirken kann. Als Benutzungen gelten auch

§ 9 – Absatz 2 Nr. 2 (§ 3Abs.2 Nr.2 alt)

2. Maßnahmen, die geeignet sind, dauernd oder in einem nicht nur unerheblichen Ausmaß nachteilige Veränderungen der Wasserbeschaffenheit herbeizuführen.

§ 10 – Inhalt der Erlaubnis und der Bewilligung

(1) Die Erlaubnis gewährt die Befugnis, die Bewilligung das Recht, ein Gewässer zu einem bestimmten Zweck in einer nach Art und Maß bestimmten Weise zu benutzen.

(2) ...

Die Erlaubnis kann nach § 15 auch als „Gehobene Erlaubnis" erteilt werden, wenn hierfür ein öffentliches Interesse oder eine berechtigtes Interesse des Gewässerbenutzers besteht. Die genannten Genehmigungen können von der Behörde mit Auflagen (Inhalts- und Nebenbestimmungen) versehen werden (§ 13).

Die Bewilligung darf nach § 14 (1) nur erteilt werden, wenn die Gewässerbenutzung dem Benutzer nicht ohne gesicherte Rechtsstellung zugemutet werden kann, was für Zwecke der öffentlichen Wasserversorgung eigentlich grundsätzlich gegeben ist; einige Bundesländer haben sich hierfür allerdings auf die „Zwischenstufe" der Gehobenen Erlaubnis eingestellt; dies ist in das neue WHG übernommen worden. Bewilligung und Gehobene Erlaubnis dürfen nur in einem Verfahren erteilt werden, in dem die Betroffenen und die beteiligten Behörden Einwendungen geltend machen können. Nachträgliche Einsprüche Betroffener schließen eine Einstellung der Gewässerbenutzung aus, allerdings nicht Schadenersatzansprüche, wenn der Benutzer angeordnete Auflagen nicht erfüllt hat (§ 16).

Versagungsgründe sind in § 12 genannt:

§ 12 – Voraussetzungen für die Erteilung der Erlaubnis und der Bewilligung, Bewirtschaftungsermessen (§ 6 alt)

(1) Die Erlaubnis und die Bewilligung sind zu versagen, wenn

1. *schädliche, auch durch Nebenbestimmungen nicht vermeidbare oder nicht ausgleichbare Gewässerveränderungen zu erwarten sind oder*
2. *andere Anforderungen nach öffentlich-rechtlichen Vorschriften nicht erfüllt werden.*
3. *ein guter mengenmäßiger und ein guter chemischer Zustand erhalten oder erreicht werden; zu einem guten mengenmäßigen Zustand gehört insbesondere ein Gleichgewicht zwischen Grundwasserentnahme und Grundwasserneubildung.*

(2) Im Übrigen steht die Erteilung der Erlaubnis und der Bewilligung im pflichtgemäßen Ermessen (Bewirtschaftungsermessen) der zuständigen Behörde.

Die Versagungsgründe werden speziell für das Grundwasser noch ergänzt:

§ 48 – Reinhaltung des Grundwassers (§ 34 alt)

(1) Eine Erlaubnis für das Einbringen und Einleiten von Stoffen in das Grundwasser darf nur erteilt werden, wenn eine nachteilige Veränderung der Wasserbeschaffenheit nicht zu besorgen ist. Die Anforderung nach Satz 1 gilt als eingehalten, wenn der Schadstoffgehalt und die Schadstoff menge vor Eintritt in das Grundwasser die Schwelle der Geringfügigkeit nicht überschreiten. ...

(2) Stoffe dürfen nur so gelagert oder abgelagert werden, dass eine nachteilige Veränderung der Grundwasserbeschaffenheit nicht zu besorgen ist.

...

Mit Rechtsverordnung nach § 23 Abs. 1 Nr. 3 können Werte für die Schwelle der Geringfügigkeit und der Ort, an dem sie einzuhalten sind, festgelegt werden.

Leider ist in § 12 gegenüber dem WHG-alt der Vorrang der Wasserversorgung entfallen; § 6 Abs. 1 Satz 1 (alt) lautete „...soweit .. eine Beeinträchtigung des Wohls der Allgemeinheit, insbesondere eine Gefährdung der öffentlichen Wasserversorgung, zu erwarten ist, ...". Die besondere Bedeutung der öffentlichen Wasserversorgung findet allerdings ihren Niederschlag in § 3 Nr. 10, in § 6 Absatz 1 Satz 1 Nr. 4 (s. oben) und insbesondere in § 50 (s. weiter unten). Wichtig ist § 12 Abs. 2: es gibt keinen Anspruch auf eine wasserrechtliche Genehmigung; sie unterliegt dem pflichtgemäßen Ermessen der Wasserwirtschaftsbehörde.

Die Bewilligung wird für eine bestimmte angemessene Frist erteilt, die in besonderen Fällen 30 Jahre überschreiten darf (§ 14 Abs. 2); die Erlaubnis ist widerruflich. Alte nach Landesrecht vor Inkrafttreten des neuen WHG erteilte Befugnisse behalten ihre Gültigkeit (§ 20 Abs. 1), ein Widerruf ist ggf. gegen Entschädigung möglich, wenn eine erhebliche Gefährdung des Wohls der Allgemeinheit zu erwarten ist, drei Jahre lang die Benutzung nicht ausgeübt wurde oder nicht mehr erforderlich ist, der Zweck geändert oder Nutzungsauflagen trotz Warnung nicht erfüllt worden sind (§ 20 Abs. 2).

Erlaubnisfreie Benutzungen der Gewässer unterliegen dem Begriff des „Gemeingebrauchs" nach Landesrecht, der seine Grenze in der möglichen Beeinträchtigung der Rechte anderer findet (§ 25). Erlaubnisfreie Benutzungen des Grundwassers (§ 46) betreffen das Entnehmen von Wasser für den Haushalt, den landwirtschaftlichen Hofbetrieb, Tränken von Vieh (Massentierhaltung ist nicht gemeint!), für Zwecke der gewöhnlichen Bodenentwässerung landwirtschaftlich, forstwirtschaftlich oder gärtnerisch genutzter Grundstücke sowie die Einleitung von Niederschlagswasser durch schadlose Versickerung (s. Rechtsverordnung nach § 23 Abs. 1).

Wesentliche Detailregelungen, beispielsweise zur Übernahme europäischer Rechtsakte (§ 6a alt), aber auch solche, die dem bisherigen Landesrecht zuzuordnen waren, werden durch Rechtsverordnungen getroffen:

§ 23 – Rechtsverordnungen zur Gewässerbewirtschaftung

(1) Die Bundesregierung wird ermächtigt, nach Anhörung der beteiligten Kreise durch Rechtsverordnung mit Zustimmung des Bundesrates, auch zur Umsetzung bindender Rechtsakte der Europäischen Gemeinschaften und zwischenstaatlicher Vereinbarungen, Vorschriften zum Schutz und zur Bewirtschaftung der Gewässer nach den Grundsätzen des § 6 und den Bewirtschaftungszielen nach Maßgabe der §§ 27 bis 31, 44 und 47 sowie zur näheren Bestimmung der sich aus diesem Gesetz ergebenden

Pflichten zu erlassen, insbesondere nähere Regelungen über

1. *Anforderungen an die Gewässereigenschaften,*
2. *die Ermittlung, Beschreibung, Festlegung und Einstufung sowie Darstellung des Zustands von Gewässern,*
3. *Anforderungen an die Benutzung von Gewässern, insbesondere an das Einbringen und Einleiten von Stoffen,*
4. *Anforderungen an die Erfüllung der Abwasserbeseitigungspflicht,*
5. *Anforderungen an die Errichtung, den Betrieb und die Benutzung von Abwasseranlagen und sonstigen in diesem Gesetz geregelten Anlagen,*
6. *den Schutz der Gewässer gegen nachteilige Veränderungen ihrer Eigenschaften durch den Umgang mit wassergefährdenden Stoffen,*
7. *die Festsetzung von Schutzgebieten sowie Anforderungen, Gebote und Verbote, die in den festgesetzten Gebieten zu beachten sind,*
8. *die Überwachung der Gewässereigenschaften und die Überwachung der Einhaltung der Anforderungen, die durch dieses Gesetz oder auf Grund dieses Gesetzes erlassener Rechtsvorschriften festgelegt worden sind,*
9. *Messmethoden und Messverfahren einschließlich Verfahren zur Gewährleistung der Vergleichbarkeit von Bewertungen der Gewässereigenschaften im Rahmen der flussgebietsbezogenen Gewässerbewirtschaftung (Interkalibrierung) sowie die Qualitätssicherung analytischer Daten,*
10. *die durchzuführenden behördlichen Verfahren,*
11. *die Beschaffung, Bereitstellung und Übermittlung von Informationen sowie Berichtspflichten,*
12. *die wirtschaftliche Analyse von Wassernutzungen, die Auswirkungen auf Gewässer haben.*

(2) Beteiligte Kreise sind ein jeweils auszuwählender Kreis von Vertreterinnen und Vertretern der Wissenschaft, der beteiligten Wirtschaft, der kommunalen Spitzenverbände, der Umweltvereinigungen, der sonstigen Betroffenen und der für die Wasserwirtschaft zuständigen obersten Landesbehörden.

Die öffentliche Wasserversorgung hat im neuen Wasserhaushaltsgesetz einen eigenen Paragrafen erhalten, der im Wesentlichen bisher dem Landesrecht vorbehaltene Regelungen übernimmt.

§ 50 – Öffentliche Wasserversorgung

(1) Die der Allgemeinheit dienende Wasserversorgung (öffentliche Wasserversorgung) ist eine Aufgabe der Daseinsvorsorge.

Damit wird ein schon im geltenden Recht anerkannter Grundsatz klargestellt. Die Versorgung der Bevölkerung mit Wasser gehört als öffentliche Aufgabe traditionell zum Bereich der kommunalen Daseinsvorsorge im Rahmen der Selbstverwaltungsgarantie des Artikels 28 Absatz 2 GG, was nicht ausschließt, dass sie auch durch private Aufgabenträger erfüllt werden kann (Begründung zum WHG).

(2) Der Wasserbedarf der öffentlichen Wasserversorgung ist vorrangig aus ortsnahen Wasservorkommen zu decken, soweit überwiegende Gründe des Wohls der Allgemeinheit dem nicht entgegenstehen. Der Bedarf darf insbesondere dann mit Wasser aus ortsfernen Wasservorkommen gedeckt werden, wenn eine Versorgung aus ortsnahen Wasservorkommen nicht in ausreichender Menge oder Güte oder nicht mit vertretbarem Aufwand sichergestellt werden kann. (Eine mit der 7. Novelle zum WHG (alt) in § 1a (3) eingefügte Bestimmung.)

(3) Die Träger der öffentlichen Wasserversorgung wirken auf einen sorgsamen Umgang mit Wasser hin. Sie halten insbesondere die Wasserverluste in ihren Einrichtungen gering, informieren die Endverbraucher über Maßnahmen zur Einsparung von Wasser und Beachtung der hygienischen Anforderungen.

(4) Wassergewinnungsanlagen dürfen nur nach den allgemein anerkannten Regeln der Technik errichtet, unterhalten und betrieben werden. (s. dazu Kap. 1.7 Anerkannte Regeln der Technik, DVGW-Regelwerk).

(5) Die zuständige Landesregierung bzw. Behörde kann die Träger der öffentlichen Wasserversorgung zur Übernahme von Rohwasseruntersuchungen verpflichten.

Ein wichtiges, planungsrechtliches Instrument, den Vorrang der öffentlichen Wasserversorgung zu sichern, sind Wasserschutzgebiete:

§ 51 Wasserschutzgebiete (§ 19 Abs. 1 alt)

(1) Soweit es das Wohl der Allgemeinheit erfordert,

1. *Gewässer im Interesse der derzeit bestehenden oder künftigen öffentlichen Wasserversorgung vor nachteiligen Einwirkungen zu schützen,*
2. *das Grundwasser anzureichern oder*
3. *das schädliche Abfließen von Niederschlagswasser sowie das Abschwemmen und den Eintrag von Bodenbestandteilen, Dünge- oder Pflanzenschutzmitteln in Gewässer zu vermeiden,*

kann die Landesregierung durch Rechtsverordnung Wasserschutzgebiete festsetzen. In der Rechtsverordnung ist die begünstigte Person zu benennen. ...

(2) Trinkwasserschutzgebiete sollen nach Maßgabe der allgemein anerkannten Regeln der Technik in Zonen mit unterschiedlichen Schutzbestimmungen unterteilt werden.

Die nach Absatz 2 zu beachtenden allgemein anerkannten Regeln der Technik werden derzeit insbesondere durch Nummer 3 des DVGW-Arbeitsblattes W 101 (Stand: Juni 2006) konkretisiert (Begründung zum WHG).

§ 52 – Besondere Anforderungen in Wasserschutzgebieten (§ 19 Abs. 2-4 alt)

(1) In der Rechtsverordnung nach § 51 Absatz 1 oder durch behördliche Entscheidung können in Wasserschutzgebieten, soweit der Schutzzweck dies erfordert

1. *bestimmte Handlungen verboten oder für nur beschränkt zulässig erklärt werden,*

2. *die Eigentümer und Nutzungsberechtigten von Grundstücken verpflichtet werden,*
   a) *bestimmte auf das Grundstück bezogene Handlungen vorzunehmen, insbesondere die Grundstücke nur in bestimmter Weise zu nutzen,*
   b) *Aufzeichnungen über die Bewirtschaftung der Grundstücke anzufertigen, aufzubewahren und der zuständigen Behörde auf Verlangen vorzulegen,*
   c) *bestimmte Maßnahmen zu dulden, insbesondere die Beobachtung des Gewässers und des Bodens, die Überwachung von Schutzbestimmungen, die Errichtung von Zäunen sowie Kennzeichnungen, Bepflanzungen und Aufforstungen,*
3. *Begünstigte verpflichtet werden, die nach Nummer 2 Buchstabe c zu duldenden Maßnahmen vorzunehmen.*

Die zuständige Behörde kann von Verboten, Beschränkungen sowie Duldungs- und Handlungspflichten nach Satz 1 eine Befreiung erteilen, wenn der Schutzzweck nicht gefährdet wird oder überwiegende Gründe des Wohls der Allgemeinheit dies erfordern. ...

(2) In einem als Wasserschutzgebiet vorgesehenen Gebiet können vorläufige Anordnungen nach Absatz 1 getroffen werden ...

(3) Behördliche Entscheidungen nach Absatz 1 können auch außerhalb eines Wasserschutzgebiets getroffen werden, wenn andernfalls der mit der Festsetzung des Wasserschutzgebiets verfolgte Zweck gefährdet wäre.

(4) regelt die Entschädigungsleistung bei unzumutbarer Beschränkung des Eigentums.

Mit der 5. Novelle zum WHG (1986) ist § 19 (alt) durch einen Absatz 4 ergänzt worden, der als Abs. 5 in das WHG (neu) übernommen worden ist:

(5) Setzt eine Anordnung nach Absatz 1 Satz 1 Nummer 1 oder Nummer 2 ... erhöhte Anforderungen fest, die die ordnungsgemäße land- oder forstwirtschaftliche Nutzung eines Grundstücks einschränken, so ist für die dadurch verursachten wirtschaftlichen Nachteile ein angemessener Ausgleich zu leisten, soweit nicht eine Entschädigungspflicht nach Absatz 4 besteht.

Art und Umfang von Entschädigungspflichten regelt § 96. Es ist problematisch, unterhalb der Enteignungsschwelle Entschädigungen zu gewähren. Auf der Basis des § 19 Abs. 4 (alt) haben die Bundesländer Ausgleichszahlungen an die Landwirte in Schutzgebieten („Bauerngroschen") eingeführt, die im Grunde nur eine weitere Subvention für die Landwirtschaft zu Lasten der Wasserwerke, also des Trinkwasserkunden darstellen, ohne aber im erhofften Maße den Einsatz von Dünge- und Pflanzenschutzmittel verringert zu haben. Die entschädigungspflichtige Person nach § 97 ist bei Trinkwasserschutzgebieten im Regelfall das (begünstigte) Wasserversorgungsunternehmen.

Die Regelungen zu **Rohrleitungsanlagen zum Befördern wassergefährdender Stoffe** (bisher in §§ 19a-f WHG-alt) werden im WHG-neu nicht mehr erfasst; Art. 2 des Gesetzes enthält die für wasserwirtschaftli-

che Vorhaben relevanten Änderungen des Gesetzes über die Umweltverträglichkeitsprüfung (UVPG); mit entsprechend ergänzenden Regelungen zu § 20 ff. UVPG können diese Rohrleitungsanlagen erfasst werden, so dass sich das neue WHG beschränkt auf:

§ 62 – Anforderungen an den Umgang mit wassergefährdenden Stoffen (§§ 19g-l alt)

(1) Anlagen zum Lagern, Abfüllen, Herstellen und Behandeln wassergefährdender Stoffe sowie Anlagen zum Verwenden wassergefährdender Stoffe im Bereich der gewerblichen Wirtschaft und im Bereich öffentlicher Einrichtungen müssen so beschaffen sein und so errichtet, unterhalten, betrieben und stillgelegt werden, dass eine nachteilige Veränderung der Eigenschaften von Gewässern nicht zu besorgen ist....

Für Anlagen zum Umschlagen wassergefährdender Stoffe sowie zum Lagern und Abfüllen von Jauche, Gülle und Silagesickersäften sowie von vergleichbaren in der Landwirtschaft anfallenden Stoffen gilt Satz 1 entsprechend mit der Maßgabe, dass der bestmögliche Schutz der Gewässer vor nachteiligen Veränderungen ihrer Eigenschaften erreicht wird.

(2) Anlagen im Sinne des Absatzes 1 dürfen nur entsprechend den allgemein anerkannten Regeln der Technik beschaffen sein sowie errichtet, unterhalten, betrieben und stillgelegt werden.

(3) Wassergefährdende Stoffe im Sinne dieses Abschnitts sind feste, flüssige und gasförmige Stoffe, die geeignet sind, dauernd oder in einem nicht nur unerheblichen Ausmaß nachteilige Veränderungen der Wasserbeschaffenheit herbeizuführen.

(4) verweist auf nähere Regelungen durch Rechtsverordnungen nach § 23 Absatz 1 Nummer 5 bis 11.

Die Eignungsfeststellung für derartige Anlagen erfolgt nach § 63 durch die zuständige Behörde.

Unbeschadet von ordnungsrechtlich oder (umwelt-)strafrechtlich relevanten Tatbeständen besteht nach WHG eine privatrechtliche Haftungsverpflichtung:

§ 89 – Haftung für Änderung der Wasserbeschaffenheit (§ 22 alt)

(1) Wer in ein Gewässer Stoffe einbringt oder einleitet oder wer in anderer Weise auf ein Gewässer einwirkt und dadurch die Wasserbeschaffenheit nachteilig verändert, ist zum Ersatz des daraus einem anderen entstehenden Schadens verpflichtet. Haben mehrere auf das Gewässer eingewirkt, so haften sie als Gesamtschuldner.

(2) Gelangen aus einer Anlage, die bestimmt ist, Stoffe herzustellen, zu verarbeiten, zu lagern, abzulagern, zu befördern oder wegzuleiten, derartige Stoffe in ein Gewässer, ohne in dieses eingebracht oder eingeleitet zu sein, und wird dadurch die Wasserbeschaffenheit nachteilig verändert, so ist der Betreiber der Anlage zum Ersatz des daraus einem anderen entstehenden Schadens verpflichtet. Absatz 1 Satz 2 gilt entsprechend. Die Ersatzpflicht tritt nicht ein, wenn der Schaden durch höhere Gewalt verursacht ist.

Haftungsansprüche können sich auch aus § 906 BGB (Beeinträchtigung des Grundstücks), §§ 1 ff. Umwelthaftungsgesetz oder § 823 BGB (Schadenersatzpflicht aus unerlaubter Handlung) ergeben.

Abschnitt 9 des neuen WHG regelt **Duldungs- und Gestattungsverpflichtungen**. Darunter ist die Neuregelung des § 93 auch für die Wasserversorgung von Bedeutung:

§ 93 – Durchleitung von Wasser und Abwasser

Die zuständige Behörde kann Eigentümer und Nutzungsberechtigte von Grundstücken und oberirdischen Gewässern verpflichten, das Durchleiten von Wasser und Abwasser sowie die Errichtung und Unterhaltung der dazu dienenden Anlagen zu dulden, soweit dies zur Entwässerung oder Bewässerung von Grundstücken, zur Wasserversorgung, zur Abwasserbeseitigung, zum Betrieb einer Stauanlage oder zum Schutz vor oder zum Ausgleich von Beeinträchtigungen des Natur- oder Wasserhaushalts durch Wassermangel erforderlich ist. (Satz 2 verweist auf § 92 Satz 2:)

Satz 1 gilt nur, wenn das Vorhaben anders nicht ebenso zweckmäßig oder nur mit erheblichem Mehraufwand durchgeführt werden kann und der von dem Vorhaben zu erwartende Nutzen erheblich größer als der Nachteil des Betroffenen ist.

Es muss also ein öffentliches Interesse gegeben sein. Behördliche Anordnungen nach Satz 1 kommen in Betracht, wenn sich der Träger der wasserwirtschaftlichen Maßnahme und der Betroffene privatrechtlich nicht über die Einräumung eines Leitungsrechts (Grunddienstbarkeit nach § 1018 ff. BGB) einigen können.

Für die Trinkwasserversorgung von unmittelbarer Bedeutung ist das **Gesetz zur Verhütung und Bekämpfung von Infektionskrankheiten beim Menschen (Infektionsschutzgesetz – IfSG)** vom 20.7.2000 (BGBl. I, S. 1045), zuletzt geändert 17. Juli 2009 (BGBl.I S. 2091). Es hat das Bundesseuchengesetz (letzte Fassung von 1979) abgelöst. Zweck des Gesetzes ist es nach § 1 Abs. 1, *„übertragbaren Krankheiten beim Menschen vorzubeugen, Infektionen frühzeitig zu erkennen und ihre Weiterverbreitung zu verhindern."*

Die Übertragung ansteckender Krankheiten durch unzureichende Wasserversorgung, in der Bundesrepublik heute unbekannt, war in Deutschland noch im letzten Jahrhundert und ist heute noch in der Dritten Welt eine bedeutende Sorge. Der hohe hygienische Stand der Trinkwasserversorgung in der Bundesrepublik ist allerdings kein Grund, in der Vorsorge und ständigen Überwachung möglicher Risiken nachlässig zu sein. Die Anforderungen an die Güte des Trinkwassers finden sich in § 37:

§ 37 IfSG

Beschaffenheit von Wasser für den menschlichen Gebrauch sowie von Schwimm- und Badebeckenwasser, Überwachung

(1) Wasser für den menschlichen Gebrauch muss so beschaffen sein, dass durch seinen Genuss oder Ge-

brauch eine Schädigung der menschlichen Gesundheit, insbesondere durch Krankheitserreger, nicht zu besorgen ist.

(2) (betrifft Schwimm- und Badebeckenwasser)

(3) Wassergewinnungs- und Wasserversorgungsanlagen und Schwimm- oder Badebecken einschließlich ihrer Wasseraufbereitungsanlagen unterliegen hinsichtlich der in den Absätzen 1 und 2 genannten Anforderungen der Überwachung durch das Gesundheitsamt....

Der Bundesminister für Gesundheit ist ermächtigt, durch Rechtsverordnung mit Zustimmung des Bundesrats die Anforderungen an Trinkwasser im Sinne der Vorschrift des § 37 (1) festzulegen und die hygienische Überwachung der Wassergewinnungs- und -versorgungsanlagen sowie des Trinkwassers zu regeln. Dies ist geschehen durch die **Trinkwasserverordnung (TrinkwV)** vom 21. Mai 2001 (BGBl. I S. 959), zuletzt geändert am 31.10.2006 (BGBl. I S. 2407). Verordnungsgrundlage ist das Infektionsschutzgesetz IfSG zusammen mit dem Gesetz über den Verkehr mit Lebensmitteln, Tabakerzeugnissen, kosmetischen Mitteln und sonstigen Bedarfsgegenständen (Lebensmittel- und Bedarfsgegenständegesetz – LMBG, Fassung vom 9.9.1997, BGBl. I S. 2296, ersetzt durch das Lebensmittel-, Bedarfsgegenstände- und Futtermittelgesetzbuch – LFGB vom 1.9.2005 in der Fassung vom 24. Juli 2009 (BGBl.I S. 2205), letzte Änderung vom 3.8. 2009. Ein Entwurf zur Novellierung der TrinkwV liegt seit März 2010 zur Notifizierung der Europäischen Kommission vor; ein Inkrafttreten wird für Ende 2010 geplant. Mit der Novelle zur EG-Trinkwasserrichtlinie (vorauss. 2011) dürfte dann eine erneute Novellierung anstehen. Zum Inhalt der TrinkwV wird auf *Kap. 3 Wasserbeschaffenheit, Wassergüte* verwiesen.

Nach § 6 LFGB sind Lebensmittel-Zusatzstoffe verboten. Lebensmittel-Zusatzstoffe einschließlich Ionentauscher zum gewerbsmäßigen Herstellen und Behandeln von Lebensmitteln bedürfen einer Zulassung durch Rechtsverordnung nach § 7 LFGB. Die Liste der zugelassenen Aufbereitungsstoffe und Desinfektionsverfahren wird vom Umweltbundesamt geführt (§ 11 TrinkwV).

Weitere wichtige Bundesgesetze, die mittelbar oder unmittelbar dem Schutze der Gewässer dienen:

- Bundes-Bodenschutzgesetz (Gesetz zum Schutz vor schädlichen Bodenveränderungen und zur Sanierung von Altlasten – BBodSchG) vom 17.3.1998, zuletzt geändert am 9.12.2004): Es regelt Gefahrenabwehr- und -beseitigungsmaßnahmen sowie Maßnahmen zur Vorsorge gegen künftige nachteilige Einwirkungen auf den Boden. Damit wird der Boden als Umweltmedium unmittelbar wie Luft und Wasser besonderem Schutz unterstellt.

- Die Bundes-Bodenschutz- und Altlastenverordnung vom 12.7.1999 (letzte Änderung vom 31.07.2009) konkretisiert die Anforderungen des Gesetzes an die Untersuchung und Bewertung von Flächen mit dem Verdacht einer Bodenkontamination oder Altlast und bestimmt entsprechende

Maßnahmen zur Sicherung, Dekontamination, Sanierung und Vorsorge.

- Abwasserabgabengesetz von 1976, Neufassung vom 18.1.2005, letzte Änderung 31.07.2009: Für das direkte Einleiten von Abwasser in ein Gewässer ist eine Abgabe zu entrichten; damit soll ein ökonomischer Anreiz zur Abwasserreinigung oder -vermeidung geschaffen werden.

- Grundwasserverordnung: die alte VO zur Umsetzung Richtlinie 80/68/EWG im Jahre 1997 erlassen, wird zur Umsetzung der „Richtlinie 2006/118/EG zum Schutz des Grundwassers vor Verschmutzung und Verschlechterung" neu gefasst; ein Entwurf liegt seit dem 23. 12. 2009 vor; Inkrafttreten vielleicht noch 2010. Es geht um die Begrenzung von Schadstoffeinträgen, Einführung von Schwellenwerten, das Erkennen und Umkehren von Trends. Der DVGW fordert, dass die entsprechenden Maßnahmen aufgeführt werden, der Bedeutung der öffentlichen Wasserversorgung Rechnung getragen wird und die künstliche Grundwasseranreicherung bezüglich der Schwellenwerte ausgenommen wird.

- Verordnung zum Schutz der Oberflächengewässer: zur Umsetzung der WRRL-Tochterrichtlinie 2008/105/EG über Umweltqualitätsnormen im Bereich der Wasserpolitik ist Ende März 2010 der Entwurf einer Bundesverordnung vorgelegt worden (s. dazu *Kap. 3.3 Rohwasser zur Trinkwasserversorgung*).

- Wasch- und Reinigungsmittelgesetz – WRMG (von 1975, Neufassung vom 29. April 2007) stellt Anforderungen an die Umweltverträglichkeit von Wasch- und Reinigungsmitteln. Die Wasserversorgungsunternehmen haben jährlich den Härtebereich des von ihnen abgegebenen Trinkwassers dem Verbraucher mitzuteilen (s. *Kap. 3.5.2 Chemische Stoffe*).

- Klärschlammverordnung vom 15. April 1992, letzte Änderung vom 29.07.2009. Sie regelt die Beschaffenheit von Klärschlamm, der auf den Boden (im Rahmen landwirtschaftlicher Düngung) aufgebracht werden soll.

- Umweltschadensgesetz (Gesetz über die Vermeidung und Sanierung von Umweltschäden USchadG) vom 10. Mai 2007, letzte Änderung vom 31. Juli 2009, setzt die EG-Umwelthaftungs-Richtlinie 2004/35/EG um. Wichtige Regelung: Umweltverbände können Behörden zum Handeln zwingen, wenn sie den Eintritt eines Umweltschadens glaubhaft machen.

- Vergabe-Verordnungen: zur Umsetzung der EG-Richtlinie 2004/17/EG wurden die Vergabe-Verordnungen im September 2009 angepasst: Verordnung über die Vergabe öffentlicher Aufträge (Vergabeverordnung VgV) und Verordnung über die Vergabe von Aufträgen im Bereich des Verkehrs, der Trinkwasserversorgung und der Energieversorgung (Sektorenverordnung SektVO); die Schwellenwerte, oberhalb derer eine europaweite Ausschreibung von Liefer-, Dienstleistungs- und Bauaufträgen erforderlich ist, sind

zum 1. 1. 2010 mit zwei Jahren Gültigkeit angepasst worden.

Das Verhältnis des Wasserversorgungsunternehmens (WVU) zum Trinkwasserkunden (Tarifkunden) ist vertraglich geregelt. Die Bedingungen richten sich nach der **Verordnung über Allgemeine Bedingungen für die Versorgung mit Wasser (AVBWasserV)** vom 20.6.1980 – zuletzt geändert durch Verordnung vom 13. Januar 2010 – die Änderung betrifft § 12 Absatz 4, s.u. –, erlassen aufgrund § 27 des Gesetzes zur Regelung des Rechts der Allgemeinen Geschäftsbedingungen vom 9.12.1976 (neuer Name seit 1998 „Gesetz gegen Wettbewerbsbeschränkungen"); zuständig ist der Bundeswirtschaftsminister. Das Wasserversorgungsunternehmen ist verpflichtet, dem Kunden Wasser im vereinbarten Umfang am Ende der Anschlussleitung zur Verfügung zu stellen – Ausnahmen durch höhere Gewalt und bestimmte Umstände sind zugestanden (§ 5). Das Wasser muss den jeweils geltenden Rechtsvorschriften und den anerkannten Regeln der Technik entsprechen und ist unter einem Druck zu liefern, der für eine einwandfreie Deckung des üblichen Bedarfs (s. dazu *Kap. 5.1 Wasserbedarf/Wasserverbrauch* und *Kap. 5.2 Anordnung der Wasserversorgungsanlagen*) in dem betreffenden Versorgungsgebiet erforderlich ist (§ 4).

Für den ordnungsgemäßen Zustand der Kundenanlage ist nach § 12 Abs. 1 AVBWasserV der Anschlussnehmer verantwortlich. Dazu heißt es weiter in Abs. 2 und 4:

(2) Die Anlage darf nur unter Beachtung der Vorschriften dieser Verordnung und anderer gesetzlicher oder behördlicher Bestimmungen sowie nach den anerkannten Regeln der Technik errichtet, erweitert, geändert und unterhalten werden. Die Errichtung der Anlage und wesentliche Veränderungen dürfen nur durch das Wasserversorgungsunternehmen oder ein in ein Installateurverzeichnis eines Wasserversorgungsunternehmens eingetragenes Installations-Unternehmen erfolgen. Das Wasserversorgungsunternehmen ist berechtigt, die Ausführung der Arbeiten zu überwachen....

(4) Es dürfen nur Produkte und Geräte verwendet werden, die den allgemein anerkannten Regeln der Technik entsprechen. Die Einhaltung der Voraussetzungen des Satzes 1 wird vermutet, wenn eine CE-Kennzeichnung für den ausdrücklichen Einsatz im Trinkwasserbereich vorhanden ist. Sofern diese CE-Kennzeichnung nicht vorgeschrieben ist, wird dies auch vermutet, wenn das Produkt oder Gerät ein Zeichen eines akkreditierten Branchenzertifizierers trägt, insbesondere das DIN-DVGW-Zeichen oder DVGW-Zeichen.

Produkte und Geräte, die in einem Land der EU oder des EU-Wirtschaftsraums (einschl. Türkei) rechtmäßig hergestellt oder in den Verkehr gebracht worden sind, werden als gleichwertig behandelt, wenn mit ihnen das in Deutschland geforderte Schutzniveau gleichermaßen dauerhaft erreicht wird.

Der DVGW erklärt dazu, dass das CE-Zeichen zwar die Einhaltung aller rechtlichen Anforderungen der EU-Mitgliedstaaten bekundet, also den „Reisepass" für den innereuropäischen Warenverkehr darstellt, nicht aber die hygienische Eignung und bestimmte andere Qualitätsaspekte abdeckt. Die vollständige Übereinstimmung mit den Anforderungen des deutschen Regelwerks bekundet nur das DVGW-Zertifizierungszeichen.

Damit sind DIN- und DVGW-Regelwerk, einschließlich die über DIN-EN eingeführten europäischen Normen, sowie das auf dem DVGW-Regelwerk beruhende DIN-DVGW- bzw. DVGW-Zeichen mit der gesetzlichen Vermutung ausgestattet, dass sie den „allgemein anerkannten Regeln der Technik" entsprechen. (Das GS-Zeichen „Geprüfte Sicherheit", das vom Bundesarbeitsminister auf der Basis des Gerätesicherheitsgesetzes geschaffen worden ist, genügt alleine diesem Anspruch nicht).

Darüber hinaus regelt die AVBWasserV Fragen der Haftung, Anschluss- und Benutzungsgebühren, Zahlung sowie weitere technische Fragen – z.B. zu Hausanschluss und Wasserzähler.

1.4 Länder

Durch das neue Wasserhaushaltsgesetz – s. *Kap. 1.3 Bund* – sind wesentliche Regelungen, die bisher in den Landes-Wassergesetzen zu finden waren, durch Bundesrecht ersetzt worden; weitere bundeseinheitliche Regelungen werden durch Rechtsverordnungen nach § 23 WHG mit Zustimmung des Bundesrats getroffen. Die notwendige Anpassung des jeweiligen Landesrechts (Länder-Wassergesetze) betrifft Fragen der Wasserbewirtschaftung und Verfahrensregelungen, den Verwaltungsvollzug aller wasserrechtlichen Vorschriften (einschließlich anderer einschlägiger Bundesgesetze) und fallweise Abweichungsregelungen zum Bundesrecht (Art. 72 Absatz 3 Nummer 5 GG). Die Novellierung der Landeswassergesetze zeigt – zum Redaktionsschluss – ein uneinheitliches Bild. Die meisten Bundesländer nehmen sich Zeit für eine gründliche Neubearbeitung. Die zuständigen Ministerien in Baden-Württemberg und Thüringen unterrichten zunächst über die geltende Rechtslage. Neue Landeswassergesetze liegen vor in Bayern (Feb. 2010, befristet bis 2012), Mecklenburg-Vorpommern (Feb. 2010, eine weitere fachliche Novellierung soll noch folgen), Niedersachsen (Feb. 2010), Schleswig-Holstein (März 2010). Nordrhein-Westfalen hat nur eine Änderung des alten LWG vorgenommen; die Neuregelung wird der neuen Legislaturperiode überlassen.

Die Wasserwirtschaftsverwaltungen der Länder sind überwiegend in die allgemeine Landesverwaltung integriert; in den neuen Bundesländern wurden z.T. besondere Umweltverwaltungen eingeführt. In den meisten Ländern besteht ein dreistufiger Aufbau (so beispielsweise auch in Thüringen, s. § 103 ThürWG):

- Oberste Wasserbehörde ist das für die Wasserwirtschaft zuständige Ministerium (Thüringer Ministerium für Landwirtschaft, Naturschutz und Umwelt

nachgeordnet die Thüringer Landesanstalt für Umwelt und Geologie).

- Obere Wasserbehörde ist das Landesverwaltungsamt.
- Untere Wasserbehörde sind Landkreise und kreisfreie Städte.

Hinzu kommen die Umweltämter als technische Fachbehörden.

Der Verwaltungsvollzug der hygiene- und lebensmittelrechtlichen Bundesvorschriften, also auch der Trinkwasserverordnung, obliegt den Gesundheitsbehörden (Gesundheitsämter der Kreise und kreisfreien Städte).

Das **Thüringer Wassergesetz (ThürWG)** in der Fassung der Neubekanntmachung vom 18. August 2009 (GVBl. S. 648) hatte wie die anderen Länder-Wassergesetze die Aufgabe, auf Landesebene die Rahmenregelungen des WHG (alt) umzusetzen. Die Anpassung an das neue Bundesrecht wird bezüglich der auf Landesebene zu regelnden Gegenstände wohl keine wesentlichen Änderungen bringen; die im WHG (neu) getroffenen Regelungen sind selbstverständlich zu respektieren; wie weit von der „Abweichungskompetenz" (Art. 72 Abs.3 GG) Gebrauch gemacht wird, bleibt abzuwarten.

Einige Bundesländer haben Verordnungen erlassen, welche den Betreibern von Versorgungsanlagen bestimmte Pflichten zur Eigenüberwachung auferlegen. Beispiele sind Thüringen und Bayern:

So verpflichtet § 65 ThürWG die Unternehmer der Wasserversorgung zur Eigenkontrolle der Wassergewinnungsanlagen und zur Mitwirkung bei der Überwachung des festgesetzten Wasserschutzgebietes. Ferner wird das für die Wasserwirtschaft zuständige Ministerium ermächtigt, durch Rechtsverordnung die Unternehmer zur Untersuchung der Rohwasserbeschaffenheit auf eigene Kosten zu verpflichten.

Nach § 70 (2) Bayerisches Wassergesetz ist 1995 eine Eigenüberwachungsverordnung EÜV erlassen worden (letzte Änderung Mai/Juni 2008), die alle Anlagen zur Gewinnung, Förderung, Aufbereitung, Speicherung oder Verteilung von Wasser für die öffentliche Trinkwasserversorgung mit einer Entnahme von mehr als 5.000 m³/Jahr und die zu diesen Anlagen gehörenden Wasserschutzgebiete der Eigenüberwachungspflicht durch die jeweiligen Unternehmer unterwirft. Im Einzelnen regelt die Verordnung die Betriebs- und Funktionskontrollen, Messungen und Untersuchungen einschließlich ihrer Häufigkeit, Aufzeichnungen und Berichtspflichten.

1.5 Kommunale Ebene

Das vom Grundgesetz den Gemeinden garantierte Recht, die zentrale Wasserversorgung und die Abwasserbeseitigung als Leistungen der Daseinsvorsorge für ihre Bürger zu erbringen, ist in einigen Bundesländern (Hessen, Rheinland-Pfalz und Thüringen) zur Pflichtaufgabe der Gemeinden gemacht worden (z.B. § 61 ThürWG bezüglich Wasserversorgung, § 58 ThürWG bezüglich Abwasserbeseitigung).

Die Gemeinden nehmen den Auftrag zur Sicherstellung der Wasserversorgung wahr
- in öffentlich-rechtlicher Form: nach Eigenbetriebsverordnung und Betriebssatzung oder in der Form von Zweckverbänden oder Wasser- und Bodenverbänden;
- in privat-rechtlicher Form: ein Wasserversorgungsunternehmen (WVU) in Form einer AG oder GmbH, im kommunalen Eigentum, im privaten Eigentum oder gemischt wird aufgrund eines Konzessionsvertrags mit der Kommune tätig. Dabei bestehen unterschiedliche Möglichkeiten der Organisation und Kooperation öffentlich-rechtlicher und privater Partner.
- Im ländlichen Raum sind in begrenzter Zahl noch Wassergenossenschaften tätig. Sie unterliegen dem Genossenschaftsgesetz, sind also privatrechtlich verfasst, und werden von den Genossenschaftsverbänden organisatorisch betreut.

Öffentlich-rechtlich verfasste Unternehmen unterliegen der staatlichen Aufsicht durch den Innenminister als Aufsichtsorgan der Gemeinden; sie regeln die Wasserabgabe an den Kunden durch Satzung. Privatrechtlich verfasste Unternehmen unterliegen der Missbrauchsaufsicht des Wirtschaftsministers (das Kartellamt überprüft beispielsweise die Angemessenheit der Wasserpreise). Die Wasserabgabe hat den Allgemeinen Bedingungen für die Versorgung mit Wasser – AVBWasserV – zu genügen.

Hinsichtlich der Kalkulation von Wasserentgelten haben öffentlich-rechtliche Unternehmen die Wahl zwischen Satzungsrecht (Gebühren, Beiträge) und der AVBWasserV (steuerrechtlich: gewerbliche Tätigkeit, demzufolge privatrechtliche Preise). Bei Versorgungsunternehmen in privatrechtlicher Form findet ausschließlich die AVBWasserV Anwendung; der Wasserpreis wird der Mehrwertsteuer (zum ermäßigten Satz von 7%) unterworfen. Im Unterschied dazu gilt die Abwasserbeseitigung (noch) als hoheitliche Tätigkeit. Die

Entgelte heißen Gebühren und unterliegen nicht der Mehrwertsteuer. Im Zuge der Umsetzung des § 18a Abs. 2a WHG in den Ländern (bisher nur im LWG Baden-Württemberg, Sachsen und Sachsen-Anhalt erfolgt) wird die materielle Privatisierung der Abwasserbeseitigung ermöglicht, was dazu führen wird, die Abwasserbeseitigung letztlich als steuerpflichtigen Betrieb gewerblicher Art zu behandeln (s. Drack, GWF Wasser/Abwasser 147 (2006), S. 108). Auch nach neuem Wasserrecht bleibt es in der Kompetenz der Länder, ob sie die Übertragung der Abwasserbeseitigungspflicht auf Private ermöglichen wollen. Die Gemeinden sollten zumindest diese Option erhalten!

Kennzeichnend für die Unternehmen der öffentlichen Wasserversorgung ist ihre Vielfalt hinsichtlich Trägerschaft, Organisationsform, Größe und Aufgabenbereich. Sie ist zugleich Ausdruck der unterschiedlichen örtlichen Gegebenheiten, historischen Entwicklung und rechtlichen Voraussetzungen bei Wassergewinnung, -bezug und -verteilung (s. *Tab. 1.1* und *Tab. 1.2*).

Laut Statistischem Bundesamt waren 2007 rd. 81,6 Mio. = 99,2% von insgesamt 82,3 Mio. Einwohnern an die öffentliche Wasserversorgung angeschlossen. Auffällig ist im internationalen Vergleich die starke Zersplitterung der Wasserversorgungsunternehmen. Die Bundesstatistik zählt 6.211 Unternehmen, die eine jährliche eigene Wasserförderung von 5.128 Mill. m^3 aufweisen. 82,5% der Wasserversorgungsunternehmen (WVU), das sind die WVU mit einem Wasseraufkommen bis zu 1 Mio. m^3/Jahr (das entspricht etwa 20.000 Einwohnern), stehen für nur 20% der Wasserabgabe, 17,5% der WVU (> 1 Mio. m^3/Jahr) stehen für 80% der Wasserabgabe und davon 97 WVU (> 10 Mio. m^3/Jahr) entsprechend 1,6% für 37% der Wasserabgabe. Zu erkennen ist außerdem, dass bei den kleinen und mittleren WVU überwiegend die öffentlich-rechtliche Unternehmensform vorliegt; so fließen 45% des zentral verteilten Trinkwassers aus öffentlich-rechtlichen Rohren (vgl. dazu *Tab. 1.1* und *Tab. 1.3* – Basis 2007).

Tab. 1.1: Übersicht über Unternehmensformen der öffentlichen Wasserversorgung (BDEW-Statistik, Stand 31. 12. 2008)

	Unternehmensformen	Anzahl der WVU	Anteil an der Gesamtzahl [%]	Anteil am gesamten Jahres-Wasseraufkommen [%]	Durchschnittliches Wasseraufkommen je WVU [1000 m^3/Jahr]
	(1)	(2)	(3)	(4)	(5)
1.	Regiebetriebe	32	3	0	468
2.	Eigenbetriebe	396	33	8	1.051
3.	Zweckverbände	195	16	17	4.553
4.	Wasser- und Bodenverbände	46	4	3	3.835
5.	Anstalt öffentlichen Rechts	17	1	7	21.257
6.	Eigengesellschaften (AG oder GmbH)	163	13	11	3.596
7.	öffentliche Gesellschaften (AG oder GmbH)	95	8	11	5.730
8.	gemischt öffentlich-privatrechtliche Gesellschaften (AG oder GmbH)	157	13	26	8.503
9.	sonstige privatrechtliche Unternehmen	117	10	16	7.106
	insgesamt	1.218[*]	100	100	4.231

[*] die 1218 WVU stehen für rd. 72% der insgesamt von der öffentlichen Wasserversorgung in Deutschland geförderten Wassermenge

Tab. 1.2: Unternehmensformen der öffentlichen Wasserversorgung

Regiebetrieb	rechtlich unselbständiges, in die öffentliche Verwaltung eingegliedertes Unternehmen
Eigenbetrieb	organisatorisch selbständiges, wirtschaftliches Unternehmen einer Gemeinde ohne eigene Rechtspersönlichkeit
Zweckverband	Zusammenschluss von Gemeinden oder Gemeindeverbänden zur gemeinsamen Erfüllung bestimmter Aufgaben
Wasser- und Bodenverband	Mitglieder: natürliche und juristische Personen, zum Zwecke wasserwirtschaftlicher Aufgaben, finanziert durch Pflichtbeiträge der Mitglieder
Anstalt öffentlichen Rechts	juristische Person des öffentlichen Rechts, die eine öffentliche Aufgabe erfüllt, die ihr gesetzlich zugewiesen worden ist.
Eigengesellschaft in Form von AG oder GmbH	juristische Person des Privatrechts; Gesellschaftskapital vollständig in kommunaler Hand (z.B. Stadt oder Gemeinde)
öffentliche Gesellschaft in Form AG oder GmbH	beteiligt: mehrere öffentlich-rechtliche Körperschaften (z.B. Stadt und Kreis)
Gemischt öffentlich-privatwirtschaftliche Gesellschaft in Form von AG oder GmbH	beteiligt: öffentlich-rechtliche Körperschaft(en) und private Kapitalgesellschaft(en)
privatwirtschaftliche AG oder GmbH	beteiligt: ausschließlich private Gesellschaften
sonstige privatrechtliche Unternehmen	z.B. OHG, KG, KGaA, GmbH & CoKG, Genossenschaften

Tab. 1.3: Größenstruktur und Wasserabgabe der öffentlichen Wasserversorgung (Bundesstatistik 2007, Fachserie 19 Reihe 2.1, Stat. Bundesamt Wiesbaden)

WVU mit einem jährlichen Wasseraufkommen $[Mio\ m^3]$	WVU		jährliche Wasserabgabe	
	Anzahl	[%]	$[Mio\ m^3]$	[%]
> 10	97	1,6	1.708	37,4
5–10	117	1,9	589	12,9
1–5	873	14,0	1.352	29,6
0,5–1	781	12,6	427	9,3
0,1–0,5	2.184	35,1	433	9,5
< 0,1	2.159	34,8	62	1,3
insgesamt	6.211	100	4.571	100

Durch den steigenden Anspruch der Gesetzgebung und des Verbrauchers an die Trinkwasserqualität werden kleine Wasserwerke in Zukunft immer weniger technisch und personell in der Lage sein, den Anforderungen zu genügen. Zur Verbesserung der Struktur bietet sich die Bildung von gemeindlichen Zweckverbänden an; kleinere Unternehmen können sich auch bestimmte Dienstleistungen bei benachbarten größeren Unternehmen einkaufen, was für diese zugleich eine wirtschaftlich interessante Dienstleistung ist. Ferner lassen sich gemeinsame Betriebsführungen für dezentrale kleinere Anlagen (in öffentlich- oder privatrechtlicher Form) organisieren. Angesichts des wachsenden Wettbewerbs in der Versorgungswirtschaft haben sich viele Versorgungsunternehmen Kostensparprogramme, Qualitäts-Management-Systeme, Verbreiterung des Dienstleistungsangebots etc. auferlegt und Kooperationen mit benachbarten Unternehmen begründet. Zunehmend sind größere privatwirtschaftliche Unternehmen (auch aus dem Ausland) interessiert, sich in kommunale Versorgungsunternehmen einzukaufen oder sie zu übernehmen (häufig führt der Weg über die Energiesparte Strom und Gas). Es wird eine wesentliche Aufgabe für den Staat und die Gemeinden sein zu verhindern, dass

eine Umstrukturierung der öffentlichen Wasserversorgung zu Lasten der kommunalen Zuständigkeit für die Dienstleistungen der Daseinsvorsorge und möglicherweise auch der Qualität des Trinkwassers, der Zuverlässigkeit der Versorgung und des Schutzes der Wasserressourcen geht.

Um den WVU bzw. den Gemeinden Maßstäbe an die Hand zu geben, welche organisatorischen, technischen und vor allem personellen Anforderungen zu erfüllen sind, hat der DVGW das Arbeitsblatt W 1000 „Anforderungen an Trinkwasserversorgungsunternehmen" (11/05) herausgegeben. Natürlich bedingt die Erfüllung solcher Anforderungen eine Mindestgröße für ein Versorgungsunternehmen, wobei diese selbstverständlich auch von der Komplexität der Versorgungsaufgabe vor Ort bestimmt ist.

Zu erwarten ist, dass zunehmend die Aufgaben der Wasserversorgung und -entsorgung in einem Unternehmen zusammengeführt werden. Dies ist zurzeit noch dadurch behindert, dass die Abwasserentsorgung als hoheitliche Aufgabe gilt, während die Wasserversorgung als gewerbliche Tätigkeit ausgeführt werden kann. Zu erwarten ist allerdings, dass die Europäische

Gemeinschaft in nächster Zeit gegen die unterschiedliche steuerliche Behandlung gleichartiger Tätigkeiten vorgehen wird, was die Überführung der Abwasserentsorgung in eine gewerbliche Tätigkeit zwangsläufig zur Folge hätte. Von interessierter Seite wird eine „Liberalisierung des Wassermarktes" in Analogie zu Strom und Gas gefordert. Inzwischen ist allerdings auch im politischen Raum die Erkenntnis gewachsen, dass Wasser ein öffentliches Gut und damit mehr als eine Handelsware ist; eine Gleichsetzung mit der Energieversorgung verbietet sich. Die Beteiligung an Versorgungsunternehmen durch private, überregional tätige Unternehmen wird weiterhin zunehmen. Ein Trend zur „totalen Privatisierung" ist nicht zu erkennen – und im Interesse des Verbrauchers, der durchaus Wert auf die demokratische Kontrolle durch sein Gemeinde- bzw. Stadtparlament legen sollte, auch kaum wünschenswert. Einige Fälle sind inzwischen bekannt geworden, dass Städte oder Gemeinden ihr Unternehmen wieder ganz in kommunales Eigentum übernehmen, was zum Teil auch zusammen mit anderen Gemeinden erfolgt. Es ist zu früh, um einen Trend der Rekommunalisierung zu konstatieren.

1.6 Wasserversorgungsunternehmen

Den Wasserversorgungsunternehmen obliegen die technischen Aufgaben Gewinnung, Förderung, Aufbereitung, Speicherung und Verteilung des Wassers. Bei Planung, Bau, Betrieb und Unterhaltung der Anlagen sind (selbstverständlich) die gesetzlichen Vorschriften und die (allgemein) anerkannten Regeln der Technik zu beachten (s. *Kap. 1.7 Anerkannte Regeln der Technik, DVGW-Regelwerk*). Dem Arbeitsschutz dienen die Unfallverhütungsvorschriften (UVV), die von der Berufsgenossenschaft der Gas-, Fernwärme- und Wasserwirtschaft BGFW herausgegeben werden.

Ein Wasserversorgungsunternehmen muss – im Rahmen seiner Aufgaben und Tätigkeitsfelder – über eine personelle, technische, wirtschaftliche und finanzielle Ausstattung sowie über eine Organisation verfügen, die eine sichere, zuverlässige sowie nachhaltige Versorgung (das schließt die Begriffe „wirtschaftlich" sowie „sozial- und umweltverträglich" ein) mit qualitativ einwandfreiem Trinkwasser gewährleisten.

Die Qualifikationsmaßstäbe für das Unternehmen sind im DVGW-Arbeitsblatt W 1000 ausformuliert und betreffen:

- Aufgaben und Tätigkeitsfelder des Unternehmens,
- Qualifikation des Personals,
- Qualifikation von Fremdunternehmen (Dienstleister),
- technische Ausstattung, Organisation des Unternehmens.

Die Aufbau- und Ablauforganisation des Unternehmens wird im **Betriebshandbuch** beschrieben. Der DVGW hat insbesondere für die kleineren und mittleren WVU einen Leitfaden zur Erstellung des auf die eigenen und örtlich gegebenen Bedingungen abgestimmten Betriebshandbuchs herausgegeben (W 1010). Zur Organisation der Betriebsführung sei auch auf Kap. 5 in W 400-3 (Technische Regeln Wasserverteilungsanla-

gen (TRWV), T.3: Betrieb und Unterhaltung) verwiesen.

Die Wasserversorgungsunternehmen sind zur Einhaltung der Wassergüte (TrinkwV) verpflichtet; dazu gehören bestimmte Aufgaben der Eigenüberwachung, die auch das Wassergewinnungsgebiet umfasst. Die Sicherung der Wasserqualität vom Gewinnungsgebiet bis zur Übergabestelle an den Verbraucher ist eine Aufgabe des Qualitätsmanagements, das sämtliche Anlagen und Tätigkeiten umfasst – größtmögliche Sauberkeit, Hygiene, ästhetischer Anspruch an das Trinkwasser; zur Umsetzung bedarf es regelmäßiger Schulung des Fachpersonals (s. dazu auch Kap. 7.3 W 400-1 „Erhaltung der Wassergüte: Anforderungen an die Anlagen, Anforderungen an das Personal").

Die Wasserversorgungsunternehmen sind nach kaufmännischen Gesichtspunkten zu führen. Aufgrund der öffentlichen Aufgabe gestattet der Gesetzgeber grundsätzlich durch mögliche Einführung eines Anschluss- und Benutzungszwanges ein Versorgungsmonopol für Trinkwasser, wovon aber nur wenige Gemeinden Gebrauch machen. Im Gesetz gegen Wettbewerbsbeschränkungen GWB wurden bei der Novellierung 1998 die Regelungen zum Gebietsschutz (§§ 103, 103a und 105 alte Fassung) für Unternehmen der Energieversorgung aufgehoben, während sie zugunsten der öffentlichen Wasserversorgung weiter gelten. Ob dies so bleibt, ist nicht vorauszusagen.

Zur Bestimmung der Position des Unternehmens und zur Ermittlung von Verbesserungspotenzialen steht das Instrument des Benchmarking (Leistungsvergleich) zu Verfügung – s. W 1100 und Leitfaden Benchmarking [DVGW Nr. 68, 2005]. Benchmarking wird als systematischer und kontinuierlicher Prozess zur Identifizierung, zum Kennenlernen und zur Übernahme erfolgreicher Instrumente, Methoden und Prozesse von Benchmarkingpartnern definiert. Erfolgreiches Benchmarking beruht auf dem Prinzip der Freiwilligkeit und Vertraulichkeit innerhalb der Vergleichsgruppe. Der Vergleich erfolgt auf der Basis gemeinsam verabredeter Kennzahlen; er bezieht sich entweder auf einzelne Prozesse (z.B. Erstellung eines Hausanschlusses) oder auf die Hauptmerkmale des Unternehmens – s. *Abb. 1.2*.

Den typischen organisatorischen Aufbau für ein Wasserversorgungsunternehmen zeigt *Abb. 1.3* (zu weiteren Einzelheiten s. [Mutschmann und Stimmelmayr, 2007] Kap. 13)

In größeren WVU sind die technischen Aufgaben in Abteilungen gegliedert – z.B. Wassergewinnung, Wasserverteilung, Maschinen- und Elektrotechnik, Bauwesen, Wassergüte/Labor, Planung und Bau, Zeichenbüro/Grafisches Informationssystem. Die Verwaltung gliedert sich beispielsweise in: Allgemeine Verwaltung (Rechtswesen, Vergabewesen, Datenverarbeitung, Statistik, Öffentlichkeitsarbeit), Grundstücksverwaltung, Personalwesen, Finanzverwaltung, Wasserverkauf und Kundenbetreuung. Im kleineren WVU konzentriert sich die Zuständigkeit auf wenige Köpfe, die zwar den Vorteil haben, den gesamten Betrieb zu übersehen, allerdings auch vielseitigen Anforderungen genügen müssen.

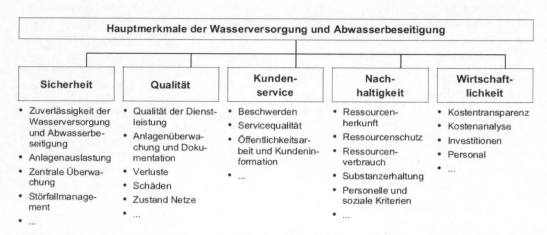

Abb. 1.2: Hauptmerkmale zur Beurteilung der Leistungsfähigkeit der Wasserversorgung und Abwasserbeseitigung mit Beispielen für die Zuordnung (W 1100)

Stufe	Regiebetrieb	Eigenbetrieb	Zweckverband (Wasser- und Bodenverband)	Kapitalgesellschaft AG oder GmbH
1	Gemeinderat	Gemeinde- oder Stadtrat	Verbandsversammlung	Aufsichtsrat, Gesellschafterversammlung
2	Beigeordneter bzw. Referent für die Wasserversorgung	1. Bürgermeister, Werksausschuss	1. Vorsitzender, Verbands- und Werksausschuss	Oberbürgermeister, Vertreter des privaten Partnerunternehmens
3	Technische und kaufmännische Geschäftsleitung			
	Wassermeister	Werkleiter	Werkleiter	Vorstand bzw. Geschäftsführer

technisches Personal
(Ingenieure, Meister, Techniker, Facharbeiter

kaufmännisches Personal
(Verwaltungspersonal)

Abb. 1.3: Typischer organisatorischer Aufbau eines Wasserversorgungsunternehmens

Tab. 1.4 und *Tab. 1.5* geben eine Übersicht über die Entwicklung der Investitionen in der öffentlichen Wasserversorgung ab 1990; die Versorgungsunternehmen in den neuen Bundesländern halten daran wegen des hohen Nachholbedarfs einen vergleichsweise hohen Anteil.

Die Wasserversorgung benötigt vielfältige technische Anlagen, wie aus *Tab. 1.5* hervorgeht, ist also durch eine hohe Anlagenintensität gekennzeichnet. Entsprechend hoch ist der Anteil der Investitionen (Neubau, Erweiterung und Erneuerung) an den Gesamtkosten der Unternehmen. Der Fixkostenanteil beträgt daher rd. 70–80%; dazu gehören auch die Fixkosten für Betrieb und Unterhaltung der Anlagen. Instandhaltungskosten und Personalkosten sind nur in geringem Maße von der Betriebsleistung abhängig. Mengenabhängige Kosten (z.B. Pumpstrom, Betriebsmittel für die Aufbereitung, Wasserentnahmeentgelte) sind vergleichsweise gering. Privatrechtlich verfasste Unternehmen haben in der Regel eine Konzessionsabgabe an die Kommune zu zahlen; außerdem ist es zulässig, eine Verzinsung des Eigenkapitals in die Preisbildung einzurechnen – im Falle einer privaten Beteiligung ist dies selbstverständlich. Kosten entstehen außerdem durch die Vorhaltung von Löschwasser. Die Kostenstruktur der Wasserversorgung ist in den letzten Jahren weitgehend gleich geblieben. Eine Übersicht zeigt *Abb. 1.4* [Branchenbild, 2008].

Tab. 1.4: Investitionen der öffentlichen Wasserversorgung 1990–2008 in Mio. € [BDEW Wasserstatistik, lfd. Jhrg.]

Jahr	Bundesrepublik Deutschland	Alte Bundesländer	Neue Bundesländer
(1)	(2)	(3)	(4)
1990	2.363	1.584	779
1992	2.765	1.873	892
1994	2.644	1.936	708
1996	2.614	1.863	751
1998	2.510	1.828	682
2000	2.487	1.907	580
2002	2.561	2.032	529
2004	2.235	1.818	417
2006[*]	2.122	1.533	589
2008[*]	2.226	1.674	552
insgesamt	46.406	34.308	12.098

[*] ab 2006 ist Berlin in den neuen Bundesländern enthalten

Tab. 1.5: Aufteilung der Investitionen nach Anlagebereichen (2008) [BDEW Wasserstatistik, lfd. Jhrg.]

Anlagegruppen	Deutschland		Alte Bundesländer		Neue Bundesländer	
	%	Mio. €	%	Mio. €	%	Mio. €
Wassergewinnung	12	261	11	189	13	72
Wasseraufbereitung	4	93	4	67	5	26
Wasserspeicherung	6	127	6	102	5	25
Rohrnetz	61	1 347	60	996	63	351
Zähler und Messgeräte	3	71	4	62	2	9
IT-Investitionen	2	48	2	27	4	21
Sonstige Investitionen [*]	12	279	13	231	8	48
insgesamt	100	2 226	100	1 674	100	552

[*] einschließlich Investitionen, für die keine Aufteilung nach Anlagebereichen vorliegt

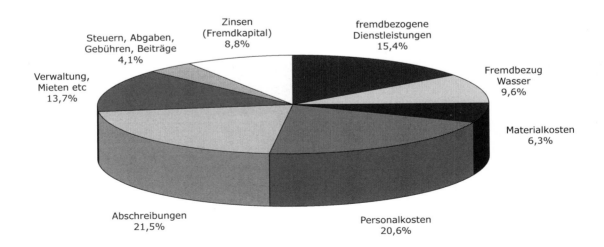

Abb. 1.4: Kostenstruktur in der Wasserversorgung 2004 [Branchenbild, 2008]

Tab. 1.6:   Entwicklung der Wasserpreise für Haushalt und Kleingewerbe €/m³ [BDEW Wasserstatistik, lfd. Jhrg.]

Gewichtete Durchschnittspreise einschließlich Grundpreis und Mehrwertsteuer – bis 1990 nur alte Bundesländer, ab 1992 Bundesrepublik insgesamt

1980	1984	1988	1990	1992	1994	1996	1998	2000	2002	2004	2006	2008	2009
0,71	0,94	1,06	1,13	1,18	1,43	1,56	1,64	1,69	1,71	1,77	1,84	1,86	1,89*

* alte Bundesländer 1,82, neue Bundesländer 2,16 €/m³

Der Wasserpreis (Wassertarif) soll kostendeckend sein. Die Preisfindung richtet sich nach den in den Kommunalabgegesetzen verankerten Grundsätzen:

1. Deckung aller Kosten durch den Wasserpreis,
2. Aufschlüsselung der Entgelte der Verbrauchergruppen entsprechend den durch diese Abnehmergruppen verursachten Kosten,
3. Berücksichtigung der Kostenstruktur bei der Festsetzung von Grund- und Mengenpreis,
4. angemessene Verzinsung für Eigen- und Fremdkapital und
5. Berücksichtigung des Prinzips der Substanzerhaltung.

Der Grundsatz 1 wird in Deutschland weitgehend befolgt. In kleinen Gemeinden, welche die Versorgung noch als Teil der Gemeindeverwaltung betreiben, wird die Gebühr für Wasserversorgung und Abwasserentsorgung häufig noch nicht kostenecht erhoben. Im Unterschied zu anderen Ländern erhält die öffentliche Wasserversorgung in Deutschland praktisch keine staatlichen Zuschüsse. Der Grundsatz 3 wird regelmäßig verletzt: Das Verhältnis der Kosten zur Vorhaltung der Anlagen (Fixkosten) zu den unmittelbar auf die abgegebene Wassermenge zu beziehenden Kosten beträgt etwa 70–80 zu 30–20%. Der Wasserpreis ist dagegen im Mittel zu 89% Mengenpreis, d.h. auf den verkauften Kubikmeter Wasser bezogen, zu 11% Anschlusspreis (Grundpreis). Diese Preisbildung begründet sich auf der politischen Vorstellung, dass ein hoher Arbeitspreis den Verbraucher zum sparsamen Wasserverbrauch anhielte. Damit hat der Tarif aber eine unsoziale Komponente erhalten: Im Grunde subventioniert die kinderreiche Familie den Single-Haushalt. Wenn Großabnehmer den Haushaltskunden-Preis zahlen müssen, wird der Grundsatz 2 verletzt, da das Entgelt nicht der Kostenstruktur (Fix-Kosten zu Arbeitskosten) entspricht. Die Grundsätze 4 und 5 sollten für ein Wirtschaftsunternehmen eine Selbstverständlichkeit sein.

Zum Grundsatz 5 ist anzumerken: Wegen der langen Nutzungsdauer (Rohrnetz z.B. 70–100 Jahre) sind die Erneuerungsinvestitionen nicht allein aus den jährlichen Abschreibungen finanzierbar. Somit müssen aus dem versteuerten Gewinn (oder durch Rückübertragung von Konzessionsabgaben seitens der Gemeinde an das Unternehmen) Instandsetzungsrücklagen gebildet werden. Bei der Festlegung der Wassertarife ist also zu berücksichtigen, dass Gewinn bzw. Konzessionsabgabe angemessen dotiert sind. Unter dem starken Kostendruck, unter dem die Unternehmen, vor allem aber die Gemeinden leiden, ist zunehmend festzustellen, dass in den Unternehmen die Prinzipien 4 und 5 nicht mehr beachtet werden, was einen Stau notwendiger Instandhal-

tungsmaßnahmen zur Folge hat und auf Dauer einen Vermögensverzehr für das Unternehmen bedeutet.

Der Wasserpreis ist in 11 von 16 Bundesländern mit einer staatlichen Abgabe belastet, die auf den Kubikmeter geförderten Wassers erhoben wird. Sie beträgt ja nach Bundesland zwischen 0,025 (Mecklenburg-Vorpommern) und 0,31 €/m³ (Berlin). Hessen hat die Abgabe 2003 wieder abgeschafft, neu eingeführt haben sie Nordrhein-Westfalen (2004) und das Saarland (2008).

Der durchschnittliche Wasserpreis (gewichteter Preis: der Grundpreis ist anteilig in den Kubikmeter-Preis eingerechnet) betrug zum 1. Januar 2009 1,89 €/m³ bei einer Bandbreite im Ländervergleich zwischen 1,37 € in Schleswig-Holstein, 1,38 € in Niedersachsen und 2,42 € in Thüringen. Bezogen auf den durchschnittlichen Verbrauch (2008: 124 L/(E·d) einschl. Kleingewerbe) zahlte der Bürger also im Jahr 85 € für seinen Anschluss an eine zuverlässige zentrale Wasserversorgung.

Bisher wurde von den Gemeinden die Abwassergebühr in der Regel nach dem Frischwassermaßstab berechnet und meist auch zusammen mit der Wasserrechnung eingezogen. Zunehmend gehen die Städte und größeren Gemeinden – die kleinen Gemeinden tun sich noch schwer damit – dazu über, das Niederschlagswasser getrennt vom Abwasser zu bewerten; rd. 73% der erfassten Einwohner erhalten inzwischen eine Rechnung getrennt nach Schmutz- und Niederschlagswasser. Für das Jahr 2007 haben DWA, Deutscher Städtetag und Deutscher Städte- und Gemeindebund gemeinsam erneut Unternehmen und Betriebe der Abwasserentsorgung befragt; die Auswertung war möglich für 533 Abwasserentsorger mit rd. 38 Mio. angeschlossenen Einwohnern entsprechend 48% der Gesamtbevölkerung. Gegenüber 2006 sind die Gebühren leicht gefallen. Für das Jahr 2007 ergibt sich für den Bürger eine mittlere Abwassergebühr (gewichtet nach den gemeldeten Einwohnern) von 2,19 €/m³ nach dem Frischwassermaßstab, bei Anwendung des gesplitteten Maßstabs 1,91 €/m³ für Schmutzwasser und 0,84 €/m² versiegelter Fläche für Niederschlagswasser; für das Niederschlagswasser wird ein Kostenanteil von rd. 40% unterstellt. Für die Ableitung und Behandlung der Schmutz- und Niederschlagswassers ergibt sich damit eine mittlere Belastung des Bürgers von 109,55 €/Jahr – mit breiten Schwankungen innerhalb Deutschlands, bedingt durch die zum Teil stark abweichenden Rahmenbedingungen (Strukturen, örtliche Topografie, Investitionen und deren Finanzierung sowie Kalkulationsgrundlagen nach jeweils gültigem Kommunalabgabengesetz) [KA 2008, Nr. 11 S. 1230 ff.] – Wasser und Abwasser kosten den Bürger also im Mittel zusammen 194 €/a.

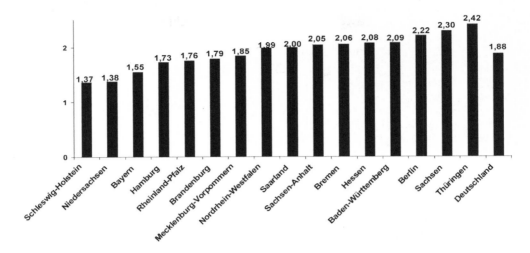

Abb. 1.5: Trinkwasserpreise 1. Januar 2009 – durchschnittliche Preise für Haushalte nach Bundesländern in €/m³
(gewichtete Preise unter Einschluss des Grundpreises. (www.BDEW.de → Marktdaten)

Im internationalen Vergleich der Wasserpreise rangiert Deutschland meistens an erster Stelle. Die Vergleiche beziehen sich allerdings meistens ausschließlich auf den Kubikmeter Wasser. Um einen annähernd korrekten Vergleich zu ermöglichen, sind folgende Fragen zu beantworten:

- Ist der Wasserpreis kostenecht berechnet? (dies ist in Deutschland für den Trinkwasserpreis im Gegensatz zu anderen Ländern der EU weitgehend gegeben; Defizite bestehen noch bei den Abwassergebühren)
- Wie hoch ist der personenbezogene Wasserverbrauch? (hier liegt Deutschland am unteren Ende der Skala)
- Welche Qualität der Wasserversorgung (Zuverlässigkeit, Service, Wasserqualität) wird dem Verbraucher geboten?

Bezieht man die Wasserkosten auf die Jahresbelastung des Bürgers, liegt Deutschland mit 84 €/E/Jahr gleichfalls in der Spitzengruppe. Auf der Basis des Jahres

2003 ist im Jahre 2006 eine Studie „Vergleich Europäischer Wasser- und Abwasserpreise" vorgelegt worden [VEWA, 2006] – s. *Tab. 1.7*.

Der Vergleich macht deutlich, dass unter Zugrundelegung eines einheitlichen Leistungsniveaus England/Wales die höchsten Wasser- und Abwasser-Kosten aufweist; die prozentuale Belastung des Bürgers ist für Frankreich am höchsten; bei echter Kostenrechnung würde vermutlich Italien auch in dieselbe Größenordnung geraten. Eine Vergleichsstudie auf der Basis des Jahres 1995 hatte für diese vier Länder vergleichbare Ergebnisse ergeben; dagegen zeigte sich für die Länder Portugal, Griechenland, Irland und Spanien eine beachtliche Differenz zwischen tatsächlichem und kostenechtem Preis: bei kostenechter Preisbildung (im Sinne der Wasserrahmenrichtlinie) müsste der Preis auf das 5,5-fache (PT) bis 3,5-fache (ES) angehoben werden! [Quelle: Ecotec 1996 and cited in OECD 1999, aus: European Commission: Pricing Policies for Enhancing the Sustainability of Water Resources–Draft 12/1999].

Tab. 1.7: Vergleich europäischer Wasser- und Abwasserpreise (Stand 2003) [VEWA, 2006]

	Wasserversorgung – Ausgaben			Abwasserentsorgung – Ausgaben		
	Stufe I €/(E·a) (%)	Stufe II €/(E·a) (%)	Stufe II I €/(E·a) (%)	Stufe I €/(E·a) (%)	Stufe II €/(E·a) (%)	Stufe III €/(E·a) (%)
D	82 (0,38)	84 (0,39)	84 (0,39)	111 (0,52)	119 (0,55)	119 (0,55)
E/W	95 (0,35)	103 (0,38)	106 (0,39)	93 (0,34)	122 (0,45)	138 (0,51)
F	85 (0,38)	90 (0,40)	106 (0,48)	90 (0,40)	109 (0,49)	122 (0,55)
I	59 (0,31)	66 (0,35)	74 (0,38)	40 (0,21)	55 (0,29)	85 (0,44)

Die Ausgaben für Wasser und Abwasser pro Kopf und Jahr werden in Stufe I als *landesspezifischer Preis*, in Stufe II unter Berücksichtigung von Zuschüssen als *kostendeckender Preis*, in Stufe III unter Einrechnung desselben Leistungsstandards der Ver- und Entsorgung wie in Deutschland (dies betrifft vor allem Anschlussgrad und Erneuerungsrate) als *Preis bei einheitlichem Leistungsniveau*, außerdem in Prozent des verfügbaren Einkommens pro Kopf und Jahr dargestellt. Vergleichsländer sind Deutschland **D**, England und Wales **E/W**, Frankreich **F** und Italien **I**. Da bei Italien die Datenverfügbarkeit Mängel aufweist, wird vermutet, dass die Stufen 2 und 3 bei korrekter Berechnung deutlich höhere Preise ergeben würden.

Wie unter *Kap. 1.3 Bund* ausgeführt, wird das Vertragsverhältnis zwischen Versorgungsunternehmen und (Tarif-)-Kunden durch die AVBWasserV geregelt. Die Aufgabe „Wasserversorgung" für ein WVU geht allerdings über die einfache Lieferung und Abrechnung des Trinkwassers hinaus. Die Unternehmen kommen zunehmend in Wettbewerbsdruck. Dabei steht selbstverständlich nicht das „Produkt", nämlich das Trinkwasser, im Wettbewerb – es ist bekanntlich durch nichts zu ersetzen. Verschiedene Unternehmen – lokale, regionale, auch international tätige Kapitalgesellschaften – können sich bei den Städten und Gemeinden um die Konzession der Wasserversorgung oder um eine Beteiligung an dem kommunalen Unternehmen bewerben. Die Wettbewerbsfähigkeit eines Unternehmens wird sich dabei nicht allein im Wasserpreis und im Jahresgewinn zu beweisen haben, sondern in der korrekten Bewertung des technischen Zustands der Versorgungsanlagen (Erhaltung einer langen Nutzbarkeitsdauer), der Gesamtheit seiner Dienstleistung gegenüber dem Verbraucher (Kunden) und damit auch für die versorgte Gemeinde sowie in der Erfüllung der Umwelt-Auflagen.

Auf nationaler und europäischer Ebene werden Konzepte des Sicherheits-, Risiko und Krisenmanagements in der Wasserversorgung verstärkt diskutiert – s. dazu WHO-Trinkwasserleitlinie, Water Safety Plans und nationale Umsetzung der Sicherheitskonzepte. Dies betrifft den täglichen Betrieb der Anlagen („safety"), aber auch das Auftreten von Extremereignissen (z.B. Naturkatastrophen oder unbefugte Eingriffe – „security"). Der DVGW hat mit den deutschen Behörden (Bundesgesundheitsministerium Umweltbundesamt und Bundesamt für Bevölkerungsschutz und Katastrophenhilfe) ein nationales Konzept abgestimmt, das im DVGW-Regelwerk seinen Niederschlag finden soll. Basis sind die Regelwerke

- W 1001 Sicherheit in der Trinkwasserversorgung – Risikomanagement im Normalbetrieb,
- W 1002 Sicherheit in der Trinkwasserversorgung – Organisation und Management im Krisenfall,
- W 1010 Leitfaden für die Erstellung eines Betriebshandbuchs,
- W 1020 Empfehlungen und Hinweise für den Fall von Grenzwertüberschreitungen und anderen Abweichungen von Anforderungen der Trinkwasserverordnung.

Zur Unterstützung des eigenverantwortlichen Handelns der Unternehmen und gleichzeitige Kompetenzstärkung der technischen Selbstverwaltung der öffentlichen Gas- und Wasserversorgung hat der DVGW das „Technische Sicherheitsmanagement – TSM" entwickelt. Auf der Basis von vorbereiteten, vom Unternehmen auszufüllenden Leitfäden erfolgt eine Überprüfung durch Fachleute, ob die zu beachtenden Technischen Regeln umgesetzt worden sind; die erfolgreiche Überprüfung wird dem Unternehmen in Form einer DVGW-Bestätigung bescheinigt. (www.dvgw.de/angebote-leistungen/technisches-sicherheitsmanagement-tsm/)

1.7 Anerkannte Regeln der Technik, DVGW-Regelwerk

Nach Vorgabe des WHG (neu) in Übernahme aus den bisherigen Länder-Wassergesetzen (s. *Kap. 1.3 Bund*) sind bei Planung, Bau und Betrieb der Versorgungsanlagen die „allgemein anerkannten Regeln der Technik" zu beachten. Mit dieser Formel (Generalklausel), die auch in anderen Rechtsbereichen verwendet wird (z.B. im Strafrecht, Kaufrecht, Haftungsrecht, Umweltrecht), kann sich der Gesetzgeber darauf zurückziehen, in seinen Gesetzen und Verordnungen lediglich die Schutzziele zu formulieren – z.B. für Gesundheit, Leben und Umwelt. Er überlässt es der Wirtschaft, im technischen Raum diese Schutzziele durch technische Regeln (Normen, Arbeitsblätter) auszufüllen. Dies erlaubt der Wirtschaft eine weitgehende Selbstverwaltung im Bereich der Technik und entlastet den Staat von Detailregelungen, zu denen er wegen seiner größeren Distanz zur technischen Praxis kaum in der Lage wäre.

Die technischen Regeln werden von Organisationen von Wissenschaft und Technik (technisch-wissenschaftlichen Vereinen) erarbeitet und herausgegeben. Es sind dies fachübergreifend das DIN Deutsches Institut für Normung, fachbezogen in vertraglich geregelter Zusammenarbeit mit DIN im Sektor Wasserversorgung (und Gasversorgung) der DVGW Deutscher Verein des Gas- und Wasserfaches e.V., im Sektor allgemeine Wasserwirtschaft und Abwasser die DWA Deutsche Vereinigung für Wasserwirtschaft, Abwasser und Abfall e. V. In den Fachausschüssen dieser Vereine tragen die Fachleute aus den Unternehmen selbst und aus allen „interessierten Kreisen" wie Industrie, Forschung, Consulting, Behörden den Stand der Technik zusammen und kodifizieren ihn in Gestalt von Normen und Arbeitsblättern/Merkblättern; die Fachöffentlichkeit erhält vor der Veröffentlichung Gelegenheit zum Einspruch. Durch die Europäischen Verträge sind die Mitgliedstaaten der Europäischen Union gehalten, ihre gesetzlichen Regelungen im Interesse des offenen Binnenmarktes zu harmonisieren. Im Sinne der vorher beschriebenen Arbeitsteilung hat die Europäische Kommission das Europäische Normungsinstitut CEN (Comité Européen de Normalisation) mit der Harmonisierung der technischen Normen beauftragt. Die weltweite Normung obliegt der International Standardisation Organisation ISO.

In DIN 820 hat DIN das Verfahren der Normsetzung geregelt. Es heißt dort in Teil 1 Ziff. 5.7:

„Der Inhalt der Normen ist an den Erfordernissen der Allgemeinheit zu orientieren. Die Normen haben den jeweiligen Stand der Wissenschaft und Technik sowie die wirtschaftlichen Gegebenheiten zu berücksichtigen. Sie enthalten Regeln, die für eine allgemeine Anwendung bestimmt sind. Normen sollen die Entwicklung und Humanisierung der Technik fördern."

Eine technische Regel gilt als anerkannte Regel der Technik aufgrund

- faktischer, allerdings widerlegbarer Vermutung: wenn der repräsentative Sachverstand der Fachleute wiedergegeben wird unter Einhaltung eines offenen Verfahrens nach DIN 820, bzw. GW 100 (DVGW) bzw. A 400 (DWA),
- gesetzlicher Vermutung: z.B. § 49 Abs. 2 Energiewirtschaftsgesetz (EnWG 2005) bezüglich des DVGW-Regelwerks Gas, § 51 Abs. 2 WHG (Begründung) bezüglich Wasserschutzgebieten, Art. 12 AVBWasserV bezüglich Hausinstallation Wasser,
- gerichtlicher Vermutung durch höchstrichterliche Urteile.

Diese technischen Regeln sind keine Gesetze, sondern der Maßstab für technisch richtiges Handeln. Eine Abweichung davon ist dem handelnden Ingenieur gestattet, wenn er eine sicherheitstechnisch gleichwertige Lösung nachweisen kann. Sie ist gegebenenfalls auch geboten, wenn der Ingenieur feststellt, dass die von ihm angezogene Regel nicht ganz zutreffend oder nicht mehr zutreffend ist, den betreffenden Fall unzureichend beschreibt oder unwirtschaftlich ist. Der Ingenieur, der im Schadensfall vor Gericht nachweisen kann, dass er sich nach den anerkannten Regeln der Technik gerichtet hat, genießt den Vorteil der (widerlegbaren) Vermutung, richtig gehandelt zu haben; schuldhafte Versäumnisse sind dann ihm nachzuweisen (Beweislastumkehr). Damit erhalten die technischen Regeln zwar keine Gesetzeskraft, aber eine in ihrer Rechtswirkung doch sehr weitgehende Bedeutung.

1.8 Zusammenfassung: öffentliche Wasserversorgung in Deutschland

Die Aufgaben der öffentlichen Wasserversorgung sind zwischen Staat, Gemeinden und Wasserversorgungsunternehmen aufgeteilt:

Staatliche Aufgaben

- Bewirtschaftung der Wasservorräte nach Wasserhaushaltsgesetz und Landeswassergesetz,
- landesweite Erkundung der für die Trinkwasserversorgung nutzbaren Wasservorkommen,
- Sicherung und Schutz der für die Trinkwasserversorgung genutzten oder zur Nutzung vorgesehenen Wasservorkommen,
- Überwachung der Gewässernutzung (technische Gewässeraufsicht),
- hygienische Überwachung des Trinkwassers durch die staatliche Gesundheitsverwaltung
- allgemeine Rechtsaufsicht durch die staatliche Innenverwaltung (Kommunalaufsicht),
- Missbrauchsaufsicht der privatrechtlichen Unternehmen durch die Kartellbehörden.

Weitere Aufgaben des Staates darüber hinaus betreffen: Investitionshilfen (Strukturhilfen), Raumordnung, Landes- und Bauleitplanung, allgemeine Bauaufsicht, Mitgestaltung technischer Regeln und Richtlinien, Mitgestaltung des internationalen Rechts.

Kommunale Aufgaben

Den Gemeinden obliegt gemäß Grundgesetz der Auftrag zur Sicherstellung der Wasserversorgung. Sie können dies unmittelbar wahrnehmen, d.h. durch die Gemeindeverwaltung, oder diese Aufgabe – gegebenenfalls in Kooperation mit anderen Gemeinden (z.B. Zweckverband) – einem öffentlich-rechtlich oder privatrechtlich verfassten Unternehmen – z.B. Stadtwerken – übertragen (vergl. *Tab. 1.1* und *Tab. 1.2*).

Wasserversorgungsunternehmen WVU

Den WVU obliegen die technischen Aufgaben Gewinnung, Förderung, Aufbereitung, Speicherung und Verteilung des Wassers. Bei Planung, Bau, Betrieb und Instandhaltung der Anlagen sind die (allgemein) anerkannten Regeln der Technik zu beachten. Durch ihre technisch-wissenschaftlichen Vereine erarbeiten sie gemeinsam mit den interessierten Fachkreisen die technischen Regeln, die den Anspruch erfüllen, die „anerkannten Regeln der Technik" im Sinne gesetzlicher Vorschriften zu sein.

Die Unternehmen sind nach kaufmännischen Regeln zu führen; das Vertragsverhältnis zum Kunden ist durch Satzung (öffentlich-rechtliche Unternehmen) oder durch die AVBWasserV (privat-rechtliche Unternehmen) bestimmt – s.o.

Eine Übersicht, wo und wie Rechtsvorschriften und Technische Regeln die öffentliche Wasserversorgung bestimmen, zeigt *Abb. 1.4*.

Die öffentliche Wasserversorgung lässt sich wie folgt kennzeichnen [DVGW Bd. 2, 1999]:

- großflächige Versorgungsgebiete mit Monopolversorgung,
- hohe Versorgungssicherheit – nahezu 100%,
- lange Nutzungsdauer der Anlagen – meist weit über 50 Jahre,
- lange Planungszeiträume – entsprechend der Anlagen-Nutzungsdauer,
- hohe Kapitalintensität (meist > 70% der Gesamtkosten) und geringe Personalintensität (meist < 30%),
- vergleichsweise geringe Auslastung der Anlagenkapazität (meist < 50%) wegen der notwendigen Vorhaltung des Spitzenbedarfs und
- gesellschaftspolitische Einflüsse auf die WVU und umweltpolitische Forderungen der WVU.

Ziele der Wasserversorgungsunternehmen sind, Trinkwasser in ausreichender Menge mit dem erforderlichen Druck in einwandfreier Qualität im Rahmen eines umfassenden Serviceangebots für den Verbraucher zu angemessenem Preis bereitzustellen, das heißt Sicherheit, Zuverlässigkeit und Wirtschaftlichkeit der Versorgung zu gewährleisten, im Einklang mit Gesetz und Recht unter Beachtung der technischen Regelwerke. Dies geschieht durch

- fachgerechte Planung, Bau, Betrieb und Instandhaltung aller Anlagen in angemessenen Planungszeiträumen,
- ausreichende finanzielle Ressourcen, die Nutzung aller Kostensenkungspotenziale in Technik und Verwaltung und kostendeckende Wasserpreise,
- effiziente Aufbau- und Ablauforganisation im Unternehmen (Qualitätsmanagement), geschultes, qualifiziertes Personal und
- umweltgerechte Lösungen für Bau und Betrieb der Versorgungsanlagen.

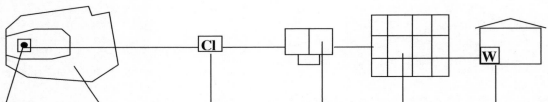

Gewinnung	Schutzgebiet	Aufbereitung	Speicherung	Verteilung	Kunde
Bohrung: Anzeige, ggf. Erlaubnis	Maßnahmen zur Reinhaltung der Ressource: Schutzgebiets-Verordnung	zur Aufbereitung zugelassene Stoffe	Ableitung von chemischen Stoffen zur Behälterreinigung: ggf. Erlaubnis	Leitungsbau: Straßenverkehrsrecht	Benutzung der Wasserversorgungs-Anlage gemäß Satzung bzw. AVBWasserV
Pumpversuch: ggf. Erlaubnis		Grenzwerte für die Konzentration von Desinfektionsmitteln		Grunderwerb, Dienstbarkeiten: Grundstücksrecht	
Entnahme: Bewilligung, Erlaubnis	Ausgleichszahlungen durch das WVU		Grenzwerte für die Konzentration von Desinfektionsmitteln		Einhaltung der Trinkwasser-Qualität am Zapfventil des Verbrauchers: Trinkwasser-Verordnung
Brunnenregenerierung: ggf. Erlaubnis	Eigenüberwachung Vorfeldmessstellen	UV-Bestrahlung		Grenzwerte für die Konzentration von Desinfektionsmitteln	
Bohrlochverfüllung: ggf. Erlaubnis		Rückspülwässer: ggf. Erlaubnis	Baurecht		
Wasserrecht, Landes-Wassergesetz					
Sicherung der Wasserqualität und öffentlichen Gesundheit: Trinkwasser-VO, Eigenüberwachungs-VO DIN 2000 und Technische Regelwerke DVGW, DIN, DIN EN, UVV					

Abb. 1.6: Berührungspunkte Wasserversorgungsanlage und Rechtsvorschriften ([Mutschmann und Stimmelmayr, 2007], S. 812, ergänzt)

2 Wassergewinnung

Prof. Dr.-Ing. W. Merkel

2.1 Wasserdargebot

Deutschland ist im Zentrum Europas gelegen. Seine nationalen Grenzen umfassen eine Oberfläche von 357.100 km²; Bevölkerung 82,2 Millionen (Stand Ende 2007), d. h. 230 Einwohner/km² (zwischen 72 in Mecklenburg-Vorpommern und 528 in Nordrhein-Westfalen, 3834 in Berlin) – s. „Daten zur Umwelt", Umweltbundesamt [UBA, aktueller Jhrg.]. Kennzeichnende Landschaften sind: nördliche Tiefebene, Mittelgebirge (Schwarzwald, Schwäbische und Fränkische Alb, Thüringer Wald, Erzgebirge, Rheinisches Schiefergebirge, Harz) und Hochgebirge (Alpen).

Flächennutzung (2008 [www.destatis.de/jetspeed/cms/ → Flächennutzung]): Landwirtschaft (einschl. Marsch- und Heidelandschaften) 52,5% (in 9 von 16 Bundesländern mehr als 50%), Wald 30,1%, Wasserfläche 2,4%, Siedlungen und Verkehrsflächen 13,2%, Flächen anderer Nutzung 1,5%. Tendenziell nimmt die landwirtschaftlich genutzte Fläche ab; primärer Grund ist die anhaltende Zunahme der Siedlungs- und Verkehrsflächen; sie ist von 2004 bis 2007 von 12,8% auf 13,2% der Gesamtfläche gewachsen. Natürliche Seen (über 20 km²) umfassen 1.180 km²; künstliche Stauseen (über 100 Mio.m³) haben eine Speicherkapazität von 1.740 Mio.m³ (www.Deutschland-auf-einen-blick-de/statistik/berge-seen.php). Wasserschutzgebiete umfassen 40.530 km² entsprechend 11,3% der Fläche der Bundesrepublik (vgl. *Tab. 2.10*).

Deutschland gehört zur gemäßigten Klimazone. Der mittlere Jahresniederschlag (Jahresreihe 1961–1990) beträgt 860 mm (zwischen 500 und 2500 mm) und verteilt sich grundsätzlich auf das ganze Jahr. Die Niederschläge sind zumeist mit Westwinden verbunden; im Windschatten der Gebirge (Ostseite) sind deutlich niedrigere Niederschlagshöhen zu verzeichnen (z. B. Mitteldeutschland östlich des Harzes, Stuttgart und oberes Neckartal östlich des Schwarzwalds).

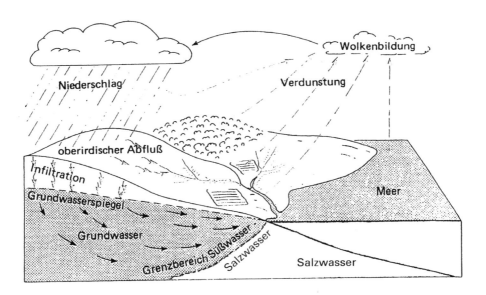

Abb. 2.1: Wasserkreislauf ([Heath, 1988]: Einführung in die Grundwasser-Hydrologie)

Die Wasserbilanz für die Bundesrepublik Deutschland stellt sich im langjährigen Mittel (1961–1990) gemäß *Tab. 2.1* dar:

Tab. 2.1: Wasserbilanz für die Bundesrepublik Deutschland im langjährigen Mittel 1961–1990, Stand 2007 [UBA, aktueller Jhrg.]

	Niederschläge (500–2.500 mm/a)		860 mm/a =		307 km³/a [1]
–	Verdunstung (450–650 mm/a)	–	543 mm/a =	–	194 km³/a
	davon Verdunstung aus Wasserverbrauch		*11 mm/a =*		*3,9 km³/a*
	Evapotranspiration		532 mm/a =		190 km³/a
+	Zustrom von außerhalb (Flüsse)	+	199 mm/a =	+	71 km³/a
=	**Wasserdargebot** = erneuerbare Wasserressource	=	**527 mm/a =**		**188 km³/a**
	interne Wasserressource = Niederschlag – Evapotranspiration		328 mm/a =		117 km³/a
	Grundwasserneubildung		135 mm/a =		48 km³/a

[1] 1 km³ = 10⁹ m³ = 1 Mrd. m³

Im Jahresgang von 1990 bis 2006 zeigen die jeweiligen Jahreswerte starke Abweichungen von den in *Tab. 2.1* genannten Mittelwerten. Spitzenjahr war 2002, Minimumjahr war 2003; die Zahlen lauten:

Niederschläge 359 bzw. 215 Mrd. m³ und

Wasserdargebot 265 bzw. 99 Mrd. m³.

Tab. 2.2: Wassergewinnung und Abwassereinleitung 2007 – in Mill. m³/a (Statistisches Bundesamt Fachserie 19 Reihe 2.1 und 2.2 – 2007 [StBA, aktueller Jhrg.])

Wirtschaftsbereich	Wassergewinnung			Abwassereinleitung			
	insgesamt	davon Grund- und Quellwasser	davon O-Wasser und Uferfiltrat	insgesamt	davon behandeltes Abwasser	davon unbehandeltes Abwasser	davon ungenutztes Wasser
Öffentliche Wasserversorgung und Abwasserbeseitigung	5.127,6 = 2,7%	3.580,7	1.546,8	10.100,5	10.070,8	29,7	-
Nichtöffentliche Wasserversorgung und Abwasserbeseitigung	27.173,5 = 14,5%	2.243,9	24.929,6	26.786,8	1.078,4	24.575,8	1.132,6
insgesamt	**32.301,1 = 17,2%** [1]	**5.824,6**	**26.476,4**	**36.887,3**	**11.149,2**	**24.605,5**	**1.132,6**

[1] bezogen auf ein Dargebot von 188 Mrd. m³/a

Das gesamte potentielle Wasserdargebot in Deutschland (Dargebot = Abfluss = Niederschlag – Verdunstung + Zufluss von Oberliegern) in Höhe von im langjährigen Jahresmittel rd. 188 Mrd. m³/a wird von Industrie und Bevölkerung (ohne Kraftwerke und ohne Landwirtschaft) nur zu 17% in Anspruch genommen. Die öffentliche Wasserversorgung nutzt nur 2,7%; Grund- und Quellwasser stehen dabei mit anteilig 75% im Vordergrund der Nutzung (Stand 2007) – s. *Tab. 2.2* und *Tab. 2.3*.

Die Nutzbarkeit des Wasserdargebots hängt von der regionalen und zeitlichen Verteilung der verschiedenen Glieder der Wasserhaushaltsgleichung ab sowie von den örtlichen geohydrologischen Bedingungen.

Grundwasser kann vorrangig in den eiszeitlichen Ablagerungen (Grund- und Endmoränen – Urstromtäler in Norddeutschland) und Flusssedimenten (Oberrheingraben, Elbtal) sowie in den die Flüsse begleitenden Grundwasserströmen, Molasse, Sanden und Kiesen (Münchner Schotterebene), z. T. in Karstgebieten (Kalk und Dolomit – Schwäbischer und Fränkischer Jura) er-

schlossen werden. Die Verwendung von Flusswasser ist maßgeblich von der Flusswasserqualität bestimmt. In der Regel wird Flusswasser für die Trinkwasserversorgung durch Uferfiltration (korrekterweise sollte man eher von Sohlenfiltration sprechen) oder über künstliche Grundwasseranreicherung genutzt. In den Mittelgebirgen, die aus Schiefer und Grauwacke (Rheinisches Schiefergebirge, Thüringer Wald, Harz) oder aus metamorphen und magmatischen Gesteinen (Erzgebirge, Bayerischer Wald) aufgebaut sind, lassen sich keine Grundwässer gewinnen; hier sind Talsperren errichtet worden, die zumeist mehreren Zwecken – Hochwasserschutz, Abfluss-Ausgleich, Trinkwassergewinnung – dienen.

Die Entwicklung der Wasserförderung, bezogen auf die von der BDEW-Statistik erfassten Unternehmen, ergibt sich aus *Tab. 2.3* (Repräsentanz 1.218 Wasserversorgungsunternehmen, entsprechend rd. 72% der Wasserförderung); die verbleibenden 28% entfallen weitgehend auf kleinere und kleine Versorgungseinheiten, die im Wesentlichen auf Grund- und Quellwasser stehen.

Tab. 2.3:   Wasserförderung in Deutschland 1990–2008 (Mio. m^3) [BDEW Wasserstatistik, lfd. Jhrg.]

	1990	1992	1994	1996	1998	2000	2002	2004	2006	2008
Grundwasser	4.313	3.992	3.741	3.641	3.595	3.599	3.486	3.516	3.525	3.125
Quellwasser	572	584	559	564	507	480	499	437	414	410
Oberflächenwasser	1.882	1.750	1.630	1.498	1.455	1.406	1.443	1.419	1.363	1.520
insgesamt	6.767	6.326	5.930	5.703	5.557	5.485	5.428	5.372	5.302	5.055

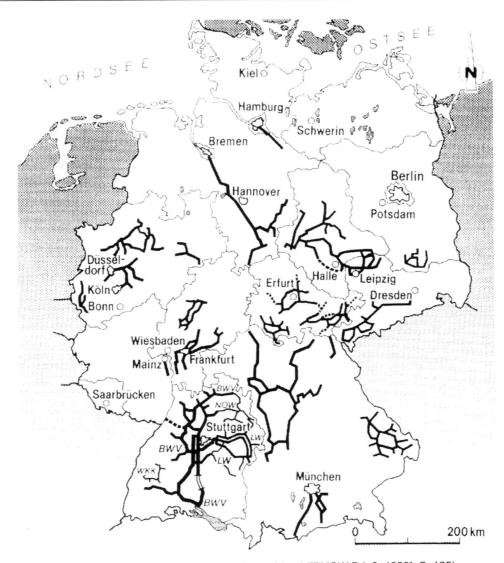

Abb. 2.2:   Fernwasserleitungen in der Bundesrepublik Deutschland ([DVGW Bd. 2, 1999], S. 125)

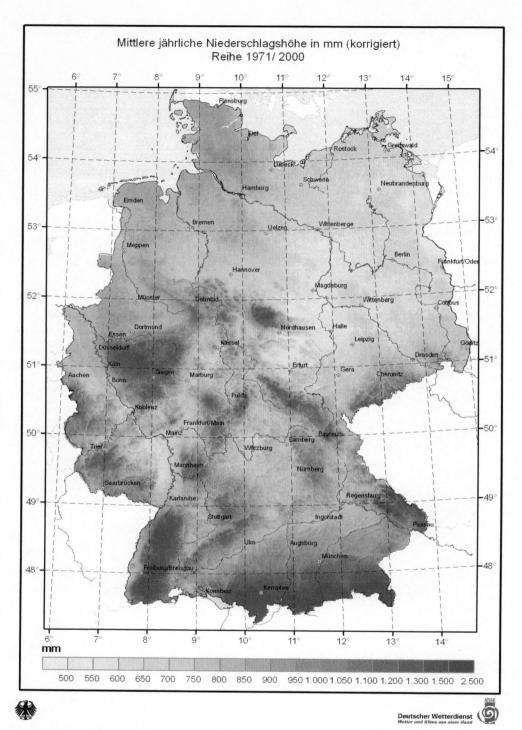

Abb. 2.3:   Mittlere jährliche Niederschlagshöhe in Deutschland – korrigierte Werte, Jahresreihe 1971–2000

Regional (in den Bundesländern) verteilt sich die Wasserförderung entsprechend den hydrologischen Bedingungen – s. *Abb. 2.4*.

Die Bundesrepublik Deutschland ist ein wasserwirtschaftlich begünstigtes Land. Im Grundsatz bestehen keine Wassermengenprobleme für die öffentliche Wasserversorgung. Die Wasserversorgung von Mangelgebieten wird durch leistungsfähige Fernversorgungssysteme aus Überschussgebieten

ergänzt (vgl. *Abb. 2.2*). Örtliche Mengenprobleme sind im Regelfall durch Qualitätsbeeinträchtigungen ausgelöst. Das bedeutet für die Bürgerinnen und Bürger und den von ihnen getragenen Staat:

*   sorgsamer Umgang mit dem Wasser,
*   Schutz vor Beeinträchtigung der Ressourcen (Umweltschutz),
*   Bewirtschaftung der Ressourcen und Kontrolle ihrer Nutzungen.

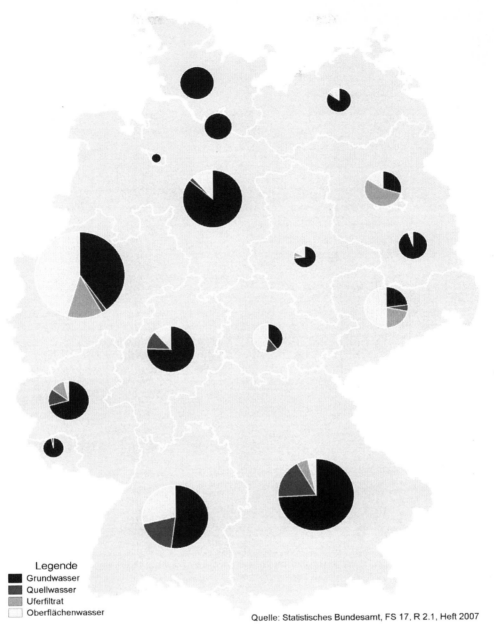

Legende
- ■ Grundwasser
- ■ Quellwasser
- ▨ Uferfiltrat
- □ Oberflächenwasser

Quelle: Statistisches Bundesamt, FS 17, R 2.1, Heft 2007

Abb. 2.4: Wasserförderung der öffentlichen Wasserversorgung anteilig nach Wasserarten in den Bundesländern, Stand 2007 [StBA, aktueller Jhrg.]

2.2 Grundwassergewinnung

2.2.1 Grundwasserarten

Grundwasser lässt sich unterteilen (vgl. *Abb. 2.5*) in:
- freies, ungespanntes Grundwasser:
  Grundwasseroberfläche = Grundwasserdruckfläche;
- gespanntes Grundwasser:

Grundwasseroberfläche und -druckfläche sind nicht identisch; die Zählung der Grundwasserstockwerke erfolgt von oben nach unten und
- artesisch gespanntes Grundwasser:
  Grundwasserdruckfläche liegt höher als Geländeoberfläche.

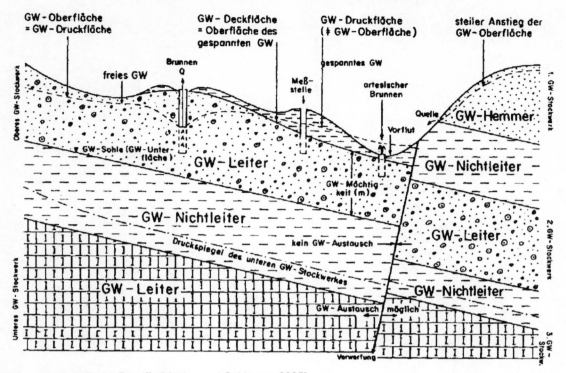

Abb. 2.5:   Hydrologische Begriffe [Hölting und Coldewey, 2005]

2.2.2   Grundwasserhydraulik

2.2.2.1   Historischer Überblick

Darcy (1856)	Filtergesetz für laminare Strömungen
Dupuit (1863)	Brunnengleichung für stationären Zufluss
Thiem (1870, 1906)	Ergiebigkeitsformeln für Brunnen u. Sickerfassungen
Forchheimer (1886)	Über die Ergiebigkeit von Brunnenanlagen und Sickerschlitzen (Darcy-Gesetz + Massenerhaltungsgesetz = Laplace-Gleichung: beschreibt die Grundwasserströmung)
Smreker (1914)	Dissertation: Das Grundwasser – seine Erscheinungsformen, Bewegungsgesetze und Mengenbestimmung
Grundwasserbeobachtungsdienst Sachsen (seit 1916)	
Theis (1935)	Ansatz zur Erfassung des instationären Zuflusses zu Vertikalbrunnen, vereinfacht durch Jacob (1940–1946)
DIN 4049	Fachausdrücke der Hydrologie (1944/54/79/90–92)
Muskat (1935)	elektrische Analogie-Modelle und zahlreiche weitere Autoren (unter Nutzung der Analogie von Ohm'schem und Darcy'schem Gesetz)
DVGW	Richtlinien für die Einrichtungen von Schutzgebieten für Trinkwassergewinnungsanlagen, DVGW-W 101 (1953, 1961, 1975, 1995, 2006)
Bieske (1956)	Brunnenbau
Wasserhaushaltsgesetz der Bundesrepublik Deutschland (1957) (WHG 1957, 2009)	
R-C-Modelle	Widerstands-/Kapazitätsmodelle in USA seit den 50er Jahren

Leistungsfähige Computer erlauben heute auch die Erfassung von instationären Vorgängen und Berücksichtigung von Transportvorgängen (Energie, Inhaltsstoffe).

2.2.2.2 Kennwerte von Grundwasserleitern

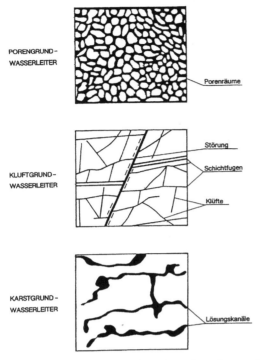

Abb. 2.6: Die verschiedenen Arten von Grundwasserleitern ([DVGW Bd. 1, 1996], S. 146)

Die im Folgenden dargestellten Kennwerte von Grundwasserleitern gelten grundsätzlich nur für Lockergesteine und lassen sich nur bedingt auf Karst- und Kluftgrundwasserleiter übertragen.

Porosität bzw. Hohlraumanteil n, meist in [%] angegeben:

$$n = \frac{\text{Gesamtvolumen} - \text{Feststoffvolumen}}{\text{Gesamtvolumen}} \qquad (2.1)$$

Zu unterscheiden sind (s.dazu *Abb. 2.7*):

n_{sp} speichernutzbarer Hohlraumanteil: Quotient aus dem Volumen der bei Höhenänderung der Grundwasseroberfläche entleerbaren oder auffüllbaren Hohlräume eines Gesteinskörpers und dessen Gesamtvolumen; nach DIN 4049 = entwässerbarer Hohlraum,

n_f durchflusswirksamer Hohlraumanteil: Quotient aus dem Volumen der vom Grundwasser durchfließbaren Hohlräume eines Gesteinskörpers und dessen Gesamtvolumen; nach DIN 4049 = durchflusswirksamer Hohlraum, nicht ganz identisch mit dem Begriff der kinematischen Porosität n_c, die sich aus dem Tracerversuch ergibt.

n ist größer als n_{sp} und n_f; der Grund ist, dass sich die Körner mit Haftwasser umgeben, das kapillar festgehalten wird und nicht für die Speicherung oder den Durchfluss wirksam wird. Hinzu kommen gegebenenfalls noch eingeschlossene Luftblasen.

Bei der Lagerung von gleichgroßen Kugeln unterscheidet man die dichte Tetraeder-Lagerung und die lockere Würfellagerung. Der Porenraum beträgt 25,6% bzw. 47,6%. Diese Größen haben nur theoretische Bedeutung.

Praktische Beispiele sind [Mutschmann und Stimmelmayr, 2007], S. 69):

$$\text{Feinsand} \qquad \frac{n}{n_F} = \frac{42\%}{14\%};$$

$$\text{Grobsand} \qquad \frac{n}{n_F} = \frac{36\%}{25\%};$$

$$\text{Feinkies und Grobkies} \qquad \frac{n}{n_F} = \frac{37\%}{30\%}.$$

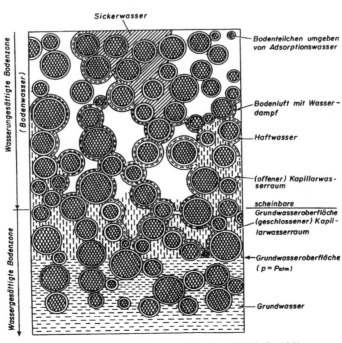

Abb. 2.7: Erscheinungsformen des unterirdischen Wassers ([Bieske, 1992], S. 165)

Spezifischer Speicherkoeffizent S_0 in [1/m]:

Änderung des gespeicherten Wasservolumens je Volumeneinheit des Grundwasserraumes bei Änderung der Standrohrspiegelhöhe um 1 m [1/m]; bei mineralischen Grundwasserleitern zwischen 0,02 und 0,25 m^{-1}.

Speicherkoeffizient S in [-]:

Integral von S_0 über die Grundwassermächtigkeit H

S entspricht bei freier Grundwasseroberfläche dem speichernutzbaren Porenvolumen n_{sp}.

S hat seine Bedeutung z. B. bei der Nutzung großer Grundwasservorkommen als Überjahresspeicher und bei Betrachtung instationärer Strömungsprozesse im Grundwasserleiter.

Fließgeschwindigkeiten in [m/s]:

v_f – Filtergeschwindigkeit oder spezifischer Durchfluss: Quotient aus Grundwasserdurchfluss (Q) und der Einheitsfläche (F) [m/s].

v_a – Abstandsgeschwindigkeit: Quotient aus der Länge eines Stromlinienabschnittes (L) und der vom Grundwasser beim Durchfließen dieses Abschnittes benötigten Zeit (t) [m/s]. Zur Bestimmung der Abstandsgeschwindigkeit werden u. a. Markierungsversuche herangezogen – s. W 109.

v_p – Porengeschwindigkeit oder effektive Geschwindigkeit: Quotient aus Filtergeschwindigkeit (v_f) und dem durchflusswirksamen Hohlraumanteil (n_f) [m/s].

Es gilt also: $v_f < v_a \approx v_p$. Wegen der vielfach gekrümmten Wege ist die eigentliche Bahngeschwindigkeit v_b noch größer als v_p.

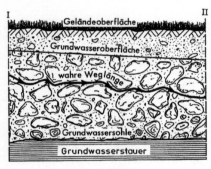

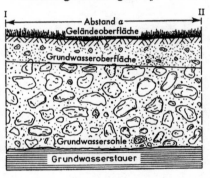

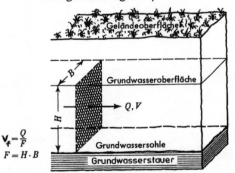

Abb. 2.8: Die Geschwindigkeitsbegriffe der Filterströmung (Bahngeschwindigkeit v_b; Abstandsgeschwindigkeit v_a; Filtergeschwindigkeit v_f; es gilt: $v_f < v_a \approx v_p < v_b$ ([Bieske, 1992], S. 167))

2.2.2.3 Strömungsberechnung im Untergrund

Im Porengrundwasserleiter liegt im Regelfall laminare Strömung vor, solange die Reynoldszahl Re folgende Bedingung erfüllt:

$$Re = \frac{v_f \cdot d_k}{v} < 1 \dots 10 \tag{2.2}$$

d_k Durchmesser Porenkanal
v kinematische Zähigkeit

Für diesen Fall gilt das Darcy'sche Gesetz

$$v_f = k_f \cdot I \tag{2.3}$$

I   Standrohrspiegelgefälle [1]
k_f Durchlässigkeitsbeiwert [m/s]

Der allgemeine Ansatz für die instationäre Strömung lautet:

$$\frac{\delta\left(k_{fx} \cdot \frac{\delta h}{\delta x}\right)}{\delta x} + \frac{\delta\left(k_{fy} \cdot \frac{\delta h}{\delta y}\right)}{\delta y} + \frac{\delta\left(k_{fz} \cdot \frac{\delta h}{\delta z}\right)}{\delta z} \tag{2.4}$$

$$= S \cdot \frac{\delta h}{\delta t} \pm q(x, y, z, t)$$

In dieser Gleichung bedeuten:

x, y, z   Raumkoordinaten
k_{fx}, k_{fy}, k_{fz} Durchlässigkeitsbeiwerte in Richtung der Koordinaten
h   Standrohrspiegelhöhe
S   Speicherkoeffizient
q(x, y, z, t)   Quellstärke, orts- und zeitabhängig

Verschwindet die rechte Seite der *Formel 2.4* und handelt es sich um einen homogenen und isotropen Grundwasserleiter, dann erhält man aus *Formel 2.4*:

$$\frac{\delta^2 h}{\delta x^2} + \frac{\delta^2 h}{\delta y^2} + \frac{\delta^2 h}{\delta z^2} = 0 \tag{2.5}$$

Das ist die Laplace'sche Gleichung, die die räumliche, stationäre Grundwasserströmung im homogenen und isotropen Grundwasserleiter beschreibt. Die entsprechende Gleichung für ebene Strömungen lautet (was bereits Forchheimer 1886 erkannte)

$$\frac{\delta^2 h}{\delta x^2} + \frac{\delta^2 h}{\delta y^2} = 0 \tag{2.6}$$

Dies ist ein „Netz" aus zwei sich rechtwinklig schneidenden Kurvenscharen aus Stromlinien und Potentiallinien (Basis zur Ermittlung z. B. von Sickerströmungen, Grundwasserströmungen etc.).

Im Grundsatz lässt sich der k_f-Wert aus Kornverteilungen mit bestimmten Ansätzen überschlägig ermitteln (vgl. *Abb. 2.9*), wegen der im Untergrund vorhandenen großen Ungleichförmigkeiten ist er korrekt nur aus Pumpversuchen zu bestimmen.

Der k_f-Wert ist von der kinematischen Zähigkeit abhängig, diese wiederum von der Temperatur T.

$$\frac{k_f(T_1)}{k_f(T_2)} = \frac{v_2}{v_1} \tag{2.7}$$

$$v\ (5°C) = 1{,}519 \cdot 10^{-6}\ m^2/s$$
$$v\ (10°C) = 1{,}310 \cdot 10^{-6}\ m^2/s$$
$$v\ (20°C) = 1{,}011 \cdot 10^{-6}\ m^2/s$$

Die natürlichen Grundwasserleiter sind meist anisotrop: $k_{f(horizontal)} > k_{f(vertikal)}$ (i. a. 2 bis 10-fach).

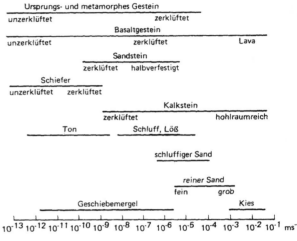

Abb. 2.9: k_f-Werte ausgewählter Gesteine (Heath et al. 1988 [Heath, 1988], S. 30)

Tab. 2.4 gibt Beispiele für beobachtete Gefälle und Abstandsgeschwindigkeiten des Grundwassers:

Tab. 2.4:   Beispiele für Grundwassergefälle und Abstandsgeschwindigkeiten ([Mutschmann und Stimmelmayr, 2007], S. 71)

Ort, Region	I [‰]	v_a [m/d]
Keupersand bei Nürnberg	3	1,5
Neckartal bei Mannheim	1,7	1,2 .. 1,6
Diluvium bei Leipzig	4,5	2,5
Alluvium am Oberrhein	0,6	3 .. 7,8
Iller-Quartär bei Neu-Ulm	2,5	11
Münchner Schotterebene	3,3	10 .. 20

Der (horizontal wirksame) k_f-Wert, bei nicht homogenen Grundwasserleitern über die Mächtigkeit H des Grundwasserleiters integriert, wird als Transmissivität T bezeichnet; er gleicht also die wechselnden Durchlässigkeiten bei nicht homogenen Grundwasserleitern in verschiedenen Tiefen aus:

$$T = \int_0^H k_f \cdot dh \tag{2.8}$$

Die Kontinuitätsbedingung eines Grundwasserstromes Q_{GW} der Breite B lautet:

$$Q_{GW} = T \cdot B \cdot I \tag{2.9}$$

Maßgebend ist außerdem die Grundwasserneubildung (unterirdischer Abfluss A_u). Dabei wird zwischen der Neubildungshöhe [mm/a] und Neubildungsspende bzw. -rate [L/(s·km²)] unterschieden. Letztere wird auf eine definierte Fläche (unterirdisches Einzugsgebiet) bezogen.

Es gilt:

$$1 L/(s \cdot km^2) = 31,5576 mm/a \qquad (2.10)$$

Die Höhe der Grundwasserneubildung lässt sich näherungsweise u. a. anhand folgender Verfahren bzw. Methoden ermitteln:

- Wasserhaushaltsgleichung,
- Lysimeter,
- Bodenwasserhaushaltsuntersuchungen,
- mittels Analysen von Grundwasserständen und Daten des Grundwasserleiters (Durchlässigkeit, Porosität, Grundwasserströmung etc.),
- Abflussmessungen in Vorflutern.

Zweckmäßigerweise sollten mindestens zwei Verfahren angewandt und verglichen werden.

Zur Bestimmung der Grundwasserfließrichtung bedient man sich des hydrologischen Dreiecks (vgl. *Abb. 2.10*).

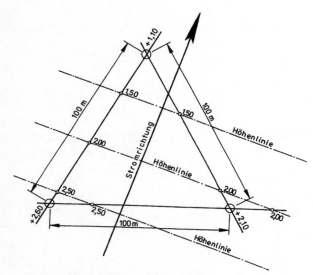

Abb. 2.10: Bestimmung der Fließrichtung des Grundwassers mit Hilfe des hydrologischen Dreiecks ([Bieske, 1992], S. 168)

In drei Messpegeln wird der Wasserstand (in m ü. NN) bestimmt. Auf den Dreiecksseiten werden die Grundwassergleichen (Höhenlinien) interpoliert. Die Fließrichtung des Grundwassers steht senkrecht zu den Höhenlinien.

2.2.3 Brunnenformeln

Auf der Basis des Darcy'schen Gesetzes *Formel 2.3* haben Dupuit und Thiem die bekannten Brunnenformeln entwickelt; die Ableitung sei am Beispiel des Bohrbrunnens (vertikale Fassung) mit freier Grundwasseroberfläche (d. h. nicht gespannt) gezeigt:

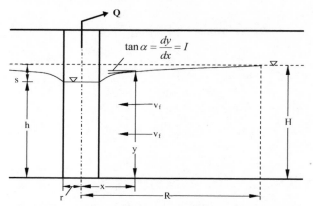

Abb. 2.11: Ableitung der Brunnenformel nach Dupuit und Thiem

Kontinuitätsbedingung:

ergibt

$$Q = 2\pi \cdot x \cdot y \cdot v_f \quad \text{mit Darcy} \qquad v_f = k_f \cdot \frac{dy}{dx}$$

$$Q = 2\pi \cdot x \cdot y \cdot k_f \cdot \frac{dy}{dx} \; ; \text{umgeformt:} \qquad (2.11)$$

$$\int y\, dy = \frac{Q}{2\pi k_f} \cdot \frac{dx}{x} \text{ und integriert:}$$

$$y^2 = \frac{Q}{\pi k_f} \ln x + C$$

für $x = r$ gilt $y = h$;
für $x = R$ gilt $y = H$

Nach Sichardts empirischer Formel lässt sich die sog. Reichweite abschätzen: $R = 3000 \cdot s \cdot \sqrt{k_f}$; eingesetzt:

Ergiebigkeit:

$$Q_E = \frac{\pi k_f \cdot (H^2 - h^2)}{\ln(R/r)} \qquad (2.12)$$

Absenkung:

$$s = H - h = H - \sqrt{H^2 - \frac{Q}{\pi k_f} \ln(R/r)} \qquad (2.13)$$

Der Durchlässigkeitsbeiwert k_f lässt sich direkt aus der vorstehenden Formel ableiten:

$$k_f = \frac{Q \cdot \ln(R/r)}{\pi(H^2 - h^2)} \qquad (2.14)$$

bzw. aus der Formel

$$k_f = \frac{Q \cdot \ln(x_2/x_1)}{\pi(y_2^2 - y_1^2)} \qquad (2.15)$$

Hierbei wird der Wasserspiegel zwischen zwei Pegeln 1 und 2 mit den zugehörigen Koordinaten x_1, x_2 bzw. y_1 und y_2 gemessen, wodurch das Ergebnis genauer wird.

Die Formeln für vertikale und horizontale Fassungen ergeben sich grundsätzlich in analoger Weise, desgleichen auch für Anreicherungsbrunnen:

- für die horizontale Fassung mit Sickerleitung (parallele Anströmung)

$$Q = k_f \cdot L \cdot \frac{H^2 - h^2}{R} \quad \text{(freier Grundwasserleiter)}$$

$$Q = k_f \cdot L \cdot m \cdot \frac{H - h}{R} \quad \text{(gespannter GL)}$$

- für die vertikale Fassung (Bohrbrunnen)

$$Q = 2 \cdot \pi \cdot k_f \cdot m \cdot \frac{H - h}{\ln \frac{R}{r}} \quad \text{(gespannter GL)}$$

$$Q = \pi \cdot k_f \cdot \frac{H^2 - h^2}{\ln \frac{R}{r}} \quad \text{(freier GL)}$$

- Versickerungsbrunnen

$$Q_E = \pi \cdot k_f \cdot \frac{2 H h_{\ddot{u}} + h_{\ddot{u}}^2}{\ln \frac{R}{r}} \quad \text{(freier GL)}$$

mit:

Q	Brunnenergiebigkeit [m³/s]
L	Länge der Fassung [m]
k_f	Durchlässigkeitsbeiwert [m/s]
m	Grundwassermächtigkeit (gespannt) [m]
H	Grundwassermächtigkeit (frei) bzw. Abstand Grundwassersohle zum Ruhegrundwasserspiegel [m]
h	Wassertiefe über der Grundwassersohle im Brunnen [m]
s	Brunnenabsenkung gegenüber dem Ruhewasserspiegel = H – h
$h_{\ddot{u}}$	Überstau über dem Ruhe-Grundwasserspiegel
R	Reichweite [m]
r	Brunnenradius [m]

Die in den Formeln *Formel 2.11* ff. benötigte Reichweite R wird zumeist nach Sichardt [Sichardt, 1928] abgeschätzt:

$$R = 3000 \cdot s \cdot \sqrt{k_f} \quad (2.16)$$

Diese Ansätze sind für einen idealen Brunnen entwickelt, für den folgende Voraussetzungen gelten:

- Grundwasserleiter ist unendlich ausgedehnt,
- Grundwasserleiter ist homogen und isotrop,
- der Anströmungsvorgang ist stationär (also nicht mit der Zeit veränderlich),
- der Anströmtrichter ist rund, es liegt also eine zentralsymmetrische Anströmung vor,
- die Anströmung des Brunnens erfolgt in parallelen Bahnen über die ganze Tiefe des Brunnens (horizontal-ebene Strömung) und
- die laminare Strömung liegt auch in unmittelbarer Nähe des Brunnens vor.

Alle diese Voraussetzungen sind im Regelfall nicht erfüllt; allerdings kann trotzdem mit der Dupuit-Thiem'schen Formel gearbeitet werden, wenn man ihre Grenzen kennt.

Der ideale Fall des runden Absenktrichters würde im stationären Fall nur auftreten, wenn im Bereich des Trichters die Grundwasserneubildung (über einen längeren Zeitraum) der Entnahme entspräche und kein natürliches Gefälle der Grundwasseroberfläche vorhanden wäre. *Abb. 2.12* zeigt, wie sich bei einem Brunnen in Flussnähe die Grundwasserströmungs- und Absenkungsverhältnisse einstellen können.

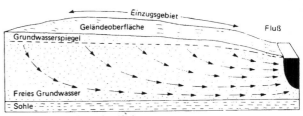

1) Zustrom (Q_Z) = Abfluß (Q_A)

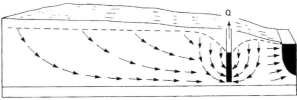

2) Entnahme (Q) = Speicherverringerung (ΔS)

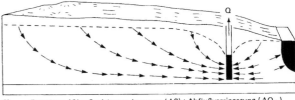

3) Entnahme (Q) = Speicherverringerung (ΔS) + Abflußverringerung (ΔQ_A)

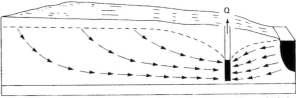

4) Entnahme (Q) = Abflußverringerung (ΔQ_A) + Zustromvergrößerung (ΔQ_Z)

Abb. 2.12: Strömungsverhältnisse an einem Brunnen in Flussnähe ([Heath, 1988], S. 69)

Wenn also ein Grundwasserstrom angezapft wird, ergibt sich ein unsymmetrischer Trichter (s. *Abb. 2.13*). Die Entnahme Q erfolgt auf einer Breite B entsprechend:

$$Q = k_f \cdot H \cdot B \cdot I = T \cdot B \cdot I \quad (2.17)$$

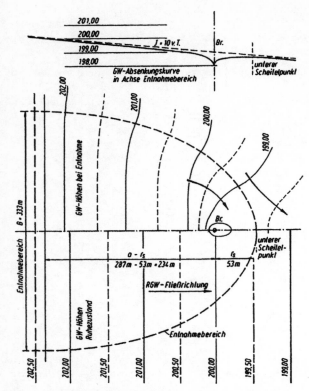

Abb. 2.13: Grundwasserabsenkungskurve und Grundwasserhöhenlinien im Entnahmebereich eines Brunnens ([Mutschmann und Stimmelmayr, 2007], S. 80)

Nach Smreker-Koller steht die Entnahmebreite B in einem gewissen Zusammenhang mit der Reichweite R (vgl. *Abb. 2.13*) – die Abschätzung legt hilfsweise eine Halbellipse zugrunde:

Abschätzung:

$$r_s = \frac{B}{2 \cdot \pi} \quad \text{(Halbellipse)} \tag{2.18}$$

Mit *Formel 2.19a* und *Formel 2.19b* ergibt sich *Formel 2.19*:

$$a = r_s + R \tag{2.19a}$$

$$b = \frac{B}{2} \tag{2.19b}$$

$$a = \frac{r_s^2 + b^2}{2 \cdot r_s} \tag{2.19}$$

> a   Abstand des untereren Scheitelpunkts vom ungestörten Bereich = r_s + R bzw. größter Radius der Ellipse
>
> r_s Abstand des untereren Scheitelpunkts zum Brunnen (untere Kulmination)
>
> b   kleinster Radius der Ellipse

Um die Grundwasserabsenkung nicht zu groß werden zu lassen, zugleich aber einen Grundwasserstrom in größerer Breite zu erfassen, werden Brunnenreihen angelegt. Sind die Brunnenabstände kleiner als die zugehörige Entnahmebreite, beeinflussen sich die Absenkungen und führen zu größeren Einzelabsenkungen, als es der Einzelentnahme des Brunnens entspricht.

Bei nicht zu großen Einzelabsenkungen sind die Absenkungen superponierbar – zweckmäßig ist eine Überprüfung durch Messung (*Abb. 2.14*).

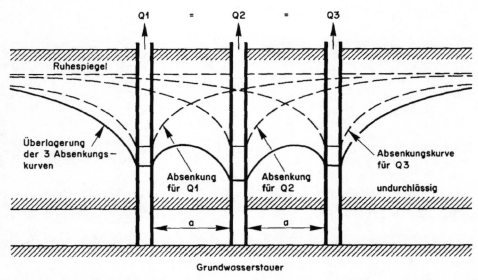

Abb. 2.14: Absenkungskurve für eine Brunnenreihe von 3 Brunnen mit gleicher Entnahmeleistung (nach Todd 1980, [Grombach et al., 2000], S. 292)

Die Eintrittsgeschwindigkeit am Bohrlochrand soll eine bestimmte Höhe nicht überschreiten, um die Sandfreiheit des Brunnens zu sichern. Der Erfahrungswert nach Sichardt lautet:

$$v_{max} = \frac{\sqrt{k_f}}{15} \qquad (2.20)$$

und führt auf das Fassungsvermögen Q_F nach:

$$Q_F = 2 \cdot \pi \cdot h \cdot r_B \cdot \frac{\sqrt{k_f}}{15} \qquad (2.21)$$

r_B Bohrlochradius [m]
h   Filterrohrlänge des Brunnens [m]

Die Auftragung der Brunnenergiebigkeit Q_E als Funktion der Absenkung (Wasserandrang) nach Dupuit-Thiem und des Fassungsvermögens Q_F erlaubt die Eingrenzung des sinnvollen Betriebsbereiches (*Abb. 2.15*).

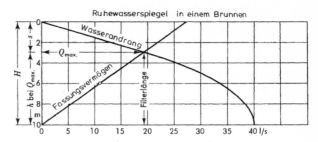

Abb. 2.15:   Beziehung zwischen Wasserandrang und Fassungsvermögen ([Bieske, 1992], S. 178)

Bei geringmächtigen Grundwasserleitern hat sich in der Praxis der Brunnendimensionierung bewährt, nach Huisman nur mit dem halben Sichardt-Wert (s. *Formel 2.20*) zu rechnen:

$$v_{max} = \frac{\sqrt{k_f}}{30} \qquad (2.22a)$$

und

$$Q_F = 2 \cdot \pi \cdot h \cdot r_B \cdot \frac{\sqrt{k_f}}{30} \qquad (2.22b)$$

Starke Absenkungen bedeuten starke Anströmspitzen (vgl. *Abb. 2.16*). Deshalb empfiehlt sich, die Brunnen möglichst über die volle Höhe des Grundwasserleiters zu verfiltern und die Absenkung im Regelfall nicht größer als H/3 zu wählen.

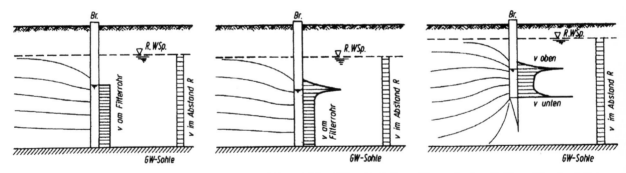

Abb. 2.16:   Strömungsverhältnisse am Brunnen – links: gleichmäßige Verteilung (theoretischer Fall) – mitte: Anströmspitze in Höhe des abgesenkten Grundwasserspiegels – rechts: Anströmspitzen beim unvollkommen Brunnen ([Mutschmann und Stimmelmayr, 2007], S. 79)

Unmittelbar in Brunnennähe krümmen sich die Stromlinien (insbesondere bei starker Absenkung); das durchgehend verfilterte Standrohr zeigt dann einen niedrigeren Spiegel als das Grundwasser an dieser Stelle. Die reale freie Oberfläche liegt dann über der Dupuit-Oberfläche. Diese Differenz wird auch als Sickerstrecke S_i bezeichnet (vgl. *Abb. 2.17*). Es handelt sich zumeist nur um einige Zentimeter; die Sickerstrecke spielt zudem bei der Berechnung von Q keine Rolle. Zu beachten ist diese Differenz allerdings, wenn Pegelmessungen zur Ermittlung des Grundwasserandrangs im Brunnen selbst erfolgen.

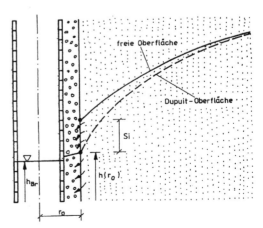

Abb. 2.17:   Darstellung der Sickerstrecke ([DVGW Bd. 1, 1996], S. 160)

2.2.4 Pumpversuch

Wichtigstes Instrument der Wassergewinnung ist der Pumpversuch. Erst ein korrekt ausgebauter Bohrbrunnen, umgeben mit einem Netz von Peilrohren (möglichst viele, mindestens drei in der Hauptströmungsrichtung des Grundwassers, davon eines in 5 m Abstand vom Brunnen), erlaubt den k_f-Wert bzw. die Transmissivität T zu ermitteln und die Auswirkung der Wasserförderung auf das Grundwasservorkommen abzuschätzen. Zwischen zwei Peilrohren 1 und 2 im Abstand r_1 und r_2 vom Brunnen werden für verschiedene Förderströme Q die Standrohrspiegelhöhen h_1 und h_2 gemessen. Dabei muss so lange gepumpt werden, bis diese sich nicht mehr verändern – vgl. *Abb. 2.18*. Im Vertikalbrunnen mit freier Grundwasseroberfläche ergibt sich dann:

$$k_f = \frac{Q \cdot \ln\frac{r_2}{r_1}}{\pi \cdot (h_2^2 - h_1^2)} \ . \qquad (2.23)$$

Für den Fall, dass keine Peilrohre gesetzt wurden, kann die Bestimmung von k_f auch nach der weiter oben angegebenen Brunnenformel für zwei verschiedene Förderströme Q_a und Q_b entsprechend den zugehörigen Brunnenwasserständen h_a und h_b ermittelt werden; allerdings ergeben sich dabei größere Ungenauigkeiten:

$$k_f = \frac{(Q_b - Q_a) \cdot \ln\dfrac{R}{r_B}}{\pi \cdot (h_b^2 - h_a^2)} \ . \qquad (2.24)$$

Analog sind die Formeln für den gespannten Grundwasserleiter zu ermitteln (vgl. *Kap. 2.2.3 Brunnenformeln*).

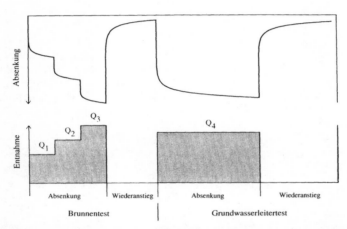

Abb. 2.18: Wasserentnahme und Wasserstände als Funktion der Zeit beim stationären Pumpversuch (W 111).

In manchen Fällen gelingt es beim Pumpversuch nicht, in angemessener Zeit die für die Messungen notwendige Stabilität des Brunnenwasserspiegels zu erreichen. Es empfiehlt sich dann, Messung des Absenkungs- und Wiederanstiegsverlaufs des Brunnenwasserspiegels vorzunehmen – s. *Abb. 2.19* und *Abb. 2.20*. Der Ansatz zur Auswertung wurde bereits 1935 von Theis formuliert (instationäre Brunnenanströmung, konstante Entnahme Q, gespanntes Grundwasser, isotroper und unendlich ausgedehnter Grundwasserleiter bei horizontaler Lage von Stauer und Deckfläche):

$$\frac{\partial^2 h}{\partial r^2} + \frac{\partial h}{r \partial r} = \frac{S}{T} \cdot \frac{\partial h}{\partial t} \qquad (2.25)$$

Darin bedeuten:

S   Speicherkoeffizient, bei gespanntem Grundwasser $S = S_0 \cdot m$

S_0 spezifischer Speicherkoeffizient [m^{-1}]

m   Mächtigkeit des Grundwasserleiters [m]

T   Transmissivität, $T = k_f \cdot m$

h   Standrohrspiegelhöhe [m]

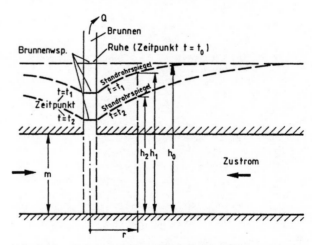

Abb. 2.19: Zeitveränderliche Brunnenzuströmung im gespannten Grundwasserleiter ([WAR, 1987], S. 63)

Die Differentialgleichung wird mit Hilfe einer Reihenentwicklung gelöst (siehe [WAR, 1987]). Nach dem Verfahren der Ausgleichsgeraden von Jacob wird die Absenkung s gegen die Zeit t aufgetragen in halblogarithmischer Darstellung. Für den Fall des gespannten Grundwasserleiters ergeben sich die geohydraulischen Parameter zu:

Transmissivität:

$$T = 0,183 \cdot Q \cdot \frac{\Delta \lg t}{\Delta s} \qquad (2.26)$$

Speicherkoeffizient:

$$S = \frac{2,25 \cdot T \cdot t_0}{r^2} \qquad (2.27)$$

Für freie Strömungsverhältnisse ist statt der Absenkung s die „reduzierte Absenkung" s_r einzuführen:

$$s_r = s - \frac{s^2}{2H}.$$

Das Verfahren der „Typischen Kurven" nach Hantusch ergibt genauere Ergebnisse. Darüber hinaus stehen rechnergestützte Verfahren zur Verfügung. Es wird auf W 111 bzw. DVGW-Handbuch Bd.1 [DVGW Bd. 1, 1996] verwiesen.

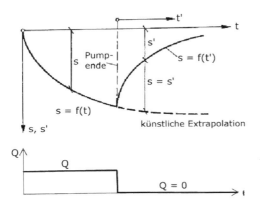

Abb. 2.20: Pumpversuch: Verlauf der Absenkung und des Wiederanstiegs des Brunnenwasserspiegels ([DVGW Bd. 1, 1996], S. 181)

Bei sehr komplizierten hydrogeologischen Verhältnissen und zur Erfassung langfristiger quantitativer und qualitativer Veränderungen (z. B. zur ökologischen Beweissicherung) werden Langzeit-Pumpversuche durchgeführt, die ein sorgfältig konzipiertes Messnetz und Untersuchungsprogramm benötigen und in der Regel mehr als ein Jahr Beobachtungszeit erfordern.

2.2.5 Horizontalfilterbrunnen

Der Horizontalfilterbrunnen ist vorrangig geeignet bei Vorliegen relativ niedriger Durchlässigkeitswerte k_f und geringer Mächtigkeit des Grundwasserleiters. Theoretisch vergrößert sich gegenüber dem Vertikalfilterbrunnen der Brunnenradius r* – dies erhöht das Fassungsvermögen Q_F – und steigert die Ergiebigkeit Q_E (in der Brunnenformel steht ein relativ kleiner Wert R und relativ großer Wert r im Nenner – allerdings im Logarithmus). Wegen der hohen Kosten des Schachtes darf allerdings der Grundwasserleiter nicht zu tief liegen. Bezüglich Grundlagen zur Bemessung und bautechnischen Ausführung s. W 128.

Die Berechnung des Horizontalfilterbrunnens ist schwieriger – die Anströmung lässt sich nicht in einer Ebene darstellen – in Brunnennähe bildet sich nicht ein Trichter, sondern eine ebene Fläche aus. Hydraulisch ist der Horizontalfilterbrunnen eine Kombination aus horizontaler und vertikaler Grundwasserfassung. Die Absenkung im Sammelschacht ergibt sich aus der Absenkung der Grundwasseroberfläche plus dem Druckverlust in den horizontalen Filtersträngen (rd. 4–mal so groß wie in normalen Vollrohren). Zur Berechnung werden empirisch entwickelte Formeln und Nomogramme verwendet – es wird auf die Fachliteratur verwiesen (siehe z. B. [Mutschmann und Stimmelmayr, 2007], S. 82).

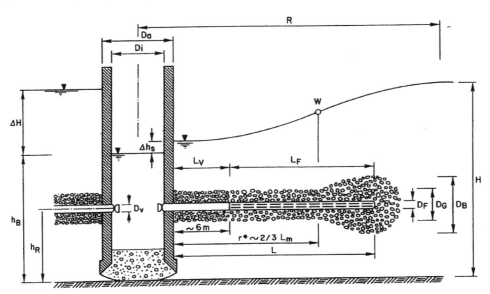

Abb. 2.21: Geometrische und hydrologische Einflussfaktoren am Horizontalfilterbrunnen ([Grombach et al., 2000], S. 419)

2.2.6 Planung und Bau von Grundwasserfassungen

Der Brunnen, der Grundwasserleiter und das Umfeld gehören zusammen. Zur Planung sind grundsätzlich zu erkunden:

- Leistungsfähigkeit des Einzugsgebietes (Grundwasserneubildung, nutzbares Grundwasserdargebot),
- erfassbarer Grundwasserstrom (Aufschlussbohrungen zur Ermittlung der Eigenschaften des Grundwasserträgers, Deckschichten, Grundwassermessstellen, Fließrichtung, Hydrochemie des Grundwassers, Pumpversuche zur Bestimmung von k_f-Wert und Transmissivität),
- Schutz und Vorsorge für das Einzugs- und Fassungsgebiet (ökologische Aspekte der Wasserentnahme, Grunderwerb, eventuelle Nutzungsentschädigungen, künftige Entwicklungen im Einzugsgebiet, die sich auf die Schutzgebiete auswirken können),
- Wasserrechtliche Genehmigung; im wasserrechtlichen Bescheid werden häufig Beweissicherungsmaßnahmen festgelegt; sie dienen dazu, eventuell nachteilige Auswirkungen der Grundwasserentnahme zu erfassen, auszugleichen bzw. zu entschädigen – s. dazu W 150,
- Brunnendimensionierung, Bauplanung, besondere Anforderungen an Bohrung, Ausbau und Förderbetrieb,
- Kosten, Wirtschaftlichkeit (Investition und Betrieb), gegebenenfalls im Vergleich zu technischen Alternativen.

Maßgebende Technische Regeln des DVGW für Planung, Bau und Betrieb von Grundwasserfassungen (GW = Grundwasser):

W 107	Aufbau und Anwendung numerischer GW-Modelle in Wassergewinnungsgebieten
W 108	Messnetze zur Überwachung der GW-Beschaffenheit in Wassergewinnungsgebieten
W 109	Planung, Durchführung und Auswertung von Markierungsversuchen bei der Wassergewinnung
W 110	Geophysikalische Untersuchungen in Bohrungen, Brunnen und GW-Messstellen – Methoden und Anwendungen
W 111	Planung, Durchführung und Auswertung von Pumpversuchen bei der Wassererschließung
W 112	Entnahme von Wasserproben bei der Erschließung, Gewinnung und Überwachung von Grundwasser
W 113	Bestimmung des Schüttkorndurchmessers und hydrogeologischer Parameter aus der Korngrößenverteilung für den Bau von Brunnen
W 115	Bohrungen zur Erkundung, Beobachtung und Gewinnung von Grundwasser

W 116	Verwendung von Spülungszusätzen in Bohrspülungen bei Bohrarbeiten im Grundwasser
W 118	Bemessung von Vertikalfilterbrunnen
W 119	Entwickeln von Brunnen durch Entsanden – Anforderungen, Verfahren, Restsandgehalte
W 120	Qualifikationsanforderungen für die Bereiche Bohrtechnik, Brunnenbau und Brunnenregenerierung
W 121	Bau und Ausbau von Grundwassermessstellen
W 122	Abschlussbauwerke für Brunnen der Wassergewinnung
W 123	Bau und Ausbau von Vertikalfilterbrunnen
W 125	Brunnenbewirtschaftung – Betriebsführung von Wasserfassungen
W 128	Bau und Ausbau von Horizontalfilterbrunnen
W 130	Brunnenregenerierung
W 135	Sanierung und Rückbau von Bohrungen, GW-Messstellen und Brunnen
W 150	Beweissicherung für Grundwasserentnahmen der Wasserversorgung

Im Oktober 2006 ist die umfassend aktualisierte Vergabe- und Vertragsordnung für Bauleistungen (VOB) erschienen – novelliert 2009 (Bundesanzeiger vom 15. Oktober 2009 Nr. 155, Seite 3349); sie ist verbindlich für alle öffentlichen bzw. öffentlich-privaten Bauaufträge in Deutschland. In Teil C „Allgemeine Technische Vertragsbedingungen für Bauleistungen (ATV)" sind wichtige Änderungen eingetreten, so auch in ATV-DIN 18301 „Bohrarbeiten". Die Begriffsdefinitionen sind innerhalb der VOB/C vereinheitlicht worden: statt „Untergrund" heißt es „Baugrund", statt „Lockergestein" heißt es „Boden".

Die Einstufung in Boden- und Felsklassen wurde vollständig überarbeitet und mit ATV DIN 18311 „Nassbaggerarbeiten" abgestimmt. (zur näheren Information s. bbr 01/2007 S. 31ff). VOB A = DIN 1960 und VOB B = DIN 1961 sowie ATV DIN 18301 und ATV DIN 18311 sind mit Stand vom April 2010 im Beuth Verlag erschienen.

Bei der Ausführung von Bohrungen zur Wassererschließung gelten folgende Prinzipien:
- Qualifizierte Brunnenbauunternehmen beauftragen – DVGW-zertifiziert nach W 120 (Fehler bei Brunnenbauarbeiten sind kaum, wenn überhaupt, zu reparieren!),
- Poren und Klüfte sind offen zu halten – dies gelingt bei stetiger Bohrgutförderung besser (W 115); Verunreinigungen des Grundwassers und Zutritt von Oberflächenwasser sind auszuschließen,
- nicht genutzte Bohrungen verfüllen und verschließen, um ungewollte Verbindungen verschiedener Grundwasserstockwerke untereinander zu vermeiden (W 135).

Unterschieden werden drehende, schlagende, dreh-schlagende Bohrverfahren; angewendet werden bei der Grundwassererschließung meist drehende Verfahren mit kontinuierlicher Bohrgutförderung durch Spülen (Wasser, ggf. mit Zusätzen, Druckluft, Luft + Wasser). Eine Übersicht und Bewertung der Bohrverfahren gibt W 115. Über die Auswahl, Bemessung, Pflege und Dosierung von Bohrspülzusätzen informiert W 116. Unterschieden werden die direkte Spülung, auch „Rechts-Spülen": Aufstieg von Wasser und Bohrgut zwischen Gestänge und Bohrlochwand, und indirektes, auch „Links-Spülen": Aufstieg im Gestänge (vor allem für große Bohrdurchmesser zu empfehlen). Beim Ein-

satz von Druckluft wird zugleich Grundwasser gefördert. Das Bohrgut wird in Absetzbecken aufgefangen, das Spülwasser zurückgeführt; ein Wasser-Vorrat ist nützlich für plötzliche Spülverluste. – Schlagbohren ist eher für Aufschlussbohrungen geeignet, z. B. um (ungestörte) Bohrkerne zu gewinnen, z. B. Schlauchkernbohren für große Tiefen, Festgestein und bis 1 m Bohrdurchmesser. *Abb. 2.22* zeigt verschiedene Bohrverfahren. Eine Übersicht über die geophysikalischen Messverfahren, mit denen alle technischen Daten eines Bohrlochs, eines Brunnens oder einer GW-Messstelle ermittelt werden können, gibt W 110.

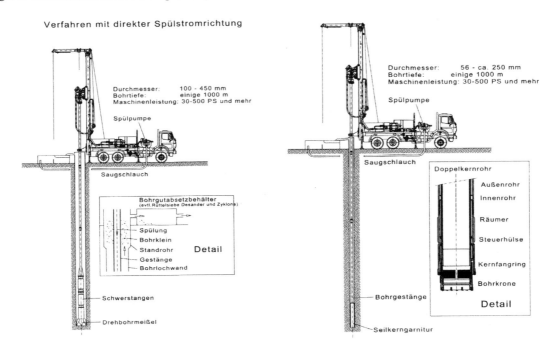

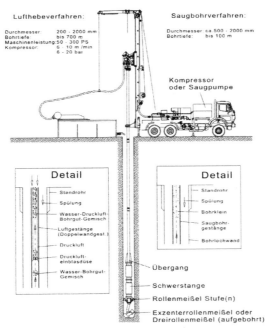

Abb. 2.22:   Bohrverfahren – links oben: Bohrverfahren mit direkter Spülstromrichtung; rechts oben: Kernbohrverfahren; unten: Bohrverfahren mit indirekter Spülstromrichtung (W 115)

Den jeweiligen Gebirgs- und Bohrlochverhältnissen angepasste Bohrspülungen sind im Allgemeinen in der Lage, unverrohrte Bohrlöcher bzw. Bohrlochabschnitte standfest zu machen und kalibergerecht offen zu halten. Dazu ist ein Spülungssäulendruck notwendig, der den von Grundwasser und Erdreich ausgehenden Druck um mindestens 0,2 bar (2 m WS) übersteigt; ggf. wird die Spülung „beschwert" (W 116). Anderenfalls werden die Bohrungen verrohrt, bis der Ausbau erfolgt.

Bohrspülungen (W 116) haben bei Bohrarbeiten hauptsächlich die Aufgaben:

- die Bohrlochwände standfest und kalibergerecht zu erhalten,
- das Bohrgut auszutragen,
- das Absinken des Bohrguts bei Unterbrechung des Spülvorgangs zu verzögern,
- den Spülwasserbedarf zu senken,
- die Bohrwerkzeuge zu kühlen und zu schmieren,
- eine dem Zweck der Bohrung entsprechende Bodenprobennahme zu ermöglichen,
- den Grundwasserleiter durch Abdichten der Bohrlochwände zu schützen.

Spülungszusätze sind nur dort zu verwenden, wo klares Wasser nicht zur Erfüllung der Aufgaben genügt. Spülungszusätze bilden einen Filterkuchen auf der Bohrlochwand, der sich aber beim Klarpumpen entfernen lassen muss.

Verwendet werden Bentonite, künstliche Polymere (Carboxy-Methyl-Cellulose, Polyacrylamide), Be-

schwerungsmittel (zur Dichteerhöhung), Schaummittel, Stopfmittel.

Vorsicht ist bei organischen Zusätzen wegen möglicher Keimvermehrung geboten. Grundsätzlich ist nur keimarmes und hygienisch unbedenkliches Wasser zu verwenden. Sofern die Zahl der Keime im Grundwasser zunimmt, kann dies in der Regel durch sorgfältiges Abpumpen – ggf. abschnittsweise – und notfalls durch Desinfektion (z. B. Wasserstoffperoxid) wieder behoben werden.

Der Brunnen ist sorgfältig auszubauen und korrekt zu kartieren. Das Bohrprofil wird nach DIN 4023 dargestellt, der Brunnen- und Messstellenausbau nach DIN 4943. Das Schichtenverzeichnis folgt DIN EN ISO 22475 (vgl. bbr 09/2008 S. 34 ff).

Abb. 2.23 zeigt beispielhaft den Ausbau einer Grundwassermessstelle, *Abb. 2.24* die Prinzipskizze eines Vertikalfilter-Brunnens.

Der so genannte eigenbewirtschaftete Brunnen, d. h. mit eigener Förderpumpe ausgestattete Brunnen ist heute der Regelfall. Die Brunnenpumpe (*Abb. 2.25*) muss natürlich unterhalb des tiefsten Absenkungsspiegel angeordnet sein; kommt sie in den verfilterten Teil, unterbricht man an dieser Stelle den Filter durch ein Vollrohr, um Anströmspitzen zu vermeiden. Die Verbindung von Brunnenreihen mit Heberleitungen ist nicht mehr Stand der Technik; sie ist allenfalls bei hochstehendem Grundwasser sinnvoll. Die Brunnenköpfe sind einfacher, der Betrieb ist diffiziler.

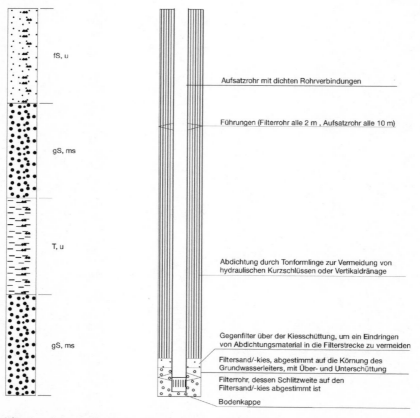

Abb. 2.23: Beispiel für den Ausbau einer Grundwassermessstelle (W 121)

Im Bereich des Filterrohres werden Filtersande und -kiese eingebaut, im Bereich der Vollrohre erfolgt bei nicht zu tiefen Ringräumen die Abdichtung durch Tonformlinge, bei tiefen Ringraumabdichtungen durch plastische Suspensionen. Bei Messstellen wird nur ein relativ kurzer Abschnitt verfiltert. Besonders bei Schadensfällen ist deutlich geworden, dass selbst bei geohydraulisch relativ einheitlich erscheinenden Gesteinskomplexen eine fein abgestufte Tiefendifferenzierung gegeben ist. Deshalb empfiehlt es sich, ggf. mehrere Messstellen nebeneinander zu bauen.

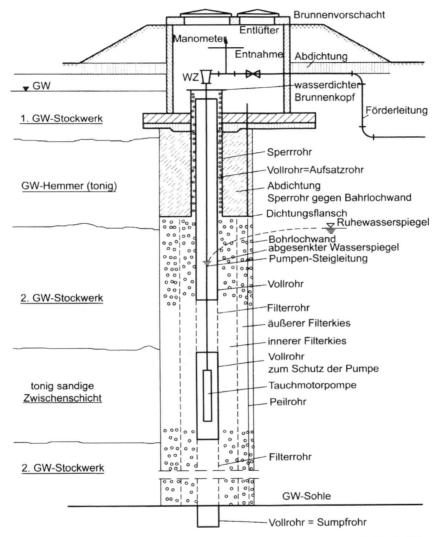

Abb. 2.24:   Prinzipskizze eines Vertikalfilterbrunnens ([Mutschmann und Stimmelmayr, 2007], S. 97)

zu *Abb. 2.24*: W 123 (09/01) stellt neue Grundsätze heraus:
- Verfilterung nur im Bereich des Grundwasserleiters,
- vollkommener Ausbau (bis zum Grundwasserstauer),
- kleinere Ringräume (im Vergleich zu früher) im Bereich der Filterrohre anlegen; sie erleichtern die Entsandung und Regenerierung,
- nur einfache Kiesschüttung (nicht mehr in zwei oder drei Schichten).

Brunnen erhalten ein Abschlussbauwerk – s. *Abb. 2.28*. Die Absicherung der Messstelle an der Geländeoberfläche erfolgt durch Stahlstandrohr oder unter Tage mit wasserdichter Kappe.

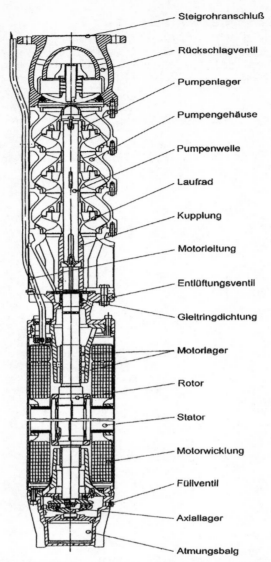

Steigrohranschluß

Rückschlagventil

Pumpenlager

Pumpengehäuse

Pumpenwelle

Laufrad

Kupplung

Motorleitung

Entlüftungsventil

Gleitringdichtung

Motorlager

Rotor

Stator

Motorwicklung

Füllventil

Axiallager

Atmungsbalg

Abb. 2.25: Unterwassermotor-Pumpe (Pleuger-Worthington) ([Grombach et al., 2000], S. 767)

Um das Eindringen des anstehenden Bodenkorns in den Brunnen zu verhindern, wird in den meisten Fällen eine Kiesschüttung, gegebenenfalls in mehreren Schichten, eingebracht. Zur Auswahl der richtigen Kiesschüttung geht man wie folgt vor (vgl. W 113):

Die Kornverteilung des anstehenden wasserführenden Lockgesteins wird durch eine Siebanalyse ermittelt. Dazu wird ein Satz normgerechter Analysensiebe (DIN ISO 3310–1) verwendet. Die Maschenweite des jeweils folgenden Siebes verdoppelt sich:

- 0,063 / 0,125 / 0,25 / 0,5 / 1 / 2 / 4 / 8 / 16 / 31,5 mm.

Die Siebung erfolgt nach Trocknung der Probe im Trockenschrank. Bei Schluff- und Tonanteilen in der Bodenprobe empfiehlt sich eine Nass-Siebung; die Rückstände auf den Sieben werden dann auf Faltenfiltern getrocknet. Die Massenanteile der Einzelfraktionen auf den Sieben werden durch Wägung ermittelt. Der Siebdurchgang (Summenkurve) bzw. der Siebrückstand (Verteilungskurve) werden in Gewichtsprozenten über dem Korndurchmesser dargestellt. *Abb. 2.26* zeigt Beispiele für Summenkurven.

Aus der Siebkurve werden folgende Kenngrößen abgeleitet:

- d_{10}, d_{30} und d_{60} = Korndurchmesser bei 10%, 30% und 60% Siebdurchgang,
- Ungleichförmigkeitsfaktor U; $U = d_{60} / d_{10}$

Kornsummenkurve

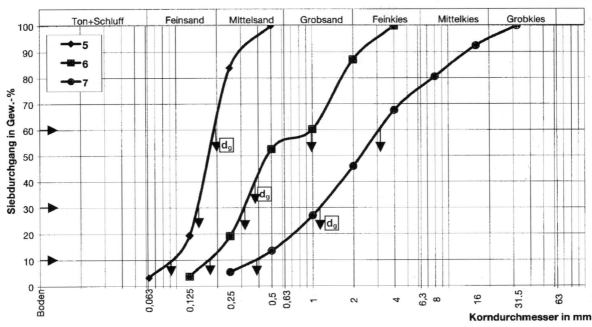

Abb. 2.26: Siebkurven (die zugehörigen Messdaten der eingetragenen Beispiele sind in *Tab. 2.5* dargestellt und wurden aus W 113 entnommen)

Tab. 2.5: Wertetabelle zu *Abb. 2.26*

	Siebdurchgangswert			Ungleichför-migkeitsgrad	maßgebender Korndurch-messer	Filterfak-tor	Schüttkorn-durchmesser	gewählte Korn-gruppe nach DIN 4924 [mm]
Proben Nr.	d_{60} mm	d_{30} mm	d_{10} mm	$U = d_{60} / d_{10}$	d_g mm	F_g	$D_s = d_g \cdot F_g$ mm	
5	0,19	0,142	0,091	2,1	0,1875	7,1	1,33	1–2
6	0,99	0,31	0,18	5,5	0,375	10	3,75	3,15–5,6
7	3,15	1,12	0,38	8,3	1,12	10	11,2	8–16

Der Ungleichförmigkeitsfaktor U ist umso größer, je flacher die Siebkurve verläuft; eine sog. Einkornverteilung hat eine vertikale Sieblinie mit U = 1. Nunmehr wird mit d_g derjenige Korndurchmesser („maßgebender Korndurchmesser") bestimmt, der nach Ausspülung der feineren Kornanteile die Grenze des Stützkorns bilden soll. Alle Körnungen < d_g sollen beim (Intensiv-)Ent­sanden aus der Brunnenumgebung entfernt werden, die Körnungen > d_g verbleiben als Stützkorn im Boden. Bei s-förmiger Siebkurve ist d_g der dem Wendepunkt zugeordnete Korndurchmesser (bei mehrfach gekrümmter Kurve nimmt man den ersten Wendepunkt). Legt man Tangenten an die Kurve, ist es der Punkt größter Steigung. In der Verteilungskurve wird d_g dem Mittelwert aus Maximum und nächst größerem Korndurchmesser zugeordnet. Ist kein eindeutiger Wendepunkt bzw. Maximum zu erkennen, wird der Wert d_{30} gewählt (so erfolgt im Beispiel der Kurve 7 in *Abb. 2.26*).

Der erforderliche Schüttkorndurchmesser D_S ergibt sich nach *Formel 2.28*:

$$D_S = d_g \cdot F_g \qquad (2.28)$$

mit:

D_S Schüttkorndurchmesser für Filtersand/-kies in [mm] nach DIN 4924 bzw. DIN 19623

d_g maßgebender Korndurchmesser des Bodens [mm]

F_g Filterfaktor

Bei Einkornschüttungen ideal runder Körner ergibt sich aus geometrischer Betrachtung, dass die Filterkiesschüttung Durchmesser D maximal ein Korn vom Durchmesser d durchlässt – bei dichtester Lagerung ergibt sich D/d = 6,4, bei lockerster Lagerung D/d = 2,4, im Mittelwert etwa D/d = 4,4. Optimal runde und gleichförmige Körnungen liegen in der Praxis nicht vor; so wird der Filterfaktor F_g je nach Ungleichförmigkeitsfaktor der Bodenprobe nach oben korrigiert – für den normalen Brunnenbetrieb mit instationären Fließvorgängen ergibt sich:

$F_g = 5 + U$ für $1 < U < 5$

$F_g = 10$ für $U \geq 5$

Ist mit Erschütterungen im Boden zu rechnen oder erfolgt ein intermittierender Betrieb des Brunnens, ist ein Filterfaktor $F_g = 5$ zu wählen.

Die Schüttkorngruppe wird dann nach DIN 4924 (vgl. *Tab. 2.6*) bzw. DIN 19623 gewählt. Der ermittelte Schüttkorndurchmesser D_S muss innerhalb der zu wählenden Korngruppe liegen. Bei mehrfacher Abstufung der Filterschüttungen wird entsprechend verfahren.

Tab. 2.6: Korngruppen nach DIN 4924

	Korngruppe [mm]
Filtersand	
zulässiges Unterkorn	0,4 bis 0,8
und Überkorn < 10%	0,71 bis 1,25
	1 bis 2
Filterkies	
zulässiges Unterkorn < 12%	> 2,0 bis 3,15
	> 3,15 bis 5,6
zulässiges Überkorn < 15%	> 5,6 bis 8
	> 8,0 bis 16
	> 16,0 bis 31,5

Zur Wassergewinnung werden in der Regel nur Filtersande/-kiese der Körnungen > 0,71 mm bis < 16 mm verwendet. Die Korngruppe 0,4 bis 0,8 mm wird zur Abdeckung von nicht ausbauwürdigen Schluffschichten oder unter Abdichtungen als Gegenfilter eingesetzt.

Aus der Siebkurve lässt sich näherungsweise der Durchlässigkeitsbeiwert k_f ermitteln (Beyer 1964):

$$k_f = C \cdot d_{10}^{\;2}$$

Die Formel ist anwendbar für 0,06 mm $\leq d_{10} \leq$ 0,6 mm und U $\leq$ 20 . Der Proportionalitätsfaktor C ist vom Ungleichförmigkeitsfaktor U abhängig:

U	1,0 bis 1,9	2,0 bis 2,9	3,0 bis 4,9	5,0 bis 9,9	10,0 bis 19,9	20
C	0,011	0,010	0,009	0,008	0,007	0,006

Außerhalb der Gültigkeitsgrenzen kann der k_f-Wert nach Bialas wie folgt bestimmt werden:

$$k_f = 0,0036 \cdot d_{20}^{\;2,3} \text{ mit } d_{20} = \text{Korndurchmesser bei}$$
20% Siebdurchgang in mm .

Gleichfalls lassen sich aus der Korngrößenverteilung Abschätzungen zum Hohlraumanteil (Porosität) von Lockergesteinen treffen. Dabei ist in eine Gesamtporosität n und eine durchflusswirksame Porosität n_f zu unterscheiden (s. W 113).

Bei starker Neigung des Brunnens zur Verschleimung oder Versinterung ist eine mögliche Alternative, statt des üblichen Quarzsandes Glaskugeln als Filtermaterial zu verwenden. Sie werden in Größen von 0,25 bis 18 mm angeboten, sind exakt rund mit glatter Oberfläche und verfügen über einen größeren Porenraum als eine übliche Quarzkornschüttung. Die Mehrkosten werden durch größere zeitliche Abstände der Regenerierung aufgewogen – s. bbr 05/2008 S. 48.

Für Filterrohre kommen verschiedene Materialien in Frage: Keramik, Kunststoffe, Kupfer, Stahl mit Kunststoffbeschichtung oder gummiert. Ausführung in Gestalt von Lochblechen – heute meist als Schlitzbrückenfilter. Beispiele zeigt *Abb. 2.27*.

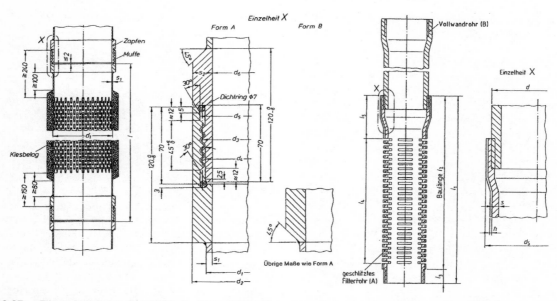

Abb. 2.27: Filterrohre: links: Stahlfilterrohr (DIN 4922 T. 2), rechts: PVC-hart Kunststoffrohr (DIN 4925 T. 1 + 2)

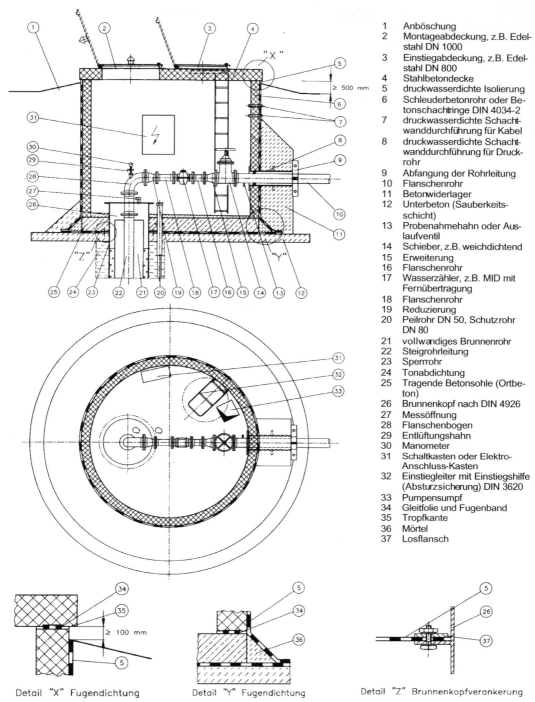

1 Anböschung
2 Montageabdeckung, z.B. Edelstahl DN 1000
3 Einstiegabdeckung, z.B. Edelstahl DN 800
4 Stahlbetondecke
5 druckwasserdichte Isolierung
6 Schleuderbetonrohr oder Betonschachtringe DIN 4034-2
7 druckwasserdichte Schachtwanddurchführung für Kabel
8 druckwasserdichte Schachtwanddurchführung für Druckrohr
9 Abfangung der Rohrleitung
10 Flanschenrohr
11 Betonwiderlager
12 Unterbeton (Sauberkeitsschicht)
13 Probenahmehahn oder Auslaufventil
14 Schieber, z.B. weichdichtend
15 Erweiterung
16 Flanschenrohr
17 Wasserzähler, z.B. MID mit Fernübertragung
18 Flanschenrohr
19 Reduzierung
20 Peilrohr DN 50, Schutzrohr DN 80
21 vollwandiges Brunnenrohr
22 Steigrohrleitung
23 Sperrrohr
24 Tonabdichtung
25 Tragende Betonsohle (Ortbeton)
26 Brunnenkopf nach DIN 4926
27 Messöffnung
28 Flanschenbogen
29 Entlüftungshahn
30 Manometer
31 Schaltkasten oder Elektro-Anschluss-Kasten
32 Einstiegleiter mit Einstiegshilfe (Absturzsicherung) DIN 3620
33 Pumpensumpf
34 Gleitfolie und Fugenband
35 Tropfkante
36 Mörtel
37 Losflansch

Detail "X" Fugendichtung   Detail "Y" Fugendichtung   Detail "Z" Brunnenkopfverankerung

Abb. 2.28: Brunnenabschlussbauwerk (rund) für Vertikal-Filterbrunnen (W 122)

Der fertiggestellte Brunnen (bzw. Grundwasser-Messstelle) ist klar zu pumpen, was unmittelbar im Anschluss an den Ausbau erfolgen muss, beginnend mit gedrosseltem Volumenstrom, der allmählich bis zur 1,5fachen späteren Dauerleistung gesteigert wird. Das Klarpumpen dient der Entfernung der durch die Bohr- und Ausbauarbeiten eingetragenen Stoffe, insbesondere Spülungsrückstände. Auflandungen im Sumpfrohr lassen sich durch Abpumpen mit Luft (Mammutpumpen-Prinzip) entfernen.

Es folgt die Entsandung, d.h. der Austrag des Unterkorns im anstehenden Untergrund durch die Filter-

schicht in den Brunnen. Voraussetzung ist die richtige Bemessung des Filterkorns, damit das Unterkorn tatsächlich die Filterschicht und die Filterschlitze passieren kann und nicht wegen zu feinkörniger Schüttung zur Kolmation (Verstopfung) führt. Der Entsandungsprozess kann durch Kolben, intermittierendes Abpumpen (Schocken), Vorgehen in Abschnitten mit Hilfe von Packern etc. unterstützt werden. Ziel ist ein Restsandgehalt im abgepumpten Wasser von $\leq 0,1$ g/m^3 Sand (Korndurchmesser $> 0,063$ mm). Zu den Anforderungen und Verfahren der Brunnenentwicklung s. W 119.

Auf die korrekte Ausführung des Abschlussbauwerkes ist zu achten (vgl. *Abb. 2.28*): Zugänglichkeit, Schutz vor unbefugtem Zutritt und möglichem Eindringen von Ungeziefer, Frostfreiheit, Fernhaltung von Tagwasser (Niederschlagswasser, Hochwasser in Überflutungsgebieten). Heute wird bei größeren Brunnen zwecks besserer Zugänglichkeit und Wartungsfreundlichkeit gerne ein Aufbau über Tage gewählt.

Horizontalfilterbrunnen sind durch – im Allgemeinen – horizontal verlaufende Filterrohre gekennzeichnet. Unterschieden werden Brunnen, die nach dem verrohrten Vortriebsverfahren HFB (vgl. *Abb. 2.29*) oder mit einem verlaufsgesteuerten Spülbohrverfahren V-HFB errichtet werden.

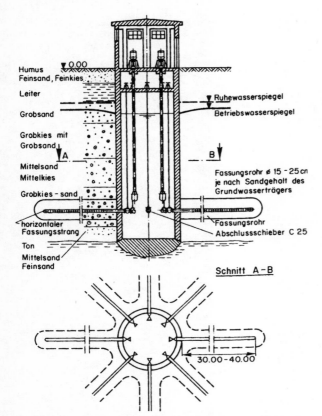

Abb. 2.29: Prinzipskizze eines Horizontalfilter-Brunnens mit Bohrlochwellenpumpen ([Grombach et al., 2000], S. 416)

Gegenüber einer Vertikalbrunnen-Reihe bestehen folgende Vorteile:

- geringerer Platzbedarf,
- geringere Absenkung und Reichweite,
- Nutzung von geringmächtigen und zugleich ergiebigen Grundwasserleitern; wegen der hohen Kosten des Schachtes ist der Hori-Brunnen etwa ab 100 L/s Leistung und nicht zu großer Tiefe (30–40 m) wirtschaftlich.
- die Schichtung des anströmenden Grundwassers bleibt nahezu erhalten,
- Vermeidung eines übermäßigen Sauerstoffeintrags,
- vergleichsweise lange Lebensdauer infolge großer Brunnenmantelfläche und damit geringer Filter-Eintrittsgeschwindigkeit,
- günstiger Objektschutz.

Die Bemessung von Horizontalfilterbrunnen erfolgt nach W 118, s. dazu auch *Kap. 2.2.5 Horizontalfilterbrunnen*. Bau und Ausbau werden in W 128 beschrieben. Die Größe der Brunnenmantelfläche ist ein wesentliches Bemessungskriterium. Sie errechnet sich mit Hilfe der Sichardt'schen Formel für die zulässige kritische Eintrittsgeschwindigkeit an der Bohrlochwand

$$v_{zul} = \frac{\sqrt{k_f}}{15} \text{ bzw. } = \frac{\sqrt{k_f}}{30} \text{ (Formel 2.20 bzw. Formel 2.22a) zu}$$

$$A_{Br} = Q / v_{zul} .$$

Die Eintrittsfläche der Bohrlochwand bezieht sich auf die verfilterte Länge der Horizontal-Bohrungen. Die Filterrohre sind nach Anzahl und Durchmesser so auszulegen, dass die Fließgeschwindigkeit im Filterrohr am Strangende ≤ 0,7 m/s beträgt.

In der Regel werden die Filterrohrstränge vom zentralen Schacht aus horizontal vorgetrieben. Beim RANNEY-Verfahren geschieht dies unmittelbar mit geschlitzten Rohren. Die Schlitz-/Spaltweiten sind also auf den Kornaufbau des Grundwasserleiters abzustimmen. Beim FEHLMANN-Verfahren werden starkwandige Bohrrohre verwendet, die nach dem Einbau der Filterrohre wieder gezogen werden. Beim PREUSSAG-Verfahren wird der Durchmesser der Bohrrohre so groß gewählt, dass im Ringraum zwischen Bohr- und Filterrohr ein auf das Kennkorn des Grundwasserleiters abgestimmter Filterkies eingebaut werden kann (s. *Abb. 2.30* und *Abb. 2.31*).

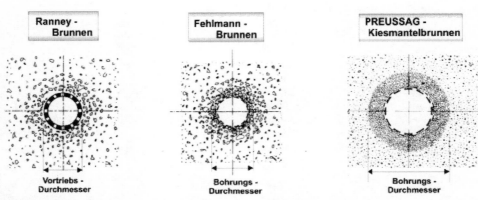

Abb. 2.30: Schematische Darstellung der Brunnenrohre im Querschnitt (W 128)

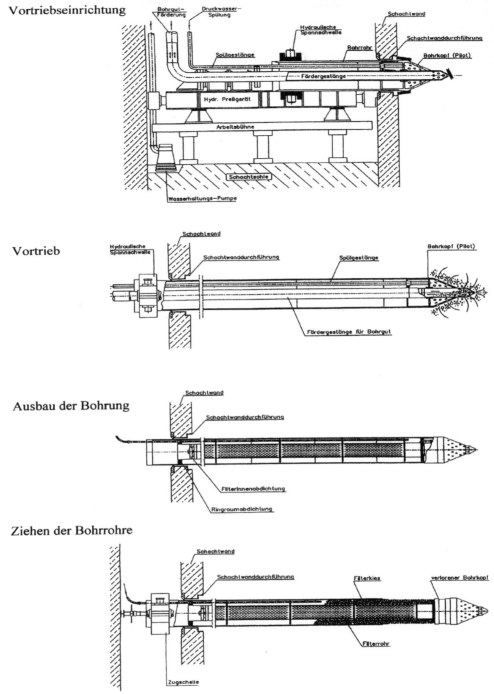

Abb. 2.31:   Bau einer horizontalen Fassung – Preußag-Verfahren (W 115, Ausgabe 03/2001)

Beim gesteuerten Spülbohrverfahren lassen sich die Rohre vom Brunnenschacht aus im Bogen zur Erdoberfläche führen (*Abb. 2.32*), oder es wird von der Erdoberfläche aus gebohrt, d.h. auf den zentralen Schacht ganz verzichtet (*Abb. 2.33*). Zunächst erfolgt eine verlaufsgesteuerte Pilotbohrung, die dann – ggf. schritt-

weise – auf den gewünschten Durchmesser aufgeweitet wird. Das letzte einzuziehende Rohr ist im entsprechenden Bereich als Filterrohr ausgeführt. Das zweite Verfahren nach *Abb. 2.33* eignet sich auch dazu, beispielsweise unter einer bestehenden Deponie nachträglich Drainagerohre einzuziehen.

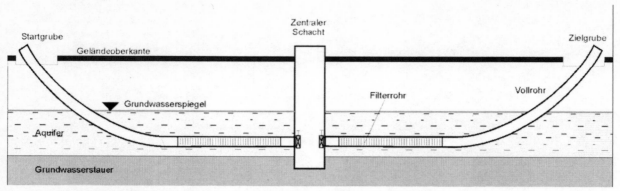

Abb. 2.32: Mit verlaufsgesteuerter Spülbohrung erstellter Horizontalbrunnen (W 128)

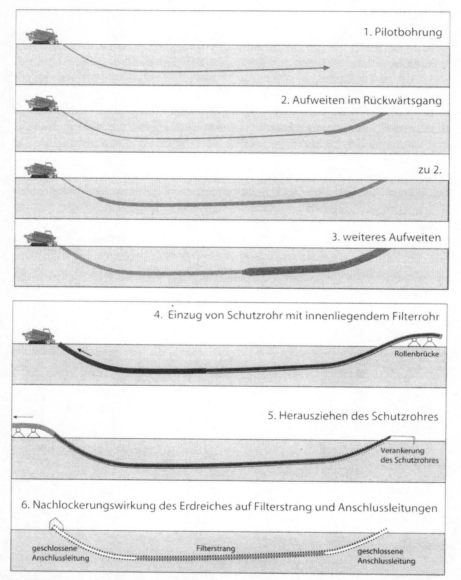

Abb. 2.33: Horizontalbrunnen im HDD-Verfahren (horizontal directional drilling) (H. J. Bayer, bbr 5/2006)

2.2.7 Brunnenalterung und -sanierung; Rückbau

Brunnen unterliegen Alterungsprozessen und bedürfen der Regenerierung, die allerdings meist nur bei modernen Kiesschüttungsbrunnen sinnvoll ist. Auch hinsichtlich der Alterungsprozesse gilt als wichtige Regel: Brunnenanlage nicht zu knapp bemessen, Betriebsweise auf die hydrologischen Gegebenheiten abstimmen, Betrieb regelmäßig überwachen (W 125). Spürbar wird die Alterung durch Nachlassen der Leistung, bedingt durch:

- Versandung (Eindringen von Ton, Schluff und Sand aus dem Grundwasserleiter),
- Korrosion (bei metallenen Ausbauwerkstoffen und ungenügendem Korrosionsschutz),
- Verockerung (Anlagerung von Eisen- und Manganverbindungen als Hydroxide und Oxidhydrate, häufig biologische Ursache),
- Versinterung (Ausfällung von Calcium- und Magnesiumkarbonaten, wenn bei Entspannung des Wassers CO_2 ausgast,)
- Verschleimung (starke Biomassebildung durch Bakterien und Pilze bei entspr. Nährstoffangebot) und
- Aluminiumablagerung.

In der Regel tragen mehrere Ursachen – nacheinander und/oder differenziert nach der Teufe – zur Brunnenalterung bei. Über die genannten Prozesse und ihre Ursachen s. W 130.

Durch optische und geophysikalische Untersuchungen lässt sich bereits vor Nachlassen der Förderleistung erkennen, ob Alterungsprozesse eingesetzt haben. Je früher eine Regenerierung erfolgt, desto größer ist der Erfolg und umso niedriger sind die Kosten.

Zur Regenerierung lassen sich nach W 130 folgende Verfahren aufzeigen:

- *Mechanische Verfahren*: Bürsten, Nieder- und Hochdruckspülung, Intensiventnahme nach W 119, auch mit bewegter Kammer, Kolben, CO_2-Injektion (gasförmig oder flüssig), Druckwellen- oder Impulsverfahren (Schocken mit Pressluft, Ultraschall, Knallgas, Sprengladungen);
- *Chemische Verfahren*: dazu werden heute ausschließlich Mehrkammergeräte, so genannte Kieswäscher, eingesetzt, bei denen durch eine Druckdifferenz zwischen mindestens zwei Kammern eine Durchströmung der anliegenden Kiesschüttung erzeugt wird; dieser Strömung werden die Regeneriermittel zugegeben. Regeneriermittel

sind Gemische anorganischer und/oder organischer Säuren, ggf. unter Zusatz von Komplexbildnern und Oxidationsmitteln. Da – wenn auch vorübergehend – Stoffe in das Grundwasser eingebracht werden, ist eine wasserrechtliche Erlaubnis erforderlich. Das abgepumpte Wasser ist zu neutralisieren, die Schlämme sind zu entsorgen.

Mit einer abschließenden chemischen und mikrobiologischen Wasseranalyse wird die Einhaltung der Qualitätsanforderungen an das Rohwasser überprüft.

In *Abb. 2.34* wird die Wirkung der Hochdruckspülung gezeigt. Die Spritzdüsen können an einem Spülgerät montiert sein. Der Einsatz von Spüllanzen (vgl. *Abb. 2.34*), die außerhalb des Filterrohres in die Kiesschüttung eingebracht werden, ist nicht zu empfehlen, da bei Abweichung von der Vertikalen leicht Zerstörungen am Bohrrohr eintreten können und eine nachträgliche Abdichtung der Tonsperren schwer zu erreichen ist. In *Abb. 2.35* wird ein Kieswäscher gezeigt. Er erlaubt, die Kiesschüttung abschnittsweise unter Zusatz von Regeneriermitteln zu waschen.

Wenn durch die beschriebenen Regenerierungsmaßnahmen die Leistungsfähigkeit des Brunnens nicht in befriedigendem Maße wiederhergestellt werden kann, ist zu prüfen, ob durch entsprechende bauliche Maßnahmen eine Sanierung möglich ist.

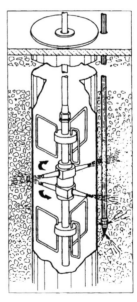

Abb. 2.34:   Mehrarmiges Spülgerät und Spüllanze zur Außenspülung (Chronik der Wasserversorgung Karslruhe 1996)

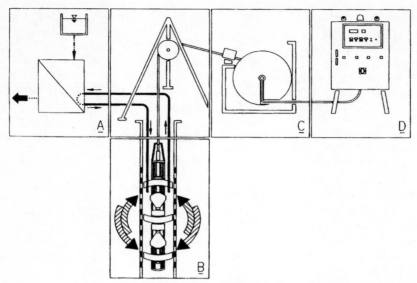

A   On-Line-Prozeßsteuerung (DBP, Intern.Pat.Pend.)
B   KIESWÄSCHER KW 3G (div. DBP)
C   Kabelwinde mit selbsttragender Kraftstromleitung
D   elektrische Schalteinheit

( ) Reinigungsabschnitt – periodischer Wechsel der Waschrichtung

| | Kreislaufleitung Reinigungsgerät ↔ Prozeßsteuerung

prozeßgesteuerte Regeneriermittel-Dosierung

Überwachung der Lösungsvorgänge und Steuerung des Reinigungsablaufes

← Entfernung der gesättigten Waschlösung durch das »Zwischenabpumpen«,
Bilanzierung der entfernten Ablagerungs- und Regeneriermittel-Mengen

Abb. 2.35:   Brunnenreinigungsgerät Kieswäscher (bbr 46 (1995), S. 25)

Abb. 2.36 zeigt Beispiele für Brunnenschäden, wie sie aufgrund von Baufehlern oder ungünstiger geologischer Umstände eintreten können.

Bohrungen, Grundwassermessstellen und Brunnen, die auf Dauer außer Betrieb genommen werden, sind zurückzubauen. Das DVGW-Arbeitsblatt W 135 „Sanierung und Rückbau von Bohrungen, Grundwassermessstellen und Brunnen" gibt einen Überblick zu der im Vorfeld der Sanierungs- und Rückbaumaßnahmen notwendigen Bestandsaufnahme und den ggf. erforderlichen ergänzenden Untersuchungen, die in die Planung und Vorbereitung der Maßnahmen einfließen. Als

Kernstück des Arbeitsblattes werden die zur Verfügung stehenden Sanierungs- und Rückbaumaßnahmen detailliert beschrieben (vgl. *Abb. 2.37*).

Erfahrungswerte zu Baukosten für Bohrbrunnen lassen sich z. B. aus dem Taschenbuch der Wasserversorgung ([Mutschmann und Stimmelmayr, 2007], S. 775 ff) entnehmen; bei Kostenschätzungen ist es – insbesondere bei größeren Bauvorhaben – zu empfehlen, aktuelle Ausschreibungsergebnisse vergleichbarer Maßnahmen zugrunde zu legen, da regionale Umstände und Schwankungen in der Baukonjunkturlage erheblichen Einfluss auf die Preise haben.

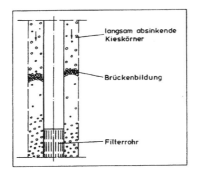

Brückenbildung im Ringraum

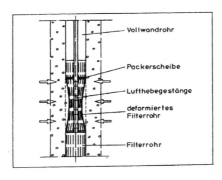

Deformation der Brunnenrohrwand durch Einbrechen der Filterkiesbrücken beim Entsanden

Deformation der Brunnenrohrwand beim Entsanden mittels Manschettenpumpen

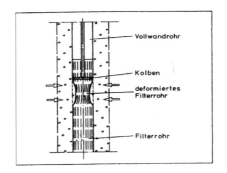

Deformation der Brunnenwand beim Entsanden mittels Kolben

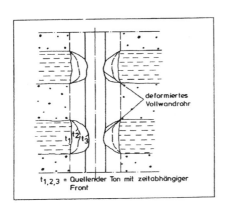

Quellende Tone deformieren abschnittsweise das Brunnenrohr

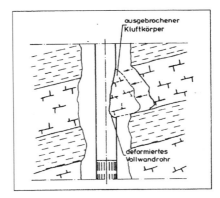

Aus der Bohrlochwand ausbrechende Kluftkörper deformieren das Brunnenrohr

Abb. 2.36:   Beispiele für Schäden an Vertikalbrunnen

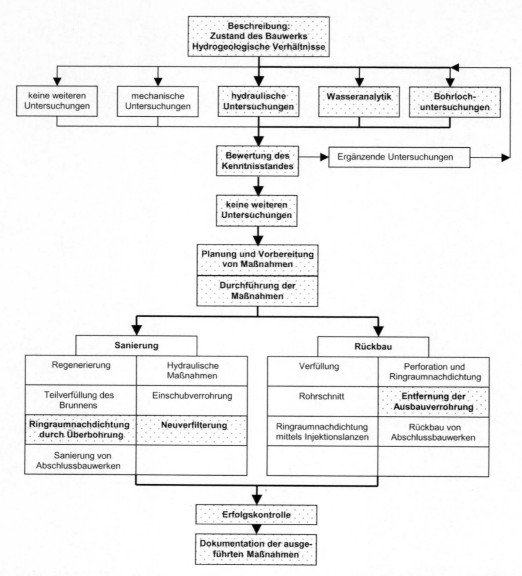

Abb. 2.37: Fließschema: Sanierung und Rückbau von Bohrungen, Grundwassermessstellen und Brunnen, hier: Sanierung einer Grundwassermessstelle (W 135)

2.2.8 Grundwasserüberwachung

Zunehmende Bedeutung gewinnen Anlagen zur Überwachung der Grundwasserqualität, insbesondere im Einzugsgebiet einer Wassergewinnungsanlage und im Abstrombereich von bestimmten Industrieanlagen, Deponien, Altlasten etc. (hinsichtlich bestehender Grundwassergefährdungen s. *Kap. 2.7.1 Grundwasser*).

Die Anordnung von Grundwasserbeobachtungsbrunnen unterhalb eines Gefährdungsbereiches richtet sich nach der Art der Gefährdung und den hydrologischen Verhältnissen. Ein Beispiel für die Anordnung von Emittentenmessstellen zeigt *Abb. 2.38*.

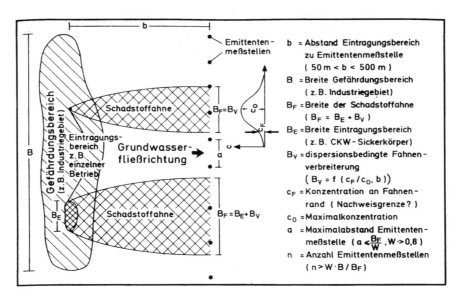

b = Abstand Eintragungsbereich
    zu Emittentenmeßstelle
    (50 m < b < 500 m)
B = Breite Gefährdungsbereich
    (z.B. Industriegebiet)
B_F = Breite der Schadstoffahne
    ($B_F = B_E + B_V$)
B_E = Breite Eintragungsbereich
    (z.B. CKW-Sickerkörper)
B_V = dispersionsbedingte Fahnen-
    verbreiterung
    ($B_V = f (c_F/c_0, b)$)
c_F = Konzentration an Fahnen-
    rand (Nachweisgrenze?)
c_0 = Maximalkonzentration
a = Maximalabstand Emittenten-
    meßstelle ($a < \frac{B_F}{W}$, W > 0,8)
n = Anzahl Emittentenmeßstellen
    ($n > W \cdot B / B_F$)

Abb. 2.38: Anordnung von Emittentenmessstellen ([DVGW, 1985b], S. 57)

2.3 Wassergewinnung aus Fluss-wasser

Flusswasser ist durch wechselnde Wasserführung (zwischen Niedrig- und Hochwasser) und stark und rasch wechselnde Wasserqualität (chemisch, biologisch und physikalisch – z. B. Temperatur) gekennzeichnet. Flüsse nehmen Niederschlagswasser und Abschwemmungen von Oberflächen (städtischer und ländlicher Raum) auf und sind Vorfluter für Abwassereinleitungen. Wegen dieser Risiken wird Flusswasser für die öffentliche Wasserversorgung in Deutschland in der Regel nur auf indirektem Wege gewonnen, entweder als Uferfiltrat – in Wirklichkeit handelt es sich um Sohlenfiltrat – oder über Grundwasseranreicherung mit aufbereitetem Flusswasser – s. *Abb. 2.39*.

Eine direkte Flusswasserentnahme und -nutzung für Trinkwasserzwecke (nach Aufbereitung) erfolgt beispielsweise im Donauwasserwerk Langenau des Zweckverbands Landeswasserversorgung Stuttgart. Im Übrigen hat sich in Deutschland fast ausschließlich durchgesetzt, dass Flusswasser durch Uferfiltration gewonnen wird oder dass der direkten Flusswasser-Entnahme eine Bodenpassage (Grundwasseranreicherung) folgt. Direkte Entnahme und Nutzung ist ansonsten für industrielle Zwecke üblich.

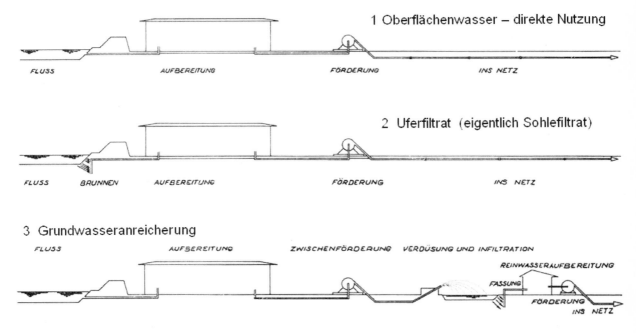

Abb. 2.39: Verfahren der Flusswassergewinnung (gwf 115 (1974), S. 271)

Möglichkeiten der Entnahme sind:
- seitliche Bucht oder Seitenkanal (Vorsicht: Versandung!),
- Fassungsturm (z. B. Brückenpfeiler mit seitlichen Einlässen),
- Saugleitung an Flusssohle; dies kommt nur bei stabiler und verlandungssicherer Flusssohle in Frage (z. B. Wiesbaden-Schierstein).

Die Gewinnung von Uferfiltrat (richtiger: Sohlenfiltrat) geschieht in den meisten Fällen durch Brunnenreihen in Ufernähe; auch Horizontalbrunnen werden eingesetzt, deren horizontale Fassungsstränge unter die Flusssohle vorgetrieben werden können. Die Bodenpassage schafft durch den längeren Aufenthalt (Tage bis Wochen) und unterschiedliche Fließzeiten zwischen Eintritt in die Flusssohle und Entnahmebrunnen einen Ausgleich von Qualität und Temperatur. Besonders in den ersten Dezimetern der Sickerstrecke unter der Flusssohle siedelt sich ein biologischer Rasen an, der biologisch abbaubare Substanzen weitgehend zurückhält. Schwer abbaubare Stoffe durchdringen aber auch die Bodenpassage, so dass grundsätzlich je nach Flusswasserqualität eine (bisweilen recht komplexe) Aufbereitung einschließlich Desinfektion stattfinden muss.

Für den dauerhaften Betrieb von Uferfiltratbrunnen müssen folgende Voraussetzungen erfüllt sein:

- hydraulischer Kontakt zwischen dem Grundwasserleiter und der Gewässersohle,
- natürliche Selbstreinigung im Bereich der Infiltrationsflächen auf der Gewässersohle und
- ausreichende Beschaffenheit des Oberflächenwassers.

Der DVGW hat zusammen mit den Arbeitsgemeinschaften der Wasserwerke an Rhein, Ruhr und Elbe ein Memorandum „Forderungen zum Schutz von Fließgewässern zur Sicherung der Trinkwasserversorgung" herausgegeben (März 2010, www.dvgw.de/wasser/ ressourcenmanagement/gewaesserschutz/ gewaesserschutzpolitik); es werden Zielwerte – Konzentrationen für Parameter der Wasserbeschaffenheit – formuliert, die einen sicheren Einsatz von einfachen, naturnahen Aufbereitungsverfahren erlauben.

Der Rhein wird seit 130 Jahren in großem Umfang zur Wassergewinnung genutzt. In der Regel wird das Wasser in den rheinnahen Brunnen als Mischung aus Uferfiltrat und landseitigem Grundwasser gewonnen. Eine eingehende Untersuchung der Rheinsohle vor dem Wasserwerk Flehe der Stadtwerke Düsseldorf ([Schubert, 2000]; [Eckert und Irmscher, 2006]) ergab eine Reihe wichtiger Erkenntnisse. Die Flusssohle ist nicht gleichmäßig durchlässig (vgl. *Abb. 2.40*).

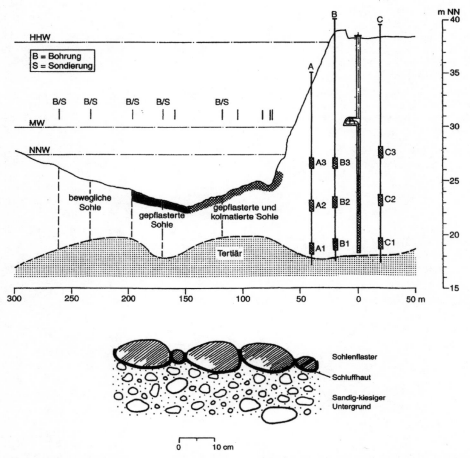

Abb. 2.40: Zonengliederung der Flusssohle vor dem Wasserwerke Flehe/Niederrhein und Schema der Kolmation [Schubert, 2000]

In Ufernähe bildet sich eine Art Sohlenpflasterung mit Grobkies aus; die Fugen sind mit bindigem Material (Schluffhaut) praktisch abgedichtet: gepflasterte und kolmatierte Sohle. Es zeigt sich ein starker Aufwuchs von benthischen Organismen, abnehmend in Richtung Strommitte. Die Pflasterung setzt sich zur Mitte hin fort, aber mit weitgehend freien Fugen; eine verminderte Durchlässigkeit ist zu erwarten. Es folgt die bewegliche Sohle aus locker gelagertem, schwach sandigem Mittel- bis Grobkies; sie ist in ständiger Bewegung durch den von der Strömung verursachten Geschiebetransport. Hier besteht eine gute Durchlässigkeit, die durch den Geschiebetrieb auch aufrechterhalten wird.

Die Untersuchung der Filter- und Abbauwirkung der Uferfiltration bestätigte die Hypothese, dass die Verminderung der Konzentration biologisch abbaubarer Stoffe überwiegend in den ersten Dezimetern der Versickerungsstrecke erfolgt. Damit kann die Reinigungswirkung der Uferfiltration bei stationären Bedingungen gut mit der umfassender untersuchten Reinigungswirkung bei der Langsamsandfiltration verglichen werden. Die Trübungswerte im Uferfiltrat (= Rohwasser der Trinkwasseraufbereitung) bleiben regelmäßig < 0,1 FNU; die Reduktion von Indikatorbakterien erreicht drei Zehnerpotenzen und mehr; positive Befunde von Viren werden im Uferfiltratwasser nur vereinzelt und in Verbindung mit Hochwasserwellen gefunden; Parasiten (Giardia-Zysten und Cryptosporidium-Oozysten) werden offenbar auch zu kritischen Zeiten, also z. B. wenige Tage nach einem Rheinhochwasser, sicher zurückgehalten.

Grundwasseranreicherung mit (gegebenenfalls aufzubereitendem) Oberflächenwasser ermöglicht lange Kontaktzeiten des Wassers im Untergrund, so dass bei entsprechenden hydrologischen Voraussetzungen die Qualität unbeeinflussten Grundwassers erreicht werden kann.

Grundwasseranreicherung wird genutzt:
- zur Vergrößerung des nutzbaren Grundwasserdargebots bei gleichzeitiger qualitativer Verbesserung des durch die Untergrundpassage aufbereiteten Anreicherungswassers,
- zur Hebung eines (wegen Übernutzung) absinkenden Grundwasserspiegels,
- zur Verhinderung des Zufließens von Wasser aus tieferen Bodenschichten mit hoher Härte oder hohem Salzgehalt,
- als hydraulische Sperre gegen Zufluss von Wasser ungeeigneter Beschaffenheit, z. B. Meerwasser an der Küste, verunreinigtes Grundwasser aus Altlasten oder Unfällen mit wassergefährdenden Stoffen,

- zur hydraulischen Sanierung eines verunreinigten Grundwasserleiters: durch gezieltes Einbringen und Entnehmen von Wasser erfolgt eine Ausspülung und es werden gegebenenfalls bestimmte biologische und chemische Wirkungen ausgelöst (vgl. *Abb. 2.41*).

Die Reinigung des Anreicherungswassers bei der Untergrundpassage lässt sich vor allem auf folgende Effekte zurückführen (s. W 126):
- Abscheidung partikulärer Wasserinhaltsstoffe durch mechanische Filtration,
- biologischer Abbau organischer Wasserinhaltsstoffe, besonders im oberen Bereich der Infiltrations- oder Versickerungsstrecke, begünstigt durch Adsorptionsvorgänge,
- chemisch-physikalische Reaktionen mit den Filtermaterialien der Infiltrationsanlage und den durchströmten Sedimenten des Grundwasserleiters,
- Rückhaltung und Eliminierung von Mikroorganismen (Bakterien, Viren, Parasiten),
- Konzentrationsveränderungen von Wasserinhaltsstoffen durch längerfristige Festlegung (Adsorption), Mischung und Dispersion im Grundwasserleiter,
- Temperaturausgleich – saisonale Temperaturschwankungen im Anreicherungswasser werden im Untergrund gedämpft.

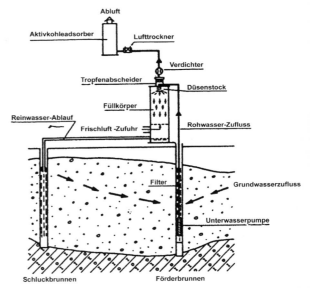

Abb. 2.41: Prinzip der hydraulischen Sanierung [Wasser & Boden, 1995]

Zur Grundwasseranreicherung wird Oberflächenwasser entnommen und – ggf. nach entsprechender Aufbereitung – im Untergrund versickert (Zahlen nach [Mutschmann und Stimmelmayr, 2007]):

- Beregnung (z. T. als Nebeneffekt in Gebieten mit landwirtschaftlicher Nutzung),
- Polder: Leistung ca. 3 m/d, allmählich absinkend auf 1 m/d, im Winter absinkend auf 30 bis 40% der Sommerleistung,
- Becken mit Sandfüllung: Leistung 2–5 m/d; bei allmählicher Zunahme der Ablagerungen steigt der Überstau an, bis die Versickerungsleistung zurückgefahren werden muss. Bei Erreichen von 0,5 m/d Auswechseln und Reinigen des Sandes, Laufzeiten etwa bis 2 Monate, bei Vorreinigung des Wassers über 1/2 Jahr. Erste Anlagen entstanden schon um die Jahrhundertwende an der Ruhr. Zum Aufbau s. *Abb. 2.43*,

- Unterirdische Versickerungsanlagen: sie erfordern nahezu Trinkwasserqualität, um Verstopfungen auszuschließen; im Regelfall verlangt die Wasserbehörde Trinkwasserqualität,
- durch Sickerleitungen (Galerien) bei hochliegendem Grundwasserleiter: Leistung 5–10 $m^3/(m{\cdot}d)$,
- durch Schluckbrunnen bei mächtigeren grundwasserüberdeckenden Schichten.

Die Anforderungen an Planung, Bau und Betrieb von Anlagen zur künstlichen Grundwasseranreicherung für die Trinkwassergewinnung sind in W 126 dargestellt.

Abb. 2.42 zeigt beispielhaft die Grundwasseranreicherungsanlagen im Wasserwerk Mülheim/Ruhr.

Tab. 2.7: Leistungsübersicht der verschiedenen Anreicherungssysteme [Möhle, 1989]

Art der Anreicherung	Anforderungen an die Güte des Rohwassers bzw. Grad der Aufbereitung	mittlere Anreicherungsleistung [$m^3/m^2{\cdot}d$]	Flächenbedarf inkl. 30% Zuschlag für Böschungen, Wege, Zuleitungskanäle [m^2 pro m^3/d]
Beregnung	nicht besonders groß	0,2–1,0	1,30–6,50
flächenhafte Überflutung	mittlere Anforderungen, je nach Mächtigkeit des Rieselkörpers	0,2–1,0	1,30–6,50
Versickerungsgräben, Becken, Teiche	mittlere Anforderungen, je nach Mächtigkeit des Rieselkörpers	1,0–4,0 in Sonderfällen von 0,15–12,0	0,30–1,30
horizontale Versickerungsleitungen	Trinkwassergüte	durch Versuche zu ermitteln	unbedeutend
eingedeckte Sickerkanäle	Trinkwassergüte	durch Versuche zu ermitteln	0,43–2,60
Versickerungsbrunnen, Schluckbrunnen	Trinkwassergüte	durch überschlägige Berechnung oder Versuche zu ermitteln	unbedeutend

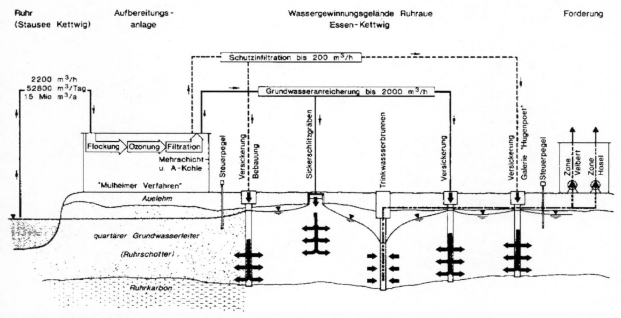

Abb. 2.42: Wassergewinnungsanlage in Mülheim/Ruhr (Bundermann/RWW Mülheim 1993)

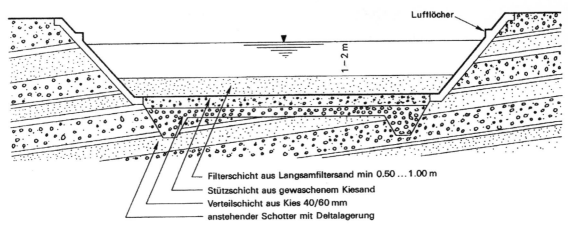

Abb. 2.43: Schematischer Aufbau eines Anreicherungsbeckens ([Grombach et al., 2000], S. 434)

2.4   Quellwasser

Quelle – nach DIN 4046 Nr. 4.3: *„Ort eines eng begrenzten Grundwasseraustritts"* Die *Abb. 2.44* bis *Abb. 2.46* zeigen Quelltypen und -fassungen. Der Anteil von Quellwasser in der öffentlichen Wasserversorgung in Deutschland beträgt etwa 9%. Die Verwendung von Quellwasser steht historisch am Anfang der Trinkwasserversorgung des Menschen. Die Nutzbarkeit ist natürlich von den örtlichen Randbedingungen abhängig.

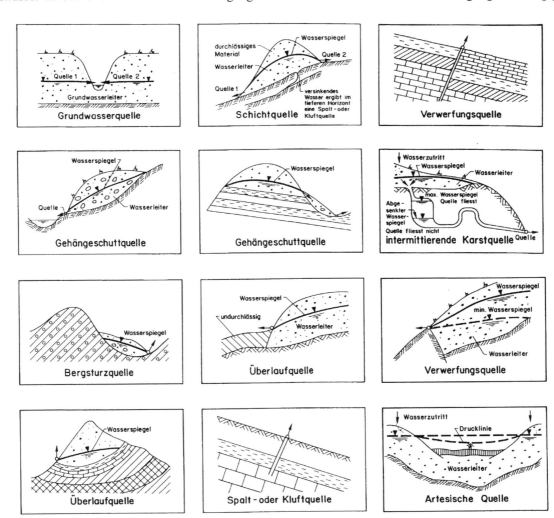

Abb. 2.44: Die wichtigsten Quelltypen ([Grombach et al., 2000], S. 233 ff.)

Für Quellfassungen gilt es, eine lange Betriebszeit und Nutzbarkeit der Quelle bei gleichbleibend guter Wasserqualität zu erreichen. Planung, Bau und Betrieb richten sich nach folgenden Prinzipien (W 127):

- möglichst geringe Beeinträchtigung der natürlichen hydrogeologischen Verhältnisse,
- Vermeidung von Beeinträchtigungen des Quellwassers im Fassungsbereich,
- Schutzfähigkeit der Ressource,
- gute Zugänglichkeit und einfache Handhabung der Anlagenteile im Betrieb,
- Möglichkeit der Messung von Betriebsdaten und Quellwasserbeschaffenheit für jede Fassung,
- Möglichkeit zur getrennten Ableitung bzw. Ausleitung einzelner Quellstränge,
- bei Bedarf: gute Regenerierbarkeit, Sanierung oder Rückbau.

Eine wichtige Rolle spielt die Quellwasserversorgung für Kleinanlagen (Eigen- und Einzel-Trinkwasserversorgung); die besonderen Anforderungen für Planung, Bau und Betrieb von nicht zentralen Trinkwasseranlagen werden in DIN 2001 Teil 1 behandelt.

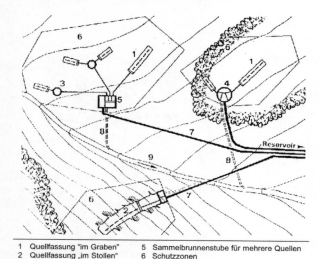

1	Quellfassung "im Graben"	5	Sammelbrunnenstube für mehrere Quellen
2	Quellfassung „im Stollen"	6	Schutzzonen
3	Quellschacht	7	Quellableitung
4	Einfache Brunnenstube	8	Entleerung
		9	Vorfluter

Abb. 2.45: Quellfassungen „im Graben" und „im Stollen" ([Grombach et al., 2000], S. 380)

Mit wenigen Ausnahmen (z. B. Karstquellen) verfügen Quellen nicht über größere Schüttungen; die Vorkommen sind häufig oberflächennah und daher leicht bakteriologisch gefährdet, beispielsweise bei starken Niederschlägen. In alten Gebirgen (Urgestein, Sandstein) sind die Wässer sehr weich, das heißt nicht ausreichend gepuffert, und lösen dadurch vermehrt Aluminium und Schwermetalle. Saure Niederschläge führen zu zusätzlicher Versauerung, so dass zunehmend Quellwasser aufbereitet werden muss. Dagegen ist Grundwasser bei guten Deckschichten besser geschützt, so dass – soweit möglich – die Gewinnung von Grundwasser durch Bohrbrunnen der Quellwassergewinnung im Allgemeinen vorzuziehen ist.

Der Quelltyp ist genau zu erkunden, da davon die Bauart der Quellfassung abhängt. Die Schüttung sollte mindestens ein Jahr lang gemessen und insbesondere bei Stark-Niederschlägen, nach der Schneeschmelze und längeren Trockenzeiten beobachtet werden. Treten zeitweise Trübungen, Verfärbungen oder Gerüche auf, ist mit starkem Einfluss von Niederschlagwasser und damit mikrobiologischer Gefährdung zu rechnen. Zum Bau wird der Quellaustritt bis zu dem Punkt freigelegt, an dem eine hygienisch einwandfreie Fassung möglich ist. Bei Quellen mit freiem Wasserspiegel (Schicht- und Überlaufquellen) müssen einige Meter Überdeckung der Fassung möglich sein. Undurchlässige Sohlschichten dürfen nicht verletzt werden, da sich das Wasser sonst andere Wege suchen könnte. Aus demselben Grund ist ein Rückstau in den Quellaustritt zu vermeiden. Die Übereich- (Überlauf-)Leitung der Quellfassung muss also die maximale Schüttung ohne Rückstau abführen können. Die Mündung der Überlaufleitung und Entlüftungen sind gegen das Eindringen von Kleintieren zu sichern (Klappe bzw. Gitter und Insektennetz). Das direkte Eindringen von Oberflächen- und Niederschlagswässern in die Quellfassung oder den Sammelschacht ist durch Drainagen zu verhindern.

Quellfassungen „im Graben" oder in einer „Sickergalerie" sind für die Mittelgebirge typisch; im Hochgebirge müssen Quellen mitunter auch im Stollen gefasst werden.

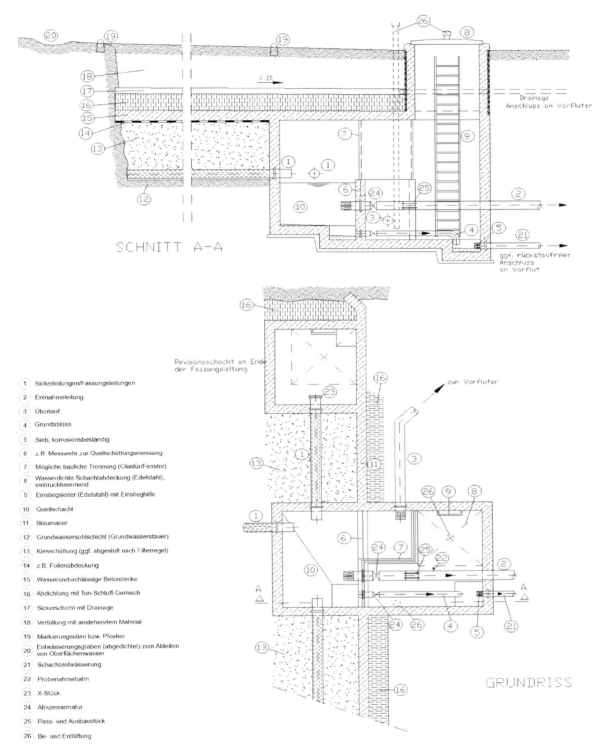

SCHNITT A-A

Revisionsschacht am Ende
der Fassungsleitung

zum Vorfluter

Drainage
Anschluss an Vorfluter

ggf. rückstaufreier
Anschluss
an Vorflut

GRUNDRISS

1   Sickerleitungen/Fassungsleitungen
2   Entnahmeleitung
3   Überlauf
4   Grundablass
5   Sieb, korrosionsbeständig
6   z.B. Messwehr zur Quellschüttungsmessung
7   Mögliche bauliche Trennung (Glastür/Fenster)
8   Wasserdichte Schachtabdeckung (Edelstahl),
    einbruchhemmend
9   Einstiegsleiter (Edelstahl) mit Einstieghilfe
10 Quellschacht
11 Staumauer
12 Grundwassersohlschicht (Grundwasserstauer)
13 Kiesschüttung (ggf. abgestuft nach Filterregel)
14 z.B. Folienabdeckung
15 Wasserundurchlässige Betondecke
16 Abdichtung mit Ton-Schluff-Gemisch
17 Sickerschicht mit Drainage
18 Verfüllung mit anstehendem Material
19 Markierungsstein bzw. Pfosten
20 Entwässerungsgraben (abgedichtet) zum Ableiten
    von Oberflächenwasser
21 Schachtentwässerung
22 Probenahmehahn
23 X-Stück
24 Absperrarmatur
25 Pass- und Ausbaustück
26 Be- und Entlüftung

Abb. 2.46a) Quellfassung für absteigende Quellen (Sickergalerie)

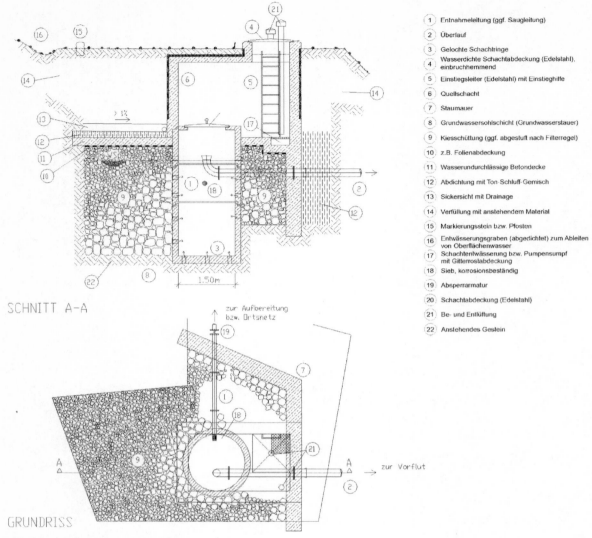

SCHNITT A-A

GRUNDRISS

1	Entnahmeleitung (ggf. Saugleitung)	
2	Überlauf	
3	Gelochte Schachtringe	
4	Wasserdichte Schachtabdeckung (Edelstahl), einbruchhemmend	
5	Einstiegsleiter (Edelstahl) mit Einstieghilfe	
6	Quellschacht	
7	Staumauer	
8	Grundwassersohlschicht (Grundwasserstauer)	
9	Kiesschüttung (ggf. abgestuft nach Filterregel)	
10	z.B. Folienabdeckung	
11	Wasserundurchlässige Betondecke	
12	Abdichtung mit Ton-Schluff-Gemisch	
13	Sickersicht mit Drainage	
14	Verfüllung mit anstehendem Material	
15	Markierungsstein bzw. Pfosten	
16	Entwässerungsgraben (abgedichtet) zum Ableiten von Oberflächenwasser	
17	Schachtentwässerung bzw. Pumpensumpf mit Gitterrostabdeckung	
18	Sieb, korrosionsbeständig	
19	Absperrarmatur	
20	Schachtabdeckung (Edelstahl)	
21	Be- und Entlüftung	
22	Anstehendes Gestein	

Abb. 2.46b) Quellfassung für aufsteigende Quellen

Abb. 2.46: Quellfassungen (W 127)

2.5 Talsperren

Talsperren werden gebaut, um zumeist mehrere Zwecke zu erfüllen:

- Zuschusswasser zur Aufhöhung des Abflusses z. B. Eder, Ruhr-Talsperren im Sauerland,
- Hochwasserschutz, z. B. Harz,
- Wasserkraft (Hochalpen-Stauseen),
- Erholung (Eder-, Bigge-, Rursee),
- Trinkwasser-Talsperren (Wahnbach, Dreiläger- bach, Leibis-Lichte ...).

Meist sind mehrere Zwecke miteinander verbunden, einige schließen sich mehr oder weniger gegenseitig aus; so sollen Trinkwasser-Talsperren nicht zur unmittelbaren touristischen Nutzung freigegeben werden, dagegen lassen sich Hochwasserschutz und Trinkwassergewinnung in unseren Breiten meist gut vereinbaren. *Abb. 2.47* zeigt ein typisches Anlagenschema für eine Trinkwasser-Talsperre.

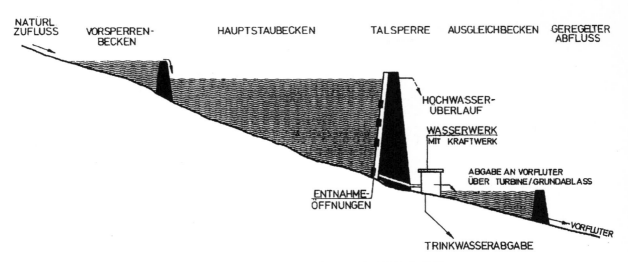

Abb. 2.47: Schema einer Trinkwassertalsperrenanlage ([DVGW Bd. 1, 1996], S. 558)

Tiefe Talsperren verhalten sich wie tiefe Seen – sie erhalten im Sommer eine stabile Wasserschichtung (Sommerstagnation), in der fast kein Austausch zwischen den Schichten erfolgt (*Abb. 2.48*). Übereinander liegen das Epilimnion = Produktionszone, das Metalimnion = Sprungschicht und das Hypolimnion = Abbauzone.

Die Zuflüsse schichten sich entsprechend ihrer Temperatur in die Sperre ein; dies kann bei nicht zu langen Talsperren zu Kurzschlussströmungen führen, die vom Zulauf sogar bis zum Damm durchschlagen. Wenn im Herbst die Lufttemperaturen sinken, verschwindet die Schichtung, so dass unter dem Einfluss des Windes eine Vollzirkulation des Wasserkörpers eintreten kann. Im Winter stellt sich eine inverse Schichtung ein, die allerdings labiler ist, da die Temperaturunterschiede nur 4°C betragen (0°C an der Oberfläche unter dem Eis, 4°C am Grund).

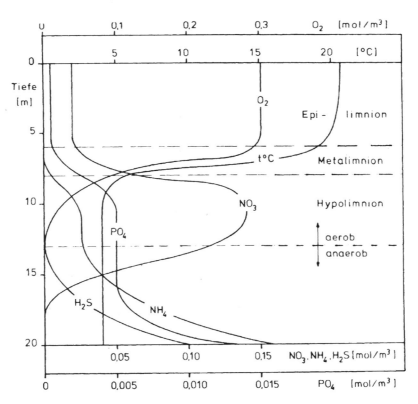

Abb. 2.48: Typischer Verlauf einiger Parameter im Wasser einer Talsperre während der Sommerstagnation ([Sontheimer, 1979], S. 429)

Bei großem Nährstoffangebot (Nitratstickstoff, Phosphat) kommt es in der warmen Jahreszeit zu einem intensiven Algenwachstum im Epilimnion; die Nährstoffe vermindern sich entsprechend. Dieser Prozess wird Eutrophierung genannt. Absterbende Algen und Plankton sinken zum Grund ab. Sauerstoffmangel im Hypolimnion führt dort zu anaeroben Abbauprozessen; Nitrat wird reduziert; es treten Ammonium und Schwefelwasserstoff auf. Das sonst im Bodenschlamm gebundene Phosphat wird rückgelöst und führt nach der Zirkulationsphase zur neuerlichen Anregung des Algenwachstums.

Die Sperren sollen möglichst oligotroph gehalten werden, d. h. durch geringe Nährstoffzufuhr ist die Planktonproduktion gering. Meist ist unter den Nährstoffen Phosphat der Minimumfaktor, so dass vorrangig auf eine Begrenzung der Phosphatzufuhr zu achten ist. Um die Eutrophierung einer Talsperre auszuschließen, sind folgende Mittel zum vorbeugenden Schutz gegeben:

- Anlagen möglichst in waldreichem Gebiet anlegen,
- Abschwemmungen aus landwirtschaftlich genutzten Gebieten verhindern,
- Wildbachverbau,
- Anlage von Vorsperren als „Vorklärstufe" der Hauptsperre,
- Nährstoffentnahme durch Aufbereitung des Zuflusses – z. B. wird an der Wahnbachtalsperre dem Wasser aus der Vorsperre durch eine Aufbereitungsanlage das Phosphat weitgehend entzogen; das aufbereitete Wasser wird in die Hauptsperre geleitet.

Die Wasserentnahme aus der Talsperre erfolgt durch Entnahmetürme, die bei Schwergewichtsmauern auch in die Mauer integriert sein können; bei Erddämmen wird ein Entnahmeturm errichtet (vgl. *Abb. 2.49*). Zweckmäßig ist es, eine Entnahme in verschiedenen Tiefen zu ermöglichen.

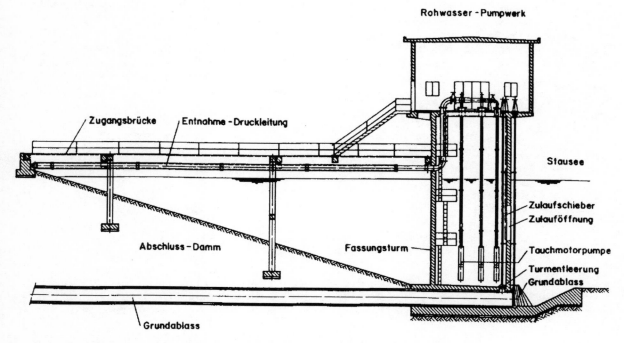

Abb. 2.49:   Wasserentnahme aus einer Trinkwassertalsperre ([Grombach et al., 2000], S. 378)

2.6   Seewasser

Seen sind natürliche Gewässer. Zivilisatorische Belastungen lassen sich nur begrenzt fernhalten, zumal in entsprechende Schutzmaßnahmen die Zuflüsse einzubeziehen sind. Solche Belastungen sind zum Beispiel:
- Abwässer,
- Lagerung und Transport wassergefährdender Stoffe,
- Auslaugung von Deponien und von landwirtschaftlich genutzten Böden,
- Regenwasser,
- Boots- und Schiffsverkehr und
- Luftimmissionen.

Tiefe Seen unterliegen der Sommerstagnation in gleicher Weise wie tiefe Talsperren (s. *Kap. 2.5 Talsperren*). Die Wasserentnahme sollte deshalb unterhalb 30 m, besser 40–50 m Tiefe, also unterhalb der Sprungschicht, erfolgen (*Abb. 2.50*). Der Entnahmekopf wird 5 m über Grund angeordnet, um die Ansaugung von Bodenschlamm zu vermeiden. Der Entnahmekopf erhält eine Abdeckung gegen Sedimente; ein kathodischer Schutz und Fisch-Scheuch-Anlagen (elektrische Kurzimpulse) sind zu empfehlen.

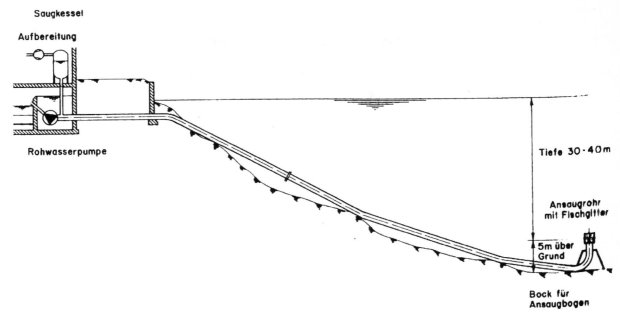

Abb. 2.50:   Wasserentnahmeleitung auf dem Seegrund ([Grombach et al., 2000], S. 373)

Beispiele für große Seewasserversorgungen:
- Helsinki: 120 km Stollen aus dem Päijänne-See
  (Finnlands größter See mit 17,3 Bill. m^3),
- Schweiz: Zürichsee, Bielersee,
- D, CH, A: Bodensee (50 Mrd. m^3), versorgt Städte
  und Gemeinden am Bodensee und weite Teile von
  Baden-Württemberg (vgl. *Abb. 2.51* und *Abb.
  2.52*).

Abb. 2.51:   Wasserwerke am Bodensee ([DVGW Bd. 1, 1996], S. 58)

Übersichtskarte Leitungsnetz

Das Trinkwasser
(Jahresmittelwerte 2007)
· Temperatur:
  4,5 bis 5,5° Celsius
· pH-Wert: 7,9
· Gesamthärte: 1,6 Millimol
  Calcium-carbonat je Liter
  (entspr. ehemals 8,9° dH)
· Phosphat-Phosphor:
  0,004 Milligramm je Liter (mg/l)
  im Überlinger See
· Nitrat: 4,8 Milligramm
  pro Liter (mg/l)

**Das Leitungsnetz
umfasst 1.700 Kilometer
und versorgt 4 Millionen
Menschen in über 320
Gemeinden zwischen
dem Bodensee und Bad
Mergentheim mit
bestem Trinkwasser**

Zeichenerklärung

BS	Betriebsstelle
DPW	Drucksteigerungspumpwerk
HB	Hochbehälter

— bestehende Leitung
☐ Hochbehälter
▣ Hochbehälter mit DPW
⊛ Pumpwerk
⋈ Rohrbruchsicherung
⬤ Verbandsmitglied

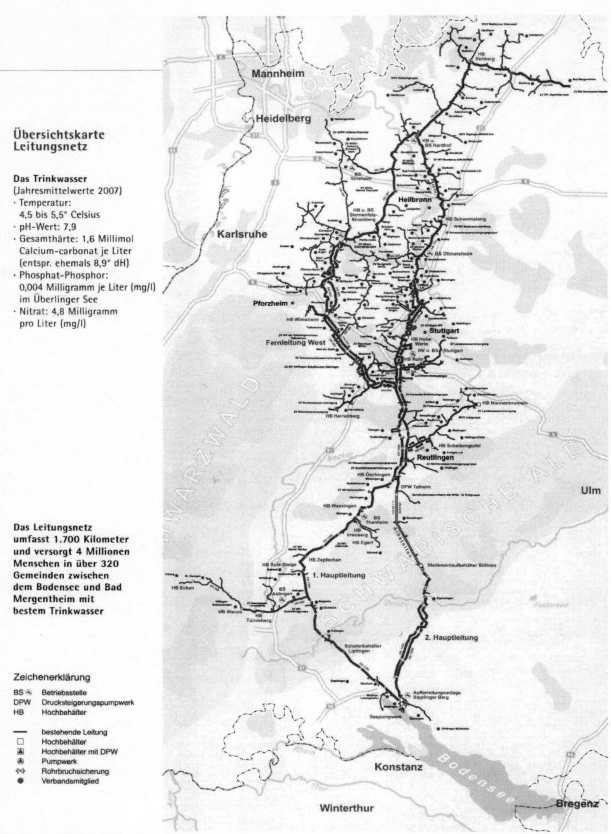

Abb. 2.52: Fernleitungsnetz des Zweckverbands Bodenseewasserversorgung – Stand 2007 (ZV BWV, Kristallklar Juli
2008)

2.7 Trinkwasserschutzgebiete

Die Möglichkeiten, Verunreinigungen und sonstige Beeinträchtigungen der Gewässer für Zwecke der Trinkwasserversorgung durch Aufbereitung zu beseitigen oder unschädlich zu machen, sind begrenzt. Dies gilt vor allem bei unvorhergesehenen oder kurzfristig eintretenden Änderungen der Wasserbeschaffenheit. Deswegen sind im Sinne der Vorsorge Verunreinigungen und sonstige Beeinträchtigungen dem Gewässer fernzuhalten. Zwar gelten die Schutzvorschriften des Wasserhaushaltsgesetzes flächendeckend für alle Gewässer. Die Vorsorge gebietet es aber, auch mögliche Risiken bestimmter Nutzungen im Einzugsgebiet soweit wie möglich auszuschalten. Dazu hat der Gesetzgeber mit §§ 51 und 52 WHG (§ 19 im WHG alt) die Möglichkeit gegeben, Wasserschutzgebiete als Sonderrechtsgebiete auszuweisen (s. *Kap. 1.3 Bund*).

Wasserschutzgebiete werden von der zuständigen Landes-Wasserwirtschaftsbehörde (z. B. in Hessen der Regierungspräsident, in Thüringen das Landesverwaltungsamt – als obere Wasserbehörde) per Verordnung festgesetzt. Im Regelfall folgen die Verordnungen bezüglich Verboten und Auflagen den „Richtlinien für Trinkwasserschutzgebiete" des DVGW:

- W 101 – Schutzgebiete für Grundwasser
- W 102 – Schutzgebiete für Talsperren

Natürliche Seen lassen sich im Regelfall nicht unter den gleichen nachhaltigen Schutz stellen wie z. B. Talsperren. Die Ausweisung von Schutzgebieten erfolgt hier in sinngemäßer Übertragung der Regelungen für Trinkwassertalsperren.

2.7.1 Grundwasser

Grundwasser, das ohne menschliche Einflüsse in der Regel frei von gesundheitsgefährdenden Eigenschaften und nach Herkunft und Beschaffenheit appetitlich ist, verdient hinsichtlich der Nutzung für Trinkwasser gegenüber jedem anderen Wasser den Vorzug. Daher verlangt es das Wohl der Allgemeinheit, das Grundwasser vor Verunreinigungen und sonstigen Beeinträchtigungen im Interesse der öffentlichen Gesundheit zu schützen. Da einmal eingetretene nachteilige Veränderungen des Grundwassers – wenn überhaupt – nur durch sehr aufwändige Methoden und in langen Fristen zu heilen sind, müssen besondere Ansprüche gerade an den vorbeugenden Schutz des Grundwasser gestellt werden.

Übliche, zum Schutz des Bodens und Grundwassers allgemein geltende technische Maßnahmen zum Schutz gegen die Auswirkungen gefährlicher Nutzungen sind in der Regel nicht als ausreichend anzusehen, da technischen Anlagen immer auch ein Versagensrisiko zukommt.

Die Stoffe, Anlagen und Handlungen, die die Gewässer verunreinigen oder durch sonstige nachteilige Veränderungen die Beschaffenheit gefährden, lassen sich in folgende Gruppen gliedern:

- chemische Beeinträchtigungen: z. B. Nitrat, Pflanzenschutz- und -behandlungsmittel (PBSM), nicht oder nur schwer abbaubare organische Stoffe, Mineralöle, künstliche radioaktive Stoffe etc.,
- biologische Beeinträchtigungen (z. B. Mikroorganismen, Parasiten aus Gülle, Mist oder aus Abfallablagerungen und undichten Abwasserkanälen),
- physikalische Beeinträchtigungen (z. B. Wärmeeintrag, -entzug) und
- Luftschadstoffe.

Gefahrenherde sind beispielsweise.:

- Industrie und gewerbliche Nutzung; Anlagen, Rohrleitungen, in denen wassergefährdende Stoffe gelagert, umgeschlagen oder transportiert werden,
- Abwasser- und Abfallanlagen, Altlasten (zu technischen Sicherungsmaßnahmen bei Abwasserleitungen und -kanälen in Wassergewinnungsgebieten s. A 142 und A 146),
- landwirtschaftliche Nutzung, Düngung (Wirtschafts- und Mineraldünger), Pflanzenschutz, Tierhaltung,
- Siedlungen und Verkehr einschl. Friedhöfen, Baumaßnahmen, Tankstellen, Parkplätzen,
- Eingriffe in den Untergrund mit Freilegung des Grundwasserträgers, z.B. Erdaufschlüsse (s. § 49 WHG), die auch den Bau von Erdwärme-Nutzungsanlagen einschließen,
- verschiedene andere Nutzungen z. B. militärische Übungen, Schießplätze, Campingplätze, Fischteiche.

Die Gefährdung des Grundwassers wird zwar maßgeblich von der Stärke und Beschaffenheit der natürlichen Deckschichten bestimmt; aus Vorsorge wird aber der vertikale Sickerweg bei der Abgrenzung der Schutzzonen I und II nicht berücksichtigt.

Tab. 2.8: Gliederung des Schutzgebietes (vgl. *Abb. 2.53*)

Zone I – Fassungsbereich:

Die Zone I soll den Schutz der Wassergewinnungsanlage und ihrer unmittelbaren Umgebung vor jeglichen Verunreinigungen und Beeinträchtigungen gewährleisten. Sie sollte im Besitz des Wasserversorgungsunternehmens und unzugänglich für Dritte sein. Die Ausdehnung muss im Umkreis der Fassung allseitig mindestens 10 m, bei Quellfassungen und Sickerleitungen in Richtung des ankommenden GW mindestens 20 m betragen. Zuzüglich zum Fassungsbereich sind auch die Anlagen zur künstlichen Grundwasseranreicherung als Zone I auszuweisen.

Zone II – Engere Schutzzone:

Die Zone II soll den Schutz vor Verunreinigungen durch pathogene Mikroorganismen (Bakterien, Viren, Parasiten, Wurmeier etc.) bieten. Sie soll bis zu einer Linie reichen, von der aus das genutzte Grundwasser eine Verweildauer von mindestens 50 Tagen – bestimmt für den horizontalen Fließweg – bis zum Eintreffen in der Gewinnungsanlage hat. Die Ermittlung der Linie erfolgt mit geohydrologischen Methoden (W 107 und W 109) für eine Entnahme (bzw. Schüttung), die der mittleren bis maximalen Tagesmenge entspricht. In Zustromrichtung der Fassung sollte eine Reichweite von 100 m nicht unterschritten werden. Wenn sich bei hohen Abstandsgeschwindigkeiten – z.B. bei Karst-Grundwasserleitern – eine Reichweite von deutlich über 1000 m ergibt, was häufig in der Praxis nicht umsetzbar ist, sollte die Reichweite auch bei gut schützender Überdeckung mindestens 300 m betragen; Bereiche, von denen erhöhte Gefahren ausgehen können – z.B. Erdfälle, Bachversinkungen – sind aber als Zone II auszuweisen.

Zone III – Weitere Schutzzone:

Die Zone III soll den Schutz vor weitreichenden Beeinträchtigungen, insbesondere vor nicht oder nur schwer abbaubaren chemischen oder vor radioaktiven Verunreinigungen gewährleisten; sie reicht in der Regel bis zur Grenze des unterirdischen Einzugsgebietes der Wassergewinnungsanlage. Sie kann in die Teilzonen III A und III B untergliedert werden. In Porengrundwasserleitern mit Abstandsgeschwindigkeiten des GW bis zu 5 m/d hat sich die Grenze zwischen den Zonen III B und III A in einer Entfernung von etwa 2 km oberstromig der Fassung als zweckmäßig erwiesen. Bei höheren Geschwindigkeiten sollte die Grenze bis ca. 3 km entfernt sein. Als Zone III B können auch Bereiche ausgewiesen werden, in denen der genutzte Grundwasserleiter eine mindestens 8 m mächtige und ungestörte Grundwasserüberdeckung aus gering durchlässigen Schichten ($k_F < 10^{-6}$ m/s) besitzt, gleichfalls, wenn die Förderung aus einem tieferen GW-Stockwerk erfolgt, das vergleichbar geschützt ist. Auch dann sollen die Entfernung der Grenze III B/III A zur Fassung ≥ 1000 m und die Fließzeit ≥ 50 Tage betragen. Bei Karst- und Kluftgrundwasserleitern mit hohen Abstandsgeschwindigkeiten und unzureichender Überdeckung darf eine Unterteilung der Weiteren Schutzzone nicht erfolgen, wenn das gesamte Einzugsgebiet innerhalb der 50-Tage-Linie liegt und deshalb als Zone II eingestuft werden müsste.

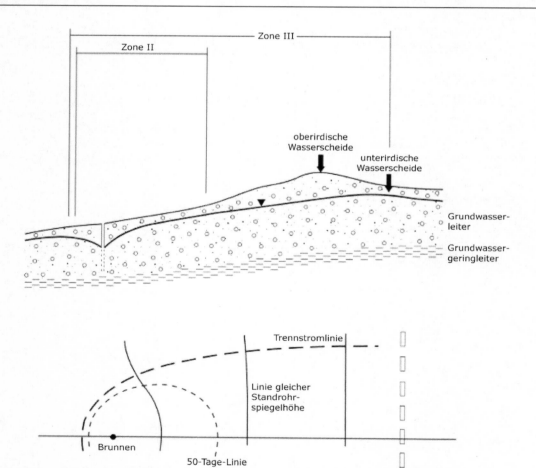

Abb. 2.53a) oberirdische und unterirdische Wasserscheide können von einander abweichen

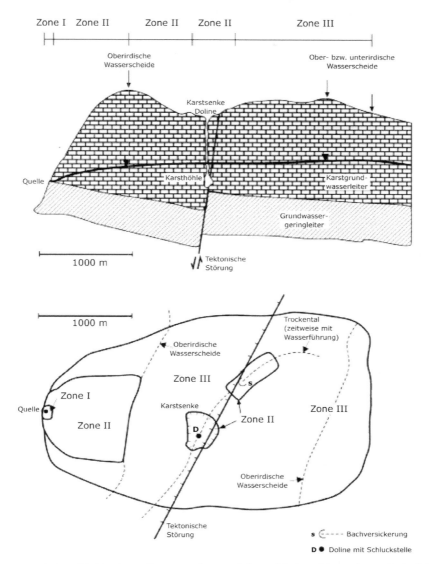

Abb. 2.53b) Trinkwasserschutzgebiet in einem Karstgrundwasserleiter mit hohen Abstandsgeschwindigkeiten

Abb. 2.53: Gliederung eines Trinkwasserschutzgebiets im hydrogeologischen Längsschnitt und als Lageplanskizze (W 101)

Abb. 2.54 zeigt das Beispiel eines Trinkwasserschutzgebietes für Grundwasser. Die fast zentrische Lage der Fassung deutet darauf hin, dass nur eine schwache Grundwasserströmung vorliegt und die Entnahme weitgehend der Grundwassererneuerung im gleichfalls zentrischen Einzugsgebiet entspricht. (Die Abgrenzung richtet sich pragmatischer Weise nach den Grundstücksgrenzen; aus der hydrologischen Bestimmung würden sich keine Ecken und Winkel ergeben.)

Legende:

⊕ Tiefbrunnen

I Fassungsbereich 35/35 m

II Engere Schutzzone

III Weitere Schutzzone

Abb. 2.54: Beispiel eines Trinkwasserschutzgebiets für Trinkwasser ([Grombach et al., 2000], S. 455)

Die Belastungen des Grundwassers aus intensiver landwirtschaftlicher Nutzung stellen ein besonderes Problem für den Grundwasserschutz dar. Im gemeinsamen Interesse der Partner (Wasserversorgung, Landwirtschaft, Behörden) hat der DVGW das Arbeitsblatt W 104 „Grundsätze und Maßnahmen einer gewässerschützenden Landbewirtschaftung" herausgegeben. Die von Seiten der Landwirtschaft empfohlene „Gute fachliche Praxis" umfasst Bewirtschaftungsregeln für Bodennutzung, Bodenbearbeitung, Pflanzenernährung, Düngung und Pflanzenschutz, die sich vorrangig am Ziel der Optimierung der Produktion, erst nachrangig an Forderungen des Umweltschutzes ausrichten. Demgegenüber steht die „Ordnungsgemäße Landwirtschaft" (siehe § 52 Abs. 5 WHG), die als „Beste verfügbare Umweltpraxis" die Grundsätze der „Guten fachlichen Praxis" mit einer standortgerechten Anpassung zur Minimierung von Stoffeinträgen in die Umwelt verbindet. Ziel ist die Erreichung weitgehend ausgeglichener Nährstoffbilanzen im Boden bei möglichst geringen Betriebsmittelverlusten (Nährstoffe, Pflanzenschutzmittel) in den Naturraum und die nachhaltige Bewirtschaftung der Ressourcen.

Die Grundsätze der ordnungsgemäßen Landbewirtschaftung betreffen Bodennutzung und Anbau, Bodenbearbeitung, Pflanzenernährung und Düngung sowie Pflanzenschutz, die in Berücksichtigung der Bodenbeschaffenheit und hydrologischen Verhältnisse nach Auswahl, Zeitpunkt und Intensität auszuführen und zu dokumentieren sind. Die Dokumentation schließt für alle Betriebe über 10 ha Landwirtschaftsfläche die Hoftor- und Schlagbilanzen für Stickstoff, Phosphat und Kalium (Nährstoffeinfuhr und -ausfuhr einschließlich Einkauf und Verkauf pflanzlicher und tierischer Produkte) ein. Für den Pflanzenschutz gilt es, durch standortgerechte Kultur- und Pflegemaßnahmen und sachgerechte Anwendung der chemischen Mittel den Gesamteinsatz solcher Mittel zu minimieren, insbesondere im Hinblick auf einen möglichen Austrag in oberirdische Gewässer und in das Grundwasser.

In den Bundesländern sind landespezifische Modelle entstanden zur Umsetzung der Forderungen des Gewässerschutzes an die Landwirtschaft. Neben ordnungsrechtlichen Regelungen gewinnen freiwillige privatrechtliche Vereinbarungen zur Kooperation zwischen Wasserversorgungsunternehmen, Landwirten und Behörden an Bedeutung.

Komponenten solcher Kooperationsmodelle sind z. B.
- Datenerhebung und Offenlegung der Nitrat- und Pestizidbelastung im Boden und Grundwasser,
- Beratung der Landwirte zur Anwendung gewässerschonender Anbaumethoden durch Fachleute der Landwirtschaftskammern, wobei ggf. die Berater teilweise seitens der Versorgungsunternehmen bezahlt werden,
- Flächenerwerb, -tausch und -pacht.

Solche Kooperationen sind Adressaten für das Arbeitsblatt W 104.

Die staatliche geförderte Erzeugung von Biomasse zur energetischen Nutzung ist aus Sicht der Wasserwirtschaft kritisch zu betrachten. Die Inanspruchnahme landwirtschaftlicher Flächen und die Intensivierung der Produktion (Ölpflanzen, Getreide, Mais, Zuckerrüben, Kartoffeln etc.) stehen im Widerspruch zu Extensivierungsmaßnahmen, die zumindest regional zu einer Entspannung der Konfliktsituation zwischen Wasserversorgern und Landwirtschaft bezüglich Düngung und Pflanzenschutzmittelrückständen geführt haben. Die EU-weit 3,8 Mio. Hektar stillgelegten landwirtschaftlichen Nutzflächen sollen weitgehend wohl wieder in die Produktion einbezogen werden. Das Gefährdungspotenzial für die Trinkwasserressourcen durch den Energiepflanzenanbau wird durch Flächennutzung, Fruchtfolge, Düngung, Erosion und Auswirkung auf den Bodenwasserhaushalt bestimmt. Die landwirtschaftliche Verwertung der Gärrückstände aus Biogasanlagen – in Abhängigkeit vom Gärsubstrat Energiepflanzen, Wirtschaftsdünger, Abfälle aus der landwirtschaftlichen Produktion, Bioabfälle – kann außerdem zu erstzunehmenden Nähr- und Schadstoffbelastungen führen. Die Ausbringung von Gärrückständen kommt in Schutzzone II nicht in Frage, in Zone III nur bei Sicherung der Qualität der Rückstände durch ein Gütesystem [Kiefer und Ball, 2008].

2.7.2 Schutzgebiete für Talsperren

Trinkwassertalsperren sind auf geschützte bzw. sanierte Einzugsgebiete angewiesen. Der für die Wasserbeschaffenheit in Talsperren entscheidende Stoffeintrag geschieht vor allem über die Zuflüsse aus dem Einzugsgebiet. Hier kann es direkt und innerhalb kurzer Zeit zu Einträgen von unerwünschten Stoffen und Organismen in den Stausee kommen. Deshalb sind Talsperren in besonderem Maße gefährdet. Je intensiver das Einzugsgebiet einer Talsperre durch Siedlungen, Industrie und Landwirtschaft genutzt wird, desto größer ist die Gefahr einer Beeinträchtigung – z. B. durch Krankheitserreger, wassergefährdende und gesundheitsgefährdende Stoffe, Nährstoffe und Trübstoffe.

Krankheitserreger können aus menschlichen oder tierischen Abgängen mit Abwasser oder mit Wirtschaftsdünger durch Einleitung oder oberirdische Abschwemmung in die Talsperrenzuflüsse gelangen. Bakterien, Viren und insbesondere Parasiten haben häufig eine hohe Resistenz gegen Desinfektionsmaßnahmen, wie sie bei der Aufbereitung von Oberflächenwasser zu Trinkwasser üblich sind.

Viele *wassergefährdende und gesundheitsgefährdende Stoffe* werden in Fließgewässern nicht ausreichend abgebaut und können sich dann im Wasserkörper der Talsperre anreichern. Beispielsweise sind giftige Metallverbindungen, verschiedene Pflanzenschutzmittel oder auch radioaktive Stoffe äußerst persistent gegenüber biologischem oder chemischem Abbau. Eine stetige oder wiederholte Zufuhr selbst geringer Mengen dieser Stoffgruppen kann sich infolge der Anreicherung sehr nachteilig auf die Beschaffenheit des Wassers im Stausee auswirken.

Nährstoffe (Phosphat und Nitrat) fördern die Entwicklung von Phytoplankton (Algen) im Stausee. Neben natürlichen Quellen sind Abwassereinleitungen und Landwirtschaft die Hauptursache. Bei Starkniederschlägen und Schneeschmelze werden durch Erosion im Boden und im Sediment festgelegte Nährstoffe verstärkt in den Stausee eingetragen. Zum Prozess der Eutrophierung wird auf *Kap. 2.5 Talsperren* verwiesen.

Trübstoffe bestehen aus suspendierten organischen und anorganischen Partikeln sowie Mikroorganismen. Sie sind natürlicher Bestandteil aller Oberflächengewässer, z. T. auch anthropogener Herkunft. Starkregenereignisse oder Schneeschmelze können zu raschen und intensiven Trübstoffeinschwemmungen führen, die ggf. bis in die Rohwasserfassung durchschlagen. Es besteht dann die Besorgnis, dass zugleich damit auch die mikrobielle Belastung ansteigt.

Auch für Talsperren werden drei Schutzzonen definiert:

Tab. 2.9: Gliederung der Schutzzonen für Talsperren (vgl. *Abb. 2.55*)

Schutzzone I:
Die Schutzzone I soll den Schutz der eigentlichen Talsperre vor jeglichen Beeinträchtigungen gewährleisten. Sie umfasst das Speicherbecken mit dem Stausee der Hauptsperre, die Vorsperren sowie den Uferbereich und die angrenzenden Flächen, für die eine Breite von mindestens 100 m, gemessen bei dem höchsten Betriebswasserstand, gilt. Der Zugang zum Wasser soll ausgeschlossen bleiben.
Schutzzone II:
Die Schutzzone II soll den Schutz der Talsperre und der ihr zufließenden Gewässer vor Beeinträchtigungen gewährleisten, die von menschlichen Tätigkeiten und Einrichtungen ausgehen, insbesondere durch direkte Einleitungen, Abschwemmungen und Erosion. Sie umfasst die oberirdischen Zuflüsse und deren Quellbereiche sowie das daran angrenzende Gelände von erfahrungsgemäß 100 m Breite; ebenso wird ein Streifen von 100 m Breite um die Zone I als Schutzzone II ausgewiesen. Im Einzelfall kann eine Unterteilung in die Zone IIA und IIB erfolgen; beispielsweise kann bei ausreichend bemessener Vorsperre diese zusammen mit ihren Zuläufen der Schutzzone IIB zugewiesen werden. Zweckmäßig ist in Zone II die Anlage eines nach wasserwirtschaftlichen Gesichtspunkten angelegten Schutzforstes (W 105).
Schutzzone III:
Die Schutzzone III umfasst das verbleibende Einzugsgebiet. Sie entfällt, wenn das Einzugsgebiet durch die Schutzzonen I und II vollständig erfasst wird.

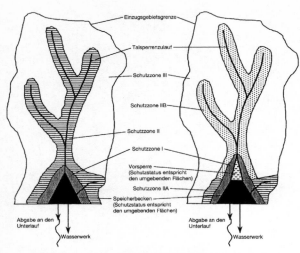

Die durch Überleitungen zusätzlich erschlossenen Einzugsgebiete sind entsprechend den vorigen Regelungen in Schutzzonen zu gliedern. Mündet beispielsweise die Überleitung in das Speicherbecken, aus dem das Rohwasser entnommen wird, so ist der Entnahmebereich der Überleitung als Schutzzone I auszuweisen.

Abb. 2.56 zeigt beispielhaft das Schutzgebiet einer Trinkwassertalsperre.

Abb. 2.55:   Trinkwasserschutzgebiet für Talsperren – schematisch. Links: Talsperre ohne Vorsperre, rechts mit Vorsperre im Hauptzufluss (W 102)

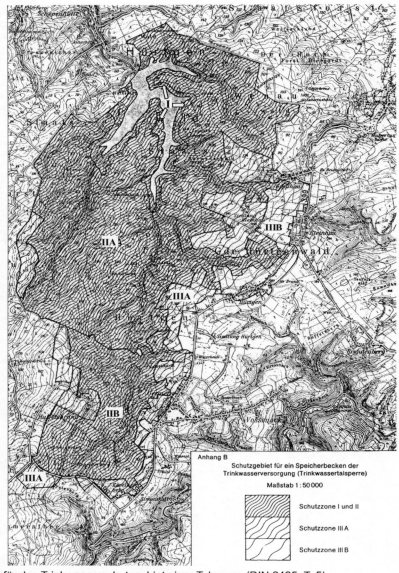

Abb. 2.56:   Beispiel für das Trinkwasserschutzgebiet einer Talsperre (DIN 2425, T. 5)

2.7.3 Schutzgebiete für Seen

Natürliche Seen und ihr Einzugsgebiet lassen sich nur in Ausnahmefällen auf eine vorrangige Nutzung zur Trinkwassergewinnung beschränken. Trinkwasserschutzgebiete für Seen lassen sich daher nur sinngemäß in Anlehnung an die Regelungen für Trinkwasser-Talsperren planen und ausweisen – s. *Kap. 2.7.2 Schutzgebiete für Talsperren.* (Aus diesem Grunde ist auf eine Neubearbeitung des früheren DVGW-Arbeitsblattes W 103 verzichtet worden; es wurde mit der Neubearbeitung von W 102 zurückgezogen.)

Beispielhaft sei das Trinkwasserschutzgebiet am Überlinger See gezeigt (*Abb. 2.57*), das zum Schutz der Wasserentnahme des Zweckverbands Bodenseewasser-

versorgung im Jahre 1987 rechtskräftig festgesetzt wurde – nachdem der Antrag bereits 1978 gestellt worden war. Die lange Bearbeitungsdauer mag als Hinweis auf die Probleme verstanden werden, die sich an einem solchen Gewässer bei der Durchsetzung von Schutzauflagen ergeben.

Die Schutzzone I umfasst den eigentlichen Entnahmebereich; dabei ist der See mit IA, der Uferstreifen mit IB ausgewiesen. Die Schutzzone II umfasst mit IIA den See, angrenzend an die Zone IA, mit IIB den Uferstreifen, angrenzend an die Zone IB. Die Schutzzone III wird in einen inneren und äußeren Bereich – IIIA und IIIB – untergliedert.

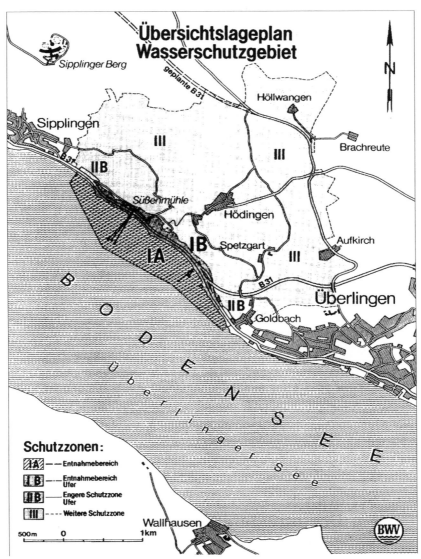

Abb. 2.57:   Trinkwasserschutzgebiet für die Wasserfassung des Zweckverbands Bodenseewasserversorgung und der Stadt Überlingen ([DVGW Bd. 1, 1996], S. 607)

2.7.4 Stand der Schutzgebietsausweisung

Nach aktuellem Stand der Erhebung (s. *Tab. 2.10*) waren bundesweit rd. 11.760 Wasserschutzgebiete mit einer Gesamtfläche von über 40.530 km² festgesetzt. Das entspricht 11,3% der Landesfläche. Die Anteile differieren stark in den Bundesländern, was zum Teil natürlich mit den geohydrologischen Verhältnissen begründbar ist – es führen Hessen (28,1%), Baden-Württemberg (26,4%) und Berlin (23,7%), am Ende liegen Schleswig-Holstein (3,6%), Bayern (4,5%) und Brandenburg (5,3%). Abgesehen von den Stadtstaaten sind die Schutzzonen zu rd. 90% land- und forstwirtschaftlich genutzte Flächen.

Tab. 2.10: Trinkwasserschutzgebiete in den Bundesländern (ohne Heilquellenschutzgebiete; die ausgewiesenen Flächen beziehen sich nur auf das jeweilige Bundesland)

Bundesland	Landesfläche 2009 [km²]	Festgesetzte Schutzgebiete				Anmerkungen
		Anzahl	Fläche [km²]	% der Landesfläche	Erhebungsjahr	
Baden-Württemberg	35.751	2317	9453	26,4	2010	475 WSG noch nicht festgesetzt
Bayern	70.552	3342	3193	4,5	2008	Entwicklungsziel rund 5%
Berlin	891	12	212	23,7	2009	nur Flächen im Stadtgebiet
Brandenburg	29.480	540	1554	5,3	2010	s.u.
Bremen	419 *)	3	32	7,5	2010	Neuausweisung für 2 WSG
Hamburg	755	5	88	11,6	2010	6. WSG im Verfahren
Hessen	21.115	1700	5942	28,1	2010	im Verfahren 272 WSG = 583 km²
Mecklenburg-Vorpommern	23.185	472	3700	16	2010	künftiges Ziel etwa 450
Niedersachsen	47.620 *)	297	4358	9,2	2009	weitere geplant – s.u.
Nordrhein-Westfalen	34.087	425	4077	12,0	2010	geplant 348 WSG
Rheinland-Pfalz	19.853	686	1480	7,5	2010	im Verfahren 407 WSG
Saarland	2.569	53	455	17,7	2010	noch 1 WSG im Verfahren
Sachsen	18.419	494	1466	8,0	2010	70 WSG im Verfahren – s.u.
Sachsen-Anhalt	20.447	175	1296	6,3	2010	noch 6 WSG im Verfahren
Schleswig-Holstein	15.799	37	572	3,6	2010	10 weitere in Planung
Thüringen	16.172	1202	2653	16,4	2010	s.u.
Summe	357.114 *)	11.760	40.531	11,3		

1. BW: 62 WSG stehen im Verfahren, 323 sind fachtechnisch abgegrenzt, 90 geplant; es geht dabei überwiegend um Erweiterungen bestehender WSG.
2. BY: Datenstand vom August 2008
3. B: 8 Wasserwerke liegen im Stadtgebiet; 3 WW versorgen Gemeinden im Umland, deren Schutzgebiete z.T. im Stadtgebiet liegen; das Wasserwerk Stolpe liegt in Brandenburg. Die angegebenen Flächen beziehen sich nur auf das Stadtgebiet Berlin
4. BB: 166 kleine WSG werden noch aufgehoben; 338 WSG für WVU < 2000 m³/d sind durch die Landkreise neu festzusetzen; 31 WSG für WVU > 2000 m³/d werden durch das Land neu festgesetzt
5. HB: durch derzeitig laufende Neuausweisung von zwei der drei WSG werden sich die Flächen noch etwas verändern. Das ursprünglich geplante vierte Schutzgebiet Vegesack entfällt.
6. HH: Das Schutzgebiet für das Wasserwerk Eidelstedt/Stellingen mit 15 km² steht im Verfahren, gleichfalls auch das Schutzgebiet für das Wasserwerk Nordheide, das aber in Niedersachsen liegt.
7. HE: die im Verfahren stehenden 370 WSG umfassen 2050 km² entspr. 9,7% der Landesfläche
8. M-V: Zum Zeitpunkt der Wende wurden 1556 WSG gezählt. Seit 1992 wurden 1112 WSG aufgehoben und 28 WSG neu festgesetzt, die übrigen in das Landesrecht übernommen. Die künftige Zahl wird etwa bei 450 liegen.
9. NS: Verordnungsentwurf liegt vor für weitere 78 WSG; die hydrogeologische Abgrenzung eines bestehenden Wasserrechts ist für 91 im Gange, eines ruhenden Wasserrechts für 17; das entspricht zusammen 2228 km² = 4,7% der Landesfläche.
10. NRW: die geplanten weiteren 348 WSG bzw. TW-Einzugsgebiete umfassen 1597 km² entspr. 4,7% der Landesfläche
11. R-P: die im Verfahren stehenden 407 WSG umfassen 962 km² entspr. 4,8% der Landesfläche
12. SL: --
13. SN: von den genannten 494 WSG werden 70 neue Verordnungen erhalten; die Anzahl der WSG wird sich durch Zusammenlegungen wohl vermindern, die Flächen werden sich nur wenig verändern
14. S-A: die im Verfahren stehenden 6 WSG umfassen 28 km² entspr. 0,1% der Landesfläche
15. S-H: „Die weiteren in S-H betriebenen Wasserwerke weisen aufgrund ihrer günstigen hydrogeologischen Situation und weniger wassergefährdenden Nutzungen eine niedrigere Schutzpriorität auf. In diesen Bereichen werden Maßnahmen im Rahmen des allgemeinen flächendeckenden Grundwasserschutzes als ausreichend erachtet.“
16. TH: in der Zahl von 1202 WSG ist ein Wasservorbehaltsgebiet eingeschlossen. Im Zuge der Überprüfung von WSG, die noch nach DDR-Recht festgelegt worden sind, wird die Anzahl auf ca. 1100 zurückgehen; die Flächenausdehnung wird sich auf 22% der Landesfläche erhöhen.

*) In den angegebenen Zahlen ist die Gebietsübertragung zum 1.1. 2010 von 15 km² von NS auf HB berücksichtigt. Die Summe für die Bundesrepublik hat sich durch Landveränderungen in NS gleichfalls zum 1.1. 2010 um 10 km² vergrößert.

Die Daten wurden über die Internet-Informationen der Umweltministerien bzw. unmittelbar bei den zuständigen Wasserwirtschaftsbehörden der Bundesländer erhoben. Gegenüber dem Stand von 1997 hat sich in den westlichen Bundesländern zum Teil ein deutlicher Flächenzuwachs ergeben (BW, BY, SH, SL). In den neuen Bundesländern sind im Zuge des erheblichen Verbrauchsrückgangs in größerem Umfang Trinkwasserschutzgebiete aufgegeben worden; der Prozess der Überprüfung und Neufestsetzung ist dort noch nicht abgeschlossen.

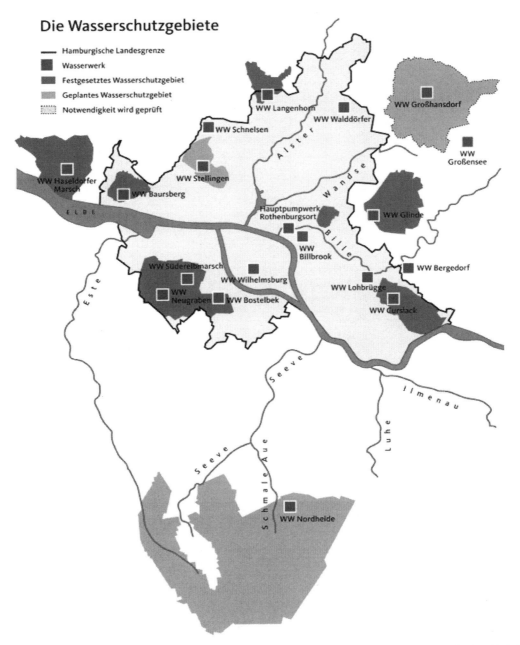

Abb. 2.58:   Wasserschutzgebiete der Hamburger Wasserwerke (http://www.hamburg.de/ wasserschutzgebiete/ 56226/ wasserschutzgebiete.html)

2.8 Beispielrechnung zur Grundwassergewinnung mit Vertikalbrunnen

Für einen Vertikal-Filterbrunnen im gespannten Grundwasserleiter soll aufgrund einer Tracer-Messung die 50-Tage-Linie ermittelt werden. Die Daten des Brunnens werden rechnerisch überprüft und am Beispiel die Länge des 50-Tage-Fließwegs sowie das Einzugsgebiet bestimmt.

2.8.1 Bestimmung der 50-Tage-Linie mit Hilfe der Tracer-Messung

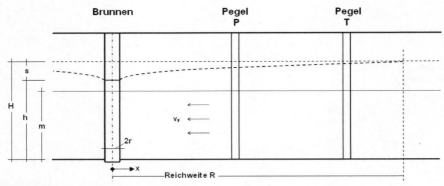

Abb. 2.59a) Hydrogeologischer Schnitt, schematisch

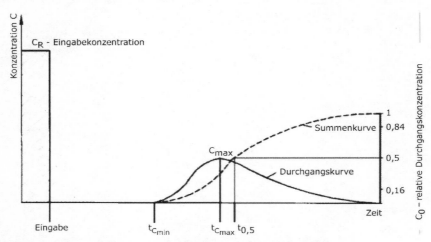

Abb. 2.59b) Durchgangs- und Summenkurve eines Markierungsversuchs (W109)

t_{Cmin} Zeit bis zum ersten Tracerdurchgang der Durchgangskurve (—)

t_{Cmax} Zeit bis zum maximalen Tracerdurchgang (C_{max}) der Durchgangskurve (—)

$t_{0,5}$ Zeit des 50%igen Tracerdurchgangs ($C_o = 0,5$) der Summenkurve (- - -)

x   Entfernung zur Eingabestelle

Abb. 2.59:   Bestimmung der 50-Tage-Linie mit Hilfe der Tracer-Messung

Gegeben sei ein gespannter Grundwasserleiter, zentralsymmetrische Anströmung des Brunnens, konstante Mächtigkeit des Grundwasserleiters m, gleichbleibende Porosität n_c sowie k_F-Wert.

Im Pegel T wird ein Tracer zugegeben und – bei gleichbleibender Förderung Q_T aus dem Brunnen – das Auftreten des Tracers im Pegel P beobachtet. Da sich der Tracers im Pegel P mit zunächst deutlich ansteigender und dann mit allmählich abnehmender Konzentration

bemerkbar macht, wird als Messwert der 50% Wert (Medianwert) gewählt.

Die Fließgeschwindigkeit im Abstand x von der Brunnenachse beträgt: $\dfrac{dx}{dt} = \dfrac{Q}{2x\pi m}$,

integriert: $\int dt = \int \dfrac{2x\pi m}{Q} dx$ führt auf: $t = \dfrac{x^2\pi m}{Q} + C$

Die Fließzeit zum Brunnen von Pegel P im Abstand r_P ist t_P, vom Pegel T im Abstand r_T ist t_T.

Wird die Laufzeit negativ eingesetzt, gilt $x = 0$ mit $t = 0$; d. h. die Konstante C wird $= 0$.

Beim Tracer-Versuch mit einer Förderung Q_T ergibt sich die Fließzeit zwischen T und P zu:

$$t_{T-P} = (r_T^2 - r_P^2)\frac{\pi \cdot m}{Q_T}.$$

Dieser Ausdruck wird auf die für den Brunnenbetrieb vorgesehene Förderung Q_E übertragen und auf den 50-Tage-Abstand r_{50} bezogen, für den die Laufzeit t_{50} gilt:

$$t_{50}(-t_0 = 0) = (r_{50}^2 - 0)\frac{\pi \cdot m}{Q_E}.$$

Bei der Verknüpfung beider Gleichungen fallen π m heraus:

$$\frac{\text{Messwert } t_{T-P}}{\text{Messwert } t_{50}} = \frac{r_T^2 - r_P^2}{r_{50}^2} \cdot \frac{Q_E}{Q_T}$$

und

$$r_{50} = \sqrt{\frac{Q_E}{Q_T} \cdot \frac{t_{50}}{t_{T-P}} \cdot (r_T^2 - r_P^2)}$$

Der Ausdruck ist im Allgemeinen auch bei nicht idealer Anströmung des Brunnens ausreichend genau zur Bestimmung der 50-Tage-Grenze.

2.8.2 Rechnerische Bestimmung der 50-Tage-Linie

Es ergibt sich die 50-Tage-Grenze aus den Daten des Brunnens und des Grundwasserträgers wie folgt:

Im ungestörten Grundwasserstrom gilt nach Darcy: $v_{F0} = k_F \cdot I_0$;

Abstandsgeschwindigkeit $v_a = v_{F0} / n_f$ (eingesetzt wird die durchflusswirksame

Porosität n_f, die ungefähr gleich der kinematischen Porosität n_c ist);

demnach: $r_{50} = v_a \cdot 50$ [Tage].

Liegt der Brunnen im Grundwasserstrom, überlagert sich die Strömung zum Brunnen nach Dupuit-Thiem dem natürlichen Gefälle des ungestörten Grundwasserstroms I_0. Die Strömung zum Brunnen im Abstand x in Richtung entgegen dem Grundwasserstrom beträgt dann:

$$v_x = \frac{dx}{dt} = -\frac{1}{n_c}\left(v_0 + \frac{Q}{2\pi m \cdot x}\right) = -\frac{v_0}{n_c}\left(1 + \frac{Q}{2\pi m v_0 \cdot x}\right)$$

Integration: $dt = -\frac{n_c}{v_0}\left(\frac{x}{x + a}\right)dx$ mit $a = \frac{Q}{2\pi m v_0}$;

die Klammer wird umgeformt zu $1 - a\dfrac{1/a}{x/a + 1}$; damit wird der Zähler zur Ableitung des Nenners und der Ausdruck lässt sich integrieren:

$$\int dt = x - a \cdot \ln\left(\frac{x}{a} + 1\right) + C\,;\ \text{mit negativ eingesetzter}$$

Zeit $t = 0$ bei $x = 0$ wird $C = 0$

$$t = -\frac{n_c}{v_0} \cdot x + \frac{n_c}{v_0} \cdot \frac{Q}{2\pi m v_0} \cdot \ln\left(\frac{2\pi m v_0}{Q} \cdot x + 1\right)$$

$\uparrow$ $\uparrow$

$+$ $-$ Die Vorzeichen können jetzt wieder umgekehrt werden.

Wird $t = 50$ Tage eingesetzt, lässt sich – durch Iteration, da keine geschlossene Lösung möglich – die Größe $x = r_{50}$ in Richtung entgegen dem Grundwasserstrom bestimmen.

(Bei freiem Grundwasserspiegel ist keine geschlossene Lösung der Gleichung möglich.)

Beispiel:

Durchlässigkeitswert $k_F = 10^{-3}$ m/s;

Grundwassergefälle (ungestört) $I_0 = 3$ ‰;

Grundwasserträger: Mächtigkeit m = 18 m, GW-Druckfläche (ungestört) H = 30 m;

Absenkung um s = 2,5 m auf h = 27,5 m.

Brunnenradius r = 0,4 m.

Durchflusswirksamer Hohlraum n_c (kinematische Porosität) = 28% (Grobsand/Feinkies).

Rechnung:

Reichweite:

R = $3000 \cdot s \cdot \sqrt{k_F} = 3000 \cdot 2,5 \cdot \sqrt{10^{-3}} = 237$ m.

Ergiebigkeit:

$$Q_E = \frac{2\pi k_F m s}{\ln(R/r)} = \frac{2\pi \cdot 10^{-3} \cdot 18 \cdot 2,5}{\ln(237/0,4)} = 0,044\ \text{m}^3/\text{s}$$

Fassungsvermögen:

$Q_F = 2\,r\,\pi\,m\,\sqrt{k_F}/15 = 2 \cdot 0,4 \cdot \pi \cdot 18 \cdot \sqrt{k_F}/15$

$\quad = 0,095\ \text{m}^3/\text{s}$;

Q_E soll nicht größer sein als $Q_F/2$, was damit erfüllt ist.

Breite des erfassten Einzugsgebiets bei gerichtetem Grundwasserstrom:

$Q_E = k_F\,m\,I_0 \cdot B$; ergibt mit den angegebenen Zahlenwerten:

$$B = \frac{Q_E}{k_F m I_0} = \frac{0,044}{18 \cdot 3} \cdot 10^6 = 815\ \text{m}.$$

Bei ungestörtem Grundwasserstrom ergibt sich die 50-Tage-Grenze wie folgt:

$v_{F0} = k_F \cdot I_0 = 3 \cdot 10^{-6}$ m/s = 0,26 m/d;

$v_a = v_{F0}/n_F = v_{F0}/0,28 = 1,07 \cdot 10^{-5}$ m/s = 0,926 m/d;

$\mathbf{x_{50}} = t_{50} \cdot v_a = 50 \cdot 0,926 = \mathbf{46\ m}.$

Unter Einfluss der Anströmung zum Brunnen ergibt sich:

$$t = -\frac{n_c}{v_0} \cdot x + \frac{n_c}{v_0} \cdot \frac{Q}{2\pi m v_0} \cdot \ln\left(\frac{2\pi m v_0}{Q} \cdot x + 1\right)$$

mit $\frac{n_c}{v_0} = \frac{1}{v_a}$

$$\frac{Q}{2\pi m v_0} = \frac{0,044}{2\pi \cdot 18 \cdot 3 \cdot 10^{-6}} = 129,7$$

(v_0 und Q in m/s bzw. m³/s eingesetzt);

$$50 = \frac{142,5}{0,926} - \frac{129,7}{0,926} \cdot \ln\left(\frac{142,5}{129,7} + 1\right) = 50$$

(v_a in m/d eingesetzt ergibt t in Tagen);

Das Ergebnis ist über Iteration erzielt: $x_{50} = 142,5$ m.

Anmerkung: Diese Berechnung ist zwar mathematisch korrekt, die Annahmen über die hydrologischen Kenngrößen sind aber idealisiert und können zu Fehlern führen; so empfiehlt sich im Regelfall, eine Pegelmessung wie oben beschrieben vorzunehmen, um das Ergebnis abzusichern.

Größe des Einzugsgebiets:

Mit angenommenen 100 mm/a = 0,1 m³/(m²d) Grundwassererneuerung und einer Jahresförderung von im Mittel 60% der Brunnenleistung werden jährlich

$$0,60 \cdot 0,044 \cdot \frac{24 \cdot 3600 \cdot 365}{(31,5 \cdot 10^6)} = 830.000 \text{ m}^3 \text{ gefördert}$$

d. h. aus einem Einzugsgebiet von 8,3 Mio m². Erfasst wird ein 815 m breiter Grundwasserstrom (s. o.); die Grenze des Einzugsgebiets liegt damit rd. 10 km oberhalb des Brunnens (gesehen entgegen der Strömungsrichtung des Grundwasserstroms).

2.A   Anlagen

2.A.1   Fließen im Lockergestein – der Durchlässigkeitsbeiwert k_F

Nach Bear (1972) kann im Porenraum eine laminare Strömung vorausgesetzt werden, wenn die Reynolds-Zahl

$$Re = \frac{d \cdot v_a}{\nu} \leq 10$$

mit

d   Korndurchmesser
v_a Abstandsgeschwindigkeit = v_F / n
ν kinematische Zähigkeit

Beispiel: Kies mit
d = 2 mm = $2 \cdot 10^{-3}$ m,
v_a = 9 m/d ≈ 10^{-4} m/s,
ν = $1{,}3 \cdot 10^{-6}$ m²/s
ergibt Re ≈ 0,15.

Laminare Rohrströmung:

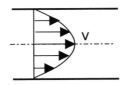

Mittlere Geschwindigkeit im kreisrund gedachten Porenkanal (Querschnitt A, Durchmesser r) nach Hagen-Poiseuille:

$$v_m = \frac{Q}{A} = \frac{Q}{r^2 \pi} = \frac{r^2}{8\eta} \cdot \frac{dp}{dx}$$

führt auf

$$Q = \frac{r^4 \pi}{8\eta} \cdot \frac{dp}{dx}$$

Mit

dp/dx   Druckgefälle
η dynamische Zähigkeit = $\nu \cdot \rho$
ρ Dichte des Wassers

Fließen im Lockergestein:

A_{ges} = durchströmte Fläche mit (effektivem) Porenraum n
Porenkanal-Querschnitt $r^2 \cdot \pi$;
v_m = Geschwindigkeit im Porenkanal
durchflossener Querschnitt $A_{hyd} = A_{ges} \cdot n$

$$Q = v_m \cdot A_{hyd} = v_m \cdot n \cdot A_{ges}$$

Filtergeschwindigkeit:

$$v_F = Q / A_{ges} = n \cdot v_m = n \cdot \frac{r^2}{8\eta} \cdot \frac{dp}{dx};$$

mit $p = \rho \cdot g \cdot h$ (h = Wassersäule in m) ergibt sich

$$v_F = \boxed{n \cdot \frac{r^2}{8\eta} \cdot \rho \cdot g} \cdot \frac{dh}{dx}; \text{ mit } \frac{dh}{dx} = \text{Grundwassergefälle I}$$

$$\downarrow \qquad\qquad \downarrow$$

$$v_F = \qquad k_F \qquad \cdot \quad I \quad \text{(Darcy'sches Gesetz)}$$

k_F: von der Bodenbeschaffenheit abhängig sind die Größen r und n, vom Wasser (d. h. seiner Temperatur) abhängig sind die Größen ρ und η.

Zu beachten ist, dass mit abnehmendem Korndurchmesser bei gleicher Lagerungsdichte der Porenraum zwar nicht abnimmt, die relative Oberfläche der Körner aber umgekehrt proportional zum Durchmesser zunimmt. Dadurch erhöht sich der Haftwasseranteil, so dass der effektive (entwässerbare bzw. durchströmbare) Porenraum abnimmt.

Lockere Lagerung von Kugeln:

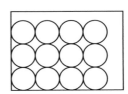

Es liegen n Kugeln in der Reihe und n Schichten übereinander.

brutto Volumen also $(n \cdot d)^3$, netto $n^3 \cdot d^3 \pi/6$;

demnach beträgt der Porenraum:

$$\frac{n^3 d^3 - n^3 d^3 \cdot \pi/6}{n^3 d^3} = \frac{1 - \pi/6}{1} = \mathbf{47{,}64\%.}$$

Dichteste Lagerung von Kugeln:

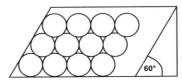

n Kugeln liegen in einer Reihe. Die Grundfläche beträgt

brutto $(n \cdot d)^2 \cdot \sin 60° = (n \cdot d)^2 \cdot \sqrt{3/4}$

n Lagen liegen übereinander; der vertikale Abstand der Kugelmittelpunkte ist gleich der <u>Höhe h</u> eines Tetraeders mit der Seitenlänge d.

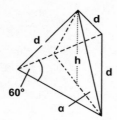

$$\cos\alpha = \frac{d/2}{d \cdot \sin 60°} = \frac{1}{2\sqrt{3/4}} = \sqrt{1/3}$$

$$\sin\alpha = \sqrt{1 - \cos^2\alpha} = \sqrt{2/3}$$

Schnitt durch den Tetraeder

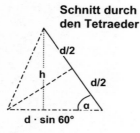

Die Höhe h beträgt damit:

$$h = d \cdot \sin\alpha = d \cdot \sqrt{2/3}$$

Brutto-Volumen des Raumelements mit n Reihen Kugeln nebeneinander und n Lagen übereinander in dichtester Lagerung = Grundfläche · Höhe =

$$= (n \cdot d)^2 \cdot \sqrt{3/4} \cdot n \cdot d \cdot \sqrt{2/3} = (n \cdot d)^3 \cdot \sqrt{1/2}$$

Netto-Volumen der Kugeln (wie oben) = $n^3 \cdot d^3 \pi/6$; damit beträgt der Porenraum:

$$\frac{\sqrt{1/2} - \pi/6}{\sqrt{1/2}} = \mathbf{25,95\%}.$$

Zur Beachtung: Bei der Einkornmischung (alle Körner haben denselben Durchmesser und sind als Kugeln gedacht) fällt bei der Berechnung des Porenraums der Korngröße heraus; der Porenraum ist also unabhängig von der Korngröße. Allerdings bedeutet 1/10 Korndurchmesser eine Vergrößerung der Kornoberfläche im selben Raumelement um den Faktor 10. Die relative Kornoberfläche bestimmt maßgeblich die Adsorptions- und Desorptionsvorgänge im Grundwasserstrom. Den gleichen Effekt zeigt grundsätzlich auch die Mehrkornmischung natürlicher Kies- und Sandmischungen, bei der die Zwischenräume der großen Körner durch kleinere aufgefüllt sind.

2.A.2 Durchgang kleinerer Körner durch die Porenräume größerer Körner

Die Passage von kleinen Körnern durch die Porenräume von Schüttungen größerer Körner ist maßgeblich von der Lagerungsdichte bestimmt. Das Durchmesserverhältnis des großen zum kleinen Korn hat Bedeutung für den Aufbau von Filterschichten, wie sie beim Brunnenbau und beim Bau von Filteranlagen zur Wasseraufbereitung eingesetzt werden.

Lockere Lagerung

D   Durchmesser des großen Korns

d   Durchmesser des kleinen Korns

F   D/d = Filterfaktor

$$\frac{D}{2} \cdot \sqrt{2} - \frac{D}{2} = \frac{d}{2} \; ; \; d = D(\sqrt{2} - 1)$$

$$F = D/d = \mathbf{2,414}$$

Zu berücksichtigen ist natürlich auch der Fall, dass mehrere kleine Körner sich um den Durchgang drängen:

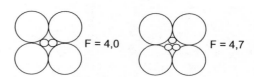

Dichteste Lagerung

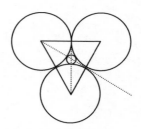

$$\frac{d}{2} = \frac{D}{2}\left(\frac{1}{\cos 30°} - 1\right) = \frac{D}{2}\left(\frac{2}{\sqrt{3}} - 1\right) = 0,1547$$

$$F = D/d = \mathbf{6,464}.$$

Drei kleine Körner im selben Durchgang ergeben F = 10,0.

Als Filterfaktor einer gemischten Packung ergibt sich als Mittelwert F = 4,2. Im Allgemeinen gilt als brauchbares Schüttkornverhältnis ein Filterfaktor zwischen 4 und 5.

(K. F. Paul, bbr 45 (1994) H. 6 S. 36)

3 Wasserbeschaffenheit, Wassergüte

Prof. Dr.-Ing. W. Merkel

3.1 Die Eigenschaften des Wassers

Wasser ist die wichtigste Umweltressource, Basis allen Lebens und vielfach genutztes Medium – Trinkwasser, Lebensraum und Nahrungsquelle (Meer), Produktionsmittel (Landwirtschaft), Reinigungsmittel, Kühlmittel (Kraftwerk), Energielieferant (Wasserkraft), Betriebswasser (Industrie, Gewerbe), Transportmittel (Schifffahrt), Erholungsraum (Gesundheit, Sport) – also ein öffentliches Gut. Wasser ist eine sich ständig erneuernde Ressource, wenn auch räumlich und zeitlich nur begrenzt verfügbar. Zugleich ist Wasser aber auch ein Wirtschaftsgut und eine Handelsware, die verkauft wird und ihren Preis hat.

Wasser ist der Stoff mit der niedrigsten molaren Masse, der unter den normalen Bedingungen von Temperatur und Druck auf der Erde flüssig vorkommt. Das Wassermolekül, dessen Radius unter Annahme eines kugelförmigen Baues etwa $1,4 \cdot 10^{-10}$ m (0,14 nm) beträgt, besteht aus einem Sauerstoffatom und zwei Wasserstoffatomen. Es ist aber nicht zentralsymmetrisch gebaut; die beiden Wasserstoffatome stehen unter einem Winkel von etwa 105° zueinander (*Abb. 3.1*).

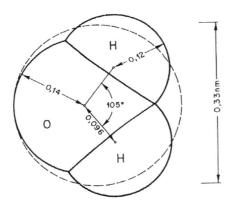

Abb. 3.1: Struktur des Wassermoleküls (Maße in nm) ([Grombach et al., 2000], S. 1)

Wegen dieser Atomanordnung fallen die Schwerpunkte der beiden positiven und negativen elektrischen Ladungen nicht zusammen. Das Wassermolekül ist also schwach polar und bildet einen permanenten Dipol. Sein elektrisches Dipolmoment hat die Größe

$$\mu \quad = \text{Ladung e} \cdot \text{Abstand a}$$
$$= 6,15 \cdot 10^{-30} \text{ Meter-Coulomb.}$$

Auf dem Dipolcharakter des Wassermoleküls beruht seine ausgeprägte Neigung zur Bildung von Additions-verbindungen, hauptsächlich mit Ionen von Salzen, aber auch mit anderen Stoffen, die permanente Dipole darstellen – so genannte polare Verbindungen. Auch mit sich selbst bildet das Wasser Assoziate. Diese Erscheinung, deren Größe stark von der Temperatur abhängt, liefert eine Erklärung für zahlreiche anomale Erscheinungen des Wassers: das Dichtemaximum bei 4°C, die hohe Umwandlungswärme und Wärmetönung beim Gefrieren und Verdampfen, die hohe spezifische Wärme, die Verringerung der Kompressibilität mit zunehmender Temperatur (bis 50°C) und der inneren Reibung mit zunehmendem Druck (bei Temperaturen bis 32°C). Wesentliche physikalische Eigenschaften des Wassers zeigt *Tab. 3.1*.

Wasser ist ein hervorragendes Lösungsmittel. Chemisch reines Wasser kommt in der Natur nicht vor. Wegen seiner lebensentscheidenden Rolle sind die Lebewesen auf der Erde physiologisch auf Wasser eingestellt, das gelöste Inhaltsstoffe enthält. So ist auch destilliertes Wasser als quasi extrem reines Wasser als Trinkwasser für den Menschen nicht geeignet.

Tab. 3.1: Physikalische Eigenschaften des Wassers ([Grombach et al., 2000], S. 3 u. 5)

Dichte (bei 25°C)	$kg \cdot m^{-3}$	997,075
maximale Dichte (bei 3,98°C)	$kg \cdot m^{-3}$	1.000,0
Viskosität (bei 25°C)	10^{-3} Pa·s	0,893
Schmelzpunkt (bei 1.013 mbar)	°C	0,0
Siedepunkt (bei 1.013 mbar)	°C	100,0
Schmelzwärme (bei Schmelztemperatur)	$J \cdot Mol^{-1}$	6.012,25
Verdampfungswärme (beim Siedepunkt)	$J \cdot Mol^{-1}$	40.691
Molwärme (bei 25°C)	$J \cdot Mol^{-1} \cdot K^{-1}$	75,36
spezifische Wärme (bei 0°C)	$J \cdot kg^{-1} \cdot K^{-1}$	4.217,78
Wärmeleitfähigkeit (bei 0°C)	$J \cdot m^{-1} \cdot s^{-1} \cdot K^{-1}$	0,5862
Kompressibilität (bei 0°C) [*]	bar^{-1}	$50,968 \cdot 10^{-6}$
elektrische Leitfähigkeit (bei 0°C)	$\Omega^{-1} \cdot m^{-1}$	$1,11 \cdot 10^{-6}$
Schallgeschwindigkeit (bei 0°C)	$m \cdot s^{-1}$	1.500
Oberflächenspannung (bei 25°C)	10^{-3} N·m^{-1}	71,97

[*] der reziproke Wert ist der E-Modul des Wassers mit $\approx 2,0 \cdot 10^6$ kN/m^2

3.2 Beschaffenheit der Gewässer – Übersicht

Die im Wasser vorhandenen Hauptinhaltsstoffe (Konzentrationen von einigen 10 bis 100 mg/L) umfassen vor allem die Kationen Natrium Na^+, Kalium K^+, Calcium Ca^{2+} und Magnesium Mg^{2+} sowie die Anionen Hydrogencarbonat HCO_3^-, Chlorid Cl^-, Nitrat NO_3^- und Sulfat SO_4^{2-}. Mitunter können Ammonium NH_4^+, Eisen Fe (II, III) und Mangan Mn (II), Barium Ba^{2+} und Bromid Br^- im Konzentrationsbereich von mg/L vorkommen. Im Grundwasser aus alten Gebirgen kann Arsen gelöst sein – durchaus mit Werten bis zu 0,25 mg/L. Alle anderen anorganischen Stoffe liegen in der Regel im µg/L-Bereich oder auch darunter. Oberflächengewässer und oberflächennahe Grundwässer enthalten außerdem die gelösten Bestandteile der Luft – Stickstoff N_2, Sauerstoff O_2, und Kohlensäure CO_2. Grundwässer aus tieferen Schichten, vor allem bei ausgeprägten Humusdeckschichten, wie sie vielfach in Norddeutschland vorkommen, sind häufig reduziert, d. h. sauerstofffrei; es sind dann regelmäßig Eisen und Mangan und gegebenenfalls Ammonium und Schwefelwasserstoff zu erwarten. Methangehalte kommen im Grundwasser des Voralpenlands und ebenfalls stellenweise in Norddeutschland vor. In alten Gebirgen ist auch mit Radon zu rechnen, das aber leicht ausgast. Wenn mit Radon belastetes Grundwasser unter Druck bis in eine Aufbereitungsanlage gelangt und das Edelgas erst dort ausgast, kann es zu erhöhter radioaktiver Belastung des Personals kommen; Abhilfe schafft dann z.B. eine intensive Durchlüftung der Filterhalle.

Die Summe aller organischen Wasserinhaltsstoffe beträgt meist einige wenige mg/L (als organischer Kohlenstoff OC), während die einzelnen Verbindungen in µg/L-Konzentrationen vorkommen.

Eine Übersicht über die in natürlichen Wässern vorkommenden Inhaltsstoffe zeigt *Tab. 3.2*.

Tab. 3.2:   Inhaltsstoffe natürlicher Wässer ([Grombach et al., 2000], S. 35 und [DVGW Bd. 6, 2004], S. 8)

Lösungssystem	echte Lösung				kolloide Lösung	Suspension
Lösungsform	molekular dispers				kolloid dispers	grob dispers
häufigster Teilchendurchmesser	10^{-10} bis 10^{-8} m[*)]				10^{-9} bis 10^{-7}	$> 10^{-7}$
	Elektrolyte		**Nichtelektrolyte**			
	Kationen	**Anionen**	**Gase**	**sonstige**		
Hauptinhaltsstoffe häufig > 10 mg/L	Na^+ K^+ Mg^{2+} Ca^{2+}	Cl^- NO_3^- HCO_3^- SO_4^{2-}	O_2 N_2 CO_2	Kieselsäure $SiO_2 \cdot nH_2O$		Tone, Feinsande, organische Bodenbestandteile
Begleitstoffe meist < 10 mg/L häufig > 0,1 mg/L	Fe^{2+} Mn^{2+} NH_4^+ Al^{3+} $AlOH^{2+}$	F^-, J^{--} Br^-, NO_2^- $H_2PO_4^-$ HPO_4^{2-} HBO_2	H_2S NH_3 CH_4 He	Organische Verbindungen (Stoffwechselprodukte), Huminstoffe	Oxidhydrate von Metallen, z. B. von Fe, Mn; Kieselsäure u. Silicate, Huminstoffe	Oxidhydrate von Fe u. Mn, Öle, Fette, sonstige organische Stoffe
Spurenstoffe häufig < 0,1 mg/L	Li^+, Ba^{2+} Cu^{2+}, Sr^{2+} Zn^{2+}, Pb^{2+}	HS^- Arsenat	Rn			
	und sonstige anorganische und organische Spurenstoffe					

[*)] 10^{-10} m = 1 Angström; 10^{-9} m = 1 nm; 10^{-6} m = 1 µm

Niederschlagswasser enthält zusätzlich zu den natürlichen Bestandteilen der Luft (O_2, N_2, CO_2) lösliche Stoffe aus Abgasen (z. B. SO_2) und Feststoffe (Ruß, Stäube, partikuläre Emissionen). Versickerndes Niederschlagswasser, das durch die Kohlensäure ohnehin leicht sauer ist, was durch Stickoxide und schweflige Säure noch verstärkt wird (saurer Regen!), nimmt in den belebten Bodenschichten weiteres CO_2 auf (aus der biologischen Aktivität der Bodenorganismen), natürliche organische Stoffe (z. B. Humusstoffe), Ammonium, Nitrat und Pflanzenbehandlungs- und -schutzmittel PBSM (aus landwirtschaftlicher Bodennutzung). Schadstoffbelastungen der Oberfläche werden gleichfalls mit dem Sickerwasser in den Untergrund verbracht, soweit sie nicht in der Bodenkrume festgehalten oder biologisch abgebaut werden. Intakte Böden sind also ein wichtiges Element des Grundwasserschutzes.

Flusswasser wird zum einen aus dem Grundwasser gespeist, zum anderen erhält es aus dem oberirdischen Abfluss der Niederschläge, durch Erosion und durch Abwassereinleitungen mehr oder minder große Mengen an Feststoffen (Trübung) und gelösten Stoffen. Es werden punktförmige (z. B. Abwassereinleitungen) und diffuse Belastungen (z. B. Düngemittel und PBSM aus landwirtschaftlich genutzten Einzugsgebieten – vgl. *Abb. 3.3* und *Tab. 3.3*) unterschieden. Die Inhaltsstoffe können sich rasch und unerwartet verändern. Die Temperaturen schwanken mit der Jahreszeit. An Flüssen gelegene Wärmekraftwerke, die ihr Kühlwasser aus der fließenden Welle entnehmen und dorthin zurückgeben, heizen das Gewässer auf (die zulässige Temperaturerhöhung wird von der Aufsichtsbehörde festgelegt).

Als ein Abbild der wirtschaftlichen und industriellen Entwicklung der letzten 150 Jahre lassen sich Wellen der Gewässerbelastung konstatieren – s. *Abb. 3.2*.

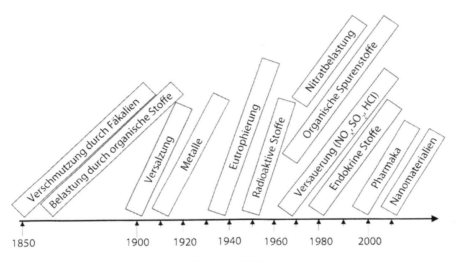

Abb. 3.2: Chronologie der Gewässerbelastungen [Frimmel, 2009]

Rund 30 t Pflanzenschutzmittel gelangen pro Jahr in die Oberflächengewässer in Deutschland, was etwa einem Promille der gesamten Anwendungsmenge entspricht. Die Hälfte aller Einträge stammt aus Dränage, Abschwemmung und Abdrift, die andere Hälfte sind Abläufe von den Höfen (rd. 10 t) und Direkteinleitungen aus der Industrie. In einer vom Umweltbundesamt herausgegebenen Studie sind die regionalen Schwerpunkte der PBSM-Belastung herausgearbeitet worden:

- Abschwemmung: Weinbauflächen, Börde-, Löss- und Marschgebiete (Zuckerrüben, Mais), klimatisch ungünstige Mittelgebirgslagen, die landwirtschaftlich genutzt werden,

- Versickerung: Gebiete mit leichten Böden, z. B. Region zwischen Aller und Elbe, Emsland, schleswig-holsteinische Geest, Münsterland, mittelfränkisches Becken, kleine Teile Oberfrankens, des nördlichen Thüringer Waldes und des Erzgebirges,

- Dränage: Flussniederung z. B. im Münsterland, im Oberrheingraben und in der Lausitz,

- Abdrift (Windverfrachtung bei der Ausbringung): Obstbaugebiete in den Marschen mit ihren dichten Netzen von Entwässerungsgräben,

- Hofabläufe: Süden und Westen Deutschlands.

Tab. 3.3:   Einteilung von Pestiziden nach ihrer Wirkung [Sacher, 2007]

Pestizidklasse	wirkt gegen	Beispiele
Akarizide	Milben	
Algizide	Algen	
Bakterizide	Bakterien	
Fungizide	Pilze	Fenpropimorph, Dinoseb, Dinoterb
Herbizide	Unkräuter	Atrazin, Simazin, Terbuthylazin, Isoproturon, Diuron, 2,4–D, Glyphosat
Insektizide	Insekten	Lindan, DDT, Aldrin, Dieldrin, Parathion (E 605), Malathion
Molluskizide	Schnecken	Metaldehyd
Nematizide	Fadenwürmer	
Rodentizide	Nagetiere	Warfarin
Virizide	Viren	
Wachstumsregler	–	Chlormequat

Wässer aus Seen und Talsperren enthalten nur feine Schwebstoffe, nämlich Trübungen aus Zuflüssen und je nach Jahreszeit Algen, Plankton und weitere gelöste Stoffe.

Grundwasser aus Porengrundwasserleitern ist praktisch frei von Feststoffen. Aufgrund des Gehalts von CO_2, SO_2 und ggf. Stickoxiden (saurer Regen!) lösen die Sickerwässer aus den Bodenmineralien mineralische Bestandteile (Anionen, Kationen) bis zur Sättigung. Durch die langen Verweilzeiten im Untergrund stehen Grundwässer im chemischen Lösungsgleichgewicht mit den Bodenmineralien. Grundwasserlandschaften lassen sich aufgrund der gelösten Mineralien im Grundwasser typisieren. Spalt- und Kluftgrundwässer können, vor allem bei kräftigen Niederschlägen, von der Erdoberfläche her mit Schwebstoffen und anderen Einflüssen belastet sein. Trübungen sind oft ein Hinweis auf bakterielle Bedenklichkeit. Zur Gefährdung des Grundwassers siehe *Abb. 3.3*.

Abb. 3.3:   Gefährdungen des Grundwassers (ZV Landeswasserversorgung)

Aktuelle Aufmerksamkeit genießen halogenierte Kohlenwasserstoffe, erfasst als AOX (an Aktivkohle adsorbierbare organische Halogenverbindungen), hydrophile organische Schwefelverbindungen IOS, Pestizide (Pflanzenbehandlungs- und Schädlingsbekämpfungsmittel PBSM) sowie Nitrat NO_3^- (vorwiegend aus der landwirtschaftlichen Düngung). Arzneimittel, hormonell wirksame Substanzen und Kosmetika haben in jüngerer Zeit Aufsehen erregt, nachdem messbare Spuren in Gewässern festgestellt wurden. Zu unterscheiden sind die eigentlichen Arzneimittel (Pharmaka), die vorrangig über Abwassereinleitungen in die Gewässer gelangen, hormonell (endokrin) wirksame Substanzen (neben natürlichen Hormonen und Sterolen auch Arzneimittel mit bestimmungsgemäß hormoneller Wirkung z. B. Präparate aus der Tiermast, bestimmte Pestizide und Industriechemikalien) und Kosmetika (z. B. Moschusduftstoffe und UV-Filtersubstanzen). In stark durch Abwasser belasteten Gewässern kommen Konzentrationen bis in den unteren µg/L-Bereich vor; in Trinkwasser, das von Oberflächenwasser beeinflusst war, sind vereinzelt Spuren im ng/L-Bereich, das heißt ohne gesundheitliche Relevanz, gefunden worden. Über die ökologischen Auswirkungen im Gewässer gibt es bisher wenig Erkenntnisse.

Vor allem in der belebten und belüfteten Bodenzone laufen biologische Prozesse ab, wie sich besonders an den Umsetzungsprozessen des Stickstoffs verdeutlichen lässt (*Abb. 3.4*). Wird durch ein zu hohes Angebot an organischer Substanz der verfügbare Sauerstoff aufgezehrt, entsteht ein reduzierendes „anaerobes" bzw. anoxisches Milieu; Eisen und Mangan werden reduziert zu ihrer zweiwertigen Form. Das Grundwasser enthält dann gelöstes Fe und Mn; außerdem treten Ammonium und Schwefelwasserstoff auf. Wenn solche Wässer in einer Brunnenfassung mit Luftsauerstoff zusammen kommen, besteht die Gefahr der Brunnenverockerung.

Quellwasser ist als Grundwasseraustritt qualitativ dem Grundwasser gleichzusetzen. Wenn es sich aus oberflächennahem Grundwasser speist, ist es einem erhöhten Verschmutzungsrisiko ausgesetzt. Karstquellen sind meist von stärkeren Niederschlagsereignissen beeinflusst, was sich am Auftreten höherer Trübungen zeigt.

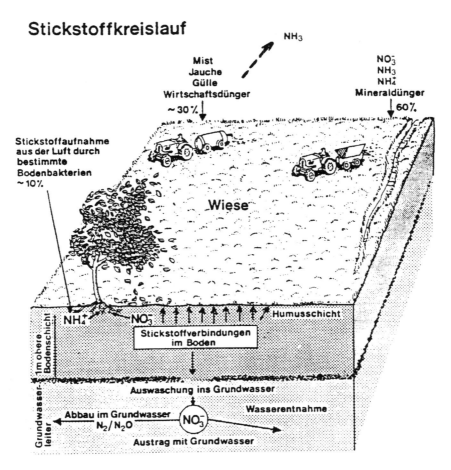

Abb. 3.4: Darstellung des Stickstoffkreislaufs

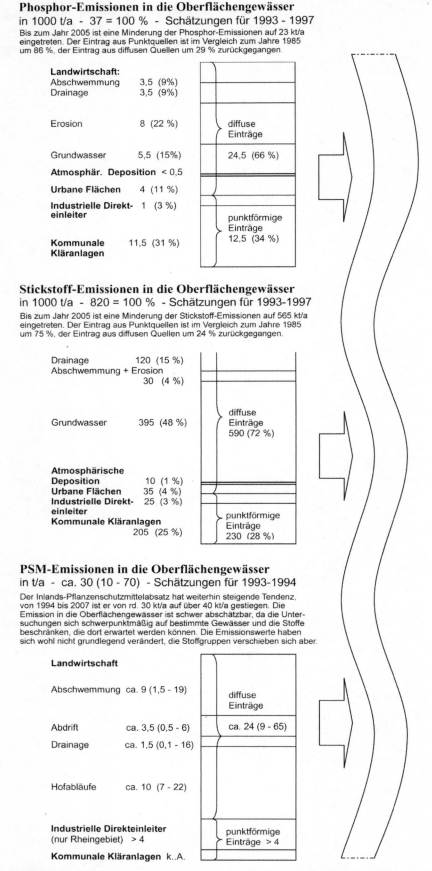

Phosphor-Emissionen in die Oberflächengewässer
in 1000 t/a - 37 = 100 % - Schätzungen für 1993 - 1997

Bis zum Jahr 2005 ist eine Minderung der Phosphor-Emissionen auf 23 kt/a eingetreten. Der Eintrag aus Punktquellen ist im Vergleich zum Jahre 1985 um 86 %, der Eintrag aus diffusen Quellen um 29 % zurückgegangen.

Landwirtschaft:
Abschwemmung	3,5	(9%)
Drainage	3,5	(9%)
Erosion	8	(22 %)
Grundwasser	5,5	(15%)

diffuse Einträge 24,5 (66 %)

Atmosphär. Deposition < 0,5

Urbane Flächen 4 (11 %)

Industrielle Direkt-einleiter 1 (3 %)

Kommunale Kläranlagen 11,5 (31 %)

punktförmige Einträge 12,5 (34 %)

Stickstoff-Emissionen in die Oberflächengewässer
in 1000 t/a - 820 = 100 % - Schätzungen für 1993-1997

Bis zum Jahr 2005 ist eine Minderung der Stickstoff-Emissionen auf 565 kt/a eingetreten. Der Eintrag aus Punktquellen ist im Vergleich zum Jahre 1985 um 75 %, der Eintrag aus diffusen Quellen um 24 % zurückgegangen.

Drainage 120 (15 %)
Abschwemmung + Erosion 30 (4 %)

Grundwasser 395 (48 %)

diffuse Einträge 590 (72 %)

Atmosphärische Deposition 10 (1 %)
Urbane Flächen 35 (4 %)
Industrielle Direkt-einleiter 25 (3 %)
Kommunale Kläranlagen 205 (25 %)

punktförmige Einträge 230 (28 %)

PSM-Emissionen in die Oberflächengewässer
in t/a - ca. 30 (10 - 70) - Schätzungen für 1993-1994

Der Inlands-Pflanzenschutzmittelabsatz hat weiterhin steigende Tendenz, von 1994 bis 2007 ist er von rd. 30 kt/a auf über 40 kt/a gestiegen. Die Emission in die Oberflächengewässer ist schwer abschätzbar, da die Untersuchungen sich schwerpunktmäßig auf bestimmte Gewässer und die Stoffe beschränken, die dort erwartet werden können. Die Emissionswerte haben sich wohl nicht grundlegend verändert, die Stoffgruppen verschieben sich aber.

Landwirtschaft

Abschwemmung ca. 9 (1,5 - 19)

diffuse Einträge

Abdrift ca. 3,5 (0,5 - 6)

ca. 24 (9 - 65)

Drainage ca. 1,5 (0,1 - 16)

Hofabläufe ca. 10 (7 - 22)

Industrielle Direkteinleiter
(nur Rheingebiet) > 4

punktförmige Einträge > 4

Kommunale Kläranlagen k..A.

Abb. 3.5: Phosphor-, Stickstoff- und PSM-Emissionen in die Oberflächengewässer in Deutschland (Umweltbundesamt: Daten zur Umwelt 2000, update 2009)

3.3 Rohwasser zur Trinkwasserversorgung

Das „natürlich reine Grundwasser" im Sinne der DIN 2000 ist Leitbild für das Trinkwasser (*Kap. 3.4 Anforderungen an Trinkwasser*).

Wasser, das einem Gewässer zum Zweck der Trinkwasserversorgung entnommen wird, wird als Rohwasser bezeichnet. Rohwässer bedürfen dann einer Aufbereitung, wenn sie

- Fremdstoffe oder Schadstoffe enthalten oder mikrobiologisch bedenklich sind (gesundheitlicher, hygienischer Aspekt),
- fremde Gerüche, Geschmacksstoffe, Färbungen enthalten (ästhetischer Aspekt),
- Stoffe enthalten, die für die Verwendung nachteilig sind (z. B. hohe Härtegrade, Eisen- und Mangangehalte) oder sekundäre Verunreinigungen auslösen können (Korrosion).

Die Wasseraufbereitung hat Einsatz- und Leistungsgrenzen; sie ist zudem nicht geeignet, Umwelt- und Gewässerschutz zu ersetzen. Für Grundwasser gilt das Prinzip des vorsorgenden Schutzes der Wassereinzugsgebiete (s. Wasserhaushaltsgesetz). Oberflächenwasser lässt sich aber nicht aus der Vorfluter-Funktion für Abschwemmungen und der mehr oder weniger gereinigten Abwassereinleitungen herausnehmen.

Im Jahre 1975 wurden erstmalig auf europäischer Ebene Richtwerte und Grenzwerte für die Beschaffenheit von Oberflächenwasser für die Trinkwassergewinnung (EG-Richtlinie 75/440/EWG) beschlossen; heute fordert die EG-Wasserrahmenrichtlinie WRRL 2000/60/EG den „guten ökologischen und chemischen Gewässerzustand" – für das Grundwasser heißt das Ziel „guter mengenmäßiger und chemischer Zustand" (vgl. *Kap. 1.3 Bund*). Die Richtlinie 2008/105/EG (Tochterrichtlinie der WRRL) setzt den Auftrag zur Festlegung von Umweltqualitätsnormen um; sie soll durch eine Bundesverordnung zum Schutz der Oberflächengewässer im deutschen Recht implementiert werden (Entwurf Ende März 2010). Der DVGW hat zusammen mit den Arbeitsgemeinschaften der Wasserversorger an Rhein, Ruhr und Elbe AWBR, ARW, AWWR und AWE ein Memorandum „Forderungen zum Schutz von Fließgewässern zur Sicherung der Trinkwasserversorgung" [www.dvgw.de → Wasser → Gewässerschutzpolitik] in die Diskussion eingebracht; es werden Zielwerte definiert, die der Erhaltung bzw. der Erreichung des guten ökologischen Zustandes der Fließgewässer dienen und zugleich eine sichere Aufbereitung von Trinkwasser mit einfachen, naturnahen Verfahren (dazu zählen Bodenpassage sowie Langsam- und Schnellfiltration) ermöglichen. Das Memorandum steht im Einklang mit dem Donau-, Maas- und Rheinmemorandum 2008 der Internationalen Arbeitsgemeinschaft der Wasserwerke im Rheineinzugsgebiet IAWR (vgl. auch W 251 „Eignung von Fließgewässern für die Trinkwasserversorgung" (1996), inzwischen zurückgezogen). Das Umsetzen der Zielwerte erfordert Maßnahmen zur Minimierung von Einträgen an den Quellen und bei der Abwasserbeseitigung – s. „Anthropogene Spurenstoffe im Wasserkreislauf – Forderungen an Politik, Hersteller, Anwender, Verbraucher sowie Ver- und Entsorger"

(DVGW, DWA und Wasserchemische Gesellschaft April 2009 – erhältlich über die Websites der genannten Verbände).

Das Rohwasser zur Trinkwasserversorgung bedarf sorgfältiger Überwachung, damit rechtzeitig nachteilige Veränderungen erkannt, Abhilfemaßnahmen getroffen und dementsprechend die Aufbereitung gesteuert werden kann. Die zu untersuchenden Parameter sind natürlich im Wesentlichen diejenigen, die im Trinkwasser von Bedeutung sind oder den Aufbereitungsprozess bestimmen.

Die Zielwerte gelten an der Entnahmestelle; Art der Beprobung und ihre Häufigkeit müssen repräsentativ sein. Eine Mittelwertbildung ist wegen der Nivellierung von Extremwerten nicht sinnvoll, wobei seltene extreme Niedrigwasserperioden außer Acht bleiben dürfen. Die Grenzwerte der Trinkwasserverordnung müssen schließlich jederzeit und sicher eingehalten werden.

3.4 Anforderungen an Trinkwasser

3.4.1 Was ist Trinkwasser?

Was ist Trinkwasser, wie muss es beschaffen sein? Die Frage ist nicht trivial. Wasser ist ein Naturprodukt und das wichtigste Lebensmittel für Mensch, Tier und Pflanze. Dies angemessen und praktikabel zu definieren, fällt den Fachleuten und dem Gesetzgeber schwer.

Im Altertum ging man empirisch heran – Vitruv 25 n. Chr. (Jekel, [DVGW Bd. 6, 2004]):

> *„Ist es ein am Tage fließendes Wasser, so beobachte man mit viel Aufmerksamkeit, bevor man es zu leiten anfängt, die körperliche Beschaffenheit der in der Nähe wohnenden Menschen. Sind diese stark, von frischer Gesichtsfarbe und leiden sie weder an Fußkrankheiten noch an triefenden Augen, so ist das Wasser bewährt."*

Das Mittelalter brachte wenig an zusätzlichen Erkenntnissen. Zum Ende des 18. Jahrhunderts gibt es erste Analysenangaben zu Mineralwässern; eine hygienische Beurteilung des Wassers in unserem Sinne beginnt Mitte des 19. Jahrhunderts – Handbuch der Hygiene von Oesterlen, 2. Aufl. 1857; die Trinkwasserbakteriologie lässt sich um 1880 datieren: Robert Koch (1883) „Über die neuen Untersuchungsmethoden zum Nachweis der Mikroorganismen in Boden, Luft und Wasser". Das Weyl'sche Handbuch der Hygiene von 1896 empfiehlt bacterium coli als Indikatorkeim für bakterielle Verunreinigung des Wassers. Allmählich nimmt dann die Zahl der Parameter zu; zugleich beginnt ihre gesundheitliche Bewertung.

Weitere Zeitmarken sind:

- 1894: Grundsätze für die Reinigung von Oberflächenwasser durch Sandfiltration zu Zeiten der Choleragefahr.
- 1906: Anleitung für die Errichtung, den Betrieb und die Überwachung öffentlicher Wasserversorgungsanlagen, welche nicht ausschließlich technischen Zwecken dienen.
- 1932: Hygienische Leitsätze für die Trinkwasserversorgung, Preußischer Entwurf.

- Weltgesundheitsorganisation WHO:

  1958: International Standards for Drinking Water.

  1970: European Standards,

  1984–87: Guidelines for Drinking Water Quality – Vol. I – III;

  1993–97: 2. Auflage;

  2004: 3. Auflage, nachfolgend „rolling revision".
  www.who.int/water_sanitation_health/dwq/guidelines/en/

- 1959/1960: Trinkwasseraufbereitungs-Verordnung.

- 1975: Trinkwasserverordnung – erste gesetzliche Regelung zur Trinkwasserqualität in Deutschland – Neufassung 1986, Novellierung 1990 und 2001 – in Kraft getreten zum 1. Jan. 2003; nächste Novellierung voraussichtlich Ende 2010.

- 1980: EG-Richtlinie 80/778/EWG „Qualität von Wasser für den menschlichen Gebrauch" – Novellierung 98/93/EG vom 3. Nov. 1998, nächste Novellierung voraussichtlich 2011.

Aber auch trotz des heutigen hohen Standes naturwissenschaftlicher Erkenntnis fallen die Definitionen schwer. Die einzige positive Definition wird in DIN 2000 gegeben:

5.1 Grundanforderungen

Die Anforderungen an die Trinkwassergüte müssen sich an den Eigenschaften eines aus genügender Tiefe und nach Passage durch ausreichend filtrierende Schichten gewonnenen Grundwassers einwandfreier Beschaffenheit orientieren, das dem natürlichen Wasserkreislauf entnommen und in keiner Weise beeinträchtigt wurde. – Trinkwasser sollte appetitlich sein und zum Genuss anregen. Es muss farblos, klar, kühl sowie geruchlich und geschmacklich einwandfrei sein. – Trinkwasser muss keimarm sein. – Es muss mindestens den gesetzlichen Anforderungen genügen

Wasser, das diesen Anforderungen nicht entspricht, darf nicht als Trinkwasser abgegeben werden.

Im gleichen Sinne formuliert die American Water Works Association AWWA ihre „Policy":

„Drinking Water Quality: All water utilities should deliver to the consumer drinking water that meets or surpasses all standards established by regulatory agencies. This objective is achieved most economically and effectively when the source water is taken from the highest- quality water source available, the water is appropriately treated to meet regulatory and community water criteria, and water quality is maintained during transmission to the consumer" [Statement of Policy on Public Water Supply Matters, AWWA 2009]

Der Gesetzgeber seinerseits definiert Trinkwasser vom Verwendungszweck her; in der EG-Richtlinie 98/83/EG heißt es in Artikel 2:

Begriffsbestimmungen

Im Sinne dieser Richtlinie bedeutet:

1. „Wasser für den menschlichen Gebrauch"

a) alles Wasser, sei es im ursprünglichen Zustand oder nach Aufbereitung, das zum Trinken, zum

Kochen, zur Zubereitung von Speisen oder zu anderen häuslichen Zwecken bestimmt ist, und zwar ungeachtet seiner Herkunft und ungeachtet dessen, ob es aus einem Verteilungsnetz, in Tankfahrzeugen, in Flaschen oder anderen Behältern bereitgestellt wird;

b) (betrifft Wasser für Lebensmittelbetriebe)

Diese Anforderung wird in der Trinkwasser-Verordnung 2001 (TrinkwV) wie folgt umgesetzt:

§ 3
Begriffsbestimmungen

Im Sinne dieser Verordnung

1. ist „Wasser für den menschlichen Gebrauch" „Trinkwasser" und „Wasser für Lebensmittelbetriebe". Dabei ist

a) „Trinkwasser" alles Wasser, im ursprünglichen Zustand oder nach Aufbereitung, das zum Trinken, zum Kochen, zur Zubereitung von Speisen und Getränken oder insbesondere zu den folgenden anderen häuslichen Zwecken bestimmt ist:

– Körperpflege und -reinigung

– Reinigung von Gegenständen, die bestimmungsgemäß mit Lebensmitteln in Berührung kommen,

– Reinigung von Gegenständen, die bestimmungsgemäß nicht nur vorübergehend mit dem menschlichen Körper in Kontakt kommen.

Das gilt ungeachtet der Herkunft des Wassers, seines Aggregatzustandes und ungeachtet dessen, ob es für die Bereitstellung auf Leitungswegen, in Tankfahrzeugen, in Flaschen oder anderen Behältnissen bestimmt ist;

b) (betrifft Wasser für Lebensmittelbetriebe)

Die EG-Richtlinie und die TrinkwV legen Parameterwerte fest, die verbindlich eingehalten werden müssen. Damit wird also nicht definiert, wie Trinkwasser beschaffen sein muss, sondern im Grunde nur, wie es **nicht** beschaffen sein darf.

3.4.2 Grenzwertregelungen der Trinkwasserverordnung

Die Grenzwertregelungen der Trinkwasserverordnung lauten wie folgt:

§ 4
Allgemeine Anforderungen

(1) Wasser für den menschlichen Gebrauch muss frei sein von Krankheitserregern, genusstauglich und rein sein. Dieses Erfordernis gilt als erfüllt, wenn bei der Wassergewinnung, der Wasseraufbereitung und der Verteilung die allgemein anerkannten Regeln der Technik eingehalten werden und das Wasser für den menschlichen Gebrauch den Anforderungen der §§ 5 bis 7 entspricht.

(2) ...

§ 5
Mikrobiologische Anforderungen

(1) Im Wasser für den menschlichen Gebrauch dürfen Krankheitserreger im Sinne des § 2 Nr. 1 des Infektionsschutzgesetzes nicht in Konzentrationen enthalten

sein, die eine Schädigung der menschlichen Gesundheit besorgen lassen.

(2) Im Wasser für den menschlichen Gebrauch dürfen die in Anlage 1 Teil I festgesetzten Grenzwerte für mikrobiologische Parameter nicht überschritten werden.

(3) (betrifft abgefülltes Wasser)

(4) Soweit der Unternehmer und der sonstige Inhaber einer Wasserversorgungs- oder Wassergewinnungsanlage oder ein von ihnen Beauftragter hinsichtlich mikrobieller Belastungen des Rohwassers Tatsachen feststellen, die zum Auftreten einer übertragbaren Krankheit führen können, oder annehmen, dass solche Tatsachen vorliegen, muss eine Aufbereitung, erforderlichenfalls unter Einschluss einer Desinfektion, nach den allgemein anerkannten Regeln der Technik erfolgen. ....

§ 6
Chemische Anforderungen

(1) Im Wasser für den menschlichen Gebrauch dürfen chemische Stoffe nicht in Konzentrationen enthalten sein, die eine Schädigung der menschlichen Gesundheit besorgen lassen.

(2) Im Wasser für den menschlichen Gebrauch dürfen die in Anlage 2 festgesetzten Grenzwerte für chemische Parameter nicht überschritten werden. (folgen Hinweise zu den verschiedenen Zeitpunkten des Inkrafttretens)

(3) Konzentrationen von chemischen Stoffen, die das Wasser für den menschlichen Gebrauch verunreinigen oder seine Beschaffenheit nachteilig beeinflussen können, sollen so niedrig gehalten werden, wie dies nach den allgemein anerkannten Regeln der Technik mit vertretbarem Aufwand unter Berücksichtigung der Umstände des Einzelfalles möglich ist.

§ 7
Indikatorparameter

Im Wasser für den menschlichen Gebrauch müssen die in Anlage 3 festgelegten Grenzwerte und Anforderungen für Indikatorparameter eingehalten sein. ...

Die gültige Trinkwasserverordnung ist am 1. Januar 2003 in Kraft getreten. Für den Parameter Blei besteht noch eine Übergangsfrist (s. Tabellen in *Anlage 3.A.2 Trinkwasserverordnung – TrinkwV 2001*).

Die Gliederung der §§ 5–7 folgt den Vorgaben der EG-Richtlinie 98/83/EG, Anhang I. Die Mitgliedstaaten sind verpflichtet, die Anforderungen der EG-Richtlinien in der nationalen Gesetzgebung umzusetzen (zu implementieren). Die national festgesetzten Parameterwerte dürfen nicht weniger streng als die Vorgaben des Anhang I der Richtlinie sein. Die Indikatorparameter sind lt. Richtlinie nur für Überwachungszwecke festzulegen, da sie keine unmittelbare gesundheitliche Bedeutung haben; eine Überschreitung wird als Hinweis auf Unregelmäßigkeiten im Versorgungssystem gewertet, was entsprechende Abhilfemaßnahmen auslösen soll.

Die Trinkwasserverordnung führt folgende Differenzierung ein – s. Tabellen in *Anlage 3.A.2 Trinkwasserverordnung – TrinkwV 2001*):

- Anlage I – Mikrobiologische Parameter

  Teil I – Allgemeine Anforderungen an Wasser für den menschlichen Gebrauch

  Teil II – Anforderungen an Wasser für den menschlichen Gebrauch, das zur Abfüllung in Flaschen oder sonstige Behältnisse zum Zwecke der Abgabe bestimmt ist

- Anlage 2 – Chemische Parameter

  Teil I – Chemische Parameter, deren Konzentration sich im Verteilungsnetz einschließlich der Hausinstallation in der Regel nicht mehr erhöht

  Teil II – Chemische Parameter, deren Konzentration im Verteilungsnetz einschließlich der Hausinstallation ansteigen kann

  (Die Unterscheidung in Anlage 2 Teil I und II ist bedeutsam für den Ort der Probenahme.)

- Anlage 3 – Indikatorparameter

  (Die Trinkwasserverordnung schreibt diese Werte allerdings verbindlich als Grenzwerte vor, geht also über die EG-Richtlinie hinaus.)

Der Hinweis auf die „allgemein anerkannten Regeln der Technik" in § 4 (1) wird in § 5 (4) und § 6 (3) wiederholt. In § 17 (1) wird dieselbe Anforderung bezüglich der Werkstoffe und Materialien aufgestellt:

§ 17
Besondere Anforderungen

(1) Für die Neuerrichtung oder die Instandhaltung von Anlagen für die Aufbereitung oder die Verteilung von Wasser für den menschlichen Gebrauch dürfen nur Werkstoffe und Materialien verwendet werden, die in Kontakt mit Wasser Stoffe nicht in solchen Konzentrationen abgeben, die höher sind als nach den allgemein anerkannten Regeln der Technik unvermeidbar oder den nach dieser Verordnung vorgesehenen Schutz der menschlichen Gesundheit unmittelbar oder mittelbar mindern oder den Geruch oder den Geschmack des Wassers verändern; ... Die Anforderung des Satzes 1 gilt als erfüllt, wenn bei Planung, Bau und Betrieb der Anlagen mindestens die allgemein anerkannten Regeln der Technik eingehalten werden.

Damit wird das technische Regelwerk der Trinkwasserversorgung, also das DVGW-Regelwerk und die einschlägigen DIN-Normen, in seiner rechtlichen Bedeutung wesentlich aufgewertet. Der Verordnungsgeber geht davon aus, dass das Trinkwasser in Ordnung ist, wenn neben den explizit in dieser Verordnung genannten Vorschriften auch die anerkannten technischen Regeln eingehalten sind. Die technische Selbstverwaltung der Wasserversorgung, die sich in ihrem Regelwerk niederschlägt, erfährt dadurch eine erfreuliche Stärkung.

Die EG-Trinkwasserrichtlinie (98/83/EG) steht zur erneuten Novellierung an; die Vorlage der Europäischen Kommission an Parlament und Rat wird für den Herbst 2010 erwartet. Ziele sind:

- Die Anzahl der derzeit 48 Parameter soll verringert werden.

- Neue Parameter werden diskutiert: Protozoen, Legionellen, endokrin wirksame Stoffe, radioaktive Substanzen, Pestizide (neue Generation), Kupfer, Blei, Nickel etc.

- Für kleine Versorgungsunternehmen ($< 10 \text{ m}^3/\text{d}$ bzw. $< 100 \text{ m}^3/\text{d}$) sollen Erleichterungen hinsichtlich der Auswahl der Parameter und der Überwachungshäufigkeit Platz greifen.

- Instrumente wie risk assessment & management (Bewertung und Umgang mit Risiken), multibarrier approach (Prinzip mehrstufiger Qualitätssicherung), Water Safety Plan (Wasser-Sicherheitskonzept) gemäß Empfehlungen der Weltgesundheitsorganisation. Für kleine Unternehmen (> 50 versorgte Einwohner) soll ein angepasstes Wasser-Sicherheitskonzept greifen.

3.4.3 Pflichten der Wasserversorgungsunternehmen nach TrinkwV

Die Trinkwasserverordnung legt den Versorgungsunternehmen eine Reihe von Pflichten auf, nämlich Anzeigepflichten (§ 13), Untersuchungspflichten (§ 14), besondere Anzeige- und Handlungspflichten im Falle von Störungen (§ 16) und Informationspflichten gegenüber dem Verbraucher (§ 21) – s. nachfolgende *Tab. 3.4* bis *Tab. 3.6* [Pätsch und Zullei-Seibert, 2003]. Während die größeren Wasserversorgungsunternehmen mit der Erfüllung der hier zum Teil neuen Pflichten im Grundsatz keine Probleme haben, bedürfen die kleineren Unternehmen und insbesondere die Betreiber der Kleinanlagen dazu fachlicher Unterstützung.

Tab. 3.4: § 13 TrinkwV Anzeigepflichten [Pätsch und Zullei-Seibert, 2003]

Das Wasserversorgungsunternehmen muss ...		Frist, Konsequenz
Wasserversorgungsanlage Wasserwerk, z. B. Aufbereitung Wasserverteilung, z. B. Druckerhöhungsanlage, Leitungen	Errichtung, erstmalige Inbetriebnahme, Wiederinbetriebnahme, bauliche oder betriebstechnische Veränderungen an ihren Wasser führenden Teilen Eigentums- oder Nutzungsrechtsänderung	spätestens vier Wochen vorher beim Gesundheitsamt anzeigen
Wassergewinnung	Inbetriebnahme	Unterlagen über Schutzzonen bzw. über die Umgebung der Wasserfassungsanlage vorlegen
	Stilllegung ganz oder teilweise	beim Gesundheitsamt innerhalb von drei Tagen anzeigen

Tab. 3.5: § 14 TrinkwV Untersuchungspflichten [Pätsch und Zullei-Seibert, 2003]

Das Wasserversorgungsunternehmen hat ...	Häufigkeiten, Konsequenzen
Untersuchungen gemäß § 15 Abs. 1 und 2 durchführen zu lassen, um sicherzustellen, dass das Trinkwasser an der Stelle, an der es in die Hausinstallation übergeben wird, den Anforderungen der TrinkwV entspricht.	abhängig von der produzierten bzw. verteilten Wassermenge, bei Kleinanlagen mindestens 1mal/Jahr bzw. nach Vorgabe des Gesundheitsamts
Säurekapazität, Calcium, Magnesium, Kalium untersuchen zu lassen	mindestens jährlich
Besichtigungen der zur Wasserversorgungsanlage gehörenden Schutzzone/n bzw. der Umgebung der Wasserfassungsanlage vorzunehmen oder	regelmäßig und soweit nach dem Ergebnis der Besichtigung erforderlich, sind Untersuchungen des Rohwassers zu veranlassen

Das Gesundheitsamt überwacht nach § 18 die Versorgungsanlagen und überprüft mindestens einmal im Jahr die Einhaltung der Pflichten des Unternehmers oder Inhabers. Der Umfang und die Häufigkeit der Untersuchungen richtet sich gemäß Anlage 4 nach der Menge des täglich abgegebenen Trinkwassers. Dabei werden *1. Routinemäßige Untersuchungen* und *2. Periodische Untersuchungen* unterschieden. Dementsprechend erfolgt die Festlegung der Anzahl an Proben/Jahr bzw. je abgegebener 1.000 bzw. 10.000 (oder mehr) Kubikmeter pro Tag.

Die Untersuchungsstellen müssen qualifiziert sein:

§ 15
Untersuchungsverfahren und Untersuchungsstellen

(4) Die ... erforderlichen Untersuchungen einschließlich der Probenahmen dürfen nur von solchen Untersuchungsstellen durchgeführt werden, die nach den allgemein anerkannten Regeln der Technik arbeiten, über ein System der internen Qualitätssicherung verfügen, sich mindestens einmal jährlich an externen Qualitätssicherungsprogrammen erfolgreich beteiligen, über für die entsprechenden Tätigkeiten hinreichend qualifiziertes Personal verfügen und eine Zertifizierung oder Akkreditierung durch eine hierfür allgemein anerkannte Stelle erhalten haben. ..

Der vom DVGW herausgegebene „Leitfaden für die Akkreditierung von Trinkwasserlaboratorien" (W 261) richtet sich an Untersuchungsstellen (eingeschlossen wasserwerkseigene Laboratorien), die sich für die Untersuchung und Probenahme von Trinkwasser akkreditieren lassen wollen, was Voraussetzung für die Aufnahme in die von der zuständigen obersten Landesbehörde geführte Liste nach § 15 (4) TrinkwV ist.

Im Falle von Überschreitungen der Parameterwerte hat der Unternehmer oder Inhaber der Wasserversorgungsanlage nach § 16 das Gesundheitsamt zu unterrichten. Dies hat nach § 9 zu entscheiden, ob eine Gesundheitsgefährdung besteht, die gegebenenfalls eine Unterbrechung der Versorgung verlangt, wobei zu berücksichtigen ist, dass durch eine solche Unterbrechung gleichfalls gesundheitliche Gefahren entstehen können. Es sind sodann die entsprechenden Abhilfemaßnahmen zu ergreifen. Die Überschreitung bestimmter Parameter kann dann in einem für die Gesundheit unbedenklichen

Maß für bestimmte Fristen zugelassen werden, wobei in außergewöhnlichen Fällen und bei besonderer Dauer die Entscheidung auf Ebene der obersten Landesbehörde bis hin zur EG-Kommission zu fällen ist.

Das Umweltbundesamt hat zur Problematik der Grenzwert-Überschreitungen eine Empfehlung veröffentlicht „Maßnahmewerte (MW) für Stoffe im Trinkwasser während befristeter Grenzwert-Überschreitungen gem. § 9 Abs. 6-8 TrinkwV 2001 (Bundesgesundheitsbl – Gesundheitsforsch – Gesundheitsschutz 8/2003)". Der DVGW hat zur gleichen Thematik die Technische Mitteilung (Hinweis) W 1020 herausgegeben. Dort finden sich Details zur Erarbeitung der Maßnahmenpläne, zu betrieblichen Sofortmaßnahmen, Ursachenaufklärung und Kundeninformation sowie zur Zusammenarbeit zwischen Gesundheitsamt und Wasserversorgungsunternehmen.

Tab. 3.6:   § 16 TrinkwV Besondere Anzeige- und Handlungspflichten [Pätsch und Zullei-Seibert, 2003]

Das Wasserversorgungsunternehmen muss ...	
Grenzwertüberschreitungen unverzüglich ...	dem Gesundheitsamt anzeigen,
	Untersuchungen veranlassen zu Abklärung der Ursache
	Sofortmaßnahmen zur Abhilfe = Beseitigung der (möglichen) Ursache ergreifen
bei Belastung des Rohwassers, die zu einer Überschreitung der Grenzwerte führen kann, unverzüglich ...	Untersuchungen zur Abklärung der Ursache veranlassen
	Sofortmaßnahme zur Abhilfe = Beseitigung der (möglichen) Ursache ergreifen
grob sinnlich wahrnehmbare Veränderungen des Wassers und außergewöhnliche Vorkommnisse in der Umgebung oder an der Wasserversorgungsanlage, die Auswirkungen auf die Wasserbeschaffenheit haben können,	unverzüglich dem Gesundheitsamt anzeigen
verwendete Aufbereitungsstoffe nach § 11 und ihre Konzentrationen ...	mindestens wöchentlich auf Datenträger aufzeichnen und für Anschlussnehmer und Verbraucher zugänglich halten
bei Beginn der Zugabe eines Aufbereitungsstoffes nach § 11 ...	diesen unverzüglich in den örtlichen Tageszeitungen bekannt geben
alle verwendeten Aufbereitungsstoffe ...	1mal jährlich in den örtlichen Tageszeitungen bekannt geben oder Anschlussnehmer und Verbraucher unmittelbar informieren
Maßnahmeplan (für den Fall einer notwendigen Unterbrechung der Versorgung) ...	erstmalig zum 1. April 2003, dann regelmäßig erstellen und mit dem Gesundheitsamt abstimmen

3.5   Parameter zur Beschreibung der Rohwasser- und Trinkwassergüte

3.5.1   Mikrobiologische Parameter

Im Vordergrund steht die hygienische Anforderung (§ 4 TrinkwV):

> „Wasser für den menschlichen Gebrauch muss frei von Krankheitserregern sein!"

Aus der Tatsache, dass in Deutschland Krankheiten, die über das Wasser übertragen werden, praktisch nicht mehr vorkommen, rührt in der Öffentlichkeit eine gewisse Überschätzung der chemischen Parameter her. Deren Grenzwerte sind so festgesetzt worden, dass bei lebenslangem Genuss keine gesundheitliche Schädigung zu erwarten ist. Kurzfristige und dabei nicht extreme Überschreitungen sind daher ohne gesundheitliches Risiko. Dagegen stellen pathogene Keime im Trinkwasser immer ein akutes Gesundheitsrisiko dar.

Da pathogene Keime schwierig direkt nachweisbar sind, ist im Rahmen der *Routinemäßigen Untersuchungen* (gemäß Anlage 4 TrinkwV) auf Escherichia coli, Enterokokken und Coliforme Bakterien zu untersuchen. Das Auftreten dieser Darmbakterien wird als Indikator für eine Verunreinigung aus menschlichen oder tierischen Abgängen angesehen, was dann auch den Verdacht auf mögliche pathogene Verunreinigungen begründet (siehe dazu *Tab. 3.7*). Außerdem ist die Koloniezahl zu bestimmen. Die Untersuchung auf Enterokokken gehört zu den *Periodischen Untersuchungen*; Clostridium perfringens ist nur bei von Oberflächenwasser beeinflusstem Trinkwasser zu untersuchen – es gilt als Hinweis auf mögliche parasitäre Verunreinigungen (z. B. Giardia und Cryptosporidium). Das Indikatorprinzip hat sich als außerordentlich wirksam erwiesen; Cholera, Typhus, Paratyphus, Ruhr und andere durch fäkale Verunreinigung des Trinkwasser übertragene Infektionskrankheiten stellen in den Industrieländern keine konkrete Gefahr mehr dar.

§ 5 (4) TrinkwV (neu) verlangt, dass mikrobiologisch belastete Wässer aufzubereiten sind.

Epidemien in Großbritannien und USA (Oxford 1989, Milwaukee 1993) haben die Aufmerksamkeit auf die Parasiten Giardia und Cryptosporidium gelenkt. Cryptosporidien werden in großen Mengen von infizierten Tieren (z. B. Kälbern, Lämmern, aber auch Wildtieren) ausgeschieden und gelangen so in die Umwelt und in das Oberflächenwasser, bei unzureichender Grundwasserüberdeckung oder in Karstgebieten auch in das Grundwasser. Cryptosporidien und Giardien sind in der Zystenform sehr resistent gegenüber Desinfektionsmitteln. Das Trinkwasser wird verunreinigt bei Zutritt von verunreinigtem Oberflächenwasser und unzureichender Aufbereitung. Die analytische Untersuchung auf Parasiten stellt besondere Anforderungen an Probenahme und Laboratorium – s. W 272.

Das Bakterium Pseudomonas aeruginosa (Eiter, Hospitalismus-, Durchfallerkrankungen) hat Bedeutung bei Wasser für Lebensmittelbetriebe, Krankenhäuser, Schwimm- und Badebecken. Die Untersuchung auf Pseudomonas ist vorgeschrieben bei Wasser, das zur Abfüllung in Flaschen bestimmt ist.

In Hausinstallationen kann sich im lauwarmen Wasser Legionella pneumophila, der Erreger der sog. Legionärskrankheit (schwere Pneumonie) und des Pontiac-Fiebers vermehren. Legionella kommt überall (ubiquitär) vor, kann aber bei abwehrgeschwächten Menschen zu ernsten Erkrankungen führen. Eine orale Aufnahme mit dem Trinkwasser ist ohne Bedeutung. Die Übertragung erfolgt über die Atemwege (Aerosol < 5 μm). Gefahr besteht z. B. bei Warmsprudelbecken und raumlufttechnischen Anlagen mit Sprühbefeuchtung sowie in Krankenhäusern und Altenheimen mit technisch nicht einwandfreier zentraler

Warmwasserbereitung. Bei den üblichen Hausinstallationen von Privat- und Mietshäusern besteht in der Regel keine Gefahr. Zur Vorsorge in den Installationsanlagen s. *Kap. 6.6 Schutz des Trinkwassers, Erhaltung der Trinkwassergüte*.

Schwieriger ist der Schutz vor pathogenen Viren; die Untersuchung von Wasserproben auf Viren ist – verglichen mit dem Nachweis der Indikatorbakterien – nicht nur aufwändiger, sondern auch relativ unzuverlässig. Nach Viren und nach den Dauerformen von Parasiten wird ohne besonderen Anlass bei der üblichen mikrobiologischen Trinkwasserkontrolle nicht gesucht. Andererseits erscheint aufgrund der epidemiologischen Situation als auch wegen der bei der Wassergewinnung und in der Trinkwasseraufbereitung angewendeten Verfahren („anerkannte Regeln der Technik") der Schluss erlaubt, dass in Deutschland eine Verbreitung viraler Infektionen durch Trinkwasser nicht zu erwarten ist. Die Einhaltung der gesetzlichen mikrobiologischen Grenzwerte im aufbereiteten Wasser ist allerdings keine Garantie für ein in virologischer Hinsicht sicheres Wasser. Die Kontrolle der Wasserqualität muss daher grundsätzlich auch Informationen über mögliche Gefährdungen der Wasserressource, die Rohwasserqualität und die Leistung der Aufbereitungs- und Desinfektionsverfahren einbeziehen. Eine Liste der enteropathogenen Viren zeigt *Tab. 3.7*

Vereinzelt gelingt es wirbellosen Tierchen (Invertebraten), die in allen natürlichen Wässern vorkommen, durch Undichtheiten in die Versorgungsanlagen (Brunnen, Schächte, Behälter) einzudringen. Sie sind selbst nicht gesundheitsgefährdend, können allerdings pathogene Keime verschleppen. Der Verbraucher wird berechtigte Besorgnis äußern, wenn er kleine Lebewesen im Handwaschbecken findet (s. dazu DVGW-Hinweis W 271 „Tierische Organismen in Wasserversorgungsanlagen").

Tab. 3.7:   Enteropathogene Viren, die auch durch Trinkwasser übertragen werden können [Botzenhart und Fischer, 2009]

Virusfamilie (Vertreter)	Hauptverbreitungszeitraum	Übertragungswege	Krankheitsbild (Symptome)
Enteroviren (Polio-, Coxsacki-, Echovirus)	ganzjährig mit starkem Anstieg im Sommer und Spätsommer	fäkal-oral (häufig) Lebensmittel (selten) Trinkwasser (selten)	Poliomyelitis, Meningitis
Hepatoviren (Hepatitis-A-Virus)	ganzjährig	fäkal-oral (häufig) Trinkwasser (selten)	Hepatitis
Adenoviren (Mastadenusvirus)	ganzjährig	fäkal-oral (häufig)	Diarrhö (Erbrechen)
Reoviren (Rotavirus)	ganzjährig	fäkal-oral (häufig) Trinkwasser (selten)	Diarrhö (Erbrechen)
Caliciviren (Norovirus, Sapovirus) SRSV (Hepatitis-E-Virus)	ganzjährig mit starkem Anstieg in den Wintermonaten	fäkal-oral (häufig) Lebensmittel (häufig) Trinkwasser (selten)	Diarrhö (Erbrechen) Hepatitis
Astroviren (Astrovirus)	ganzjährig	fäkal-oral (häufig)	Diarrhö (Erbrechen)

3.5.2 Chemische Stoffe

In diesem Kapitel werden Hinweise über Herkunft, Auftreten und Bedeutung einiger wichtiger Parameter der Rohwasser- und Trinkwasseruntersuchung gegeben.

Ammonium: NH_4^+ kommt in jedem Oberflächengewässer vor. Der Eintrag geschieht hauptsächlich über die Einleitung nicht hinreichend gereinigter Abwässer aus Haushalt, Industrie und Landwirtschaft sowie über Oberflächenabfluss landwirtschaftlich genutzter Flächen (ammoniumhaltige Düngemittel, Jauche, Gülle) und über den Luftpfad. Im Oberflächenwasser werden in der warmen Jahreszeit niedrigere, in der kalten Jahreszeit höhere Gehalte aufgrund der dann geringeren mikrobiellen Aktivität festgestellt. Ammonium wird von Organismen als Nährstoff genutzt und dabei in organischer Bindungsform in die Biomasse eingebaut. Es wird im Gewässer zu Nitrat oxidiert. Im Fließgewässer entsteht mit steigendem pH-Wert das fischgiftige Ammoniak NH_3. Bei der Uferfiltration kann es bei starker Sauerstoffzehrung durch NH_4^+-Oxidation (es werden 3,6 mg O_2 je mg NH_4^+ gebraucht) zu anaeroben Verhältnissen kommen, wodurch Eisen und Mangan und toxische Schwermetalle reduktiv gelöst werden können. Ammonium bewirkt bei einer Desinfektion mit Chlor eine erhöhte Chlorzehrung; es bilden sich Chloramine.

Adsorbierbare organische Halogenverbindungen AOX: Mit dem Summenparameter AOX werden alle organischen Halogenverbindungen erfasst, die an Aktivkohle adsorbierbar sind. Erhöhte AOX-Gehalte in Oberflächengewässern sind hauptsächlich auf die Einleitung industrieller Abwässer zurückzuführen. Die TrinkwV sieht keine Grenzwerte vor, jedoch sind einzelne Stoffgruppen, die im AOX enthalten sind, streng limitiert.

Arsen: As ist ein Spurenelement der Erdkruste und in allen Gesteinen und Böden nachweisbar. Darüber hinaus werden Arsenverbindungen in der Industrie, u. a. für Pestizide, früher sogar für Kosmetika verwendet. Natürliche As-Gehalte in Oberflächengewässern liegen im Allgemeinen < 10 µg/L. In Kluft-Grundwässern des Buntsandsteins und Sandsteinkeupers sind Werte von 10–250 µg/L gemessen worden. Arsen wird als carcinogen angesehen.

Blei: Pb ist im Untergrund weit verbreitet. In Oberflächengewässern ist Pb im neutralen Bereich an Sedimente und Schwebstoffe adsorbiert; Messwerte im Wasser liegen in der Regel < 1 µg/L. Die Hauptbelastung der Umwelt entsteht aus der Verbrennung bleihaltiger Kraftstoffe. Bleirohre sind für neue Wasserversorgungsanlagen nicht mehr zulässig. Installationen in Häusern in besseren Wohnanlagen, die etwa zwischen 1880 und 1920 entstanden sind, weisen häufig noch Bleiinstallationen auf. In den Versorgungsnetzen (Hausanschlussleitungen) wurden Bleirohre inzwischen weitgehend ausgewechselt.

Bromat: Bromat kann durch Oxidation durch Ozon oder Chlor bei der Aufbereitung bromidhaltigen Rohwassers entstehen. Bromat gilt als carcinogen.

Calcium- und Magnesium: Die Calcium- und Magnesium-Ionen-Konzentration wurde früher Härte genannt – Ca und Mg sind die so genannten Härtebildner. Der Begriff Härte hängt mit der Reaktion der Ca-Ionen mit Seife zusammen. Die Karbonate und Bikarbonate des Ca und Mg bilden die so genannte Karbonathärte KH (vorübergehende Härte), die Chloride, Nitrate, Sulfate, Phosphate und Silikate des Ca und Mg bilden die Nichtcarbonathärte NKH (bleibende Härte), beide zusammen (Summe der Erdalkalien) die so genannte Gesamthärte GH:

$$\text{Gesamthärte }^{\circ}dH = (\text{mmol/m}^3 Ca + \text{mmol/m}^3 Mg)/179$$

$$\text{Karbonathärte }^{\circ}dH = \text{Säurekapazität bis pH 4,3 [mol/m}^3] \cdot 2,8$$

Tab. 3.8: Härtebereiche nach § 9 Wasch- und Reinigungsmittelgesetz (WRMG)

Härtebereich	mmol/L	entspricht KH (°dH)
weich	< 1,5	bis 8,4
mittel	1,5 bis 2,5	8,4 bis 14,0
hart	> 2,5	> 14,0

Maßgebend ist das Calcium; das Magnesium ist von geringerer Bedeutung. In gesundheitlicher Hinsicht ist die Härte ohne Relevanz.

Cadmium: Cd gilt als eines der toxikologisch bedenklichsten Schwermetalle. Die hauptsächliche Verwendung war früher für Farbpigmente und als rostschützender Überzug auf Eisen, für Legierungen, in Nickel-Cadmium-Akkumulatoren. Auch wenn die Nutzung für Anstriche inzwischen weitgehend entfällt, entstehen weiterhin Belastungen aus Korrosion und durch Austrag aus Klärschlamm und Abfalldeponien. Cd kommt auch in phosphathaltigem Dünger vor.

Chlorid: Chloride werden vielfach genutzt, z. B. in Düngemitteln, als Streusalz, im Haushalt. Die Belastung in Oberflächengewässern erfolgt durch industrielle (Kaliindustrie) und häusliche Abwässer sowie aus Abschwemmungen von Straßen und landwirtschaftlichen Flächen. Hohe Werte enthalten die Sümpfungswässer des Bergbaus. Das Grundwasser kann außerdem durch aufsteigende mineralreiche Tiefenwässer und eindringendes Meerwasser in Küstennähe belastet sein. Chloride sind (in Maßen) gesundheitlich ohne Bedeutung und stören nicht bei der Wasseraufbereitung, erhöhen aber wesentlich den Korrosionsangriff im Rohrnetz.

Chrom: Cr ist ein Spurenelement der Erdkruste und für den Menschen lebenswichtig. Die Verwendung erfolgt industriell zum Ledergerben, für galvanische Überzüge, für Legierungen und Farbpigmente. Chrom gelangt im Wesentlichen durch die Einleitung von Abwässern in die Gewässer, wo es sich im Sediment anreichern kann. Bei der Uferfiltration wird Chrom weitgehend zurückgehalten. Chrom (III) lässt sich durch Flockung mit Eisensalzen oder Kalk entfernen; Chrom (VI) muss zuvor zu Chrom (III) reduziert werden.

Cyanid: CN^- ist das einwertige Anion der Cyanwasserstoffsäure (Blausäure); organische Cyanverbindungen heißen Nitrile. In der Natur findet man CN^- in Bittermandeln und Obstkernen. Cyanide, insbesondere die Alkalicyanide, werden u. a. zur Gewinnung von Gold und Silber, zur Härtung von Stahl, in galvanischen Bädern, in der chemischen Industrie und gelegentlich auch zur Schädlingsbekämpfung verwendet. In die Gewässer gelangen Cyanide durch Abwassereinleitung und Abfalldeponien. Von den normalen, leicht freisetzbaren Cyaniden sind die stabileren komplexen Cyanide zu unterscheiden wie z. B. die Cyanokomplexe des Eisens (Hexacyanoferrate). Sie sind auch typisch für alte Gaswerksstandorte. Die hohe akute Toxizität bestimmt den niedrig angesetzten Grenzwert für Trinkwasser.

Eisen und Mangan sind typische Bestandteile reduzierter, d. h. sauerstofffreier Grundwässer. Sie sind gesundheitlich ohne Bedeutung, allerdings lästig wegen der Ablagerungen in Behältern, Rohren und Armaturen sowie möglicher Verfärbung der Wäsche im Haushalt.

Fluorid: F^- ist das Ion des Fluors, das zu den als reaktionsfreudig bekannten Halogenen gehört. In die Umwelt gelangen Fluoride über die Aluminiumerzeugung sowie durch die Glas-, Porzellan- und Steinzeugindustrie. Fluorchlorkohlenwasserstoffe sind als schädlich für die Ozonschicht der Erde erkannt worden. Zahnärztliche Kreise sprechen den Fluoriden eine Karies-Prophylaxe-Wirkung zu. Dieser Nutzen ist umstritten. Die öffentliche Wasserversorgung in Deutschland hat sich bisher erfolgreich gegen eine Fluoridierung des Trinkwassers zur Wehr gesetzt. Die Grenze der angegebenen optimalen Zufuhr von rund 2 mg/d für den Menschen liegt dicht bei den Werten, die bereits schädliche Effekte auslösen. Trinkwasser darf kein Transportmittel für eine Medikation sein; niemand darf zudem zu einer Medikation gezwungen werden, was über das Trinkwasser aber faktisch der Fall wäre. Außerdem würde nur ein kleiner Teil (1–2%) des fluoridierten Wassers die betreffenden Zähne erreichen, die übrigen Fluoridmengen belasten dann unmittelbar die Gewässer. In Oberflächengewässern liegen die Konzentrationen um 0,1 bis 0,3 mg/L. Übliche Wasseraufbereitungsverfahren entfernen Fluorid nur zu einem geringen Teil.

Kupfer: Kupfer kommt ubiquitär vor, ist leicht komplexierbar und an vielen Stoffwechselprozessen lebender Organismen beteiligt. Cu ist bevorzugter Rohrwerkstoff für die Hausinstallation. Werden die Bedingungen der TrinkwV bezüglich der Korrosivität nicht eingehalten – z. B. bei Hausbrunnen –, können nach Stagnation vor allem in neuen Installationen erhöhte Cu-Werte auftreten, die für flaschenernährte Säuglinge gefährlich sind. In Oberflächengewässer gelangt Cu hauptsächlich über Abwässer der kupferherstellenden und verarbeitenden Industrie sowie über die Korrosion kupferhaltiger Werkstoffe; die Konzentrationen liegen meist unter 0,01 mg/L.

Nitrit: NO_2^- ist die nächste Oxidationsstufe des Ammoniums. Es kann auch aus der Reduktion von Nitrat entstehen (z. B. in verzinkten Stahlrohren). In der Natur ist Nitrit meist nur in Spuren zu finden.

Nitrat: NO_3^- ist die Oxidations-Endstufe des Ammoniums. Die Oxidation durch bakterielle Aktivität wird als Nitrifizierung bezeichnet. In natürlichen Grundwässern sind Konzentrationen bis zu 10 mg/L üblich, erhöhte Werte sind meist ein Ergebnis landwirtschaftlicher Düngung. Die natürlichen Nitratkonzentrationen in kleinen Fließgewässern liegen zwischen 5 mg/L (Ge-

birgsbäche) und 80 mg/L (Flachlandbäche). Eine Nitrateliminierung durch Aufbereitung ist sehr aufwändig und kommt nur in Ausnahmefällen in Betracht. Nitrat kann im Speichel zu Nitrit reduziert werden; in dieser Form kann es bei Babys den Blutfarbstoff blockieren (Blausucht); eine Bildung von Nitrosaminen (carcinogen) im Magen wird für möglich gehalten.

Nitrilotriessigsäure NTA und Ethylendiamintetraessigsäure EDTA: NTA und EDTA sind sog. Chelatbildner; durch komplexierende Wirkung lassen sie sich z. B. als Antioxidationsmittel vielfach einsetzen. Sie gelangen über Abwässer in die Gewässer und stören die Wirksamkeit einer Aufbereitungsanlage. NTA sind in gewissem Umfang biologisch abbaubar; EDTA sind sehr stabil und langlebig.

Organische Chlorverbindungen CKW: Zu den leichtflüchtigen CKW (LCKW) zählen Stoffe von gesundheitlich sehr unterschiedlicher Wirkung. Ihre Verwendung erfolgt meist als Lösemittel zur Metallentfettung, chemischen Reinigung, Farbverdünnung und für Extraktionsprozesse. CKW sind vor allem in wässriger Lösung sehr stabil. Die LCKW kommen vorwiegend mit gewerblichen Abwässern und aus Schadensfällen und Altlasten in die Oberflächengewässer. Da die LCKW wegen ihrer Leichtflüchtigkeit auch in die Atmosphäre gelangen, treten nach Niederschlägen deutliche Konzentrationserhöhungen auf. Im Fettgewebe reichern sich CKW an. Bei der Wasseraufbereitung lassen sich LCKW weitgehend ausblasen, im Übrigen über Aktivkohle beseitigen.

Organisch-chemische Stoffe zur Pflanzenbehandlung und Schädlingsbekämpfung PBSM: PBSM, meist zusammengefasst als Pestizide bezeichnet, und ihre Metaboliten gelangen durch Abwassereinleitungen, durch Auswaschung von PBSM-behandelten Flächen und über nasse und trockene Deposition in die Gewässer. Es handelt sich um eine Vielzahl von chemisch völlig unterschiedlichen Verbindungen (vgl. *Tab. 3.3*); deshalb sind generelle Aussagen über ihre Eliminierbarkeit nicht möglich. Der Grenzwert von 0,1 µg/L für Trinkwasser ist an der Nachweisgrenze angesiedelt. Der Grenzwert von 0,5 µg/L für die Summe der nachgewiesenen PBSM ist analytisch gesehen problematisch. Für vier in der TrinkwV einzeln aufgeführte PBSM gilt der Grenzwert von 0,03 µg/L.

Organischer Kohlenstoff OC – gelöst DOC (dissolved organic carbon): DOC ist ein Maß für die in Oberflächengewässern vorhandenen natürlichen organischen Wasserinhaltsstoffe sowie für die durch Abwassereinleitungen hervorgerufene organische Belastung. DOC erfasst eine Vielzahl recht unterschiedlicher organischer Verbindungen, die sich in ihrer hygienischen Relevanz und ihrer Eliminierbarkeit bei der Aufbereitung unterscheiden. Werte liegen z. B. in Rhein und Ruhr zwischen 2 und 4 mg/L und können in Fließgewässern aus moorigen Gebieten ein Vielfaches davon betragen.

Phosphat: PO_4^{3-} wird hauptsächlich von der Landwirtschaft, der Nahrungs- und Genussmittelindustrie sowie von den Wasch- und Reinigungsmittel-Herstellern verwendet. In die Oberflächengewässer gelangen Phosphate deshalb im Wesentlichen über Abwässer und Abschwemmungen von landwirtschaftlich genutzten Flächen. Hohe Gehalte bewirken im Gewässer (vor allem in relativ klaren stehenden Gewässern) die Bildung großer Mengen an Phyto- und Zooplankton. Algenmassen können durch ihren CO_2-Verbrauch den pH-Wert bis zur Kalkausfällung erhöhen. Die von Algen abgeschiedenen organischen Substanzen (erkennbar auch am erhöhten DOC) beeinträchtigen Geschmack und Geruch. Bei Desinfektion mit Chlor entstehen die unerwünschten Trihalogenmethane THM.

Polycyclische aromatische Kohlenwasserstoffe PAK: PAK sind im Steinkohlenteer enthalten; darüber hinaus entstehen sie bei vielen Verbrennungsvorgängen (auch beim Räuchern und Grillen!). Neben der Verunreinigung durch Staub, Ruß, Bitumen und Teerstraßenabrieb ist die wichtigste Kontaminationsquelle für Oberflächenwasser die Einleitung von Abwässern. Einige PAK gelten als stark carcinogen. Im Wasser lagern sie sich weitgehend an Schwebstoffe an, so dass niedrige Trübungswerte als Hinweis auf PAK-freies Wasser gelten können.

Perfluorierte Tenside (PFC oder PFT): erhöhte Konzentrationen (im zweistelligen ng/L-Bereich) von PFOA, PFOS und weiteren Perfluorierten Tensiden PFT in Fließgewässern (zeitweilig im Rhein in μg/L) und Trinkwässern haben die Aufmerksamkeit auf diese Stoffgruppe gelenkt. Sie werden seit etwa fünf Jahrzehnten industriell hergestellt und als Wasser, Fett und Schmutz abweisende Imprägniermittel und als Spezialtenside in verschiedenen Industrien eingesetzt. In der Umwelt gelten sie als problematisch. Für Trinkwasser gilt als Vorsorgewert ein Zielwert von < 0,1 μg/L. (GWF 148 (2007) Heft 7/8). Seit Juni 2008 ist das Inverkehrbringen von PFOS verboten. Ausnahme: vorhandene Bestände an Feuerlösch-Schäumen (Gehalt 1–6% PFC) können bis Juni 2011 verwendet werden. Bei Großbränden können so tonnenweise PFC-haltige Schäume in die Kläranlagen und Gewässer gelangen.

Methyl-tertiär-butylether MTBE wird seit vielen Jahren Ottokraftstoffen zur Erhöhung der Klopffestigkeit von Motoren zugesetzt. MTBE wird aus Abfallprodukten der Raffinerien hergestellt und dient inzwischen als Ersatzstoff für aromatische Verbindungen wie Benzol. Hauptproduzent und Verbraucher sind mit 12 Mio. t/a die USA, in Europa sind die Niederlande Hauptproduzent mit ca. 1,1 Mio. t/a. Inzwischen findet man MTBE überall dort in der Umwelt, wo Autos fahren. MTBE ist möglicherweise zu den cancerogenen Stoffen zu rechnen. Der inzwischen empfohlene Ersatzstoff Ethyl-tertiär-butylether ETBE, der auch aus „nachwachsenden Rohrstoffen" hergestellt wird, gilt als „harmloser", ist aber gleichfalls in der Umwelt sehr stabil und kaum in der Trinkwasseraufbereitung zu entfernen. (GWF 148 (2007), Heft 7/8).

Es dürfte schwierig sein, den Zusatz von MTBE und ETBE zu Kraftstoffen zu verbieten, da die Stoffe human-toxikologisch als vergleichsweise harmlos gelten. Aber wegen ihrer Stabilität in der Umwelt sollte es bei der prinzipiellen Grenze von 1 μg/L im Oberflächenwasser bleiben (RIWA Jahresbericht 2007 „Der Rhein").

Quecksilber: Hg ist überall auf der Erde nachweisbar. Industrieller Einsatz erfolgt in der Messtechnik, Elektro- und chemischen Industrie, in Pflanzenschutzmitteln. Es zählt zu den hochtoxischen Schwermetallen. In Flüssen und Seen liegt die Konzentration im Allgemeinen unter 50 ng/L. Die Wasseraufbereitung, aber auch die Untergrundpassage eliminiert Quecksilber, insbesondere Methylquecksilber, nur ungenügend.

Sauerstoffgehalt: Im Oberflächengewässer ist die Sauerstoffkonzentration das Resultat des Austauschs mit der Atmosphäre sowie sauerstoffzehrender und sauerstoffvermehrender biologischer und chemischer Reaktionen. Im (kalten) Trinkwasser ist ein Sauerstoffgehalt über 6 mg/L im Allgemeinen erwünscht (zum Aufbau einer stabilen Kalkrostschutzschicht in Eisenrohren).

Sulfat: In unbeeinflussten Grundwässern treten Sulfatwerte im Bereich von wenigen mg/L bis zu 50 mg/L auf. Erhöhte Gehalte sind geogen bedingt (Gipswässer) oder weisen auf Verunreinigungen durch Wirtschaftsdünger oder Mülldeponien hin.

Trihalogenmethane THM: Diese Stoffgruppe umfasst Substanzen wie z. B. Bromdichlormethan oder Chloroform, die durch die Desinfektion des Wassers mit Chlor oder chlorhaltigen Mitteln aus natürlicher organischer Substanz im Wasser gebildet werden (Desinfektionsnebenprodukte DNP); die THM-Bildung vollzieht sich dabei teilweise erst im Rohrnetz. Die THM gelten als carcinogen. Empfehlungen zur Verminderung oder Vermeidung der THM-Bildung enthält DVGW-Merkblatt W 296.

Arzneimittelspuren im Wasser: Der umfangreiche Gebrauch (und Missbrauch) von Arzneimitteln hat Auswirkung auf das Wasser: 50–90% der vom Menschen eingenommenen Arzneimittel werden unverändert über den Urin ausgeschieden, der Rest, der im Körper verbleibt, später in Form von Metaboliten. Über die Kläranlagen, die sie nicht oder nur unzureichend beseitigen können, gelangen diese Stoffe schließlich in die Oberflächengewässer. Es geht um 850 verschiedene Stoffe, 120.000 pharmazeutische Formulierungen und eine unbekannte Anzahl Metaboliten. Bei den Tierarzneimitteln sind es ca. 200 aktive Stoffe, 2500 pharmazeutische Formulierungen und Metaboliten. In der Massentierhaltung werden schätzungsweise acht Mal so viele Arzneimittel verwendet wie bei menschlichen Anwendungen. Im Rhein werden seit 2004 eine Reihe ausgewählter Stoffe regelmäßig kontrolliert (Vertreter von Antibiotika, Schmerzmitteln, fiebersenkenden Mitteln, Anti-Epileptika, cholesterinsenkende Mittel, Blutverdünner sowie außerdem Röntgenkontrastmittel). Die vorgefundenen Konzentrationen liegen im Bereich von Nanogramm bis Mikrogramm pro Liter. Im Trinkwasser sind die Werte deutlich niedriger und damit weit unterhalb von therapeutischen Dosierungen. Diese Stoffe gehören aber nicht in die Umwelt, zumal über ihre Auswirkungen auf die (wesentlich empfindlichere) Gewässer-Ökologie noch wenig bekannt ist (RIWA Jahresbericht 2007 „Der Rhein").

Uran: Uran in Grundwässern ist geogenen Ursprungs. Nach Erhebungen der Bundesländer findet sich in rd. 2% der zur Trinkwassergewinnung genutzten Vorkommen Uran in Konzentrationen über oder im Bereich von 10 μg/L. Uran gilt als toxisches Schwermetall (es geht hier nicht um Radioaktivität – s. dazu weiter unten). Die selektive Entfernung gelingt mit Hilfe von Ionenaustauschverfahren, in begrenztem Maße durch Flockung. Nanofiltration kommt in Frage, wenn zugleich auch eine Enthärtung erfolgen soll (TZW aktuell, Karlsruhe Dez. 2008). Voraussichtlich wird künftig ein Grenzwert von 10 μg/L in die TrinkwV aufgenommen.

Für Oberflächengewässer sind wegen ihrer ökologischen Wirkung vor allem die Werte des **Sauerstoffsättigungsindex** (auch relative Sauerstoffsättigung in % = Verhältnis der aktuellen O_2-Konzentration zum Sättigungswert bei aktueller Temperatur und gegebenem Druck) und die **organische Belastung** von Bedeutung – insbesondere die *gelösten organischen Stoffe (DOC)* und die *Kohlenwasserstoffe (Mineralöl)*, die auch über die *Oxidierbarkeit* erfasst werden. Für Seen und Talsperren sind die *Stickstoffverbindungen (Ammonium, Nitrit, Nitrat)* und *Phosphate* wegen ihrer Düngewirkung zu beachten.

3.5.3 Sensorische Kenngrößen (organoleptische Parameter)

Färbung, Trübung, Geschmack und Geruch sind als ästhetische Merkmale nicht zu unterschätzen. Die Güte eines Wassers wird gerade vom Laien wesentlich danach beurteilt. Für den Geruchsschwellenwert (ebenso für den Geschmack) hat sich bisher noch kein reproduzierbares technisches Messverfahren finden lassen. Man bleibt auf die trainierte Nase des Prüfers angewiesen (s. DVGW Wasser-Information Nr. 65: Anforderungen und Durchführung von sensorischen Prüfungen im Wasserlabor 8/2006). Die *spektrale Absorption bei 436 nm (SAK 436 nm)* erfasst im Wesentlichen gelbbraune Färbungen natürlicher Gewässer, also Huminstoffe und ähnliche Substanzen. Der *Geruchsschwellenwert* gibt an, in welchem Verhältnis (a + b)/a ein Wasser (Volumen a) mit geruchsfreiem Wasser (Volumen b) verdünnt werden muss, damit kein Geruch mehr wahrnehmbar ist. Rasche Veränderungen im Wasser einer Grundwasser- oder Quellfassung deuten auf den Zutritt von Oberflächenwasser hin und damit auf mögliche Verunreinigungen mit hygienischen Risiken.

3.5.4 Physikalisch-chemische Kenngrößen

Temperatur: Die Temperatur des Wassers beeinflusst alle physikalischen, chemischen und biologischen Vorgänge; steigende Temperatur im Oberflächenwasser beschleunigt biologische Abbauprozesse bei verminderter Sauerstofflöslichkeit. Trinkwasser muss nach Ziff. 5.1 DIN 2000 „farblos, klar, kühl sowie geruchlich und geschmacklich einwandfrei" sein; ein Grenzwert für die Temperatur findet sich in der EG-Richtlinie und in der Trinkwasserverordnung nicht mehr.

Elektrische Leitfähigkeit: Die elektrische Leitfähigkeit des Wassers erfasst summarisch in Wasser gelöste Ionen und gibt damit einen Hinweis auf den Salzgehalt. Sie wird ausgedrückt durch den reziproken Wert des elektrischen Widerstands (Ohm) eines Wasserwürfels von 1 m Kantenlänge bei 20°C: $1 \, \Omega^{-1} = 1$ Siemens.

Beispiele für die Leitfähigkeit sind (in μS/cm):
destilliertes Wasser 0,04, Regenwasser 5–30, Grundwasser 30–2.000, Meerwasser 45.000–55.000.

pH-Wert: Der pH-Wert ist der negative dekadische Logarithmus der H^+-Ionen-Konzentration (genauer: -Aktivität). Der Gehalt des Wassers an Wasserstoffionen (H^+) ist ein Maß für die Reaktion des Wassers. Bei 25°C sind in 1 L reinem Wasser gleichviel H^+-Ionen wie OH^--Ionen, nämlich jeweils 10^{-7} mol (für Wasserstoff-Ionen gilt 1 mol = 1 g) enthalten. Im sauren Bereich überwiegen die H^+-Ionen (pH < 7), im alkalischen Bereich die Hydroxylionen OH^- (pH > 7). Der pH-Wert beeinflusst maßgeblich chemische (Umsatz- und Gleichgewichtslage von Säure/Base-Reaktionen), elektrochemische (Korrosion) und biologische Prozesse im Wasser. Der Gehalt an Kohlensäure und an Karbonat-Ionen bestimmt maßgebend den pH-Wert und die Pufferung des Wassers. Der Calcitlösekapazität des Wassers wird eine Bedeutung hinsichtlich der Korrosion metallischer und zementgebundener Werkstoffe zugemessen.

Radioaktivität: Grenzwerte für Tritium (100 Bq/L) und für die Gesamtrichtdosis (0,1 mSv/Jahr) sind in der TrinkwV 2001 als Indikatorparameter aufgenommen worden. Voraussichtlich wird künftig noch Radon Ra^{222} mit einem Grenzwert der Aktivitätskonzentration von 100 Bq/L aufgenommen. Soweit die Behörde überzeugt ist, dass diese Parameter aufgrund anderer Überwachungen deutlich unter den Grenzwerten liegen, braucht darauf nicht gesondert untersucht zu werden. Unter 1 Bq wird 1 radioaktiver Zerfall/Sekunde verstanden. Die Strahlenexposition des menschlichen Körpers wird mit der Gesamtrichtdosis (effektiven Dosis) angegeben in Sievert, wobei 1 Sv = 1 J/kg (Energiebelastung je kg Körpergewicht). Die Strahlenschutzverordnung (StrlSchV) hat den Dosisgrenzwert zum Schutz der Bevölkerung von 1,5 auf 1,0 mSv/a gesenkt, für exponierte Personen von 50 auf 20 mSv/a. Zum Jahresgrenzwert von 0,3 mSv trägt theoretisch der Trinkwassergrenzwert mit 0,1 mSv bei. Die tatsächliche Belastung (Mittelwert) der Bevölkerung gibt das Bundesamt für Strahlenschutz für das Jahr 2007 mit rd. 4 mSv an – s. *Abb. 3.6* (s. a. DVGW Wasserinformation Nr. 66 (4/02) „TrinkwV 2001 – Bedeutung der radioaktivitätsbezogenen Parameter" [DVGW Nr. 66, 2002] und – neu herausgegeben – W 253 und W 255).

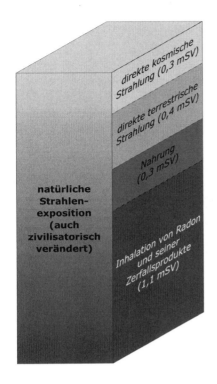

Quelle: Bundesamt für Strahlenschutz; veröffentlicht in Bundesministerium für Umwelt, Naturschutz und Reaktorsicherheit, Umweltradioaktivität und Strahlenbelastung im Jahr 2007 (Parlamentsbericht), Deutscher Bundestag, Drucksache 16/10750, Berlin 2008

Abb. 3.6:   Mittlere effektive Dosis durch ionisierende Strahlen im Jahre 2007 – gemittelt über die Bevölkerung Deutschlands (Bundesamt für Strahlenschutz)

3.5.5   Das Kalk-Kohlensäure-Gleichgewicht

Die Kohlensäure H_2CO_3 dissoziiert im Wasser in 2 Dissoziationsstufen

Grundreaktion

$$CO_2 + H_2O \Leftrightarrow H_2CO_3 \qquad \text{und} \qquad H_2CO_3 \Leftrightarrow H^+ + HCO_3^-$$

1. Dissoziationsstufe   2. Dissoziationsstufe

$$CO_2 + H_2O \Leftrightarrow H^+ + HCO_3^- \qquad\qquad HCO_3^- \Leftrightarrow H^+ + CO_3^{2-}$$

$$\downarrow \qquad\qquad\qquad\qquad\qquad\qquad\qquad\qquad\qquad \downarrow$$

Hydrogencarbonat   Carbonat

Die Lage dieser Reaktionsgleichgewichte wird entscheidend von der Konzentration der H^+-Ionen, also vom pH-Wert bestimmt.

Die Anionen der Kohlensäure (Hydrogencarbonate und Carbonate) und die Erdalkalien Calcium und Magnesium sind Hauptbestandteile aller natürlichen Wässer. Zusammen mit der gelösten Kohlensäure CO_2 haben die Ionen der Kohlensäure entscheidenden Einfluss auf den pH-Wert (s. o.), die Pufferungsintensität (Ausmaß der pH-Änderung bei Zusatz von Säure oder Lauge) und das Lösungsverhalten (vor allem gegenüber karbonathaltigen Feststoffen). Das chemische Gleichgewicht zwischen den Ionen der Kohlensäure, Kohlendioxid und Calciumcarbonat wird als *„Kalk-Kohlensäure-Gleichgewicht"* bezeichnet. Das Wasser hat dann den Zustand der *Calcit-Sättigung* (Calcit ist eine Calciumcarbonat-Modifikation) erreicht, d. h. es neigt weder zur Auflösung noch zur Abscheidung von Calcit; der zugehörige pH-Wert heißt *Sättigungs-pH-Wert*. Die Differenz des gemessenen pH-Werts zum Sättigungs-pH-Wert (pH_c bzw. pH_L) wird als *Delta-pH-Wert* bzw. *Sättigungsindex SI* (je nach Bestimmungsverfahren) bezeichnet. Negative Werte bedeuten calcitlösend, positive calcitabscheidend. Die *Pufferung* eines Wassers, d. h. die Empfindlichkeit, mit welcher der pH-Wert auf eine Zugabe von Säuren oder Laugen reagiert, wird durch die *Säurekapazität* $K_{S4,3}$ und *Basekapazität* $K_{B8,2}$ bestimmt; bei einem pH-Wert über 8,2 wird die Säurekapazität $K_{S8,2}$ gemessen. Ferner werden für Wässer, die im Wesentlichen nur durch Kohlensäure und ihre Anionen gepuffert sind, der *m-Wert* und der *p-Wert* definiert; näherungsweise gilt:

$$m = K_{S4,3} - 0,05;$$

$$p = -K_{B8,2} \text{ bzw. } + K_{S8,2};$$

$$c(DIC) = m - p.$$

DIC ist die Konzentration des anorganischen gebundenen Kohlenstoffs (dissolved inorganic carbon), also der Summe aus Kohlensäure und ihren Anionen sowie den mit ihnen gebildeten Ionenpaaren. Zur messtechnischen Ermittlung und Berechnung der genannten Größen s. DIN 38404 T.10.

Die Mischung zweier Wässer, beide gesättigt (eines weich, das andere hart), führt meist zu einem kalklösenden Wasser. Im Regelfall ist dann eine Korrektur, z. B. die Anpassung des pH-Wertes, erforderlich – vgl. DVGW W 216 „Versorgung mit unterschiedlichen Wässern". Der Calcitlösekapazität des Wassers wird eine Bedeutung hinsichtlich der Korrosion metallischer und zementgebundener Werkstoffe zugemessen.

3.5.6 Korrosivität des Wassers

Die Korrosion eines Werkstoffs und damit auch die Veränderung der Wasserqualität wird durch die Eigenschaften des Werkstoffs, die Wasserbeschaffenheit, die technische Ausführung der Anlage (z. B. Hausinstallation) und die Betriebsbedingungen beeinflusst.

Zur Beurteilung des Wassers im Hinblick auf seine korrosionstechnischen Eigenschaften werden nach DIN 50930–6 vor allem folgende Parameter benötigt: Temperatur, pH-Wert, pH-Wert der Calcitsättigung, elektrische Leitfähigkeit (im Hinblick auf den Neutralsalzgehalt), Säurekapazität bis pH 4,3 ($K_{S4,3}$), Basekapazität bis pH 8,2 ($K_{B8,2}$), Summe der Erdalkalien, Calcium, Magnesium, Natrium, Kalium, Chlorid, Nitrat, Sulfat, Phosphor- und Siliciumverbindungen, organischer Kohlenstoff, Aluminium und Sauerstoff.

Die TrinkwV gibt zu den Parametern Chlorid, elektrische Leitfähigkeit, Sulfat und pH-Wert die Anmerkung „Das Trinkwasser sollte nicht korrosiv wirken". Der pH-Wert wird auf den Bereich 6,5 bis 9,5 begrenzt; die berechnete Calcitlösekapazität am Ausgang des Wasserwerks darf 5 mg/L CaCO₃ nicht überschreiten, was bei einem pH-Wert > 7,7 als erfüllt gilt. Bei der Mischung von Wässern verschiedener Herkunft im Verteilungsnetz darf die Calcitlösekapazität im Netz 10 mg/L nicht überschreiten. Im Trinkwasserbereich sollen nur geprüfte normgerechte Werkstoffe (DVGW- und DIN/DVGW-Prüfzeichen) eingesetzt werden. Zum fachgerechten Einsatz der Werkstoffe in der Hausinstal-

lation siehe DIN EN 806–2 und TRWI/DIN 1988 sowie die Korrosionsnormen DIN 50930-6 und DIN EN 12502 T.1-5.

Folgende Einsatzgrenzen werden in den einschlägigen Normen angegeben:

Stahl und Guss: In Trinkwasserrohren ist eine Zementmörtelauskleidung als Korrosionsschutz üblich. Der pH-Wert ist bei zementgebundenen Werkstoffen grundsätzlich ohne Bedeutung. Maßgebend ist die Reaktion des Kalkhydrats im Zement mit der Kohlensäure und ihren Verbindungen. Die Summenkonzentration des anorganischen Kohlenstoffes bestimmt die Carbonatisierung der Oberfläche, die Menge kalklösender Kohlensäure bestimmt die Kalkauflösung. Deshalb ist hier die Forderung berechtigt, das Wasser auf dem pH-Wert bei CaCO₃-Sättigung einzustellen, s. dazu DIN 2880 „Anwendung von Zementmörtelauskleidungen für Gussrohre, Stahlrohre und Formstücke". Für ungeschützte Oberflächen ist die Deckschichtbildung maßgebend; dazu sind folgende Bedingungen zu erfüllen:

$$c(O_2) > 3 \text{ g/m}^3,$$

$$\text{pH-Wert} > 7,$$

$$K_{S4,3} > 2 \text{ mol/m}^3,$$

$$c(Ca) > 0,5 \text{ mol/m}^3.$$

Für schmelztauchverzinkte Werkstoffe kommt es darauf an, dass ein gleichmäßiger langsamer Flächenabtrag des Zinküberzugs erfolgt. Der Zinkabtrag korreliert mit dem pH-Wert. Die neue TrinkwV enthält keinen Grenzwert für Zink mehr. Für die Warmwasserinstallation sind verzinkte Stahlrohre nicht zu empfehlen.

Kupfer: Die Löslichkeit ist vom pH-Wert abhängig; oberhalb von pH 7,4 wird im Allgemeinen der Grenzwert der TrinkwV für Cu eingehalten (abgesehen von neuen Installationen in den ersten Betriebsmonaten). Der Grenzwert der neuen TrinkwV stellt auf die mittlere wöchentliche Kupfer-Aufnahme ab. Der Neutralsalzgehalt und die Zugabe von Polyphosphaten erhöhen die Kupferlöslichkeit.

Blei: Bei gering gepufferten Wässern (kleine m-Werte) wird die Löslichkeit mit steigendem pH-Wert stark vermindert, bei hohem m-Werten ist mit einer pH-Anhebung keine Verringerung der Bleilöslichkeit zu erzielen. Der Grenzwert der TrinkwV für Blei wird bei Stagnation des Wassers grundsätzlich überschritten. Die DIN 2000 erklärt bereits seit 1973 Blei als ungeeigneten Werkstoff für Trinkwasserrohre. In Trinkwasseranlagen noch vorhandene Bleileitungen sind auszuwechseln.

3.6 Probenahme und Analytik

Die Wasseranalytik ist das wichtigste Instrument zur Beurteilung des Wassers. Beim Trinkwasser gilt es, die hygienische Beschaffenheit zu überwachen; daneben wird die Analytik eingesetzt zur

- Ermittlung der Rohwasserbeschaffenheit,
- Überprüfung und Steuerung von Aufbereitungsanlagen,
- Untersuchung der Eignung und Spezifikation von Zusatzstoffen und Mitteln zur Wasseraufbereitung,
- Untersuchung von Wasserwerksabfällen (Abwässer und Schlämme),
- Untersuchung von Korrosionsvorgängen und -folgen,
- Schadensermittlung bei plötzlich auftretenden Verunreinigungen,
- angewandten Forschung und langfristigen Beobachtung, Dokumentation und Trendanalyse der Roh- und Reinwasserqualität.

Zu den mikrobiologischen, chemischen und chemisch-physikalischen Messverfahren treten bei der Gewässeruntersuchung noch biologische Verfahren hinzu zur Beurteilung der ökologischen Qualität.

Die Messverfahren sind für die meisten Parameter inzwischen genormt; es wird auf die Deutschen Einheitsverfahren zur Wasser-, Abwasser- und Schlammuntersuchung DEV [Dt. Einheitsverfahren, lfd. Lieferung] verwiesen, die schrittweise in DIN-Normen (Normenreihe 38400 ff.) bzw. DIN EN- oder DIN ISO-Normen übergeleitet werden. Die EG-Trinkwasserrichtlinie schreibt keine bestimmten Verfahren vor, sondern verweist als Referenz auf die einschlägigen Normen (z. B. DIN EN ISO 9308–1 für die Bestimmung von Coliformen und Escherichia coli). Soweit in Anlage 5.1 TrinkwV Untersuchungsverfahren vorgeschrieben sind, müssen diese angewendet werden; andernfalls ist die Gleichwertigkeit nachzuweisen. Für die meisten chemischen und chemisch-physikalischen Verfahren werden die Qualitätsanforderungen vorgegeben, nämlich Richtigkeit und Präzision (DIN ISO 5725) sowie Nachweisgrenze – jeweils in % des Grenzwerts. Neben den Messwert tritt also die Messwertqualität. Von den amtlich zugelassenen Laboratorien wird der Nachweis eines Qualitätssicherungssystems verlangt (Grundsätze der Guten Laborpraxis GLP, Analytische Qualitätssicherung AQS nach der Rahmenempfehlung der LAWA, W 261: „Leitfaden für die Akkreditierung von Trinkwasserlaboratorien" und DIN EN ISO/IEC 17025).

Zu den erforderlichen Qualitätssicherungsmaßnahmen für mikrobiologische Untersuchungen im Wasserwerkslabor s. DVGW Wasserinformation Nr. 63. Zu Aufgaben und Qualitätskontrollen der Wasserlaboratorien für Wasserversorgungsunternehmen s. DVGW Wasserinformation Nr. 64.

Von besonderer Bedeutung ist eine einwandfreie Probenahme: Der Ort und Zeitpunkt müssen für das gesuchte Ergebnis repräsentativ sein. Bei der Probenahme werden Stichproben, periodische Proben, kontinuierliche Proben und Mischproben unterschieden. Die TrinkwV sieht für Blei, Kupfer und Nickel, die nur in der Hausinstallation Verwendung finden, als Grundlage „eine für die durchschnittliche wöchentliche Wasseraufnahme durch Verbraucher repräsentative Probe" vor. Ein auf europäischer Ebene harmonisiertes Verfahren soll dazu noch erarbeitet werden.

Die Probenahmestelle ist gleichfalls von Bedeutung: die Qualität des Rohwassers interessiert am Eintritt ins Wasserwerk (Aufbereitungsanlage). Zur Beurteilung des Rohwassers aus Fließgewässern wird nach DVGW-Memorandum „Forderungen zum Schutz von Fließgewässern …" (s. *Kap. 3.3 Rohwasser zur Trinkwasserversorgung*) auf repräsentative Mischproben an der Entnahmestelle abgestellt, wobei im Jahresgang seltene extreme Niedrigwasserperioden ausgespart werden. Die EG-Trinkwasserrichtlinie und dementsprechend die Trinkwasserverordnung definieren die erforderliche Trinkwassergüte am Ort der Entnahme durch den Verbraucher. Der Unternehmer oder Inhaber der Wasserversorgungsanlage untersucht im Regelfall das Wasser an der Übergabestelle zur Hausinstallation, also am Hausanschluss, da für mögliche Güteveränderungen in der Hausinstallation der Hausbesitzer verantwortlich ist. Die Parameter der Liste Anlage 2 Teil I TrinkwV, die sich im Verteilungsnetz in der Regel nicht erhöhen, können am Ausgang des Wasserwerks untersucht werden.

Zur Probenahme sind die anerkannten Regeln der Technik zu beachten, damit sich die Probe nicht durch die Entnahme selbst, durch ungeeignete oder unsaubere Gefäße oder den Transport verändert (ggf. erfolgt also die Bestimmung vor Ort oder eine Stabilisierung oder Kühlung der Probe).

Die Parameter werden unterschieden in:

- mikrobiologische Parameter,
- allgemeine Gütemerkmale – auf der Basis organoleptischer und physikalischer Eigenschaften wie z. B. Farbe, Geruch, elektrische Leitfähigkeit,
- Einzelsubstanzen – bei ihnen wird die chemische Identität der Stoffe vorausgesetzt, bestes Beispiel dafür sind die Metalle,
- Summenparameter – mit ihnen wird die Gesamtheit an bestimmten Verbindungen erfasst und charakterisiert, z. B. DOC (dissolved organic carbon), TOC (total organic carbon), CSB (chemischer Sauerstoffbedarf)
- Gruppenparameter – mit ihnen werden unter Verzicht auf eine Unterteilung in Einzelsubstanzen alle von ihrer chemischen Konstitution oder von ihrer Wirkung her gleichartigen Stoffe erfasst, z. B. AOX (adsorbierbare organische Halogenverbindungen), DOS (dissolved organic sulfur), AOS (adsorbierbare organische Schwefelverbindungen), IOS (ionenpaar-extrahierbare organische Schwefelverbindungen), Oxidierbarkeit (Permanganat-Index), SAK 254 nm bzw. 236 nm (spektraler Absorptionskoeffizient bei 254 bzw. 236 nm).

Zur Analytik gehört die Interpretation der Ergebnisse. Da jedes Messergebnis durch die Probenahme und die Analyse mit einem Fehler behaftet ist, ist grundsätzlich eine statistische Auswertung am Platze. Sie erlaubt die Beurteilung der Repräsentativität der Probe und der Qualitätsmerkmale der Analytik (Richtigkeit und Präzision). Messergebnisse sind deshalb grundsätzlich mit Fehlergrenzen anzugeben:

$$C_w = C_g \pm \Delta C(n) \qquad (3.1)$$

mit

C_w wahrscheinliche Konzentration des Stoffes
C_g gemessene Konzentration
$\Delta C(n)$ Standardabweichung bei n effektiv durchgeführten Messungen.

Zu beachten ist, dass die verbindlich vom Gesetzgeber vorgeschriebenen Grenzwerte nicht einer statistischen Interpretation unterliegen; die Überschreitung eines Einzelwerts bleibt eine Überschreitung, auch wenn sie im Rahmen der statistischen Genauigkeit liegt.

3.7 Aufbereitungsstoffe und Desinfektionsverfahren (§ 11 TrinkwV)

Nach § 6 des Lebensmittel-, Bedarfsgegenstände- und Futtermittel-Gesetzbuchs LFGB ist es verboten, beim Herstellen oder Behandeln von Lebensmitteln, die dazu bestimmt sind, in den Verkehr gebracht zu werden – und dazu zählt selbstverständlich das Trinkwasser –, nicht amtlich zugelassene Zusatzstoffe zu verwenden. Die Trinkwasserverordnung 2001 regelt die Zulassung der Stoffe wie folgt:

§ 11
Aufbereitungsstoffe und Desinfektionsverfahren

(1) Zur Aufbereitung des Wassers für den menschlichen Gebrauch dürfen nur Stoffe verwendet werden, die vom Bundesministerium für Gesundheit in einer Liste im Bundesgesundheitsblatt bekannt gemacht worden sind. Die Liste hat bezüglich dieser Stoffe Angaben zu enthalten über die

1. *Reinheitsanforderungen,*
2. *Verwendungszwecke, für die sie ausschließlich eingesetzt werden dürfen,*
3. *zulässige Zugabemenge und die*
4. *zulässigen Höchstkonzentrationen von im Wasser verbleibenden Restmengen und Reaktionsprodukten.*

Sie enthält ferner die Mindestkonzentration an freiem Chlor nach Abschluss der Aufbereitung. In der Liste wird auch der erforderliche Untersuchungsumfang für die Aufbereitungsstoffe spezifiziert; ferner können Verfahren zur Desinfektion sowie die Einsatzbedingungen, die die Wirksamkeit dieser Verfahren sicherstellen, aufgenommen werden.

(2) Die in Absatz 1 genannte Liste wird vom Umweltbundesamt geführt. Die Aufnahme in die Liste erfolgt nur, wenn die Stoffe und Verfahren hinreichend wirksam sind und keine vermeidbaren oder unvertretbaren Auswirkungen auf Gesundheit und Umwelt haben. Die Liste wird nach Anhörung der Länder, ... sowie der beteiligten Fachkreise und Verbände erstellt und fortgeschrieben...

(3) ...

Die Liste der Aufbereitungsstoffe und Desinfektionsverfahren gemäß § 11 TrinkwV 2001 wird vom Bundesministerium für Gesundheit im Bundesgesetzblatt veröffentlicht; zugleich ist sie im Internet abrufbar – http://www.umweltbundesamt.de/wasser/themen/downloads/trinkwasser/trink11.pdf. Die Liste der Aufbereitungsstoffe, die zur Desinfektion eingesetzt werden, ist in *Anlage 3.A.2 Trinkwasserverordnung – TrinkwV 2001* abgedruckt.

3.A   Anlagen

3.A.1   Was ist Trinkwasser? – Ermittlung und Bewertung von Grenzwerten für chemische Inhaltsstoffe

3.A.1.1   Was ist Trinkwasser?

DIN 2000: Die Anforderungen müssen sich orientieren an den Eigenschaften eines aus genügender Tiefe und ausreichend filtrierenden Schichten gewonnenen Grundwassers einwandfreier Beschaffenheit, das in keiner Weise beeinträchtigt wurde.

TrinkwV: Wasser das zum Trinken, zum Kochen, zur Zubereitung von Speisen und Getränken und (bestimmten) häuslichen Zwecken bestimmt ist, frei von Krankheitserregern; festgesetzte Grenzwerte für chemische Parameter dürfen nicht überschritten werden; nachteilige Stoffe sind zu minimieren; nur zugelassene Aufbereitungsstoffe dürfen verwendet werden.

Trinkwasser ist also:

H₂O

+ **natürliche Mineralien**

+ **zugelassene Aufbereitungsstoffe**

+ **Fremd- und Schadstoffe innerhalb bestimmter Grenzwerte.**

3.A.1.2   Risiko und Gefährdungspotenziale

Risiko ist das Produkt aus Gefahr und Eintrittswahrscheinlichkeit.

Die Spannweite des Risikos zeigt nachfolgende Tabelle (die Zahlen stammen aus den 80er Jahren, beziehen sich also noch auf die alte Bundesrepublik mit 60 Mio. Einwohnern):

Von 60 Millionen Menschen werden pro Jahr getötet:	
von einem abstürzenden Flugzeug getroffen (USA)	6
durch Insektenstich (USA)	11
vom Blitz getroffen (USA)	32
Verzehr verdorbener Lebensmittel (Bundesrepublik)	69
Flugreisende (USA)	74
Tornados (mittlerer Westen der USA)	133
Radfahrer (USA)	750
Arbeiter, Arbeitsunfall (Bundesrepublik)	2.400
im Straßenverkehr umgekommen (Bundesrepublik)	9.000
Grippe (Vereinigtes Königreich)	12.000
Unfälle sämtlich (Bundesrepublik)	40.000
Motorradfahrer (USA)	60.000
Raucher (1 Päckchen pro Tag)	100.000

Unter **Gefährdungspotenzial** ist die Eignung eines Wirkstoffs zu verstehen, durch Wechselwirkung mit dem Organismus dessen Gesundheit zu gefährden, wenn die Höhe der **Dosis** und die **Einwirkungsdauer** die **Kompensationsfähigkeit** des Organismus überbeanspruchen.

	Stoff	tödliche Dosis (g) oral, Mensch 75 kg
nicht giftig	Kochsalz	500–1.000
> 2000 mg/kg KG	Alkohol	250
minder giftig	Methylalkohol	25–90
200 – 2000 mg/kg KG	DDT	10–30
giftig	Barbiturate (Schlafmittel)	4–10
25 – 200 mg/kg KG	Natriumnitrit (Pökelsalz)	4–6
sehr giftig	E 605 (Parathion)	0,3–1
< 25 mg/kg KG	Sublimat (Quecksilberchlorid)	0,2–1
	Arsenik	0,1–0,3
	Blausäure	0,05–0,08
	Botulinus-Toxin	0,000 000 002

Die Gefährdungspotenziale von chemischen Stoffen werden im Tierversuch festgestellt mit standardisierten Biotest-Verfahren; die Mortalitätsverläufe können bei gleichem LD_{50}-Wert verschieden sein:

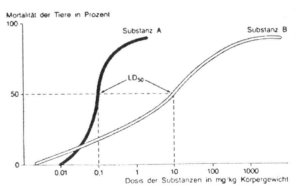

Abb. 3.A.1: Standardtestverfahren

Zu unterscheiden sind:

Stoffe mit Wirkungsschwelle (Substanz A) – z. B. Schwermetalle wie Pb, Cd, Hg, Cr sowie NO_3^-, NO_2^-, Cyanid CN^-, SO_3, Zn, Se, F^-, PBSM, 1-1-1-Trichlorethan und Dichlormethan.

Stoffe ohne Wirkungsschwelle (Substanz B) – dazu zählen Stoffe, bei denen eine Anreicherung (Akkumulation) in bestimmten Organen oder eine additive Schadwirkung auch minimaler, über längere Zeit zugeführter Dosen vermutet oder nicht mit Sicherheit ausgeschlossen werden kann, z. B. cancerogene und mutagene Stoffe, z. B.: Arsen, Stoffe aus der Gruppe der polyzyklischen aromatischen Kohlenwasserstoffen (PAK), einige organische Halogenverbindungen; ionisierende Strahlen (radioaktive Belastungen).

3.A.1.3 Bewertung von Schadstoffen

Stoffe mit Wirkungsschwelle werden nach der sog. WHO-Formel bewertet:

$$\text{ADI (acceptable daily intake)} = \frac{\text{NOAEL} \cdot \text{KG}}{\text{SF}}$$

$$\text{Richtwert} = \frac{\text{NOAEL} \cdot \text{KG} \cdot \text{A}}{\text{SF} \cdot \text{TW} \cdot 100} \; [\text{mg/L}]$$

NOAEL: no observed adverse effect level der getesteten Tierart (bisweilen tritt an die Stelle des NOAEL der LOAEL = lowest observed adverse effect level)

KG: Körpergewicht in kg. Es werden angesetzt: Kind = 10 kg, Erwachsener = 70 kg

SF: Sicherheitsfaktor (USA: Unsicherheitsfaktor). Für die Kurzzeitexposition werden 1000, sonst 100 eingesetzt.

A: Anteil des ADI-Wertes, der die Rückstände im Wasser abdecken soll. Er beträgt bei der WHO bzw. bei Wirkstoffen, die (im Falle von PBSM) keine oder nur sehr geringe Rückstände in Pflanzen hinterlassen, 10%, bei der EPA 20%, bei lebenslanger Exposition, sonst 100%.

TW: Trinkwasserverbrauch pro Tag. Kind 1 Liter, Erwachsener 2 Liter.

Bei *Stoffen ohne Wirkungsschwelle* wird vom lebenslangen Belastungsversuch beim Tier auf den Menschen umgerechnet; verwendet wird das relativ konservative „linearized multistage dose-response model". Daraus wird dann ein „human carcinogenic potency factor" q $[\mu g/(kg \cdot d)]^{-1}$ bestimmt; mit einem Risikolevel von 10^{-x} (x = 4, 5 oder 6) errechnet sich die zulässige Konzentration des Schadstoffs im Trinkwasser wie folgt:

$$\text{Grenzwert} = \frac{10^{-x} \cdot 70 \, [\text{kg}]}{q \cdot 2 \, [\text{L/d}]} \; [\mu g/L]$$

Ein Risikolevel von 10^{-5} bedeutet, dass bei lebenslanger Aufnahme des betreffenden Stoffes durch einen Menschen von 70 kg mit 2 L/d Trinkwasserverbrauch theoretisch 1 zusätzliches Karzinom in einer Gesamtheit von 100 000 Menschen auftritt.

Während für Stoffe **mit** Wirkungsschwelle die Grenzwerte im Sinne einer Gesundheitsvorsorge für das Individuum festgelegt werden können, lässt sich für Stoffe **ohne** Wirkungsschwelle nur das statistische Risiko für ein gegebenes Kollektiv von Menschen auf ein akzeptables Restrisiko minimieren. Die Wirkung von Schadstoffen auf die Gesundheit zu erfassen, ist eine wissenschaftliche Aufgabe der Toxikologen.

Die Festlegung eines **akzeptablen Risikos** ist aber eine politische Entscheidung!

Im Vergleich zum bislang in Deutschland bzw. Europa üblichen Verfahren überzeugt das Vorgehen der amerikanischen Umweltbehörde durch seine Systematik. Die **Environmental Protection Agency** (EPA) unterscheidet Zielwerte und Grenzwerte:

Zielwert = maximum contaminant level goal MCLG: Er ist für jeden wesentlichen Schadstoff festzulegen und gilt als mittel- bis langfristiges Ziel.

Grenzwert = maximum contaminant level MCL: Er wird im Gesetz verbindlich festgeschrieben und soll so dicht an den MCLG herangeführt werden, wie mit bestverfügbarer (Aufbereitungs-) Technik (BAT = best available techniques) unter Berücksichtigung wirtschaftlicher Gesichtspunkte erreichbar erscheint. Dies wird in sog. „regulatory negotiations" mit den betroffenen Wirtschaftskreisen verhandelt und regelmäßig überprüft und fortgeschrieben. An Stelle eines Grenzwerts kann ein bestimmtes Aufbereitungsverfahren mit bestimmter Leistung festgelegt werden.

Zur Festlegung der MCLG unterscheidet die EPA drei Kategorien (RfD entspricht ADI):

Category	Evidence of Carcino-genicity via Ingestion	Setting MCLG
I	strong	set at zero
II	limited or equivocal	calculate MCLG based on RfD plus added safety margin or set within cancer risk range of 10^{-5} to 10^{-6}
III	inadequate or none	calculate Rfd

Die „Unsicherheitsfaktoren" (Uncertainty Factors) werden für die Berechnung der RfD (ADI)-Werte wie folgt festgelegt:

Factor	Criterion
10	Valid data on acute or chronic human exposure are available and supported by data on acute or chronic toxicity in other species.
100	Data on acute or chronic toxicity are available for one or more species but not for humans.
1000	Data on acute or chronic toxicity in all species are limited or incomplete, or data on acute or chronic toxicity identify a LOAEL (not a NOAEL) for one or more species, but data on humans are not available.
1–10	Other considerations (such as significance of the adverse health effect, pharmacokinetic factors, or quality of available data) may necessitate use of an additional uncertainty factor.

Journal American Waterworks Association (JAWWA) 10/1990

Unsicherheiten bei der Abschätzung von gesundheitlichen Effekten begründen sich wie folgt:

- Fluktuation der Menschen zwischen verschiedenen Versorgungsgebieten,
- zusätzliche Belastungen aus Lebensmitteln, Getränken, Atemluft,
- kaum verfügbare Kenntnisse über additive, kumulierende, potenzierende, synergistische oder antagonistische Wirkungen verschiedener Schadstoffe im Körper.

Trotz wissenschaftlicher Begründungen und weitgehend allgemein akzeptiertem Vorgehen bei der Festlegung von Grenzwerten bleiben offene Fragen:

- für fast alle Parameter fehlen epidemiologische Daten für den Bereich der interessierenden Konzentrationen,
- bei cancerogenen Stoffen überwiegen im Wesentlichen die Belastungen aus anderen Einflüssen wie Luftimmission, berufliche Exposition, Kosmetika, Medikamente, Ernährung, Rauchen, Alkohol die möglichen Einflüsse über das Trinkwasser.

Das Zusammenwirken der letztgenannten Faktoren lässt eine Risikoeinschätzung von 10^{-5} (1: 100 000), wie sie im Wesentlichen der EG-Trinkwasserrichtlinie und damit der Trinkwasserverordnung zugrunde liegt, als recht konservativ und theoretisch erscheinen gegenüber der Tatsache, dass etwa 20% der Bevölkerung in Deutschland in ihrem Leben mit irgendeiner Art von Krebs zu rechnen haben. Dies hat allerdings auch mit der gewaltig gestiegenen Lebenserwartung zu tun, die für ein männliches Baby bei knapp 84, für ein weibliches Baby über 87 Jahren liegt (laut Sterbetafel der privaten Krankenkassen PKV 2010).

3.A.1.4 Einschätzung der Risiken von Schadstoffen im Trinkwasser

Die Akzeptanz von gesundheitlichen oder Lebens-Risiken ist sehr unterschiedlich:

Die Akzeptanz von Risiken durch den Menschen

↑ steigt mit dem Maß an Bequemlichkeit, Mode, Wohlstand, Vergnügen, Genuss

↓ sinkt mit dem Maß an Kenntnissen, Vertrautheit, Anonymität des Verursachers oder Verantwortlichen (der „Staat", die „Industrie")

↔ und wird maßgeblich beeinflusst von Gewohnheiten und der öffentlichen Meinung:

- selbst gewählte Gefahren (wie Skifahren, Rauchen oder Motorradfahren) erscheinen geringer als aufgezwungene;
- prinzipiell kontrollierbare Risiken sind akzeptabler als solche, auf die man keinen Einfluss hat (fettes Essen gegenüber vermeintlich belastetem Trinkwasser);
- natürliche Risiken werden eher hingenommen als vom Menschen geschaffene (Radioaktivität und Ozonbelastung im Hochgebirge gegenüber künstlichen Quellen);
- Katastrophen alarmieren mehr als der tägliche Wahnsinn (Ölverschmutzung der Strände nach einem Tankerunfall gegenüber der schleichenden Vergiftung der Meere);
- Risiken, die von schwer fassbaren Techniken ausgehen, werden eher wahrgenommen als die von vertrauten Techniken (Kernkraftwerk gegenüber Autoverkehr);
- schlechte Nachrichten werden eher geglaubt als positive (Stürme und Hochwässer gelten als Beweis für den Treibhauseffekt; die tatsächlich erheblich verbesserte Wasserqualität des Rheins gilt als Politik- oder Industriepropaganda).

(frei nach DIE ZEIT 18.2.1994)

Grenzwerte für Schadstoffe im Trinkwasser (oder anderen Lebensmitteln) sind politische Werte. Sie sind Konventionen auf der Basis mehr oder weniger gut wissenschaftlich abgeleiteter Nutzen-Risiko-Abschätzungen und gesellschaftlicher Kompromisse; sie schließen nicht jedes Risiko aus.

Zur Systematik der Beurteilung von Spurenstoffen im Wasser aus Sicht der Humanmedizin siehe [Mückter, 2010]. Eine Literaturstudie zu Toxizitätstests zur Überwachung von Trinkwasser wurde vom DVGW-Technologiezentrum Karlsruhe erstellt; Ergebnisse s. ewp 7/8 2008.

3.A.2 Trinkwasserverordnung – TrinkwV 2001

Verordnung über die Qualität von Wasser für den menschlichen Gebrauch (Trinkwasserverordnung – TrinkwV 2001) – in Kraft getreten am 1. Januar 2003

Mikrobiologische Parameter (Anlage 1 zu § 5 Abs. 2 und 3)

Teil I: Allgemeine Anforderungen an Wasser für den menschlichen Gebrauch

Lfd. Nr.	Parameter	Grenzwert (Anzahl/100 mL)
1	Escherichia coli (E. coli)	0
2	Enterokokken	0
3	Coliforme Bakterien	0

Teil II: Anforderungen an Wasser für den menschlichen Gebrauch, das zur Abfüllung in Flaschen oder sonstige Behältnisse zum Zwecke der Abgabe bestimmt ist

Lfd. Nr.	Parameter	Grenzwert
1	Escherichia coli (E. coli)	0/250 mL
2	Enterokokken	0/250 mL
3	Pseudomonas aeruginosa	0/250 mL
4	Koloniezahl bei 22°C	100/mL
5	Koloniezahl bei 36°C	20/mL
6	Coliforme Bakterien	0/250 mL

Chemische Parameter (Anlage 2 zu § 6 Abs. 2)

Teil I: Chemische Parameter, deren Konzentration sich im Verteilernetz einschließlich der Hausinstallation in der Regel nicht mehr erhöht (Bemerkungen etwas gekürzt)

Lfd. Nr.	Parameter	Grenzwert [mg/L]	Bemerkungen
1	Acrylamid	0,0001	Restmonomer-Konzentration, berechnet aufgrund der maximalen Freisetzung nach den Spezifikationen des entsprechenden Polymers und seiner Dosis
2	Benzol	0,001	
3	Bor	1	
4	Bromat[1]	0,01	
5	Chrom	0,05	Chromat wird in Chrom umgerechnet
6	Cyanid	0,05	
7	1.2–Dichlorethan	0,003	
8	Fluorid	1,5	
9	Nitrat	50	es gilt: $c(NO_3^-)/50 + c(NO_2^-)/3 \leq 1$ mg/L
10	Pflanzenschutz-mittel und Biozid-produkte (einzeln)	0,0001	Es brauchen nur solche Pflanzenschutzmittel und Biozidprodukte einschl. ihrer Metaboliten überwacht zu werden, deren Vorhandensein wahrscheinlich ist. Für Aldrin, Dieldrin, Heptachlor und Heptachlorepoxid gilt der Grenzwert von 0,00003 mg/L.
11	Pflanzenschutz-mittel und Biozid-produkte Σ	0,0005	Summe der bei dem Kontrollverfahren nachgewiesenen und mengenmäßig bestimmten einzelnen Pflanzenschutzmittel und Biozidprodukte
12	Quecksilber	0,001	
13	Selen	0,01	
14	Tetrachlorethen und Trichlorethen	0,01	Summe der für die beiden Stoffe nachgewiesenen Konzentration

[1] Inkrafttreten zum 01.01.2008: vom 01.01.2003 bis 31.12.2007 gilt 0,025 mg/L

Teil II: Chemische Parameter, deren Konzentration im Verteilernetz einschließlich der Hausinstallation ansteigen kann (Bemerkungen in der 4. Spalte etwas gekürzt)

Lfd. Nr.	Parameter	Grenzwert [mg/L]	Bemerkungen
1	Antimon	0,005	
2	Arsen	0,01	
3	Benzo(a)pyren	0,00001	
4	Blei[2]	0,01	Grundlage ist eine für die durchschnittliche wöchentliche Wasseraufnahme durch Verbraucher repräsentative Probe. Bis zum Inkrafttreten des Grenzwerts sind seitens der Behörde alle Maßnahmen zur Minimierung der Bleiaufnahme zu treffen.
5	Cadmium	0,005	Einschl. der bei Stagnation in Rohren aufgenommenen Cd-Verbindungen
6	Epichlorhydrin	0,0001	s. Anmerkung zu Acrylamid
7	Kupfer	2	Grundlage ist eine für die durchschnittliche wöchentliche Wasseraufnahme durch Verbraucher repräsentative Probe. Untersuchung nur erforderlich bei pH < 7,4
8	Nickel	0,02	Grundlage ist eine für die durchschnittliche wöchentliche Wasseraufnahme durch Verbraucher repräsentative Probe.
9	Nitrit	0,5	s. Anmerkung zu Nitrat
10	Polyzyklische aromatische Kohlenwasserstoffe	0,0001	Summe der nachgewiesenen und mengenmäßig bestimmten folgenden Stoffe: Benzo(b)fluoranthen, Benzo(k)fluoranthen, Benzo(gi)perylen und Indeno(1,2,3–cd)pyren
11	Trihalogenmethane	0,05	Summe der nachgewiesenen einzelnen THM (Desinfektions-und Oxidationsnebenprodukte) am Zapfhahn des Verbrauchers; Untersuchung im Netz nicht erforderlich, wenn am Ausgang des Wasserwerks die Summe ≤ 0,01 mg/L
12	Vinylchlorid	0,0005	s. Anmerkung zu Acrylamid

[2] Inkrafttreten am 01.12.2013; vom 01.12.03 bis 30.11.2013 gilt 0,025 mg/L; vom 01.01.03 bis 30.11.03 gilt 0,04 mg/L

Indikatorparameter (Anlage 3 zu § 7) (Bemerkungen etwas gekürzt)

Lfd. Nr.	Parameter	Grenzwert/Anforderung	Bemerkungen
1	Aluminium	0,2 mg/L	
2	Ammonium	0,5 mg/L	Geogen bedingte Überschreitungen bis zu 30 mg/L bleiben außer Betracht; die Ursache einer plötzlichen oder kontinuierlichen Erhöhung der üblichen Konzentration ist zu untersuchen.
3	Chlorid	250 mg/L	[1]
4	Clostridium perfringens (einschl. Sporen)	0/100 mL	Nur zu bestimmen, wenn das Wasser von Oberflächenwasser stammt oder beeinflusst ist. Bei positivem Ergebnis Nachforschungen erforderlich wegen event. Auftretens von Parasiten.
5	Eisen	0,2 mg/L	Geogen bedingte Überschreitungen bis zu 0,5 mg/L bleiben bei Kleinanlagen (bis 1.000 m^3/J Abgabe) außer Betracht.
6	Färbung SAK 436 nm	0,5 m^{-1}	Bestimmung des spektralen Absorptionskoeffizienten mit Spektralphotometer oder Filterphotometer
7	Geruchsschwellenwert	2 bei 12°C 3 bei 25°C	stufenweise Verdünnung mit geruchsfreiem Wasser und Prüfung auf Geruch
8	Geschmack	Für den Verbraucher annehmbar und ohne unnormale Veränderung	
9	Koloniezahl bei 22°C	Ohne unnormale Veränderung; Grenzwerte: 100/mL am Zapfhahn des Verbrauchers, 20/mL nach Abschluss der Aufbereitung im desinfizierten Wasser, 1.000/mL bei Kleinanlagen. Plötzlicher oder kontinuierlicher Anstieg ist meldepflichtig.	
10	Koloniezahl bei 36°C	100/mL	plötzlicher oder kontinuierlicher Anstieg ist meldepflichtig
11	Elektrische Leitfähigkeit	2.500 µS/cm bei 20°C	[1]
12	Mangan	0,05 mg/L	Geogen bedingte Überschreitungen bleiben bei Kleinanlagen bis zu 0,2 mg/L außer Betracht.
13	Natrium	200 mg/L	
14	Organisch gebundener Kohlenstoff (TOC)	Ohne unnormale Veränderung	Bei Versorgungssystemen mit einer Abgabe < 10.000 m^3/Tag braucht dieser Parameter nicht bestimmt zu werden.
15	Oxidierbarkeit	5 mg/L O$_2$	nicht zu bestimmen, wenn TOC analysiert wird
16	Sulfat	240 mg/L	Geogen bedingte Überschreitungen bleiben bis zu einem Grenzwert von 500 mg/L außer Betracht[1].
17	Trübung	1,0 nephelometrische Trübungseinheiten (NTU), gültig am Ausgang des Wasserwerks. Plötzlicher oder kontinuierlicher Anstieg ist meldepflichtig.	
18	Wasserstoffionenkonzentrat	≥ 6,5 und ≤ 9,5 pH-Einheiten	[1] Die berechnete Calcitlösekapazität am Ausgang des Wasserwerks darf 5 mg/L CaCO$_3$ nicht überschreiten, was bei pH ≥ 7,7 als erfüllt gilt. Bei Mischwasser dürfen im Netz 20 mg/L CaCO$_3$ nicht überschritten werden.
19	Tritium	100 Bq/L	[2] und [3]
20	Gesamtrichtdosis	0,1 mSv/Jahr	[2] bis [4]

[1] Das Wasser sollte nicht korrosiv wirken; die Beurteilung erfolgt nach den anerkannten Regeln der Technik

[2] Kontrollhäufigkeit, Methoden und Überwachungsstandorte werden später festgelegt.

[3] Die Behörde ist nicht zur Überwachung verpflichtet, wenn sie aufgrund anderer Überwachungen davon überzeugt ist, dass der Wert für Tritium bzw. der berechnete Gesamtrichtwert deutlich unter dem Parameterwert liegen.

[4] mit Ausnahme von Tritium, Kalium-40, Radon und Radonzerfallsprodukten.

Liste der Aufbereitungsstoffe und Desinfektionsverfahren gemäß § 11 TrinkwV 2001, Stand Dezember 2009 (http://www.umweltbundesamt.de/wasser/themen/downloads/trinkwasser/trink11.pdf) [UBA, aktueller Jhrg.]

Stoffname	Verwendungs-zweck	Zulässige Zugabe	Höchstkonzentration nach Abschluss der Aufbereitung[1]	zu beachtende Reaktionsprodukte	Bemerkungen
Calciumhypochlorit	Desinfektion	1,2 mg/L freies Cl_2	max. 0,3 mg/L, min. 0,1 mg/L freies Cl_2	Trihalogenmethane, Bromat	Ausnahme[2]
Chlor	Desinfektion, Herstellung von Chlordioxid	1,2 mg/L freies Cl_2	max. 0,3 mg/L, min. 0,1 mg/L freies Cl_2	Trihalogenmethane	Ausnahme[2]
Chlordioxid	Desinfektion	0,4 mg/L ClO_2	max. 0,2 mg/L, min. 0,05 mg/L ClO_2	mögliche Chloratbildung beachten	max. 0,2 mg/L ClO_2^- nach Abschluss der Aufbereitung [3]
Natriumhypochlorit	Desinfektion	1,2 mg/L freies Cl_2	max. 0,3 mg/L, min. 0,1 mg/L freies Cl_2	Trihalogenmethane, Bromat	Ausnahme[2]
Ozon	Desinfektion, Oxidation	10 mg/L O_3	0,05 mg/L O_3	Trihalogenmethane, Bromat	
UV–Bestrahlung 240–290 nm	Desinfektion	Es sind nur UV-Desinfektionsgeräte zulässig, für die nach DVGW W 294-2 eine Desinfektionswirksamkeit von mindestens 400 Joule/m^2 (Raumbestrahlung, Fluenz) bezogen auf Strahlung der Wellenlänge 254 nm nachgewiesen wurde. Bis zum 30. 6. 2012 dürfen nicht zertifizierte UV-Geräte weiter verwendet werden, wenn die Wirkung durch Einzelprüfung nachgewiesen wurde, oder im Falle einer Kleinanlage gemäß § 3 TrinkwV ohne Trinkwasserabgabe an Dritte mit Zustimmung der zuständigen Behörde. Das Desinfektionsverfahren ist nicht anwendbar für die Aufrechterhaltung einer Desinfektionskapazität im Verteilungsnetz.				

[1] einschließlich der Gehalte vor der Aufbereitung und aus anderen Aufbereitungsschritten

[2] Zusätze bis zu 6 mg/L und Gehalte bis 0,6 mg/L freies Cl_2 nach der Aufbereitung bleiben außer Betracht, wenn anders die Desinfektion nicht gewährleistet werden kann oder wenn die Desinfektion zeitweise durch Ammonium beeinträchtigt wird.

[3] Der Wert für Chlorit gilt als eingehalten, wenn nicht mehr als 0,2 mg/L Chlordioxid zugegeben werden. Möglichkeit von Chloratbildung beachten.

Zur Praxis der Aufnahme von Aufbereitungsstoffen und Desinfektionsverfahren in die Liste siehe [Bartel und Krüger, 2009].

Soweit keine kontinuierliche Messung und Speicherung der Daten erfolgt, ist die Menge des zur Desinfektion zugesetzten Produkts (Verbrauch) wöchentlich zu kontrollieren und aufzuzeichnen (Betriebsbuch); die Konzentration des Wirkstoffs im aufbereiteten Wasser ist täglich zu kontrollieren und aufzuzeichnen.

Bei Einsatz der Verfahren für die Desinfektion von Oberflächenwasser oder von durch Oberflächenwasser beeinflusstem Wasser ist auf eine weitestgehende Partikelabtrennung vor der Desinfektion zu achten. Dabei sind Trübungswerte im Ablauf der partikelabtrennenden Stufe im Bereich 0,1–0,2 FNU anzustreben, wenn möglich zu unterschreiten. Auf die Mitteilung des Umweltbundesamtes „Anforderungen an die Aufbereitung von Oberflächenwässern zu Trinkwasser im Hinblick auf die Eliminierung von Parasiten" (Bundesgesundheitsblatt 12/97 [UBA, 1997]) wird ausdrücklich hingewiesen.

4 Wasseraufbereitung

Dipl.-Ing. R. Ließfeld, aktualisiert durch P. Rentzsch (DVGW)

4.1 Einleitung

Mit dem Begriff „Wasseraufbereitung" werden gezielte technische Maßnahmen zur Anpassung der Beschaffenheit eines Wassers an die Anforderungen an Trinkwasser und zur Anpassung der Trinkwasserbeschaffenheit an technische Erfordernisse der Trinkwasserverteilung und Trinkwasserverwendung bezeichnet. Grundsätzlich stehen für die Wasseraufbereitung alle Verfahren zur Verfügung, die zur Behandlung von Flüssigkeiten durch die Verfahrenstechnik und die chemische Technologie bereitgestellt werden. In der Praxis ergeben sich jedoch speziell für die Trinkwasseraufbereitung erhebliche Einschränkungen, die durch die Beschaffenheit des aufzubereitenden Wassers (Rohwasser) und die Anforderungen an das Produkt „Trinkwasser" sowie die speziellen Rahmenbedingungen der öffentlichen Wasserversorgung vorgegeben sind.

Zur Aufbereitung eines Wassers muss immer Energie aufgewendet werden. Häufig ist der Einsatz von Aufbereitungsstoffen (Feststoffe, Lösungen, Gase) zusätzlich erforderlich. Es entstehen meist Rückstände, die entsprechend des Kreislaufwirtschafts- und Abfallgesetzes verwertet werden und, wenn dies nicht möglich ist entsorgt werden müssen. In speziellen Fällen kann der Prozess so geführt werden, dass die Rückstände als Nebenprodukte in einer Form anfallen, die einen Verkauf ermöglicht. Schematisch sind die Stoff- und Energieströme bei der Wasseraufbereitung in folgender *Abb. 4.1* dargestellt.

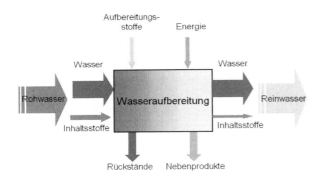

Abb. 4.1: Stoff- und Energieströme bei der Wasseraufbereitung (in Anlehnung an Gimbel [DVGW Bd. 6, 2004])

4.2 Aufbereitungsziele und -verfahren

Ziel der Wasseraufbereitung ist die Bereitstellung eines Trinkwassers, dessen Beschaffenheit sich an der eines natürlich reinen Grundwassers orientiert und lebenslang getrunken werden kann, ohne gesundheitliche Beeinträchtigungen hervorzurufen. Das Trinkwasser muss frei von Krankheitserregern, genusstauglich und rein sein. Darüber hinaus dürfen die Gehalte an gesundheitsrelevanten, chemischen Stoffen nicht so hoch sein, dass eine Schädigung der menschlichen Gesundheit zu befürchten ist. Ferner sollen Stoffe, die das Wasser verunreinigen, nur im technisch unvermeidbaren Maß enthalten sein. Die Grenzwerte der Trinkwasserverordnung sind als Mindestanforderungen zu betrachten.

Darüber hinaus ist für das aufbereitete Wasser zu fordern:

* organoleptisch und ästhetisch für den Verbraucher akzeptabel („…soll zum Genuss anregen." – siehe DIN 2000 Ziff. 5.1 und *Kap. 3.4.1 Was ist Trinkwasser?*),
* geeignet für die üblichen häuslichen Verwendungszwecke im technisierten Haushalt,
* günstige korrosionschemische Eigenschaften,
* mikrobiologische und chemische Stabilität (keine Aufkeimung, keine Ausscheidungen beim Transport zu den Verbrauchern),
* geeignet für die Mischung mit anderen Trinkwässern (soweit relevant).

Die wichtigsten Grundsätze in der Trinkwasseraufbereitung sind in W 202 Technische Regeln Wasseraufbereitung TRWA zusammengestellt. Das Blatt ist zugleich Grundlage für die Prüfung, ob die allgemein anerkannten Regeln der Technik bei der Trinkwasseraufbereitung im Sinne des § 4 TrinkwV eingehalten werden.

Zu unterscheiden ist zwischen dem Ziel einer Aufbereitungsmaßnahme und den zur Erreichung des Zieles angewendeten Verfahren. Die *Tab. 4.1* gibt einen Überblick über in Deutschland häufig angestrebte Aufbereitungsziele und dafür angewendete Verfahren.

Tab. 4.1: Aufbereitungsziele und -verfahren

Aufbereitungsziel	Aufbereitungsverfahren
Entfernung von **Aluminium**	• Fällung/Flockung

Entfernung von **Arsen**	• Fällung/Flockung
	• Adsorption an
	  – Eisenoxid
	  – Aluminiumoxid

Zugabe von **Calcium-** bzw. **Hydrogencarbonat** (Aufhärtung/Carbonisierung)	• Reaktionsfiltration über Calciumcarbonat, ggf. vorher CO_2-Dosierung • Dosierung von $Ca(OH)_2$

Abtötung/Inaktivierung von **Krankheitserregern** (Desinfektion)	• Dosierung von
	  – Chlorgas
	  – Hypochloriten
	  – Chlordioxid
	  – Ozon
	• UV-Bestrahlung

Entfernung von **Eisen** und **Mangan** (Enteisenung, Entmanganung)	• Oxidation, Filtration (Eisen(II)-/ Mangan(II)-Filtration) • Oxidation, Filtration (Eisen(III)-/Mangan(IV)-Filtration) • unterirdische Aufbereitung (UEE)
Entfernung von **Calcium/Magnesium** (Enthärtung)	• Ionenaustausch • Nanofiltration • Fällung
Entfernung von **Carbonat/Hydrogencarbonat** (Entcarbonisierung)	• Dosierung von Säure • Fällung
Entfernung von **Säuren** (Entsäuerung)	• Reaktionsfiltration • Dosierung von Laugen • Gasaustausch
Entfernung von **Halogenkohlenwasserstoffen**	• Gasaustausch (Strippen) • Adsorption
Entfernung von **Huminstoffen**	• Flockung und Filtration • Biologischer Abbau (nach Ozonung) • Adsorption
Entfernung von **Kohlenwasserstoffen**	• Adsorption • Gasaustausch • Biologischer Abbau • Ggf. zusätzlich Ozonung
Entfernung von **Nickel**	• Fällung • Ionenaustausch • Adsorption (an MnO_2)
Entfernung von **Nitrat**	• Ionenaustausch • Umkehrosmose
Entfernung von **Trübstoffen** (Partikelentfernung)	• Ggf. Vorbehandlung: Flockung, Sedimentation, Flotation • Schnellfiltration • Langsamfiltration • Untergrundpassage (künstliche Grundwasseranreicherung und Uferfiltration) • Mikrofiltration • Ultrafiltration • Feinfiltration
Entfernung von **Xenobiotika** (z.B. Pharmaka, Pestizide, Konservierungsmittel)	• Adsorption • Oxidation bzw. weitergehende Oxidation (AOP)
Entfernung von **Sulfat**	• Ionenaustausch • Nanofiltration • Umkehrosmose
Entfernung von **Uran**	• Ionenaustausch • Adsorption

Aus den Anforderungen an die Trinkwasserqualität und aus der Forderung, dass hygienisch einwandfreies Trinkwasser jederzeit in ausreichender Menge und zu sozialverträglichen Preisen verfügbar sein muss, ergeben sich einige Vorgaben für die in Frage kommenden Aufbereitungsprozesse:

- Die Prozesse müssen große Volumenströme erlauben.
- Die Prozesse müssen möglichst stabil sein im Hinblick auf Rohwasserbeschaffenheit und Durchsatzänderungen.
- Vielfach sollen Prozesse möglichst selektiv sein und nur auf den Stoff einwirken, dessen Konzentration beeinflusst werden soll. Andererseits kann auch ein möglichst breites Wirkungsspektrum erwünscht sein, was insbesondere bei der Flusswasseraufbereitung bedeutsam ist.
- Die Aufbereitungsprozesse sollen möglichst eigensicher sein, d. h., auch nicht erkannte Störungen sollen die Trinkwasserqualität nicht unzulässig beeinflussen können.
- Der Wirkungsgrad der Verfahren soll möglichst hoch sein, um mit geringem Aufwand das Aufbereitungsziel erreichen zu können.
- Unerwünschte Auswirkungen auf die Wasserqualität, z.B. durch Bildung von Nebenreaktionsprodukten, sollen möglichst gering sein.
- Die Aufbereitungsprozesse sollen rückstandsfrei oder rückstandsarm sein und unvermeidbar anfallende Rückstände sollen sich verwerten bzw. leicht beseitigen lassen.
- Die Aufbereitungsprozesse sollen automatisierbar sein und nur einen geringen Personaleinsatz erfordern.
- Der Investitions- und Betriebsaufwand sollen möglichst niedrig sein und sich auf den Wasserpreis nur gering auswirken.
- Die Aufbereitungsprozesse dürfen keine Werkstoffe und Materialien erfordern, von denen eine Beeinträchtigung der Trinkwasserqualität ausgeht.
- Die Prozesse müssen mit den für die Wasseraufbereitung zugelassenen Aufbereitungsstoffen auskommen; die zulässigen Verwendungszwecke und Dosiermengen sowie die zulässigen Restgehalte müssen beachtet werden (Liste der Aufbereitungsstoffe und Desinfektionsverfahren gemäß § 11 Trinkwasserverordnung in *Kap. 3.A.2 Trinkwasserverordnung – TrinkwV 2001*).

Es ist die Aufgabe von erfahrenen Fachleuten, die in Frage kommenden Aufbereitungsverfahren unter Beachtung der lokalen Randbedingungen, insbesondere der vorhandenen Rohwasserqualität und der angestrebten Trinkwasserbeschaffenheit, unter Abwägung der Vor- und Nachteile der einzelnen Verfahren auszuwählen. Sehr häufig sind für die endgültige Festlegung des am besten geeigneten Verfahrens umfangreiche Voruntersuchungen und halbtechnische Versuche erforderlich.

4.3 Rohwasser

Für die Trinkwasserversorgung stehen Grundwässer und Oberflächenwässer zur Verfügung, die unterschiedliche Anforderungen an eine Wasseraufbereitung stellen.

Grundwässer

Grundwässer aus Porengrundwasserleitern mit Deckschichten sind bei ausreichend langer Verweilzeit des Wassers im Untergrund mikrobiologisch meist einwandfrei. Die Konzentration an hygienisch relevanten chemischen Stoffen liegt – von geogenen Besonderheiten abgesehen – in aller Regel deutlich unter den gesundheitsrelevanten Werten. Solche Wässer bedürfen, wenn überhaupt, nur einer Aufbereitung aus technischen Gründen (vor allem: Enteisenung/Entmanganung, Entsäuerung, Enthärtung).

Die Erfahrungen der letzten Jahrzehnte haben jedoch gezeigt, dass viele Grundwässer inzwischen auch anthropogen beeinflusst werden (Beispiele: Düngemittel, Pestizide, Halogenkohlenwasserstoffe, MTBE als Benzinadditiv, Aluminium und Schwermetalle in Folge Versauerung der Böden), so dass auch hier komplexere Aufbereitungsmaßnahmen erforderlich sein können oder auf andere Wasserressourcen ausgewichen wird.

Oberflächenwässer, Quellwässer

In Oberflächengewässern ist stets mit dem Vorhandensein von Krankheitserregern zu rechnen. Sie müssen deshalb immer aufbereitet werden. Eine Desinfektion ist im Rahmen der Aufbereitung zwingend erforderlich. Partikuläre Stoffe treten in unterschiedlichen, stark variierenden Konzentrationen auf. Obligatorischer Bestandteil der Aufbereitung ist deshalb eine Verfahrensstufe zur Partikelabtrennung als notwendige Voraussetzung für eine wirksame Desinfektion. Karst-, Kluft- und Quellwässer, bei denen sich hydrologische Ereignisse unmittelbar auf den Partikelgehalt auswirken, sind hinsichtlich ihrer mikrobiologischen Gefährdung wie Oberflächenwässer zu betrachten.

Bei Oberflächenwässern ist zwischen stehenden Gewässern (Trinkwassertalsperren und Seen) und Fließgewässern zu unterscheiden. Die Verhältnisse im Einzugsgebiet von Trinkwassertalsperren sind im Allgemeinen überschaubar, unvorhersehbare Einflüsse auf die Rohwasserqualität sind nur bedingt möglich. Die Aufbereitung von Wasser aus nährstoffarmen Talsperren kann sich deshalb in der Regel auf eine Partikelentfernung und eine Desinfektion beschränken, nur zeitweise treten erhöhte Konzentrationen von Eisen und Mangan auf, die häufig zusammen mit den Partikeln in einer Aufbereitungsstufe aus dem Rohwasser abgetrennt werden können. Bei nährstoffbelasteten Seen und Talsperren ist wegen der möglichen Massenentwicklung von Algen eine mehrstufige Aufbereitung erforderlich – z.B. Mikrosiebung, Ozonung, Flockung, Filtration, Adsorption und Desinfektion.

Flusswasser

Flusswasser ist immer als mit Krankheitserregern und anthropogenen Stoffen in stark schwankenden Konzentrationen belastet zu bewerten; Störfälle mit kurzzeitig massiven Kontaminationen können nicht ausgeschlossen werden, worauf sich die Wassergewinnung und -aufbereitung einzustellen hat. Eine Untergrundpassage (Uferfiltration oder künstliche Grundwasseranreicherung) ist in Deutschland bei der Flusswassernutzung der Regelfall und schützt das Trinkwasser zuverlässig vor unmittelbaren Gefahren aufgrund von Rohwasserbelastungen. Chemische Belastungen des Flusswassers können durch eine Vielzahl von Stoffen gegeben sein, die gewöhnlich aber nur in geringen Konzentrationen auftreten. Es muss damit gerechnet werden, dass alle biologisch schwer abbaubaren und in größerem Umfang produzierten und angewandten Chemikalien auch (irgendwann) in den Fließgewässern auftreten.

Die zur Verfügung stehenden Aufbereitungsverfahren weisen für einige Stoffe in den relevanten, unter Umständen sehr niedrigen Konzentrationsbereichen nur eine beschränkte Wirksamkeit auf, insbesondere gilt dies für persistente polare organische Substanzen. Aus Sicht der öffentlichen Wasserversorgung ist deshalb zu fordern, dass solche auch als „trinkwasserrelevant" bezeichneten Stoffe erst gar nicht in das Rohwasser gelangen.

4.4 Standardverfahren der Wasseraufbereitung

4.4.1 Flockung

Die Flockung ist ein Prozess, um im Wasser stabil suspendierte Partikel oder kolloidale Stoffe in eine abtrennbare Form zu bringen. Die Stabilität von wässrigen Suspensionen beruht vor allem auf dem kleinen Durchmesser der suspendierten Partikel (siehe *Abb. 4.3*) und auf ihrer gleichsinnigen, meist negativen elektrischen Oberflächenladung. Aufgabe der Flockung ist es, diese Oberflächenladungen zu neutralisieren und damit eine Zusammenlagerung und Abtrennung zu ermöglichen. Außerdem sollen kleine Partikel in größere Aggregate eingebunden werden, so dass sie mit diesen zusammen aus dem Wasser entfernt werden können. Beides gelingt unter bestimmten Voraussetzungen durch Zugabe von Aluminium- oder Eisen(III)-Salzen (Flockungsmittel), die mit dem Wasser zu voluminösen festen Oxidhydraten reagieren, die dann als Flocken in Erscheinung treten.

Der Flockungsprozess kann in verschiedene Teilschritte zerlegt werden (siehe *Abb. 4.2*).

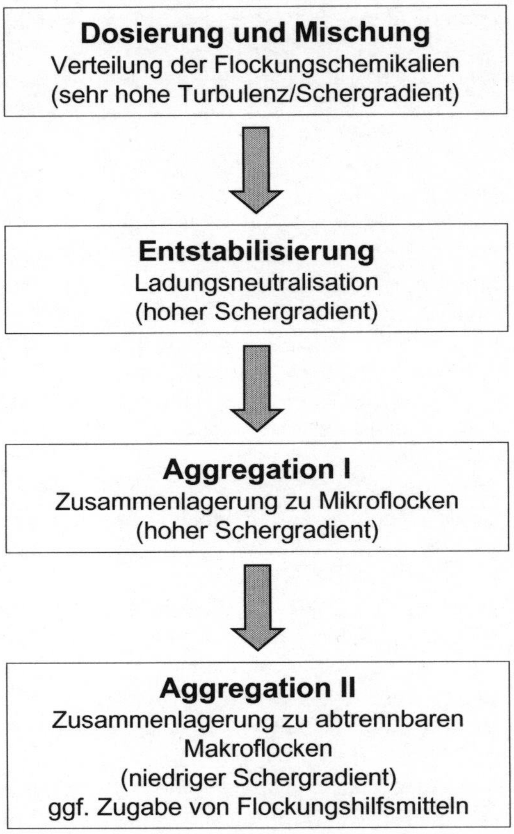

Dosierung und Mischung
Verteilung der Flockungschemikalien
(sehr hohe Turbulenz/Schergradient)

Entstabilisierung
Ladungsneutralisation
(hoher Schergradient)

Aggregation I
Zusammenlagerung zu Mikroflocken
(hoher Schergradient)

Aggregation II
Zusammenlagerung zu abtrennbaren Makroflocken
(niedriger Schergradient)
ggf. Zugabe von Flockungshilfsmitteln

Abb. 4.2: Teilschritte bei der Flockung

Zunächst muss die Dosierung und rasche Einmischung der Flockungsmittel erfolgen, so dass diese schnell in die unmittelbare Nähe der zu flockenden Teilchen gelangen (Schritt 1: Dosierung und Mischung). In der zweiten Phase werden die Teilchen in eine zusammenlagerungsfähige Form gebracht, u.a. durch Neutralisation ihrer gleichsinnigen elektrischen Oberflächenladungen (Entstabilisierung). Nach der Entstabilisierung muss dafür gesorgt werden, dass die Teilchen möglichst häufig miteinander und mit den bereits gebildeten Flocken in Kontakt kommen, um ein weiteres Wachstum der Agglomerate und eine Einbindung in die Flocken zu ermöglichen (Flockenbildungsphase, Aggregation). In modernen Flockungsanlagen wird eine getrennte Optimierung der einzelnen Phasen, insbesondere hinsichtlich der hydraulischen Randbedingungen (Energieeintrag/Schergefälle) angestrebt. Flockungshilfsmittel, in der Regel synthetische Polymere, können in der Aggregationsphase verwendet werden, um die mechanische Festigkeit der Flocken zu erhöhen.

Die Einmischung der Flockungsmittel und die Entstabilisierung können in Rohrleitungen und offenen Gerinnen an Stellen mit hoher Turbulenz oder in speziellen Mischkammern erfolgen. Für die Flockenbildung (Aggregation) werden die unterschiedlichsten Reaktoren genutzt. Häufig sind Rohrstrecken (Rohrflockung) oder Becken mit Rührwerken, bei denen im Gegensatz zu Rohrstrecken ein dosierter und abgestufter Energieeintrag weitgehend unabhängig vom Durchsatz möglich ist. Bei hohen Feststoffbelastungen werden auch spezielle Apparate (so genannte „-atoren") mit Schlammschwebeschichten und Schlammrückführung verwendet.

Alle Maßnahmen zur Optimierung der Flockung müssen die nachfolgenden Schritte zur Flockenabtrennung durch Sedimentation und/oder Filtration berücksichtigen.

Die Grundlagen der Flockung sind im W 217 beschrieben. W 218 behandelt Flockungstestverfahren. W 219 beschreibt die Anwendung von polymeren Flockungshilfsmitteln und W 220 die Anwendung von Aluminiumverbindungen als Flockungsmittel und die Entfernung von Aluminium bei der Wasseraufbereitung.

4.4.2 Sedimentation

Unter Sedimentation wird das Absetzen von suspendierten Stoffen aus dem Wasser infolge der Schwerkraft verstanden. Genügend große Partikel mit einer Dichte größer als die des Wassers setzen sich bei genügend langen Aufenthaltszeiten in einem Becken ab. Eine praktische Begrenzung ergibt sich aus den geringen Absetzgeschwindigkeiten kleiner Teilchen (siehe *Abb. 4.3*), weshalb in der Regel vorher eine Flockung erfolgt.

Die Sedimentation erfolgt in rechteckigen oder runden Becken. In modernen Sedimentationseinrichtungen sind Platten schräg in die Sedimentationsbecken eingebaut (so genannte Lamellen-Separatoren oder Parallelplattenabscheider). Dadurch lässt sich eine beträchtliche Verringerung der für eine ausreichende Abscheidung erforderlichen Beckenoberflächen und Aufenthaltszeiten erreichen.

Die Sedimentation wird in der Trinkwasseraufbereitung vor allem zur Flockenabtrennung sowie zur Behandlung von Filterspülwässern eingesetzt.

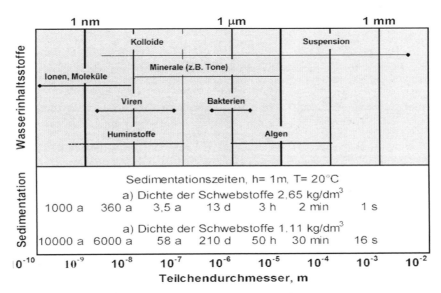

Abb. 4.3:   Berechnete Sedimentationszeiten von Wasserinhaltsstoffen (nach W 217)

4.4.3   Filtration (W 213 Teile 1 bis 6)

Als Filtration wird in der Wasseraufbereitung im weitesten Sinne ein Prozess bezeichnet, bei dem Wasser ein poröses Medium (Filtermedium) durchströmt und sich dabei die Konzentration von Wasserinhaltsstoffen ändert. Im engeren Sinne bezieht sich der Begriff aber nur auf die Konzentrationsabnahme von Partikeln oder Trübstoffen.

Unterschieden wird zwischen Oberflächen- und Tiefenfiltration, je nachdem, ob die Partikelabscheidung bevorzugt an der Oberfläche des Filtermediums oder in dessen Porenräumen erfolgt.

Als Filtermedien werden Schüttungen aus gekörnten Materialien (bei Schnell- und Langsamfiltration) oder poröse Membranen verwendet (Membranfiltration), in Sonderfällen auch andere (z.B. Filterkerzen, Filterkartuschen).

4.4.3.1 Schnellfiltration

Die Schnellfiltration ist dadurch gekennzeichnet, dass die Filter mit vergleichsweise großen Filtergeschwindigkeiten betrieben werden und die Filterreinigung durch Spülung mit Wasser (und ggf. Luft) entgegen der Filtrationsrichtung mit Hilfe fest installierter Spüleinrichtungen erfolgt.

Bei der Schnellfiltration strebt man eine Abtrennung der Partikel in den Porenräumen des Filtermediums, vielfach Quarzsand, an (Tiefenfiltration). Es werden auch Partikel abgetrennt, die sehr viel kleiner als der Porendurchmesser des Filtermediums sind. Die ungefähren Größenverhältnisse zwischen Filterkorn, Porenweite und Größe der abzutrennenden Partikel sind im folgenden Bild dargestellt.

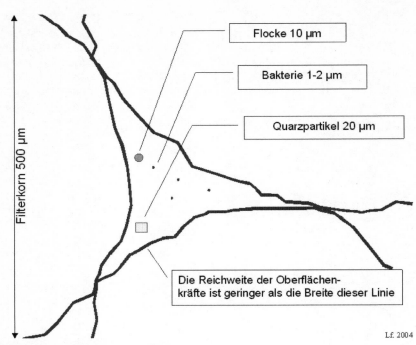

Abb. 4.4: Ungefähre Größenverhältnisse am Filterkorn

Verantwortlich für die Haftung der Partikel am Filterkorn sind Kräfte mit sehr kurzer Reichweite (van-der-Waalsche Kräfte, elektrostatische Wechselwirkungen). Diese Kräfte müssen so groß sein, dass die bei der Durchströmung angreifenden Scherkräfte die Partikel nicht wieder vom Korn lösen können. Sie dürfen andererseits nicht so groß sein, dass eine Ablösung der Partikel bei der Filterreinigung (Spülung) nicht mehr gelingt. Die Haftung kann beeinflusst werden durch gezielte Veränderung der Partikeleigenschaften (z.B. durch Flockung) und Veränderung der Korneigenschaften (Konditionierung mit Chemikalien/Filterhilfsmittel, Materialauswahl).

Zu Beginn der Filtration erfolgt die Partikelabtrennung bevorzugt in den oberen Schichten des Filtermediums. Mit zunehmender Beladung verengen sich die Poren, die Durchflussgeschwindigkeit nimmt zu, was zur Ablösung bereits abgeschiedener Partikel führt. Wenn sich Ablagerungsgeschwindigkeit und Ablösegeschwindigkeit die Waage halten, ist die maximal mögliche Beladung einer Filterschicht erreicht.

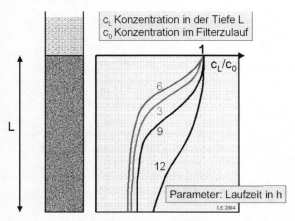

Abb. 4.5: Konzentrationsverlauf über die Filterbetttiefe (schematisch)

Die Filtratqualität ist am Anfang des Filtrationsprozesses relativ schlecht. Mit zunehmender Beladung verbessert sie sich, bleibt dann geraume Zeit konstant und verschlechtert sich dann wieder. Wenn Partikel in unzulässig hohen Konzentrationen im Filterablauf auftauchen, wird von Filterdurchbruch gesprochen. Die Änderung der Partikelkonzentration ist schematisch zusammen mit der Entwicklung des Druckverlustes (Filterwiderstand) in Abhängigkeit von der Filterlaufzeit im *Abb. 4.6* beispielhaft dargestellt.

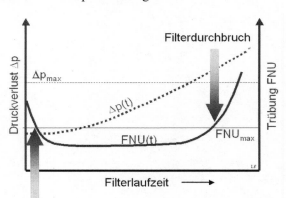

Bis hierhin ggf. Erstfiltratableitung

Abb. 4.6: Trübungs- und Druckverlauf in einem Schnellfilter

Wenn der Filterwiderstand den maximal zulässigen Wert erreicht hat oder ein Filterdurchbruch droht, muss der Filter außer Betrieb genommen und gereinigt werden. Dies geschieht durch Spülung entgegen der Filtrationsrichtung mit Wasser und/oder Luft. Mit der Spülung sollen Ablagerungen vom Filterkorn gelöst, Verbackungen des Filtermateriales beseitigt und die abgelösten oder in den Porenräumen abgelagerten Feststoffe sowie ausgeschiedene Gase aus dem Filter ausgetragen werden. Üblicherweise wird zunächst mit Luft gespült, um Verbackungen aufzubrechen. Anschließend erfolgt eine kombinierte Luft/Wasser-Spülung, bei der eine intensive Reibung der Filterkörner auftritt und anhaftende Partikel abgelöst werden. Die anschließende Wasserspülung (Klarspülung) hat den Zweck, Feststoffe und Gase aus dem Filter auszutragen.

Die Leistungsfähigkeit von Schnellfiltern lässt sich durch eine so genannte Mehrschichtfiltration beträchtlich erhöhen. Dabei wird das Filterbett aus Schichten unterschiedlicher Materialien mit unterschiedlichen Körnungen und Dichten aufgebaut. Die oberste Schicht weist die gröbste Körnung auf, die unterste die feinste. Größere Partikel werden bevorzugt in den oberen Schichten zurückgehalten; kleinere Partikel in den unteren. Die Aufnahmekapazität des Filtermediums für Feststoffe wird dadurch insgesamt vergrößert, gleichzeitig vermindert sich dadurch auch der Gesamtfilterwiderstand. Größere Filtergeschwindigkeiten und längere Filterlaufzeiten werden ermöglicht. Bei Mehrschichtfiltern müssen die verschiedenen Materialien hinsichtlich ihrer Körnungen und ihrer Dichten sehr sorgfältig aufeinander abgestimmt werden, damit

sich nach einer Filterspülung die ursprüngliche Lagerung der Schichten wieder herstellt.

Übliche Anwendungsfälle für die Schnellfiltration sind:
- Entfernung mineralischer Partikel aus dem Rohwasser,
- Entfernung von organischen Partikeln und Kolloiden, z.B. Huminstoffe,
- Entfernung von Mikroorganismen, z.B. Algen, Zooplankton, Krankheitserreger,
- Abtrennung von Partikeln, die bei vorhergehenden Aufbereitungsschritten erzeugt wurden, z.B. Calciumcarbonat, Eisenhydroxide.

Schnellfilter werden auch zur Adsorption (Festbettadsorber) und als Festbettreaktoren eingesetzt.

In *Tab. 4.2* sind einige charakteristische Merkmale der Schnellfiltration zusammengestellt. Der prinzipielle Aufbau eines offenen Schwerkraftfilters ist in *Abb. 4.7* schematisch dargestellt. *Abb. 4.8* zeigt den Aufbau eines geschlossenen Filters, der unter Druck betrieben werden kann.

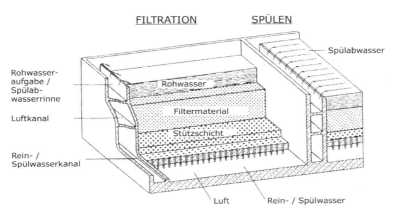

Abb. 4.7: Schematischer Aufbau eines offenen Schnellfilters (Heymann in [DVGW, 1987])

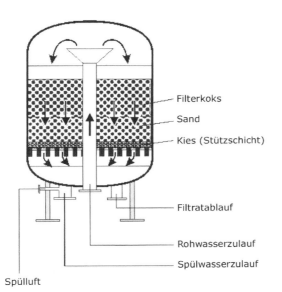

Abb. 4.8: Schematischer Aufbau eines geschlossenen Schnellfilters (Nahrstedt und Gimbel in [DVGW Bd. 6, 2004])

Tab. 4.2: Typische Merkmale von Schnellfiltern zur Partikelelimination

Merkmal	Beschreibung
Filterfläche	bis 100 m^2
Filtergeschwindigkeit	3–30 m/h (über 15 m/h nur noch bedingt geeignet)
Filtermaterial	Quarzsand (in Mehrschichtfiltern auch andere) Körnung 0,5–5 mm Ungleichförmigkeitsgrad < 1,5
Filterschichthöhe	1–3 m
Überstau/Vordruck	bis 0,5 bar
Laufzeit	10–150 h
Reinigung	Spülung entgegen der Filtrationsrichtung

Filtermaterialien

Die zur Schnellfiltration eingesetzten Filtermaterialien müssen mechanisch beständig sein, um den Belastungen bei der Filterspülung standhalten zu können, und sie dürfen keine unerwünschten Stoffe an das Wasser abgeben. Das am häufigsten verwendete Filtermaterial ist Quarzsand mit definierter Korngrößenverteilung. In Mehrschichtfiltern werden zusätzlich Basalt, Anthrazit, Bims, Blähton, Aktivkohle und andere Materialien zum Aufbau von Filterschichten eingesetzt.

4.4.3.2 Langsamfiltration

Die Langsamfiltration ist dadurch gekennzeichnet, dass nicht spülbare Filter mit großen Oberflächen und geringen Filtergeschwindigkeiten verwendet werden. Das Filtermedium besteht aus natürlichem Sand.

Die Wirksamkeit der Langsamfiltration im Hinblick auf die Entfernung auch kleiner Partikel ist vor allem auf die Bildung einer biologisch aktiven Schicht (biologischer Rasen, „Schmutzdecke") in den ersten Zentimetern des Filtermediums zurückzuführen. Diese Schicht besteht aus Algen, Pilzen, Bakterien und anderen Mikroorganismen sowie sedimentierten und abfiltrierten organischen und anorganischen Materialien. Partikel werden bevorzugt in dieser Schicht zurückgehalten, d.h. die Langsamfiltration ist im Wesentlichen eine Oberflächenfiltration. Damit die volle Filterwirksamkeit gegeben ist, muss eine Einarbeitung des Filters erfolgen, damit sich der biologische Rasen ausbilden kann.

Neben der Partikelabtrennung laufen in der biologisch aktiven Schicht noch weitere sehr komplexe Vorgänge ab. Mit der Langsamfiltration können deshalb neben der mechanischen Partikeleliminierung noch weitere Aufbereitungsziele erreicht werden, u.a.:

- Mineralisierung von leicht abbaubaren organischen Substanzen,
- Oxidation von Ammonium und Nitrit,
- adsorptive Entfernung von Stoffen.

Langsamfilter werden meist als offene Beton- oder Erdbecken ausgeführt, die mit Sand gefüllt werden (siehe *Abb. 4.9*). In der Sohle eines Langsamfilters befindet sich ein Dränagesystem, das eine kontrollierte Ableitung des Filtrats gestattet. Diese kontrollierte Ableitung und der ständige Überstau des Filters unterscheidet diese Langsamfilter von Versickerungsbecken, in denen prinzipiell ähnliche Vorgänge ablaufen und die häufig, nicht ganz korrekt, ebenfalls als Langsamfilter bezeichnet werden. Um das Eindringen von Sand in das Dränagesystem zu verhindern, ist über diesem eine Stützschicht aus Kies erforderlich.

Bei Inbetriebnahme eines Langsamfilters muss das anfallende Filtrat zunächst abgeleitet werden bis zur Ausbildung einer ausreichend aktiven biologischen Schicht. Dies kann unter Umständen mehrere Wochen dauern. Im Filterbetrieb wächst durch die zunehmende Beladung der Filterwiderstand, was einen abnehmenden Durchsatz zur Folge hat. Wenn unzulässige Werte erreicht werden, muss der Filter außer Betrieb genommen und die oberste Schicht (mehrere Zentimeter) per Hand oder maschinell abgeschält werden. Der Sand kann dann in speziellen Wascheinrichtungen gereinigt und später wieder verwendet werden. Dieses Abschälen kann mehrfach erfolgen, ohne dass Filtermaterial nachgefüllt werden muss.

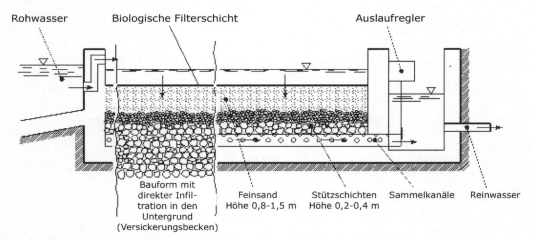

Abb. 4.9:   Schematischer Aufbau eines Langsamfilters (Hobby in [DVGW Bd. 6, 2004])

Typische Merkmale von Langsamfiltern sind in *Tab. 4.3* zusammengefasst.

Tab. 4.3: Typische Merkmale von Langsamfiltern

Merkmal	Beschreibung
Filterfläche	bis 10 000 m^2
Filtergeschwindigkeit	bis 15 m pro Tag
Filtermaterial	üblicherweise Körnung < 2,5 mm natürlicher Sand (ohne Spezifikation hinsichtlich Ungleichförmigkeit)
Filterschichthöhe	etwa 1 m mit Stützschicht
Überstau	bis 1–1,5 m
Laufzeit	Wochen bis Monate
Reinigung	Abtragen der obersten Sandschicht

Wegen des sehr hohen Platzbedarfs der Langsamfilter werden sie heute nicht mehr gebaut. In Fällen, in denen Langsamfilter vorhanden sind und das Gelände nicht anderweitig benötigt wird, werden sie gern weiterbetrieben, da sie wirksam im Rückhalt von Spurenstoffen wie auch Schwermetallen sind und den Keimgehalt des Wassers senken.

4.4.3.3 Membranfiltration (Ultra- und Mikrofiltration)

Ultra- und Mikrofiltration sind die Membranverfahren, die als Filtrationsverfahren zur Partikelentfernung eingesetzt werden. Das Prinzip der Mikro- und Ultrafiltration beruht auf dem Rückhalt partikulärer Wasserinhaltsstoffe beim Durchtritt von Wasser durch die Poren einer Membran, wobei eine Druckdifferenz zwischen 0,1 bar und 2 bar erforderlich ist. Bei der Ultrafiltration werden Partikel mit Durchmessern bis unter 0,01 µm, bei der Mikrofiltration bis zu 0,1 µm entfernt.

Diese Membranen können symmetrisch oder asymmetrisch aufgebaut sein. Bei symmetrischen Membranen wirkt die gesamte Membrandicke als Trennschicht. Sie besteht aus einem einheitlichen Material. Asymmetrische Membranen weisen eine dünne Trennschicht auf einer darunter liegenden porösen Stützschicht auf.

In der Wasseraufbereitung werden bislang bevorzugt Kapillarmembranen (Hohlfasermembranen) mit Außendurchmesser zwischen 0,5 und 2,5 mm verwendet, die je nach Porenverteilung unterschiedliche Rückhaltegrade aufweisen. Die Rückhaltung ist der von der Membran zurückgehaltener Anteil einer bestimmten Art von Wasserinhaltsstoffen; z.B. Partikel einer bestimmten Größe (bspw. spezielle Viren oder Cryptosporidien). Die Rückhaltung wird in % bzw. Log-Stufen angegeben. Als Membranmaterial werden sowohl organische (z.B. Polyethersulfon, Polyvinylidenfluorid) als auch anorganische Stoffe (z.B. Keramik) verwendet.

Die Membranen sind in so genannten Modulen zusammengefasst. Diese Module sind anschlussfertige, funktionsfähige Einheiten aus einem oder mehreren Membranelementen. Einzelne Module der gleichen Art können parallel oder hintereinander geschaltet zu Membranblöcken kombiniert werden. Entsprechend sind Membranfiltrationsanlagen an geänderte Rahmenbedingungen, z.B. Trübstoffbelastung, Wasserdurchsatz, gut anpassbar. *Abb. 4.10* zeigt eine Ultrafiltrationsanlage mit Hohlfasermembranen; zu erkennen ist der kompakte, modulare Aufbau.

Zu unterscheiden sind zwei unterschiedliche Betriebsarten: Cross-Flow-Betrieb und Dead-End-Betrieb. Im Cross-Flow-Modus wird nur eine Teilmenge des Wassers durch die Membranen filtriert, das nicht filtrierte Wasser wird rezirkuliert. Durch die membranparallele Überströmung werden an der Membranoberfläche Scherkräfte verursacht, die eine Belagbildung einschränken, was besonders bei recht trübstoffhaltigen Wässern günstig sein kann. Im Dead-End-Modus wird das gesamte Wasser filtriert, was zur Folge hat, dass die Membranen wesentlich häufiger gereinigt werden müssen.

Die üblichen Hohlfasermembranen können entweder von innen mit dem aufzubereitenden Wasser beaufschlagt werden oder von außen. Die Filtratabfuhr erfolgt dann jeweils von der Faseraußenseite bzw. der -innenseite.

Abb. 4.10: Ultrafiltrationsanlage in einem Wasserwerk

Durch Belagbildung an den Membranoberflächen erhöht sich im Betrieb der Filtrationswiderstand, was sich im Anstieg des Transmembrandrucks zeigt. Wenn ein festgelegter Grenzwert für den erlaubten Differenzdruck erreicht ist, muss eine Reinigung der Membranen erfolgen. Dies geschieht durch regelmäßige Spülung (häufig etwa stündlich) bei erhöhtem Druck mit filtriertem Wasser und/oder Luft entgegen der Filtrationsrichtung. Zur Entfernung von Ablagerungen, die durch die regelmäßigen Spülungen mit Filtrat nicht entfernt werden können, müssen Spülungen unter Zugabe von Chemikalien (CEB-Chemically Enhanced Backwash) und/oder chemische Reinigungen (CIP-Cleaning in Place) der Membranen vorgenommen werden. (siehe *Abb. 4.11*). Bei den CEB-Spülungen werden üblicherweise mineralische Säuren und Laugen jeweils im Wechsel eingesetzt. Zur Entfernung von anorganischen Belägen werden üblicherweise Säuren, zur Entfernung von organischen Belägen Laugen und/oder Desinfektionsmittel verwendet.

Der DVGW hat mit der Wasser-Information W 70 einen Leitfaden für Spülung, Reinigung und Desinfektion von Ultra- und Mikrofiltrationsanlagen zur Wasseraufbereitung herausgegeben. Zur Überwachung der Integrität (Intaktheit) von Membranfiltrationsanlagen werden empfindliche Messmethoden eingesetzt, die durch direkte Messung (Konzentration an partikulären Wasserinhaltsstoffen) oder indirekte Messung (Druckverlust, Wasserverdrängung, Luftblasen) Defekte an der Membran erkennen lassen. Die Verfahren werden unterteilt in Tests, die nur zur Überwachung der Integrität dienen (Wasserverdrängung, Blasentest), und solche, die es darüber hinaus ermöglichen, die Rückhaltung zu ermitteln (Trübung, Partikel, Spiking, Druckhaltetest, Mikrobiologie). Bei den Verfahren unterscheidet man ferner in kontinuierliche und diskontinuierliche Verfahren. Kontinuierliche Testverfahren überwachen permanent, diskontinuierliche Testverfahren überwachen in zeitlich mehr oder weniger großen Abständen. Näheres siehe Wasser-Iinformation W 71.

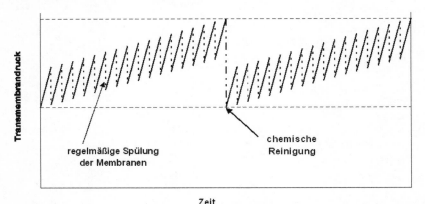

Abb. 4.11: Transmembrandruck in Abhängigkeit von der Betriebszeit einer Ultrafiltrations-Anlage (W 213-5)

4.4.4 Adsorption

Unter Adsorption wird die Anlagerung von gelösten Stoffen an feste Oberflächen verstanden, wobei die Haftkräfte überwiegend physikalischer Natur sind (van-der-Waalsche Kräfte, elektrostatische Wechselwirkungen). Einige wesentliche Begriffe der Adsorption sind im Folgenden zusammengestellt.

Adsorptionsgleichgewicht

Die Adsorption ist ein Gleichgewichtsvorgang, der durch so genannte Adsorptionsisothermen beschrieben werden kann. Eine Adsorptionsisotherme gibt bei konstanter Temperatur (daher der Name) den Zusammenhang zwischen der Konzentration des zu adsorbierenden Stoffes in der Lösung (Sorptiv) und der damit im Gleichgewicht stehenden, am Feststoff (Sorbens) adsorbierten Menge des Stoffes (Beladung) an. Für Aktivkohle als hauptsächlich eingesetztes Sorbens kann der Zusammenhang in der Regel durch die Freundlich-Isotherme beschrieben werden (siehe *Abb. 4.12*).

Zu beachten ist, dass im Wasser immer Stoffgemische mit unterschiedlichen Eigenschaften vorliegen. Die einzelnen Stoffe konkurrieren um die zur Verfügung stehenden Adsorptionsplätze. Durch diese Adsorptionskonkurrenz wird die Adsorptionskapazität für das einzelne Sorptiv verringert.

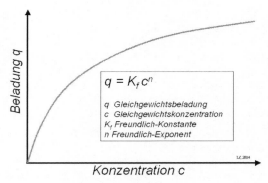

Abb. 4.12: Freundlich-Isotherme

$$q = K_f c^n$$

q Gleichgewichtsbeladung
c Gleichgewichtskonzentration
K_f Freundlich-Konstante
n Freundlich-Exponent

Adsorptionsgeschwindigkeit

Entscheidend für die technische Anwendbarkeit von Adsorptionsverfahren zur Entfernung bestimmter Stoffe (vorausgesetzt sie lassen sich überhaupt durch Adsorption entfernen) ist häufig ihre Adsorptionsgeschwindigkeit. Die Stoffe müssen nämlich aus dem Wasser sehr nah an die Adsorptionsplätze transportiert werden, weil die für die Adsorption verantwortlichen Kräfte nur eine sehr kurze Reichweite haben. Dabei ist zwischen dem hydraulischen Transport aus der freien Lösung an die Phasengrenzschicht und dem diffusionskontrollierten Transport durch den Flüssigkeitsfilm am Aktivkohlekorn und in die inneren Porenräume zu unterscheiden. Geschwindigkeitsbestimmend sind Film- und Porendiffusion.

Aktivkohle

Das in der Wasseraufbereitung häufigste Sorbens ist Aktivkohle. Die Aktivkohlefiltration wird in Deutschland vor allem bei der Aufbereitung belasteter Aberflächenwässer und Uferfiltrate eingesetzt. Sie wurde eingeführt zur allgemeinen Absenkung von organischen Belastungen und zur Verbesserung von Geruch und Geschmack und Farbe des Wassers. Weiterhin wird Aktivkohle bei der Aufbereitung von Grundwasser eingesetzt, hier vor allem zur gezielten Entfernung anthropogener Einzelstoffe, z. B. Halogenkohlenwasserstoffe. Sie wird aus Kohlen und kohlenstoffhaltigen Materialien (z.B. Holzkohle, Steinkohle, Kokosnussschalen) durch thermische Behandlung hergestellt.

Durch Verkokung und Oxidation mit Wasserdampf werden feine Poren gebildet, d.h., es wird eine große innere Oberfläche geschaffen, an der Stoffe adsorbieren können. Entscheidend ist dabei der Anteil so genannter Mikroporen mit Porendurchmessern um 1 Nanometer. Ausgangsmaterial und Art der Herstellung (Aktivierung) bestimmen die Eigenschaften, die das Adsorptionsverhalten beeinflussen. Zur Beurteilung von Aktivkohlen siehe DVGW W 239.

Aktivkohle wird in gekörnter Form in Schnellfiltern (Festbettadsorbern) eingesetzt. Im Betrieb bilden sich im Filter aufgrund kinetischer Effekte Adsorptionszonen aus, in denen sich die Konzentration der Sorptive ändert (*Abb. 4.13*).

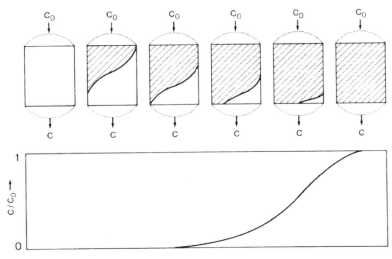

Abb. 4.13: Adsorptionszonen in einem Aktivkohlefilter und Durchbruchskurve (Sontheimer in [DVGW, 1987]).

In der Anfangsphase geht sie in der Adsorptionszone von der Ausgangskonzentration auf nahezu Null zurück. Je schlechter die Adsorptionskinetik eines Stoffes ist, umso größer ist die jeweilige Adsorptionszone. Die Adsorptionszonen wandern mit zunehmender Betriebszeit durch den Filter, bis die betreffenden Stoffe im Filterablauf auftreten). Dies ist bei schlecht adsorbierbaren Stoffen früher der Fall als bei gut adsorbierbaren. Ist die Adsorptionskapazität erschöpft, lässt sich Kornaktivkohle durch thermische Behandlung im Allgemeinen weitgehend wieder in den ursprünglichen Zustand zurückversetzen (Reaktivierung).

Von großer praktischer Bedeutung bei der Entfernung von Spurenstoffen ist die so genannte Vorbeladung der Aktivkohle durch natürliche organische Substanzen (Huminstoffe). Huminstoffe wandern aufgrund ihrer schlechten Adsorptionskinetik sehr schnell in die unteren Filterschichten, belegen dort Adsorptionsplätze und verringern dadurch die Adsorptionskapazität für die eigentlich zu entfernenden Spurenstoffe. Von Bedeutung ist auch der so genannte Chromatographieeffekt in Filtern. Gut adsorbierbare Stoffe verdrängen schlechter adsorbierbare von den Adsorptionsplätzen, so dass diese im Filterablauf sogar in höheren Konzentrationen als im Zulauf auftreten können.

Kornaktivkohle stellt ein geradezu ideales Besiedlungsmedium für Mikroorganismen dar, so dass in Festbettadsorbern praktisch immer auch biologische Prozesse ablaufen, insbesondere der Abbau organischer Substanzen.

Die wichtigsten Grundsätze für Planung und Betrieb von Aktivkohlefilteranlagen sind in DVGW W 239 aufgeführt.

Pulverförmige Aktivkohle kann in Form einer Suspension dem Wasser zugesetzt werden. Die Dosiermengen liegen im Bereich von Milligramm pro Liter. Wegen der großen Oberfläche und der kurzen Diffusionswege in die inneren Porenräume erfolgt die Adsorption sehr rasch. Vorbeladungs- und Chromatographieeffekte wie in Festbettadsorbern treten nicht auf. Zudem kann durch Wechsel der Aktivkohlesorte rasch auf sich ändernde Rohwasserbeschaffenheiten reagiert werden. Die Anlagenkosten sind relativ gering. Trotz dieser Vorteile wird Pulverkohle in Deutschland nur in geringem Umfang eingesetzt. Das liegt daran, dass die Pulverkohle wieder durch Flockung und Filtration aus dem Wasser entfernt werden muss, vor allem aber daran, dass pulverförmige Aktivkohle nicht wieder reaktiviert werden kann und entsorgt werden muss.

4.4.5   Gasaustausch

Unter Gasaustausch versteht man den Eintrag gasförmiger Stoffe in das Wasser (Absorption) und ihren Übergang aus dem Wasser in die Gasphase, in der Regel Luft (Desorption).

Henry-Gesetz

Gasaustauschvorgänge sind Gleichgewichtsvorgänge. Das sich einstellende Gleichgewicht zwischen der Konzentration eines flüchtigen Stoffes im Wasser und dessen Volumenanteil in der Gasphase wird durch das so genannte Henry-Gesetz beschrieben. Danach ist die Konzentration eines Stoffes im Wasser direkt proportional seinem Volumenanteil bzw. seinem Partialdruck in der Gasphase. Die Proportionalitätskonstante – Henry-Konstante – ist von der Art des Stoffes und der Temperatur abhängig. Die Löslichkeit nimmt mit steigender Temperatur ab.

Stoffaustauschkinetik

Die Einstellung des Gasaustauschgleichgewichtes benötigt Zeit. Die Geschwindigkeit des Stoffaustausches ist umso höher, je weiter die Konzentration des betrachteten Stoffes an der Phasengrenzfläche von dessen Sättigungskonzentration, die sich aus dem Henry-Gesetz ergibt, entfernt ist. Das bedeutet für den technischen Prozess der Desorption, dass die Konzentration des auszutauschenden Stoffes in der Gasphase gering gehalten wird; für die Absorption ist das Gegenteil der Fall.

Insgesamt ist die Gasaustauschgeschwindigkeit abhängig von
- den Eigenschaften des auszutauschenden Stoffes (Diffusionskoeffizient),
- der Größe der Phasengrenzfläche zwischen Luft und Wasser,
- der Turbulenz des Wassers,
- Wasservolumen- und Gasvolumenstrom,
- der Temperatur.

Typische Anwendungen für Gasaustauschverfahren sind die Belüftung und der Eintrag von Ozon sowie das Ausgasen (Strippen) von Kohlenstoffdioxid, Schwefelwasserstoff, Methan sowie von flüchtigen organischen Spurenstoffen, vor allem Halogenkohlenwasserstoffen.

Verdüsung, Kaskaden, Strahlapparate

Bei der Verdüsung wird das Wasser in offenen oder geschlossenen Apparaten versprüht; Luft wird mit einem Ventilator zugeführt oder es wird der natürliche Luftaustausch genutzt. Diese Verfahren erfordern große Bauvolumina. Der Stoffaustausch ist vor allem durch die Tropfengröße und die Wurfweite der Tropfen begrenzt. Bei Kaskaden wird das Wasser stufenweise im freien Fall in untereinander angeordnete Tröge geleitet. Der Stoffaustausch erfolgt am fallenden Wasser, vor allem aber dadurch, dass Luft unter die Wasseroberfläche mitgerissen wird und sich in Blasenform verteilt. Die Anzahl der Stufen bestimmt im Wesentlichen den Wirkungsgrad. Verdüsungsanlagen und Kaskaden sind nur für einfache Stoffaustauschaufgaben geeignet, z.B. zum Eintrag geringer Sauerstoffmengen oder zum Austrag geringer Mengen an Kohlenstoffdioxid. Das Gleiche gilt für Strahlapparate, die nach dem Prinzip der Wasserstrahlpumpe arbeiten und Luft in das Wasser einsaugen.

Kreuzstrombelüftung

Wesentlich effektiver ist die Blasenbelüftung im Kreuzstrom. Dabei wird das Wasser in einer flachen Schicht quer zum Luftstrom geführt. Die Luft wird feinblasig, z.B. über Lochbleche, poröse Körper oder gelochte Rohre, eingetragen. Der Wirkungsgrad wird durch die Größe der Luftblasen, das Luft/Wasser-Verhältnis sowie die Länge der Anlage und die Höhe der Wasserschicht bestimmt.

Kolonnen

Zu den Hochleistungsanlagen zählen auch Füllkörperkolonnen, Profilblockkolonnen und Wellbahnkolonnen. In ihnen werden Rieselfilme derart erzeugt, dass das Wasser über Schüttungen von Füllkörpern oder blockförmig zusammengefassten Füllkörper bzw. über senkrecht angeordnete, gewellte Bahnen geleitet wird. Die Luft kann im Gleich- oder Gegenstrom geführt werden. Die Phasenführung, das Luft/Wasser-Verhältnis und die Kolonnenhöhe sind im Wesentlichen entscheidend für den Wirkungsgrad, der durch Hintereinanderschaltung einzelner Stufen mit getrennter Luftzu- und -abführung noch beträchtlich gesteigert werden kann.

Einige Gasaustauschapparate sind in *Abb. 4.14* schematisch dargestellt.

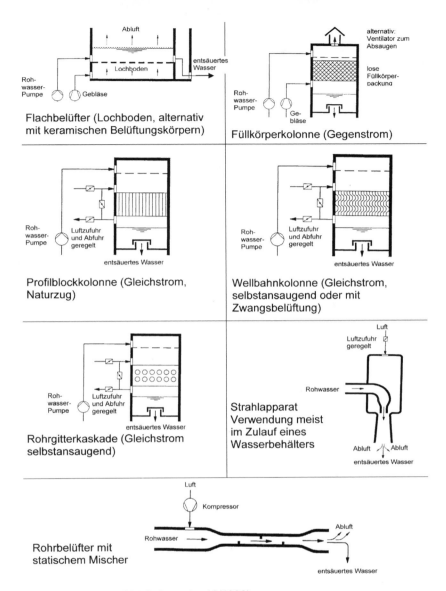

Abb. 4.14: Gasaustauschapparate (W 214-3, Ausgabe 10/1998)

4.5 Wesentliche Aufgaben (Standard-aufgaben) der Wasseraufbereitung

4.5.1 Partikelentfernung

Als Partikel werden ungelöste, feste Wasserinhalts-stoffe mit definiertem Volumen und mit definierter Gestalt bezeichnet. Sie sind, sofern sie aus dem Rohwasser stammen, im Trinkwasser aus hygienischen Gründen unerwünscht, weil es sich dabei um Krankheitserreger oder andere Mikroorganismen handeln kann oder solche Organismen an Partikel gebunden oder in diese eingeschlossen sein können. Auch chemische Schadstoffe können partikulär vorliegen oder mit Partikeln assoziiert sein. Weiterhin können Nährstoffe partikulär vorliegen und zur Verkeimung des Wassers bei der Wasserverteilung führen. Zusätzlich ist die Verminderung der Desinfektionswirksamkeit durch Partikel und ggf. die vermehrte Bildung von unerwünschten Nebenprodukten bei der Desinfektion zu beachten.

Aufbereitungsziel

Aufbereitungsziel ist ein klares, möglichst partikelarmes Trinkwasser. Unmittelbar nach den Aufbereitungsstufen, die der Partikelabtrennung dienen, soll die Trübung des Wassers in der Regel ≤ 0,1 FNU (**F**ormazine **N**ephelometric **U**nits: Einheit für die Trübungsmessung im Streulicht mit Formazin als Standard) sein.

Die Trinkwasserverordnung (Liste nach § 11 TrinkwV 2001 [UBA, aktueller Jhrg.]) verlangt bei der Aufbereitung von Oberflächenwasser oder davon beeinflussten Wassers, dass vor einer Desinfektion die Trübung 0,2 FNU nicht übersteigen darf. Außerdem wird in § 5 Absatz 4 eine Aufbereitung (d. h. Partikelentfernung) erforderlichenfalls unter Einschluss einer Desinfektion gefordert, wenn die Gefahr der Übertragung von Krankheiten besteht (Aufbereitungsgebot). Insbesondere Quellwasservorkommen, die zur Trinkwassergewinnung genutzt werden und die sporadisch mikrobiologische Auffälligkeiten aufweisen, müssen beobachtet und hinsichtlich der Notwendigkeit von Aufbereitungsmaßnahmen beurteilt werden (siehe *Abb. 4.15*). Bei ständig belasteten Wässern ist eine Aufbereitung immer erforderlich.

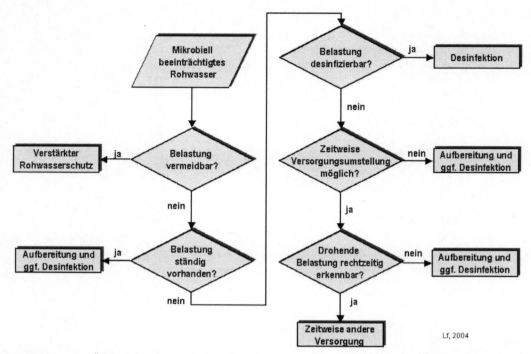

Abb. 4.15:   Schema zur Überprüfung von Rohwasservorkommen im Hinblick auf ihre mikrobielle Gefährdung

Das folgende *Abb. 4.16* zeigt ein Schema zur Beurteilung der Aufbereitungsleistung einer Partikelabtrennung bei mikrobiell nicht ständig einwandfreien Rohwässern.

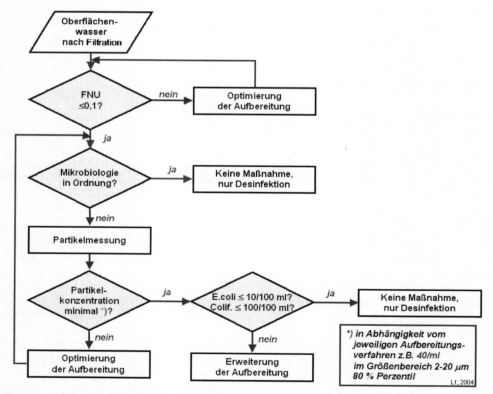

Abb. 4.16:   Schema zur Beurteilung der Aufbereitung mikrobiell belasteter Wässer

Verfahren (siehe *Abb. 4.17*)

Als Aufbereitungsverfahren zur Partikelabtrennung werden am häufigsten eingesetzt: Schnellfiltration, Langsamfiltration, Membranfiltration (Ultra- und Mikrofiltration), ggf. in Verbindung mit einer Flockung und Sedimentation als Vorbehandlungsschritte. Eine Bodenpassage, wie sie in Deutschland bei der Wassergewinnung aus Fließgewässern üblich ist, vermindert die Partikelanzahl meist ebenfalls in einem Umfang, der eine sichere Desinfektion am Ende der Aufbereitung zulässt. Voraussetzung ist eine ausreichend lange Verweilzeit in einem gut filtrierenden Untergrund.

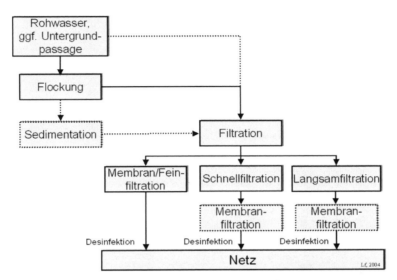

Abb. 4.17:   Verfahren zur Partikelabtrennung bei der Oberflächenwasseraufbereitung

Die wichtigsten Grundsätze für eine Partikelabtrennung sind in der technischen Regel W 213-1 beschrieben. Anforderungen an gekörnte Filtermaterialien werden in W 213-2 behandelt. Für die Schnellfiltration, Langsamfiltration und Membranfiltration sind die Blätter W 213-3, W 213-4 und W 213-5 zu beachten. W 213-6 behandelt die Überwachung der Filtrationsverfahren mittels Trübungs- und Partikelmessung.

Eine weitgehende Entfernung von Partikeln im hygienisch besonders interessierenden Größenbereich von etwa 1 bis 100 µm gelingt durch Schnellfiltration in der Regel nur in Verbindung mit einer vorhergehenden Flockung. Es handelt sich um eine eingeführte und bewährte Verfahrenskombination. Allerdings ist die Automatisierung bei sich rasch ändernden oder ungünstigen Rohwassereigenschaften schwierig und die Anwendung problematisch bei Wasserwerken, die nicht ständig durch qualifiziertes Personal betreut werden können.

Flockung und Filtration sollen so aufeinander abgestimmt werden, dass kein Filterdurchbruch auftritt, sondern die Filterlaufzeit durch den ansteigenden Druckverlust begrenzt wird. Außerdem ist darauf zu achten, dass die Flocken beim hydraulischen Transport zu den Schnellfiltern nicht zerstört werden.

Wichtige Einflussgrößen auf den Erfolg einer Partikelentfernung bei der Schnellfiltration sind:

- Rohwasserbeschaffenheit (Art und Höhe der Belastung, Schwankungen),
- Vorozonung (Ozonzugabemenge, Eintragsart),
- Flockungsmittel (Menge, Art und Ort der Zugabe, Typ, Energieeintrag),
- Flockungshilfsmittel (Menge, Art und Ort der Zugabe, Typ),
- Filtertyp (Einschicht-, Zweischichtfilter),
- Filterschichtaufbau (Filtermaterialien, Körnung, Schichthöhen),
- Filtergeschwindigkeit (Bereich, Schwankungen),
- Filterlaufzeit (Filtratbeschaffenheit, Druckverlust),
- Spülung (Spülprogramm, Spüldauer, Spülgeschwindigkeit),
- Erstfiltratableitung (Menge, Art, Dauer).

Auch die Langsamfiltration ist ein geeignetes und sicheres Verfahren zur Partikelabtrennung nach hinreichender Einarbeitung der Filter. Neben der rein mechanischen Elimination werden Mikroorganismen durch biologische Vorgänge abgetötet. Die Langsamfiltration ist auch geeignet für Wasserwerke ohne ständige qualifizierte Betreuung. Problematisch ist jedoch insbesondere der hohe Flächenbedarf.

Bei der Membranfiltration kann eine sehr weitgehende Partikelabtrennung erfolgen, je nach Trenngrenze der eingesetzten Membran. Unter Umständen kann sogar auf eine vorhergehende Flockung verzichtet werden.

4.5.2 Entsäuerung

Als Entsäuerung wird die Entfernung von Säuren, insbesondere von Kohlensäure, aus einem Wasser bezeichnet. Sie hat das Ziel, die korrosionschemischen Wassereigenschaften günstig zu beeinflussen und so den Übergang von unerwünschten Korrosionsprodukten in das Trinkwasser zu vermindern. Die Entsäuerung ist mit einer Verminderung der Wasserstoffionen-Konzentration, also einem Anstieg des pH-Wertes (siehe *Kap. 3 Wasserbeschaffenheit, Wassergüte*), verbunden.

Wichtige Begriffe sind in Zusammenhang mit der Entsäuerung:

- Calcitsättigung: Zustand, in dem ein Wasser weder zur Auflösung noch zur Abscheidung von Calcit tendiert,
- Calcitlösekapazität D_C: Masse an Calcit (Calciumcarbonat), die ein Wasser bei gegebener Zusammensetzung und Temperatur pro Volumeneinheit zu lösen vermag,
- Sättigungs-pH-Wert (pH_C): pH-Wert, bei dem ein Wasser weder zur Auflösung noch zur Abscheidung von Calcit neigt.

In natürlichen Wässern ist die Kohlensäure, von Ausnahmefällen abgesehen, die wichtigste Säure. Der Säuregehalt solcher Wässer hat für den Menschen keine direkte gesundheitliche Bedeutung. Er ist aber von maßgeblichem Einfluss auf die Erhaltung der Qualität des Trinkwassers im Verteilungssystem und in Hausinstallationen. Bei verzinkten Stahlleitungen und bei Kupferleitungen besteht eine eindeutige Korrelation zwischen dem Säuregehalt eines Wassers und den im Trinkwasser insbesondere nach Stagnation auftretenden Zink- und Kupferkonzentrationen. Je höher der Säuregehalt, umso höher sind die Gehalte dieser Schwermetalle im stagnierenden Wasser. Auch der Übergang von Blei aus Bleileitungen und bleihaltigen Werkstoffen nimmt mit zunehmendem Säuregehalt zu, vor allem bei weicheren Wässern. Eine Minimierung des Säuregehaltes ist deshalb anzustreben. Allerdings sind der Minimierung Grenzen gesetzt, denn es muss in Abhängigkeit von der sonstigen Wasserbeschaffenheit ein bestimmter Mindestsäuregehalt vorhanden sein, damit Ausfällungen von Calciumcarbonat unterbleiben. Dies ist im Zustand der Calcitsättigung (Kalk-Kohlensäure-Gleichgewicht) gegeben. Eine weitere Verringerung des Säuregehaltes ist nur noch unter Inkaufnahme von Calcit-Ausfällungen oder nach einer gezielten Enthärtung möglich.

Aufbereitungsziel

Der pH-Wert des Trinkwassers als Maß für dessen Säuregehalt muss gemäß Trinkwasserverordnung im Bereich $6{,}5 \leq pH \leq 9{,}5$ liegen. Zusätzlich wird für den pH-Wert-Bereich von 6,5 bis 7,7 verlangt, dass die berechnete Calcitlösekapazität (D_C) 5 mg/L nicht überschreitet. Die Prüfung, ob Entsäuerungsmaßnahmen notwendig sind, erfolgt nach *Abb. 4.18*.

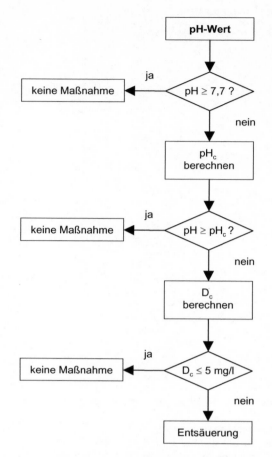

Abb. 4.18: Schema zur Prüfung der Notwendigkeit von Entsäuerungsmaßnahmen

Verfahren

Zur Entsäuerung werden Gasaustauschverfahren, Dosierverfahren und Filtrationsverfahren eingesetzt. Allgemeine Regeln und Auswahlkriterien für Entsäuerungsverfahren enthält W 214-1. Für Filterverfahren gilt zusätzlich W 214-2, für Gasaustauschverfahren W 214-3 und für Dosierverfahren W 214-4.

Bei den Gasaustauschverfahren wird Kohlenstoffdioxid durch drucklose (offene) Belüftung entfernt, wodurch sich auch der Gehalt an Kohlensäure im Wasser vermindert. Ein Kohlensäuregehalt von etwa 0,6 mg/L kann (wegen des Kohlendioxid-Gehaltes der Luft) prinzipiell nicht unterschritten werden, weshalb die Calcit-Sättigung bei weichen Wässern nicht erreicht werden kann (was in der Regel auch gar nicht erforderlich ist).

Bei den Dosierverfahren erfolgt die Entsäuerung durch Neutralisation der Kohlensäure mittels Zugabe alkalisch reagierender Stoffe. Als Entsäuerungsmittel werden vor allem Natronlauge, Calciumhydroxid und Natriumcarbonat (Soda) angewendet.

Bei den Filtrationsverfahren wird das Wasser über Schüttungen aus festen, basisch reagierenden Filtermaterialien (Entsäuerungsmaterialien) geleitet, mit denen die Kohlensäure reagiert und so aus dem Wasser entfernt wird. Verwendet werden die üblichen Schnellfilter, die hier aber die Funktion von Festbettreaktoren haben. Als Entsäuerungsmaterialien werden halbgebrannter Dolomit ($CaCO_3 \cdot MgO$) und Calciumcarbonat („Marmor") verwendet. Die letztgenannte Methode ist die einzige, bei der keine Überentsäuerung, d.h. Calciumcarbonat-Abscheidung, stattfinden kann; nachteilig sind die relativ großen Kontaktzeiten, die eigentlich nur in kleinen Anlagen möglich sind.

Für härtere Wässer ist die offene Belüftung (Gasaustausch) am besten geeignet. Weiche Wässer sollen bevorzugt durch Filtrationsverfahren entsäuert werden, weil hierbei gleichzeitig eine Aufhärtung erfolgt, was aus korrosionschemischer Sicht bei sehr weichen Wässern erwünscht ist. Mit Dosierverfahren kann bei allen Wässern das Entsäuerungsziel erreicht werden. Wegen des erheblichen Überwachungsaufwandes und der Gefahren beim Umgang mit den Dosierchemikalien ist das Verfahren aber für kleine Versorger nur bedingt geeignet.

4.5.3 Enteisenung und Entmanganung

Unter Enteisenung versteht man die Entfernung von gelöstem Eisen, das als in zweiwertiger Form als Fe(II) vorliegt, durch Oxidation zu schwerlöslichem Eisen(III)-oxidhydrat und dessen Abtrennung durch Filtration, Sedimentation oder andere Verfahren. Die Entfernung von gelöstem Mangan(II) durch Oxidation zu schwerlöslichem Mangan(IV)-oxidhydrat und dessen Abtrennung durch Filtration oder andere Verfahren heißt Entmanganung.

Gelöstes Eisen und Mangan treten häufig in reduzierten, sauerstofffreien Grundwässern in erhöhten Konzentrationen auf. Die Eisenkonzentrationen können bis zu 50 mg/L betragen, die Mangankonzentrationen liegen im Allgemeinen deutlich unter den Eisenkonzentrationen, in Einzelfällen können sie bis zu 10 mg/L betragen.

Eisen und Mangan haben für den Menschen in den üblicherweise vorliegenden Konzentrationen keine direkte gesundheitliche Bedeutung. Sie sind jedoch im Trinkwasser unerwünscht, weil sie Ablagerungen im Rohrnetz bilden können, die den Durchflusswiderstand in erheblichem Maß erhöhen. Solche Ablagerungen können durch Änderung der Strömungsbedingungen oder sich ändernden Wasserqualitäten mobilisiert werden und zu Verfärbungen des Wassers führen. Eine indirekte gesundheitliche Relevanz ergibt sich durch unkontrolliertes Wachstum von Eisen- und Manganbakterien in Transport- und Verteilungsanlagen, die wiederum Ursachen von sekundären Verkeimungen sein können. Gelöstes Eisen kann beim Verbraucher zu Verwendungseinschränkungen des Wassers führen, weil bei der Wasserverwendung Ausfällungen auftreten können.

Aufbereitungsziel

Die Grenzwerte für Eisen und Mangan betragen 0,2 mg/L bzw. 0,05 mg/L am „Zapfhahn" des Verbrauchers. Damit diese Anforderungen eingehalten werden können, müssen am Ausgang des Wasserwerkes diese Werte deutlich unterschritten werden. Eisenkonzentrationen unter 0,02 mg/L bzw. Mangankonzentrationen unter 0,01 mg/L sind bei optimierter Aufbereitung erreichbar und anzustreben.

Zur Entfernung von gelöstem Eisen und Mangan müssen diese durch Oxidation zu unlöslichen Verbindungen umgewandelt werden. Voraussetzung für eine Eisenoxidation ist die vorherige Entfernung oder Oxidation von Schwefelwasserstoff (H_2S) und Methan (CH_4), die in reduzierten Grundwässern häufig gemeinsam mit Eisen und Mangan vorkommen. Voraussetzung für die Oxidation von Mangan ist die vorhergehende Oxidation von Eisen und Ammonium, das in reduzierten Grundwässern ebenfalls in erhöhten Konzentrationen vorliegen kann.

Üblicherweise erfolgt die Oxidation mit Luftsauerstoff oder technischem Sauerstoff. Wenn höhere Metallgehalte zu bewältigen sind und/oder zusätzliche sauerstoffzehrende Reaktionen auftreten, können auch stärkere Oxidationsmittel erforderlich werden, insbesondere Kaliumpermanganat, in seltenen Fällen Ozon.

Verfahren

Die Enteisenung und die Entmanganung können auf verschiedenen Wegen durchgeführt werden, die im Einzelnen in den Arbeitsblättern DVGW W 223-1, W 223-2 und W 223-3 beschrieben werden.

Eisen(II)-Filtration / Mangan(II)-Filtration (katalytische Enteisenung/Entmanganung)

Der Prozess ist dadurch gekennzeichnet, dass die Oxidation zu den unlöslichen Verbindungen im Filterbett von Schnellfiltern geschieht. Ausgenutzt werden dabei katalytische Effekte an der Oberfläche der Filterkörner, woran auch Mikroorganismen beteiligt sind. Damit der Prozess gelingt, müssen bestimmte wasserchemische und verfahrenstechnische Randbedingungen eingehalten werden (siehe hierzu W 223-1 und W 223-2). Aus wirtschaftlichen Gründen strebt man die Enteisenung und Entmanganung in einem Filter an; eine Trennung des Prozesses auf eine Filterstufe für die Enteisenung und eine weiter für die Entmanganung hat jedoch verfahrenstechnische Vorteile, weil so eine voneinander unabhängige Optimierung (z.B. hinsichtlich des pH-Wertes) der beiden Prozesse möglich ist. Die Einrichtung zweier Filterstufen ermöglicht außerdem eine zusätzliche Belüftung vor der zweiten Stufe, was bei hohen Fe- und Mn-Gehalten erforderlich sein kann.

Eisen(III)-Filtration / Mangan(IV)-Filtration

Bei dieser Prozessvariante gelangen Eisen bzw. Mangan bereits in oxidierter Form auf die Filter. Wegen des relativ instabilen Betriebs sollten diese Verfahren möglichst vermieden werden, bei sehr hohen Metallgehalten kann dieses Verfahren aber unumgänglich sein, ggf. verbunden mit einer teilweisen Abtrennung der Oxidationsprodukte durch Sedimentation vor der Filtration.

Unterirdische Enteisenung und Entmanganung (UEE)

Die Enteisenung und Entmanganung im Untergrund beruht auf den gleichen Mechanismen wie die oberirdische Eisen(II)/Mangan(II)-Filtration. Als Oxidations- und Abtrennungsraum wird allerdings der Grundwasserleiter selbst genutzt. Ein Aufbereitungsschema zeigt *Abb. 4.19.*

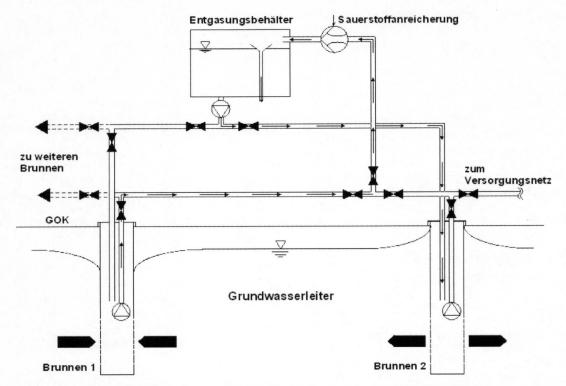

Abb. 4.19: Aufbereitungsschema einer unterirdischen Enteisenung und Entmanganung (W 223-3)

In der Regel besteht eine UEE-Anlage aus mehreren Brunnen, die abwechselnd als Infiltrations- und Förderbrunnen betrieben werden. Im Infiltrationsbetrieb wird sauerstoffhaltiges Wasser in den Untergrund geleitet und so um den Brunnen eine Zone mit erhöhter Redoxspannung geschaffen, in der Eisen und Mangan oxidiert werden. Im Förderbetrieb wird Wasser durch die Oxidationszone gefördert, die gelösten Metalle werden an den bereits oxidierten Verbindungen adsorbiert und es kann weitgehend eisen- und manganfreies Wasser gewonnen werden. Ist die Adsorptionskapazität erschöpft, muss erneut sauerstoffhaltiges Wasser eingeleitet werden; die adsorbierten Metalle werden oxidiert und es stehen dann wieder erneut Adsorptionsplätze für den folgenden Förderbetrieb zur Verfügung.

Neben den wasserchemischen Voraussetzungen müssen für eine unterirdische Aufbereitung auch geeignete hydrogeologische Randbedingungen vorliegen (vor allem: homogener Porengrundwasserleiter, geringes Grundwassergefälle) (siehe W 223-3).

4.5.4 Enthärtung/Entcarbonisierung

Als Härte eines Trinkwassers wird sein Gehalt an Calcium und Magnesium (Härtebildner) bezeichnet. Deren (teilweise) Entfernung bezeichnet man als (Teil-)Enthärtung, wobei in der Regel nur die Entfernung von Calcium angestrebt wird. Wird Carbonat/Hydrogencarbonat (mit) entfernt, spricht man von Entcarbonisierung. Einige im Zusammenhang mit der Enthärtung wichtige Begriffe zeigt *Abb. 4.20* – s. dazu W 325-1 Zentrale Enthärtung in der Trinkwasserversorgung Teil 1: Grundsätze und Verfahren.

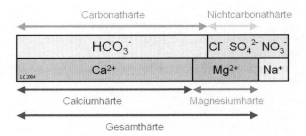

Abb. 4.20: Begriffe in Zusammenhang mit der Wasserhärte

Die Härtebildner gelangen durch die Auflösung von Calcium- und Magnesiummineralien (vor allem Calcit und Dolomit) in das Wasser. Das recht geringe Lösungsvermögen von chemisch reinem Wasser für diese Stoffe wird durch Säuren im Wasser erhöht. Der Säuregehalt eines Wassers und der Gehalt an calcium- und magnesiumhaltigen Mineralien im Boden bestimmen zusammen mit der Verweilzeit des Wassers im Untergrund die Wasserhärte. Als Lebensmittel bedarf Trinkwasser keiner Enthärtung.

Hartes Wasser ist vor allem aus folgenden Gründen als nachteilig zu bewerten:

- Beeinträchtigungen der Gebrauchstauglichkeit durch Ausscheidungen von Calciumcarbonat (Kesselstein) beim Erwärmen des Wassers,
- erhöhter Verbrauch von Wasch- und Reinigungsmitteln sowie Salz bei der Regenerierung von Ionenaustauschern, z.B. in Spülmaschinen, und die damit zusammenhängende Belastung des Abwassers mit diesen Stoffen,

- erhöhter Übergang von unerwünschten Stoffen aus Rohrleitungen in das Trinkwasser und in das Abwasser wegen des mit einer hohen Härte zwangsläufig gekoppelten hohen Säuregehaltes.

Aufbereitungsziel

Die Trinkwasserverordnung von 2001 (TrinkwV) begrenzt den Härtegehalt nicht. Die Möglichkeit einer zentralen Enthärtung sollte vor allem dann geprüft werden, wenn die Härte des Trinkwassers über 3,5 mmol/l beträgt. Liegt die Härte unter 2,0 mmol/l, wird eine Enthärtung im Allgemeinen als nicht sinnvoll erachtet. Zusammen mit der Härte sollte aber auch die Calciumcarbonatabscheidung bzw. die rechnerische Calcitabscheidekapazität z. B. bei 90°C betrachtet werden. Als kritische Übergangsschwelle, ab der eine Enthärtung zur Vermeidung von Verkalkungsproblemen im Warmwasserbereich in Erwägung gezogen werden sollte, wird hier eine Calcitabscheidekapazität bei 90°C von 70 mg/l angesetzt. Das Enthärtungsziel und das Verfahren müssen immer individuell unter Berücksichtigung des erforderlichen Aufwandes und der resultierenden korrosionschemischen Wassereigenschaften festgelegt werden.

Verfahren

Bei der Fällungsenthärtung wird Calcium in Form von festem Calciumcarbonat ($CaCO_3$) entfernt, d.h., diese Enthärtungsverfahren sind zugleich Entcarbonisierungsverfahren, da auch Carbonat und Hydrogencarbonat entfernt werden. Zur Ausfällung von Calciumcarbonat wird der pH-Wert durch basische Stoffe angehoben und damit die Kohlensäurekonzentration soweit erniedrigt, dass Calciumcarbonat nicht mehr in Lösung gehalten werden kann. Ein allgemeines Verfahrensschema der Fällungsenthärtung ist in *Abb. 4.21* wiedergegeben.

Schnellentcarbonisierung

Bei der Trinkwasseraufbereitung wird überwiegend die so genannte Schnellentcarbonisierung angewandt. Hierbei wird Calciumhydroxid ($Ca(OH)_2$) als Suspension (Kalkmilch) oder Natronlauge (NaOH) in das untere Ende eines konischen oder zylindrischen Reaktors eingespeist. Die eigentliche Enthärtung erfolgt dann in einem Wirbelbett, wobei die Aufstiegsgeschwindigkeit des Wassers so gewählt werden muss, dass das ausfallende Calciumcarbonat in der Schwebe gehalten wird. Das Calciumcarbonat fällt überwiegend gekörnt als Pellets (Hartkorn) an, die problemlos verwertet werden können.

Langsamentcarbonisierung

Die Langsamentcarbonisierung wird in üblichen Flockungsanlagen mit Sedimentation durch Dosierung von Kalkwasser oder -milch durchgeführt. Die erforderlichen Verweilzeiten sind aber beträchtlich länger (deshalb **Langsam**entcarbonisierung) als bei der Schnellentcarbonisierung. Das Calciumcarbonat fällt als Schlamm an.

Ionenaustausch

Von den Ionenaustauschverfahren ist für die öffentliche Versorgung lediglich der so genannte CARIX-Prozess von Interesse. Calciumionen und Magnesiumionen aus dem Wasser werden gegen Wasserstoffionen aus dem Ionenaustauscher ausgetauscht, ebenso die Anionen Sulfat und Nitrat gegen Hydrogencarbonat. Dabei bildet sich im Wasser Kohlensäure, die entfernt werden muss. Die Regeneration des Austauschers erfolgt bei Erschöpfung seiner Austauschkapazität mit einer Kohlensäurelösung. Diese Regeneration ist das Besondere an diesem Verfahren, da im Regenerierabwasser nur Salze auftreten, die aus dem Wasser vorher entfernt wurden; eine zusätzliche Salzbelastung wie bei anderen Ionenaustauschprozessen durch die Regenerierlösung tritt nicht auf.

Ionenaustauscher, die Calcium gegen Natrium austauschen und die mit Kochsalz-Lösung (Natriumchlorid) regeneriert werden, sind zur Enthärtung in Trinkwasserinstallationen des Verbrauchers üblich, im Bereich der öffentlichen Versorgung sind sie aber nicht zulässig. Eine Erhöhung des Natriumgehaltes im Trinkwasser ist aus ernährungsphysiologischen Gründen unerwünscht.

Membranverfahren

Von den Membranverfahren kommt insbesondere die so genannte Nanofiltration zur Enthärtung in Betracht. Von den Membranen mit Poren im Bereich von Nanometern werden große, höherwertige Ionen wie Ca^{2+} und Mg^{2+} (und Sulfat) zurückgehalten, wobei auch elektrische Wechselwirkungen zwischen der Membranoberfläche und den Ionen eine wesentliche Rolle spielen. Problematisch ist die Entsorgung der Konzentrate als Abwässer.

Ionenaustausch- und Membranverfahren können aus verfahrenstechnischer Sicht dann vorteilhaft eingesetzt werden, wenn neben der Enthärtung auch eine Verringerung der Salzbelastung gewünscht wird.

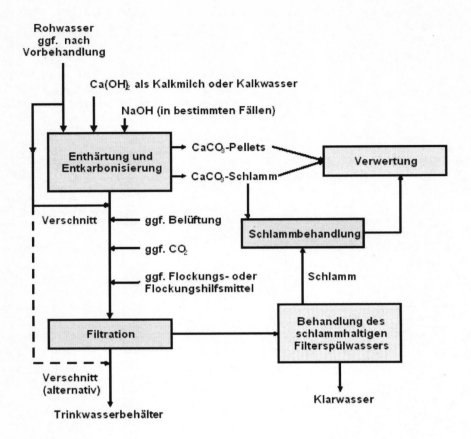

**Rohwasser
ggf. nach
Vorbehandlung**

Ca(OH)$_2$ als Kalkmilch oder Kalkwasser

NaOH (in bestimmten Fällen)

Enthärtung und Entkarbonisierung

CaCO$_3$-Pellets

CaCO$_3$-Schlamm

Verwertung

Verschnitt

ggf. Belüftung

ggf. CO$_2$

ggf. Flockungs- oder Flockungshilfsmittel

Schlammbehandlung

Schlamm

Filtration

Behandlung des schlammhaltigen Filterspülwassers

Verschnitt (alternativ)

Klarwasser

Trinkwasserbehälter

Abb. 4.21: Allgemeines Verfahrensschema der Enthärtung, (Stetter in [DVGW Bd. 6, 2004])

4.5.5 Entfernung organischer Stoffe

Aufbereitungsziel

Huminstoffe

Natürliche organische Stoffe sind in allen Rohwässern in unterschiedlichen Konzentrationen vorhanden. Es handelt sich dabei überwiegend um Huminstoffe, Abbauprodukte von pflanzlichen Substanzen. Die Konzentrationen können bis zu mehreren Milligramm pro Liter betragen (gemessen als DOC = **D**issolved **O**rganic **C**arbon, gelöster organisch gebundener Kohlenstoff). Huminstoffe sind in höheren Konzentrationen wegen ihrer Färbung im Wasser unerwünscht. Bei der Wasseraufbereitung können sie die Wirksamkeit von Verfahrensschritten zur Entfernung von Spurenstoffen beeinträchtigen, vor allem bei der Adsorption an Aktivkohlen (Adsorptionskonkurrenz). Außerdem sind sie als so genannte Precursoren entscheidend für die Bildung von Trihalogenmethanen bei der Desinfektion mit Chlor.

Huminstoffe sollen soweit aus dem Wasser entfernt werden, dass die oben beschriebenen negativen Auswirkungen nicht mehr auftreten. Andererseits ist eine zu weitgehende Entfernung nicht sinnvoll, weil Huminstoffe auch als Korrosionsinhibitoren (Stoffe, die Korrosionsvorgänge hemmen) wirken können. Im Allgemeinen sollte jedoch ein Gehalt deutlich unter 2 mg/L DOC angestrebt werden.

Xenobiotika

Xenobiotika sind Fremdstoffe, die in natürlichen aquatischen Systemen nicht vorkommen. Es handelt sich um eine Vielzahl von chemisch sehr unterschiedlichen Stoffen, die im Hinblick auf ihr Verhalten bei der Wasseraufbereitung nicht einheitlich beschrieben werden können. Die relevanten Konzentrationen liegen im Bereich von Mikrogramm oder gar Nanogramm pro Liter, also um den Faktor 1000 bzw. 1.000.000 niedriger als die natürliche organische Hintergrundbelastung durch Huminstoffe, was die Entfernung sehr erschwert.

Für Xenobiotika gilt das Minimierungsgebot der Trinkwasserverordnung, insbesondere soweit gesundheitsrelevante Stoffe betroffen sind. Für einzelne Stoffe und Stoffgruppen sind in der Trinkwasserverordnung Grenzwerte festgesetzt; diese müssen selbstverständlich eingehalten werden.

Verfahren

Zur Entfernung organischer Substanzen kommen vor allem in Frage: Flockung mit nachgeschalteter Schnellfiltration, Langsamfiltration, Adsorption an Aktivkohlen, Membranfiltration.

Huminstoffe können bei einer Flockung an den gebildeten Flocken adsorbiert und anschließend mittels Schnellfiltration aus dem Wasser entfernt werden. Für einen ausreichenden Wirkungsgrad ist es allerdings erforderlich, die Flockungsbedingungen im Hinblick auf die Entfernung organischer Substanzen zu optimieren. Ein niedriger pH-Wert begünstigt die DOC-Entfernung. Die Entfernungsraten schwanken im Bereich von 20 bis 80%. Die Elimination verbessert sich im Allgemeinen mit steigendem Molekulargewicht. Von besonderer Bedeutung sind die Wahl des Flockungsmittels und die Ermittlung des optimalen Flockungs-pH-Wertes.

Zur gezielten Entfernung von bestimmten organischen Spurenstoffen wird die Flockung nicht eingesetzt. Die beobachteten Entfernungsraten sind zu gering.

Bei der Langsamfiltration wird der Gehalt an organischen Stoffen durch die intensive mikrobiologische Aktivität in der oberen Schicht des Filtermediums deutlich verringert. Die DOC-Konzentration kann häufig um bis zu 30% verringert werden. Durch eine oxidative Vorbehandlung mit Ozon lässt sich die Elimination durch biologischen Abbau weiter erhöhen.

Grundsätzlich sind auch die im Wasser auftretenden Spurenstoffe biologisch abbaubar. Es muss jedoch jeder Stoff für sich betrachtet werden. Generelle Aussagen sind nicht möglich, vor allem in dem hier relevanten sehr niedrigen Konzentrationsbereich.

Eine Adsorption an Aktivkohle kommt für die gezielte Entfernung von Huminstoffen aus Kostengründen nicht in Frage. Hauptaufgabe der Aktivkohlen bei der Wasseraufbereitung ist die Entfernung von Xenobiotika; Huminstoffe sind unter diesem Gesichtspunkt als störend zu bewerten, da sie die Adsorptionskapazitäten für Xenobiotika vermindern.

Aktivkohle ist für viele Spurenstoffe ein geeignetes Adsorbens, soweit es sich um unpolare Verbindungen handelt. Es gelten einige allgemeine Regeln:
- Die Adsorbierbarkeit steigt mit abnehmender Löslichkeit.
- Die Adsorbierbarkeit steigt mit steigender Molmasse.
- Sehr große Moleküle werden schlecht adsorbiert Moleküle mit aromatischen Strukturen werden gut adsorbiert.
- Unpolare Stoffe werden besser als polare adsorbiert.

Die Mikro- und Ultrafiltration eignen sich nicht für die Abtrennung gelöster organischer Stoffe. Grundsätzlich anwendbar sind dagegen Umkehrosmose und Nanofiltration. Die Nanofiltration entfernt in der Regel 90% der als DOC erfassbaren Stoffe. Der Rückhalt von Spurenstoffen hängt von den Eigenschaften der Stoffe und der eingesetzten Membranen ab. Allgemein gilt, dass die Elimination höher ist, wenn der Stoff eine negative La-

dung, einen großen Moleküldurchmesser und eine verzweigte Molekülstruktur aufweist.

Gasaustauschverfahren sind nur zur Entfernung von flüchtigen Substanzen, z.B. Halogenkohlenwasserstoffe, geeignet. Huminstoffe gehören nicht dazu. In Abhängigkeit vom jeweiligen Stoff und dessen angestrebter Restkonzentration im Wasser muss die Auswahl der Gasaustauschverfahren erfolgen. Häufig sind Hochleistungsanlagen (Füllkörperkolonnen, Profilblockkolonnen, Wellbahnkolonnen), ggf. im Gegenstrombetrieb mit hohem Luft/Wasser-Verhältnis, erforderlich.

Durch Oxidation mit Ozon lassen sich organische Stoffe so verändern, dass sie nachfolgend biologisch besser abgebaut werden können. Eine biologisch arbeitende Aufbereitungsstufe nach der Ozonung ist sogar zwingend erforderlich, da es sonst unweigerlich zur Verkeimung des Wassers im Verteilungssystem kommt. Auf eventuell entstehende unerwünschte Reaktionsprodukte ist wie bei allen Oxidationsmitteln zu achten.

4.5.6 Desinfektion

Unter Desinfektion wird in der Wasseraufbereitung die Abtötung oder Inaktivierung von Krankheitserregern verstanden. Bei den relevanten Mikroorganismen kann es sich um Bakterien, Viren oder Parasiten handeln. Sie können über menschliche oder tierische Ausscheidungen in das Wasser gelangen.

Aufbereitungsziel

Das Ziel der Desinfektion besteht darin, die Anzahl von vermehrungsfähigen Krankheitserregern soweit zu verringern, dass eine Infektion des Menschen nicht mehr erfolgen kann. Es ist nicht Ziel der Desinfektion und es ist auch unter den Bedingungen der Wasseraufbereitung überhaupt nicht möglich, ein steriles (keimfreies) Wasser zu erzeugen und zu erhalten. In der Praxis wird bei den in Deutschland zur Trinkwassergewinnung genutzten Rohwässern und vorhergehenden Aufbereitungsverfahren von einer ausreichenden Desinfektion ausgegangen, wenn eine Reduktion der Mikroorganismen und Viren um vier Log-Stufen, also um 99,99% gelingt.

Eine Desinfektion kann nur dann erfolgreich sein, wenn das Desinfektionsmittel direkt auf die einzelnen ungeschützten Erreger einwirken kann. Viele Erreger liegen im Wasser jedoch nicht als einzeln suspendierte Organismen vor, sondern sind eingebettet in Agglomerate oder haften an Partikel. Deswegen stellt eine weitgehende Reduzierung der Partikelzahl und damit auch der im Wasser vorliegenden Mikroorganismen den sichersten Schutz vor Krankheitserregern dar und ist zeitgleich grundlegende Vorraussetzung für eine ausreichend wirksame Desinfektion (siehe *Abb. 4.22*).

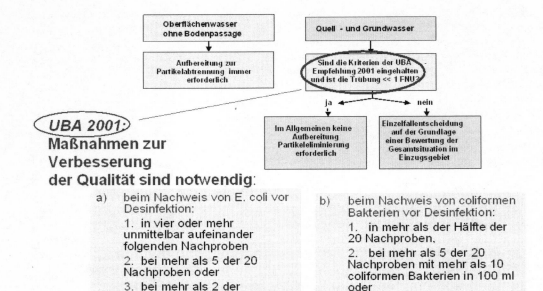

Abb. 4.22:   Notwendigkeit einer Partikelentfernung vor einer Desinfektion nach W 290

Verfahren

Zur Desinfektion stehen im Wasserwerk chemische Verfahren (Chlorung, Chlordioxidbehandlung, Ozonung) und als physikalisches Verfahren die Bestrahlung mit ultraviolettem Licht (UV-Desinfektion) zur Verfügung. Die wesentlichsten Grundsätze der Trinkwasserdesinfektion sind in DVGW W 290 beschrieben. Für die speziellen Desinfektionsverfahren sind u. a. die Arbeitsblätter W 294-1, W 294-2, W 294-3 (UV-Desinfektion), W 224 (Chlordioxid) und W 229 (Chlor und Hypochlorite) zu berücksichtigen. Zudem müssen die Anforderungen der Liste gemäß § 11 Trinkwasserverordnung 2001 (TrinkwV) [UBA, aktueller Jhrg.] (siehe *Kap. 3.3 Rohwasser zur Trinkwasserversorgung* und Tabelle in *Kap. 3.A.2 Trinkwasserverordnung – TrinkwV 2001*) beachtet werden. Die zulässigen Desinfektionsmittel für Trinkwasser sind in *Abb. 4.23* aufgeführt. Radioaktive Bestrahlung und Chloramine sind für die Trinkwasserdesinfektion nicht zugelassen. Ebenso sind Kaliumpermanganat und Wasserstoffperoxid unzulässig für die Trinkwasserdesinfektion; sie werden jedoch zur Desinfektion von Versorgungsanlagen eingesetzt.

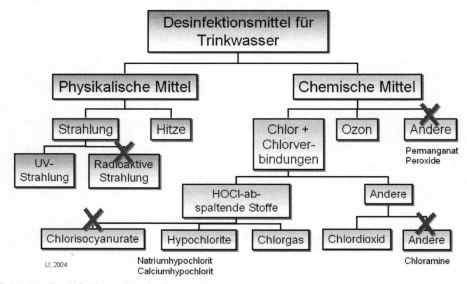

Abb. 4.23:   Zulässige Desinfektionsmittel für Trinkwasser

Wichtige Einflussgrößen bei der chemischen Desinfektion sind:

- Kontaktzeit zwischen Desinfektionsmittel und Krankheitserregern,
- pH-Wert des Wassers,
- Art des Desinfektionsmittels,
- Konzentration des wirksamen Anteils des Desinfektionsmittels,
- Empfindlichkeit der Mikroorganismen und Viren gegenüber dem Desinfektionsmittel,
- Konzentration der Mikroorganismen,
- Stoffe, die mit dem Desinfektionsmittel reagieren und es verbrauchen,
- Stoffe, die sonst die Desinfektionswirkung beeinträchtigen.

Besondere Aufmerksamkeit ist immer der Ausbildung der Reaktionsräume zu widmen, damit sichergestellt wird, dass der gesamte zu behandelnde Wasservolumenstrom ausreichend lange mit einer ausreichend hohen Desinfektionsmittelkonzentration in Kontakt kommt. Wird nur ein geringer Teilstrom nicht ausreichend desinfiziert, ist der Desinfektionserfolg insgesamt gefährdet.

Die Effektivität der verschiedenen Desinfektionsverfahren in Bezug auf Bakterien, Viren und Parasiten ist unterschiedlich, wie aus *Tab. 4.4* ersichtlich.

Tab. 4.4: Wirksamkeit von Desinfektionsverfahren gegenüber Bakterien, Viren und Parasiten

| Verfahren | Mikroorganismen einschließlich Krankheitserreger | | | | | |
| | einzeln, frei suspendiert | | | in Partikeln fäkalen Ursprungs | | |
	Bakterien	Viren	Parasiten	Bakterien	Viren	Parasiten
Filtration	+	+	+	+	+	+
Chlor/Chlordioxid	+	+	–	–	–	–
Ozon	+	+	±	–	–	–
UV-Strahlen	+	+	+	–	–	–

Die zur chemischen Desinfektion zugelassenen Mittel sind allesamt starke Oxidationsmittel. Ihre Desinfektionswirkung beruht auf einem oxidativen Angriff auf die Schutzhüllen bzw. Zellwände der Mikroorganismen und Viren, was zu deren Absterben führt. Im Gegensatz dazu wirken UV-Strahlen direkt auf das Erbmaterial (DNA/RNA) ein, so dass eine Vermehrung der Krankheitserreger blockiert wird.

Chlor und Hypochlorite

Als Chlorung wird der Zusatz von Chlor (im Allgemeinen in Form einer wässrigen Lösung) oder von bestimmten Chlorverbindungen (Hypochloriten) bezeichnet, wobei durch Reaktion mit Wasser unterchlorige Säure (HOCl) gebildet wird. Entscheidend für die Desinfektion ist die Konzentration dieser unterchlorigen Säure (HOCl). Das beim Zerfall (Dissoziation) der unterchlorigen Säure entstehende Hypochlorit (OCl$^-$) weist nur eine geringe Desinfektionswirksamkeit auf. Die Anteile von HOCl und OCl$^-$ sind dabei vom pH-Wert abhängig (siehe *Abb. 4.24*). Da mit steigendem pH-Wert die Konzentration an HOCl abnimmt, ist Chlor bei höheren pH-Werten, etwa über 8, nur noch eingeschränkt anwendbar.

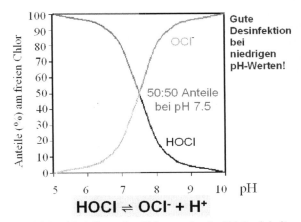

$$HOCl \rightleftharpoons OCl^- + H^+$$

Abb. 4.24: Verteilung der Chlorspezies in Abhängigkeit vom pH-Wert

Neben dem pH-Wert spielt der Gehalt eines Wassers an Substanzen eine Rolle, die mit Chlor reagieren, das dann nicht mehr für die Desinfektion zur Verfügung steht (Chlorzehrung). Insbesondere ist auf Ammonium zu achten, das mit Chlor unter Bildung von Chloraminen (gebundenes Chlor) reagiert. Deren Desinfektionswirksamkeit ist nur gering.

Weiterhin können organische Substanzen den Einsatz von Chlor beschränken. Dazu gehören insbesondere Huminstoffe und Stoffwechselprodukte von Algen, die mit Chlor unter Bildung von chlorierten Verbindungen reagieren. Von besonderer Bedeutung sind dabei die Trihalogenmethane (THM) als Leitparameter, für die in der Trinkwasserverordnung ein Grenzwert von 50 µg/L festgesetzt ist. Die THM-Bildung ist vom Gehalt an reaktionsfähigen organischen Substanzen, von der

Chlordosis, der Reaktionszeit und auch von der Temperatur abhängig. Auch nach Abschluss der Aufbereitung (nach Verlassen des Wasserwerks) ist im Rohrnetz noch mit einer THM-Bildung zu rechnen (*Abb. 4.25*).

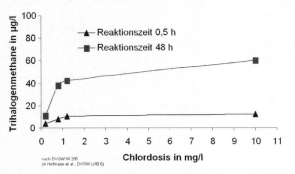

Abb. 4.25: Trihalogenmethan-Bildung bei der Chlorung in Abhängigkeit von Chlordosis und Reaktionszeit (nach W 295, Hofmann et al. in [DVGW Bd. 6, 2004])

Die wichtigsten Vor- und Nachteile der Chlorung als Desinfektionsverfahren sind in *Tab. 4.5* zusammengestellt.

Tab. 4.5: Vor- und Nachteile einer Chlorung

Vorteile	Nachteile
• Bewährtes Verfahren • Keine Chloritbildung • Keine Bromatbildung • Einfache Analytik • Desinfektionspotenzial im Netz kann aufrechterhalten werden • Kostengünstig	• Nicht wirksam bei Parasiten • Bildung von Trihalogenmethanen und anderen chlorierten Verbindungen • Geruch und Geschmacksbeeinträchtigungen • Wirkung pH-abhängig • Wirkung wird durch Ammonium beeinträchtigt • Gefahrstoff!

Chlordioxid (W 224)

Bei der Desinfektion mit Chlordioxid wird eine wässrige Lösung von Chlordioxid dem Wasser zugesetzt. Chlordioxid reagiert im Gegensatz zu Chlor nicht mit dem Wasser und liegt molekular als ClO_2 vor. Seine Wirkung ist nicht pH-Wert abhängig. Es reagiert im Gegensatz zu Chlor auch nicht mit Ammonium und es werden durch Reaktion mit organischen Substanzen keine chlorierten Verbindungen gebildet. Dennoch kann sich der Gehalt an organischen Substanzen begrenzend für die Chlordioxidanwendung auswirken, weil sie als Reduktionsmittel wirken und Chlordioxid zu Chlorit (ClO_2^-) reduziert wird. Für Chlorit gilt ein Grenzwert von 0,2 mg/L. Deswegen ist Chlordioxid in der Regel keine Alternative zum Chlor, wenn dessen Anwendung durch höhere organische Belastungen des Wassers beschränkt ist. Des Weiteren ist Chlordioxid nicht stabil. Beim Erwärmen, unter Druck und bei UV-Bestrahlung zerfällt es u. U. explosionsartig. Darüber hinaus neigen Chlordioxidlösungen ohne überstehenden Gasraum ab einer Konzentration von 30 g ClO_2/l zum spontanen Zerfall. Es muss deshalb vor Ort hergestellt werden, wobei verschiedene Verfahren zur Verfügung stehen. Üblicherweise erfolgt die Herstellung aus Natriumchlorit und Chlor oder aus Natriumchlorit und Säuren.

Die wesentlichsten Vor- und Nachteile der Chlordioxidbehandlung sind in *Tab. 4.6* zusammengestellt.

Tab. 4.6: Vor- und Nachteile einer Desinfektion mit Chlordioxid

Vorteile	Nachteile
• Bewährtes Verfahren • Geruchs- und Geschmacksbeeinträchtigungen gering (Ausnahmen!) • Keine THM-Bildung • Keine Bromatbildung • Keine Reaktion mit Ammonium • Wirkung pH-unabhängig • Kombinierte Dosierung von Chlor und Chloroxid möglich • Desinfektionspotenzial im Netz kann aufrechterhalten werden	• Unwirksam bei Parasiten • Chloritbildung • Chloratbildung möglich • Schwierige Analytik • Herstellung vor Ort erforderlich • Vergleichsweise teuer • In Ausnahmefällen Geschmacksbeeinträchtigungen möglich • Gefahrstoff!

Ozon

Ozon ist das stärkste für die Wasseraufbereitung zugelassene Oxidations- und Desinfektionsmittel. Im Vergleich zu Chlor und Chlordioxid erfolgt die Desinfektion sehr schnell. Trihalogenmethane entstehen in nennenswertem Umfang nur dann, wenn das Wasser Bromid enthält. Eine erhebliche Einschränkung für die Ozonung ergibt sich durch die Oxidation von Bromid zu Bromat. Bromat gilt als potentes Cancerogen; ein Grenzwert von 10 µg/L ist festgesetzt worden. Mit Ammonium reagiert Ozon nicht. Von besonderer Bedeutung ist die (Teil-) Oxidation von organischen Substanzen, wobei häufig biologisch besser abbaubare Verbindungen entstehen; außerdem werden Farbe, Geruch und Geschmack des Wassers verbessert. Die Bildung leicht abbaubarer Stoffe hat zur Folge, dass Ozon nicht als letzte Aufbereitungsstufe eingesetzt werden kann; in jedem Fall muss dafür gesorgt werden, dass nach einer Ozonung ein ausreichender biologischer Abbau dieser Stoffe erfolgt, um Verkeimungen im Verteilungsnetz zu vermeiden. Die Oxidation organischer Stoffe und der anschließende biologische Abbau der Reaktionsprodukte ist häufig der Hauptzweck einer Ozonung. Nachteilig ist die oft erhöhte Polarität der Reaktionsprodukte, die eine rein adsorptive Entfernung in Aktivkohlefiltern erschweren.

Ozon muss, da es sich leicht zersetzt, im Wasserwerk selbst hergestellt werden. Hierzu wird Luft oder technisch reiner Sauerstoff in Ozonerzeugungsanlagen (Ozongeneratoren, Ozoneuren) elektrischen Entladungen ausgesetzt. Das entstehende ozonhaltige Gas wird über Gasaustauschapparate in das Wasser eingetragen. Der technische Aufwand und die Kosten für Herstellung und Eintrag von Ozon sind beträchtlich und führen dazu, dass Ozon nur dann angewandt wird, wenn eine sichere Desinfektion auf andere Weise nicht erfolgen kann und/oder wenn schwierige Oxidationsaufgaben zu lösen sind. In der Schwimmbeckenwasser-Aufbereitung ist die Ozonung inzwischen das Verfahren der Wahl.

UV-Bestrahlung

Eine physikalische Methode zur Desinfektion ist die UV-Bestrahlung. Kurzwelliges Licht mit einer Wellenlänge im Bereich von 200 bis 290 nm (UV-C-Bereich) wirkt keimtötend mit einem Wirkungsmaximum bei etwa 265 nm. UV-Licht wirkt nur unmittelbar am Ort der Einwirkung; ein Desinfektionspotenzial im behandeltem Wasser kann nicht aufrechterhalten werden. Aus diesem Grund und weil die Funktionsfähigkeit der Anlagen im Hinblick auf eine ausreichende Desinfektion nicht durch einfache Messungen überprüft werden kann, sind hohe Sicherheitsanforderungen an die Anlagen zu stellen. In jedem Fall muss eine ausreichende Raumbestrahlung von mindestens 400 Joule pro Quadratmeter eingehalten werden, was durch eine entsprechende Bauartprüfung mit Zertifikat nachzuweisen ist.

Auch für den Einsatz der UV-Desinfektion kann sich die Beschaffenheit des zu behandelnden Wasser beschränkend auswirken. Die Anlage muss auf die jeweilige Wasserqualität ausgelegt sein. Ablagerungen auf den Strahlungsquellen müssen vermieden werden. Ferner ist auf die Verminderung der Strahlerleistung mit zunehmender Betriebsdauer (Strahleralterung) zu achten.

Als Strahlungsquellen werden überwiegend Quecksilberniederdruckstrahler eingesetzt, deren UV-Emission im Bereich von 254 nm liegt, also in der Nähe des Wirkungsmaximums. Bei dieser Wellenlänge ist nicht mit der fotochemischen Bildung von Nebenprodukten zu rechnen.

Die röhrenförmigen Strahler sind in Reaktoren entweder parallel oder quer zur Strömungsrichtung des Wassers angeordnet. Die Reaktoren müssen mit Sensoren zur Überwachung der Bestrahlungsstärke ausgerüstet sein. Es gelten folgende Grundanforderungen an UV-Desinfektionsanlagen:

- Applizierung einer Raumbestrahlung (Fluenz) von 400 J/m^2 mit dem Ziel einer Reduzierung der Konzentration von Krankheitserregern um vier Zehnerpotenzen.
- Biodosimetrische Prüfung dieser Dosis mit Sporen von *B. subtilis*.
- Überwachung im Betrieb durch einen definierten und geprüften Sensor.
- Der Sensor muss kalibriert sein und ein Signal in W/m^2 liefern.

Die Übereinstimmung mit den in DVGW W 294-1 bis W 294-3 festgelegten Anforderungen ist durch eine Zertifikat einer unabhängigen Drittstelle nachzuweisen (siehe auch Liste gemäß § 11 TrinkwV 2001, Tabelle in *Kap. 3.A.2 Trinkwasserverordnung – TrinkwV 2001*).

Die folgende *Tab. 4.7* zeigt zusammenfassend die wichtigsten Vor- und Nachteile der UV-Desinfektion auf.

Tab. 4.7:   Vor- und Nachteile der UV-Desinfektion

Vorteile	Nachteile
• Keine Geruchs- und Geschmacksbeeinträchtigungen • Keine Bildung von Nebenprodukten • Effektiv auch gegen Parasiten • Wirkung pH-unabhängig • Vorhaltung von Chemikalien nicht erforderlich • keine Gefahrstoffe	• Desinfektionspotential im Netz kann nicht aufrechterhalten werden • Verschmutzungsgefahr der Strahler • Keine Überwachung der Funktion durch den Nachweis von Desinfektionsmittelrestgehalten möglich • Teuer

Einsatzbereiche der Desinfektionsverfahren

Einen zusammenfassenden Überblick über die Einsatzbereiche der verschiedenen Desinfektionsverfahren und die zu beachtenden Randbedingungen gibt *Tab. 4.8.* *Abb. 4.26* stellt das Ergebnis einer DVGW Mitgliederbefragung aus dem Jahr 2008 dar. Aus der Befragung ging hervor, dass 50% der Wasserversorger mit eigener Wassergewinnung desinfizieren und welches Desinfektionsmittel dabei zum Einsatz kommt.

Desinfektion (50 % der WVU mit Gewinnung)

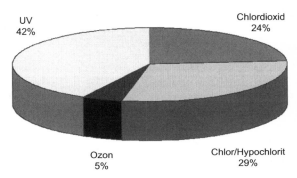

Abb. 4.26:   Welche Desinfektionsverfahren werden in der öffentlichen Wasserversorgung genutzt? (50% der Wasserversorgungsunternehmen mit eigener Wassergewinnung desinfizieren – Ergebnisse einer DVGW-Mitgliederumfrage von 2008)

Tab. 4.8: Einsatzbereiche und -bedingungen für Desinfektionsverfahren (W 290)

Desinfektions-mittel/-verfahren	Anwendungsbereich	zulässige Zugabemenge	Höchstkonzentrationen nach Aufbereitung	Nebenprodukte	DVGW-Merk bzw. Arbeitsblätter
Chlor und Chlorverbindungen	– pH < 8,0 [5] – Ammonium < 0,1 mg/L [4] – DOC ≤ 2,5 mg/L [2]	– 1,2 mg/L Cl_2 (6,0 mg/L Cl_2) [1]	– max. 0,3 mg/L Cl_2 min. 0,1 mg/L Cl_2 (max. 0,6 mg/L Cl_2) [1]	– THM und andere chlororganische Verbindungen – biologisch abbaubare Stoffe	W 229, W 295, W 296, W 623
Chlordioxid	– gesamter pH-Bereich – DOC ≤ 2,5 mg/L [2]	– 0,4 mg/L ClO_2	– max. 0,2 mg/L ClO_2 min. 0,05 mg/L ClO_2	– Chlorit biologisch abbaubare Stoffe	W 224 und W 624
Ozon	– gesamter pH-Bereich, – nicht als letzte Aufbereitungsstufe	– 10 mg/L O_3	– 0,05 mg/L O_3	– Bromat – erhöhte Bildung biologisch abbaubarer Stoffe	W 225 und W 625
UV-Bestrahlung	– entsprechend Zulassung (Prüfzeugnis), – biologisch stabile Wässer				W 294-1 bis 3 [6]
Abkochen [3]	– Notfallmaßnahme	–	–	–	–

[1] zulässig, wenn die Desinfektion nicht anders gesichert werden kann oder wenn die Desinfektion zeitweise durch Ammonium beeinträchtigt wird

[2] Orientierungswert bedingt durch Grenzwerte für Trihalogenmethane bzw. Chlorit

[3] sprudelndes Kochen

[4] Orientierungswert bedingt durch mögliche Geruchsprobleme

[5] Bei pH-Werten > 8,0 ist zu prüfen, ob noch eine ausreichende Desinfektionswirkung gegeben ist.

[6] Technische Mitteilung der FIGAWA „UV-Desinfektion in der Wasserbehandlung". siehe bbr 10/2008 und www.figawa.de

4.6 Überwachungs-, Mess-, Steuer und Regeleinrichtungen in der Wasserversorgung

Um die Versorgung der Verbraucher mit einwandfreiem Trinkwasser mit ausreichendem Druck jeder Zeit sicherzustellen, werden in den Wasserwerken Einrichtungen zum Überwachen, Messen, Steuern und Regeln (MSR-Einrichtungen) eingesetzt. Diese dienen der technischen Betriebsführung, der Zuverlässigkeit des technischen Betriebsablaufes, der Wassergüte- und Wassermengenüberwachung, der Kontrolle und Verbesserung der Wirtschaftlichkeit sowie eines aggregate- und armaturenschonenden Betriebes. Je nach Komplexität der Aufbereitungsanlagen werden sie teil- oder vollautomatisch gefahren. Für kleine und kleinere Wasserwerke, denen nur bedingt qualifiziertes Personal zur Verfügung steht, wird empfohlen, die Prozesse soweit als möglich zu automatisieren. Wichtigste Grundlagen jedes Automatisierungsprozesses sind Messen, Steuern, Regeln und Überwachen.

In Abhängigkeit von den vorliegenden Verfahren und dem Automatisierungsgrad sind Messwerte zu erfassen, z.B. Schieber und Ventile zu kontrollieren (AUF – ZU – STÖRUNG), Füllstände in Wasserbehältern, Filtern und Chemikalienbehältern, Volumenströme des Wassers (Rohwasser, Trinkwasser, Spülwasser, Spülluft) und der Aufbereitungs-Chemikalien sind zu messen und zu steuern; zur Kontrolle der Aufbereitung werden die maßgeblichen Parameter des Trinkwassers erfasst wie pH-Wert, Trübung, Rest-Chlorgehalt – und selbstverständlich gehört zur Chlorgasanlage das Chlorgaswarngerät, um den MAK-Wert zu überwachen.

Als Beispiel seien die Mess- und Regeleinrichtungen eines geschlossenen Schnellfilters gezeigt – s. *Abb. 4.27*.

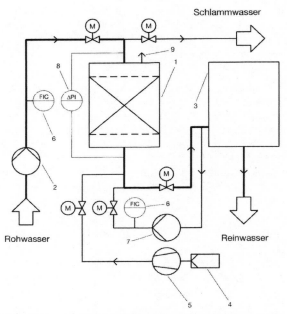

Abb. 4.27: Mess- und Steuereinrichtungen für einen geschlossenen Schnellfilter (W 642, Februar 1999); 1 – Filter, 2 – Rohwasserpumpe, 3 – Reinwasserbehälter, 4 – Luftfilter, 5 – Verdichter, 6 – Durchflussmessgerät, 7 – Spülwasserpumpe (ggf.), 8 – Differenzdruckmessung, 9 – Be- und Entlüftung

Folgende Messwerte werden erfasst: Wasserstand beim offenen Schnellfilter, Differenzdruck beim geschlossenen Filter; Drücke an folgenden Messpunkten: Filterzulauf, Spülwasserleitung, Spülluftleitung, Filterablauf; Trübung im Ablauf, Volumenstrom Filtrat, Volumenstrom Spülwasser, Spülluft.

Die Meldungen betreffen die Betriebszustände: Armaturen (AUF-ZU-STÖRUNG, die Motorantriebe sind mit M bezeichnet), Spülautomatik (EIN, AUS, STÖ-RUNG), Spülaggregate (EIN, AUS, STÖRUNG), Trübung (MAX), Filterlaufzeit (MAX), Wasserstand bzw. Filterwiderstand (MAX).

Die Regelung betrifft: Wasserstand beim offenen Filter, Volumenstrom beim geschlossenen Filter. Die Spülung wird im Allgemeinen automatisch ausgelöst bei Überschreiten des dem Regler vorgegebenen Differenzdrucks, der zulässigen Trübung im Reinwasser oder der maximalen Filterlaufzeit. Zum Filterbetrieb s. W 213-3.

Detaillierte Informationen geben die Arbeitsblätter W 645 Teile 1 bis 3: „Überwachungs-, Mess-, Steuer- und Regeleinrichtungen in Wassserversorgungsanlagen. Teil 1: Messeinrichtungen, Teil 2: Steuern und Regeln, Teil 3: Prozessleittechnik."

Die Einbindung der Kontrolleinrichtungen für die Aufbereitungsanlage in die Automatisierungshierarchie eines Wasserversorgungsunternehmen zeigt *Abb. 4.28.*

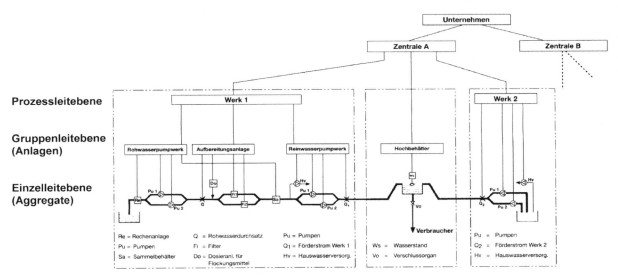

Abb. 4.28:   Automatisierungshierarchie in einem Wasserversorgungsunternehmen (W 645-3)

4.7   Entsorgung von Rückständen

Bei der Wasseraufbereitung fallen Rückstände und an, die hinsichtlich ihrer Menge und Zusammensetzung variieren können. Es gilt, Rückstände zu vermeiden, unvermeidbar anfallende Rückstände zu verwerten und nicht verwertbare Rückstände umweltschonend zu behandeln und zu beseitigen. Da die Beseitigung von Rückständen einen erheblichen Anteil der Aufbereitungskosten ausmachen kann, lohnt es sich, schon in der frühen Planungsphase einer Wasseraufbereitungsanlage

- möglichst rückstandarme Verfahren zu wählen,
- die Möglichkeit der Gewinnung von Nebenprodukten zu prüfen,
- vorrangig Rohwässer zu nutzen, bei deren Aufbereitung keine oder wenig Rückstände anfallen
- sowie die Möglichkeit der betriebsinternen Rückführung von Stoffen und Klarwasser zu prüfen.

Abb. 4.29 erläutert die wesentlichsten Begriffe im Zusammenhang mit Wasserwerksrückständen.

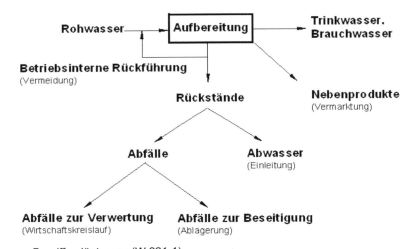

Abb. 4.29:   Schema zur Begriffserläuterung (W 221-1)

Für die Entsorgung von Rückständen aus der Wasseraufbereitung gelten die Arbeitsblätter W 221-1 (Planungsgrundsätze), W 221-2 (Behandlung) und W 221-3 (Vermeidung, Verwertung, Beseitigung) sowie das Merkblatt W 222 (Einleitung in Abwasseranlagen).

Behandlungsziele

Die anfallenden Feststoffe liegen meist in Form von sehr verdünnten Suspensionen vor mit einem Feststoffanteil von wenigen Prozent und darunter. Voraussetzung für eine wirtschaftlich vertretbare Verwertung und Beseitigung ist eine Behandlung dieser Rückstände, mit der die Ziele verfolgt werden:

- Verminderung des Volumens,
- Änderung physikalischer Eigenschaften,
- Änderung chemischer Eigenschaften.

Verfahren

Sedimentation

Der erste Schritt einer Behandlung ist gewöhnlich eine Sedimentation zur Feststoffanreicherung. Hierzu werden die üblichen Sedimentationsanlagen eingesetzt.

Eindickung

Als zweiter Behandlungsschritt erfolgt häufig eine Eindickung, die der weiteren Aufkonzentrierung des im Absetzbecken anfallenden Schlammes unter dem Einfluss der Schwerkraft dient. Bei den Eindickern handelt es sich meistens um Rundbecken mit umlaufenden Räum- und Krählwerk. Die Aufenthaltszeit in ihnen liegt bei etwa 0,5 bis 5 Tagen. Es werden auch Eindicker ohne Räum- und Krählwerk betrieben, in denen die Eindickung durch lange Standzeiten (mehrere Wochen) erreicht wird. Sedimentation und Eindickung können auch in einem Verfahrensschritt kombiniert werden, so dass auf separate Eindicker verzichtet werden kann.

Konditionierung

Wenn die bei Sedimentation und Eindickung anfallenden Schlämme nicht direkt entsorgt werden können, z. B. durch Einleiten in Abwasseranlagen, erfolgt als dritter Behandlungsschritt in der Regel eine Entwässerung. Aufgrund der gelartigen Struktur der meisten Schlämme, die die Entwässerung sehr erschwert, muss ggf. vorher noch eine so genannte Konditionierung erfolgen, um die Entwässerungseigenschaften zu verbessern. Bei der physikalischen Konditionierung wird der Schlamm gefroren (Gefrierkonditionierung), was im Winter auf natürlichem Weg erfolgt. Die künstliche Gefrierung wird in Einzelfällen angewandt, erfordert jedoch einen hohen Energieaufwand. Bei der chemischen Konditionierung werden den Schlämmen Chemikalien zugesetzt (Konditionierungsmittel). Häufig verwandt werden Eisensalze sowie Kalk oder eine Kombination von beiden Stoffen. Organische Konditionierungsmittel sind Polyelektrolyte, wie sie auch bei der Flockung angewendet werden.

Trockenbeete/ Entwässerungscontainer

Die Schlammentwässerung nach Sedimentation/Eindickung kann auf natürlichem Weg unter Ausnutzung der Schwerkraft und der Verdunstung durchgeführt werden. Hierzu wird der Schlamm auf Trockenbeete aufgebracht. Diese bestehen aus einer Sickerschicht aus Kies oder Sand mit einem darunter liegenden Dränagesystem. Die Entwässerungsleistung solcher Trockenbeete wird stark vom Witterungsverlauf beeinflusst. Bewährt haben sich auch so genannte Entwässerungscontainer, vor allem bei geringem Schlammanfall. Es handelt sich hierbei um handelsübliche Container für Abfall, in die ein Siebboden eingebaut ist und die mit einem Stütz- und Filtergewebe ausgerüstet sind. Die Wasserabtrennung erfolgt größtenteils durch Eindickung und Dränage, während die Verdunstung eine untergeordnete Rolle spielt.

Maschinelle Entwässerung

Bei der maschinellen Entwässerung erfolgt die Wasserabtrennung in speziellen Apparaten, wobei die in der Abwassertechnik bewährten Aggregate (Kammerfilterpressen, Bandfilterpressen und Zentrifugen) eingesetzt werden.

Vor- und Nachteile der Entwässerungsverfahren sind in *Tab. 4.9* zusammengefasst.

Tab. 4.9: Vergleich der Entwässerungsverfahren (W 221-2)

Verfahren	Vorteile	Nachteile	Erreichbarer Entwässerungsbereich (Trockenrückstand in %)
Trockenbeete	Niedrige Bau- u. Betriebskosten; geringer Betriebsaufwand	Entwässerung witterungsabhängig; mögliche Geruchsbelästigungen; großer Flächenbedarf; lange Entwässerungszeiten; mögliche Grundwasserbeeinflussung; Entwässerter Schlamm enthält Pflanzenreste u. Sand	30 bis 40
Entwässerungscontainer	Entwässerung u. Transport in einem Aggregat; keine mechanisch bewegten Teile; geringer Platzbedarf; geringer Bedienungsaufwand; einfache Montage u. niedrige Investitionskosten	Nur bei geringem Schlammanfall wirtschaftlich; lange Entwässerungszeiten; Beschickungsmenge durch Containergröße beschränkt	15 bis 20
Kammerfilterpressen	Hoher Entwässerungsgrad (im Falle einer Kalkkonditionierung); universeller Anwendungsbereich; geringer Feststoffgehalt im Fitrat, hohe Betriebssicherheit	Hohe Investitionskosten; diskontinuierlicher Prozess; Vorrats- u. Zwischenspeicher erforderlich. Aufsicht während des Kuchenabwurfs; pH > 11 (Filtrat) bei der Kalkkonditionierung; saure Spülwässer aus der Tuchreinigung	30 bis 50 (mit Kalk) 20 bis 30 (ohne Kalk)
Bandfilterpressen	Kontinuierlicher Prozess; niedrige Energiekosten	Viele bewegte Teile, höherer Wartungsaufwand. Überwachung durch geschulte Maschinisten. Viel Spülwasser, hoher Reinigungsaufwand im Betrieb	15 bis 30
Zentrifugen	Gute u. schnelle Anpassung an sich ändernde Schlammeigenschaften; kontinuierlicher Prozess; geringer Wartungsaufwand; geringer Platzbedarf, geringer Überwachungsaufwand; niedrige Investitionskosten	Hoher Strombedarf beim Anlauf; empfindliche Reaktion auf schwankende Schlammeigenschaften; gute Reinigung erforderlich, wenn mehrere Tage außer Betrieb	15 bis 35

Verwertungsmöglichkeiten

Für praktisch alle bei der Wasseraufbereitung anfallende Rückstände sind Verwertungsmöglichkeiten bekannt. Die wichtigsten Verwertungswege sind DVGW W 221-3 beschrieben.

Am besten verwertbar sind die kalkhaltigen Rückstände. Bei entsprechenden Voraussetzungen können sich im Einzelfall sogar Vermarktungsmöglichkeiten ergeben, d.h., die Rückstände können verkauft werden. Solche Rückstände sind dann als Nebenprodukte, nicht mehr als Abfälle zu betrachten. Für Rückstände aus der Enteisenung/Entmanganung und der Flockung mit Eisensalzen sind ebenfalls zahlreiche Verwertungsmöglichkeiten gegeben. Betriebswirtschaftlich am günstigsten ist oft die Verwertung im Rahmen der Abwasserentsorgung. Eisenhaltige Schlämme können hier gezielt zur Bindung von Schwefelwasserstoff in Abwasserkanälen und Faultürmen eingesetzt werden. Problematischer sind die Schlämme aus der Flockung mit Aluminiumverbindungen, zumal sie auch noch schwierig zu entwässern sind. Es bestehen aber Verwertungsmöglichkeiten im gewerblichen Bereich und im Umweltbereich.

Die in Frage kommenden Verwertungsmöglichkeiten müssen in jedem Einzelfall geprüft werden, auch unter Berücksichtigung der Zusammensetzung der Rückstände im Spurenbereich (Schwermetalle, Arsen, organische Substanzen).

Ablagerung auf Deponien

Eine Ablagerung auf Deponien darf gemäß Abfallrecht nur dann erfolgen, wenn die Rückstände nicht verwertet werden können. Die gesetzlichen Anforderungen an die abzulagernden Abfälle müssen eingehalten werden. Für viele Wasserwerksschlämme bedeutet das, dass sie nicht mehr ohne besondere Maßnahmen auf die üblichen Deponien verbracht werden dürfen, da sie die Anforderungen an zu deponierende Stoffe bezüglich des Gehaltes an eluierbaren organischen Stoffen (TOC) vielfach nicht einhalten. Probleme können sich auch hinsichtlich weiterer Eluatparameter wie AOX, Arsen, Nickel, Zink und Ammonium ergeben.

5 Planung von Wasserversorgungen – Wasserverteilung

Prof. Dr.-Ing. W. Merkel

Die Grundnorm für Planung und Bau von Versorgungsanlagen der öffentlichen Wasserversorgung ist die europäisch verabschiedete und vom DIN veröffentlichte DIN EN 805 „Anforderungen an Wasserversorgungssysteme und deren Bauteile außerhalb von Gebäuden"; sie beschreibt den allgemein anerkannten Stand der Technik in Europa. Diese Festlegungen sind Kompromisse des europäischen Harmonisierungsprozesses, müssen also für die Anwendung in Deutschland ergänzt und konkretisiert werden. Dies ist durch das DVGW Arbeitsblatt W 400 „TRWV Technische Regeln Wasserverteilung" erfolgt; es liegt in drei Teilen vor:

W 400-1: Planung von Wasserverteilungsanlagen,

W 400-2: Bau und Prüfung von Wasserverteilungsanlagen,

W 400-3: Betrieb und Instandhaltung von Wasserverteilungsanlagen.

5.1 Wasserbedarf/Wasserverbrauch

Der *Wasserbedarf* wird in m^3/a, m^3/d, m^3/h, m^3/s bzw. L/s oder auf den Einwohner bezogener Bedarf in $m^3/(E{\cdot}a)$, $m^3/(E{\cdot}d)$, $L/(E{\cdot}d)$, $L/(E{\cdot}h)$, $L/(E{\cdot}s)$ angegeben. Er ist der *Planungswert* des in einer bestimmten Zeitspanne für die Wasserversorgung voraussichtlich benötigten Wasservolumens. Grundlage der hydraulischen Bemessung von Anlagen der Wasserversorgung ist also der Wasserbedarf. Das Wasserversorgungsunternehmen (WVU) ist nach AVBWasserV verpflichtet, Wasser im vereinbarten Umfang jederzeit am Ende der Anschlussleitung zur Verfügung zu stellen; Ausnahmen aufgrund höherer Gewalt sind natürlich zu akzeptieren; zeitliche Beschränkungen (beispielsweise für einen Industriebetrieb als Einzelabnehmer) können vertraglich vereinbart werden.

Der Wasserbedarf wird von klimatischen und zeitlichen Faktoren stark beeinflusst; Extremwerte können auftreten, wenn maßgebende bedarfsbestimmende Faktoren zeitlich zusammenfallen. Zur Bemessung der Versorgungsanlagen werden Spitzenbedarfswerte herangezogen, die in Berücksichtigung der Funktion der Anlagenteile, zugleich auch in Berücksichtigung der hygienischen Anforderungen und der Wirtschaftlichkeit festzulegen sind. Deshalb sollte sich jedes WVU Zielwerte setzen, für welchen wahrscheinlichen Spitzentag eine volle Bedarfsdeckung noch vorgehalten wird. Übliche Werte sind 1 Tag in 30 Jahren, d. h. 1 Tag von 10.957 Tagen, demnach ein Sicherheitsfaktor von 10^{-4}. Die Wahrscheinlichkeitsaussage lautet dann: an 1 Tag in 30 Jahren muss damit gerechnet werden, dass die volle Bedarfsdeckung nicht mehr gewährleistet ist. Ein Sicherheitsfaktor von nur 10^{-3} (also 1 Tag in drei Jahren) führt selbstverständlich zu deutlich geringeren Vorhaltemengen und niedrigeren Kosten. Die volle Bedarfdeckung wäre dann aber an 1 Tag in 3 Jahren gefährdet.

Der *Wasserverbrauch* (Einheiten wie oben) ist der tatsächliche, meist durch Messung ermittelte Wert des in einer bestimmten Zeitspanne abgegebenen Wasservolumens (gemäß DIN 4046). Korrekter ist es eigentlich, von Wasser*ge*brauch oder Wassernutzung zu sprechen. Wasser wird nicht *ver*braucht, sondern gelangt nach seiner Nutzung in den Kreislauf zurück. Da allerdings dabei die Eigenschaft eines Trinkwassers verloren gegangen ist, kann man durchaus auch an dem eingeführten Begriff „*Ver*brauch" festhalten.

Man unterscheidet die Verbrauchssektoren Haushalte + Kleingewerbe (auch Siedlungseinheiten), Großgewerbe und Industrie, Einzelverbraucher, öffentliche Einrichtungen, Löschwasser, Wasserwerks-Eigenverbrauch. Durch Auswertung der Entwicklung der Bevölkerung und des Wasserverbrauchs, aufgeteilt auf die verschiedenen Sektoren, und Abschätzung der zukünftigen Entwicklung sind die Planungswerte zu ermitteln.

Für die Planung von Versorgungseinrichtungen sind Planungszeiträume zu beachten. Benötigt werden:
*   für wasserwirtschaftliche Planungen und Genehmigungsverfahren sowie zur Sicherung von Wassergewinnungsgebieten: Jahreswasserbedarf und Bedarf des Spitzentages derzeit und künftig – Zeitraum 50 Jahre; maßgebend sind vorrangig Siedlungsstruktur und Bevölkerungsentwicklung (angesichts der Tatsache, dass der personenbezogene Wasserbedarf langsam aber stetig zurückgeht, abhängig von Region und Größe des Siedlungsgebiets aber große Unterschiede aufweist);
*   für die Planung von Wasserbehältern, Wassertürmen (für Erdbehälter empfiehlt sich Ausbau mit Erweiterungsmöglichkeit), Fernleitungen, Rohrnetzen, Wassergewinnungs- und Wasseraufbereitungsanlagen: künftiger Bedarf – Zeitraum 30 Jahre; für Versorgungsleitungen kann nach der Bemessungskurve aus DVGW W 410 vorgegangen werden; der *Bau* von Rohrnetzen und Rohrleitungen legt aber eine mögliche Nutzungsdauer von mindestens 50 Jahren zugrunde – s. *Kap. 5.2 Anordnung der Wasserversorgungsanlagen*;
*   für die Planung der Anlagenteile (insbesondere maschinelle Ausstattung): Zeitraum 15 Jahre.

5.1.1 Haushaltsbedarf

Aus messtechnischen Gründen ist üblicherweise der Bedarf des Kleingewerbes eingeschlossen; dies gilt allgemein für die statistischen Angaben über den Wasserverbrauch. Vom Haushaltsbedarf zu unterscheiden ist der auf den Einwohner bezogene *Gesamt*-Wasserbedarf einer Gemeinde, der auch die von der öffentlichen Wasserversorgung versorgte Industrie und sonstige Verbraucher umfasst (Wasserabgabe an Verbraucher). *Tab. 5.1* zeigt Planungswerte für Siedlungsgebiete – sie sollen aber nicht mechanisch angewendet werden; grundsätzlich sind soweit möglich Verbrauchsmessungen und Analysen des Verbrauchs heranzuziehen, um darauf verlässliche Planungsrechnungen aufzubauen.

Tendenzen im Pro-Kopf-Verbrauch lassen sich aufgrund aktueller Untersuchungen [Roth et al., 2008], [Kluge et al., 2008] wie folgt zusammenfassen:

- Kleine Haushalte und größere Wohnflächen pro Einwohner zeigen einen relativ höheren Wasserverbrauch. Der Trend zu kleineren Haushalten (Singles, keine Kinder) wird also zu etwas größerem Bedarf führen.

- Spareffekte durch moderne Wasch- und Spülmaschinen sind weitgehend ausgeschöpft. Die Modernisierung der Haushalte auch bezüglich der Sanitärausstattung wird noch gewisse Bedarfs-Rückgänge bringen. Technische Innovationen wirken sich im Wesentlichen nur noch im gewerblichen Bereich aus.

- Wohnungswasserzähler haben unmittelbar nach dem Einbau in großen Wohnkomplexen Verbrauchsrückgänge von durchaus 40% erreicht; der Effekt klingt nach einiger Zeit wieder ab. In kleineren Mehrfamilienhäusern ist praktisch kein Effekt zu erkennen.

- Der Wasserpreis hat nur bei deutlicher Erhöhung – zum Beispiel erstmalige verbrauchsabhängige Abrechnung in den neuen Bundesländern – einen signifikanten Einfluss.

- Gartenbewässerung liegt in Wohngebieten bei mittleren Niederschlägen bei etwa 10% der Wasserabgabe an die Verbraucher. Spareffekte durch Regenwassernutzung werden eher in Außengebieten der Städte wirksam, sind aber von den Niederschlägen abhängig: Der Jahresverbrauch kann in ausgeprägten Trockenjahren zwar um 50% steigen; bei längerer Trockenperiode wird aber zum Teil wieder auf den Trinkwasseranschluss zurückgegriffen, was die Verbrauchsspitze erhöht.

Veränderungen im Pro-Kopf-Verbrauch werden sich in den nächsten 10–20 Jahren also im Bereich weniger Prozente bewegen. Maßgebend für die Versorgungplanung werden vorrangig die Wanderungsbewegungen der Bevölkerung sein.

Die Wasserabgabe wird meistens auf die Zahl der Einwohner umgerechnet. Mitte der 80er Jahre hatte der Wasserverbrauch der Haushalte (alte BRD) mit fast 150 L/E/d einen Höchststand erreicht; seit 1990 ist ein kontinuierlicher Rückgang zu verzeichnen; die Zahlen 2008 lauten für die alten Bundesländer 130 L/E/d, für die neuen Bundesländer (NBL) 96 L/E/d mit einem Mittelwert für die Bundesrepublik von 123 L/E/d. Die deutlich niedrigeren Werte in den NBL sind ein Ergebnis der stark gestiegenen Wasserkosten (einschl. Abwassergebühren) und des gewachsenen Sparbewusstseins der Bevölkerung.

Tab. 5.1: Wasserbedarfzahlen (W 410)

Verbrauchergruppe/Gebäudeart	Verbrauchereinheit (V) Bezugsgröße	Bandbreite in $m^3/(V{\cdot}d)$	Mittelwerte in $m^3/(V{\cdot}d)$
Wohngebäude	Einwohner	0,060–0,5	0,09-0,14[1]
Krankenhäuser	Patienten + Beschäftigte (PB)	$0{,}12–0{,}83m^3/(PB{\cdot}d)$	$0{,}34m^3/(PB{\cdot}d)$
	Bettenzahl (BZ)	$0{,}13–1{,}2m^3/(BZ{\cdot}d)$	$0{,}5m^3/(BZ{\cdot}d)$
Schulen	Schüler + Lehrer (SL)		$0{,}006m^3/(SL{\cdot}d)$
Verwaltungs- und Bürogebäude	Beschäftigte (B)	$0{,}013–0{,}111m^3/(B{\cdot}d)$	$0{,}025m^3/(B{\cdot}d)$
Hotels	Hotelgäste (G)	$0{,}10–1{,}40m^3/(G{\cdot}d)$	$0{,}29m^3/(G{\cdot}d)$
	Hotelzimmer (HZ)	$0{,}07–1{,}40m^3/(HZ{\cdot}d)$	$0{,}39m^3/(HZ{\cdot}d)$
Landwirtschaftliche Anwesen [2]	Großvieh-Gleichwert (GVGW) Äquivalent für ein Tier mit 500 kg Lebendgewicht		$0{,}052m^3/(GVGW{\cdot}d)$
gemischte Gewerbegebiete	Fläche (F)	$1{,}5–4{,}0m^3/(ha{\cdot}d)$	$2m^3/(ha{\cdot}d)$
	Arbeitsplätze (AP)	$25–125L/(AP{\cdot}d)$	$50L/(AP{\cdot}d)$

[1] Mittelfristig wird sich voraussichtlich der durchschn. Bedarf bei ca 120 L/E/d = 0,12 $m^3/(V{\cdot}d)$ stabilisieren

[2] Faktoren zur Umrechnung auf GVGW:

Mensch	2,0	Mastbullen bis 180 kg	0,23
Kühe	1,2	Mastbullen bis 350 kg	0,5
Pferde	1,0	Mastbullen 350–500 kg	0,9
weibl. Rinder > 2 Jahre	1,0	Zuchteber, -sauen	0,3
weibl. Rinder 1-2 Jahre	0,7	Zuchtsauen mit Ferkel	0,5
weibl. Rinder < 1 Jahr, Fohlen	0,3	Mastschweine 20–110 kg	0,13
Kälber bis 4 Wochen	0,1	Schafe, Ziegen	0,1
Mastkalb bis 100 kg	0,15	10 Hühner, Gänse, Enten	0,04

Tab. 5.2: Wasserverbrauch je Einwohner und Tag in Liter 1990–2005 [BDEW Wasserstatistik, lfd. Jhrg.]

	1990	1992	1994	1996	1998	2000	2002	2004	2006	2008
bezogen auf die Wasserabgabe an Haushalte und Kleingewerbe	147	140	133	130	129	129	128	126	126	123
bezogen auf die Wasserabgabe an Verbraucher insgesamt	212	192	177	170	164	163	161	158	154	150

Die 123 L/E/d teilen sich im Schnitt gemäß *Abb. 5.1* auf die verschiedenen Verwendungszwecke auf.

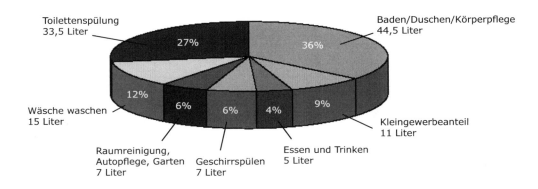

Abb. 5.1: Wasserverwendung im Haushalt Stand 2008 [BDEW Wasserstatistik, lfd. Jhrg.]

Ein internationaler Vergleich der Verbrauchswerte weist schon in Europa große Unterschiede auf; allerdings ist auch die Qualität der nationalen Wasserstatistiken sehr unterschiedlich. Als Beispiel seien für einige Länder die Entwicklungen von 1998/1999 bis 2007 gezeigt – *Abb. 5.2*. Wie ersichtlich ist, liegen die Pro-Kopf-Wasserverbräuche in Deutschland im europäischen Vergleich am unteren Ende der Skala, wobei, wie oben gezeigt, die Werte zwischen den alten und den neuen Bundesländern stark differieren.

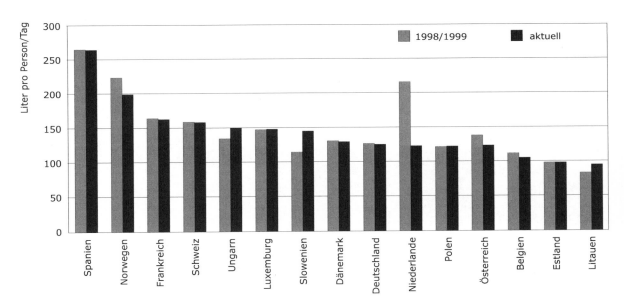

Abb. 5.2: Vergleich der spezifischen Wasserverbräuche in Europa [ewp 6/2009 S. 38]

Der Wasserverbraucher entnimmt das Wasser nicht gleichmäßig verteilt über den Tag; er benutzt die wasserverbrauchenden Einrichtungen auch nicht gleichzeitig mit seinen Nachbarn. Je größer die betrachtete Versorgungseinheit ist (Einzelhaus, Mehrfamilienhaus, Siedlungsgebiet etc.), desto niedriger wird der Gleichzeitigkeitsfaktor.

Der Gleichzeitigkeitsfaktor f_{GZ} – bezogen auf Einwohner/Wohneinheit bzw. Siedlungsgebiet – ist wie folgt definiert:

$$f_{GZ} = \left(\frac{\text{Spitzendurchfluss } Q_s}{\text{Summendurchfluss } \Sigma Q_R} \cdot 100\% \right) \qquad (5.1)$$

Die Auslegung von Versorgungsanlagen darf nicht einfach auf der Grundlage von maximalen Durchflüssen erfolgen; der zugrunde gelegte Spitzendurchfluss muss auf einer sinnvoll gewählten Bezugszeit beruhen. Andernfalls werden die Anlagen überdimensioniert, was nicht nur unwirtschaftlich ist, sondern auch zu hygienischen Problemen führen kann. Ein auf eine Bezugszeit von 1 h bezogener Spitzendurchfluss heißt z.B., dass es an einem Tag mit maximalem Bedarf 1 Stunde gibt, in welcher der tatsächliche Durchfluss höhere Werte annehmen kann als dieser 1-h-Wert. (Kürzere Überschreitungszeiten, die z.B. in einem zweiten Verbrauchs-Peak des Tages auftreten, werden nicht berücksichtigt, auch wenn die absolute Spitze höher liegen mag.) Während die Leitung zu einer bestimmten Verbrauchseinrichtung – z. B. einem Druckspüler – selbstverständlich für die Leistung des Druckspülers auszulegen ist, können Hausanschluss-Leitungen auf die Bezugszeit von 10 s, bei mehrstöckiger Bebauung auf 5 min, Messeinrichtungen (Wasserzähler) auf 5 min dimensioniert werden.

W 410 empfiehlt folgende Bezugszeiten:

Tab. 5.3: Spitzendurchflüsse mit zugehörigen Bezugszeiten (W 410)

Anlagenart	Maßgeblicher Durchfluss und Bezugszeit
Anschlussleitungen	Spitzendurchfluss in 10 Sekunden (vgl. W 404)
Zubringer-, Haupt- und Versorgungsleitungen	Spitzendurchfluss in 1 Stunde
Pumpwerke und Druckerhöhungsanlagen	Spitzendurchfluss in 1 Stunde
Behälter	Spitzenbedarf für 1 Tag (in Maßgabe von W 300)

Den Empfehlungen der *Tab. 5.3* entsprechend ist also für eine Wohneinheit von unter 200 Einwohnern ein Wert zwischen 1 h und 10 s zu wählen. Der konkrete Einzelfall ist immer zu prüfen. In einem Kongresshotel muss man beispielsweise berücksichtigen, dass ein großer Teil der Kongressbesucher morgens zur selben Zeit die Duschen und Toiletten benutzt.

In Versorgungseinheiten bis etwa 1000 E ist die Anzahl der Einwohner maßgebend für die Bemessung des Spitzenbedarfs, da hier die Auswirkung eines zufälligen Zusammentreffens von Einzelentnahmen noch spürbar ist – s. *Abb. 5.3*.

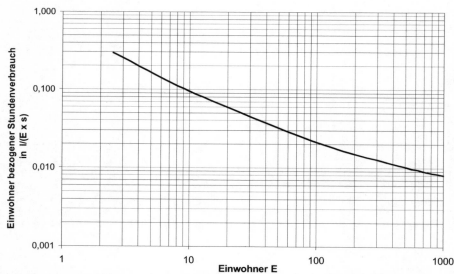

Abb. 5.3: Personenbezogener Spitzenverbrauch in Abhängigkeit von der Anzahl der Einwohner: 2,5 bis 1000 (W 410)

Abb. 5.4 erweitert die Kurven von *Abb. 5.3* auf Siedlungsgebiete und Städte bis zu 1.000.000 Einwohner.

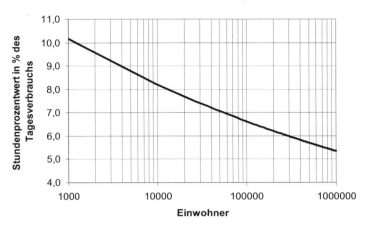

Abb. 5.4: Personenbezogener Spitzenverbrauch (Stundenprozentwert) in Abhängigkeit von der Anzahl der Einwohner – 1000 bis 1 Million (W 410)

Je nach Siedlungsstruktur weist der Haushaltswasserverbrauch sehr unterschiedliche Tagesverläufe aus – s. *Abb. 5.5*.

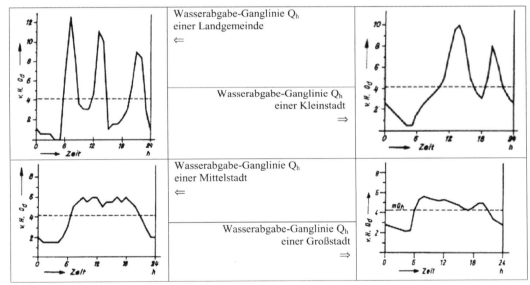

Abb. 5.5: Wasserabgabe-Ganglinien Q_h nach Gemeindegrößen und Gemeindetypus ([Mutschmann und Stimmelmayr, 2007], S. 24)

Wichtige Begriffe für die Bemessung von Wasserversorgungsanlagen sind:

- Q_a (m³/a) = Planungswert für das jährlich voraussichtlich benötigte Wasservolumen
- Q_{dm} (m³/d) = mittlerer Tagesbedarf = $Q_a/365$
- Q_{dmax} (m³/d) = maximaler Tagesbedarf im Bezugszeitraum – meist 1 Jahr
- Q_{dmin} (m³/d) = minimaler Tagesbedarf im Bezugszeitraum
- einwohnerbezogen q_{dm}, q_{dmax}, q_{dmin} [L/E·d)]
- Tagesspitzenfaktor $f_d = \dfrac{Q_{dmax}}{Q_{dm}} = \dfrac{q_{dmax}}{q_{dm}}$ [-]

- $a = 1/f_d$ = Auslastungsgrad der Anlage
- $365/f_d$ = Benutzungsdauer der höchsten Tagesabgabe (Tage/Jahr), ggf. auch in Benutzungsstunden oder Betriebsstunden (h/a) angegeben.

f_d ist größer mit kleinerem Versorgungsgebiet, in niederschlagsärmerer Gegend und bei geringerem gewerblichem und industriellem Anteil am Wasserverbrauch (der gewerbliche und industrielle Verbrauch hat eine ausgleichende Wirkung). Anhaltspunkte gibt *Abb. 5.6*.

Der Minimumtag ist geringeren Schwankungen unterworfen:

Großstädte: Q_{dmin}/Q_{dm} = 0,7 bis 0,75
Kleinstädte: Q_{dmin}/Q_{dm} = 0,5 bis 0,7

Der Tageswasserverbrauch ist natürlich saisonalen Schwankungen unterworfen; das Wetter – warm/trocken oder regnerisch/windig – spielt eine Rolle. Außerdem zeigt der Tagesverbrauch einen typischen Wochengang abhängig von der Siedlungsstruktur (Gewerbe, Pendleranteil, Wohngebiet, Schlafstadt, Ausflugsgebiet etc. – vgl. *Abb. 5.5*). Typisch sind:

- Arbeitstage mit hohem Verbrauch (Montag, Dienstag),
- Arbeitstage mit normalem Verbrauch,
- Samstage,
- Sonn- und Feiertage,
- besondere Festtage (Doppelfeiertage),
- Tage nach Festtagen, Sprungtage (z. B. Freitag nach Himmelfahrt).

Auf die Stunde bezogen werden folgende Begriffe definiert:

- Q_{hm} (m^3/h) = mittl. Stundenbedarf am Tage des mittl. Wasserbedarfs [*]

  = $Q_{dm}/24 = Q_a/(365 \cdot 24)$

- Q_{hmax} (m^3/h) = maximaler Stundenbedarf am Tage des größten Wasserbedarfs (im Regelfall die Spitzenstunde des Jahres)

- Stundenspitzenfaktor $f_h = Q_{hmax} / Q_{hm}$

In der Literatur wird f_h' bisweilen auf den mittleren Stundenbedarf am Tage des größten Bedarfs bezogen; diese Größe entspricht dann:

$$f_h' = f_h/f_d = 24 \, Q_{hmax}/Q_{dmax} \quad {}^{*)}$$

[*] Anmerkung: die Definitionen für Q_{hmax} sowie für f_h und f_h' folgen hier dem DVGW-Arbeitsblatt W 400-1 und 410.

Gebräuchlich ist auch die Angabe des maximalen Stundenprozentwert st_{max} in % – vgl. dazu die Darstellung in *Abb. 5.4* und *Abb. 5.5*:

$$st_{max} = \frac{Q_{hmax}}{0{,}01 \cdot Q_{dmax}} = f_h' \cdot \frac{100}{24} = f_h' \cdot 4{,}17 \; (\%)$$

Es gilt: $st_{max} = 19{,}3 \cdot E^{-0{,}093}$ – s. die Kurve in *Abb. 5.4*.

Sofern keine Messwerte vorliegen, erfolgt die Ermittlung des maximalen Tagesverbrauchs Q_{dmax} und des maximalen Stundenverbrauchs Q_{hmax} üblicherweise mit Hilfe des Tagesspitzenfaktors f_d und des Stundenspitzenfaktors f_h bzw. des Stundenprozentwerts st_{max}.

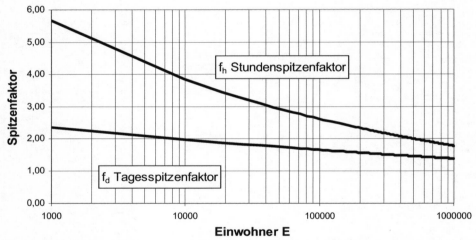

Abb. 5.6: Spitzenfaktoren f_h und f_d in Abhängigkeit von der Zahl der Einwohner (W 410). Es gilt: $f_h = 18{,}1 \cdot E^{-0{,}1682}$; $f_d = 3{,}9 \cdot E^{-0{,}0752}$

5.1.2 Gewerbe und Industrie, Einzelverbraucher

Der Wasserbedarf von Gewerbe, Industrie, Einzel- oder Großverbrauchern wird zweckmäßigerweise gezielt erhoben. Aus der Literatur stehen Erfahrungswerte zur Verfügung, die für eine überschlägige Bemessung geeignet sind (s. *Tab. 5.4*). Darüber hinaus gibt es Erfahrungswerte für Gewerbegebiete, die auf die Betriebsfläche in ha bezogen sind (s. *Tab. 5.5*).

Tab. 5.4: Erfahrungswerte des Wasserverbrauchs in Verbrauchereinheit ([Mutschmann und Stimmelmayr, 2007], S. 32–34)

	Verbraucher	Einheit	Wert
1	*Haushalt einschl. Kleingewerbe*		
1.1	**Haushalt, Wohngebäude**		
	alte Ein- und Zweifamilienhäuser, einfachste Bauart	L/(E·d)	70
	einfache Mehrfamilien-WG, Baujahr vor 1940	L/(E·d)	90
	mehrgeschoss. WG, mit Sozialwohnungen, Bj. vor 1960	L/(E·d)	120
	neuere Einfamilien-Reihenhäuser, mehrgeschoss. WG	L/(E·d)	130
	Appartementhäuser und WG mit Komfortwohnungen	L/(E·d)	140
	Ein- und Zweifamilienhäuser in guter Wohnlage	L/(E·d)	180
	moderne Villen in bester Wohnlage	L/(E·d)	220
1.2	**Kleingewerbe**		
	Bäcker, 1 A / 200 E	L/(A·d)	130
	Konditor, 1 A / 1000 E	L/(A·d)	150
	Fleischer, 1 A / 300 E	L/(A·d)	200
	Friseur, 1 A / 300–600 E	L/(A·d)	30
	Kfz-Waschanlage	L/Pkw	40
	gewerbliche Betriebe, stark schmutzend	L/(A·d)	250
	Restaurants, Kantinen	L/((G+A)·d)	50
1.3	**Landwirtschaft**		
	Großvieh	L/(GV·d)	50
	Großvieh, Schwemmentmistung, einstreulos	L/(GV·d)	60
	Großvieh, Schwemmentmistung, mit Einstreu	L/(GV·d)	75
	Kleinvieh = 1/5 Großvieh	L/(GV·d)	10
	Milchsammelstelle, je Liter Milch	L/L	1,5
	Erwerbsgärten	L/(m²·d)	0,8
	intensive landwirtschaftliche Beregnung, Gemüseland	L/(m²·d)	1,0
2	*Industrie, einschl. Großgewerbe*		
2.1	**Industrie** [1]		
	Steinkohle	L/kg	12
	Steinkohlen-Koks	L/kg	1
	Pkw	L/kg	10
	Stahl	L/kg	50
	Mineralöl	L/kg	0,3
	Zellstoff	L/kg	200
	Zeitungspapier	L/kg	15
	Kunstfasern	L/kg	200
	Fleisch- und Wurstwaren	L/kg	2
	Früchte- und Gemüsekonserven	L/kg	5
	Fischkonserven	L/kg	40
2.2	**Großgewerbe**		
	Molkerei, je Liter Milch	L/L	1–1,5
	Brauerei, je Liter Bier	L/L	5
	Brennerei, je Liter Maische	L/L	2
	Zuckerfabrik	L/kg	30
	Wäscherei, je kg Trockenwäsche	L/kg	40
	Kaufhaus, ohne Restaurant	L/(A·d)	50
	Kaufhaus, mit Restaurant	L/((G+A)·d)	100
	Hotel, Luxus, $1 \leq A : G$	L/((G+A)·d)	600
	Hotel, mittel, $0,5 \approx A : G$	L/((G+A)·d)	375
	Hotel, einfach, $0,25 \approx A : G$	L/((G+A)·d)	150

Verbraucher		Einheit	Wert
3	*Sonstige Verbraucher, öffentliche Einrichtungen*		
	Büro- und Verwaltungsgebäude, einfache, ohne Kantine	$L/(A \cdot d)$	40
	wie vor, mittlere, ohne Kantine	$L/(A \cdot d)$	50
	wie vor, modern, mit allen techn. Einricht., voll klimat.	$L/(A \cdot d)$	140
	Schulen, ohne Duschen, ohne Schwimmbad	$L/((St+L) \cdot d)$	10
	wie vor, mit Duschen	$L/((St+L) \cdot d)$	40
	wie vor, mit Schwimmbad	$L/((St+L) \cdot d)$	50
	Universitäten und Fachschulen		
	Geisteswissenschaft	$L/((St+L) \cdot d)$	150
	Chemie	$L/((St+L) \cdot d)$	1.000
	Physik	$L/((St+L) \cdot d)$	500
	vorklinisches Studium	$L/((St+L) \cdot d)$	350
	Biologie und wasserwirtschaftliche Institute	$L/((St+L) \cdot d)$	400
	Studentenhaus und Verwaltung	$L/((St+L) \cdot d)$	150
	Krankenhaus, je Patient und Personal	$L/((Pa+A) \cdot d)$	350
	Spezialkrankenhaus	$L/((Pa+A) \cdot d)$	500
	Altenwohnheime, Pflegeheime	$L/((Pa+A) \cdot d)$	180
	Hallenbäder	L/G	200
	Schlachthof	L/GV	5.000
	Markthalle	L/m^2	30
	Friedhof	$L/(m^2 \cdot d)$	0,1
	Grünflächen, bewässert	$L/(m^2 \cdot d)$	0,1
	Gemeindl. Reinigungseinrichtungen	$L/(E \cdot d)$	3
	Justizvollzugsanstalten	$L/((H+A) \cdot d)$	160
	Truppenunterkünfte		
	Bundeswehr, Soldaten	$L/(S \cdot d)$	350
	Zivilangestellte	$L/(A \cdot d)$	80
	Bundeswehrwohnungen	$L/(E \cdot d)$	150
	sonst. Streitkräfte, Soldaten	$L/(S \cdot d)$	570
	Zivilangestellte	$L/(A \cdot d)$	100
	Wohnungen	$L/(E \cdot d)$	150
	Flughafen	$L/(G \cdot d)$	50
	Feuerwehr, für Übungen und einfache Brandfälle	$L/(E \cdot d)$	0,5
	Eigenverbrauch Wasserversorgungsunternehmen	$L/(E \cdot d)$	2

Erläuterungen:

A: Angestellter, Beamter, Beschäftigter, Pflegepersonal

E: Einwohner; **H**: Haftinsasse; **L**: Lehrer; **Pa**: Patient; **G**: Gast, Passagier; **S**: Soldat

GV: Großvieh; **St**: Schüler, Student

d: Tag; **L**: Liter

[1] Die angegebenen Einheits-Verbrauchswerte der Industrie sind nur grobe Anhaltswerte. Für den konkreten Planungsfall sind örtliche Erhebungen unerlässlich.

Tab. 5.5: Flächenbezogener Wasserbedarf von Industrie und Gewerbe ([Grombach et al., 2000], S. 133)

	q_{hm} in m³/(ha·h) [1]	
	mittel	Bereich
Maschinenfabriken mit Dieselmotorenprüfständen und dergl.	50	bis 140
Maschinenfabriken ohne Dieselmotorenprüfständen und dergl.	8	5–11
Seifenfabriken	15	9–30
Färbereien und Ausrüstereien	36	30–43
Milchverwertung mit Wasserkreislauf	36	32–42
Verwertung landwirtschaftlicher Produkte	41	35–47
wie vor, während der Kartoffelkampagne	68	60–76
Lebensmittelbetriebe	36	25–42
Sauerstoffwerke ohne Kreislauf	34	25–40
Papierfabriken (25 m³/t)	27	–
Lagerhäuser für Lebensmittel	3	2–4
Großbäckereien und Konfektfabriken	4–5	3–6
Schreinereien	5	4–7
Buchdruckereien	1,7	1,4–2,0
Baugeschäfte	0,7	0,4–0,9
Kieswerke	5	3–6
Lagerhäuser (Metallwaren)	0,5	0,4–0,8
Tricotfabriken	1,2	–
Großgaragen	0,8	0,6–1,0
Getreidemühlen	0,9	0,8–1,0
Moderne Zuckerfabriken	0,24	–

[1] Grundlage:

$$q_{hm} = Q_a / (310 \cdot 14 \cdot F) \text{ in } m^3/(ha \cdot h)$$

mit:

Q_a = Jahreswasserbedarf [m³/a]

310 = Zahl der Arbeitstage [d]

14 = mittlere Betriebszeit [h]

F = Arealgröße [ha]

Die Stundenverbräuche richten sich nach üblichen Arbeitszeiten. Für die Spitzenfaktoren f_d und f_h' sind Werte in *Tab. 5.6* aufgeführt.

Tab. 5.6: Richtwerte für die Ermittlung des Wasserbedarfs von Industrie und Gewerbe ([Grombach et al., 2000], S. 133)

	q_{hm} während 14 Tagen in m³/(ha·h)	f_d	f_h'
Gewerbezonen	2–6	1,2–1,5	1,1–1,4
Industriezonen			
„trocken"	4–8	1,1–1,5	1,1–1,4
„mittel"	10–20	1,1–1,4	1,1–1,4
„nass"	20–40	1,1–1,6	1,1–1,6

5.1.3 Löschwasserbedarf

Der Löschwasserbedarf ist die Gesamtmenge bzw. -leistung, die für den Brandschutz verfügbar sein muss. Der Brandschutz ist Sache der Gemeinde. Sie überträgt meist der örtlichen Wasserversorgung die Bereitstellung der erforderlichen Wassermengen. Nach W 405 wird unterschieden:

- *Grundschutz*: Brandschutz für Wohngebiete, Gewerbegebiete, Mischgebiete und Industriegebiete ohne erhöhtes Sach- oder Personenrisiko.

- *Objektschutz*: über den Grundschutz hinausgehender, objektbezogener Brandschutz, zum Beispiel Objekte mit Herstellung oder Lagerung brennbarer oder leicht entzündlicher Stoffe, Objekte mit erhöhtem Personenrisiko wie Versammlungs- und Verkaufsstätten, Krankenhäuser, Hotels, Hochhäuser, Objekte im Außenbereich wie Aussiedlerhöfe, Raststätten, Kleinsiedlungen, Wochenendhäuser.

Der Grundschutz bemisst sich nach W 405 – siehe *Abb. 5.7*. Zu beachten ist, dass W 405 technische Maßstäbe angibt, aber keine Rechts- oder Vertragspflichten begründet.

Maßnahmen für den Objektschutz erfordern vertragliche Abstimmung, inwieweit die Leistungsspitze vom Versorgungsunternehmen oder in Verantwortung des Inhabers oder Eigentümers des Objektes gedeckt wird.

Der Löschwasserbedarf ist bei größeren Städten nur bei der Bemessung der Versorgungsleitungen zu berücksichtigen. Dort ist – bei kleiner Anzahl angeschlossener Einwohner – meist der Feuerlöschbedarf für die Leitungsauslegung maßgebend. Es gilt die Regel, dass der Bedarf für die Brandbekämpfung in der maximalen Verbrauchsstunde des mittleren Tages gedeckt werden muss, wobei der bürgerliche Versorgungsdruck von 2,5–6 bar erhalten bleiben muss (in ländlichen Gebieten 1,5 bar). Da bei Siedlungen bis zu 5.000 Einwohnern der Feuerschutz die Auslegung von Wassergewinnungsanlagen, Pumpwerk, Wasserspeicher und Netz weitgehend bestimmt, ist grundsätzlich zu überprüfen, ob – in hygienischer Sicht – eine Überdimensionierung der Anlagen droht, d. h. dass die für den Feuerschutz ausgelegten Leitungen während der normalen Nutzung sehr geringe Fließgeschwindigkeiten und damit lange Verweilzeiten für das Trinkwasser bedeuten. Es empfiehlt sich gegebenenfalls eine Trennung der Löschwasserversorgung von der öffentlichen Wasserversorgung – Anlage von gesonderten Löschwasserbrunnen, Löschwasserbehältern oder -teichen.

Bauliche Nutzung nach § 17 der Baunutzungs-verordnung	reine Wohngebiete (WR) allgem. Wohngebiete (WA) besondere Wohngebiete (WB) Mischgebiete (MI) Dorfgebiete (MD)[a)]		Gewerbegebiete (GE)			Industrie-gebiete (GI)
				Kerngebiete (MK)		
Zahl der Voll-geschosse (N)	N ≤ 3	N > 3	N ≤ 3	N = 1	N > 1	–
Geschoss-flächenzahl[b)] (GFZ)	0,3 ≤ GFZ ≤ 0,7	0,7 < GFZ ≤ 1,2	0,3 ≤ GFZ ≤ 0,7	0,7 < GFZ ≤ 1	1 < GFZ ≤ 2,4	–
Baumassen-zahl[c)] (BMZ)	–	–	–	–	–	BMZ ≤ 9
Löschwasserbedarf						
bei unter-schiedlicher Gefahr der Brandaus-breitung[e)]:			m³/h	m³/h	m³/h	m³/h
klein	48	96	48	96		96
mittel	96	96	96	96		192
groß	96	192	96	192		192

Überwiegende Bauart

feuerbeständige[d)], hochfeuerhemmend[d)] oder feuerhemmende[d)] Umfassungen, harte Bedachungen[d)]

Umfassungen nicht feuerbeständig oder nicht feuerhemmend, harte Bedachungen
oder
Umfassungen feuerbeständig oder feuerhemmend, weiche Bedachungen[b)]

Umfassungen nicht feuerbeständig oder nicht feuerhemmend;
weiche Bedachungen, Umfassungen aus Holzfachwerk (ausgemauert).
Stark behinderte Zugänglichkeit, Häufung von Feuerbrücken usw.

a) soweit nicht unter kleine ländliche Ansiedlungen fallend, das sind 2 bis 10 Anwesen und Wochenendhaus-Gebiete. Dort gilt der Wert 48 m³/h.
b) Geschossflächenzahl = Verhältnis von Geschossfläche zu Grundstücksfläche
c) Baumassenzahl = Verhältnis vom gesamten umbauten Raum zur Grundstücksfläche
d) Die Begriffe „feuerhemmend", „hoch feuerhemmend" und „feuerbeständig" sowie „harte Bedachung" und „weiche Bedachung" sind baurechtlicher Art.
e) Begriff nach DIN 14011 Teil 2: „Brandausbreitung ist die räumliche Ausdehnung eines Brandes über die Brandausbruchstelle hinaus in Abhängigkeit von der Zeit." Die Gefahr der Brandausbreitung wird umso größer, je brandempfindlicher sich die überwiegende Bauart eines Löschbereiches erweist.

Abb. 5.7:   Richtwerte für den Löschwasserbedarf (m³/h) unter Berücksichtigung der baulichen Nutzung und der Gefahr der Brandausbreitung[e)] (W 405)

5.1.4   Eigenverbrauch der Wasserwerke

Der Eigenverbrauch der Wasserwerke setzt sich zusammen aus
- Wasserverbrauch zur Spülung von Filtern und anderen Wasseraufbereitungsanlagen – sofern vorhanden – 1 ... 2%,
- Wasserverbrauch für Rohrnetzspülungen, zur Behälterreinigung etc. ca. 1%,

jeweils bezogen auf die Netzeinspeisung ohne Berücksichtigung der Großkunden und Weiterverteiler.

5.1.5   Wasserverluste

Der Begriff Wasserverluste wird meistens missverständlich verwendet. Zunächst handelt es sich um die statistische Messdifferenz zwischen Bruttoabgabe in das Rohrnetz und der Wasserabgabe an die Verbraucher. Hierbei gehen ein als *scheinbare Verluste* Q_{VS}:
- Messfehler (z. B. durch falsch ausgelegte oder schadhafte Messeinrichtungen) oder Fehlertoleranzen der Messeinrichtungen bei der Netzeinspeisung oder bei den Kunden,
- Schleichverluste in den Messeinrichtungen bei den Kunden (Minderanzeigen im Anlaufbereich),
- ungemessene oder fehlerhaft abgeschätzte Netzabgaben (z. B. bei Eigenverbrauch des Wasserwerks, Standrohren für Netzspülungen, für Baumaßnahmen, für Feuerlöschzwecke), unerlaubte Wasserentnahmen.

Die Systematik der Wassermengenbilanz für ein Versorgungsunternehmen ergibt sich aus *Abb. 5.8*.

Rohrnetzein-speisung Q_N	Rohrnetzabgabe Q_A	In Rechnung gestellte Rohrnetz-abgabe Q_{AI}	In Rechnung gestellte und gemessene Rohrnetzabgabe	In Rechnung ge-stellte Wasser-abgabe Q_{IR}
			In Rechnung gestellte und nicht gemessene Rohrnetzabgabe	
		Nicht in Rechnung ge-stellte Rohrnetz-abgabe Q_{AN} (1)	Nicht in Rechnung gestellte und gemessene Rohrnetzabgabe	Nicht in Rech-nung gestellte Wasserabgaben Q_{NR}
			Nicht in Rechnung gestellte und ungemessene Rohrnetzabgabe	
	Wasserverluste Q_V	scheinbare Wasserverluste Q_{VS}	Zählerabweichungen Abgrenzungsverluste bei Ablesung	
			Schleichverluste	
			Wasserdiebstahl	
		reale Wasser-verluste Q_{VR}	Zubringerleitungen	
			Behälter	
			Haupt- und Versorgungsleitungen	
			Hausanschlussleitungen bis zum Hauswasserzähler	

(1) z. B. Feuerlöschbedarf, Kanal- und Straßenreinigung, Hydranten- und Leitungsspülung, Frostschutz, Bewässerung öffentlicher Flächen

Abb. 5.8: Systematik der Wassermengenbilanz für ein Versorgungsunternehmen (W 392)

Nach W 392 können, soweit keine genaueren Erkenntnisse im WVU vorliegen, die scheinbaren Wasserverluste Q_{VS} mit 1,5–2% der Rohrnetzeinspeisung Q_N angesetzt werden. Die Systematik der Wassermengenbilanz für ein Versorgungsunternehmen ergibt sich aus *Abb. 5.8*.

Nach Abzug der scheinbaren Verluste verbleiben die *tatsächlichen Verluste* Q_{VR} durch Mängel, Schäden oder Bedienungsfehler an Leitungen, Armaturen, Behältern, Druckerhöhungsanlagen etc.

Absolut dichte Versorgungsnetze gibt es nicht. In gut gewarteten Anlagen sind als Mittelwert Wasserverluste zwischen 8 und 15% der Jahresabgabe (ohne Großabnehmer) zu erwarten.

Die Zahlen verschiedener Versorgungsgebiete sind nicht vergleichbar. Vor allem verfälschen große Einzelverbraucher das Bild. Korrekter ist es, die Verluste nicht auf die Jahresabgabe zu beziehen sondern auf die Rohrnetzlänge: $q_{VR} = Q_{VR} / L_N$ (s. *Tab. 5.8*).

Einzelfaktoren zur Entstehung von Wasserverlusten sind:

- Anschlussdichte: Hausanschlüsse HA/km Rohrnetzlänge,
- Versorgungsdruck; Erfahrungen zeigen, dass der Wasserdruck die Entstehung von Wasserverlusten praktisch linear beeinflusst (trotz des quadratischen Zusammenhangs zwischen Druck und Ausfluss aus Öffnungen;
- Rohrnetzinfrastruktur: Art, Anteil und Alter der eingebauten Rohre (Rohrwerkstoffe, Korrosionsschutz, Rohrverbindungen), Armaturen und sonstige Einbauten, Verlegetiefe und Verlegequalität (Rohrbettung, Rohrgrabenverfüllung),

- Bodenart (Aggressivität – vgl. DIN 50929 T. 1 und 2, GW 9), Bewegungsvorgänge im Boden (bindige Böden neigen bei wechselnden Wassergehalten stärker zu Bodenbewegungen als nicht bindige Böden),
- Aufgrabungen im Bereich der Leitungen, die zu Änderungen der Rohrstatik oder direkt zu Beschädigungen führen.

„Geringe Wasserverluste" treten auch in gut gewarteten Rohrnetzen auf und lassen sich im Allgemeinen nicht weiter reduzieren: $Q_{VR} < 8\%$ der Netzeinspeisung (ohne Großkunden).

„Mittlere Wasserverluste": Sie sollten den doppelten Wert der „geringen Verluste" nicht überschreiten: $Q_{VR} = 8$–15%.

„Hohe Wasserverluste": $Q_{VR} > 15\%$ erfordern besondere Maßnahmen der Verlustreduzierung.

Der Mittelwert der Wasserverluste der deutschen Wasserversorgungsunternehmen wird im Branchenbild 2008 mit 6,8% angegeben [Branchenbild, 2008]. Dieser Wert bezieht sich auf das Bruttowasseraufkommen aller Unternehmen, das Wasserförderung + Wasserbezug von anderen Unternehmen umfasst, also Doppelzählungen enthält (Basis ist die Bundesstatistik 2004). Werden die Doppelzählungen heraus gerechnet, beträgt der Wert 9,2%. Reine Verteilerunternehmen haben anteilig eher höhere, Fernversorgungsunternehmen ohne Ortsverteilungsnetze deutlich niedrigere Werte.

Schadensraten, die aufgrund der unternehmenseigenen Schadenstatistik (s. W 395) ermittelt werden, geben wichtige – allerdings nicht ausreichende – Hinweise über den Zustand des Versorgungsnetzes. Richtwerte s. *Tab. 5.7*

Tab. 5.7: Richtwerte für Schadensraten in Rohrnetzen – Mittelwerte für Rohrschäden an Haupt- und Versorgungsleitungen ohne Zubringerleitungen und Armaturen (W 400-3)

Rohrschadensraten	Haupt- und Versorgungsleitungen (Schäden je km und Jahr)	Anschlussleitungen (Schäden je 1000 Anschlüsse und Jahr)
Niedrige Schadensrate	$\leq 0,1$	≤ 5
Mittlere Schadensrate	$> 0,1$ bis $\leq 0,5$	> 5 bis 10
Hohe Schadensrate	$> 0,5$	> 10

Auch in gut gewarteten Netzen sind die Werte der „Niedrigen Schadensraten" im Allgemeinen nicht weiter zu reduzieren. Die auftretenden durchschnittlichen Schadensraten sollten aber nicht über dem mittleren Wert liegen. Hohe Schadensraten sind der Anlass für besondere Maßnahmen (Rehabilitations-Planung) – s. *Kap. 5.7.5 Instandhaltung von Rohrleitungen und Rohrnetzen.*

Schäden $> 0,5$/(km · Jahr) sind Anlass zur Erneuerung der Leitung bzw. des betreffenden Netzbereichs; Ziel ist, die Schadenszahlen unter 0,1...0,2/(km · Jahr) zu bringen. Lecks im Rohrnetz bedeuten nicht nur Wasserverluste, sondern stellen auch ein hygienisches Risiko dar: wo durch undichte Rohre Trinkwasser verloren gehen kann, besteht auch die Möglichkeit, dass bei mangelndem Versorgungsdruck anstehendes Grundwasser eindringt.

Tab. 5.8: Kennzahlen für die Versorgungsstruktur – Richtwerte für spezifische reale Wasserverluste q_{VR} in Rohrnetzen (W 392)

Kennzahl [*)]	Versorgungsstruktur		
	großstädtisch	städtisch	ländlich
spezifische Rohrnetzeinspeisung q_N in 1.000 m^3/km/a [1)]	> 15	5–15	< 5
versorgte Einwohner E/km	> 100	10–100	<10
spezifische Anschlussabgabe in m^3/HA/a	300–600	200–400	50–200
Anschlussdichte [2)] in HA/km Rohrnetzlänge	30–60	25–40	20–40
Wasserverlustbereich q_{VR} in m^3/(km·h)			
geringe Wasserverluste	$< 0,10$	$< 0,07$	$< 0,05$
mittlere Wasserverluste	0,10–0,20	0,07–0,15	0,05–0,10
hohe Wasserverluste	$> 0,20$	$> 0,15$	$> 0,10$

[*)] Der erste Teil dieser Tabelle war nur im Gelbdruck W 392 (9/01) enthalten und ist nicht Gegenstand des Arbeitsblattes W 392 (5/03) geworden

[1)] ohne Abgabe an Weiterverteiler und Großkunden. Bandbreite von 2.000–40.000 m^3/km/a

[2)] Bandbreite von 5–60 HA/km Rohrnetzlänge; größere Schwankungsbreiten in Einzelfällen

HA = Hausanschluss

5.2 Anordnung der Wasserversorgungsanlagen

Wasserversorgungsanlagen bestehen im Allgemeinen aus:

- Wassergewinnung,
- Wasseraufbereitung (soweit erforderlich),
- Pumpwerken und Druckerhöhungsanlagen,
- Transportleitungen (z. B. zwischen Wassergewinnung und Versorgungsnetz),
- Haupt- und Versorgungsleitungen im Versorgungsnetz,
- Hausanschlussleitungen und
- Hausinstallation bzw. Betriebsinstallation (Industrie und Gewerbe).

Bei der Anordnung der Wasserversorgungsanlagen sind – in Maßgabe der örtlichen Verhältnisse – technische und wirtschaftliche Gesichtspunkte zu beachten:

- hohe Versorgungssicherheit (s. dazu einleitenden Abschnitt zu *Kap. 5.1 Wasserbedarf/Wasserverbrauch*),
- Gesamtwirtschaftlichkeit (Jahreskosten der Investitionen, Betriebskosten – Instandhaltung, laufender Betrieb, Energiekosten etc.),
- Erweiterungsmöglichkeiten,
- Leistungsreserven und
- Erhaltung der Trinkwassergüte bei Transport und Speicherung.

Wasserversorgungsanlagen stellen wegen ihrer langen Nutzungsdauer einen hohen Wert dar. Dies gilt vor allem für die Anlagen der Wasserverteilung und -speicherung. Bei Leitungen, Netzen und ihren Einbauten ist eine gesicherte Nutzungsdauer von 50 Jahren zu fordern; das mittlere Alter städtischer Versorgungsnetze liegt meist über 70 Jahren.

Bei den Verteilungsnetzen werden grundsätzlich unterschieden – s. *Abb. 5.9*:

- Verästelungsnetz: Den geringen Baukosten stehen geringe Leistungsreserven und eine geringe Versorgungssicherheit gegenüber, da jeder Verbraucher nur über eine Leitung erreicht wird.

- Ringnetz: Der Ring erhöht die Versorgungssicherheit; gleichfalls wird die Löschwasserbereitstellung erleichtert.

- Vermaschtes Ringnetz: Bei vergleichbar hohen Baukosten werden gute Versorgungssicherheit und Leistungsreserven erreicht; in Teilbereichen können allerdings niedrige Fließgeschwindigkeiten und damit hohe Verweilzeiten des Wassers auftreten.

Da die Versorgungsnetze meist historisch gewachsen sind, herrschen Mischformen vor; ein Beispiel zeigt *Abb. 5.9*, rechter Teil.

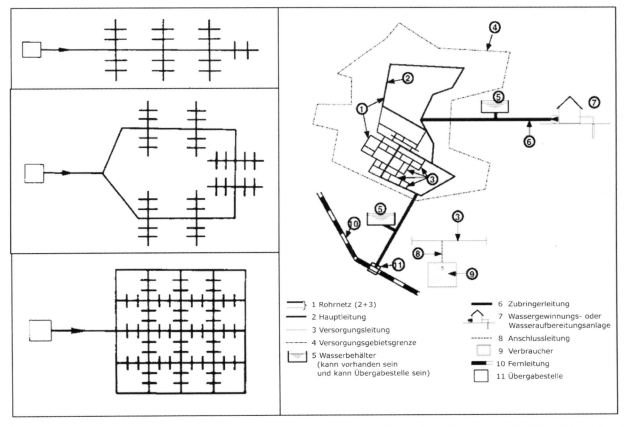

Abb. 5.9: Netzformen – links: Verästelungsnetz, Ringnetz, vermaschtes Ringnetz (s. Netzmeister S. 55); rechts: Beispiel für ein gewachsenes Wasserverteilungssystem (W 400-1 Bild 2)

Grundsätzlich ist es vorzuziehen, zwischen die Gewinnungsanlagen und das Versorgungsgebiet einen Speicherbehälter zu legen; zumindest sollte eine Zuspeisung aus einem Speicherbehälter in das Netz verfügbar sein, um Schwankungen und Unterbrechungen in der Gewinnungsanlage – auch aus einem Anschluss einer Fernversorgung – überbrücken zu können. W 365 gibt technische Hinweise, wie die Verbindung zwischen Fernversorgung und Ortsversorgung sicher und zweckmäßig gestaltet wird. Beispiele für die Anordnung der Wasserbehälter im Versorgungssystem zeigt *Abb. 5.10*.

In *Abb. 5.10* a und b ist der Behälter als Durchlaufbehälter geschaltet. Vorteile des Durchlaufbehälters sind die sichere Wassererneuerung und die gut beherrschbaren Druckverhältnisse im Netz. Nachteilig ist, dass das Netz nur über eine Leitung versorgt wird.

Die Anordnung als Gegenbehälter hinter dem Netz gemäß *Abb. 5.10* c erhöht die Versorgungssicherheit, da von zwei Seiten ins Netz eingespeist wird. Es entstehen

geringere Energiekosten, da nicht die ganze Wassermenge auf Behälterhöhe gefördert werden muss. Auf die ausreichende Wassererneuerung im Behälter ist zu achten.

Wird der Behälter im Zentrum des Netzes angeordnet (z. B. als Wasserturm in einer hochgelegenen Versorgungszone), ist grundsätzlich die Betriebsweise als Durchlaufbehälter **und** als Gegenbehälter möglich.

In weitgehend ebenen Versorgungsgebieten ohne ausgeprägte Hochpunkte, die als Standort für Hochbehälter geeignet sind, kann der Versorgungsdruck auch direkt durch Pumpwerke und Druckerhöhungsanlagen geregelt werden. Die Pumpen werden automatisch durch den Netzdruck gesteuert, der an repräsentativen Stellen im Netz gemessen wird. Die Förderanlagen werden zweckmäßigerweise unmittelbar neben Speicherbehältern (Tiefbehältern) angeordnet. Ein typisches Beispiel stellt die Wasserversorgung Hamburg dar.

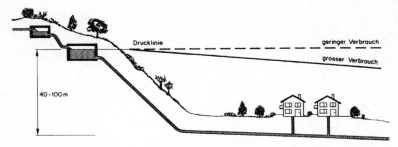

a) freier Zufluss von der Gewinnung über einen Hochbehälter
   (Durchlaufbehälter) ins Versorgungsnetz

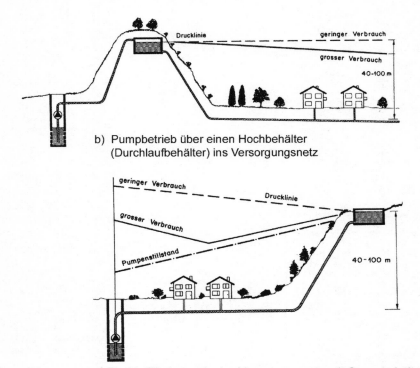

b) Pumpbetrieb über einen Hochbehälter
   (Durchlaufbehälter) ins Versorgungsnetz

c) Direkte Förderung in das Versorgungsnetz mit Gegenbehälter

Abb. 5.10:   Anordnung von Wassergewinnung, Behälter und Versorgungsnetz ([Grombach et al., 2000], S. 949–950)

Der **Versorgungsdruck** ist nach oben und nach unten zu begrenzen.

Mindestdruck: Am obersten Entnahmepunkt der Hausinstallation sollen noch mindestens 0,5, besser 1,0 bar (= 5 bzw. 10 m WS) Fließdruck vorhanden sein, um die einwandfreie Funktion z. B. von Druckschaltern bei Warmwasserbereitern zu ermöglichen. Das Versorgungsnetz ist also so auszulegen, dass an der Übergabestelle zur Hausinstallation, üblicherweise am Wasserzähler, ein Druck vorliegt, der diese Bedingung unter Voraussetzung einer druckverlustarmen Hausinstallation einhalten lässt. Der erforderliche Versorgungsdruck im Schwerpunkt einer Druckzone richtet sich nach der dort überwiegenden **ortsüblichen** Bebauung. Als Ruhedruck im Schwerpunkt einer Druckzone sind 4 bis 6 bar am Hausanschluss empfehlenswert. Das bedeutet auch, dass einzelne höhere Häuser, die aus der Nachbarschaftsbebauung herausragen, zur Versorgung der oberen Stockwerke eigene Druckerhöhungsanlagen einrichten müssen.

Es wird dabei in Kauf genommen, dass an wenigen Stunden im Jahr diese Drücke möglicherweise kurzfristig unterschritten werden können. (Zur Frage der Versorgungspflicht nach AVBWasserV und Versorgungssicherheit wird auf den einleitenden Abschnitt von *Kap. 5.1 Wasserbedarf/Wasserverbrauch* verwiesen.)

Tab. 5.9:   Mindestfließdruck am Hausanschluss
            (W 400–1)

	für **neue** Netze	für **bestehende** Netze für die Deckung des **üblichen** Bedarfs im Sinne der AVBWasserV
Gebäude eingeschossig	2,0 bar	2,0 bar
Gebäude mit EG + 1 OG	2,5 bar	2,35 bar
jedes weitere Geschoss	+ 0,5 bar	+ 0,35 bar

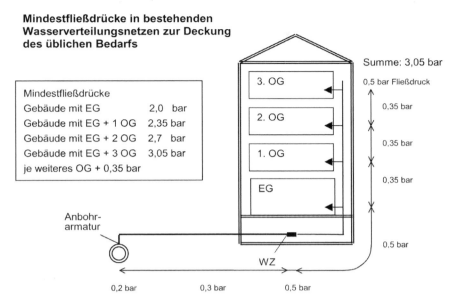

Mindestfließdrücke in bestehenden Wasserverteilungsnetzen zur Deckung des üblichen Bedarfs

Mindestfließdrücke	
Gebäude mit EG	2,0 bar
Gebäude mit EG + 1 OG	2,35 bar
Gebäude mit EG + 2 OG	2,7 bar
Gebäude mit EG + 3 OG	3,05 bar
je weiteres OG + 0,35 bar	

Summe: 3,05 bar

3. OG — 0,5 bar Fließdruck

0,35 bar

2. OG

0,35 bar

1. OG

0,35 bar

EG

0,5 bar

Anbohr-armatur

WZ

0,2 bar   0,3 bar   0,5 bar

Abb. 5.11: Mindestfließdrücke für bestehende Netze [Hoch und Kuhl, 2002 und 2008]

Der **höchste Systembetriebsdruck** (MDP = maximum design pressure nach DIN EN 805) wird in deutschen Versorgungsnetzen mit 10 bar festgelegt. Bei einer grundsätzlich vorgehaltenen Reserve für Druckstöße von 2 bar ergibt sich als obere Grenze des Versorgungsdrucks – Ruhedruck im Netz – (DP = design pressure) 8 bar. Da die Geräte der Hausinstallation und die Schallschutzanforderungen für Armaturen für maximal 6 bar ausgelegt sind, müssen durch den Hausbesitzer bei höheren Drücken am Eingang der Hausinstallation Druckminderer installiert werden.

Einen hohen Versorgungsdruck aufrechtzuerhalten kostet im Übrigen Energie, soweit das Wasser die Versorgungsleitungen nicht in freiem Gefälle erreicht. Es ist also nicht sinnvoll, höhere Drücke aufrechtzuerhalten als zur Versorgungssicherheit unbedingt notwendig. Im Flachland, vor allem im ländlichen Bereich, sind bei zweistöckiger Bebauung häufig Druckbereiche von 1–4 bar üblich, was in der Regel auch ausreicht.

Im hügeligen oder gebirgigen Gelände ist die Einrichtung von **Druckzonen** erforderlich. Die Grenzen sollen sich weitgehend nach den Höhenlinien ausrichten. Die Zonen sind streng voneinander abzutrennen durch Leitungsunterbrechungen oder besonders gekennzeichnete Zonen-Trennschieber. Den Druckzonen werden soweit möglich eigene Behälter und ggf. Fördereinrichtungen zugeordnet. Ein Beispiel zeigt *Abb. 5.12*.

Kleine Hochzonengebiete werden beispielsweise über ein Drucksteigerungspumpwerk, ggf. mit eigenem Hochbehälter versorgt. Kleine Niederdruckzonen werden über Druckminderer an höhere Zonen angeschlossen; bei größeren Druckflüssen und Druckunterschieden können sich kleine Turbinen rentieren, die die überschüssige Energie zurückgewinnen. Dafür lassen sich serienmäßige Kreiselpumpen einsetzen, die umgekehrt, d. h. vom Druckstutzen her, durchströmt werden.

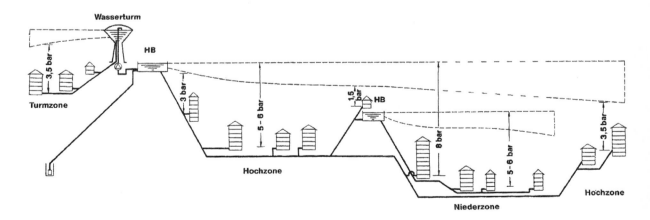

Abb. 5.12: Beispiel eines Versorgungsgebiets mit drei Druckzonen. (W 400–1) Zu beachten: In der Niederzone wird das Haus in Hanglage vom Hochzonenbehälter versorgt; der Niederzone ist ein eigener, 30 m tiefer liegender Behälter zugeordnet.

5.3 Wasserspeicherung

5.3.1 Allgemeines

Dieses Kapitel betrifft nicht die Speicheranlagen, die einem Monats- oder Jahresausgleich dienen wie z. B. Talsperren, künstliche Seen oder Teiche; gleichfalls sind nicht speziell der Löschwasser-Bevorratung dienende Becken oder Behälter angesprochen. Es geht um die Speicherbehälter für Trinkwasser, die Bestandteil der Anlagen der öffentlichen Wasserversorgung sind.

Trinkwasserbehälter gehören zu den wenigen sichtbaren Bauwerken der öffentlichen Wasserversorgung und stehen häufig an landschaftlich exponierter Stelle, was besondere Ansprüche an die Architektur und die Einpassung in die Landschaft stellt. Sie sind meistens Betonbauten; weiterhin gibt es Behälter aus Aluminium, Stahl, Edelstahl (auch als Auskleidung), glasfaserverstärktem Kunststoff (GFK) etc.

Maßgebende technische Regeln (DVGW und DIN) sind:

- DIN EN 1508 Wasserversorgung – Anforderungen an Systeme und Bestandteile der Wasserspeicherung. Diese europäische Norm ist auf nationaler Ebene umgesetzt und ergänzt durch
- W 300 Wasserspeicherung – Planung, Bau, Betrieb und Instandhaltung von Trinkwasserbehältern.

- W 312 Wasserbehälter – Maßnahmen zur Instandsetzung,
- W 319 Reinigungsmittel für Trinkwasserbehälter – Einsatz, Prüfung und Beurteilung,
- W 347 Hygienische Anforderungen an zementgebundene Werkstoffe im Trinkwasserbereich – Prüfung und Bewertung.

W 312 und W 319 werden, soweit nötig, aktualisiert. Hinzukommen W 313 betreffend DVGW-Sachverständige (in Vorbereitung) und W 316–1 und 2 betreffend die Qualifikation von Fachfirmen und Fachpersonal.

Aufgaben der Wasserbehälter

- Ausgleich der Unterschiede zwischen Wasserzufluss und Wasserabgabe (Fluktuation) und damit Abdeckung der Verbrauchsspitzen,
- Haltung des erforderlichen Versorgungsdrucks im Rohrnetz (für Hochbehälter),
- Vorlage für Pumpwerke und Druckerhöhungsanlagen,
- Vorrat zur Überbrückung von Betriebsunterbrechungen und Löschwasserreserve,
- Übergabebehälter für Wasser der Fernversorgung (freier Auslauf).

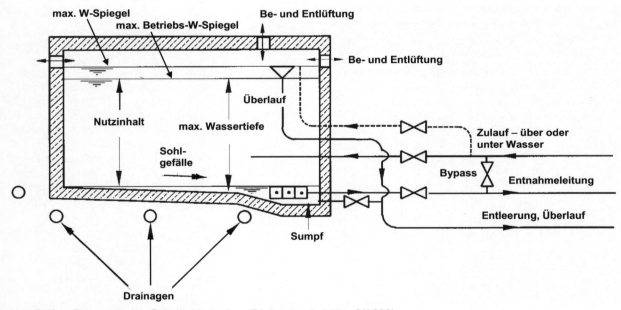

Abb. 5.13:   Schematischer Schnitt durch einen Trinkwasserbehälter (W 300)

Schnitt- und Grundriss-Schema eines Trinkwasserbehälters zeigen *Abb. 5.13* und *Abb. 5.14*. Üblich ist, den Speicherraum auf mindestens zwei Kammern zu verteilen, um Wartungsarbeiten ohne Unterbrechung der Versorgung vornehmen zu können.

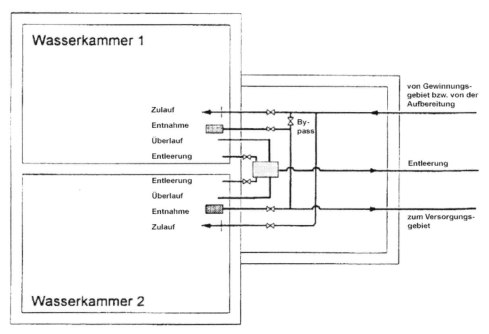

Abb. 5.14:   Schematischer Aufbau eines Trinkwasserbehälters – Grundriss (W 300)

Lage und Funktion

Nach der Lage zum Versorgungsgebiet unterscheidet man (s. dazu *Abb. 5.10*):
- Durchlaufbehälter – sie liegen zwischen Wassergewinnung und Versorgungsgebiet,
- Gegenbehälter – sie liegen hinter dem Versorgungsgebiet oder im Nebenschluss der Zubringerleitung; nur das im Versorgungsgebiet nicht abgenommene Wasser erreicht den Behälter.

Einen Sonderfall stellen Druckkessel dar. Sie enthalten ein Luftpolster und dienen dazu, die Schalthäufigkeit von Druckerhöhungsanlagen zu verringern – Ausführung meist in Stahl (verzinkt oder emailliert oder beschichtet), Größe 1–20 m³.

Bei günstigen topografischen Verhältnissen verdient der Hochbehälter den Vorzug. Im Flachland lässt sich mit den heute verfügbaren drehzahlgeregelten Pumpenantrieben die Druckhaltung vom Pumpwerk mit Tiefbehälter steuern (Beispiel: Wasserversorgung Hamburg); allerdings ist auf eine sichere Energieversorgung zu achten, was beispielsweise durch zwei voneinander unabhängige Stromeinspeisungen oder ein Notstromaggregat ermöglicht wird. Die Alternative sind Turmbehälter, die aber vergleichsweise gegenüber Erdbehältern sehr teuer sind.

Hochbehälter sollen in der Nähe des Versorgungsschwerpunktes liegen; Tiefbehälter liegen meist in der Nähe der Wassergewinnungs- und -aufbereitungsanlage.

Anlagen eines Wasserbehälters

- Wasserkammer: Grundsätzlich sind zwei Wasserkammern vorzusehen, um Wartungs- und Reinigungsarbeiten vornehmen zu können, ohne dass der Betrieb vollständig unterbrochen wird. Eine Erweiterungsmöglichkeit vorzusehen ist günstiger, als nach langfristigen und dementsprechend unsicheren Prognosen zu groß zu bauen (gilt nicht für den Wasserturm).
- Bedienhaus (Schieberhaus): Es nimmt die Rohrleitungen, Armaturen, Pumpen, Messgeräte und elektrischen Einrichtungen auf. Es ist aus Sicherheits- und Hygienegründen baulich gegenüber der Wasserkammer abzutrennen.
- Hydraulische Anlagen: Zulauf-, Entnahme-, Überlauf- und Grundablassleitungen.
- Be- und Entlüftung der Wasserkammern.

Erhaltung der Wassergüte

Wasserspeicherung bedeutet Verweilzeit für das Wasser. Trinkwasser ist ein Lebensmittel und nicht unbegrenzt haltbar. Beeinträchtigungen der Qualität durch zu hohe Aufenthaltszeiten sind zu vermeiden in bakteriologischer, chemischer und physikalischer Sicht.

Aus diesem Grunde ist die *hydraulische Gestaltung* der Wasserkammern so vorzunehmen, dass durch die Füllungs- und Entnahmevorgänge regelmäßig der Wasserinhalt ausgetauscht wird und keine Toträume entstehen. Eine Möglichkeit dazu besteht darin, durch eine auf die volle Breite einer Kammer gleichmäßig verteilte Zuführung dafür zu sorgen, dass das einströmende Wasser den Speicherinhalt vor sich her zur Entnahmestelle schiebt (sog. Pfropfenströmung). In den meisten Fällen ist es wirksamer und auch ausreichend, den Zulauf mit ≥ 1 m/s in die Kammer einmünden zu lassen; die zugeführte Energie sorgt für eine ständige Durchmischung des Speicherinhalts. Im Rundbehälter wird durch tangentiale Einführung dem Wasserkörper eine Rotationsströmung aufgeprägt; die Entnahme erfolgt aus dem Zentrum. Im Rechteck-Behälter werden Zulauf und Ablauf jeweils auf den entgegengesetzten Schmalseiten angeordnet.

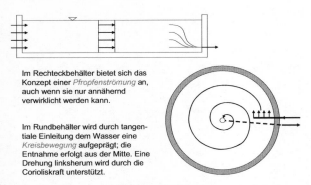

Im Rechteckbehälter bietet sich das Konzept einer *Pfropfenströmung* an, auch wenn sie nur annähernd verwirklicht werden kann.

Im Rundbehälter wird durch tangentiale Einleitung dem Wasser eine *Kreisbewegung* aufgeprägt; die Entnahme erfolgt aus der Mitte. Eine Drehung linksherum wird durch die Corioliskraft unterstützt.

Abb. 5.15: Sicherung des Wasseraustauschs durch Pfropfenströmung im Rechteckbehälter und durch tangentiale Einströmung im Kreisbehälter

Die im Behälterbau verwendeten *Baustoffe* müssen mit Trinkwasser verträglich sein. Für die Wasserkammern ist unbehandelter porenarmer Beton ohne Zusätze immer die erste Wahl. Wenn aggressives bzw. calcitlösendes Roh- oder Betriebswasser gespeichert werden soll, kommen Beschichtungen auf Kunststoffbasis in Betracht. Die Eignung muss nachgewiesen werden. Alle Anstriche, Auskleidungsfolien, Fugenkitt oder Hilfsstoffe, die in Kontakt mit dem Trinkwasser kommen, müssen den KTW-Empfehlungen („Kommission Kunststoffe und Trinkwasser" des Umweltbundesamts) [UBA, 2008] und den Anforderungen des W 270 „Vermehrung von Mikroorganismen auf Materialien für den Trinkwasserbereich" genügen. Mineralische Beschichtungen und Zementputz müssen gleichfalls nach W 270 geprüft werden, wenn sie organische Zusätze enthalten. W 347 formuliert die hygienischen Anforderungen an zementgebundene Werkstoffe im Trinkwasserbereich. Das Arbeitsblatt enthält eine Positivliste betr. geeignete Zusatzstoffe, Zusatzmittel, Pigmente, Fasern und Bauhilfsstoffe; das Beiblatt B1 wird fallweise aktualisiert. Putze und Beschichtungen sind grundsätzlich nicht zur Abdichtung lokaler Undichtigkeiten des Behälters geeignet.

Der *Zugang* zur Wasserkammer erfolgt ausschließlich über das Bedienhaus. Die Türen können dabei auch als druckdichte Türen unter dem Wasserspiegel angeordnet werden. In keinem Fall darf der Zugang über der offenen Wasserfläche liegen.

Zugänge und Lüftungsöffnungen sind gegen unbefugtes Eindringen oder Einbringen von Verunreinigungen zu sichern (Vergitterung, einbruchsicheres Glas, Sicherheitsschlösser, Warnanlagen); es sind möglichst wenig Öffnungen vorzusehen. Lüftungsöffnungen sind so zu gestalten, dass das Eindringen von Kleintieren oder Insekten ausgeschlossen ist; in Regionen mit hoher Luftbelastung ist die Zuluft zu filtern, gegebenenfalls über Aktivkohle. Ständiges Tageslicht in der Wasserkammer ist zu vermeiden. Die Wasserfläche sollte aber vollständig einsehbar sein.

5.3.2 Bemessung des Nutzinhaltes

Im Allgemeinen ist das Ziel der Behälterbewirtschaftung der Ausgleich über einen Tag (für den Tag des höchsten Verbrauchs Q_{dmax}). In Sonderfällen kann ein Wochenendausgleich in Frage kommen, der aber wesentlich größeren Behälterraum erfordert.

Der Nutzinhalt setzt sich zusammen aus dem Tagesausgleichsvolumen = fluktuierende Wassermenge und einem Sicherheitsvorrat (Betriebsreserve). Hinzu kommt (bei kleineren Behältern) ggf. eine Löschwasserreserve. Die Bemessung erfolgt für ein Planungsziel von etwa 20 Jahren. Im Grundriss sollten Erweiterungen möglich sein. Da bei Wassertürmen eine Erweiterung im Allgemeinen nicht möglich ist, kann sich ein weitergehendes Planungsziel empfehlen. Bei mehreren Behältern im Netz lässt sich das Tagesausgleichsvolumen aufteilen.

Richtwerte für kleine und mittlere Versorgungsgebiete bis zu Q_{dmax} = 4.000 m³/d:
- bei Q_{dmax} < 2.000 m³/d:
  Nutzinhalt = Q_{dmax};
  für Wassertürme 0,30–0,35 Q_{dmax}
- bei Q_{dmax} > 2.000 m³/d:
  es sind gewisse Abminderungen möglich, die das Gesamtsystem berücksichtigen;
  für Wassertürme 0,25 Q_{dmax}.

Richtwerte für Versorgungsgebiete Q_{dmax} > 4.000 m³/d:
  Nutzinhalt 30–80% Q_{dmax};
  für Wassertürme 0,20 Q_{dmax}.

Bei größeren Behältern ab etwa 4.000 m³, vor allem aber bei Wassertürmen, empfiehlt sich eine genauere Bestimmung nach der Tagesverbrauchs-Summenlinie. Typische Ganglinien des Tagesverbrauchs zeigt *Abb. 5.5*.

Aus der Verbrauchsganglinie des Versorgungsgebiets und dem vorgesehenen Förderzyklus der Behälterfüllung ergibt sich die Ganglinie des Behälterfüllstandes – s. *Abb. 5.16* (dargestellt für Tagesausgleich) und *Abb. 5.17* (dargestellt für Wochenausgleich). Werden die Ganglinien von Verbrauch und Füllung als Summenlinien aufgetragen (Integration), ergibt sich die fluktuierende Wassermenge aus der Summe der größten Abstände zwischen Verbrauchs- und Zufluss-Summenlinie. Die grafische Lösung ist anschaulicher – s. *Abb. 5.18*; eine tabellarische Lösung zeigt *Tab. 5.10* (vereinfacht auf eine zweistündige Aufzeichnung).

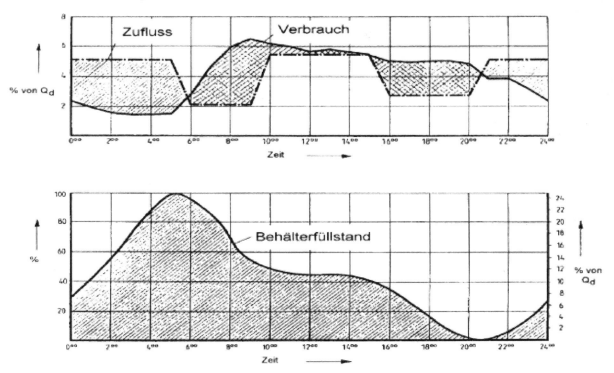

Abb. 5.16: Tagesausgleich der Behälterfüllung bei Normalförderung ([DVGW Bd. 2, 1999], S. 175)

Zur Bereitstellung des Raums für die fluktuierende Wassermenge ist im Beispiel der *Abb. 5.16* ein Volumen von 25% der Tagesverbrauchsmenge Q_d erforderlich.

Der Sicherheitsvorrat hängt ab vom System der Zubringerleitung, Wahrscheinlichkeit und Dauer von Betriebsunterbrechungen.

Der Löschwasserbedarf wird in ländlichen Gebieten, insbesondere in Kleinsiedlungen und Wochenendsiedlungen, sinnvollerweise über Wasserläufe, Teiche oder Löschwasserbecken gedeckt, um zu lange Aufenthaltszeiten im Trinkwasserbehälter zu vermeiden.

Soweit die Löschwasserversorgung von der öffentlichen Wasserversorgung sicherzustellen ist, sind folgende Speicherräume vorzusehen:

- für Dorf- und Wohngebiete: 100–200 m³, abgemindert für Wassertürme,
- für Kerngebiete und Gewerbegebiete: 200–400 m³.

Bei größeren Behältern für Q_{max} > 2.000 m³/d kann auf einen Löschwasserzuschlag verzichtet werden.

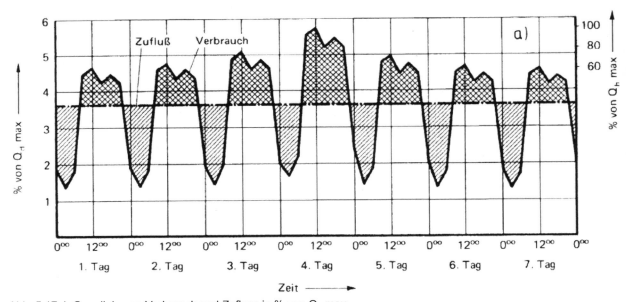

Abb. 5.17a) Ganglinie von Verbrauch und Zufluss in % von Q_d max

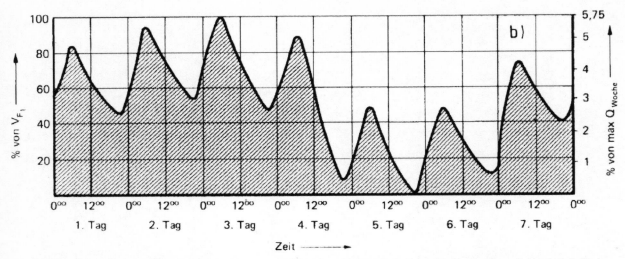

Abb. 5.17b) Ganglinie des Speicherinhalts in % von V_{fl} (Wochenausgleichsvolumen 5,75% von Q_{woche}) (nach Schulze)

Abb. 5.17: Wochenausgleich der Behälterfüllung ([DVGW Bd. 2, 1999], S. 176)

Tab. 5.10: Ermittlung der fluktuierenden Wassermenge – Beispiel für 2–stündige Aufzeichnung

Zeit	Bedarf		Füllung		Differenz	Maxima
	%	Σ	%	Σ	Sp. 3 – 5	+ / -
1	2	3	4	5	6	7
0 – 2	3		–			
		3		–	+ 3	
2 – 4	2		–			
		5		–	+ 5	
4 – 6	2		–			
		7		–	+ 7	7
6 – 8	12		20			
		19		20	– 1	
8 – 10	14		20			
		33		40	– 7	
10 – 12	13		20			
		46		60	– 14	
12 – 14	11		20			
		57		80	– 23	
14 – 16	10		20			
		67		100	– 33	33
16 – 18	11		–			
		78		100	– 22	──
18 – 20	12		–			
		90		100	– 10	**fluktuierende**
20 – 22	9		–			**Wassermenge**
		99		100	– 1	**= 40% Qmax**
22 – 24	1		–			
		100		100	0	

Die fluktuierende Wassermenge Q ergibt sich als Summe der beiden größten Abstände von Entnahme- und Zulaufsummenlinie entsprechend der beiden größten Differenzen + und – in Spalte 6.

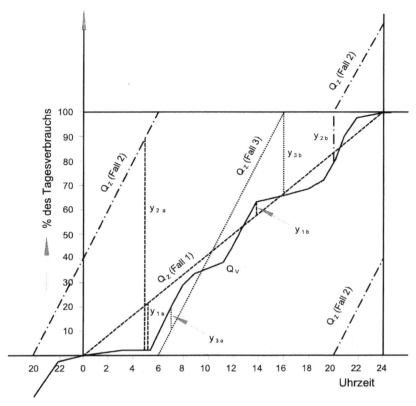

Abb. 5.18:   Grafische Ermittlung der fluktuierenden Wassermenge ([DVGW, 1985a], S.21–2)

Der Verbrauchssummenlinie des Versorgungsgebiets sind 3 Fälle von Zufluss-Summenlinien gegenübergestellt:

Fall 1: 24-stündige gleichmäßige Förderung
Fall 2: 10-stündiger Füllbetrieb nachts zwischen 20 und 6 Uhr
Fall 3: 10-stündiger Füllbetrieb tags zwischen 6 und 16 Uhr.

Die fluktuierende Wassermenge Q ergibt sich jeweils als Summe der beiden größten Abstände von Entnahme- und Zulaufsummenlinie.

Dabei ist zu beachten, dass, wenn die Zulauflinie zur Gänze oberhalb der Verbrauchslinie liegt, der kleinere Wert vom größeren abgezogen werden muss.

Das für den Tagesausgleich erforderliche Nutzvolumen des Behälters ergibt sich zu:

Fall 1: $Q = y_{1a} + y_{1b} = 19,5 + 5,3 = 24,7\%$
Fall 2: $Q = y_{2a} + y_{2b} = 89,5 - 19,0 = 70,5\%$
Fall 3: $Q = y_{3a} + y_{3b} = 10,5 + 33,5 = 44,0\%$ des Tagesverbrauchs.

5.3.3   Konstruktion

In historischer Sicht hat der Behälterbau im 19. Jahrhundert an die schon in der Römerzeit genutzten Konstruktionen angeknüpft: rechteckige Grundrisse, senkrechte Wände, Tonnengewölbe, verputztes Mauerwerk. Erste kreisförmige Behälter wurden 1870–80 gebaut, der erste Betonbehälter (unbewehrter Stampfbeton ohne Mauerwerk) mit 4.500 m³ Inhalt entstand 1882/83 in Wiesbaden. Auch Wassertürme gab es schon in der Römerzeit. Im Mittelalter waren Wassertürme Bestandteil der „Wasserkunst". Der Ausbau der Eisenbahnen forderte für die Speisung der Dampflokomotiven ausreichenden Speicherraum: Der Turmbehälter aus Stahl – bekannteste Konstruktion der „Intze-Behälter" – ist auf vielen Bahnhöfen noch zu sehen. Erste Stahlbeton-Wassertürme entstehen Ende des 19. Jahrhunderts.

5.3.3.1 Erdbehälter

Bis zu etwa 5.000 m³ Inhalt werden bautechnisch einfache rechteckige Grundrisse bevorzugt; für größere Behälter empfiehlt sich die runde Form; dabei werden die üblichen zwei Wasserkammern entweder in konzentrischer Weise oder nebeneinander (Brillenform) angeordnet – s. *Abb. 5.19*. Die Wassertiefe beträgt zwischen 2,5 bis 6 m, um die Druckschwankungen im Netz zu begrenzen. Große Behälter, vor allem als Tiefbehälter, können mit größerer Wassertiefe ausgeführt werden. Die bautechnisch optimale und damit wirtschaftliche Wassertiefe ist von der Behältergröße abhängig; Richtwerte sind (W 300):

Trinkwasserkammer-Inhalt [m³]	Empfohlene Wassertiefe [m]
bis 500	2,5–3,5
500–2.000	3–5
2000–5.000	4,5–6
> 5.000	bis 8

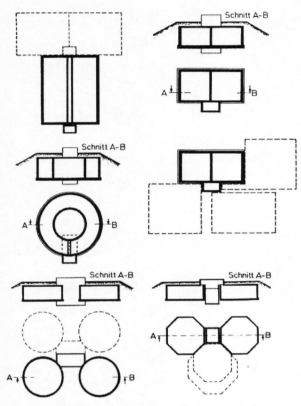

Abb. 5.19: Behältergrundrisse und Erweiterungsmöglichkeiten (W 311)

Die *Sohlplatte* ist beim Erdbehälter zugleich Gründungselement und Bodenplatte. Sie wird als elastisch gebettete Platte berechnet und möglichst monolithisch, d. h. ohne Dehnungs- und Arbeitsfugen betoniert. Sinnvoll ist es, die Unterseite eben, d. h. ohne Verstärkungen unter Wänden und Stützen herzustellen – Dicke mindestens 40 cm. Zur Abtragung der Schubspannungen unter den Wänden und Stützen können Doppelkopfanker aus BSt500S angeordnet werden – dies gilt analog für die Decken – s. *Abb. 5.20*. Unter der Platte werden eine Dränageschicht (seitlich gefasst zur Dichtheitskontrolle), eine Sauberkeitsschicht (B10 oder B15 ohne Bewehrung) und eine doppelte Lage PE-Folie als Gleitschicht angeordnet; sie dient dazu, vorrangig die Zwänge aus Schwinden und Kriechen während des Bauvorgangs zu vermeiden. Die Oberfläche erhält ein Gefälle von 1–2% zur Behälterentleerung hin. Für die aufgehenden Wände empfiehlt sich, einen Sockel von 10 cm zusammen mit der Sohle zu betonieren; anders lässt sich die Bewehrung zusammen mit dem Arbeits-Fugenblech konstruktiv kaum unterbringen – s. *Abb. 5.21*.

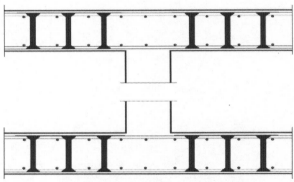

Abb. 5.20: Schubbewehrung (Fa. Halfen) für Boden- und Deckenplatten (GWF 143 (2002), H.13 S. S56)

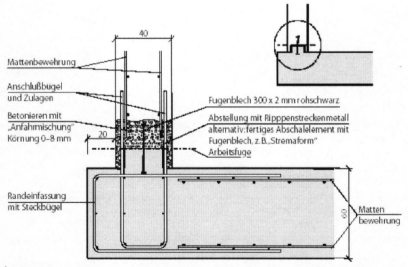

Abb. 5.21: Detail der Anschlussfuge Bodenplatte – Wand (GWF 143 (2002), H.13 S. S57)

Wände und Stützen werden biegesteif mit der Behältersohle verbunden. Bei rechteckigen Kammern werden die Wände als einachsig oder zweiachsig gespannte Platten berechnet. Stützen werden trotz Einspannung als Pendelstützen berechnet. Bei Rundbehältern werden die Wände als Zylinderschale berechnet. Bei vorgespannter Ringwand ist zur Vermeidung von Zwängen aus der Vorspannung unter der Ringwand eine Gleitfuge anzuordnen. Der wasserdichte Anschluss zur Bodenplatte ist dann nachträglich herzustellen. Gleitfugen sind gleichfalls erforderlich, wenn die Wände aus vorgefertigten Wandteilen zusammengesetzt werden, die ggf. anschließend unter Vorspannung gesetzt werden – s. *Abb. 5.22.*

Bewehrungsanschluß nach innen:

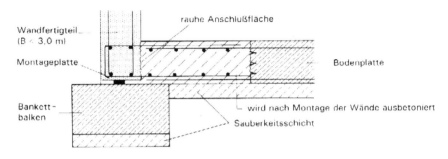

Bewehrungsanschluß nach außen:

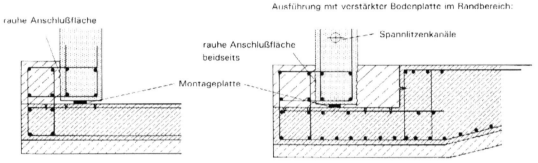

Abb. 5.22:   Anschluss Bodenplatte – Wandfertigteile ([Grombach et al., 2000], S. 894)

Die *Deckenplatte* wird nach heutigem Stand der Technik als Flachdecke ausgeführt ohne Überzüge, Unterzüge oder Pilzköpfen auf den Stützen. Die glatte Unterseite soll dabei den ungehinderten Luftaustausch ermöglichen. Die Oberseite erhält zur Ableitung des Tagwassers ein Gefälle von > 2%, die Unterseite von > 0,5% aufwärts in Richtung zu den Zu- und Abluftöffnungen.

Bewegungsfugen sollen möglichst vermieden werden, da ihr Verschluss hinsichtlich dauerhafter Wasserdichtheit immer problematisch ist. Durch entsprechende Planung und Durchführung des Bauablaufs lassen sich auch die Bodenplatten sehr großer Behälter fugenlos bauen. Arbeitsfugen sind grundsätzlich durch Fugenbleche aus schwarzem unbeschichteten Stahl zu sichern – s. *Abb. 5.21.*

Unabdingbare Forderung ist ein *wasserdichter Behälter* – dicht auch gegen drückendes Grundwasser. Stahlbeton ist als WU-Beton herzustellen (DIN EN 206-1 in Verbindung mit DIN 1045-2 und W 300) mit dichter, fester und porenarmer Struktur, hohem Widerstand gegen Hydrolyse und Carbonatisierung mit einer Betondeckung im Bereich der Wasserkammern (innen) $c_{nom} = 45$ mm, $c_{min} \geq 30$ mm. Ein vollverdichteter Beton mit Wasserzementfaktor $(w/z)_{eq} \leq 0,50$ und Wasser-

eindringtiefe e ≤ 30 mm (nach DIN EN 12390-8) lässt mindestens Druckfestigkeiten entsprechend der Festigkeitsklasse C30/37 (nach DIN EN 206-1) – früher B35 – erwarten. Die hygienischen Anforderungen an zementgebundene Werkstoffe im Trinkwasserbereich sind in W 347 zusammengestellt. Zur praktischen Anwendung des Arbeitsblattes s. ewp 6/2009, S. 32. Das Zugabewasser muss Trinkwasserqualität haben.

Herstellung, Transport und Verarbeitung des Betons sowie die Eigenkontrolle und Fremdüberwachung müssen den hohen Anforderungen genügen (s. DIN EN 206-1 und DIN 1045-3). Saubere Schalung – keine raue Holzschalung, Verzicht auf Trennmittel, dafür besser die Verwendung von textilen Schalungsbahnen (z. B. Polypropylen-Faservlies mit Drainwirkung für Luft und Wasser), Spannanker in wasserundurchlässiger Bauart, Abstandhalter, die sich mit dem Beton verbinden (also kein Kunststoff), Nachbehandlungszeiten von 1–2 Wochen sind weitere Stichworte. – Die ordnungsgemäße Bauausführung ist sorgfältig zu überwachen, zu dokumentieren und nachzuweisen.

Rohrdurchführungen sind hinsichtlich der Wasserdichtheit gleichfalls problematisch. Empfohlen wird das Einbetonieren der Rohre (Rohrstücke), auch als Hüllrohre, mit Mauerflansch. Aussparungen im Beton lassen sich später kaum zuverlässig gegen drückendes Wasser abdichten. Sämtliche Einbauteile wie Formstücke, Leitern, Geländer, Entnahmeeinrichtungen sollen aus hochlegierten Stählen nach DIN EN 10088, Werkstoff-Nr. 1.4571 oder 1.4404 oder ggf. höherwertig hergestellt sein.

Unter den vorgenannten Voraussetzungen sind im Regelfall *Innenbeschichtungen* der Wasserkammern entbehrlich. Sie kommen nur in Frage bei Behältern, die ein betonaggressives Rohwasser (vor der Aufbereitung) aufnehmen sollen, und für Zwecke der Sanierung schadhafter Oberflächen bei alten Behältern. Für die Sanierung bietet sich meist ein Zementmörtel-Putz auf entsprechend vorbereitetem Untergrund an (s. W 312 bzw. W 300). Breitere Risse und Abplatzungen lassen sich beispielsweise mit edelstahlfaserverstärkten Tragschichten aus Feinbeton dauerhaft schließen (s. ewp 5/2009 S. 15). Beispiele zur Sanierung von Behälteroberflächen mit verschiedenen Werkstoffen bringt GWF – Wasser | Abwasser Mai 2010. Im Übrigen können alle Materialien eingesetzt werden, die die Anforderungen bezüglich des Kontakts mit Trinkwasser erfüllen (W 270 und W 347), z. B. Kunststoff- und Epoxidharz-Beschichtungen, Kunststoff- und Metall-Auskleidungen (Edelstahl) und mineralische Beschichtungen. Keramische Fliesen sind nur für die Schönheit da – sie müssen hohlraumfrei in trinkwasserverträglicher Bettung verlegt werden.

Die *statischen Nachweise* betreffen Standsicherheit – Eigengewicht, Wasserfüllung (wechselnd), Erdüberschüttung und -anschüttung, Verkehr, Wind (Wassertürme), Schnee, Grundwasser, Erdbeben, Bauzustände. Zu beachten sind Zwänge infolge Temperaturänderungen, Hydratationsvorgängen, Schwinden und Kriechen (beim Herstellen großer Teile ohne Bewegungsfugen).

Zur Berücksichtigung des inneren Zwangs aus Temperaturänderungen kann mit operativen Rechengrößen gearbeitet werden, nämlich ΔT_M der Bauteilmittelfläche und ΔT_G linear über die Bauteildicke für freistehende Behälter ohne Verkleidung als Extremfall:

$\Delta T_M = + 15$ K (Sommer) $= - 15$ K (Winter)

$\Delta T_G = + 30$ K (Sommer) $= - 30$ K (Winter).

Wenn sichergestellt ist, dass vor der Erstbefüllung die Überschüttung und/oder die Wärmedämmung aufgebracht sind, können günstigere Werte herangezogen werden, als Mindestwerte:

$\Delta T_M = + 5$ K (Sommer) $= - 5$ K (Winter)

$\Delta T_G = + 10$ K (Sommer) $= - 10$ K (Winter).

Die *Dichtheit* ist für die Kombination von Last und Zwang nachzuweisen. Da ohne Vorspannung die Betonzugfestigkeit überschritten wird, müssen die Einhaltung der Mindestdruckzonendicke und die Beschränkung der Rissbreite nachgewiesen werden.

- Druckzonendicke $x \geq x_{min} = 50$ mm,
- Rissbreite W bei $x < x_{min}$ in 95% der Fälle

  $W_{k,95\%} = 0,15$ mm bei Wasser *mit* Tendenz zur Kalkabscheidung,

  $W_{k,95\%} \leq 0,10$ mm bei Wasser *ohne* Tendenz zur Kalkabscheidung.

Die *Kosten* für Erdbehälter aus Stahlbeton liegen zwischen 325 und 220 €/m³ umbauter Raum für die Wasserkammer und zwischen 390 und 250 €/m³ umbauter Raum für das Bedienhaus von Behältern zwischen 200 und 10.000 m³ Nutzinhalt. Hinzu kommt die hydraulische Ausrüstung, die je nach Behältergröße 35 k€ bis > 240 k€ bzw. 240 €/(L/s) des max. Zu- bzw. Ablaufs betragen kann ([Mutschmann und Stimmelmayr, 2007], S. 779).

5.3.3.2 Wassertürme

Wassertürme werden in Größen zwischen 100 und 5.000 m³ gebaut; der größte bekannte Wasserturm steht in Jeddah/Saudi-Arabien mit 18.000 m³ Nutzinhalt. Die Wassertiefen werden mit 5 m, maximal 8 m vorgesehen (abgesehen von Standrohr-Behältern). Konstruktiv sind Behälter, Schaft und Fundament zu unterscheiden. In der Baugeschichte der Wassertürme haben sich bestimmte Grundformen entwickelt, die sich vor allem auch in der Art der Lastabtragung unterscheiden – s. *Abb. 5.23*.

Der *Baustoff* ist in der Regel Beton bzw. Spannbeton, was Vorteile für die spätere Wartung und Instandhaltung bietet. Im Ausland sind häufig auch Stahlkonstruktionen zu sehen. Kleinere Wassertürme, beispielsweise für Betriebswassernutzung in der Industrie, werden auch als vorgefertigte Konstruktionen angeboten.

Wenn Leergerüste nicht mehr wirtschaftlich einsetzbar sind, kommen die Bauverfahren „ziehendes Heben" oder „drückendes Heben" des am Boden vorgefertigten Behälters infrage – s. *Abb. 5.24*.

Ab 500 m³ Nutzinhalt sollten zwei *Wasserkammern* angelegt werden, entweder konzentrisch oder übereinander. Eine Wärmeisolierung ist ab 300 m³ entbehrlich, allerdings nicht für die Leitungen im Turmschaft!

Das *Fundament* wird als Kreisplatte oder aufgelöst in Einzelstützen ausgeführt. Zu den Anforderungen an Baustoffe und Statik wird auf *Kap. 5.3.3.1 Erdbehälter* verwiesen; beim Wasserturm haben Windkräfte und gegebenenfalls Erdbebensicherheit besonderes Gewicht.

Der *Turmschaft* erhält mindestens 2,50 m lichten Durchmesser, um ausreichend Raum für die Treppen und die Rohrleitungen zu bieten; in der Regel wird ein Aufzug vorgesehen.

Der *Rohrkeller* wird meist im Fundament angelegt. Bei mehrkammerigem Behälter empfiehlt sich eine Zwischendecke unmittelbar unter den Wasserkammern. Auf die Behälterdecke wird meist ein Stockwerk aufgesetzt; ein Publikumszugang ist allerdings aus Sicherheitsgründen nicht erwünscht. Wenn eine Nutzung als öffentlicher Aussichtsturm in Frage kommt, müssen getrennter Zugang und Aufzug verfügbar sein.

Die *Kosten* von Wassertürmen werden weitgehend bestimmt von der Höhe des Turmschafts, der Behältergröße, dem gewählten Tragwerk und der architektonischen Gestaltung. Beispiele gibt *Tab. 5.11*.

Tab. 5.11: Kostenbeispiele für einen Wasserturm, Wasserspiegel 20 m über Gelände ([Mutschmann und Stimmelmayr, 2007], S. 780)

	Standrohr-Turm	Wasserturm		
		1 kammrig	2 kammrig	
Nutzinhalt der Wasserkammer m³	300	100	200	500
m³ umbauter Raum	800	1.050	1.450	3.000
Kosten in € /m³ umbauter Raum	300	330	360	330
Kosten für hydraulische Ausrüstung €	45.000	45.000	50.000	75.000

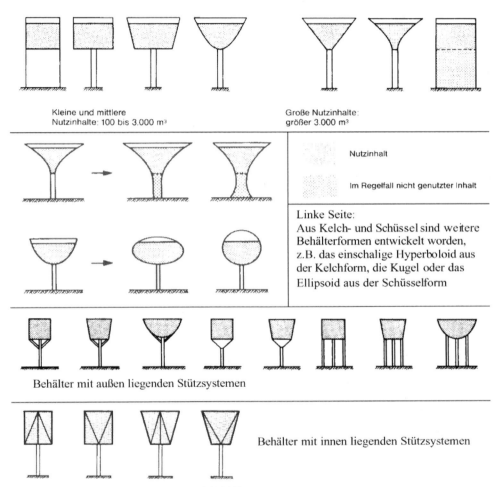

Abb. 5.23: Typische Bauformen für Wassertürme (W 315)

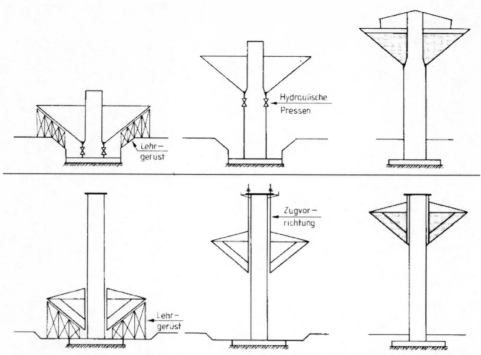

Abb. 5.24: Bauverfahren von Wassertürmen: Oben – drückendes Heben, Beispiel Wasserturm Wuppertal (1975), Nutzinhalt 1500 m³, Hublast 1700 t, Hubhöhe 37,8 m. Unten – ziehendes Heben, Beispiel Wasserturm Riyadh (1971), Nutzinhalt 12.350 m³, Hublast 6500 t, Hubhöhe 44 m

5.3.4 Technische Einrichtungen der Wasserbehälter

Für jede Wasserkammer sind Leitungen für Zulauf, Entnahme, Überlauf (Übereich), Entleerung und Umgehungs- bzw. Verbindungsleitungen mit den erforderlichen Armaturen vorzusehen. Hinzu kommen Messgeräte für Durchfluss und Druck und Entnahmehähne für Wasserproben – s. *Abb. 5.25* und *Abb. 5.26*. Die Leitungen und Armaturen werden im Bedienhaus (auch Schieberhaus genannt) zusammengeführt; sie sind zu kennzeichnen und müssen gut zugänglich sein.

Die *Zulaufleitung* wird entweder *unter Wasser* eingeführt – in diesem Falle kann die Strömungsenergie zur Umwälzung des Behälterinhalts genutzt werden (Rückflussverhinderer nicht vergessen!) – oder *über Wasser* – dies gibt die Möglichkeit, das Wasser mit Luft-Sauerstoff anzureichern und Kohlensäure auszutreiben – s. *Abb. 5.27*. Beim Gegenbehälter sind Zulauf- und Entnahmeleitung identisch und verzweigen sich erst im Schieberhaus.

Die *Entnahmeleitung* ist so anzulegen, dass auch bei tiefstem Wasserstand keine Luft angesaugt wird; gegebenenfalls ist eine Rohrbruchsicherung anzuordnen, um ein schnelles Leerlaufen des Behälters bei einem Rohrbruch zu verhindern. Die *Überlaufleitung* ist für den höchsten Zufluss zu bemessen; es darf kein Absperrschieber eingebaut werden.

Das *Bedienhaus* nimmt neben den Leitungen – soweit vorgesehen – Pumpen zur Entleerung, Druckerhöhung, Umfüllung und Behälter-Reinigung, Turbinen zur Einlaufregelung bzw. Energie-Rückgewinnung, Anlagen zur Desinfektion, zur Luftentfeuchtung, Lüfter, Luftfilter sowie die elektrischen und mess-, steuer- und regeltechnischen Anlagen (Achtung: Feuchtraum nach VDE!) auf.

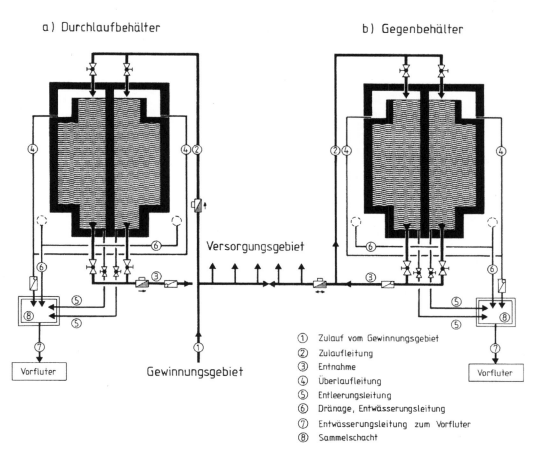

a) Durchlaufbehälter b) Gegenbehälter

Versorgungsgebiet

Gewinnungsgebiet

Vorfluter

① Zulauf vom Gewinnungsgebiet
② Zulaufleitung
③ Entnahme
④ Überlaufleitung
⑤ Entleerungsleitung
⑥ Dränage, Entwässerungsleitung
⑦ Entwässerungsleitung zum Vorfluter
⑧ Sammelschacht

Abb. 5.25: Schema der hydraulischen Behälterausrüstung (W 300)

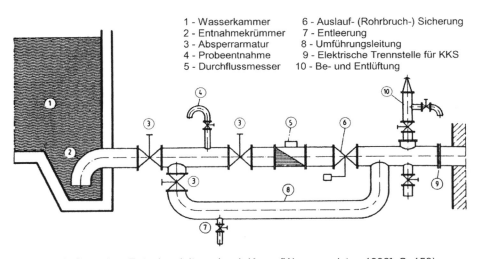

1 - Wasserkammer   6 - Auslauf- (Rohrbruch-) Sicherung
2 - Entnahmekrümmer   7 - Entleerung
3 - Absperrarmatur   8 - Umführungsleitung
4 - Probeentnahme   9 - Elektrische Trennstelle für KKS
5 - Durchflussmesser   10 - Be- und Entlüftung

Abb. 5.26: Prinzipieller Aufbau einer Entnahmeleitung (nach Kaus, [Wassermeister, 1998], S. 150)

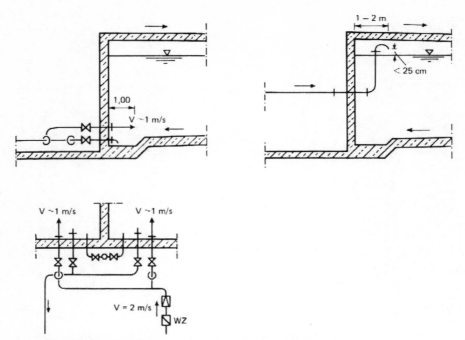

Abb. 5.27:   Behältereinlauf unter oder über Wasser ([Wassermeister, 1998], S. 149)

Der *Wärmeschutz* des Wasserbehälters richtet sich nach den örtlichen klimatischen Verhältnissen. In jedem Fall ist es sinnvoll, durch Isolierung der Behälterdecke die Kondenswasserbildung zu beschränken. Beim Erdbehälter hat sich eine Kombination von künstlichen Dämmstoffen mit einer Erdüberschüttung bewährt – s. *Abb. 5.28*. Bei freistehenden Behältern sind dementsprechend auch die Wände zu isolieren; der Schutz der Isolierschicht kann wie bei üblichen Hochbauten ausgeführt werden.

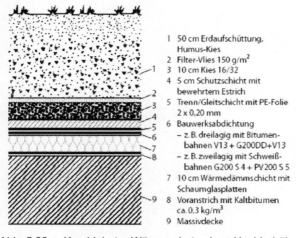

1   50 cm Erdaufschüttung, Humus-Kies
2   Filter-Vlies 150 g/m²
3   10 cm Kies 16/32
4   5 cm Schutzschicht mit bewehrtem Estrich
5   Trenn/Gleitschicht mit PE-Folie 2 x 0,20 mm
6   Bauwerksabdichtung
    – z.B. dreilagig mit Bitumenbahnen V13 + G200DD+V13
    – z.B. zweilagig mit Schweißbahnen G200 S 4 + PV200 S 5
7   10 cm Wärmedämmschicht mit Schaumglasplatten
8   Voranstrich mit Kaltbitumen ca. 0,3 kg/m³
9   Massivdecke

Abb. 5.28:   Kombinierter Wärmeschutz eines Hochbehälters (GWF 143 (2002), Heft 13, S. S57, W 300)

Durch den sich ständig ändernden Wasserspiegel ist ein natürlicher *Luftwechsel* sichergestellt. Die Lüftungsöffnungen dürfen nicht unmittelbar über der Wasseroberfläche liegen und müssen so gesichert sein, dass ein Eindringen von Vögeln, Insekten, anderen Kleintieren, Schmutz oder Flüssigkeiten und eine Einflussnahme von außen verhindert wird. In staubreicher Umgebung ist die Luft zu filtern, erforderlichenfalls über Aktivkohle. Die Luftöffnungen sind entsprechend dem maximalen Zu- oder Abfluss des Wassers für < 10 m/s Luftgeschwindigkeit zu bemessen. Wasserkammern und Bedienhaus sind lüftungstechnisch voneinander getrennt zu halten. Die Zuluftleitung kann durch den Wasservorrat geführt werden; dies vermindert die Kondenswasserbildung. Im Übrigen hat sich aber bei Kontroll-Analysen gezeigt, dass Kondenswasser im Trinkwasserbehälter hygienisch nicht problematisch ist. – Im Bedienhaus empfiehlt sich eine Lufttrocknung.

5.3.5   Kontrolle

Wasserbehälter sind regelmäßig unter hygienischen, betrieblichen und baulichen Aspekten zu kontrollieren. Entsprechend der gegebenen Verhältnisse – Wasserbeschaffenheit, Konstruktion, Standort, Betriebsbedingungen – sind Inhalt und Häufigkeit der Kontrollen in einer Betriebsanweisung festzuhalten. Regelmäßig sind die Wasserkammern zu reinigen (beispielsweise jährlich), erforderlichenfalls unter Verwendung von chemischen Hilfsmitteln (s. W 319); es schließt sich eine Desinfektion an. Restliche Reinigungsmittel und Desinfektionsmittel sind sauber auszuspülen; die Brühen sind schadlos zu beseitigen. Während dem Wiederbefüllen der Wasserkammer und in jedem Falle danach werden Trinkwasserproben zur mikrobiologischen Untersuchung genommen.

5.3.6   Instandsetzung von Wasserbehältern

Im Rahmen der regelmäßigen Kontrolle (s.o.) sollten festgestellte Auffälligkeiten Anlass zu einer eingehenden Bauzustandsanalyse sein. Sie erstreckt sich auf die

* wasserberührten Behälteroberflächen,
* Bausubstanz (Wasserkammern und Bedienhaus)
* anlagentechnische Ausrüstung (Verrohrung, Armaturen)
* sicherheitstechnische Einrichtungen,

- Be- und Entlüftungseinrichtungen (Wasserhygiene),
- Außenabdichtung (Dichtheit, Kondensatbildung).

Zementgebundene Oberflächen unterliegen einer natürlichen Alterung und Abnutzung. Ursachen, Grad und Bedeutung der festgestellten Betonschäden (zum Beispiel bezüglich Tragfähigkeit, Korrosion der Stahlbewehrung, Sanierbarkeit der Oberfläche) bestimmen die Methoden der Sanierung. Nach W 300 gelten folgende Systeme als geeignet:
- Mineralische Dickbeschichtung (ein- oder mehrlagiger Zementputz, Zementestrich als Verbundestrich, Spritzmörtel),
- Mineralische Dünnbeschichtungen, in der Regel auf der Basis von kunststoffvergüteten Zementmörteln mit Additiven zur Verbesserung der Verarbeitung und der Dichtheit,
- Beschichtungen mittels Reaktionsharz,
- Auskleidungen mit dicht gesinterten keramischen Fliesen oder Glasfliesen (hohlraumfrei zu verlegen),
- Auskleidung mit Montageelementen (PE-HD-Platten oder Edelstahlplatten),
- Auskleidung mit Kunststoffdichtungsbahnen.

Bei der Verwendung von Kunststoffen und Additiven ist die Verträglichkeit mit Trinkwasser nachzuweisen (W 270 und W 347).

Technische Hinweise gibt W 312 (zurzeit in Überarbeitung); einen aktueller Bericht zu Planung und Durchführung von Instandsetzungsmaßnahmen geben [Derra und Kämpfer, 2008]. Beauftragte Unternehmen und Bauaufsicht müssen die Qualifikationskriterien nach W 316-1 und -2 erfüllen.

5.3.7 Ausführungsbeispiele

Die *Abb. 5.29*, *Abb. 5.30* und *Abb. 5.31* zeigen Ausführungsbeispiele.

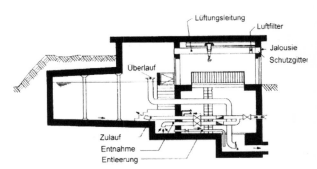

Abb. 5.29: Beispiel für einen kleinen Wasserbehälter, der den vorbeschriebenen planerischen Anforderungen entspricht (Band 2 S. 205 [DVGW Bd. 2, 1999])

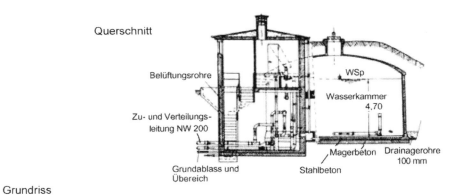

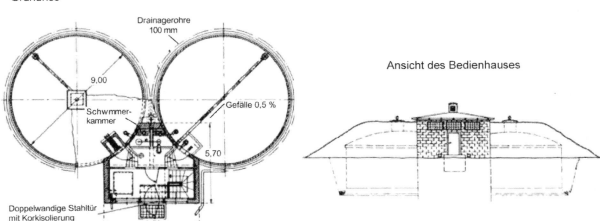

Abb. 5.30: Zweikammeriger älterer „sanierungsbedürftiger" Hochbehälter in Rundform, Nutzinhalt $2 \cdot 250 \ m^3$, Stahlbetonwände mit Kuppeldecke, Bedienungshaus, abgeschlossene Einlauf- und Schwimmerkammer (Mutschmann, S. 484) – Zur Beachtung: die Lüftungsöffnung über der Kuppel ist durch Überbau (Laterne) zu sichern. Besser ist es, sie mit Beton zu schließen; die Lüftungsrohre werden dann von dort unter der Behälterdecke zum Bedienhaus zu geführt (vgl. W 312).

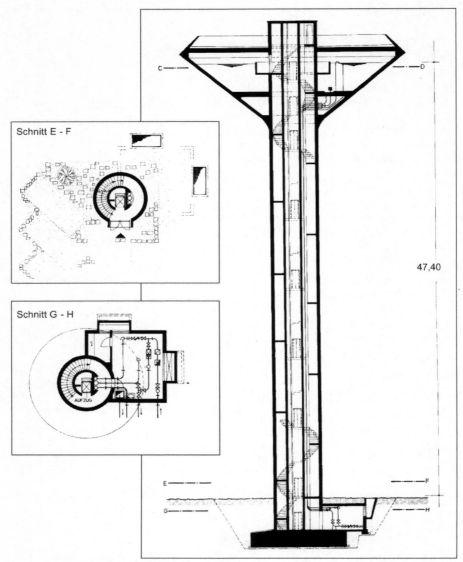

Abb. 5.31: Beispiel eines ausgeführten Wasserturms. Kegelförmiger Behälter mit Turmschaft, einkammeriger Behälter, Nutzinhalt 500 m³, Wasserspiegelhöhe über EG-Fußboden 47,40 m (W 315)

5.4 Hydraulische Berechnung von Rohrleitungen und Netzen

5.4.1 Grundgleichungen der Rohrhydraulik

Ziel der Berechnung von Rohrströmungen ist die Ermittlung von Druck und Durchfluss an bestimmten Stellen der Rohrleitung oder des Rohrnetzes zum Zweck der Kontrolle oder der Bemessung der Anlagen. In der Praxis der Rohrleitungsberechnung haben sich bestimmte Vereinfachungen durchgesetzt und bewährt; in kritischen Fällen ist die Zulässigkeit dieser Vereinfachungen zu überprüfen. Dies gilt vor allem für die anspruchsvolleren Berechnungen instationärer Vorgänge wie z. B. der Ausbreitung von Druckwellen oder der Wasserschloss-Schwingungen.

Die Berechnung wird durch Nomogramme, Diagramme und Tabellen erleichtert. Rechenprogramme haben mittlerweile die grafischen Verfahren weitgehend abgelöst, die allerdings den Vorteil der Anschaulichkeit behalten.

Grundgrößen

- **Dichte** ρ (kg/m³): die Dichte des Wassers beträgt bei 25 °C $\rho_{25} = 997,075$ kg/m³, die maximale Dichte weist das Wasser bekanntlich bei 4 °C auf mit 1.000 kg/m³; dieser Wert ist für die anstehenden Berechnungen genau genug.

- **Elastizitätsmodul E_W** (kN/m²): der Elastizitätsmodul ist definiert über die Änderung des Volumens unter Druck

$$dp = E_W \cdot \frac{dV}{V}$$

E_W ist vom Druck (gering) und von der Temperatur abhängig: Zahlenwerte sind bei 0 °C 1,96, bei 16 °C 2,06, Maximum zwischen 50 und 60 °C $2,2 \cdot 10^6$ kN/m², geeigneter Mittelwert für Berechnungen ist $E_W = 2,06 \cdot 10^6$ kN/m². Der Kehrwert heißt Kompressibilität $\kappa = 0,485 \cdot 10^{-6}$ m²/kN.

- **Druckwellengeschwindigkeit a** (m/s): Die Fortpflanzungsgeschwindigkeit von Druckwellen im Wasser (= Schallgeschwindigkeit) ist abhängig vom Elastizitätsmodul und der Dichte:

$$a = \sqrt{\frac{E_w}{\rho}} = 1425 \ \text{m/s}$$

Sie wird durch die Elastizität der Rohrwandung gemindert, was sich gerade bei Kunststoffleitungen deutlich auswirkt – s. *Kap. 5.4.3 Dynamische Druckänderungen.*

- **Dampfdruck p_D** (mbar oder Pa = N/m^2): der Dampfdruck des Wassers ist abhängig von der Temperatur, gemessen über Wasser:

Tab. 5.12: Dampfdruck p_D in Abhängigkeit von der Temperatur

T in °C	5	10	15	20	25
p_D [mbar]	8,7	12,3	17,1	23,4	31,7
p_D [Pa]	870	1.230	1.710	2.340	3.170

Sinkt der Druck des Wassers in der Rohrströmung oder in einem Pumpenlaufrad unter den Dampfdruck ab, verdampft das Wasser dort und verhindert so weiteren Druckabfall. Solche Dampfblasen können den Durchfluss behindern. Wandern sie weiter in Zonen höheren Drucks, kondensieren sie schlagartig; dies erzeugt Geräusche, Erschütterungen und sehr hohe örtliche Druckspitzen, die zu Materialschäden, z. B. an Pumpenschaufeln, führen können (Kavitation). Da der Dampfdruck mit steigender Temperatur abnimmt, steigt damit zugleich die Gefahr der Kavitation.

- **Viskosität, Zähigkeit**: Die innere Reibung (Viskosität) wirkt der Verschiebung von Flüssigkeitsschichten entgegen. Der Verschiebung entgegen wirkt die Schubspannung, die sich im Geschwindigkeitsgradienten senkrecht (z) zur Strömungsrichtung (x) einstellt:

$$\tau = \eta \cdot \partial v_x / \partial z$$

Die **dynamische Zähigkeit** η hat die Dimension Ns/m^2 oder kg/(m · s).

Die **kinematische Zähigkeit** ν ist mit der dynamischen Zähigkeit über die Dichte verknüpft:

$\nu = \eta / \rho$, Dimension m^2/s;

sie ist stark von der Temperatur, geringfügig auch vom Druck abhängig:

Tab. 5.13: Abhängigkeit der kinematischen Zähigkeit von der Temperatur

T [°C]	5	10	15	20	25
$10^6 \cdot \nu$ [m^2/s]	1,52	1,31	1,139	1,004	0,893
$10^3 \cdot \eta$ [kg/(m s)]	1,52	1,307	1,138	1,002	0,890

Grundgleichungen

Die bei Strömungsvorgängen üblicherweise vorliegende dreidimensionale Strömung lässt sich für die meisten Fälle der Rohrhydraulik auf eindimensionale Betrachtung reduzieren – Stromfadentheorie.

Zu unterscheiden sind:
- **stationäre Strömung** – es besteht keine Zeitabhängigkeit nach Größe und Richtung,
- **instationäre Strömung** – die Fließvorgänge sind abhängig von Ort und Zeit.

Die wesentlichen Gleichungen der Rohrhydraulik sind:
- **Bewegungsgleichung** – sie führt auf den Energiesatz (Bernoulli-Gleichung),
- **Kontinuitätsgleichung** – sie wird zusammen mit der Bewegungsgleichung für die Berechnung instationärer Strömungen gebraucht,
- **Impulssatz** – zur Berechnung von Druckkräften, die bei Querschnittsveränderungen oder Richtungsänderungen und höheren Fließgeschwindigkeiten auftreten.

Umrechnung der Druckgrößen:
1 bar = 10^5 Pa = 10^5 N/m^2, dementsprechend
1 mbar = 10^2 N/m^2.

Die Energiegrößen werden häufig auf Standrohrspiegelhöhen umgerechnet:

$$\frac{p}{\rho \cdot g} = \left[\frac{10^5 \text{N/m}^2 \cdot \text{kg} \cdot \text{m}}{1000 \text{kg/m}^3 \cdot 9,81 \text{m/s}^2 \cdot \text{Ns}^2} = \right. \tag{5.2}$$
$$\left. = 10,2 \, \text{mWS} = 1 \, \text{bar} \right]$$

Bewegungsgleichung

Sie wird abgeleitet aus dem Kräftegleichgewicht am ortsfesten durchströmten Rohrelement, allgemein dargestellt:

$$\frac{\partial v}{\partial t} + \frac{1}{\rho}\frac{\partial p}{\partial x} - g \sin\alpha + \frac{\lambda}{2d} v \, |v| = 0$$

| Beschleunigung | + | Druckänderung | − | Lageänderung | + | Reibungsverluste | = 0 |

Mit

$v = \partial x / \partial t$ = mittlere Fließgeschwindigkeit im Rohrquerschnitt

= Durchfluss Q / Querschnitt A

x — Koordinate der Rohrachse, sin α = Rohrneigung(-steigung) = $\partial x / \partial t$

λ — Rohrreibungskoeffizient nach Darcy-Weisbach:

Druckverlusthöhe $h_R = \lambda \cdot \dfrac{L}{d} \cdot \dfrac{v^2}{2g}$ [m],

Druckgefälle wegen Rohrreibung $I_R = h_R/L$

L = Rohrlänge, d = Rohrinnendurchmesser

Die Größe $v^2/2g$ wird auch als Geschwindigkeitshöhe bezeichnet [m].

Umgerechnet auf die Standrohrspiegelhöhe ergeben sich Druckhöhe und geodätische Höhe zu:

$$h = \frac{p}{\rho \cdot g} + z \quad [m]$$

Die Bewegungsgleichung in dimensionsloser Schreibweise lautet:

$$\frac{\partial h}{\partial x} + \frac{1}{g} \cdot \left(\frac{\partial v}{\partial t} + v\frac{\partial v}{\partial x}\right) + I_R = 0$$

Druckhöhengradient + Beschleunigung + Reibungsgefälle $= 0$

Falls sich der Querschnitt im betrachteten Rohrstück nicht ändert, wird $\frac{\partial v}{\partial x} = 0$; daraus ergibt sich die instationäre Bernoulli-Gleichung

$$\frac{1}{g}\int\frac{\partial v}{\partial t}dx + \frac{v^2}{2g} + \frac{p}{\rho g} + z + h_R = H\,(t)$$

Für den stationären Fall $\partial v / \partial t = 0$ ergibt sich die bekannte Bernoulli-Gleichung

$$\frac{p}{\rho g} + \frac{v^2}{2g} + z + h_R = H\,(t)$$

Druckhöhe + Geschwindigkeitshöhe + geodätische Höhe + Druckverlusthöhe $=$ Energiehöhe

Die Darstellung der Bernoulli-Gleichung in der Form (Dimension) der Standrohrspiegelhöhe gibt ein sehr anschauliches Bild der Strömungssituation in der Rohrleitung – s. *Abb. 5.32*.

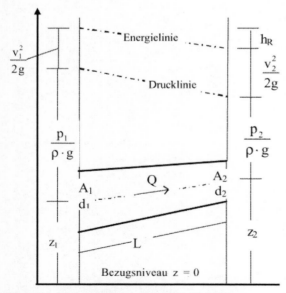

Abb. 5.32: Darstellung zur Bernoulli-Gleichung

Kontinuitätsgleichung

Sie beschreibt die Erhaltung der Flüssigkeitsmasse im ortsfesten durchströmten Raumelement unter Berücksichtigung der Elastizität von Flüssigkeit und Rohrwandung.

$$\frac{\partial v}{\partial x} + \frac{1}{\rho \cdot a^2} \cdot \frac{\partial p}{\partial t} = 0 \qquad (5.3)$$

oder in Druckhöhen dargestellt:

$$\frac{\partial v}{\partial x} + \frac{g}{a^2}\left[\frac{\partial h}{\partial t} + \left(\frac{\partial h}{\partial x} + \sin\alpha\right) \cdot \frac{\partial x}{\partial t}\right] = 0 \qquad (5.4)$$

mit:

$$\frac{p}{\rho \cdot g} = h + z \quad \text{und}$$

$$\frac{\partial z}{\partial x} = \sin\alpha$$

a ist die Druckwellengeschwindigkeit in der Rohrleitung, s. *Kap. 5.4.3 Dynamische Druckänderungen.*

Unter Vernachlässigung des letzten Summanden ergibt sich die Alliévi'sche Druckstoßtheorie:

$$\frac{\partial v}{\partial x} + \frac{g}{a^2} \cdot \frac{\partial h}{\partial t} = 0 \qquad (5.5)$$

Impulssatz

Der Impuls (Bewegungsgröße) wird durch das Produkt Masse · Geschwindigkeit dargestellt. Der Satz von der Erhaltung des Impulses lässt sich unmittelbar aus dem 2. Newton'schen Gesetz herleiten:

Summe der Kräfte = Masse · Beschleunigung

$$\sum \vec{F}_i = \frac{d}{dt} \cdot \sum (m \cdot \vec{v}) = \frac{d}{dt} \cdot \vec{I}_P \qquad (5.6)$$

(es handelt sich um vektorielle Größen)

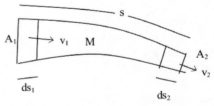

Abb. 5.33: Impulssatz

Ein Stromfaden der Masse M wird im Abschnitt s zwischen den Kontrollquerschnitten 1 und 2 betrachtet. In der Zeit dt tritt das Massenelement $\rho \cdot A_1 \cdot ds_1$ in den Abschnitt s ein und tritt das Massenelement $\rho \cdot A_2 \cdot ds_2$ aus. Der Gesamtimpuls beträgt

$$\rho \cdot A_1 \cdot ds_1 \cdot \vec{v}_1 - \rho \cdot A_2 \cdot ds_2 \cdot \vec{v}_2$$

mit

$$v_1 = \frac{ds_1}{dt} \quad \text{und}$$

$$v_2 = \frac{ds_2}{dt}$$

Die Kontinuitätsbedingung des Stromfadens fordert $A_1 \cdot v_1 = A_2 \cdot v_2 = Q$. Damit lautet der Impulssatz für die betrachtete stationäre Strömung:

$$\sum \vec{F_i} = \rho \cdot Q \cdot (\vec{v_2} - \vec{v_1}) = \rho \cdot Q^2 \cdot \left(\frac{1}{A_2} - \frac{1}{A_1}\right) \quad (5.7)$$

Dimensionskontrolle: $\dfrac{kg}{m^3} \cdot \dfrac{m^6}{s^2} \cdot \dfrac{1}{m^2} = \dfrac{kg \cdot m}{s^2} = N$

Diese Gleichung benötigt man beispielsweise zur Berechnung von Reaktionskräften bei Richtungs- oder Querschnittsänderungen. Die Kräfte und Geschwindigkeiten sind jeweils vektoriell zu addieren.

Die **allgemeine Bewegungsgleichung** und die **allgemeine Kontinuitätsgleichung** sind die Basis für die Berechnung **instationärer Strömungen** in Rohrleitungen, beispielsweise für die Berechnung von Druckstößen (s. *Kap. 5.4.3 Dynamische Druckänderungen*), Wasserschloss-Schwingungen und Druckwindkesseln. Die Elastizität des Wassers spielt hinsichtlich Höhe und Ausbreitung von Druckwellen eine wichtige Rolle; bei Wasserschloss-Schwingungen und Druckwindkesseln braucht man sie im Allgemeinen nicht zu berücksichtigen.

5.4.2 Hydraulische Berechnung von Rohrleitungen

In diesem Abschnitt soll nur der stationäre Fall der Rohrströmung betrachtet werden. Bei der Planung und Bemessung von Transportleitungen ist aber grundsätzlich eine Untersuchung auf mögliche Druckstöße erforderlich – s. *Kap. 5.4.3 Dynamische Druckänderungen*. Für den stationären Fall der Rohrströmung gilt nach

Kap. 5.4.1 Grundgleichungen der Rohrhydraulik die Bernoulli-Gleichung:

$$\frac{v^2}{2g} + \frac{p}{\rho g} + z + h_R = H = const.$$

| Geschwindigkeitshöhe | + | Druckhöhe | + | geodätische Höhe der Rohrachse | + | Verlusthöhe | = Gesamtenergiehöhe |

Die Verlusthöhe h_R umfasst die im Abschnitt der Länge L der Leitung auftretenden Widerstände

Reibungswiderstände

$$\lambda \cdot \frac{L}{d} \cdot \frac{v^2}{2g} \quad (5.8)$$

und die Einzelwiderstände

$$\sum \left(\zeta_i \cdot \frac{v_i^2}{2g}\right) \quad (5.9)$$

dabei sind ζ_i die Einzel-Widerstandsbeiwerte für Krümmer, Schieber, Abzweige etc. – Werte s. *Kap. 7.2 Druckhöhenverluste in Rohrleitungseinbauten*. Setzt man in *Formel 5.8* den Durchfluss $Q = v \cdot A = v \cdot \pi \cdot d^2/4$ ein, erhält man

$$h_R = \lambda \cdot \frac{8}{g \cdot \pi^2} \cdot \frac{L}{d^5} \cdot Q^2 \quad (5.10)$$

Zu beachten ist: Der Druckverlust wird vom Durchfluss in der zweiten Potenz, vom Rohrdurchmesser in der 5. Potenz (in umgekehrter Relation) bestimmt!

Der Widerstandsbeiwert λ wird nach Prandtl-Cole-

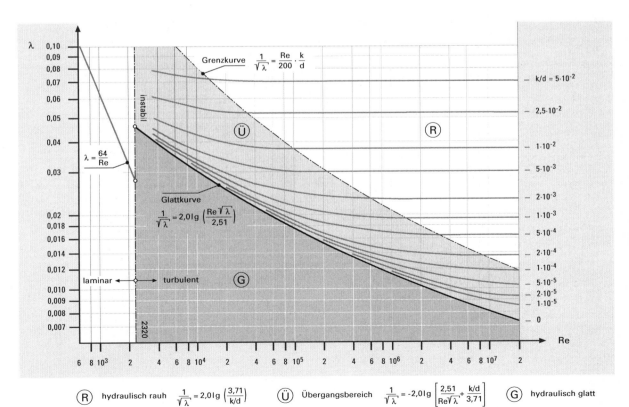

Abb. 5.34: Widerstandsbeiwert λ für hydraulisch glatte und raue Druckrohrleitungen ([Grombach et al., 2000], S. 966)

Bei den in der Wasserversorgung üblichen Rohrdurchmessern und Fließgeschwindigkeiten findet kein laminares Strömen mehr statt – kritische Grenze ist eine Reynolds-Zahl Re = 2320, unterhalb derer ein lineares Widerstandsgesetz gilt (vgl. die Grundwasserströmung). Die Rohrströmung bewegt sich überwiegend zwischen dem hydraulisch glatten Bereich λ = f (Re) und dem hydraulisch rauen Bereich, d. h. im so genannten Übergangsbereich; das bedeutet λ = f (Re, k/d):

$$\frac{1}{\sqrt{\lambda}} = -2,0 \cdot \lg(\frac{k}{3,71d} + \frac{2,51}{Re \cdot \sqrt{\lambda}}) \qquad (5.11)$$

mit

Re   Reynolds-Zahl: Re = v · d /v,

v   mittlere Fließgeschwindigkeit im Rohrquerschnitt,

d   Rohr-Innendurchmesser,

k   Rauheit in mm,

k/d   relative Rauheit,

v   kinematische Zähigkeit (= 1,31 · 10^{-6} m²/s bei 10 °C).

Exakt gilt die Formel von Prandtl-Colebrook nur für die Strömung im kreisrunden geraden Druckrohr. Es ist sinnvoll, vor allem bei der Berechnung von Rohrnetzen, die Einflüsse von Krümmern, Abzweigen, Einbauten, soweit deren Einzelwiderstände nicht eine besondere Bedeutung erlangen (wie z. B. in den Rohrleitungsanlagen eines Pumpwerks), durch Einführung einer so genannten **betrieblichen Rauheit k₂** zu erfassen, d. h. die Einzelwiderstände quasi auf die Rohrleitungslänge zu verteilen. Für neue Rohre, die nur geringe Ablagerungen zeigen, hat sich dies als zulässig

erwiesen (z. B. Spannbeton-, Kunststoff- sowie Stahl- und Guss-Rohre mit Zementmörtelauskleidung).

Die Wahl der Rauheit kann nach GW 303-1 erfolgen:

- k_2 = 0,1 mm: Fernleitungen und Zubringerleitungen mit gestreckter Leitungsführung aus Stahl- oder Gussrohren mit ZM-Auskleidung, aus Kunststoff- und Spannbetonrohren.

- k_2 = 0,4 mm: Hauptleitungen mit weitgehend gestreckter Leitungsführung aus den vorgenannten Materialien, auch aus Stahl- und Gussrohren ohne Auskleidung, sofern Wassergüte und Betriebsweise nicht zu Ablagerungen führen.

- k_2 = 1,0 mm: Neue Rohrnetze – durch den Übergang von k_2 = 0,4 auf k_2 = 1,0 mm wird der Einfluss starker Vermaschung näherungsweise berücksichtigt.

Ältere Rohrleitungen und Rohrnetze weisen in der Regel Rauheiten > 1 mm auf, was insbesondere Leitungen aus ungeschütztem Stahl und Guss betrifft.

Für die angegebenen Rauheiten k_2 sind Tabellen und Druckverlusttafeln in W 302 (August 1981) und Grombach S. 967 ff. für die Rohrdurchmesser 40–2.000 mm zu finden – s. *Kap. 7.1 W 302 Hydraulische Berechnung von Rohrleitungen und Rohrnetzen – Druckverlusttafeln für Rohrdurchmesser von 40–2.000 mm* – errechnet nach *Formel 5.11* für den Zusammenhang von Durchfluss Q [L/s], Druckgefälle I [m/km], Durchflussgeschwindigkeit v [m/s] und Rohrinnendurchmesser d [mm], bezogen auf Wasser von 10 °C mit v = 1,31·10^{-6} m²/s – siehe *Kap. 7.1 W 302 Hydraulische Berechnung von Rohrleitungen und Rohrnetzen – Druckverlusttafeln für Rohrdurchmesser von 40–2.000 mm.*

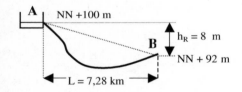

Von einem Hochbehälter A, dessen niedrigster Wasserstand auf NN + 100 m liegt, soll Q = 15 L/s einem in L = 7,28 km entfernt liegenden Punkt B auf NN + 92 m in freiem Gefälle zugeführt werden.

Welcher Innendurchmesser ist erforderlich und wie groß ist die Geschwindigkeit im Rohr?

Die verfügbare Druckverlusthöhe h_R beträgt 8 m = geodätischer Höhenunterschied von A nach B.
Das Gefälle auf L = 7,28 km beträgt I = 8/7,28 = 1,1 m/km.
Da es sich um eine Zubringerleitung handelt, ist nach Tabelle I bzw. Tafel I (Anlage 1) vorzugehen.
In Tabelle I (k_i = 0,1 mm) findet man für Q = 15 L/s und d = 200 mm I = 1,23 m/km bei v = 0,48 m/s.
Daraus folgt: h_R = L · I = 7,28 ·1,23 = 8,95 m.
Aus Tafel I ist zu ersehen, dass bei dem verfügbaren Gefälle ein Rohr d = 200 mm nur 14,2 L/s fördert. Deshalb ist zu prüfen, ob dieser kleinere Durchfluss ausreicht oder ob die verfügbare Druckhöhe in B von NN + 92 m auf 100 - 8,95 = NN + 91,0 m abgesenkt werden kann.
Im Zweifelsfalle ist das nächst größere Rohr d = 250 mm zu wählen, das gemäß Tafel I bei I = 1,1 m/km und v = 0,51 m/s den Volumenstrom Q = 25,5 L/s fortleiten kann.

Abb. 5.35:   Beispiel der Berechnung einer Fallleitung – W 302 (1981)

5.4.3   Dynamische Druckänderungen

Ein Druckstoß entsteht dann, wenn in einem geschlossenen System (z. B. Rohrleitung) rasche Änderungen der Strömungsgeschwindigkeit eintreten, also z. B. beim Ausfall einer Pumpe oder einer Turbine, beim Öffnen und Schließen von Armaturen, Austritt von Luft aus Öffnungen (Wechsel Luft/Wasser) oder bei einem Rohrbruch. Grundlage der Berechnung ist die Alliévi'sche Druckstoßtheorie (s. *Kap. 5.4.1 Grundglei-*

chungen der Rohrhydraulik), die für den idealisierten Fall gilt, dass sich die Strömungsgeschwindigkeit längs der Leitung nicht rasch ändert, eine reibungsfreie Strömung vorliegt und keine wesentlichen Entnahmen (Verzweigungen) vorhanden sind. Anhand eines Beispiels lassen sich solche instationären Vorgänge anschaulich darstellen (*Abb. 5.38*, W 303):

Am Ende einer horizontal liegenden Rohrleitung mit konstantem Durchmesser, die mit dem Druck p_o (entsprechend dem Stand des Wasserspiegels über dem Beginn der Rohrleitung) und der Geschwindigkeit v_o aus einem Behälter gespeist wird, schließt plötzlich ein Absperrorgan. Die plötzliche Verzögerung der Fließgeschwindigkeit um v_o führt zu einer Druckerhöhung $\Delta p = a \cdot \rho \cdot v_o$, die als Joukowsky-Stoß Δp_{Jou} bezeichnet wird. Infolge der Kompression der Flüssigkeit und der Aufweitung der Rohrweitung entsteht eine Speicherwirkung, so dass nicht die gesamte Flüssigkeitssäule gleichzeitig verzögert wird. Der neue Zustand (vor der abgeschlossenen Armatur) $v = 0$ und Druck $p = p_o + \Delta p$ läuft als Druckwelle mit der Geschwindigkeit a entlang der Rohrleitung bis zum offenen Ende im Behälter.

Die Druckwellengeschwindigkeit a, die im starren Rohr 1.425 m/s (bei 10 °C) beträgt, wird durch die Elastizität der Rohrwandung maßgeblich vermindert.

Die maßgebende Druckwellengeschwindigkeit in der Rohrleitung errechnet sich zu

$$a = \left[\rho \cdot \left(\frac{1}{E_W} + \frac{d \cdot (1 - f(\varphi))}{s \cdot E_R} \right) \right]^{-1/2} \qquad (5.12)$$

mit

ρ	Dichte des Wassers
E_W	Elastizitätsmodul des Wassers
E_R	Elastizitätsmodul der Rohrwand
d	Innendurchmesser des Rohres
s	Wanddicke des Rohres
φ	Poisson-Zahl

Es gilt $f(\varphi) =$

$0,25 - \varphi$	für nicht längskraftschlüssige Leitung
φ^2	für längskraftschlüssige Leitung
$0,5 \, \varphi$	für Muffenrohre

Beispiele für Druckwellengeschwindigkeiten zeigt *Tab. 5.14*.

Tab. 5.14:   Druckwellengeschwindigkeiten ([Grombach et al., 2000], S. 827)

Werkstoff	Innendurchmesser d (mm)	Wanddicke s (mm)	Elastizitätsmodul E_R (N/m²)	Poissonzahl φ	$1 - f(\varphi)$	Druckwellengeschwindigkeit a (m/s)
Duktiler Guss	200	7	$1,0 \cdot 10^{11}$	0,25	0,875	1.173
Duktiler Guss	600	11	$1,0 \cdot 10^{11}$	0,25	0,875	1.024
Stahl St 37	600	6,3	$2,1 \cdot 10^{11}$	0,28	0,922	1.057
Stahl St 37	1.200	11	$2,1 \cdot 10^{11}$	0,28	0,922	1.023
Stahlbeton	1.200	60	$2,0 \cdot 10^{10}$	0,20	0,960	834
Polyethylen [*]	200	18,2	$8,0 \cdot 10^{8}$	0,46	0,788	297

[*] Diese Werte sind beispielhaft zu nehmen. Da bei Kunststoffrohren Temperatur, Werkstoffalterung (und damit der Elastizitätsmodul), Höhe und Steilheit der Druckwelle eine wesentliche Rolle spielen, sind klassische Druckstoßberechnungsmethoden nur näherungsweise aussagefähig. Gemessene Werte sind a = 300 – 500 m/s.

Die zur Zeit t = 0 vom Absperrorgan erzeugte Druckwelle kommt nach einer Laufzeit von $L/a = 1/2 \, T_R$ am Behälter an. Dort wird die Welle reflektiert; es erfolgt eine Entspannung und damit ein Ausfluss aus der Rohrleitung mit $-v_o$ in den Behälter. Diese Entspannungswelle bewegt sich wieder zum Absperrorgan, wo sie nach der Reflexionszeit $T_R = 2 \, L/a$ ankommt. Dort wird die Geschwindigkeit momentan abgebremst von $-v_o$ auf $v = 0$; es entsteht der Druck $p_o - \Delta p_{Jou}$ (s. *Abb. 5.38*).

Würde in einem anderen Fall die Druckwelle gegen das geschlossene Ende einer Leitung auflaufen, also nicht in einen offenen Behälter, würde sich Δp mit gleichem Vorzeichen verdoppeln.

Da die Schließzeit T_S eine endliche Zeit in Anspruch nimmt, wird die volle Druckerhöhung nicht auf der ganzen Leitungslänge wirksam – s. *Abb. 5.36*.

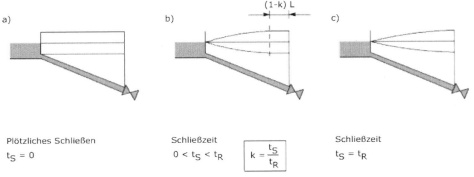

Abb. 5.36:   Höchste und niedrigste Druckhöhenlinie nach dem Schließen des Absperrorgans mit unterschiedlichen Schließzeiten bei reibungsfreier Strömung (W 303)

Bei reibungsbehafteter Strömung vergrößert sich im gegebenen Beispiel die Höhe des Druckstoßes um die frei werdende Reibungsverlusthöhe h_R (s. *Formel 5.10* in *Kap. 5.4.2 Hydraulische Berechnung von Rohrleitungen*). Durch die Speicherwirkung des Rohres und der Kompression der Flüssigkeit mindert sich aber die Wellenfront ab; den zeitlichen Verlauf des Drucks am Absperrorgan zeigt *Abb. 5.37*.

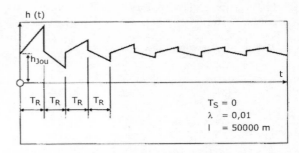

Abb. 5.37: Zeitlicher Verlauf des Druckes am Absperrorgan bei reibungsbehafteter Strömung (W 303)

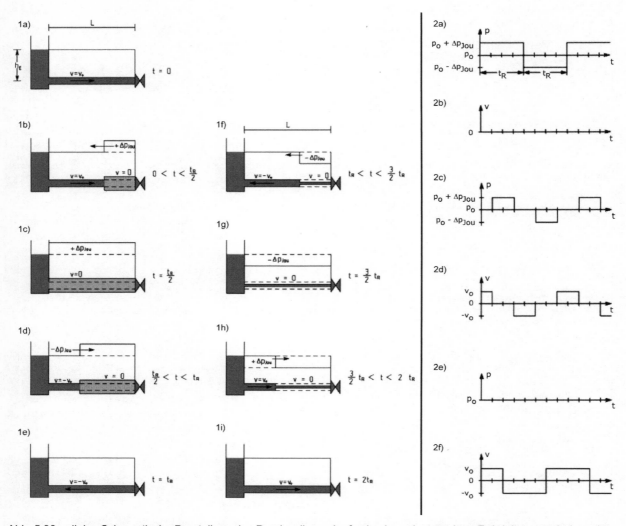

Abb. 5.38: links: Schematische Darstellung des Druckwellenverlaufes in einer einsträngigen Rohrleitung nach dem plötzlichen Schließen der Armatur zu unterschiedlichen Zeitpunkten bei reibungsfreier Strömung (Bilder 1 a-i); rechts: Schematische Darstellung des Druck- und Geschwindigkeitsverlaufes in Abhängigkeit von der Zeit gemäß Bild 1 vor der Armatur (2a und 2b), in Rohrmitte (2c und 2d) und am Behälter (2e und 2f). (W 303)

Druckstoßgefährdet sind vor allem lange Leitungen mit wenig Verzweigungen; in vermaschten Rohrnetzen wirken sich die zahllosen Abzweige und Einbauten dämpfend aus, so dass hier meist eine Druckstoßberechnung unterbleiben kann.

Druckschwankungssicherungen sind sinnvollerweise in der Nähe des Ortes einzubauen, wo der Druckstoß entstehen kann.

Solche Sicherungen sind z. B.
- Armaturen und Regler mit abgestuften Schließgeschwindigkeiten,
- Ausstattung der Pumpen mit Schwungrädern,
- Anordnung von Druckkesseln mit Gaspolstern
- Entlastungsklappen und Wasserschlösser (für lange Druckleitungen).

Die Komplexität von Druckstoßberechnungen geht wesentlich über die hier gegebenen Beispiele hinaus. Druckstoßberechnungen sollte man deshalb dem Fachmann überlassen – s. Merkblatt W 303 – „Dynamische Druckänderungen in Wasserversorgungsanlagen".

5.4.4 Berechnung von Rohrnetzen

Die Rohrnetzberechnung stellt ein wichtiges Werkzeug zur optimalen Auslegung und Nutzung eines Rohrleitungsnetzes dar. Neuplanung, zielsichere Veränderungen und einwandfreier Betrieb der Anlagen – eingeschlossen die Beherrschung von Störungen – sind wirtschaftlich nur bei genauer Kenntnis der Druck- und Strömungsverhältnisse unter den jeweils gegebenen Belastungsverhältnissen möglich.

In reinen Verästelungsnetzen (vgl. *Abb. 5.9*) lassen sich die Strömungs- und Druckverhältnisse bei gegebenen Netz- und Belastungsdaten in geschlossenen Lösungen ermitteln. Bei vermaschten Netzen entsteht ein System von nicht linearen Gleichungen vom Typ $h_R = f(Q^2)$, das sich der geschlossenen Lösung entzieht.

1936 hat Hardy Cross Berechnungsmethoden von Tragwerken auf die Netzberechnung übertragen und die nach ihm benannte Iterationsrechnung eingeführt (s. weiter unten). Seit 1950 kennt man analoge Netzmodelle; in Verbindung mit digitalen Modellen sind sie heute noch in bestimmten Fällen anwendbar (Hybridmodelle). 1957 erscheinen in USA erste Veröffentlichungen über digitale Rechenprogramme. Rechenprogramme, die für PC geeignet sind, haben sich heute überall durchgesetzt. Für kleinere Planungsaufgaben ist der Weg „zu Fuß" mit Druckverlusttafeln oder Sonder-Rechenschieber weiterhin berechtigt und vor allem anschaulicher.

Die computergestützte Simulation der hydraulischen Verhältnisse in vermaschten Rohrnetzen an Hand von kalibrierten Rohrnetzmodellen ist Stand der Technik. Für bestehende Netze steht am Anfang die Analyse:
- Erstellung des Rohrnetzmodells,
- Durchführung von Druck- und Mengenmessungen
- Durchführung der Vergleichsrechnungen zur Kalibrierung des Rohrnetzmodells,
- Anwendung des kalibrierten Modells,
- Beurteilung der Ergebnisse.

Auf das Arbeitsblatt GW 303 „Berechnung von Gas- und Wasserrohrnetzen" wird verwiesen. Teil 1 behandelt die hydraulischen Grundlagen, Netzmodellierung und Berechnung, Teil 2 die GIS-gestützte Rohrnetzberechnung (GIS = Geografisches Infomationssystem).

Die **Vergleichsrechnung** dient zur Ermittlung der betrieblichen Rauheit k_2 der Netzbestandteile und der Fehlererkennung zwischen Daten der Rechnung (bzw. Annahmen über Netzgrößen) und Wirklichkeit. Darauf aufbauend erfolgt die **Planungsrechnung**, beispielsweise für die Planung von Erweiterungen, zur Verbesserung der Druckverhältnisse in bestimmten Netzteilen, zur Abschätzung von Störfällen.

Das Rohrleitungssystem eines Wasserverteilungsnetzes setzt sich aus einzelnen Elementen zusammen. Zu unterscheiden sind:
- Hauptleitungen: Von diesen zweigen die Versorgungsleitungen ab, in der Regel aber keine Hausanschluss-Leitungen. Hauptleitungen werden häufig – und sinnvollerweise – zu großräumigen Ringleitungen zusammenschlossen.
- Versorgungsleitungen: Sie dienen der Versorgung der in den Straßen liegenden Grundstücke; von ihnen zweigen die Hausanschluss-Leitungen ab. Sie werden in geschlossenen Baugebieten im Allgemeinen als vermaschte Netze angelegt.

Vorteile der Vermaschung liegen in der Verringerung von Druckschwankungen bei großen Entnahmen, z. B. im Brandfall, und in der höheren Versorgungssicherheit, da jeder Anschluss praktisch von zwei Seiten erreicht wird. Nachteil ist die höhere Zahl von Armaturen und Formstücken, die eingebaut und unterhalten werden müssen.

Zur Berechnung wird das Netz in Elemente aufgeteilt (Rohrleitungsabschnitte), die an Knotenpunkten miteinander verbunden sind. Alle Wasserabgaben in einem solchen Abschnitt werden den Knoten zugeordnet. Je Knoten sollten sie bei etwa 50 Kunden liegen, möglichst aber in gleicher Größenordnung sein. Bestimmte Vereinfachungen des Netzes erleichtern dabei den Rechenaufwand (s. *Abb. 5.39*).

Vereinfachung	Darstellung im	
	Rohrnetzplan	Rechennetzplan
Zusammenfassung benachbarter Leitungsabschnitte gleicher Durchmesser unabhängig von Werkstoff, Verbindungsart oder Baujahr	 GG 150 / St 150	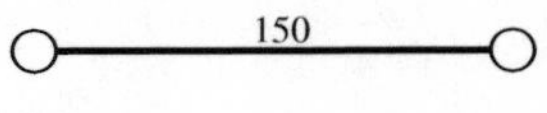 150
Vernachlässigung kurzer Leitungsabschnitte mit größeren Durchmessern	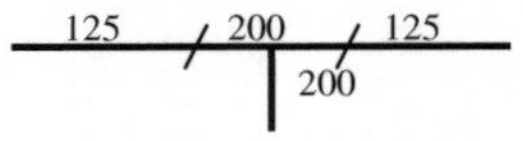 125 / 200 / 125 / 200	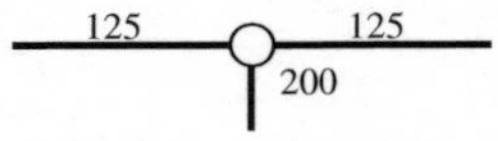 125 125 200
Zusammenfassung von Leitungseinbindungen an Kreuzungspunkten	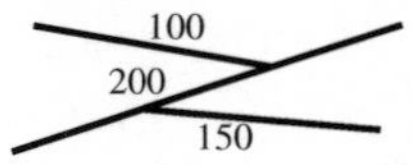 100 200 150	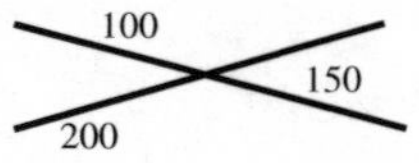 100 150 200
Bei einer Zusammenfassung von Leitungseinbindungen ist auf Engpässe zu achten	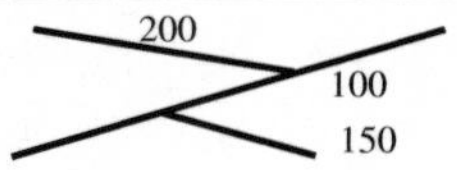 200 100 150	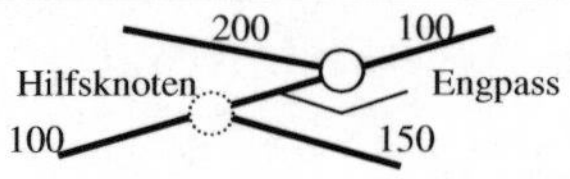 200 100 Hilfsknoten Engpass 100 150
Vernachlässigung von Leitungen kleiner Durchmesser neben Leitungen großen Durchmessers	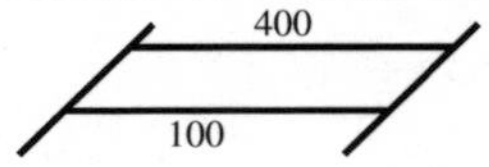 400 100	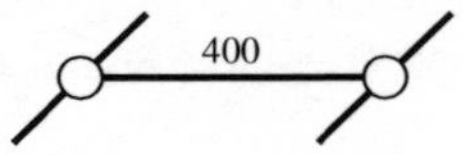 400
Zusammenfassung von parallelverlaufenden Leitungssystemen	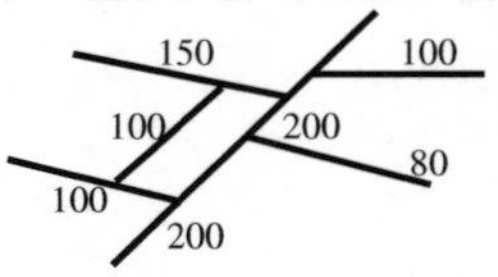 150 100 100 200 100 200 80	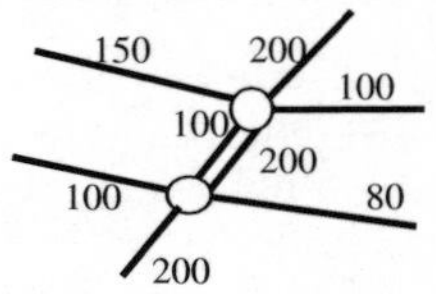 150 200 100 100 200 100 80 200

Abb. 5.39:   Vereinfachungsmöglichkeiten vom Rohrnetz- zum Rechennetzplan ([DVGW, 1985a], S. 6–9)

Die in *Abb. 5.39* dargestellten Vereinfachungsmöglichkeiten sind vor allem für kleinere Kontrollrechnungen auf dem PC nützlich, angesichts der heute verfügbaren Rechen- und Speicherkapazitäten aber nicht mehr zwingend erforderlich. Wenn eine Verknüpfung des Rechenprogramms mit der Rohrnetzdatei vorgesehen ist, in der jeder Rohrleitungsabschnitt erfasst wird, empfiehlt sich, auf Vereinfachungen ganz zu verzichten.

Folgende **Rohrnetzdaten** sind für die Rechnung zu erfassen:

Rohrdurchmesser d	(mm)
Rohrleitungslängen L	(m)
geodätische Höhen an den Knoten h_{geo}	(m über NN)
Drücke p an Einspeisestellen und Druckregelanlagen (Kennlinie oder Arbeitspunkte der Pumpen, Druckminderer)	(bar)
betriebliche Rauheit k_2	(mm)
Fassungsvermögen der Behälter/Speicher	(m³)
niedrigster und höchster Wasserspiegel im Behälter	(m über NN)
Höhe des Zulaufs im Behälter	(m über NN)

Lufttemperatur	(°C)
Luftdruck	(mbar)
Grenzwerte der Netzdrücke	(bar)
Grenzwerte der Strömungsgeschwindigkeiten	(m/s)
Einspeisemengen	(m³/h)
Verbrauch Q (je Strang/Strecke oder Knoten)	(m³/h)

Als Zusatzinformationen zu den Leitungssträngen sind auch Angaben zu Werkstoffen, Nenndruck, Leitungsalter bzw. Leitungszustand sinnvoll zur Verbesserung des Modells.

Anmerkungen: Beim Rohrdurchmesser ist immer der Innendurchmesser gemeint; Abweichungen zwischen Rechengröße und Wirklichkeit beeinflussen wesentlich den Druckverlust – nach *Kap. 5.4.2 Hydraulische Berechnung von Rohrleitungen Formel 5.10* geht der Durchmesser mit der 5. Potenz ein; der innere Zustand der Rohre (Verkrustung) bestimmt die Rauheit und damit ebenfalls d und den Reibungskoeffizienten λ. Für Planungsrechnungen können die Werte für die betriebliche Rauheit k_2 nach GW 303-1 ausgewählt werden. Bei vorhandenen Netzen müssen die Werte durch Vergleichsrechnungen ermittelt werden.

Beispiele für den Leistungsabfall bei Ansteigen von k_2 zeigt *Tab. 5.15*.

Tab. 5.15:   Einfluss der Rauheit auf die Leistungsfähigkeit einer Rohrleitung DN 200

k_2–Wert	Druckabfall	Volumenstrom	Leistungs-fähigkeit
mm	bar/km	m³/h	%
0,1	1	164	100
0,4	1	144	87
1,0	1	128	78
3,0	1	107	65

Die Rohrlängen sind aus den Rohrnetzplänen zu entnehmen. Für die Bestimmung der geodätischen Höhen genügt eine Genauigkeit von 1,0 m, bei Druckmesspunkten sind 0,1 m erforderlich, desgleichen für Behälterzuläufe bzw. -stände. Grenzwerte von Netzdrücken und Geschwindigkeiten sind nach den Gegebenheiten des Netzes festzulegen; zulässige Werte siehe *Kap. 5.7 Trassierung und Verlegung von Rohrleitungen*.

Einspeisemengen: Bei Vergleichsrechnungen ist die zeitliche Übereinstimmung von Einspeisemengen und gemessenen Drücken zu beachten. Die Verbräuche bestimmen den Betriebszustand. Für den Berechnungsfall sind möglichst einheitliche Jahresverbrauchsablesungen zu verwenden und auf die Spitzenwerte hochzurechnen, soweit diese nicht aus Bereichsmessungen unmittelbar zur Verfügung stehen. Die Verbräuche auf den Leitungsabschnitten der Versorgungsleitungen werden für die Rechnung den Knoten des Netzes zugeordnet. Großverbraucher sind direkt zu erfassen.

Wichtige Voraussetzung zur Erfassung der Strömungs- und Druckverhältnisse in bestehenden Netzen ist eine mit großer Genauigkeit durchgeführte **Vergleichsmessung** und **-rechnung**. Nur damit sind Fehler der eingegebenen Daten (falsche Durchmesser, versehentlich geschlossene Schieber, tatsächliche k_2-Werte) zu erfassen. Dazu werden zu bestimmten Zeiten (also bestimmte Belastungsfälle) für das Netz oder Netzbereiche Druckmessungen durchgeführt; die Druckschreiber werden meist an Hydranten angeschlossen. Unter Umständen sind künstliche Sonderverbräuche zu schaffen (z. B. an Hydranten), um deutliche Druckabfälle in den Leitungen zu erzeugen.

Definitionen und Vereinbarungen

Knoten k sind Punkte des Netzes, an denen Leitungen zusammentreffen.

Stränge i sind Leitungsverbindungen zwischen den Knoten; zwischen jeweils 2 Knoten werden gleichbleibender Durchmesser und konstanter Durchfluss angenommen.

Masche ist ein geschlossener Leitungsweg zwischen 3 oder mehr Knoten. Für das Netz ist gleichbleibend ein Drehsinn für das rechnerische Durchlaufen einer Masche vorzugeben.

Ein **Strangdurchfluss Q_i** ist positiv in Bezug auf den Strang i, wenn er mit der Orientierung des Stranges gemäß vereinbartem Drehsinn in der Masche übereinstimmt.

Ein **Durchfluss $Q_{i,k}$** ist positiv bezüglich Knoten k, wenn er auf den Knoten gerichtet ist, ebenso ein Zufluss von außen.

Ein **Energiehöhenverlust p_i** ist positiv bezüglich Strang i, wenn die Energielinie in der Orientierungsrichtung des Stranges abfällt.

Der Energiehöhenverlust (Druckhöhenverlust) p_i im Strang i ergibt sich zu

$$p_i = a_i \cdot Q_i^2 \quad [m] \qquad (5.13)$$

mit

$$\text{Widerstandsbeiwert } a_i = \lambda \cdot \frac{8}{\pi^2 g} \cdot \frac{L_i}{d_i^5} = \frac{I_i \cdot L_i}{Q_i^2}$$

Q_i Durchfluss (m³/s)
L_i Stranglänge (m)
d_i Rohr-Innendurchmesser (m)
λ Reibungskoeffizient
I_i Druckgefälle (bezogene Druckverlusthöhe)

Zweckmäßigerweise wählt man für die praktische Rohrnetzberechnung die Darstellung

$$a_i = \lambda' \cdot \frac{L_i}{d_i^5} \qquad (5.14)$$

mit: $\lambda' = \lambda \cdot \frac{8}{\pi^2 g}$,

wobei in λ' alle in einem Rohrnetzabschnitt vom Durchmesser unabhängigen Größen zusammengefasst sind.

a_i wird wie folgt ermittelt: Für einen geschätzten Durchfluss Q_i wird die relative Rauheit k_i/d_i und die Reynolds-Zahl Re berechnet. λ lässt sich dann aus *Abb. 5.34* oder aus der Formel ermitteln.

Einfacher ist es, für den geschätzten Durchfluss Q_i die bezogene Druckverlusthöhe I_i aus den Tabellen in *Kap. 7.1 W 302 Hydraulische Berechnung von Rohrleitungen und Rohrnetzen – Druckverlusttafeln für Rohrdurchmesser von 40–2.000 mm* zu entnehmen.

Beispiel:

$k_i = 0,1$ mm; $d_i = 200$ mm; $Q_i = 50$ L/s
ergibt $v_i = 1,59$ m/s und $k_i / d_i = 5 \cdot 10^{-4}$ und

$$Re = \frac{v \cdot d}{\nu} = \frac{1,59 \cdot 0,2}{1,31 \cdot 10^6} = 2,43 \cdot 10^5$$

Abb. 5.34 ergibt $\lambda = 0,0185$, daraus

$$a_i = \frac{0,0185 \cdot 8}{\pi^2 \cdot 9,81 \cdot 0,2^5} \cdot L_i = 4,77[s^2 m^{-6}] \cdot L_i$$

bzw. mit den gegebenen Werten aus der *Tab. 7.1* in *Kap. 7.1 W 302 Hydraulische Berechnung von Rohrleitungen und Rohrnetzen – Druckverlusttafeln für Rohrdurchmesser von 40–2.000 mm* ergibt sich $I_i = 11,933 \cdot 10^{-3}$, daraus

$$a_i = \frac{11{,}933 \cdot 10^{-3}}{0{,}05^2} \cdot L_i = 4{,}77[s^2 m^{-6}] \cdot L_i$$

besser dargestellt in der Schreibweise

$$a_i = 4{,}77 \cdot 0{,}2^5 \cdot L_i / d_i^5 = 0{,}00153 \, L_i / d_i^5.$$

Gegebenenfalls ist nach den ersten Berechnungen zu kontrollieren, ob a_i neu zu berechnen ist.

Das Zusammenwirken der Leitungen wird durch die beiden Kirchhoff'schen Gesetze beschrieben – s. *Abb. 5.40*.

Das erste Kirchhoff'sche Gesetz – die **Knotenbedingung** – besagt, dass an jedem Knoten eines Netzes die Summe der Zuflüsse zum Knoten gleich der Summe der Abflüsse vom Knoten ist: $\Sigma\, Q_i = 0$	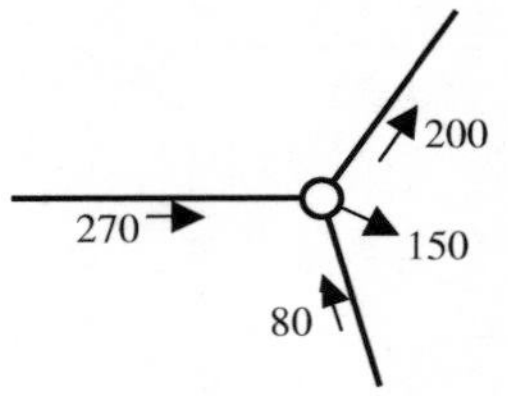
Das zweite Kirchhoff'sche Gesetz – die **Maschenbedingung** – sagt aus, dass die algebraische Summe der Druckverluste über den geschlossenen Weg der Masche = 0 sein muss: $\Sigma\, p_i = \Sigma(a_i \cdot Q_i^2 \cdot \text{sign } Q_i) = 0$ sign Q_i = Vorzeichen von Q_i (im vereinbarten Drehsinn der Masche)	

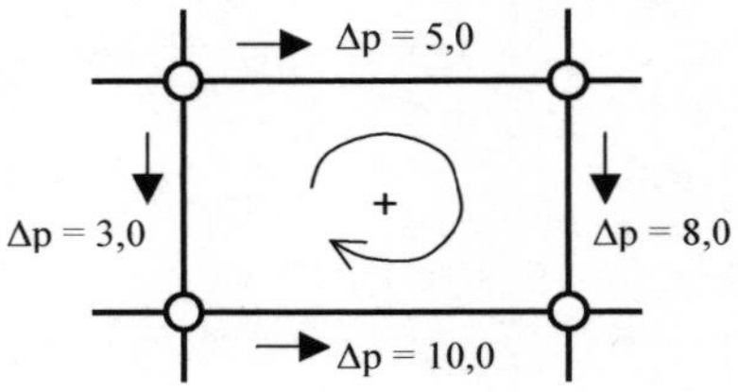

Abb. 5.40: Darstellung der Knoten- und der Maschenbedingung

Aus der Anwendung der beiden Kirchhoff'schen Gesetze auf ein Leitungsnetz ergibt sich für die unbekannten Volumenströme Q_i des Netzes bzw. die unbekannten Druckhöhen in den Knoten ein System nicht-linearer Gleichungen, für deren Lösung inzwischen eine große Zahl numerischer Verfahren vorliegt. Grundtypen sind die maschenorientierten und die knotenorientierten Verfahren.

Zu den ersteren gehört die **Methode nach Hardy Cross**. Sie folgt dem Prinzip des Druckhöhenausgleichs, während die Knotenmethode mit dem Durchfluss-Ausgleich arbeitet.

Beim Maschenverfahren werden die Volumenströme Q_i der Stränge i so geschätzt, dass die Knotenbedingung $\Sigma Q_i = 0$ für alle Knoten erfüllt ist. Es wird sodann für die erste Masche die Σp_i berechnet. Da die Bedingung $\Sigma p_i = 0$ sicher nicht erfüllt ist, wird ein Korrekturwert ΔQ ermittelt, der sich wie folgt ergibt:

Die Forderung lautet $\Sigma(a_i \cdot Q_i^2) = 0$; im ersten Rechenschritt möge sich $\Sigma(a_i \cdot Q_i^2) = p_1$ ergeben haben. Die Korrektur lautet:

$\Sigma [a_i \cdot (Q_i + \Delta Q)^2] = 0$
$\Sigma(a_i \cdot Q_i^2) + \Sigma (2\, a_i \cdot Q_i \cdot \Delta Q) = 0$
(der dritte Term wird vernachlässigt);
aufgelöst nach ΔQ unter entsprechender Kontrolle der Vorzeichen ergibt sich

$$\Delta Q = -\frac{\sum (a_i \cdot Q_i^2 \cdot \text{sign} Q_i)}{2\sum (a_i \cdot |Q_i|)}.$$

Für das Konvergenzverhalten des Systems ist es besser, nicht erst alle Maschen und deren ΔQ zu berechnen und dann die Q_i zu verbessern (Gesamtschritt-Verfahren), sondern die Verbesserung ΔQ der ersten Masche unmittelbar bereits in den folgenden Maschen zu übernehmen (Einzelschritt-Verfahren). Nach Verbesserung der Volumenströme aller Maschen ist die erste Iteration beendet. Es beginnt dann die Rechnung erneut mit der ersten Masche. Die Iteration wird wiederholt, bis alle ΔQ genügend klein sind.

Beim knotenorientierten Berechnungsverfahren geht man von der Durchflussbilanz an einem Knoten aus – 1. Kirchhoff'sches Gesetz: die Summe der Zuflüsse und Abflüsse am Knoten = 0

Der Durchfluss Q_1 des Stranges 1 vom Knoten 1 zum Knoten 2 lässt sich durch die Differenz der Druckhöhen ausdrücken

$$Q_1 = a_1^{-1/2} \cdot (|h_1 - h_2|)^{1/2} \cdot \sin(h_1 - h_2) \,;$$

aus der jeweils für jeden Knoten gebildeten ΣQ_i ergibt sich eine Serie von m Gleichungen für ein System mit m Knoten, das sequentiell in analoger Weise iterativ gelöst wird wie oben beim maschen-orientierten Verfahren gezeigt. Die Konvergenzeigenschaften sind allerdings mangelhaft, so dass beim knotenorientierten Verfahren fast ausschließlich simultane Lösungsmethoden zum Einsatz kommen, beispielsweise das Newton-Raphson-Verfahren. Es wird auf die einschlägige Literatur verwiesen – z. B. [Horlacher und Lüdecke, 2006].

Berechnungsbeispiel nach dem Hardy-Cross-Verfahren

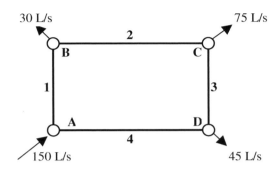

Abb. 5.41: Berechnungsbeispiel nach dem Hardy-Cross-Verfahren

Strang i	d (m)	L (m)
1	0,250	260
2	0,200	170
3	0,150	210
4	0,250	220

Für das Rohrnetz gelte $k_i = 1,0$.

Ermittlung von a: für Strang 1 ergibt sich laut Tabelle III in *Kap. 7.1 W 302 Hydraulische Berechnung von Rohrleitungen und Rohrnetzen – Druckverlusttafeln für Rohrdurchmesser von 40–2.000 mm*

$$Q_1 = 70 \text{ L/s},$$

$$v_1 = 1,43 \text{ m/s},$$

$$I_1 = 11,941 \text{ m/km} = 11,941 \cdot 10^{-3}.$$

Dies führt auf:

$$a_1 = \frac{I_1 \cdot d_1^5}{Q_1^2} \cdot \frac{L_1}{d_1^5} = \frac{11,941 \cdot 10^{-3} \cdot 0,25^5}{0,07^2} \cdot \frac{L_1}{d_1^5}$$

$$= 2,380 \cdot 10^{-3} \cdot \frac{L_1}{d_1^5}$$

Mit diesem für Strang 1 ermittelten Wert a wird die Rechnung durchgeführt. Nach Abschluss der Rechnung könnte prinzipiell noch kontrolliert werden, ob sich für die anderen Stränge grundsätzlich wesentlich andere Werte für a ergeben würden; in Anbetracht der Ungenauigkeit, die mit der Wahl des k_i-Wertes ohnehin besteht, kann darauf verzichtet werden. Die Berechnung erfolgt zweckmäßiger Weise in Tabellenform:

Strang i	d^5 (m^5) 10^{-3}	a (s^2/m^5) 10^3	Q (m^3/s) 10^{-3}	$p = a \cdot Q^2$ (m)	$2a \cdot Q$ (s/m^2) 10^3	$\Delta Q = -\dfrac{\Sigma p}{\Sigma(2aQ)}$ (m^3/s) 10^{-3}
1	0,9765	0,634	75	+ 3,566	0,0951	
2	0,3200	1,264	45	+ 2,560	0,1138	
3	0,0759	6,585	− 30	− 5,927	0,3951	
4	0,9765	0,536	− 75	<u>− 3,015</u>	<u>0,0804</u>	
Σ				− 2,816	0,6844	+ 4,11
1			79,1	+ 3,967	0,1003	
2			49,1	+ 3,047	0,1241	
3			− 25,9	− 4,417	0,3411	
4			− 70,9	<u>− 2,694</u>	<u>0,0760</u>	
Σ				− 0,097	1,0035	+ 0,10

Für die im Beispiel vorgegebene Masche wird bereits mit einer Korrektur eine ausreichende Genauigkeit erreicht. Ausgehend vom Knoten A und seiner geodätischen Höhe und Druckhöhe lassen sich jetzt für die Knoten B, C und D die Druckhöhen angeben.

Abb. 5.42 zeigt beispielhaft, wie die ermittelten Daten der Rohrnetzberechnung in den Netzplan eingetragen werden.

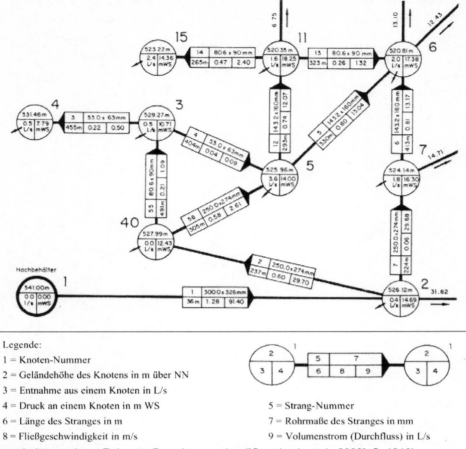

Abb. 5.42: Ausschnitt aus einem Rohrnetz-Berechnungsplan ([Grombach et al., 2000], S. 1016)

5.5 Wasserförderung

Wasser ist ein schweres Medium; 1 m³ wiegt 1 t (= 1000 kg). Um einen Kubikmeter Wasser – damit wird etwa der Bedarf einer vierköpfigen Familie für zwei Tage gedeckt – mit dem erforderlichen Druck in die Wohnung zu liefern, sind 0,5 kWh aufzuwenden. Eine Umfrage bei deutschen Wasserversorgungsunternehmen, repräsentativ für ca. 40% der Wasserabgabe ergab einen mittleren Energieverbrauch von insgesamt 0,51 kWh/m³ für Wassergewinnung, -aufbereitung, -speicherung und -verteilung (90. bzw. 10. Perzentil 0,96 bzw. 0,18, Medianwert 0,58 kWh/m³. Für den Jahresverbrauch der deutschen Wasserversorgung summiert sich dies auf rd. 2400 Mio. kWh/a [ewp 7/8, 2009 S. 54]. Für den Jahresverbrauch je Einwohner (im städtischen Bereich rd. 50 m³/a) summiert sich dies auf 25 kWh. Diese Zahl ist vergleichsweise gering gegenüber dem Stromverbrauch allein aus dem stand-by-Betrieb von Elektrogeräten im Haushalt, die auf 170 kWh/a geschätzt werden (vgl. GWF Heft 10/99); für das Wasserversorgungsunternehmen ist der Energieverbrauch aber ein wesentlicher Kostenfaktor.

Falls nicht hochgelegene Gewinnungsanlagen genügend Fallhöhe zur Verfügung stellen, muss dem Wasser durch Förderanlagen/Pumpwerke die notwendige Energie zugeführt werden,

• um vom Gewässer (offenes Gewässer, Brunnen) das Rohwasser zur Aufbereitung, zum Behälter, zum Versorgungsnetz und zum Verbraucher zu bringen,

• um den Durchfluss durch die Aufbereitungsstufen (z. B. Belüftung, Filteranlagen) und den Abtransport von Spülwässern, Schlämmen etc. zu ermöglichen,

• um im Netz den Druck zu erhöhen oder Hochzonen zu versorgen,

• um in Hochhäusern die oberen Stockwerke zu versorgen.

Die Auslegung der Pumpwerke wird maßgeblich davon bestimmt, inwieweit Verbrauchsschwankungen unmittelbar vom Pumpwerk zu berücksichtigen sind oder über Speicherbehälter abgepuffert werden (s. *Kap. 5.3 Wasserspeicherung*). Bei einer Förderung in Behälter erfolgt die Steuerung der Pumpen nach Füllstand, bei Förderung in Druckbehälter oder direkt ins Versorgungsnetz druckabhängig. Pumpwerke werden fast immer mit mehreren Pumpen ausgestattet zur Anpassung an wechselnde Förderströme und als Reserve bei Ausfall eines Aggregats. Die Sicherheit der öffentlichen Wasserversorgung wird weitgehend von der Zuverlässigkeit der Fördereinrichtungen bestimmt. Wenn die Wasserversorgung maßgeblich von einem Pumpwerk abhängt, bedarf es einer zweiten unabhängigen Stromeinspeisung oder einer Not-Stromversorgung.

Pumpwerke gehören zu den Maschinenanlagen, die in den Anwendungsbereich der Maschinenverordnung [Neunte Verordnung zum Geräte- und Produktsicherheitsgesetz, zuletzt geändert 2008] in Verbindung mit der europäischen Maschinenrichtlinie 2006/42/EG fallen. In welchem Umfang eine solche Anlage als Ganzes oder nur die Einzelmaschinen eine CE-Kennzeichnung benötigen, sollte schon zu Beginn der Planung beachtet werden – s. W 615.

5.5.1 Pumpenarten

Am historischen Beginn der Wasserförderung stehen Becherwerke, angetrieben durch Menschen- oder tierische Kraft (Göpelräder) oder die fließende Welle (Mühlräder). Für den Bergbau wurden die ersten leistungsfähigen Kolbenpumpen entwickelt; der Beginn des industriellen Zeitalters brachte die Dampfmaschine. In deutschen Wasserwerken wurden noch bis Mitte des 20. Jahrhunderts dampfbetriebene Kolbenpumpen eingesetzt.

Die **Kolbenpumpe** hat weiterhin ihre Bedeutung für bestimmte Aufgaben. Es handelt sich um eine Verdrängerpumpe – Schema s. *Abb. 5.43*.

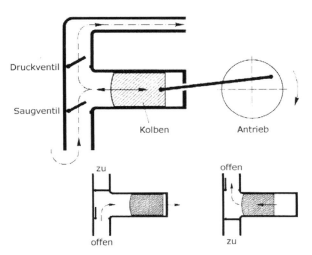

Kennzeichnend sind vergleichsweise große Förderhöhen bei niedriger Drehzahl und relativ kleinen Förderströmen. Der Förderstrom ist proportional der Drehzahl; seine Pulsation muss gegebenenfalls durch Druckwindkessel ausgeglichen werden. Bedeutung haben Kolbenpumpen weiterhin als Hochdruckpumpen, Dosierpumpen, Einspritzpumpen und als Membranpumpen (Förderung verschmutzter Medien; der Kolben wird durch eine elastische Membran vom Fördermedium getrennt).

Eine intelligente und zugleich historische Nutzung des Impulssatzes stellt der **Hydraulische Widder** dar, der heute noch in abgelegenen Hochtälern ohne Energieversorgung seinen Dienst tut, beispielsweise zur Versorgung von Berghütten. Voraussetzung sind Wasser im Überschuss und geeignete Gefällsverhältnisse. Das Prinzip zeigt *Abb. 5.44*.

Der Zulauf erfolgt über einen Triebschacht T als Vorlagebehälter mit Überlauf. Q_1 läuft über die Triebleitung TL dem Widder zu und läuft dort zunächst frei aus. Bei Erreichen ausreichender Geschwindigkeit schließt das Stoßventil S schlagartig (das ist das typische „Widder"-Geräusch); die Geschwindigkeit wird in Druck umgesetzt, der das Wasser in die Windhaube W und die Steigleitung SL drückt – Förderstrom Q_2. Bei Abfall der Fließgeschwindigkeit in der Triebleitung öffnet sich das Stoßventil wieder (fällt ab) und gibt den Ausfluss frei; das Spiel beginnt von Neuem. Die Windhaube sorgt für einen einigermaßen gleichmäßigen Strom in der Steigleitung. Das austretende Wasser geht verloren. Mit H_1 = Triebgefälle abzüglich Rohrreibung und H_2 = Steighöhe zuzüglich Rohrreibung ergibt sich der Wirkungsgrad des Widders zu

$$\eta = \frac{Q_2 \cdot H_2}{Q_1 \cdot H_1} \qquad (5.15)$$

Für $H_1 : H_2 = 1 : 5$ bis $1 : 8$ wird ein Wirkungsgrad zwischen 70 und 85% erreicht; Steighöhen von 200 m sind ausgeführt worden; Widder werden mit Leistungen von 2 bis 1.000 L/min geliefert.

Abb. 5.43: Prinzip der Kolbenpumpe ([Grombach et al., 2000], S. 740)

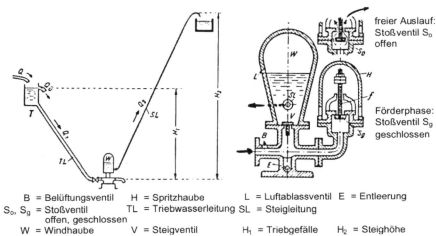

B = Belüftungsventil	H = Spritzhaube	L = Luftablassventil E = Entleerung
S_o, S_g = Stoßventil offen, geschlossen	TL = Triebwasserleitung	SL = Steigleitung
W = Windhaube	V = Steigventil	H_1 = Triebgefälle H_2 = Steighöhe

Abb. 5.44: Widder und Widderanlage ([Mutschmann und Stimmelmayr, 2007], S. 920, Faksimiledruck aus der ersten Auflage 1956)

Mammutpumpen sind Lufthebewerke. In die Steigleitung wird Luft unter hohem Druck eingeblasen. Das Luft-Wasser-Gemisch im Steigrohr ist leichter als das anstehende Wasser und steigt auf. Mammutpumpen werden z. B. zum Fördern des Bohrkleins bei Brunnenbohrungen eingesetzt – s. *Abb. 2.22* unten.

In der öffentlichen und industriellen Wasserversorgung haben sich heute **Kreiselpumpen,** auch **Zentrifugalpumpen** genannt, mit elektrischem Antrieb durchgesetzt – s. *Kap. 5.5.2 Kreiselpumpen.*

Der Vollständigkeit halber seien noch genannt:

Wasserstrahlpumpen: Der Unterdruck in rasch fließender Strömung in einer Rohreinschnürung wird dazu genutzt, eine andere Flüssigkeit oder Luft anzusaugen.

Schneckenpumpen: In offener Bauart dienen sie der Hebung von Abwasser, in geschlossener Bauart (sog. Exzenter-Schneckenpumpen) fördern sie dickflüssige Medien, z. B. Abwasserschlämme, oder dosieren Flüssigkeiten.

5.5.2 Kreiselpumpen

5.5.2.1 Laufräder und Kennlinien

Die Kreisel- oder Zentrifugalpumpe ist durch ein beschaufeltes Laufrad gekennzeichnet, das axial angeströmt wird und mittels Zentrifugalkraft das Wasser beschleunigt. Die erhöhte Geschwindigkeit wird am Pumpenaustritt (Druckstutzen) in Druck umgesetzt. Laufradtyp, Laufraddurchmesser, Drehzahl und Förderhöhe bestimmen den Förderstrom. Die Abhängigkeit von Förderstrom und Förderdruck wird durch die Kennlinie der Pumpe beschrieben. Die Drehzahl lässt sich nicht beliebig steigern. Mit steigender Geschwindigkeit des Wassers im Schaufelrad sinkt dort der Druck; wird dabei der Dampfdruck unterschritten, besteht Kavitationsgefahr. Der Pumpenhersteller gibt für jede Pumpe die sog. Haltedruckhöhe an, die im Betrieb nicht unterschritten werden darf – s. *Kap. 5.5.2.3 Förderhöhe, Energieverbrauch.* Kann die gewünschte Förderhöhe nicht mit einem Laufrad erreicht werden, können mehrere Laufräder hintereinander angeordnet werden (mehrstufige Pumpe).

Die Kennlinien einer Kreiselpumpe zeigt beispielhaft *Abb. 5.45.*

Mit steigendem Gegendruck (Förderhöhe) sinkt der Förderstrom. Die angeschlossene Anlage (Druckleitung) besitzt ihrerseits eine Kennlinie: Mit steigendem Förderstrom steigt der erforderliche Förderdruck. Wo sich beide Kennlinien treffen, stellt sich der sog. Betriebspunkt ein.

Mit steigendem Förderstrom steigt die Leistungsaufnahme des Motors. Der Betriebspunkt sollte im Bereich des optimalen Wirkungsgrads der Pumpe liegen. Im Beispiel ist gezeigt, wie durch eine inkrustierte Rohrleitung der Wirkungsgrad abfallen kann.

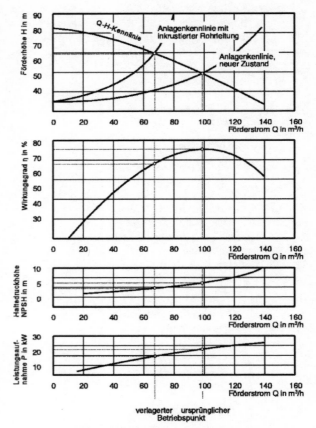

Abb. 5.45: Kennlinien einer Kreiselpumpe (W 614)

Die Laufräder werden wie folgt unterschieden – s. *Abb. 5.46:*

- **Radialrad** – als Hoch-, Mittel- oder Niederdruckrad: für kleinere Förderströme auf mittlere und größere Förderhöhen. Anpassung des Förderstroms durch Abdrehen des Laufrads möglich, im Betrieb durch Drehzahländerung.

- **Halbaxialrad:** Der Förderstrom ist größer, die Förderhöhe kleiner als beim Radialrad. Dauerbetrieb ist nur über rd. 70% des Bestförderstroms bei optimalem Wirkungsgrad möglich, da sonst Wirbelablösungen und Laufunruhe eintreten können. Regelung des Förderstroms durch vorgeschaltetes Eintrittsleitrad mit verstellbaren Schaufeln möglich.

- **Axialrad:** Der Förderstrom ist größer, die Förderhöhe kleiner als beim Halbaxialrad; die spezifisch schnellläufige Form nennt man auch Propeller. Anpassung des Förderstroms durch verstellbare Laufradschaufeln. Axialräder weisen eine instabile Kennlinie im Teillastbereich auf. Daher und weil bei geschlossener druckseitiger Absperrarmatur die Leistungsaufnahme sehr stark ansteigt, dürfen diese Pumpen nur bei geöffneter Armatur angefahren werden.

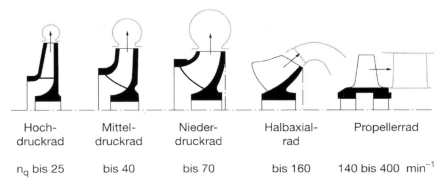

<table>
<tr><td>Hoch-
druckrad</td><td>Mittel-
druckrad</td><td>Nieder-
druckrad</td><td>Halbaxial-
rad</td><td>Propellerrad</td></tr>
<tr><td>n_q bis 25</td><td>bis 40</td><td>bis 70</td><td>bis 160</td><td>140 bis 400 $\mathrm{min^{-1}}$</td></tr>
</table>

Abb. 5.46: Laufradformen und Kennlinien von Kreiselpumpen mit ihren spezifischen Drehzahlen (W 610)

Die Laufräder werden nach Bauart und Laufradform durch ihre *spezifische Drehzahl* n_q gekennzeichnet. Sie bezieht sich auf ein geometrisch ähnliches Laufrad mit Durchmesser 1 m, das 1 m³/s auf 1 m Höhe fördert. Es gilt die Beziehung:

$$n_q = n \cdot \frac{Q^{1/2}}{H^{3/4}} \qquad (5.16)$$

genauer

$$n_q = n \cdot \frac{(Q/Q_1)^{1/2}}{(H/H_1)^{3/4}}$$

mit

n Drehzahl $(\mathrm{min^{-1}})$
Q Förderstrom, $Q_1 = 1$ m³/s
H Förderhöhe, $H_1 = 1$ m

Bei mehrstufigen Pumpen ist dieser Ausdruck immer auf das einzelne Laufrad bezogen.

Für geometrisch ähnliche Laufräder gelten die Ähnlichkeitsgesetze, für

den Förder-   bzw. die Förder-   bzw. die Leistung
strom   höhe

$$\frac{Q_1}{Q_2} = \frac{n_1}{n_2} \quad \text{bzw.} \quad \frac{H_1}{H_2} = \left(\frac{n_1}{n_2}\right)^2 \quad \text{bzw.} \quad \frac{P_1}{P_2} = \left(\frac{n_1}{n_2}\right)^3 ;$$

auch durch Abdrehen des Laufrades lässt sich die Kennlinie verschieben – jedoch nur nach unten:

$$\frac{Q_1}{Q} \approx \left(\frac{d_1}{d}\right)^2 \quad ; \quad \frac{H_1}{H} \approx \left(\frac{d_1}{d}\right)^2 .$$

Das Kennlinienfeld für drehzahlgeregelte Pumpen ergibt sich auf der Grundlage der dargestellten Ähnlichkeitsbeziehungen – s. *Abb. 5.48*

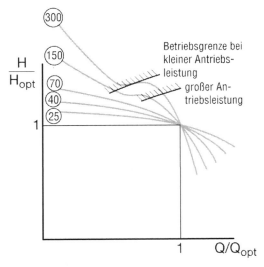

Abb. 5.47: Laufradformen und Kennlinien von Kreiselpumpen mit ihren spezifischen Drehzahlen (W 610)

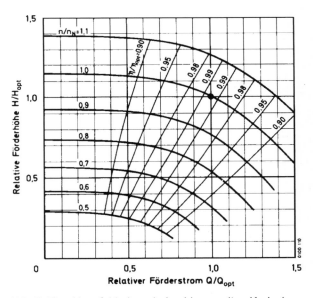

Abb. 5.48: Kennfeld einer drehzahlgeregelten Kreiselpumpe, $n_q = 20$ $\mathrm{min^{-1}}$ (die Darstellung ist auf den optimalen Betriebspunkt bezogen) – W 610 (1981)

5.5.2.2 Pumpenbauformen und -aufstellung

Die nachfolgenden *Abb. 5.49* bis *Abb. 5.52* zeigen typische Bauformen für Kreiselpumpen; *Tab. 5.16* gibt eine Übersicht über die Einsatzbereiche (W 610).

Abb. 5.50: Einstufige zweiflutige Spiralgehäuse-Pumpe – W 610 (1981)

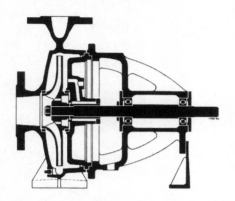

Abb. 5.49: Einstufige einflutige Spiralgehäuse-Pumpe – W 610 (1981)

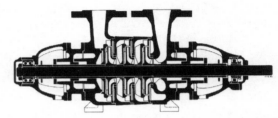

Abb. 5.51: Mehrstufige Kreiselpumpe – W 610 (1981)

Einstufige einflutige Spiralgehäuse-Pumpe – Häufigste Form, bis DIN 150 (Druckstutzen) auch als sog. Normpumpe gebaut. Verschiedene Aufstellungsarten und Druckstutzenstellungen sind möglich.

Die zweiflutige Pumpe erlaubt bei gleicher Drehzahl eine größere Saughöhe; ausgeglichener Axialschub der Lager. Aufstellung horizontal und vertikal.

Um größere Förderhöhen zu erreichen, werden mehrere Laufräder in einem Stufengehäuse hintereinander angeordnet, jeweils getrennt durch feststehende Leiträder und Einführungskanäle. Der begrenzte Durchmesser erzwingt bei Bohrlochpumpen gleichfalls die Anordnung mehrerer Laufräder – s. *Abb. 5.52* links und Mitte.

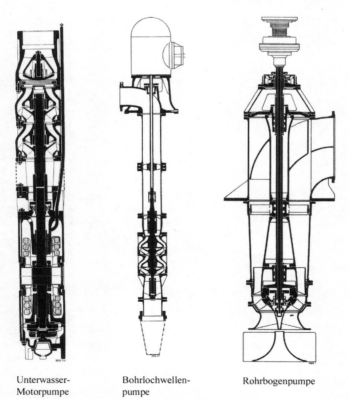

Unterwasser-
Motorpumpe

Bohrlochwellen-
pumpe

Rohrbogenpumpe

Abb. 5.52: Unterwasser-Motorpumpe/Brunnenpumpe (links), Bohrlochwellenpumpe (Mitte), Rohrbogenpumpe (rechts) – W 610 (1981)

Tab. 5.16: Übersicht der Einsatzbereiche einzelner Pumpenbauarten (aus W 612)

EINSATZBEREICHE	LAUFRADFORM		
	PUMPENBAUART		
	radial	halbaxial	axial
Förderung aus Brunnen und Schächten	Unterwassermotor, Bohrlochwellenpumpe, Tauchmotorpumpe [1]		
	Gliederpumpe, Spiralgehäusepumpe		
Förderung aus oberirdischen Gewässern (Direktentnahme)	Unterwassermotorpumpe, Tauchmotorpumpe [1]		
	Gliederpumpe	Rohrgehäusepumpe	
	Bohrlochwellenpumpe, Spiralgehäusepumpe		
Förderung in Rohrleitungssystemen	U-Pumpe, Spiralgehäusepumpe		
	Gliederpumpe		
Spezifische Drehzahl n_q [min^{-1}]	10–60	50–150	100–500
Förderhöhe einstufig Normalausführung	bis ca. 250 m	bis ca. 90 m	bis ca. 18 m
mehrstufig	bis ca. 1.000 m		bis ca. 40 m
NPSHR [m]	1–20	3–12	3–12

[1] Tauchmotorpumpe = Kreiselpumpe mit oder ohne Saugrohr bzw. Sauganschluss, die zeitweise oder ständig in die Förderflüssigkeit eintauchen kann

Die Kriterien Förderstrom, Druckhöhe, Anzahl der Aggregate (Einzel- oder Parallelbetrieb), Anströmung der Pumpe (mit Vordruck oder Unterdruck – beispielsweise bei Ansaugen aus Behälter), zweckmäßige Führung der Rohrleitungen auf Saug- und Druckseite (z. B. Wandmontage oder Montage in Rohrkeller), Platzangebot, Zugänglichkeit, Aufstellungshöhe bestimmen die Wahl des Pumpentyps, des Laufrads und die Planung des Pumpwerks. Hinweise hierzu gibt W 612 (1989); Beispiele zeigen *Abb. 5.53* und *Abb. 5.54*.

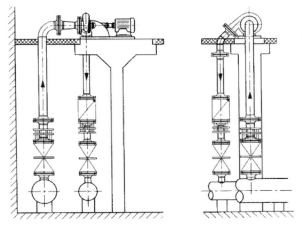

Abb. 5.54: Spiralgehäusepumpe, einflutig, Einbaulage horizontal, Rohrleitungen in Unterflurmontage – W 612 (1989)

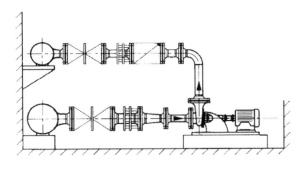

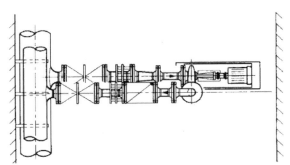

Abb. 5.53: Spiralgehäusepumpe, einflutig. Einbaulage horizontal, Rohrleitungen in Wandmontage – W 612 (1989)

5.5.2.3 Förderhöhe, Energieverbrauch

Den Zusammenhang zwischen Situation der Anlagen und Kennlinien veranschaulicht *Abb. 5.55*.

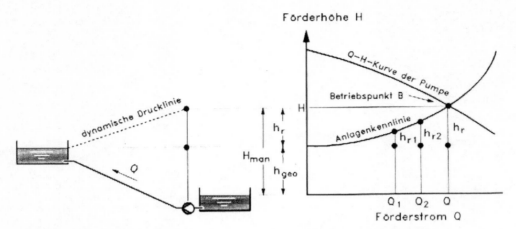

Abb. 5.55: Versorgungssituation und zugehörige Anlagenkennlinie ([Netzmeister, 2008], S. 70)

Die Förderhöhe H_A der Anlage wird wie folgt ermittelt – s. *Abb. 5.56*:

$$H_A = H_{stat} + H_{dyn} \tag{5.17}$$

$$H_{stat} = \begin{array}{c}\text{geodätischer Hö-}\\\text{henunterschied}\end{array} = \begin{array}{c}\text{statischer Druckunter-}\\\text{schied an der Pumpe}\end{array}$$

$$= z_a - z_e = (p_a - p_e)/(\rho \cdot g)$$

mit

p_e = statischer Zulaufdruck

p_a = statischer Druck am Pumpenausgang

$$H_{dyn} = \begin{array}{c}\text{Geschwindigkeits-}\\\text{höhe (Druckleitung)}\end{array} + \begin{array}{c}\text{Reibungsverluste auf}\\\text{Saug- und Druckseite}\end{array}$$

$$= v_a^2/2g + H_{RS} + H_{RD};$$

daraus:

$$H_A = z_a - z_e + v_e^2/2g + H_{RS} + H_{RD}.$$

Die in *Abb. 5.56* gezeigten Größen des dynamischen Drucks am Eingang e und am Ausgang a der Pumpe ergeben sich zu:

$$p_e - H_{RS} - v_e^2/2g \text{ und}$$
$$p_e + z_a - z_e + H_{RD} + (v_a^2 - v_e^2)/2g;$$

aus der Differenz ergibt sich gleichfalls der oben stehende Ausdruck für H_A.

Zu beachten ist: Wird der Zulauf aus einem Behälter gespeist wie dargestellt, ist zunächst die Geschwindigkeitshöhe $v_e^2/2g$ aufzubringen; sie wird durch die Pumpe auf $v_a^2/2g$ erhöht. Bei Ausmünden der Druckleitung in einen Behälter wird die Einströmenergie durch Turbulenz aufgezehrt. Im Vergleich zu den üblichen Druckhöhen und den in Wassertransportleitungen üblichen Geschwindigkeiten spielt die Geschwindigkeitshöhe vergleichsweise aber keine Rolle.

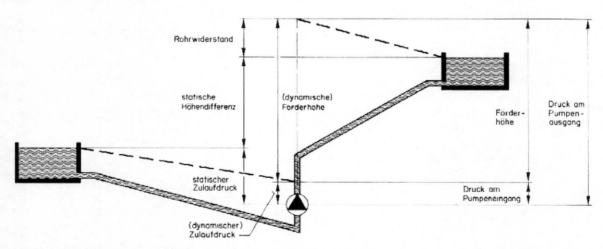

Abb. 5.56: Definition der Förderhöhe ([Grombach et al., 2000], S. 753)

Wird im Wasser der Dampfdruck unterschritten, entstehen Dampfblasen, die bei Wiederanstieg des Druckes schlagartig kondensieren. Dabei entstehen örtlich sehr hohe Druckspitzen, welche die Pumpenleistung mindern, Geräusche erzeugen und das Material stark beanspruchen (Kavitation). Der Punkt des niedrigsten Druckes liegt am Laufradeintritt; durch die Beschleunigung des Wassers wird der Druck an den Laufradschaufeln gegebenenfalls weiter abgesenkt. Am Saugstutzen der Pumpe ist – je nach Laufradtyp – deshalb ein ausrei-

chender Vordruck erforderlich; er wird $NPSH_{erf}$ (**erforderliche Haltedruckhöhe**) bzw. NPSHR (net positive suction head required) genannt und vom Hersteller angegeben. $NPSH_{vorh}$ (vorhanden) bzw. NPSHA (available) der Anlage sollte möglichst hoch liegen, soweit wirtschaftlich vertretbar; in jedem Fall gilt $NPSH_{vorh} >$ $NPSH_{erf}$.

Die Ermittlung der vorhandenen Haltedruckhöhe zeigt *Abb. 5.57*.

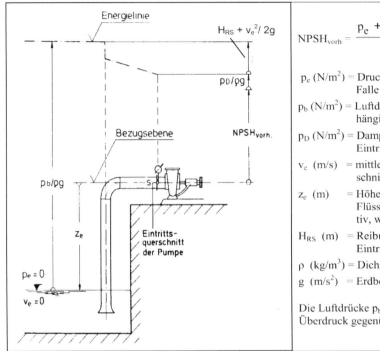

$$NPSH_{vorh} = \frac{p_e + p_b - p_D}{\rho \cdot g} - \frac{v_e^2}{2g} + z_e - H_{RS} \quad \text{in m}$$

p_e (N/m²) = Druck im Eintrittsquerschnitt der Anlage, im Falle eines offenen Flüssigkeitsspiegels $p_e = 0$

p_b (N/m²) = Luftdruck am Aufstellungsort der Pumpen (abhängig von der Meereshöhe)

p_D (N/m²) = Dampfdruck der Flüssigkeit (des Wassers) im Eintrittsquerschnitt der Pumpe

v_e (m/s) = mittlere Geschwindigkeit im Eintrittsquerschnitt der Anlage (Ansaugrohr)

z_e (m) = Höhenunterschied zwischen eintrittsseitigem Flüssigkeitsspiegel und der Bezugsebene (negativ, wenn er unterhalb der Bezugsebene liegt)

H_{RS} (m) = Reibungsverlusthöhe in der Saugleitung einschl. Eintrittswiderstand im Saugstutzen

ρ (kg/m³) = Dichte der Förderflüssigkeit

g (m/s²) = Erdbeschleunigung

Die Luftdrücke p_b und p_D sind Absolutdrücke; p_e ist der Überdruck gegenüber p_b.

Abb. 5.57: Ermittlung der vorhandenen Haltedruckhöhe $NPSH_{vorh}$ – W 610 (1981), s. *Kap. 5.4.1 Grundgleichungen der Rohrhydraulik*

Der $NPSH_{erf}$-Wert einer Pumpe lässt sich absenken:
- durch Senkung der Drehzahl; dies kann einen größeren Laufraddurchmesser oder eine mehrstufige Ausführung erforderlich machen;
- durch Aufteilung der Gesamtförderhöhe auf eine Zulauf- und eine Hauptpumpe;
- Wahl einer zweiflutigen Pumpe;
- Wahl einer günstigeren Laufradgeometrie.

Dem geförderten Wasserstrom wird Energie (Druck und Geschwindigkeit) mitgegeben. Die dazu erforderliche **Leistung** wird von der Antriebsmaschine – im Regelfall einem Elektromotor – aufgebracht:

$$P_{ges} = \frac{Q \cdot H_A \cdot \rho \cdot g}{\eta_{ges}} \qquad (5.18)$$

mit

η_{ges} Gesamtwirkungsgrad $= \eta_{Pumpe} \cdot \eta_{Motor}$,
Q Förderstrom in m³/s oder L/s,
H_A Förderhöhe der Anlage in m,
ρ Dichte in kg/m³,
g Erdbeschleunigung in m/s².

Die Formel schreibt sich mit festgelegten Dimensionen wie folgt:

$$P_{ges}[kW] = \frac{Q[m^3/h] \cdot H[m]}{367 \eta_{ges}} \quad \text{bzw.} \quad \frac{Q[L/s] \cdot H[m]}{102 \eta_{ges}}$$

als Faustformel: 100 L/s auf 100 m Förderhöhe benötigen 100 kW zuzüglich Verluste.

Die Pumpenwirkungsgrade (bezogen jeweils auf den günstigsten Betriebspunkt) erreichen

bei großen Pumpe
> 1 m³/s   80–87% und mehr,

bei mittleren Pumpen
0,05 – 0,5 m³/s   70–80%,

bei kleinen
Pumpen < 0,05 m³/s   60–70%, teilweise niedriger;

bei Abweichung vom günstigsten Betriebspunkt treten entsprechende Wirkungsgradminderungen ein. Hinzu kommt der Wirkungsgrad des Elektromotors.

Die Motoren werden im Hinblick auf die wechselnden Betriebsbedingungen grundsätzlich mit Leistungsreserven ausgelegt – bezogen auf den höchsten Leistungsbedarf im Betriebsbereich

+ 15%   für < 100 kW
+ 10%   für 200–500 kW
+ 5%   für > 500 kW

Wassergekühlte Motoren müssen bei gleicher Leistung um etwa 15% größer ausgelegt werden.

Die wichtigsten in Wasserversorgungsanlagen verwendeten Motoren sind Drehstrom-Asynchronmotoren mit Kurzschlussläufern, da diese robust, ausreichend drehzahlregelbar und wartungsarm sind. Für Antriebe mit konstanter Drehzahl werden Kurzschlussläufermotoren sowohl im Niederspannungs- als auch im Hochspannungsbereich eingesetzt – letztere vor allem für hohe Leistungen. Polumschaltbare Drehstrom-Asynchronmotoren kommen in der Regel nur für Gebläse und Armaturen in Frage. Für Antriebe mit stufenloser Drehzahlverstellung wird beispielsweise der Drehstrom-Asynchron-Normmotor mit Käfigläufer mit Frequenzumrichter eingesetzt; die Drehzahlverstellung erfolgt durch Veränderung der Ständerfrequenz. Für große Leistungen stehen Frequenzumrichter im Hochspannungsbereich zur Verfügung. Die mit Frequenzumrichter betriebenen Motoren benötigen keine weitere Blindleistungskompensation. Näheres siehe W 630.

Zur Anpassung an wechselnde Förderströme und -drücke gibt es folgende Möglichkeiten (s. W 611):

* Einzelbetrieb von Pumpen mit jeweils unterschiedlichen Förderströmen – geeignet vor allem bei Anlagenkennlinien mit großem Verlusthöhenanteil;

* Parallelbetrieb von Pumpen mit gleichen oder unterschiedlichen Förderströmen – in Anlagen mit relativ geringem Verlusthöhenanteil;

* Änderung der Pumpenkennlinie. Falls nur zwei bis drei stark unterschiedliche Drehzahlen in Frage kommen, können polumschaltbare Motoren eingesetzt werden. Bis zu Motorleistungen von 200 kW stehen elektronische Drehzahlregelungen zur Verfügung, die fast verlustfrei arbeiten.

* Drosselung durch Regelarmaturen (auf der Druckseite) zur Beeinflussung der Anlagenkennlinie. Dies ruft einen erhöhten Energieverbrauch hervor und sollte daher nur in Ausnahmefällen angewandt werden.

* Zur Anpassung an eine bleibende Veränderung der Verhältnisse können Laufräder geringer spezifischer Drehzahl in gewissen Grenzen ohne Wirkungsgradeinbuße abgedreht werden.

Die Kennlinien der beteiligten Pumpen sind maßgebend, ob ein Zusammenwirken zweier oder mehrerer Pumpen auf eine Druckleitung betrieblich sinnvoll ist. Die Förderströme zweier Pumpen lassen sich nicht einfach addieren. Dagegen erlaubt die grafische Addition der Kennlinien eine anschauliche Beurteilung der Verhältnisse.

Bei Parallelbetrieb verschiebt sich der Betriebspunkt von B_1 auf B_2; entsprechend verschiebt sich der Wirkungsgrad. Die Lage des optimalen Wirkungsgrads sollte der häufigsten Betriebsart entsprechen. $\Sigma Q < 2Q_1$, siehe *Abb. 5.59*.

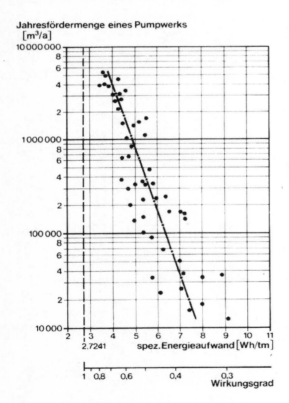

Abb. 5.58: Spezifischer Energiebedarf von Pumpwerken in Abhängigkeit von der Ausbaugröße (t_m = 1000 kg · m, entspricht Fördermenge in m^3 · Förderhöhe) ([DVGW Bd. 3, 1995], S. 92)

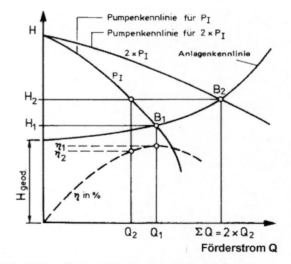

Abb. 5.59: Zwei gleiche Pumpen im Parallelbetrieb (W 610)

Bei unterschiedlicher Nullförderhöhe kann der Fall eintreten, dass Pumpe I keine Förderung bringt, also nur mitläuft, wie für die steilere der beiden eingezeichneten Anlage-Kennlinien ersichtlich, siehe *Abb. 5.60*.

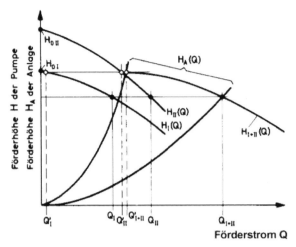

Abb. 5.60: Zwei Kreiselpumpen mit unterschiedlicher Nullförderhöhe im Parallelbetrieb (W 610)

Bei der Förderung durch das Netz in einen Gegenbehälter – s. *Abb. 5.61* – verschieben sich die Anlage-Kennlinien entsprechend der Entnahme im Netz. Durch diese Entnahme gehen die Druckverluste zurück, die Fördermenge steigt. Bei Zuspeisung aus dem Hochbehälter, also $Q_E > Q_P$, – siehe unteres Bild – wird die dynamische Förderhöhe kleiner als die statische (gemessen bis zum Behälterwasserspiegel).

Zur Planung von Druckerhöhungsanlagen, die innerhalb des Netzes eingesetzt werden, wird auf W 617 verwiesen.

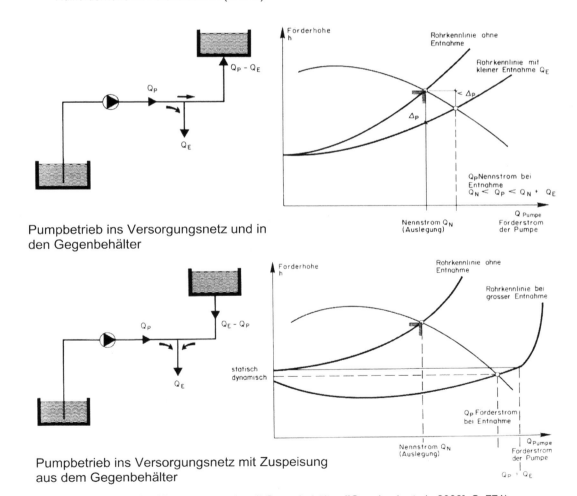

Abb. 5.61: Pumpbetrieb in das Versorgungsnetz mit Gegenbehälter ([Grombach et al., 2000], S. 771)

Auf die Lage des Betriebspunkts im Bereich des optimalen Wirkungsgrad ist oben hingewiesen worden. Der Pumpen-Wirkungsgrad sollte dabei nicht nur bei der Lieferung bzw. Abnahme des Aggregats gemessen, sondern auch regelmäßig im Betrieb kontrolliert werden, um rechtzeitig Instandhaltungsmaßnahmen ergreifen zu können. Im Regelfall wird der Wirkungsgrad durch Behältermessung bei gleichzeitiger Kontrolle der Stromaufnahme ermittelt – s. *Abb. 5.62*:

$$\eta_{ges} = \frac{Q \cdot H \cdot \rho \cdot g}{P_{ges}} \qquad (5.19)$$

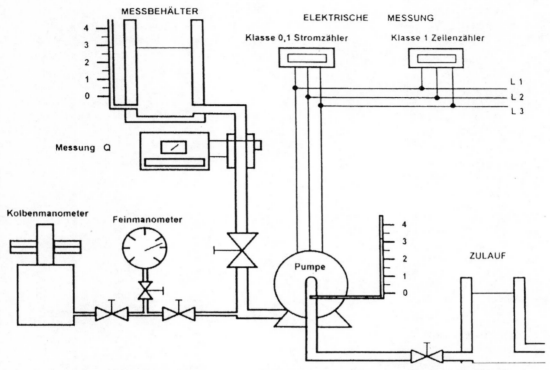

Abb. 5.62: Erfassung der Messwerte zur Kontrolle des Pumpen-Wirkungsgrads ([DVGW Bd. 3, 1995], S.60)

Für sehr große Pumpenaggregate, gleichfalls für Turbinen mit großer Fallhöhe, stößt die Behältermessung auf technische Probleme. Hier bietet sich seit einiger Zeit die thermodynamische Wirkungsgradmessung an. Sie beruht auf der Tatsache, dass die Verluste in der Pumpe in Wärme umgewandelt werden, die sich dem geförderten Wasser mitteilt. Ein Druckhöhenverlust von 100 m WS bewirkt eine Temperaturänderung von 234 mK (Millikelvin) = 0,234 °C. Mit empfindlichen Messfühlern für Druck und Temperatur lassen sich die erforderlichen Messgrößen sogar im laufenden Betrieb ermitteln – dies benötigt etwa drei Stunden.

Da der Energiebedarf in einem Wasserwerk im Mittel bei etwa 0,5 kWh/m³ liegt, in Einzelfällen auch über 1,2 kWh/m³ hinausgehen kann und im Wesentlichen durch die Wasserförderung verursacht wird, lohnt es sich, bei Planung und Betrieb der Pumpwerke auf sparsamen Energieverbrauch zu achten – also: optimale Auswahl der Pumpentypen und Abstimmung der Pumpenkennlinien, Kontrolle des Pumpenwirkungsgrads, niedrige Verlustbeiwerte der Rohr- und Armaturenausrüstung, Behälter nicht höher auffüllen als für den zu erwartenden Tagesverbrauch erforderlich, Förderzeiten auf günstige Stromtarifzeiten ausrichten. Detaillierte Hinweise gibt W 611, aktuell ergänzt durch W 618 „Lebenszykluskosten (LCC = life cycle costs) für Förderanlagen in der Trinkwasserversorgung". Zur Energierückgewinnung s. *Kap. 5.5.5 Energierückgewinnung*.

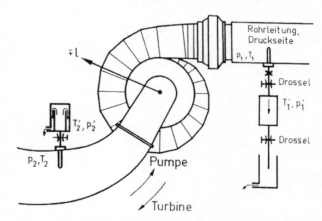

Abb. 5.63: Schema der thermodynamischen Wirkungsgradmessung [Elsenhans, 1998]

5.5.3 Rohrleitungen und Armaturen in Pumpwerken

Auf ein gleichmäßiges Strömungsprofil am Eintrittsstutzen der Pumpe ist zu achten. Kreiselpumpen sind auf einen rotationssymmetrischen und rückströmungsfreien Zufluss angewiesen, sonst kann es zu Schwingungen und Wirkungsgradabfall kommen. Raumkrümmer, vor allem unmittelbar vor der Pumpe, sowie Krümmer, die im Falle zweiflutiger Pumpen in die Symmetrieebene hineinbiegen, sind zu vermeiden; notfalls ist ein Strömungsgleichrichter einzubauen – s. *Abb. 5.64* (W 610). Das Einsaugen von Luft ist auszuschließen. Um Störungen von Armaturen auf der Saugseite zu vermeiden, ist vor der Pumpe ein gerades Rohrstück L > 4 d vorzusehen; auf der Druckseite wird eine gerade Länge L > 2 d empfohlen. Bei der Wahl der Formstücke und Armaturen ist solchen mit kleinem Widerstandsbeiwert der Vorzug zu geben; Klappen, Ringkolbenventile (diese auch als Regelventile) und Kugelhähne sind Schiebern vorzuziehen, 90°-Bögen sind besser als schräg verschweißte Rohrkrümmer oder T-Stücke – s. *Abb. 5.66*. Querschnittserweiterungen sollen einen Öffnungswinkel $\phi/2 < 7°$ aufweisen, um Strömungsablösungen zu vermeiden.

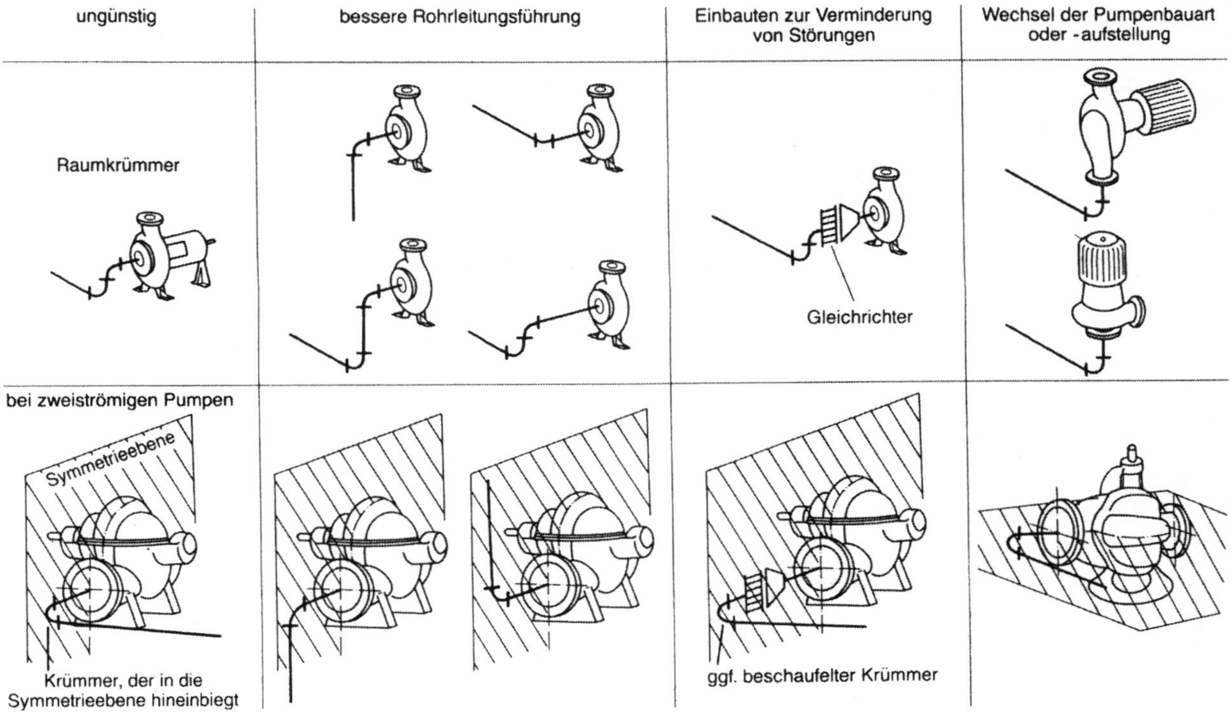

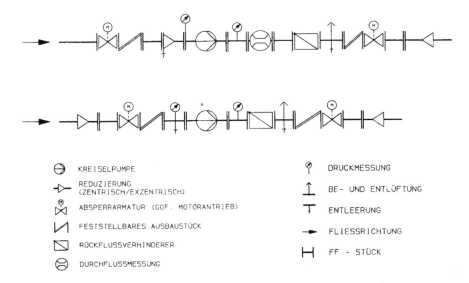

Abb. 5.64: Rohrleitungsführung vor der Pumpe (W 610)

Abb. 5.65: Anordnung der Rohrleitungskomponenten vor und nach der Pumpe – W 612 (1989)

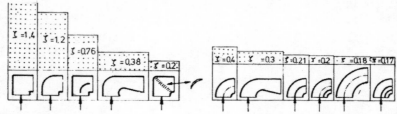

Abb. 5.66: Reibungsbeiwerte verschiedener Krümmer – Durch günstige Formgebung und Einbau von Leitwänden lassen sich die Verlustbeiwerte ζ_i wesentlich herabsetzen (nach Biolly, Versuchswerte für Re = $3 \cdot 10^5$, [DVGW Bd. 3, 1995], S.79)

Zur Rückfluss-Verhinderung stehen Klappen-, Ventil- und Membranbauarten zur Verfügung; sie sollen bei Abschalten der Pumpen (auch bei Stromausfall) die Umkehr der Strömungsrichtung verhindern. Rückflussverhinderer können erhebliche Druckschläge erzeugen. Gegebenenfalls sind Armaturen mit einstellbarem Schließgesetz vorzusehen. Das Aus- und Einschalten der Pumpen erzeugt Druckstöße in der Druckleitung; dabei sind der tägliche Betrieb und Notabschaltungen zu unterscheiden. Druckstöße lassen sich durch Drosselklappen, Druckwindkessel, Druckablassventile, Schwungräder, Wasserschloss (bei langen Druckleitungen) begrenzen – s. a. *Kap. 5.4.3 Dynamische Druckänderungen.*

Abb. 5.67 zeigt den Unterschied im Energieverbrauch durch Formstücke und Armaturen mit großen bzw. kleinen Verlustbeiwerten.

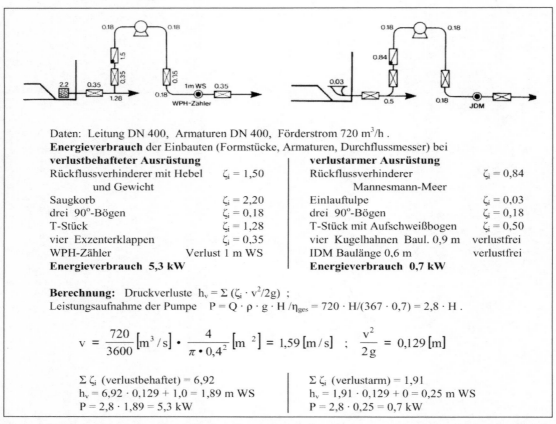

Daten: Leitung DN 400, Armaturen DN 400, Förderstrom 720 m³/h .
Energieverbrauch der Einbauten (Formstücke, Armaturen, Durchflussmesser) bei

verlustbehafteter Ausrüstung		**verlustarmer Ausrüstung**	
Rückflussverhinderer mit Hebel und Gewicht	$\zeta_i = 1{,}50$	Rückflussverhinderer Mannesmann-Meer	$\zeta_i = 0{,}84$
Saugkorb	$\zeta_i = 2{,}20$	Einlauftulpe	$\zeta_i = 0{,}03$
drei 90°-Bögen	$\zeta_i = 0{,}18$	drei 90°-Bögen	$\zeta_i = 0{,}18$
T-Stück	$\zeta_i = 1{,}28$	T-Stück mit Aufschweißbogen	$\zeta_i = 0{,}50$
vier Exzenterklappen	$\zeta_i = 0{,}35$	vier Kugelhahnen Baul. 0,9 m	verlustfrei
WPH-Zähler	Verlust 1 m WS	IDM Baulänge 0,6 m	verlustfrei
Energieverbrauch 5,3 kW		**Energieverbrauch 0,7 kW**	

Berechnung: Druckverluste $h_v = \Sigma\,(\zeta_i \cdot v^2/2g)$;
Leistungsaufnahme der Pumpe $P = Q \cdot \rho \cdot g \cdot H / \eta_{ges} = 720 \cdot H/(367 \cdot 0{,}7) = 2{,}8 \cdot H$.

$$v = \frac{720}{3600}\,[m^3/s] \bullet \frac{4}{\pi \bullet 0{,}4^2}\,[m^{-2}] = 1{,}59\,[m/s] \quad ; \quad \frac{v^2}{2g} = 0{,}129\,[m]$$

$\Sigma\,\zeta_i$ (verlustbehaftet) = 6,92 $\Sigma\,\zeta_i$ (verlustarm) = 1,91
$h_v = 6{,}92 \cdot 0{,}129 + 1{,}0 = 1{,}89$ m WS $h_v = 1{,}91 \cdot 0{,}129 + 0 = 0{,}25$ m WS
$P = 2{,}8 \cdot 1{,}89 = 5{,}3$ kW $P = 2{,}8 \cdot 0{,}25 = 0{,}7$ kW

Abb. 5.67: Energieverbrauch durch Formstücke und Armaturen mit großen bzw. kleinen Verlustbeiwerten ([DVGW Bd. 3, 1995], S. 89)

5.5.4 Betriebsüberwachung

Der Betrieb von Pumpwerken ist ständig zu überwachen. Übliche und notwendige Messeinrichtungen sind:
- Druckmessung auf Saug- und Druckseite, ggf. Wasserspiegelmessung im saug- bzw. druckseitigen Behälter,
- Durchfluss bzw. Fördermenge (die hydraulisch korrekte Anströmung der Messgeräte ist zu beachten),
- Stromaufnahme, Betriebsstunden.

Sinnvoll ist weiterhin die Messung und Aufzeichnung von Drehzahl, Leistungsaufnahme, Betriebsstundenzahl, Schwingungen, Geräusche, Trockenlaufschutz, Überwachung der Lager und der Wellendichtungen, Temperatur (Lager- und Motortemperatur bei hohen Leistungen). Betriebsmeldungen zur Steuerzentrale des Wasserwerks umfassen neben den Daten der Messgeräte außerdem die Stellung der maßgebenden Armaturen (AUF, ZU, STÖRUNG). Zur Steuerung und Regelung von Förderanlagen s. W 610 und W 645 T.1 bis 3.

Alle zwei Jahre ist die Prüfung von Druckbehältern mit Luftpolstern zu veranlassen; bei überwachungspflichtigen Druckbehältern ist die Druckbehälterverordnung zu beachten (siehe DIN 4810).

5.5.5 Energierückgewinnung

Beim Anschluss von örtlichen Versorgungssystemen an Fernleitungen kommt es häufiger vor, dass der Druck der Fernleitung an der Übergabestelle – im Regelfall Wasserbehälter – herabgesetzt werden muss. Die gleiche Situation ergibt sich, wenn eine tiefere Druckzone von einer höheren aus versorgt wird. Die technisch einfachste Lösung ist der Übergabeschacht mit Druckminderer – *Abb. 5.68*. Der gleiche Effekt lässt sich mit Druckunterbrechung erzielen; Druckunterbrecher werden beispielsweise bei längeren Gefälleleitungen eingebaut, um die Fortpflanzung von Druckwellen zu verhindern – *Abb. 5.69*. Nachteilig ist in beiden Fällen der eintretende Energieverlust.

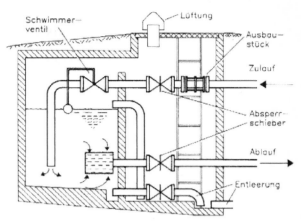

Abb. 5.69: Druckunterbrecher-Behälter [Netzmeister, 2008]

Durch Anordnung einer Entspannungsturbine – es kann dafür auch eine umgekehrt beaufschlagte Kreiselpumpe eingesetzt werden – lässt sich die Druckenergie weitgehend zurückgewinnen und in elektrischen Strom umwandeln. In die Umgehungsleitung wird eine Regelarmatur (Drossel) eingebaut. Bei Ausfall des elektrischen Netzes (Lastabschaltung, Störungsauslösung) wird der Maschinensatz innerhalb kurzer Zeit beschleunigt. Es entstehen dynamische Druckänderungen in den angeschlossenen Rohrleitungen; außerdem können Schäden an der Turbine eintreten. Zur Minderung dieser Effekte wird der Einbau von Druckbehältern mit Gaspolster (Windkessel), Schwungmassen, gesteuerten Nebenauslässen oder gesteuerten Bremsen empfohlen (s. W 613) – Beispiele s. *Abb. 5.70*.

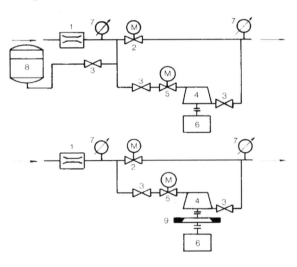

1	Durchflussminderung
2	Regelarmatur
3	Revisionsarmatur
4	Turbine
5	An-, Abfahr-, Regelarmatur
6	Generator
7	Druckmessung
8	Druckbehälter
9	Schwungrad

Abb. 5.70: Entspannungsturbine zur Energie-Rückgewinnung (W 613)

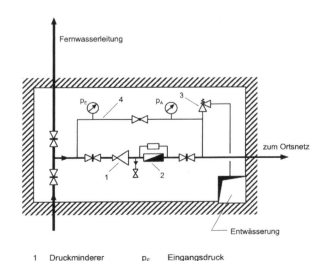

1	Druckminderer	p_E	Eingangsdruck
2	Verbundwasserzähler	p_A	Ausgangsdruck
3	Überdruckventil		
4	Umführungsleitung		

Abb. 5.68: Übergabeschacht mit Druckminderer und Verbundzähler [Netzmeister, 2008]

Fall-Leitungen, deren Leistung Q_{max} nicht ständig benötigt wird, lassen sich zur Energiegewinnung nutzen: vor dem Einlauf in den unteren Behälter – s. *Abb. 5.71* – wird im Nebenschluss eine Turbine angeordnet. Beispielsweise verringert sich bei $Q = Q_{max}/2$ der Rohrreibungsverlust auf 1/4; damit stehen bereits 3/4 der Fallhöhe zur Energiegewinnung zur Verfügung.

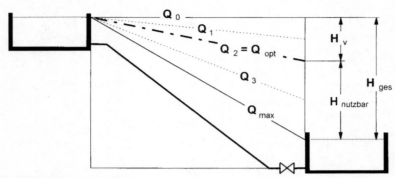

Abb. 5.71:   Nutzbare Energie in Fall-Leitungen (W 613)

Die Kennlinien einer Pumpe für den Turbinenbetrieb und für den Pumpbetrieb unterscheiden sich deutlich – s. *Abb. 5.72*. Im Turbinenbetrieb hat die Maschine ihr betriebliches Optimum bei einem größeren Durchfluss als im Pumpbetrieb. Bei Turbinenbetrieb entsteht also eine höhere Leistungsdichte; bei gleicher Drehzahl wird ein höheres Drehmoment übertragen. Charakteristisch im Turbinenkennfeld einer Pumpe sind die beiden Grenzlinien, zwischen denen eine Leistungsabgabe möglich ist, nämlich „festgebremst $n_T = 0$" und „Leerlauf $M_T = 0$ ".

Bei direkter Koppelung der Turbine mit einem Asynchrongenerator ist die Drehzahl durch die Netzfrequenz und die Polpaarzahl des Generators gegeben; übliche Synchrondrehzahlen sind $n_T = 3000$, 1500 und 1000 min^{-1}. Die spezifische Drehzahl für den Turbinenbetrieb n_{qT} ergibt sich zu

$$n_{qT} = n_T \cdot \frac{Q_T^{1/2}}{H_T^{3/4}}$$

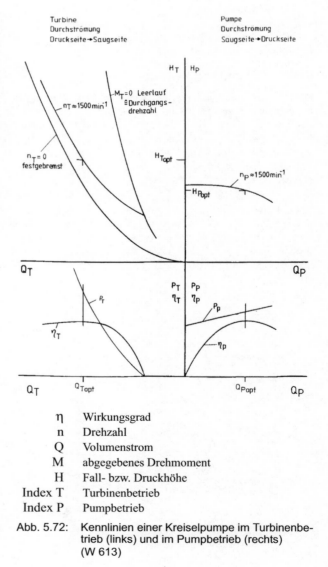

η	Wirkungsgrad
n	Drehzahl
Q	Volumenstrom
M	abgegebenes Drehmoment
H	Fall- bzw. Druckhöhe
Index T	Turbinenbetrieb
Index P	Pumpbetrieb

Abb. 5.72:   Kennlinien einer Kreiselpumpe im Turbinenbetrieb (links) und im Pumpbetrieb (rechts) (W 613)

5.5.6 Instandhaltung von Pumpwerken (W 614)

Die nachstehend dargestellten Prinzipien der Instandhaltung gelten grundsätzlich auch für andere Maschinenanlagen. Da die Begriffe Überwachung, Revision, Wartung, Kontrolle, Instandsetzung häufig unterschiedlich verwendet werden, sollen hier die Definitionen nach DIN 31051 aufgeführt werden:

Instandhaltung:

Kombination technischer und administrativer Maßnahmen zur Bewahrung und Wiederherstellung des Soll-Zustandes sowie zur Feststellung des Ist-Zustandes von technischen Mitteln eines Systems. Sie umfasst **Inspektion**, **Wartung** und **Instandsetzung** sowie **Verbesserung** (vgl. C. Ontyd in [DVGW, 2010]).

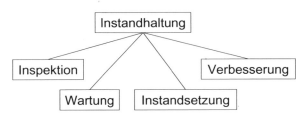

Abb. 5.73: Instandhaltung

Inspektion:

Maßnahmen zur Feststellung und Beurteilung des Ist-Zustandes z. B. durch Kontrollieren, Überwachen, Vergleichen und Prüfen. Unterschieden wird zwischen kontinuierlichen (durch online-Messgeräte) und planmäßigen (diskontinuierlichen) Maßnahmen. Die Auswertung der Ergebnisse führt zur Ableitung der notwendigen Konsequenzen für eine künftige Nutzung.

Wartung:

Maßnahmen zur Bewahrung des Soll-Zustandes und Verzögerung des Abbaus des vorhandenen Abnutzungsvorrats. Sie umfassen: Wartungsplan, Durchführung und Rückmeldung.

Instandsetzung:

Maßnahmen zur Wiederherstellung des Soll-Zustandes (= funktionsfähiger Zustand). Sie umfassen: Planung einschl. alternativer Lösungen, Auswahl und Entscheidung, Durchführung, Funktionsprüfung und Abnahme, Auswertung und Dokumentation.

Verbesserung:

Kombination technischer und administrativer Maßnahmen zur Steigerung der Funktionssicherheit (ohne Änderung der Funktion).

Ziele der Instandhaltung

sind Erhaltung bzw. Erhöhung der Arbeitssicherheit, Verfügbarkeit, Umweltverträglichkeit und Wirtschaftlichkeit.

Es wird zwischen drei **Instandhaltungsstrategien** unterschieden – s. *Tab. 5.17*. Für Maschinenanlagen ist die *zustandsorientierte Strategie* im Allgemeinen die kostengünstigste Lösung; sie verlangt allerdings einen höheren Messaufwand, um den vorhandenen Abnutzungsvorrat ständig kontrollieren und damit Instandsetzungsmaßnahmen optimal planen zu können. Dagegen ist *Reparieren im Schadensfall* meist die unwirtschaftlichste Lösung. Sie nutzt zwar die Anlagen bis zum „crash" aus, kann aber nur verantwortet werden, wenn Folgeschäden eines Ausfalls weitgehend ausgeschlossen werden können und genügend Redundanz durch andere Anlagen gegeben ist, was natürlich Kosten verursacht. Auch bei der intervallabhängigen Strategie kann ein unvorhergesehener Ausfall der Anlage nicht ausgeschlossen werden. Sie ist der *zustandsorientierten Strategie* nur vorzuziehen, wenn durch eine Inspektion der Abnutzungsvorrat nicht festgestellt werden kann, Inspektionen sehr aufwändig sind (z. B. Unterwassermotorpumpen) oder wenn aufgrund langjähriger Erfahrung die Intervalle der Inspektion optimiert werden können.

Tab. 5.17: Instandhaltungsstrategien für Förderanlagen (W 614)

	Zustandsorientierte Instandhaltung	Intervallabhängige Instandhaltung	Schadensorientierte Instandhaltung
Ausgangspunkt	Kenntnis über Maschinenzustand	Betriebliche Erfahrung, Hersteller-Vorgaben	Betrieb bis zum Ausfall
Methode	z. B. Inspektion mittels Schwingungsmessung, Feststellung der Abnutzung und Abschätzung der Restlaufzeit	Instandhaltung nach Zeitplan; Festlegung von Intervallen	Instandsetzung (Reparatur) bei Ausfall
Kosten	kostengünstig, da Spontanausfall vermieden wird, Optimierung des „Abnutzungsvorrats"	„Abnutzungsvorrat", d. h. Restlaufzeit nicht leicht abschätzbar, daher aus Sicherheitsgründen häufig zu kurze Intervalle	Folgekosten nicht abschätzbar, daher Vorhaltung von Reserven (Redundanz) erforderlich

5.5.7 Beispiele ausgeführter Pumpwerke

Die folgenden Bilder zeigen Beispiele ausgeführter Pumpwerke:

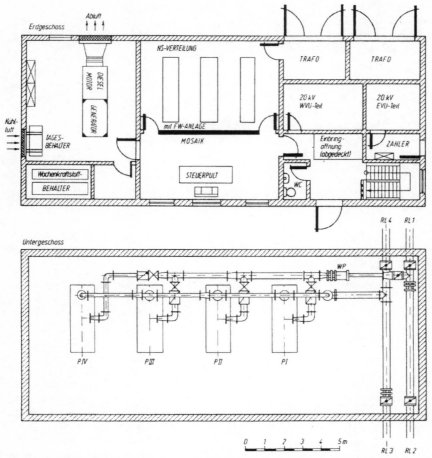

Abb. 5.74: Großes Zwischenpumpwerk einer Fernwasserversorgung ([Mutschmann und Stimmelmayr, 2007], S. 406)

RL1 und RL2 durch das Pumpwerk verlaufende Fernleitung DN 400 mit zwei fernbedienten Absperrklappen, RL3 Druckleitung 250 zum Zonenbehälter, RL4 Spülleitung, vier Kreiselpumpen mit je 12,5 L/s auf 45 bar, für Parallelbetrieb geeignet. Zwei Trafos 20/0,4 kV, Niederspannungs(NS)- und Fernwirk(FW)-Anlage. Ersatzstromanlage 230 kVA im Erdgeschoss, daneben Tages- und Wochen-Kraftstoffbehälter in Auffangwanne. Druckseite auf 64 bar ausgelegt, deshalb Verzicht auf Druckstoßdämpfung. Im Normalbetrieb werden die Pumpen bei geschlossenen Schiebern angefahren und abgestellt.

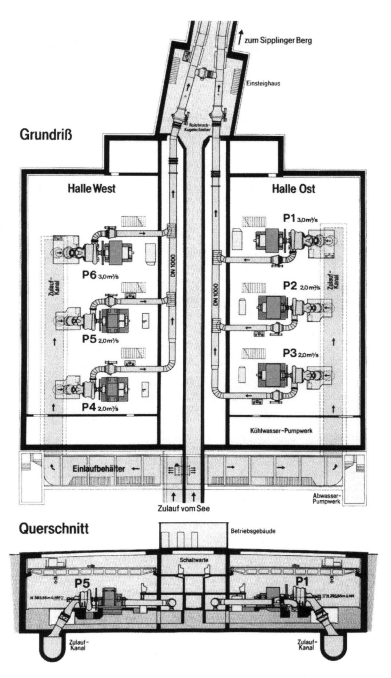

Abb. 5.75: Seepumpwerke Süßenmühle des Zweckverbandes Bodenseewasserversorgung, Sipplingen/Bodensee

Tagesleistung max. 7,75 m³/s, Nachtleistung max. 10,5 m³/s; vorgehaltene elektrische Leistung 32 MW über zwei 110 kV-Leitungen, Stromverbrauch nahezu 1,3 kWh/m³. Die Pumpen (in jeder Halle 1 × 3,0 m³/s und 2 × 2,0 m³/s) arbeiten jeweils einzeln auf eine Druckleitung, um Energieverluste des Parallelbetriebs zu vermeiden. Zwei Druckleitungen DN 1000 von 3 km Länge, Höhenunterschied 300 m.

Zur Versorgung der oberen Stockwerke von Hochhäusern reicht der Netzdruck oft nicht aus. Druckerhöhungsanlagen im Untergeschoss sorgen dann dafür, dass der Versorgungsdruck zwischen 1,5 und 6,0 bar an allen Verbrauchsstellen gewährleistet ist.

Zum Ausgleich zwischen Förderleistung und Verbrauch sowie zur Dämpfung der Druckstöße beim Ein- und Abschalten der Pumpen wird ein Druckkessel auf der Druckseite angeordnet; er entfälllt, wenn die Pumpen druck- oder durchflussabhängig gesteuert werden, derart dass keine störenden Druckstöße entstehen. Dem gleichen Zweck dient ein Druckkessel auf der Saugseite; er entfällt, wenn ein druckloser Vorspeicher angeordnet wird. Dieser entlastet zwar die Zuleitung vom Spitzenvolumenstrom der Förderanlage; zugleich wird aber der Vordruck aus dem Netz verschenkt.

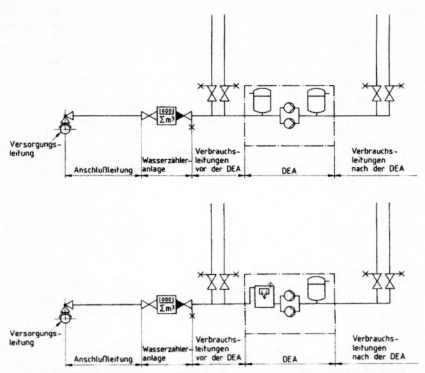

Abb. 5.76: Druckerhöhungsanlage (DEA) für ein Hochhaus ([Mutschmann und Stimmelmayr, 2007], S. 399) – oben: mit unmittelbarer Netzentnahme mit Druckbehältern vor und hinter dem Pumpensatz; unten: mit drucklosem Vorspeicher und Druckbehälter hinter dem Pumpensatz

5.6 Wassermengen- und Wasserdurchfluss-Messung

5.6.1 Allgemeines

Mengen- und Durchfluss-Messungen sind erforderlich
- zur Bewirtschaftung der Wasserressourcen,
- zur Überwachung und Steuerung der Versorgungsanlagen (Pumpen, Aufbereitung, Behälter, Verteilung),
- zur korrekten Abrechnung der Wasserabgabe beim Verbraucher (Wasserkunden).

Begrifflich sind zu unterscheiden:
- Wassermenge = Wasservolumen – Dimension üblicherweise Liter L oder Kubikmeter m^3,
- Menge/Zeiteinheit = Volumenstrom, Zu-, Ab-, Durchfluss – Dimension m^3/h, L/s.

Nach DIN 4046 (Begriffsnorm): *Der Volumenstrom oder Durchfluss ist der Quotient aus dem Wasservolumen, das einen bestimmten Rohrquerschnitt durchfließt, und der dazu benötigten Zeit.*

Ein Messgerät, das nicht den Wasserdurchfluss anzeigt, sondern die durchgeflossene Menge registriert (zählt), heißt „Wasserzähler".

In Wasserversorgungsanlagen ist vorwiegend die Durchfluss- und Mengenmessung in Druckleitungen üblich. Messungen in offenen Gerinnen (Stichwort: Venturi-Kanal) werden in diesem Kapitel nicht behandelt.

Historischer Rückblick

In Rom waren um 100 n. Chr. kalibrierte Messdüsen in den Grundstückzuleitungen üblich, Durchmesser 23 – 229 mm; der Durchmesser diente als Maßstab für das Entgelt. Zu römischer Zeit war allerdings noch nicht bekannt, dass außerdem der Druck den Durchfluss bestimmt. Das Düsenmessverfahren war bis ins 20. Jahrhundert gebräuchlich: Eichhähne mit vermessener Bohrung wurden in die Anschlussleitung eingebaut. Die Anschlussleitungen wurden mit Messkästen oder Eichkästen geeicht.

1867	erster deutscher Mehrstrahl-Flügelrad-Zähler (Siemens & Halske).
1873	erster sog. „Nassläufer" (A. C. Spanner) – s. *Abb. 5.79.*
1894	Einsetzung der DVGW-Normalienkommission für Wassermesser, „um Ordnung in die Typenvielfalt zu bringen und in der Erkenntnis, dass nur der Einbau von Hauswasserzählern der privaten Wasserverschwendung Einhalt gebieten könnte."
1896	Erste Wasserzähler-Normung mit Q_{max} = 2 /3 /5 /7 /10 und 20 m^3/h, gefolgt 1899 von den Normalien für Großwasserzähler.
1935	„Einheitswasserzähler" nach DIN 3260 für Flügelrad- und Ringkolbenzähler. Das Maß- und Gewichtsgesetz (MuGG) legt die Eichpflicht für Wasserzähler fest.

ab etwa
1960   Kunststoffmesswerke, magnetische
Kupplung, Warm- und Heißwasserzähler.

ab
11. Juli
1970   ist das Eichgesetz in Kraft, aber erst zum
1. Januar 1979 wurde tatsächlich die Eich-
pflicht für Wasserzähler verwirklicht.

1975   Europäische Kaltwasserzähler-Richtlinie,
gefolgt 1979 durch die Richtlinie für
Warmwasserzähler; gefolgt 2004 durch
die Richtlinie über Messgeräte
(MID-Richtlinie)

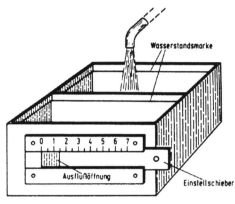

Abb. 5.77: Eichkasten ([DVGW, 1985a], S. 24-2)

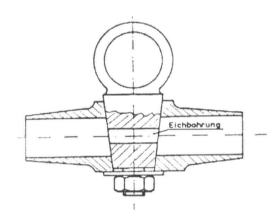

Abb. 5.78: Eichhahn ([DVGW Bd. 4, 2000], S. 407)

Abb. 5.79: Erster Nassläufer der Welt, Baujahr 1873
([DVGW, 1984], S. 214)

Abb. 5.80: Gemäß EU-Richtlinie MID in Verkehr gebrach-
ter Wasserzähler (Fa. Elster) [Stefanski,
2009b])

Maßgebende rechtliche Regelungen, Normen und Regelwerke

- Europäische Richtlinie 75/33/EWG vom 12.12.
1974 zur Angleichung der Rechtsvorschriften der
Mitgliedstaaten über Kaltwasserzähler, gefolgt
1979 durch die Richtlinie 79/830/EWG für Warm-
wasserzähler. Aktuell: Richtlinie 2004/22/EG des
Europäischen Parlaments und des Rates vom 31.
März 2004 über Messgeräte – MID-Richtlinie, in
Kraft getreten Oktober 2006.

- Gesetz über das Mess- und Eichwesen (Eichgesetz) vom 23. 3. 1992 (BGBl. I S. 712), zuletzt geändert durch Art. 1 des Gesetzes vom 2. 2. 2007
BGBl. I S. 58 mit Vierter Verordnung zur Änderung der Eichordnung (zur Umsetzung der
MID-Richtlinie) vom 8. 2. 2007 BGBl. I S. 70 .

- Verordnung über die verbrauchsabhängige Abrechnung der Heiz- und Warmwasserkosten –
HeizkostenV 1981, in der Fassung der Bekanntmachung vom 5. Oktober 2009 (BGBl. I S. 3250).

- Ferner ist auf die AVBWasserV (s. *Kap. 1.3 Bund*)
und die Bauordnungen der Länder zu verweisen.

- Physikalisch-Technische Bundesanstalt:
PTB-A 6.1 – Volumenmessgeräte für strömendes
Wasser – Volumenmessgeräte für Kaltwasser
PTB-W 19 – Befundprüfung durch staatlich aner-
kannte Prüfstellen

DVGW:
- W 406: Volumen- und Durchflussmessung von
kaltem Wasser in Druckrohrleitungen
- W 407: Messung der Wasserentnahme in Wohnungen – Wohnungswasserzähler
- W 420: Magnetisch-induktive Durchflussmessgeräte (MID-Geräte) – Anforderungen und Prüfungen
- W 421: Wasserzähler

DIN:

- DIN 1988: Technische Regeln für Trinkwasserinstallationen (TRWI) T.2
- DIN EN 14154 – Wasserzähler

  Teil 1: Allgemeine Anforderungen,

  Teil 2: Einbau und Voraussetzungen für die Verwendung

  Teil 3: Prüfverfahren und -einrichtungen

5.6.2 Messprinzipien und Messgeräte

Verdrängungszähler

Der Durchfluss wird in Messraumfüllungen zerlegt: Kolbenhub, Kolbendrehung, Raum zwischen den Flügeln eines Messrades; die Anzahl der Füllungen bzw. Umdrehungen des Rades oder Kolbens werden gezählt. Beispiele sind der Ringkolbenzähler – *Abb. 5.81* – und der Taumelscheibenzähler.

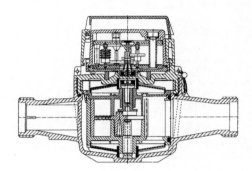

Anmerkung: Links und rechts der Trennwand liegen die Ein- bzw. Austrittsöffnungen im Messkammer-Unterteil bzw. -Oberteil. Der in der Messkammer oszillierende Ringkolben schließt und öffnet wechselweise diese Öffnungen und steuert somit laufend den Füll- bzw. Entleerungsvorgang des Messraumes. Das linke Bild zeigt den Ringkolben in seiner Mittelstellung; hier sind die Eintritts- und die Austrittsöffnung vollständig freigegeben, die halbe Messkammer ist gefüllt bzw. entleert.

Abb. 5.81: Prinzip- und Schnittbild eines Hauswasserzählers – Bauform Ringkolbenzähler, Trockenläufer (W 406 Gelbdruck 7/2001)

Turbinenzähler

Ein Flügelrad wird tangential angeströmt – entweder einstrahlig (für kleinere Durchflüsse, z. B. Wohnungswasserzähler) oder mehrstrahlig (z. B. für Hauswasserzähler); s. *Abb. 5.82*.

Gemessen wird hierbei im Grunde die Fließgeschwindigkeit; da die Umdrehungen des Flügelrades mit Impulsen abgenommen werden, handelt es sich hier aber ebenfalls um eine Mengenmessung.

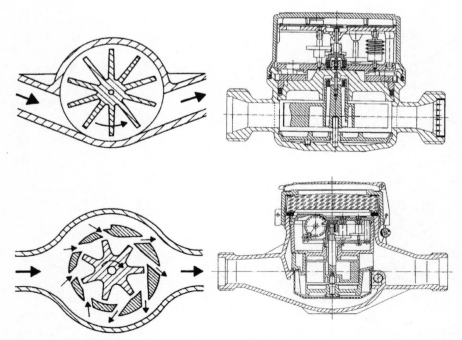

Abb. 5.82: oben: Einstrahl-Flügelrad-Wasserzähler – Trockenläufer; unten: Mehrstrahl-Flügelrad-Wasserzähler – Trockenläufer (W 406 Gelbdruck 7/2001)

Woltmann-Zähler (nach dem Wasserbauingenieur Heinrich Woltmann 1757–1837)

Eine Weiterentwicklung für größere Durchflüsse (ab DN 50) ist der Woltmann-Zähler, verfügbar in der Bauart WS – Flügelradachse senkrecht zur Rohrachse – und in der Bauart WP – Flügelradachse parallel mit der Rohrachse – s. *Abb. 5.83*. Die Bauart WS ist vorzuziehen, wenn der Betrieb häufig im unteren Belastungsbereich liegt, die Bauart WP für einen Betrieb vorwiegend im oberen Belastungsbereich; der Druckverlust ist bei WP im oberen Belastungsbereich günstiger (ca 0,1 bar bei Q_{max}) als bei WS. Eine Sonderbauart des Woltmann-Zählers ist der Eck-Wasserzähler für Brunnenköpfe.

Vor dem Woltmannzähler (in Fließrichtung) ist eine gerade Rohrstrecke in der Nennweite des Zählers und in der Länge der dreifachen Nennweite anzuordnen.

Standrohre zur Wasserentnahme von Hydranten sind entweder mit Flügelradzählern Q_n6 bzw. Q_n10 – für Bauwasser, Straßenreinigung, Ersatzversorgung etc. – oder mit Woltmann-Zähler DN 50 zur Rohrnetzspülung und Tankwagenfüllung ausgestattet.

Die Übertragung der Umdrehungen auf das Messwerk erfolgt beim Nassläufer direkt, beim Trockenläufer über Magnetkupplung. Flügelrad- und Ringkolbenzähler sind als Nass- und Trockenläufer, Woltmann-Zähler nur als Trockenläufer lieferbar.

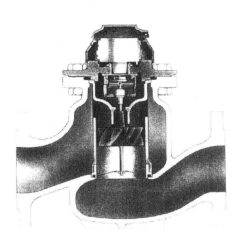 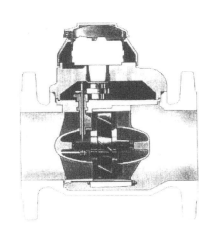

Abb. 5.83:   Woltmann-Zähler, links: Bauart WS und rechts: Bauart WP ([DVGW Bd. 2, 1999], S.306, 309)

Verbundwasserzähler

Ein Woltmann-Zähler WP und ein Hauswasserzähler als Nebenzähler werden zu einem Messgerät WPV zusammengefasst. Ein von der Druckdifferenz gesteuertes Umschaltventil sorgt dafür, dass bei kleineren Durchflüssen nur der Nebenzähler, bei großen Durchflüssen auch der Woltmann-Zähler beaufschlagt wird. Der Nebenzähler kann im Bypass angeordnet sein – s. *Abb. 5.84*.

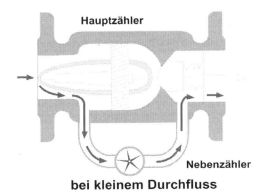 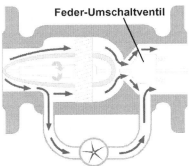

Abb. 5.84:   Prinzip des Verbundwasserzählers (Werkbild Invensys Meitwin)

Moderne kompakte Bauweisen fassen Gehäusedeckel, Messeinsatz, Umschaltvorrichtung und Nebenzähler in einem Einsatz zusammen, was einen Zählerwechsel ohne Ausbau des Gehäuses ermöglicht – Beispiel s. *Abb. 5.85*. WPV werden dort eingesetzt, wo der Durchfluss zeitlich großen Schwankungen unterliegt – z. B. Messung des üblichen Verbrauchs und Vorhaltung einer Löschwasser-Erfassung, Industriebetriebe.

C4000 Verbundwasserzähler INLINE:
Nenngröße DN 50-100, PN 16,
austauschbarer Messeinsatz,
serienmäßige Kommunikationsschnittstellen

Abb. 5.85:   Verbundwasserzähler WPV mit Ringkolben-Nebenzähler (ELSTER Messtechnik GmbH 2008)

Wirkdruckgeräte

Wirkdruckgeräte, auch Drosselgeräte genannt, sind Durchflussmesser. In einer Einschnürung der Rohrströmung durch eine Messblende oder eine Venturi-Düse wird die Geschwindigkeit der Strömung erhöht; der Druckunterschied vor und in der Einschnürung wird gemessen.

Ohne Berücksichtigung von Strömungsverlusten ergibt sich nach Bernoulli ein quadratischer Zusammenhang von Druck und Geschwindigkeit.

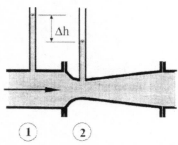

Abb. 5.86:   Venturi-Rohr – Messprinzip ([Lecher et al., 2001], S. 188)

Der Druckunterschied Δh in den Querschnitten A_1 und A_2 ist proportional dem Quadrat des Durchflusses:

$$Q = \sqrt{\frac{2g\Delta h}{A_2^{-2} - A_1^{-2}}} = \frac{\pi}{4}\sqrt{\frac{2g\Delta h}{d_2^{-4} - d_1^{-4}}}$$

Messblenden und Venturi-Düsen wurden früher häufig zur Messung großer Durchflüsse verwendet. Die Genauigkeit der Messung wird durch Störungen im Strömungsprofil stark beeinträchtigt; wegen des quadratischen Zusammenhangs von Druckdifferenz und Durchfluss muss die Messgröße umgerechnet werden (Radiziergerät); der Messbereich ist relativ klein.

Für die Messung großer Durchflüsse werden heute MID- und USD-Geräte verwendet.

Magnetisch-induktive Durchflussmesser – MID (W 420)

Nach dem Faraday'schen Gesetz wird bei Bewegung eines elektrischen Leiters – hier die Wasserfüllung im Messrohr – durch ein Magnetfeld eine Spannung induziert. Sie ist der mittleren Fließgeschwindigkeit, also dem Durchfluss proportional. Prinzipiell ist eine Messung in beiden Fließrichtungen möglich. Das Messprinzip zeigt *Abb. 5.87*. Die Geräte sind praktisch druckverlustfrei, theoretisch für jeden Durchmesser verwendbar, weisen keine beweglichen Teile auf und verfügen über einen großen Messbereich. Sie sind eichfähig; eine DVGW-Zertifizierung wird empfohlen (W 420). Inzwischen werden auch Geräte angeboten, die auf den Anwendungsbereich der Haus-Wassermessung abzielen [Stefanski, 2009b].

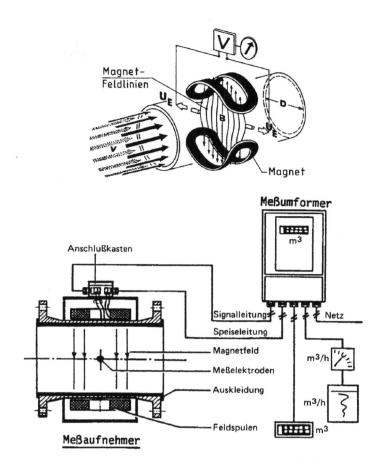

Abb. 5.87: Messprinzip des magnetisch-induktiven Durchflussmessers MID ([Netzmeister, 2008], S.77, nach W 420)

Das Messrohr besteht aus unmagnetischem Werkstoff, innen mit nicht leitendem Material ausgekleidet. Das Magnetfeld wird durch außen liegende Spulen über Gleichstrom erregt. Übliche Anschlussgrößen sind DN 50 bis 600 mit dementsprechenden Baulängen 200 bis 500 mm. Einbaulage horizontal, vertikal und in steigenden Leitungen. Auf ständige Vollfüllung des Messrohres und Vermeidung von Gasblasen, gleichfalls auf geradlinige Einlauf- und Auslaufstrecken (s. *Abb. 5.88*) ist zu achten. Zur Erhöhung der Messgenauigkeit empfiehlt sich eine möglichst hohe Fließgeschwindigkeit: $v \geq 3$ m/s für Q_{max}. Die Einschnürung der Rohrleitung ist mit $\phi/2 \leq 8°$ vorzusehen.

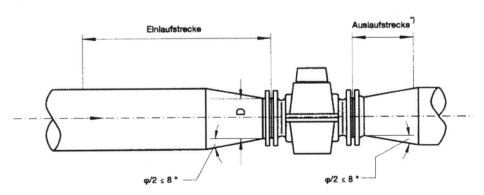

Abb. 5.88: Einschnürung, Ein- und Auslaufstrecken beim MID-Gerät (W 420)

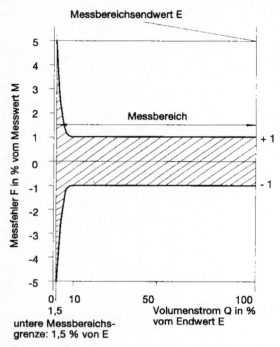

Abb. 5.89: Zulässige Fehlergrenzen beim MID-Gerät – Betriebsbedingungen (W 420)

Für die Eichung der MID-Geräte wird eine Kalibrierung bei 1,5%, 10% und 100% (= 3 m/s) vorgenommen. Die Fehlergrenzen lauten wie folgt – vgl. *Abb. 5.89*:

Zulässiger Fehler F_{zul}	unter Prüfbedingungen	unter Betriebsbedingungen	
10% < Q < 100%	± 0,7%	± 1%	vom Messwert M
1,5% < Q < 10%	± 0,07%	± 0,1%	vom Endwert E

Ultraschalldurchflussmesser

Die mittlere Strömungsgeschwindigkeit v wird dadurch bestimmt, dass Schallsignale schräg durch das Messrohr geschickt werden – Prinzip s. *Abb. 5.90*. Die Ausbreitungsgeschwindigkeit der Schallwellen c wird in Richtung der Strömung erhöht, in Gegenrichtung verzögert; die gemessenen Laufzeitdifferenzen sind proportional zur Strömungsgeschwindigkeit (weitere Informationen s. VDI/VDE 2642).

Erfolgt die Durchschallung direkt mit bzw. gegen die Strömungsrichtung, ergibt sich:

$$v = \frac{c^2}{2L} \cdot \Delta t \qquad (5.20)$$

mit

L   Abstand zwischen Sender und Empfänger
Δt Laufzeitdifferenz
$$= t_{rückwärts} - t_{vorwärts} = \frac{L}{c-v} - \frac{L}{c+v}$$

Wird die Differenz der Reziprokwerte der Laufzeiten $f = t^{-1}$, d. h. der Impulsfrequenzen eingesetzt, nämlich $\Delta f = f_1 - f_2$, fällt die Schallgeschwindigkeit heraus:

$$v = \frac{L \cdot \Delta f}{2}$$

bzw. bei schräger Durchschallung

$$v = \frac{L \cdot \Delta f}{2 \cdot \cos\alpha} \qquad (5.21)$$

α = Winkel zur Rohrachse.

Die Messanlage ist für alle Durchmesser praktisch gleich aufwändig, so dass ein Einsatz eher für größere Durchmesser in Frage kommt. USD-Geräte können auf bestehende Leitungen aufgesetzt werden (Aufschnallgeräte). Damit werden sie interessant für Messungen im laufenden Betrieb, z.B. zur Kontrolle des Nachtverbrauchs in abgegrenzten Versorgungsbereichen zur Feststellung eventueller Leckverluste. Besonderes Interesse gewinnen sie bei der Messung verschmutzter Flüssigkeiten (Abwasser). Voraussetzungen für eine zuverlässige Messung sind kreisrundes Rohr, genau bekannter Innendurchmesser, keine Inkrustierungen, eine störungsfreie gerade Rohrstrecke derselben Nennweite mit einer Länge im Einlauf vom Fünf- bis Dreißigfachen, im Auslauf mindestens vom Fünffachen der Nennweite. Eichfähige USD-Geräte werden seit 2000 von der Industrie angeboten.

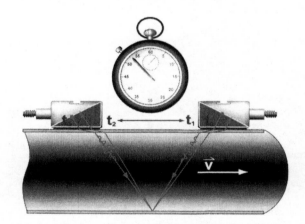

Abb. 5.90: Prinzip einer USD-Messanlage nach dem Laufzeit-Differenz-Verfahren (FLEXIM GmbH, ewp 3/2009 – nach W 406)

Zählwerke, Datenübertragung

Alle Wasserzähler können mit einem mechanischen Zählwerk, mit einem elektronischen Zählwerk oder einer Kombination aus beiden Werken ausgestattet werden. Die elektrischen Komponenten der Zählwerke ermöglichen den Abgriff der Messwerte zur Fernübertragung und die Ermittlung weiterer Werte wie z. B. Rückwärtsvolumen, Momentandurchfluss, Stichtagsdurchfluss sowie die Datenspeicherung. Die Datenauslesung kann dann vor Ort durch Ablesen des LC-Displays, leitungsgebunden (z. B. über Pulsleitungen, Telefonleitungen, Bus-Systeme) oder über Funk erfolgen. Letztere Möglichkeiten sind von besonderem Interesse bei schwer zugänglichen Messstellen, z. B. in

Schächten. Eine Übersicht über die derzeit verfügbaren Schnittstellen und Übertragungstechniken gibt F. Stefanski [DVGW, 2002 und 2008].

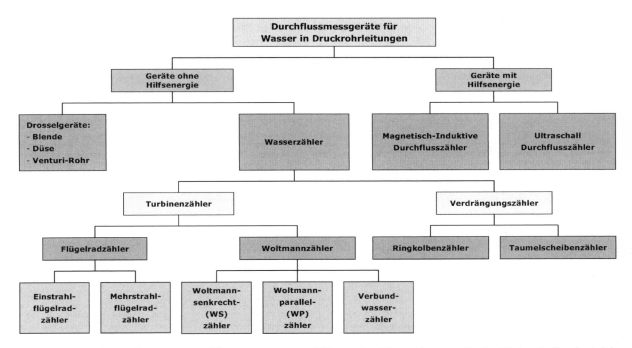

Abb. 5.91:   Eichfähige Messgeräte zur Wassermengen- und Wasserdurchfluss-Messung für den Einbau in Druckrohrleitungen (F. Stefanski, DVGW Kurs 2 [DVGW, 2002 und 2008])

5.6.3   Eichung und Eichfehlergrenzen

In § 2 des Eichgesetzes heißt es: *„Messgeräte, die im geschäftlichen oder amtlichen Verkehr verwendet werden, müssen in ihrer Bauart zugelassen und geeicht sein"*. Die Eichordnung regelt Beschaffenheit und Kennzeichnung der Messgeräte, die Bauartzulassung (sie ist Aufgabe der Physikalisch-technischen Bundesanstalt PtB) und die Gültigkeitsdauer der Eichung. Kaltwasserzähler sind nach sechs Jahren (vor 1993 waren es acht Jahre) auszubauen und nachzueichen, Warmwasserzähler nach fünf Jahren. Bei Kaltwasserzählern kann die Eichgültigkeit um jeweils drei Jahre verlängert werden, wenn eine festgelegte Stichprobe (PtB-Mitteilung 102 von 4/92) die Einhaltung der Verkehrsfehlergrenzen nachweist. Die Eichung/Nacheichung wird von Eichämtern und staatlich zugelassenen Prüfstellen durchgeführt. Solche Prüfstellen werden von der Herstellerindustrie und von Wasserversorgungsunternehmen vorgehalten.

Die EWG-Kaltwasserzähler-Richtlinie 75/33/EWG legte einheitliche Bau- und Betriebsvorschriften für Kaltwasserzähler sowie die Verfahren der EWG-Bauartzulassung und EWG-Ersteichung fest; Warmwasserzähler werden von der Richtlinie 79/830/EWG erfasst. Kaltwasserzähler gehen bis 30°C, Warmwasserzähler bis 90°C; bei höheren Temperaturen spricht man von Heißwasserzählern.

Die EG-Richtlinie 2004/22/EG über Messgeräte (MID-Richtlinie) ist seit dem 30. Oktober 2006 in Kraft. Sie umfasst nur Wassermessgeräte für Haushalt, Gewerbe oder Leichtindustrie. In Deutschland wurde sie mit dem Gesetz zur Änderung des Eichgesetzes vom 2. Feb. 2007 sowie mit der vierten Verordnung zu Änderung der Eichordnung vom 8. Feb. 2007 in nationales Recht umgesetzt, in Kraft getreten am 13. Feb. 2007. Für neue Wassermessgeräte (sauberes Kalt- oder Warmwasser) gelten zusätzlich die Anforderungen nach Anhang MI-001. Nach neuen Regeln gefertigte Messgeräte können seit diesem Zeitpunkt zugelassen werden. Bestehende nationale Zulassungen sind bis zum 30. Oktober 2016 gültig; auf dieser Grundlage können Messgeräte maximal bis zu diesem Termin in Verkehr gebracht und erst geeicht werden.

Die MID-Richtlinie legt neue Bezeichnungen fest und definiert die Durchflussbereiche und die zugehörigen Eichfehlergrenzen neu. Ferner wurden die Konformitätsbewertungsverfahren und Zuständigkeiten für Zulassung und Eichung/Prüfung neu geregelt. In Deutschland bleiben vorerst die Physikalisch-Technische Bundesanstalt PTB und die Eichbehörden zuständig. Zum Stand der Umsetzung der Neuregelungen – s. [Schulz, 2008].

Wichtig sind die technischen Begriffe und Definitionen (Auszug):

- *Größter Durchfluss Q_{max}*, neue Bezeichnung (nach MID-Richtlinie) Überlastdurchfluss Q_4: Durchfluss, mit dem der Zähler unter Einhaltung der Fehlergrenzen und ohne Überschreitung des größten zulässigen Druckverlustes arbeiten kann.
- *Nenndurchfluss Q_n*: halber Wert des größten Durchflusses Q_{max}; er dient zur Kennzeichnung des Zählers, neue Bezeichnung Dauerdurchfluss Q_3.
- *Kleinster Durchfluss Q_{min}*: kleinster Durchfluss, von dem ab der Zähler die Fehlergrenzen einhalten kann, neue Bezeichnung Q_1.
- *Belastungsbereich*: Er wird begrenzt durch Q_{max} und Q_{min} und aufgeteilt in einen unteren und einen oberen Bereich, getrennt durch Q_t (neue Bezeichnung Übergangsdurchfluss Q_2), für die jeweils unterschiedliche Fehlergrenzen gelten.
- *Druckverlust*: Wasserzähler werden entsprechend den bei Q_{max} auftretenden Druckverlusten in die Gruppen 1,0 – 0,6 – 0,3 und 0,1 bar eingeteilt.
- *Metrologische Klassen*: Die Wasserzähler werden in drei metrologische Klassen (messtechnische Güteklassen) eingeteilt, die in Abhängigkeit von der Zählergröße die Ausdehnung der oberen und unteren Belastungsbereiche festlegen – *Tab. 5.18*.

Tab. 5.18: Metrologische Klassen (W 406)

Metrologische Klassen		Nenndurchfluss Q_n	
		$< 15\ m^3/h$	$\geq 15\ m^3/h$
Klasse A:	$Q_{min} =$	0,04 Q_n	0,08 Q_n
	$Q_t =$	0,10 Q_n	0,30 Q_n
Klasse B:	$Q_{min} =$	0,02 Q_n	0,03 Q_n
	$Q_t =$	0,08 Q_n	0,20 Q_n
Klasse C:	$Q_{min} =$	0,01 Q_n	0,006 Q_n
	$Q_t =$	0,015 Q_n	0,015 Q_n

Die Auswahl der Klassen ist dem Wasserversorgungsunternehmen freigestellt. Da die meisten Hersteller ihre Zähler ohnehin in der Genauigkeit der Klasse C fertigen, genügt üblicherweise die Bestellung in den Klassen A oder B. Nach den künftig geltenden Festlegungen der DIN EN 14154 T.1 bis 3 werden die Belastungsbereiche anders definiert. Sie müssen folgende Bedingungen erfüllen:

$$Q_3/Q_1 \geq 10\ ;\quad Q_2/Q_1 = 1,6\ ;\quad Q_4/Q_3 = 1,25.$$

Für die Belastungsbereiche sind Eichfehler- und Verkehrsfehlergrenzen festgelegt, innerhalb derer bei der Kalibrierung die Fehlerkurven des Zählers liegen müssen – s. *Abb. 5.92*. Die *Eichfehlergrenzen* sind als Voraussetzung für die Eichung und Nacheichung einzuhalten. Sie betragen:

für Kaltwasserzähler

im oberen Belastungsbereich	$\geq Q_t$ bis Q_{max}	$\pm 2\%$
im unteren Belastungsbereich	von Q_{min} bis $< Q_t$	$\pm 5\%$

für Warmwasserzähler

im oberen Belastungsbereich	$\geq Q_t$ bis Q_{max}	$\pm 3\%$
im unteren Belastungsbereich	von Q_{min} bis $< Q_t$	$\pm 5\%$

Im Betrieb sind die *Verkehrsfehlergrenzen* einzuhalten – sie sind jeweils mit dem doppelten Zahlenwert belegt s. *Abb. 5.92*. Im Betrieb werden unterhalb von Q_{min} die Durchflüsse gar nicht – solange der Zähler noch nicht läuft – oder wesentlich zu gering erfasst. Diese Differenzen werden als „Schleichmengen" bezeichnet; durch sie entsteht ein Teil der „scheinbaren Wasserverluste". Stand der Technik sind z. B. für $Q_n = 2,5\ m^3/h$ Zähler, die im Neuzustand ca. ab 5 L/h oder darunter anlaufen und ab 20 L/h die Eichfehlergrenzen einhalten.

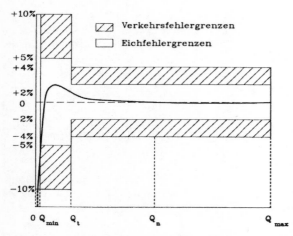
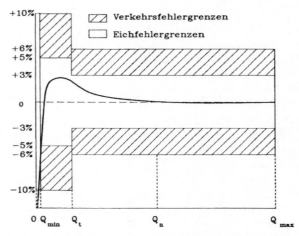

Abb. 5.92: Zulässige Fehlergrenzen für Wasserzähler mit Beispiel einer Fehlerkurve. links: Kaltwasserzähler, rechts: Warmwasserzähler ([DVGW Bd. 4, 2000], S. 416/7)

Bis Oktober 2011 bestehen Übergangsregelungen. Die Neuregelung führt außerdem eine so genannte Beständigkeitsprüfung ein, die in Berücksichtigung des vom Hersteller veranschlagten Zeitraums vor dem In-Verkehr-Bringen durchzuführen ist mit den folgenden Eichfehlergrenzen: 2,5% (Kaltwasser) bzw. 3,5% (Warmwasser) im oberen Belastungsbereich und 6% für alle Zähler im unteren Belastungsbereich.

Die Zähler müssen eine vorgeschriebene Kennzeichnung tragen, ergänzt um den aktuellen Eichstempel (vgl. ewp 6/2008, S. 16 ff) – Beispiel s. *Abb. 5.93*. Zu den technischen Anforderungen der Messgeräte wird auf DIN EN 14154 Teil 1-3 verwiesen. Im Arbeitsblatt W 421 werden die werkstofftechnischen Anforderungen an Gehäusewerkstoffe (Metalle, Kunststoffe) und Beschichtungen dargestellt, die zugleich Basis der DVGW-Zertifizierung für neue Messgeräte sein werden.

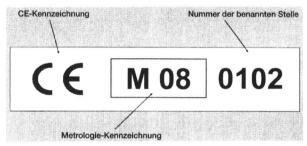

Abb. 5.93: Konformitätskennzeichnung eines Messgeräts nach MID [Schulz, 2008]

Nach § 18 AVBWasserV (vgl. *Kap. 1.3 Bund*) stellt *„das Wasserversorgungsunternehmen die vom Kunden verbrauchte Wassermenge durch Messeinrichtungen fest, die den eichrechtlichen Vorschriften entsprechen müssen"*. Das WVU bestimmt Art, Zahl und Größe des Zählers; Lieferung, Anbringung, Überwachung, Unterhaltung etc. sind gleichfalls Aufgabe des WVU. Der Kunde muss für eine frostsichere und leicht zugängliche Unterbringung sorgen – in der Regel ein „Hausanschlussraum", in dem alle Messeinrichtungen (Strom, Wasser, Gas) zusammengefasst sind. Unter Umständen kommt auch ein Zählerschacht an der Grundstücksgrenze in Betracht (s. § 11 AVBWasserV, DIN 1988–2 Abschnitt 9); wegen Unfallgefahr bei der Ablesung sollte möglichst darauf verzichtet werden.

Die Dimensionierung von Hauswasserzählern richtet sich nach der Anzahl der anzuschließenden Wohneinheiten bzw. der Art und Größe des Gebäudes/Gewerbetriebs/Industrieunternehmens.

Die Zählergröße wird nach W 406 – s. *Tab. 5.19* – so gewählt, dass Q_{max} mehrfach am Tag kurzfristig überschritten werden kann, was dem Zähler nichts schadet, zugleich aber die Messgenauigkeit im unteren Bereich verbessert. Eine aktuelle Untersuchung [Stefanski, 2009a] zeigt, dass diese Bemessung sich bewährt hat. Im Hinblick auf die neuen Bezeichnungen nach DIN EN 14154 (Q_1 bis Q_4 s.o.) wird W 406 angepasst werden (Entwurf Juli 2010).

Tab. 5.19: Bestimmung der Wasserzählergröße (nach W 406)

Nutzungsart der Gebäude	Maßgebende Bezugsgröße für die Zählerauswahl	Anzahl der Bezugsgröße		Nenndurchfluss des Zählers Q_n in m³/h	Anschlussgewinde* bzw. DN
Wohngebäude	Wohneinheiten	Druckspüler	Spülkasten		
		bis 15	bis 30	2,5	G1B
		16–85	31–100	6	G1½B
		86–200	101–200	10	G2B
Schulen	Schüler und Lehrer	bis 400		10	G2B
		401–3.000		15	DN 50
Hotels	Zimmer	bis 20		6	G1½B
		21–100		10	G2B
		101–300		15	DN 50
Krankenhäuser	Betten	bis 50		10	G2B
		51–75		15	DN 50
		76–700		40	DN 80
		701–1.000		60	DN 100
Verwaltungsgebäude	Beschäftigte	bis 300		10	G2B
		301–2.000		15	DN 50

*) G1B = R¾; G1½B = R1; G2B = R1½

5.6.4 Wohnungswasserzähler (W 407)

Mit steigenden Kosten für Wasser und Abwasser einerseits, für Energie andererseits wächst das Interesse des Bürgers, den Verbrauch von Kalt- und Warmwasser detailliert für jede Wohnung getrennt abgerechnet zu erhalten. Als erstes deutsches Bundesland hat Hamburg über die Bauordnung 1987 den Einbau von Wohnungswasserzählern WWZ bei Neubauten und bei der Altbausanierung vorgeschrieben; inzwischen wird die Nachrüstung bestehender Wohnungen gefordert. Hessen hat gleichartige Regelungen eingeführt. Hintergrund war und ist die politische Absicht, auf diesem Wege den Wasserverbrauch einzuschränken (was auch ohne solche gesetzlichen Regelungen inzwischen in ganz Deutschland eingetreten ist). Es sind also die Länderbauordnungen und – bezüglich Warmwasser – die Bundes-Heizkosten-Verordnung zu beachten. Für WWZ gelten selbstverständlich dieselben eichrechtlichen Vorschriften wie für Hauswasserzähler.

Für Wohnungswasserzähler genügt meist der Einstrahl- oder Mehrstrahl-Flügelradzähler $Q_n 1,5$, meist als Trockenläufer in Klasse A (B). Die Geräte können in Unterputz- und Aufputzkonstruktion, als Messkapsel- oder Kastenzähler geliefert werden. Der sog. Ventilzähler wird in das Hauptabsperrventil eingesetzt (Achtung Druckverlust!). Speziell für die Nachrüstung bestehender Installationen sind z. B. auch Waschtischzähler verfügbar, die hinter dem Eckventil eingebaut werden.

Der Einbau erfolgt entweder als *Hauptmessstelle* – d. h. die Abrechnung seitens des Wasserversorgungsunternehmens erfolgt direkt gegenüber dem Wohnungseigentümer oder Wohnungsmieter – oder als *Nebenmess-*

stelle hinter dem Hauswasserzähler – dann obliegt es dem Hauseigentümer bzw. der Wohnungseigentümergemeinschaft, die Wasserkosten entsprechend der WWZ-Ablesung auf die Wohnungseigentümer bzw. -mieter umzulegen.

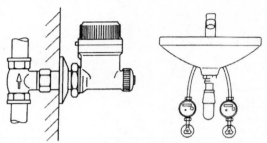

Abb. 5.94: Ventilzähler (links) und Waschtischzähler (rechts) (W 407)

Die Anordnung der WWZ erfolgt sinnvollerweise im gemeinsamen Zählerraum: Dies bedeutet dann eine separate Steigleitung für jede Wohnung, was für Neubauten etwa bis zu drei Stockwerken sinnvoll sein mag. Bei Nachrüstungen bleibt im Allgemeinen nur die Anordnung in den Wohnungen selbst; bei dezentraler Warmwasserversorgung wird ein WWZ je Wohnung gebraucht, bei zentraler Warmwasserversorgung sind dann allerdings je Wohnung zwei Zähler erforderlich – also je 1 Zähler je Steigleitung – Beispiel s. *Abb. 5.95*. Bei dezentraler Anordnung empfiehlt sich eine Datenübertragung per Funk auf mobile Datenerfassungsgeräte oder leitungsgebunden zur Hauszentrale.

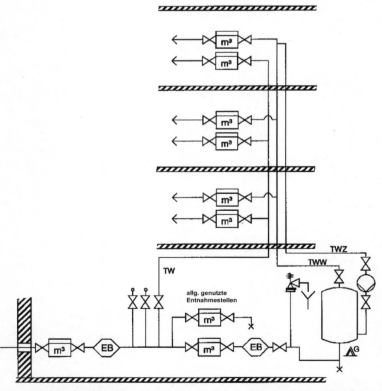

Abb. 5.95: Wohnungswasserzähler für Warm- und Kaltwasser als Nebenmessstelle in der Wohnung bei zentraler Trinkwassererwärmung (W 407)

5.7 Trassierung und Verlegung von Rohrleitungen

Leitungen der öffentlichen Wasserversorgung werden nach ihrer Aufgabenstellung unterschieden.

Fernleitungen sind Zubringerleitungen und Transportleitungen über große Entfernung; Zubringer- und Transportleitungen verbinden die Anlagen der Wasserversorgung – Gewinnung, Aufbereitung, Speicher, Netz – ohne direkte Verbindung zum Verbraucher. Ab 20 bis 40 km Entfernung und Querschnitten > DN 300 spricht man von Fernleitungen.

Die **Wasserverteilungsanlagen** umfassen das **Rohrnetz** einschließlich der Einbauten wie Armaturen, Messeinrichtungen und die zugehörigen Bauwerke. Das Rohrnetz umfasst Haupt-, Versorgungs- und Hausanschlussleitungen – s. *Kap. 5.7.2 Trassierung der Leitungen im Verteilungsnetz.*

Die Begriffe für **Druck** und **Durchmesser** sind in W 400–1 und –2 (nach EN 805 Abschnitt 3) genormt:

Der **Höchste System-Betriebsdruck MDP** (maximum design pressure) ist für deutsche Trinkwasser-Versorgungsnetze mit 10 bar genormt. Bei einer grundsätzlich vorgehaltenen Reserve für Druckstöße von 2 bar ergibt sich der **System-Betriebsdruck DP** (design pressure) entsprechend dem höchsten Ruhedruck im Netz zu 8 bar, zu unterscheiden vom tatsächlich auftretenden **Betriebsdruck OP** (operation pressure). Der Betriebsdruck OP soll jederzeit den erforderlichen **Versor-** gungsdruck SP (service pressure) sicherstellen. Die Dichtheitsprüfung der neu verlegten Rohrleitung wird durchgeführt mit dem **Systemprüfdruck STP** (system test pressure).

Die genannten Druckdefinitionen haben ihre Entsprechung bezogen auf die Bauteile der Leitungssysteme – Rohre und Armaturen (die gewählten Abkürzungen für den Druck sind der europäische Kompromiss zwischen Englisch und Französisch):

Zulässiger Bauteil-Betriebsdruck PFA (allowable operating pressure – pression de fonctionnnement admissible);

Höchster Bauteil-Betriebsdruck PMA (allowable maximum operating pressure – pression maximale admissible);

Zulässiger Bauteil-Prüfdruck auf der Baustelle PEA (allowable site test pressure, pression d'épreuve admissible sur chantier).

Das Rohr wird mit der **Nennweite DN** bezeichnet, eine ganzzahlige Bezeichnung, die sich entweder auf den **Innendurchmesser ID** (internal diameter) oder d_i - wie z. B. bei Guss- und Stahlrohren – oder auf den **Außendurchmesser OD** (outside diameter) oder d_a - wie z. B. bei Kunststoffrohren – bezieht. Zur Veranschaulichung der Druckbegriffe s. *Abb. 5.96.*

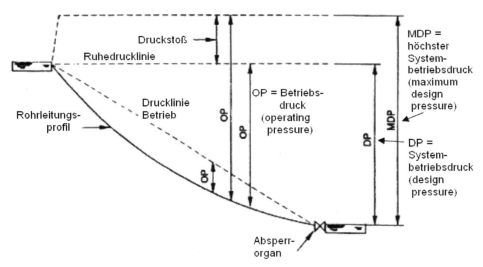

Abb. 5.96: Erläuterung der Druckbegriffe am Beispiel einer Fall-Leitung (W 400-1)

Wasserleitungssysteme der öffentlichen Wasserversorgung sind lt. EN 805 Ziff.5.2 bzw. W 400–1 Ziff. 4 auf eine gesicherte Mindestnutzungsdauer von 50 Jahren auszulegen, ausgenommen Teile, die zeitlich begrenzt genutzt werden bzw. eine technische begrenzte Lebensdauer haben wie Pumpen, Mess- und Regeleinrichtungen. Die tatsächliche Nutzungsdauer sollte wesentlich darüber hinausgehen, was die Praxis auch weitgehend bestätigt. An die Planung, die Auswahl der Bauteile und an die Qualität der Verlegung sind deshalb hohe Anforderungen zu stellen. W 400–2 Ziff. 4.1 lautet:

„Die mit dem Bau von Rohrleitungen beauftragten Unternehmen müssen die für die Ausführung der Bau-, Verlege- und Schweißarbeiten erforderlichen Qualifikationen besitzen.

Der Auftraggeber ist verpflichtet, sich von dem Vorhandensein dieser Qualifikationen zu überzeugen. Er kann sich hierbei eines Systems zur Prüfung von Lieferanten oder Unternehmen bedienen. ... Die Qualifikation gilt daher als nachgewiesen, wenn Rohrleitungsbauunternehmen z. B. ein DVGW-Zertifikat nach DVGW GW 301 (A) in der entsprechenden Gruppe besitzen (für die grabenlose Neulegung und

Rehabilitation von Rohrleitungen gilt GW 302). Sie gilt für Versorgungsunternehmen für Arbeiten an eigenen Wasserverteilungsanlagen als nachgewiesen, wenn die entsprechenden Anforderungen des DVGW W 1000 (A) erfüllt sind.

Die Rohrleitungsbauarbeiten sind durch fachlich qualifiziertes und entsprechend unterwiesenes Personal auszuführen. Die fachliche Eignung des Personals ist nachzuweisen.

Die Bau-, Verlege- und Schweißarbeiten sind durch fachlich qualifizierte und erfahrene Aufsichtspersonen zu leiten und zu beaufsichtigen. "

(vgl. dazu auch DVGW Gas/Wasser-Info Nr. 18 „Leitfaden zum Nachweis der Qualifikation von Dienstleistungsfirmen im Tief- und Leitungsbau – Qualifikationskriterien".)

Auf die Beachtung der Unfallverhütungsvorschriften (Berufsgenossenschaftliche Vorschriften) sei insbesondere bezüglich der Arbeiten in Baugruben und Rohrgräben hingewiesen.

5.7.1 Trassierung von Transportleitungen

Fernversorgungssysteme dienen dem Ausgleich zwischen Wasserüberschuss- und Wassermangel-Gebieten. Das Wasser wird entweder als Rohwasser von der Gewinnung zur Aufbereitung oder von dort als aufbereitetes Trinkwasser zu den Verbrauchszentren gefördert. Beim Transport von Trinkwasser ist auf die Vermeidung nachteiliger Qualitätsveränderungen während des Transports zu achten.

Die großartigen Fernleitungssysteme der Römerzeit (Versorgung von Rom, Anlagen in Frankreich und Spanien, Eifelwasserleitung nach Köln) finden erst wieder in der Neuzeit Nachahmung, beispielhaft:

- Wien: Erste Hochquellenleitung 1870–73, 100 km Freispiegelkanal, 30 Jahre später ergänzt durch die Zweite Hochquellenleitung über 200 km.
- Frankfurt/Main: Fernleitungen 1879 und 1911 aus Vogelsberg und Spessart.
- München: Fernleitungen 1902 und 1910 aus dem Mangfallgebiet.

Unter den heute bestehenden Systemen in Deutschland seien genannt (s. Bild 2.4, Übersicht s. [Mehlhorn und Weiß, 2009]) – diese transportieren Trinkwasser in Druckleitungen:

- Zweckverband Landeswasserversorgung, gegründet 1912, Wasserabgabe rd. 90 Mio. m³/a an rd. 3 Mio. Einwohner in 250 Städten und Gemeinden über rd. 785 km Fernleitungen (www.lw-online.de).
- Zweckverband Bodenseewasserversorgung, gegründet 1954, Wasserabgabe rd. 125 Mio. m³/a an rd. 4 Mio. Menschen in 320 Städten und Gemeinden, 1700 km Fernleitungen – s. *Abb. 2.52* (www.zvbwv.de).
- Fernwasserversorgung Elbaue-Ostharz, Gründungserlass 1946, Wasserabgabe 78 Mio. m³/a an > 2 Mio. Menschen, 710 km Fernleitungen (www.fwv-torgau.de).

Spektakuläre Systeme außerhalb Deutschlands sind z. B.:

- Südkalifornien: Colorado Aquaeduct 400 km (30er Jahre) und California Aquaeduct 700 km (70er Jahre) – Rohwassertransport in offenen Kanälen, Stollen und Druckleitungen.
- Südfinnland: Päijänne-Stollen über 120 km zur Versorgung von Helsinki – Rohwassertransport im roh ausgebrochenen Felsstollen.
- Riyadh Water Transmission System Saudi-Arabien: Transport entsalzten Meerwassers aus dem arabischen Golf, zwei parallele Stahlleitungen 60" (1.520 mm) von je 466 km über 696 m geodätische Höhe, Gesamtförderhöhe 2.446 m, 60 bar Druck – derzeit wohl das größte Transportsystem der Welt (bbr 37 (1986) S. 26 f und S. 50 f).

Wasser-Ferntransport lässt sich über offene oder geschlossene Kanäle mit Freispiegelabfluss – abhängig von der Geländemorphologie und meist nur für Rohwasser geeignet – sowie über Druckleitungen (eingeschlossen Stollenleitungen) vollziehen. Bei Druckleitungssystemen bestimmt die maximale Tagesbezugsmenge eines Abnehmers (Bezugsrecht bzw. Anschlussleistung des Weiterverteilers) die Auslegung der Leitung bei einer Vertragsdauer von z. B. 30 Jahren. Wird die Anschlussleistung überschritten, sind Spitzenzuschläge zu zahlen. Aus hygienischen Gründen, d.h. zur Vermeidung von Stagnation in den Transportleitungen, werden außerdem Mindestbezugsmengen vereinbart (z. B. ZV Bodenseewasserversorgung 40% der gemeldeten Anschlussleistung im Jahresdurchschnitt, Zweckverband Wasserversorgung Fränkischer Wirtschaftsraum 20% der Tagesbestellmenge). Im Hinblick auf die Dimensionierung und Auslastung und damit auf eine wirtschaftliche Betriebsführung ist für die Weiterverteiler die günstigste Lösung, die Grundlast über die Fernversorgung, die Spitzenlast aus lokalen Vorkommen zu decken. Die Übergabe des Wassers aus der Fernleitung an die örtlichen Verteilerunternehmen erfolgt in der Regel über einen Trinkwasserbehälter (s. dazu W 400-1 Abschn. 14.3 und W 365 „Übergabestellen"). Damit wird die Unabhängigkeit bezüglich Regelung und Betrieb von Fernleitung und örtlichen Versorgungsanlagen erreicht.

Die Fließgeschwindigkeiten werden bei Pumpendruckleitungen mit 1,0–2,0 m/s gewählt, bei Zubringer- und Fallleitungen mit 1,0–1,5 m/s, was – für den Fall einer Drucksteigerung zu Hochlastzeiten – noch einen Spielraum bis < 2,0 m/s ermöglicht (M. Weiß, DVGW-Kurs 2 [DVGW, 2002 und 2008]). Wenn der Druck über Pumpwerke erzeugt wird (auch bei Drucksteigerungs-Pumpwerken zur Erhöhung der Leistung von Gefälleleitungen), ist bei der Dimensionierung ein Optimum von Förderkosten (Energieverbrauch) und Leitungsdurchmesser anzustreben. Bei gestreckten langen Leitungen ohne Einbauten ist ein Rauheitsbeiwert von k = 0,10–0,12 mm gut einzuhalten. Die Wirkungen instationärer Strömungsverhältnisse sind zu beachten und rechnerisch zu kontrollieren (vgl. *Kap. 5.4.3 Dynamische Druckänderungen*). Im Allgemeinen ist es sinnvoll, die Leitung mehrfach zu unterbrechen z. B. durch Zwischenbehälter an Hochpunkten im Abstand von 30

– 40 km oder – bei viel Gefälle – durch Fallschächte. Bei schwer zugänglichen Stollenleitungen empfiehlt sich beispielsweise ein Wasserschloss zum Auffangen von Druckwellen.

Auf eine Begrenzung der Transportzeit ist zu achten: Trinkwasser ist ein Lebensmittel mit begrenzter „Haltbarkeit". Lange Transportzeiten führen zur Ausgasung gelöster Luft (wegen allmählicher Erwärmung) und gegebenenfalls zur Aufkeimung. Wenn Ablagerungen von Eisen und Mangan nicht ausgeschlossen werden können (dies gilt vor allem für den Rohwassertransport), müssen die Leitungen molchbar sein.

Als Rohrmaterial haben sich Stahl und duktiler Guss, in der Regel mit Zementmörtelauskleidung, durchgesetzt. Spannbetonrohre, die zwar den Vorteil exakt dimensionierbarer statischer Konstruktion besitzen, sind offenbar nicht mehr wettbewerbsfähig und werden in Deutschland nicht mehr hergestellt. Stollenleitungen werden entweder als begehbare Tunnel ausgeführt, in die die Leitung eingebaut wird (Fernleitung Oberau-München), oder direkt als Druckstollen.

Trassierung im Grundriss

Anzustreben sind gerade Trassen, möglichst parallel zu bestehenden Straßen, Wegen oder Bahnlinien und unter Umgehung der Ortschaften; Leitungen für die örtliche Versorgung liegen dagegen besser im öffentlichen Straßenraum. Zu beachten sind Baugrundverhältnisse,

Grundwasserstände, Zugänglichkeit für den Bau und die spätere Wartung. Nicht standfeste Hänge werden in der Falllinie durchfahren; Straßen, Bahnstrecken und Gewässer werden rechtwinklig gekreuzt. Die technischen Bedingungen richten sich nach den Verträgen mit der Bundes-Fernstraßenverwaltung, Deutschen Bahn und Bundes-Wasserstraßenverwaltung. Die Mitbenutzung von privaten Grundstücken zur Verlegung von Trinkwasserleitungen ist durch Duldung nach § 8 AVB-WasserV oder beschränkte persönliche Dienstbarkeiten möglich. Bei wichtigen Leitungen und Anlagen empfiehlt sich eine zusätzliche dingliche Absicherung (im Grundbuch eingetragene beschränkte persönliche Dienstbarkeit) zugunsten des Versorgungsunternehmens. (s. W 400–1 Abschn. 7.4 und Anhang B).

Kreuzungen von Bahnanlagen erfolgen z. B. im Allgemeinen mit Schutzrohr (s. *Abb. 5.98*), Gewässer werden mit Dükerleitungen gekreuzt. Der Bau von Rohrbrücken oder das Anhängen von Leitungen an Straßen- und Bahnbrücken wird lieber vermieden wegen des technischen Aufwands und der gegenseitigen Abhängigkeit bei Wartungs- und Reparaturarbeiten. Bei Straßen- und Bahnkreuzungen setzen sich Verlegeweisen ohne Aufgrabung („no dig") durch. Der Rohrvortrieb erfolgt von Schächten oder Baugruben aus; das Rohr (Schutzrohr oder Produktrohr) übernimmt die Abstützung des ausgebrochenen Raums (vgl. *Kap. 5.7.4 Grabenlose Bauverfahren zur Neuverlegung oder Rehabilitation von Rohrleitungen*).

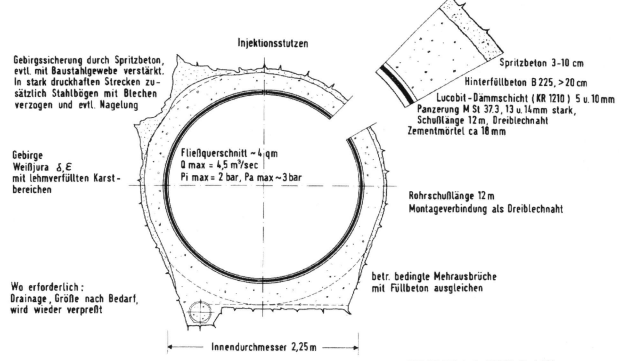

Abb. 5.97: Regelquerschnitt des Albstollens der Bodenseewasserversorgung ([DVGW Bd. 2, 1999], S. 142)

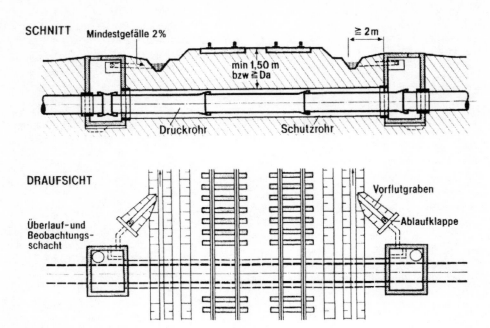

Abb. 5.98: Kreuzung einer Bahnlinie im Schutzrohr ([DVGW Bd. 2, 1999], S. 143)

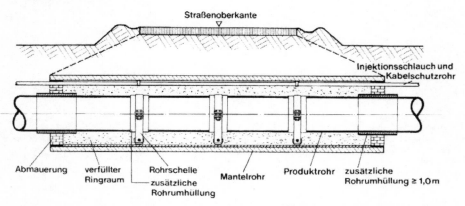

Abb. 5.99: Kreuzung einer Straße im Schutzrohr mit Ringraumverfüllung ([DVGW Bd. 2, 1999], S. 146)

Die Auflagen des Natur- und Landschaftsschutzes sind zu beachten. Zum unmittelbaren Schutz der Leitungen und zur Erhaltung der Zugänglichkeit sind Grunddienstbarkeiten zu schaffen. Die Leitungen benötigen Schutz- und Arbeitsstreifen.

- Schutzstreifen sichern die Leitungen gegen äußere Einflüsse und umgekehrt die angrenzenden Grundstücke gegen Einflüsse, die von den Leitungen ausgehen können. Sie werden meist nur außerhalb vom öffentlichen Straßenraum ausgewiesen. So sind auch entsprechende Abstände von Baumpflanzungen einzuhalten (was vor allem bei Stadt-

straßen häufig Probleme bereitet). Angemessene Breiten sind 4 m bis DN 150, 6 m bis DN 400, 8 m für > DN 400, 10 m für > DN 600.

- Arbeitsstreifen sollen die einwandfreie Durchführung der Bauarbeiten ermöglichen; sie richten sich nach Grabenbreite, Grabentiefe und Flächennutzung – s. *Abb. 5.100*. W 401–1 (Abschn. 8.3) gibt etwas geringere Breiten an; es empfiehlt sich eine entsprechende Vereinbarung zwischen Auftraggeber und Baufirma.

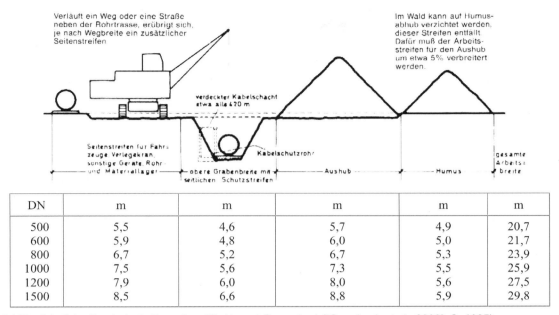

DN	m	m	m	m	m
500	5,5	4,6	5,7	4,9	20,7
600	5,9	4,8	6,0	5,0	21,7
800	6,7	5,2	6,7	5,3	23,9
1000	7,5	5,6	7,3	5,5	25,9
1200	7,9	6,0	8,0	5,6	27,5
1500	8,5	6,6	8,8	5,9	29,8

Abb. 5.100: Arbeitsbreiten beim Leitungsbau (Stahl- und Gussrohre) ([Grombach et al., 2000], S. 1025)

Trassierung im Längsschnitt

Um eine schnelle und restlose Luftaustragung bei der Leitungsfüllung zu gewährleisten, werden Transportleitungen mit einem Mindestgefälle > 0,5% (1 : 200) verlegt; zugleich sind ausgeprägte Hoch und Tiefpunkte vorzusehen. Luft, die aus dem Wasser bei steigender Temperatur und abnehmendem Druck ausgast, sammelt sich an geodätischen und hydraulischen Hochpunkten. An geodätischen Hochpunkten müssen die Leitungen be- und entlüftbar, an hydraulischen Hochpunkten entlüftbar sein. Ein hydraulischer Hochpunkt entsteht dort, wo der Abstand zwischen Drucklinie und Rohrleitung ein Minimum erreicht (Punkt BEV3 in *Abb. 5.101*).

Tiefpunkte erhalten Entleerungen. Streckenschieber werden im Abstand < 10 km angeordnet, Einstiege im Abstand < 1 km. Rohrbruchsicherungen sichern gegen das Ausfließen großer Wassermengen bei Rohrbruch; sie werden bei Überschreiten eines Maximaldurchflusses oder Überschreiten einer bestimmten Durchflussdifferenz zwischen zwei Messpunkten ausgelöst. Die Armaturen werden in Schächten angeordnet. Zur baulichen Ausführung der Schächte (zur Entleerung, Spülung, Be- und Entlüftung; für Absperr- und Regelarmaturen, Mengen- und Durchflussmessung etc.) s. W 358.

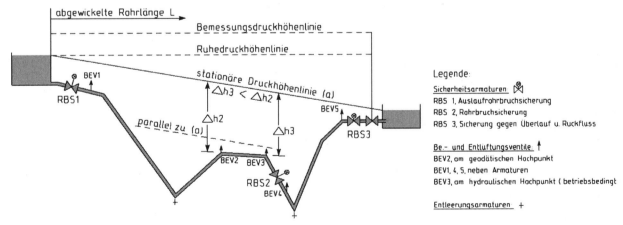

Abb. 5.101: Anordnung der Be- und Entlüftungsventile in Fallleitungen (W 303 Bild 12)

Luftblasen, die an Stellen hängen bleiben, wo sich das Gefälle ändert, können erhebliche Druckverluste verursachen – vgl. *Abb. 5.102* oben. Am Hochpunkt A sammelt sich Luft an; ohne eine dort angeordnete Entlüftung tritt ein hoher Druckverlust h_L auf, der zur Verminderung des Durchflusses führt. Derselbe Effekt kann sich am Übergang der Gefällestrecke in die Waagrechte einstellen – Punkt B.

Abb. 5.102 unten: Unzulässige Führung einer Fallleitung. Bei voller Ausnutzung des Druckgefälles entsteht bei A Unterdruck. Ist dort ein Belüftungsventil ordnungsgemäß installiert, wird Luft eingesaugt; der Durchfluss geht zurück. Erfolgt keine Belüftung und entsteht Unterdruck von > 0,8 bar, reißt die Wassersäule bereits bei stationären Betriebsverhältnissen ab. Wenn eine andere Linienführung nicht möglich ist, ist es zweckmäßig, einen Wasserbehälter am Punkt A anzuordnen oder den Punkt A mit einem Stollen zu unterfahren.

Beispielhaft wird in *Abb. 5.103* der Längsschnitt der 2. Hauptleitung des Zweckverbands Bodenseewasserversorgung gezeigt. Hochbehälter (HB) sind auf ausgewählten Hochpunkten angeordnet. Der Albstollen besitzt einen Einlaufbehälter und ein Schacht-Wasserschloss am Auslauf. Die Leistung der Fall-Leitungen kann durch Drucksteigerungspumpwerke am Sipplinger Berg und in Talheim erhöht werden. Zwischen HB Hardhof und HB Rehberg wird die Leitung als Druckleitung betrieben.

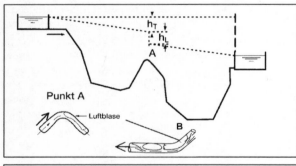

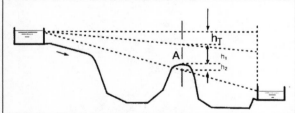

Abb. 5.102: oben: Leitungstrassierung im Längsschnitt Luftblase im Hochpunkt A, Luftblase mit Wasserwalze im Tiefpunkt B (der Druckverlust ist hier nicht eingetragen; Darstellung seitenverkehrt) unten: Unzulässige Führung einer Fallleitung (W 334)

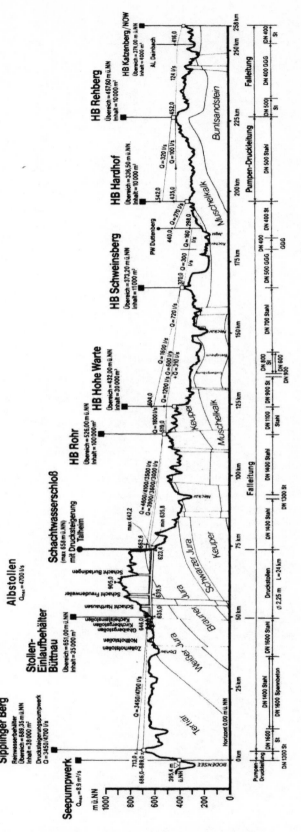

Abb. 5.103: Längsschnitt der 2. Hauptleitung der Bodenseewasserversorgung

5.7.2 Trassierung der Leitungen im Verteilungsnetz

In Europa sind Einheitsnetze üblich, d. h. keine Trennung von Trinkwasser und Betriebswasser für Haushalte und Kleingewerbe. Doppelte Leitungssysteme rechnen sich nicht, sind vom Wasserdargebot in Deutschland her nicht erforderlich und hygienisch wegen kaum vermeidbarer „cross connections" (Querverbindungen) riskant. In weniger dicht besiedelten Gebieten betragen die Netzkosten 90%, im großstädtischen Kerngebiet über 60% der Gesamtkosten. So beschränken sich auch in ausgeprägten Wassermangelgebieten Parallelnetze auf bestimmte Stadtbezirke und Gebäudekomplexe. – Eine getrennte Versorgung der Straßenreinigung und der Bewässerung der Grünanlagen mit Flusswasser oder recyceltem Abwasser kann wirtschaftlich sinnvoll sein. In Industriebetrieben sind mehrere Leitungsnetze für unterschiedliche Ansprüche und für innerbetriebliche Kreisläufe Stand der Technik.

Das Rohrnetz der öffentlichen Trinkwasserversorgung umfasst

- Hauptleitungen: Von diesen zweigen die Versorgungsleitungen ab, in der Regel aber keine Hausanschluss-Leitungen. Hauptleitungen werden häufig – und sinnvollerweise – zu großräumigen Ringleitungen zusammenschlossen.

- Versorgungsleitungen: Sie dienen der Versorgung der in den Straßen liegenden Grundstücke; von ihnen zweigen die Hausanschluss-Leitungen ab. Sie werden in geschlossenen Baugebieten im Allgemeinen als vermaschte Netze angelegt.

- Hausanschluss-Leitungen: Sie versorgen die Grundstücke.

Die Vorteile der Vermaschung liegen in der Verringerung von Druckschwankungen bei großen Entnahmen, z. B. im Brandfall, und in der höheren Versorgungssicherheit, da jeder Anschluss praktisch von zwei Seiten erreicht wird. Nachteil ist die höhere Zahl von Armaturen und Formstücken, die eingebaut und unterhalten werden müssen. Zu den Netztypen und Druckzonen

s. *Kap. 5.2 Anordnung der Wasserversorgungsanlagen.* Die Einbindung der Versorgungsleitungen erfolgt sinnvollerweise an Knotenpunkten der Hauptleitungen innerhalb des abschieberbaren Bereichs des Knotens, damit bei Ausfall einer Hauptleitung der Netzausfall möglichst gering bleibt – s. *Abb. 5.104.*

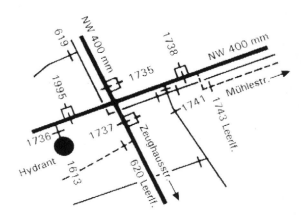

Abb. 5.104: Schemaskizze eines Knotens des Haupt- und Versorgungsleitungssystems mit Be- und Entlüftung sowie Entleerung (über Hydrant bzw. gestrichelte Leitungen) ([Grombach et al., 2000], S. 937)

Die Trassierung der Leitungen erfolgt im Stadtbereich innerhalb der öffentlichen Verkehrsflächen, soweit wie möglich an deren Rand (Seitenstreifen); die Gehwege sind allerdings meistens für Strom- und Telefonkabel reserviert. In breiten Straßen werden die Versorgungsleitungen auch beidseitig angeordnet. Die Kreuzung von Straßen erfolgt im rechten Winkel.

Bei der Neuverrohrung von Straßen wird heute empfohlen, zur Kostenersparnis Gas- und Wasserleitungen im gemeinsamen Graben zu verlegen und die Kabeltrassen darüber anzuordnen. Erschwernisse entstehen natürlich bei späteren Aufgrabungen. Ein Beispiel zeigt *Abb. 5.106.*

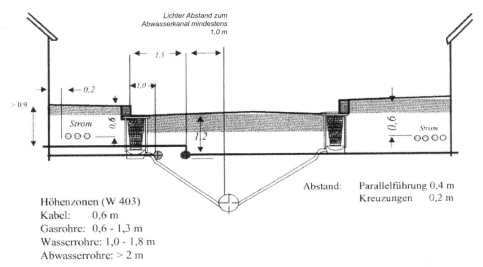

Abb. 5.105: Straßenquerschnitt mit Versorgungsleitungen ([Hoch und Kuhl, 2002 und 2008] und DIN 1998)

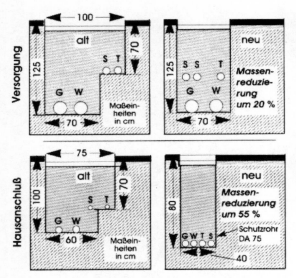

Abb. 5.106: Gemeinsame Verlegung von Leitungen. Das Beispiel eines Neubaugebiets in Dortmund ergab 20–30% Kostenersparnis gegenüber konventioneller Bauweise (DEW – Dortmunder Energie und Wasser)

Dagegen ist die Zusammenfassung mehrerer Versorgungsleitungen und Kabel in begehbaren Versorgungskanälen sehr aufwändig; sie kommt eigentlich nur in Betracht, wenn ausgedehnte Bahnanlagen oder große Verkehrsstraßen zu kreuzen sind.

Grundsätzlich sollte ein Gefälle < 0,5% vermieden werden, um einen einwandfreien Transport von Luftblasen zu erreichen; richtig ist die Anlage von ausgeprägten Hoch- und Tiefpunkten. Richtgeschwindigkeiten sind ≤ 1,0 m/s für Hauptleitungen, ≤ 0,5 m/s für Versorgungsleitungen; maßgebend ist der maximale Stundenverbrauch des Spitzentages. Die Mindestgeschwindigkeit sollte beim mittleren Stundendurchfluss 0,005 m/s nicht unterschreiten; dies sind 430 m/d. Es wird dann das Wasser einer 430 m langen Leitung innerhalb eines Tages einmal ausgetauscht. Diese Forderung lässt sich allerdings in einigen Bereichen eines vermaschten Netzes nicht erfüllen. Das gilt besonders in Gewerbegebieten, wo der tägliche Verbrauch relativ gering ist, die Leitungsquerschnitte aber für den Feuerschutz bemessen werden.

Kritisch sind Wohnstraßen (Stichstraßen): Eine Entnahme der Feuerwehr von 20 – 30 L/s überfordert fast schon eine Leitung DN 150 (sie leistet 17 L/s bei 1 m/s). Kurze Stichstraßen werden deshalb nur für den normalen Verbrauch der Anlieger mit DN 50 bis DN 100 ausgestattet; die Feuerwehr schließt sich an Hydranten der Hauptstraße an. Hydranten sind im Abstand von etwa 100 m, in offenen Wohngebieten etwa 140 m angeordnet, außerdem grundsätzlich am Ende von Stichstraßen zu Spülzwecken, falls dort kein Hausanschluss angelegt ist.

Zur Anordnung der Schieber im Kreuzungsbereich s. *Abb. 5.107.*

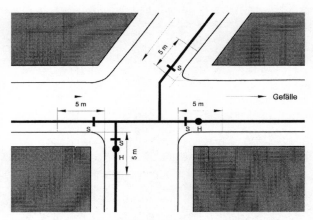

Abb. 5.107: Zweckmäßige Anordnung von Schiebern und Hydranten an einer Straßenkreuzung – W 331 (9/2000)

Hausanschlussleitungen machen i. d. R. etwa 1/3 der Leitungslänge eines Rohrnetzes aus. Grundsätzlich sollte jedes Grundstück über einen eigenen Anschluss an das Versorgungsnetz verfügen. Dazu führt die Verordnung über Allgemeine Bedingungen für die Versorgung mit Wasser aus:

„Hausanschlüsse gehören zu den Betriebsanlagen des Wasserversorgungsunternehmens und stehen vorbehaltlich abweichender Vereinbarung in dessen Eigentum. Sie werden ausschließlich von diesem hergestellt, unterhalten, erneuert, geändert, abgetrennt und beseitigt, müssen zugänglich und vor Beschädigungen geschützt sein. .. (§ 10 (3) AVBWasserV)"

Für die Bemessung zählt der kurzzeitige 10-Sekunden-Spitzendurchfluss (nach W 410) mit einer Fließgeschwindigkeit ≤ 2 m/s bei einem Druckverlust ≤ 0,2 bar. Je nach Leitungslänge reicht DN 40 sogar bis zu 30 Wohneinheiten; Leitungen < DN 32 werden praktisch nicht mehr verlegt (s. dazu W 404). Das gewählte Rohrmaterial ist heute fast ausschließlich Polyethylen PE. Bei Neubauten empfiehlt sich aus Kostengründen, sämtliche Anschlussleitungen (Elektro, Wasser, Gas, Kabel-TV) in einem Graben zusammenzulegen und mit einer „Mehrsparten-Hauseinführung" in den Zählerraum zu führen. Wenn dann die Trinkwasserleitung nicht mehr in frostsicherer Tiefe liegt, muss sie eine Wärmeisolierung erhalten.

Die Verlegetiefe für Wasserleitungen bestimmt sich nach dem Klima. Je nach zu erwartender Frosteindringtiefe beträgt sie 1,0 bis 1,5 m ab Rohrscheitel. Größere ständig durchströmte Leitungen sind weniger gefährdet als Stichleitungen und vor allem Hausanschlussleitungen, die meistens über Nacht und beispielsweise in Urlaubszeiten keinen Durchfluss haben. Frostgefährdet sind Brückenleitungen, oberirdische Ersatzversorgungen, Anlagen in Schächten; solche Leitungen und Anlagen müssen entweder isoliert werden oder es ist im Frostfall für ständige Durchströmung zu sorgen.

5.7.3 Rohrverlegung

5.7.3.1 Rohrgraben

Für die Ausführung von Baugruben und Gräben gilt DIN 4124. Der Arbeitsraum im Rohrgraben muss einen fachgerechten Einbau der Rohrleitung ermöglichen. Wird allerdings der Grabenraum nicht betreten, sind engere Grabenbreiten möglich – beispielsweise bei der Verlegung einer im Strang gefrästen PE-Leitung mit Grabenfräse s. *Abb. 5.145*. Die Grabentiefe richtet sich nach der Überdeckungshöhe, die zum Schutz der Leitung (vor allem vor Frost) einzuhalten ist. Gräben bis 1,75 m Tiefe dürfen in standfestem gewachsenen Boden unverbaut ausgeführt werden gemäß *Abb. 5.108* (die in DIN 4124 (alt) noch genannte Möglichkeit, statt der Abböschung an der oberen Grabenkante eine Saum-

bohle zu setzen, ist entfallen). Für nicht standfesten Boden und größere Tiefen ist Verbau erforderlich – in Rohrgräben meist waagrechter Verbau oder Verwendung von Verbaueinheiten – s. *Abb. 5.108*; für Kopflöcher ist eher ein senkrechter Verbau geeignet.

Empfohlene Grabenbreiten sind $B = DN + 2 \cdot (30$ bis 40 cm) zuzüglich 20 cm für Muffen, 60 cm für Schweißnaht. Als Mindestbreiten gelten $B = DN + 40$ cm (bis DN 40), bei erforderlichen Umsteifungsarbeiten DN + 70 cm; unabhängig davon gelten folgende Mindestbreiten:

$B = 60$ cm bei nicht verbauten,

$B = 70$ cm bei verbauten und teilverbauten Gräben bis 1,75 m,

$B = 80$ cm bei Gräben > 1,75 m bis 4,0 m Tiefe.

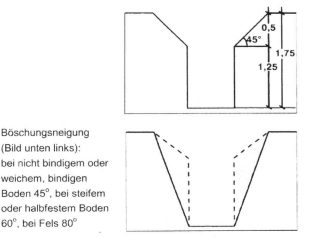

Böschungsneigung
(Bild unten links):
bei nicht bindigem oder
weichem, bindigen
Boden 45°, bei steifem
oder halbfestem Boden
60°, bei Fels 80°

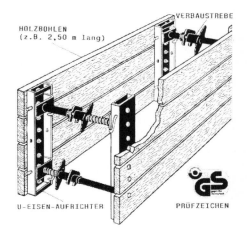

Abb. 5.108: Zulässige Böschungen bei Gräben bis 1,75 Tiefe; Beispiel einer Grabenverbaueinheit ([DVGW Bd. 2, 1999], S. 335 und [Köhler, 1997], S. 76)

Für das Bauwerk „erdüberdeckte Rohrleitung" ist der Boden zugleich Baugrund (Auflager) und Baustoff (Einbettung und Verfüllung). Zu den Begriffen gemäß W 400–2 siehe *Abb. 5.109*.

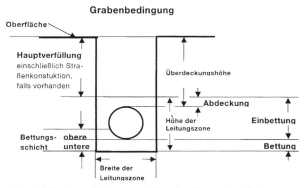

Abb. 5.109: Darstellung und Beschreibung des Rohrgrabens (Grabenbedingung) (W 400–2)

Mit der Neuausgabe der VOB Teil C „Allgemeine Technische Vertragsbedingungen für Bauleistungen (ATV)" vom Oktober 2006 sind die Bodenklassen neu eingestuft worden; die Bezeichnungen in DIN 18300 „Erdarbeiten", DIN 18301 „Bohrarbeiten" und DIN 18311 „Nassbaggerarbeiten" wurden aufeinander abgestimmt. Die Klassen lauten BN „Nichtbindige Böden", BB „Bindige Böden", BO „Organische Böden", FV „Fels" mit den Zusatzklassen BS „Steine und Blöcke" und FD „Einaxiale Festigkeit". Siehe dazu auch DIN 18196 „Erd- und Grundbau – Bodenklassifikation für bautechnische Zwecke". Die Verfüllung und Verdichtung von Leitungsgräben im Straßenraum und die Wiederherstellung der Straßendecke richtet sich nach ZTVA-StB 97/06 – Neuausgabe 2009 – bzw. nach den Verträgen mit dem Straßenbaulastträger, vgl. *Abb. 5.110*. Es gilt der Grundsatz, wonach eine aufgegrabene Verkehrsflächenbefestigung wieder so herzustellen ist, dass sie dem ursprünglichen Zustand gleichwertig ist.

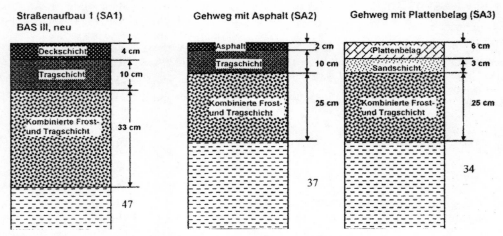

Abb. 5.110: Straßenaufbau – Straße, Gehweg [Hoch und Kuhl, 2002 und 2008]

Die Lastverteilung am Rohr und die Spannungsverteilung im Rohr werden weitgehend von der Ausführung der Rohrbettung und der Grabenverfüllung bestimmt – s. *Kap. 5.7.3.3 Rohrstatik*. Die Grabensohle ist eben auszuheben, Übertiefen sind durch verdichtungsfähiges Material auszugleichen. Die Bettung und das Verfüllmaterial ist nach Stärke und Korngröße auf das verwendete Rohrmaterial und dessen Außenschutz abzustimmen. So sind PE, PVC und GFK-Rohre sowie PE-Umhüllungen empfindlich gegen spitze Steine (gebrochenes Material) – die zulässige Korngröße für rundes Material beträgt 0–3 mm; bei ZM-umhüllten Rohren ist auch gebrochenes Material mit Korngrößen bis 63 mm zulässig – vgl. W 400-2 Abschnitt 10. Eine neue Generation des HDPE – PE 100 VRC (very resistant to cracks) – ist speziell für den Einsatz in „no dig"-Bauweise entwickelt worden (s. *Kap. 5.8.7.2 PE*).

Vorrangig soll das Aushubmaterial wiederverwendet werden; wenn keine ausreichende Verdichtungsfähigkeit besteht, muss ein Austausch erfolgen. Das Verfüll-

material soll keine Korrosion fördern, muss chemisch beständig sein und darf keine schädlichen Verunreinigungen von Boden und Grundwasser auslösen.

Einbau und Verdichtung des Verfüllmaterials erfolgen lagenweise. Die Verdichtungswilligkeit hängt ab von Bodenart, Kornform und -rauheit, Korngrößenverteilung und Wassergehalt. Die Verdichtungsgeräte sind danach auszuwählen – s. dazu DVGW-Gas/Wasser-Info Nr. 15 (8/99) [DVGW Nr. 15, 1999]. Der Rohrgraben ist bis zum Erreichen der Auftriebssicherheit der (leeren) Rohrleitung trocken zu halten, d. h. Vermeidung von Tagwasser-Zutritt und gegebenenfalls Grundwasserhaltung. Ist eine Dränung erforderlich, ist sie nach Abschluss der Bauarbeiten zu verschließen, um eine Ausschwemmung von Feinteilen zu vermeiden. Bei Gefälleleitungen in wenig wasserdurchlässigen Böden können Rohrgräben ihrerseits wie eine Dränage wirken; deshalb sind in bestimmten Abständen Lehmriegel zu setzen – *Abb. 5.112*.

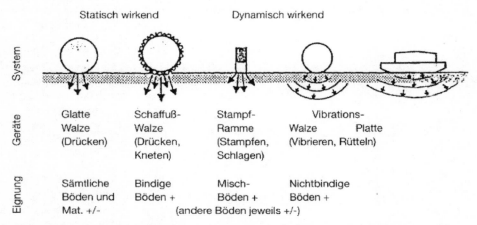

Abb. 5.111: Gerätearten zur Bodenverdichtung (Gas/Wasser-Info Nr.15 [DVGW Nr. 15, 1999])

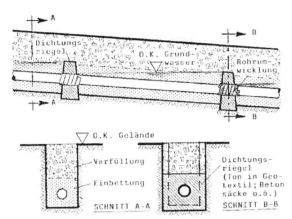

Abb. 5.112: Anordnung und Ausbildung von Riegeln im hügeligen Gelände zur Vermeidung der Dränagewirkung des Grabens ([Köhler, 1997], S. 85)

Bei der Trassierung und beim Aushub der Rohrgräben ist auf die notwendigen Abstände zu Bauwerken und anderen Leitungen zu achten; kreuzende Leitungen sind abzusichern. Aufgrabungen neben oder unter einer bestehenden Leitung stören das bestehende statische System und können unmittelbar – oder auch mit einiger Verzögerung – erhebliche Schäden auslösen. Die Verfüllzonen von Bauwerken sind grundsätzlich setzungsgefährdet, was vor allem bei der Verlegung der Hausan-

schlüsse zu beachten ist. Bei einer Verlegung von Leitungen unterhalb der Unterkante von Fundamenten muss die Rohrleitung außerhalb der Druckausbreitung der Bauwerkslast bleiben. Abstände zu Bauwerken, Rohrleitungen und Kabeln sind ≥ 40 cm, bei Fernleitungen ≥ 1,0 m. Werden an Engstellen die Abstände unterschritten, ist durch Schalen oder Schutzrohre der Direktkontakt zwischen Rohrleitungen bzw. Kabeln zu verhindern. Metallische Rohre sind empfindlich gegen Induktion bei Parallelführung von Stromkabeln; bei Kunststoffrohren ist bei Abständen < 20 cm auf eine Wärmeisolierung zu achten. Bei Leitungskreuzungen werden bei Abständen < 20 cm nicht leitende Schalen oder Platten zwischengelegt; eine Übertragung von Kräften muss ausgeschlossen werden. – Trinkwasserleitungen sollen grundsätzlich oberhalb von Abwasserleitungen liegen.

Von Bäumen ist gebührender Abstand zu halten. Hat ein Baum erst einmal eine Wasserleitung aus der Lage verschoben, mag er sich über die Undichtheit freuen – der Leitungsbruch ist nach entsprechender Ausspülung des Untergrunds sicher. Nach GW 125 wird die Anordnung von parallelen Trennwänden oder Schachtringen empfohlen – *Abb. 5.113*. Andererseits können (flachwurzelnde) Straßenbäume mit Rohrleitungen im unterirdischen Rohrvortrieb in ausreichender Tiefe unterfahren werden, ohne dass eine gegenseitige Beeinträchtigung eintreten muss.

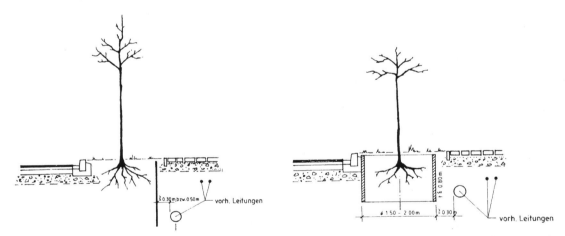

Abb. 5.113: Schutz von Bäumen und Rohrleitungen voreinander durch parallele Trennwände oder Schachtringe (die Schachtringe sind in Leitungsrichtung geöffnet für den Durchtritt von Wurzeln und Wasser) (GW 125)

5.7.3.2 Einbau der Rohre

Beförderung, Abladen und Lagern der Rohre müssen so erfolgen, dass keine Beschädigung des Außenschutzes erfolgt. Die Rohre werden beidseitig mit Kunststoffdeckeln verschlossen, die erst unmittelbar vor dem Herstellen der Rohrverbindungen entfernt werden, um das Eindringen von Verunreinigungen zu verhindern. Kunststoffrohre sind licht- und temperaturempfindlich und deshalb bei längerer Lagerzeit abzudecken.

Richtungsänderungen erfolgen entweder in Ausnutzung der elastischen Verformbarkeit (Stahl, PE), der zulässigen Abwinkelbarkeit in Muffen und Kupplungen oder durch Formstücke bzw. vorgefertigte Bögen.

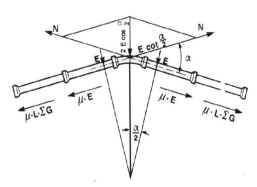

Abb. 5.114: Schubkräfte und Erdwiderstand am Rohr (GW 368)

Die Rohrleitung ist nach dem Verlegen in ihrer Lage zu sichern. Richtungsänderungen (im Grundriss und im Längsprofil), Abzweige, Leitungsenden und Querschnittsreduktionen lösen abhängig vom Innendruck resultierende Kräfte aus. Bei nicht längskraftschlüssigen Rohrverbindungen ist die Leitung entweder durch Widerlager (nach GW 310) zu sichern oder es sind Schubsicherungen über eine ausreichende Länge gegen Verschieben anzubringen (nach GW 368). Das Zusammenwirken von Schubkräften und Erdwiderstand zeigt *Abb. 5.114*.

Die zu sichernde Rohrleitungslänge beträgt nach GW 368:

$$L = \frac{N - E(\mu + \cot\alpha/2)}{\mu(2G_B + G_W + G_R)} \qquad (5.22)$$

mit

μ Reibungszahl
  = 0,50 für nicht bindige Sande und Kiese
  = 0,25 für lehmige Sande, Mergel, Lehm, Löss
N Normalkräfte aufgrund von Innendruck
G_B Gewicht des Bodens über dem Rohr
G_W Gewicht der Wasserfüllung
G_R Gewicht des Rohres
E Erdwiderstand – er wirkt dem seitlichen Ausweichen des Rohres im Boden entgegen.

Die Druckkräfte aus Wasserdruck in Muffenrohren sind auf den Außendurchmesser zu beziehen, da der Innendruck auf die Rohrstirnwand der Muffen einwirkt.

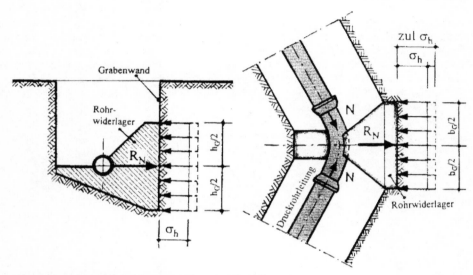

Abb. 5.115: Schematische Darstellung eines Widerlagers (nach GW 310)

Abb. 5.115 zeigt das Beispiel eines Widerlagers zur Sicherung eines Krümmers. Die Resultierende R_N ergibt sich aus dem Prüfdruck STP, dem Rohraußendurchmesser OD und der Abwinklung der Rohrachse α zu:

$$R_N = \frac{2STP \cdot OD^2 \cdot \pi}{4} \cdot \sin\alpha/2 \qquad (5.23)$$

Die zur Abstützung des Widerlagers in Anspruch zu nehmende Fläche der Grabenwand $A = h_G \cdot b_G$ ergibt sich dann aus der zulässigen Bodenpressung σ_h zu $A = R_N / \sigma_h$.

Bei Richtungsänderungen im Längsprofil sind die resultierenden Kräfte durch die Grabensohle bzw. durch Betonkörper aufzunehmen – s. *Abb. 5.116* (GW 310).

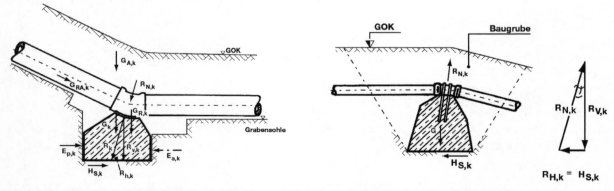

Abb. 5.116: Widerlager und Kraftansätze bei Richtungsänderung der Leitung im Längsprofil (GW 310)

Werte für σ_h sind z. B.

0,04 MN/m² (40 kN/m²)   für steifen bindigen Boden (Lehm, Ton)

0,20 MN/m²   für sandigen Kies, Mittelsand (mitteldicht)

1,00 MN/m²   für Fels (leicht klüftig).

Wenn die Schubkräfte nicht in die Grabenwand abgeleitet werden können, können sie auch auf Gewichtswiderlager oder großflächige Spundwände übertragen werden – *Abb. 5.117*.

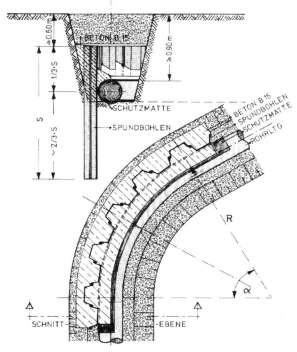

Abb. 5.117: Widerlager aus Spundbohlen zur Abfangung großer Kräfte ([Köhler, 1997], S. 138)

In Stadtstraßen ist im Allgemeinen nicht genügend Platz für Widerlager gegeben; außerdem muss dort immer damit gerechnet werden, dass durch Aufgrabungen die Abstützung des Widerlagers verloren geht. Deshalb sind hier grundsätzlich längskraftschlüssige Verbindungen über die Schublänge (s. o.) zu empfehlen.

In Steilstrecken ist die Rohrleitung, soweit nicht längskraftschlüssig verlegt, gegen Abrutschen durch Querriegel zu sichern. Bei einem genügend standfesten Boden bieten sich Beton-Querriegel an. In diesem Fall sichert ein Betonwiderlager die Leitung am unteren Ende; die bergwärts verlegten Rohre werden so weit in die Muffe eingefahren, bis sie im Muffengrund aufstehen. Auf dem Hang selbst wird dann je nach Neigung jedes zweite oder dritte Rohr hinter der Muffe mit einem Betonriegel gesichert, der in den gewachsenen Boden eingebunden ist. Die Betonriegel stellen gleichzeitig einen Schutz gegen die Unterspülung der Rohrleitung dar. Hänge, an denen Rutschungen zu erwarten sind, erfordern den Einbau einer zugfesten Rohrverbindung, die auch unter Betriebsbedingungen beweglich bleibt. Ist eine Rohrleitung hangabwärts zu

verlegen, so sind die Rohre mit längskraftschlüssigen Verbindungen in der Weise zu montieren, dass die Längskraftschlüssigkeit direkt gegeben ist und das Abrutschen der Rohre verhindert wird. Die ganze Leitung muss dann am oberen Knickpunkt an einem entsprechend großen Bauwerk bzw. Widerlager angehängt werden. Das Widerlager ist nicht erforderlich, wenn die am Knickpunkt anschließende horizontale Leitungsstrecke auf einer ausreichenden Länge mit längskraftschlüssigen Verbindungen verlegt wird.

Die Rohrverbindungen sind so auszuführen, dass die Leitung dauerhaft dicht ist und den statischen und dynamischen Beanspruchungen standhält. Auf die Sauberkeit der zu verbindenden Teile und den einwandfreien Sitz der Dichtungen ist zu achten. Kunststoffleitungen dehnen sich bei höherer Temperatur aus; dadurch entwickeln sich Längsspannungen; in der warmen Jahreszeit empfiehlt es sich, Rohrverbindungen am frühen Morgen herzustellen. Der Einbau von Armaturen und Formstücken muss spannungsfrei erfolgen; umgekehrt ist auch zu vermeiden, dass von der Rohrleitung unzulässige Zwänge auf die Einbauteile ausgehen.

Anschlüsse von Rohrleitungen an Bauwerke sind so auszuführen, dass wechselseitig keine unzulässigen Kräfte übertragen werden – z. B. Querkräfte aus Setzungen. In Frage kommen z. B. gelenkige Verbindungen, elastische gelagerte Rohrdurchführungen, Zuganker oder Schubriegel.

Zur Auswahl von Rohrmaterial und Korrosionsschutz s. *Kap. 5.8 Rohre für Wassertransport und -verteilung*. Rohrmaterial und Korrosionsschutz bestimmen die Anforderungen an Bettung und Verfüllmaterial. Es ist wirtschaftlich unsinnig, am Rohrmaterial oder etwa am Korrosionsschutz zu sparen angesichts der Kostenanteile für Erdarbeiten, Verlegung und Wegeflächenbefestigung! – s. *Abb. 5.118*

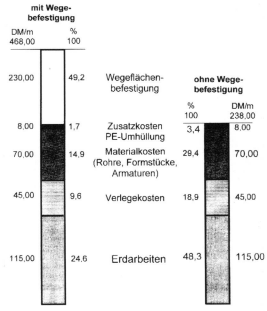

Abb. 5.118: Herstellkosten (Mittelwerte) einer Trinkwasserleitung DN 100/150 aus Duktilguss-Rohren ([Grombach et al., 2000], S.1165)

Bevor die fertige Rohrleitung verfüllt, d. h. der Graben geschlossen wird, ist die Druckprüfung vorzunehmen; die Leitung ist einzumessen und nach Lage im Grundriss und Tiefenlage zu dokumentieren (*Kap. 5.7.3.6 Einmessung der Leitungen, Dokumentation*).

5.7.3.3 Rohrstatik

Vergleichsweise einfach ist die Bemessung der Rohre für den Innendruck, da hierfür Membranspannungszustand unterstellt werden darf – vgl. *Anlage 5.A.5 Anlage zu Kapitel 5.8*:

Spannung in Längsrichtung: $\sigma_L = \dfrac{STP \cdot DM}{4s}$

Spannung in Radialrichtung: $\sigma_R = \dfrac{STP \cdot DM}{2s}$

STP = Systemprüfdruck,
DM = mittlerer Rohrdurchmesser,
s = Wandstärke.

Bei äußerem Wasserdruck stellt sich gleichfalls Membranspannungszustand ein. Im Rohrgraben kann dies allerdings nicht erwartet werden.

Das System Fahrbahn (falls die Leitung im Straßenraum liegt), Boden (anstehender Boden und Verfüllung) und Rohr bestimmt die Belastungen und Verformungszustände des Rohres. Zu berücksichtigen sind neben den „idealen" Rohrgrabenbedingungen (ebene Rohrgrabensohle, gleichmäßige Bettung, konstante Erdlast) auch die Abweichungen vom Idealzustand aus Verkehrsbelastung, Frosteindringtiefe (vor allem im schneearmen Winter), Bettungsmaterial, Erdauflast (Verfüllmaterial und Verdichtung), Boden- und Grundwasseraggressivität, (wechselndem) Grundwasserstand, Fremdleitungen und Aufgrabungen anderer Leitungsträger, benachbarten Bauwerksgründungen – und bezüglich des Rohres – möglichen Transportschäden, Mängeln der Verlegung, fehlerhaften Anschlüssen und Verbindungen. Auf einige dieser Einflüsse sei im Folgenden hingewiesen:

- Verlegung der Leitung im Graben oder im Damm: Im ersten Fall wird die Setzung der Verfüllung durch den gewachsenen Boden behindert, tritt also eine Minderung der Erdauflast ein, im zweiten Fall eine Erhöhung.

- Ein biegesteifes Rohr behindert die Setzung, hat also eine höhere Last aufzunehmen, seitlich davon wird die Spannung gemindert; umgekehrt ist die Reaktion beim biegeweichen Rohr – s. *Abb. 5.119*.

- Der Auflagerungswinkel in der Bettung (Lagerungsfall I) bestimmt die Auflagerreaktion. Beim biegeweichen Rohr kann in der Regel mit $2\alpha = 120°$ gerechnet werden. Das Betonauflager (Lagerungsfall II) kommt nur für biegesteife Rohre in Frage. Auflagerung und volle Einbettung für biegesteife Rohre zeigt Lagerungsfall III.

- Aufgrabungen oder unterirdischer Rohrvortrieb von anderen Leitungsträgern gefährden bestehende Leitungen, sei es durch Veränderung der Bodenstatik, sei es durch direkte Beschädigung durch Baugeräte. Die Initiative von DVGW und

Telekom „BALSibau" (Bundesweite Arbeitsgemeinschaft der Leitungsbetreiber zur Schadensminimierung im Bau) bietet Fachschulungen nach GW 129 an – s. www.balsibau.de.

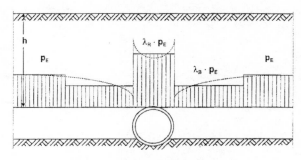

oben: biegesteifes Rohr

unten: biegeweiches Rohr

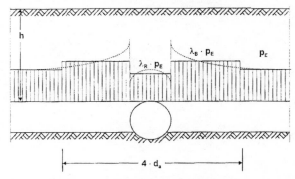

Abb. 5.119: Umlagerung der Bodenspannungen (DWA-A 127, 3. Auflage)

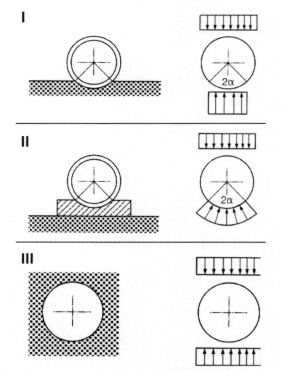

Abb. 5.120: Lagerung der Rohre Fälle I, II und III (DWA-A 127, 3. Auflage)

Der Seitendruck auf das Rohr bestimmt sich aus dem waagrechten Druck q_h infolge vertikaler Erdlast und gegebenenfalls dem Bettungs-Reaktionsdruck q_h' infolge Rohrverformung.

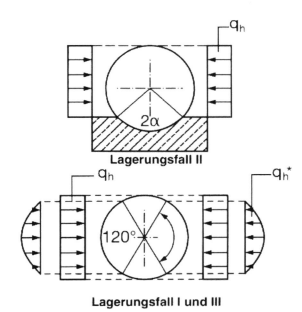

Lagerungsfall II

Lagerungsfall I und III

Abb. 5.121: Seitendruck auf das Rohr aus vertikaler Erdlast und Bettungs-Reaktionsdruck (DWA-A 127, 3. Auflage)

Für Wasserleitungen in normgerechter Verlegung von normgerechten Rohren in üblichen Verlegetiefen ist im Allgemeinen die statische Festigkeit des Rohres gegeben, so dass der statische Einzelnachweis entbehrlich ist. Bei besonderen Bedingungen – besondere Auflast, höhere Verlegungstiefe, ungleiche Lagerbedingungen, Kreuzungen etc. – ist dieser Nachweis zu führen; es wird auf DWA-A 127 bzw. DIN EN 1295–1 verwiesen. Zur statischen Bemessung von Vortriebsrohren s. GW 312. Nicht übersehen werden dürfen die Belastungen der Rohre aus Transport, Lagerung und Verlegung, z. B. Lagerung auf zwei Punkten, Hängen im Kran, Durchbiegung beim Verlegen vorgeschweißter Rohrstränge – die Hinweise der Hersteller sind zu beachten.

5.7.3.4 Druckprüfung

Nach Verlegung und Lagesicherung der Rohrleitung wird sie abgedeckt (wichtig vor allem bei Kunststoffleitungen; die Temperatur dieser Rohre muss < 20 °C bleiben), aber noch nicht verfüllt. Nach oben gekrümmte Knicke im Längsprofil sind gegebenenfalls zu belasten. Die Füllung mit Wasser erfolgt langsam vom Tiefpunkt aus, damit die Luft einwandfrei entweichen kann. Das Wasser muss Trinkwasserqualität haben; die Zugabe von Desinfektionsmitteln zur gleichzeitigen Desinfektion der Leitung ist möglich. Die Druckprüfung erfolgt abschnittsweise – maximale Länge (je nach Nennweite und Gelände) bis zu 2,5–3 km. Das Abdrücken gegen geschlossene Schieber ist unzulässig. Freie Rohrenden sind gegebenenfalls zu sichern (Widerlager oder längskraftschlüssige Verbindungen). W 400-2 (in Verbindung mit EN 805) sieht drei Methoden für die Druck-

prüfung vor, nämlich Druckverlustmethode – Wasserverlustmethode – Sichtprüfung bei Betriebsdruck.

Die **Sichtprüfung** kommt in Betracht bei Einbindungen, Reparaturarbeiten, neuen Leitungsabschnitten bis 30 m Länge und PE-Ringbunden ohne Verbindungen > DN 63. Sie erfolgt bei Betriebsdruck.

Bei der **Druckverlustmethode** und der **Wasserverlustmethode** kommen nur noch zur Anwendung:
- das beschleunigte Normalverfahren für Duktilguss- und Stahlleitungen mit ZM-Auskleidung,
- das Kontraktionsverfahren für Kunststoffleitungen,
- das Normalverfahren für Leitungen ohne wasseraufnehmende Auskleidung und ohne ausgeprägtes Kriechverhalten und für Leitungen mit ZM-Auskleidung > DN 600.

Der Prüfdruck – Systemprüfdruck STP – ist wie folgt zu berechnen:

STP = MDP_c + 1,0 bar (MDP_c ist der höchste Systembetriebsdruck, wenn Druckstöße gesondert berechnet werden)

STP = $MDP_a \cdot 1,5$ oder STP = MDP + 5,0 bar (wenn die Druckstöße nicht gesondert berechnet werden, mindestens aber mit 2 bar berücksichtigt sind; im Regelfall also STP = 15 bar). Es gilt der jeweils niedrigere Wert.

Rohrleitungen aus PE 100 SDR 17 dürfen nur mit einem Prüfdruck von STP ≤ 12 bar geprüft werden (DVGW W 400-2, Abschnitt 16.4)).

Die Prüfung umfasst jeweils Vorprüfung (sie dient der Stabilisierung des betreffenden Rohrleitungsabschnittes), Druckabfallprüfung und Hauptprüfung.

Im Folgenden sei die **Druckverlustmethode** dargestellt für Druckrohre aus duktilem Gusseisen und Stahlrohren mit und ohne ZM-Auskleidung. Für Leitungen mit ZM-Auskleidung ≤ DN 600 hat sich dabei das **„Beschleunigte Normalverfahren"** bewährt – s. *Abb. 5.122*:

1. *Vorprüfung bzw. Sättigungsphase*: Zum Erreichen eines hohen Grades der Wassersättigung der ZM-Auskleidung wird der Prüfdruck STP durch ständiges Nachpumpen über 30 min konstant gehalten. Im Normalverfahren dauert die *Sättigungsphase* 24 Stunden; bei größeren Rohrquerschnitten (DN = 400) auch eine Woche; der Einfluss nicht ausreichender Wassersättigung lässt sich durch Absenkung der Drucks der Vorprüfung um 10% unmittelbar vor der Hauptprüfung kompensieren – s. ewp 5/2009 S. 62).

2. *Druckabfallprüfung:* Es wird das Volumen ΔV_{erf} der Leitung entnommen; es ist abhängig von der benetzten Fläche sowie von Leitungslänge und -durchmesser:

ΔV_{erf} [mL] = DN [ohne Einheit] · L [m] / (100 k) mit Proportionalitätsfaktor k = 1 m/mL. Der sich gegenüber STP einstellende Druckabfall Δp wird gemessen. Dies ist in der anschließenden Hauptprüfung der zulässige Druckabfall Δp_{zul}. Der Prüfdruck ist nach der Druckabfallprüfung wiederherzustellen. Die Leitung gilt als ausreichend entlüftet, wenn der Druckabfall $\Delta p \geq \Delta p_{min}$ gemäß *Tab. 5.20*. Andernfalls ist der zu prüfende Leitungsabschnitt nochmals zu entlüften.

3. *Hauptprüfung*: Der Prüfdruck STP wird wieder hergestellt und der allmähliche Druckabfall über die Prüfzeit registriert. Die Leitung gilt als dicht, wenn der dann allmählich eintretende Druckabfall Δp in gleichen Zeitabständen Δt ständig weniger abnimmt und über die Dauer der Dichtheitsprüfung (1 Stunde) den Wert Δp_{zul} aus der Druckabfallprüfung nicht (mehr) übersteigt.

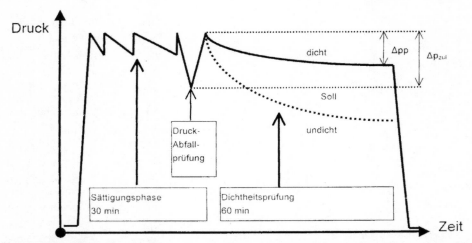

Abb. 5.122: Beschleunigtes Normalverfahren: Beispiel für den Kurvenverlauf einer dichten und einer undichten Leitung mit ZM-Auskleidung (W 400–2)

Tab. 5.20: Mindestdruckabfall bei Entnahme von ΔV_{erf} zum Nachweis ausreichender Entlüftung

Nennweite DN	Druckabfall Δp_{min} [bar]
80	1,4
100	1,2
150	0,8
200	0,6
300	0,4
400	0,3
500	0,2
600	0,1

Kontraktionsverfahren:

Es wird empfohlen für Kunststoffleitungen aus PE 80, PE 100, PE-Xa und PVC-U. Für Rohrleitungen aus PE 100 SDR 17 sowie aus PE und PVC mit großem Volumen ≥ 20 m³ wird die Anwendung des Normalverfahrens empfohlen.

1. *Vorprüfung*: Nach dem Auffüllen der Leitung und anschießender einstündiger Entspannungszeit wird die Leitung verschlossen. Der Prüfdruck STP ist innerhalb von 10 min aufzubringen und wird über 30 min durch ständiges Nachpumpen gehalten. Es folgt eine einstündige Ruhezeit, während der sich

die Leitung viskoelastisch verformt. Dabei darf der Druck in der Leitung maximal um 20% des Prüfdrucks STP sinken; andernfalls liegt eine Undichtheit vor oder die Leitung war einer Temperaturerhöhung ausgesetzt; dann ist die Prüfung abzubrechen und von Anfang an zu wiederholen.

2. *Hauptprüfung mit integrierter Druckabfallprüfung:* Die Ausdehnung der Leitung wird durch eine rasche Druckabsenkung (innerhalb von 2 min) um den in *Tab. 5.21* angegebenen Wert unterbrochen, was zur Kontraktion der Leitung führt. Das abgelassene Wasservolumen V_{ab} ist zu messen. Im Verlauf der nächsten halben Stunde (Kontraktionszeit t_k) lässt sich die Dichtheit der Leitung sicher beurteilen. Der Nachweis ausreichender Luftfreiheit gilt als erfüllt, wenn das abgelassene Volumen V_{ab} kleiner ist als das gerechnete Volumen $V_{zul} = V_k \cdot L$. V_k ist der *Tab. 5.22* zu entnehmen (die Werte sind mit der *Formel 5.24* gerechnet), L ist die Länge des geprüften Leitungsabschnitts. Die Druckrohrleitung gilt als dicht, wenn die innerhalb der Zeit t_k sich einstellende Drucklinie eine steigende bis gleichbleibende Tendenz aufweist; im Zweifelsfall kann die Prüfzeit t_k auf 1,5 h verlängert werden. Der Druckabfall darf dabei nicht mehr als 0,25 bar betragen, gemessen vom Höchstwert aus, der innerhalb der Prüfzeit auftrat. Siehe dazu *Abb. 5.123*.

Die *Tab. 5.21* und *Tab. 5.22* beschränken sich auf ausgewählte Querschnitte sowie auf die Druckstufen MDP = 10 bar bzw. 12,5 bar für PE-Xa; zu anderen Querschnitten und höheren Drücken s. W 400–2 Tabellen 6 und 7.

Tab. 5.21: Kontraktionsverfahren: vorzunehmende Druckabsenkung p_{ab}

Rohrwerkstoff / Druckstufe MDP	E-Modul [N/mm²]	SDR	Druckabsenkung p_{ab} [bar]
PE 80 / 10	800	11	2,2
PE 100 / 10	1.200	17	2,0
PE-Xa / 12,5	800	11	2,2
PVC-U / 10	3.000	21	3,8

SDR ist das Verhältnis Außendurchmesser zu Wandstärke

Tab. 5.22: Kontraktionsverfahren: Gerechnetes Wasservolumen V_k in mL/m

DN	PE 80 SDR 11 MDP10	PE 100 SDR 17 MDP 10	PE-Xa SDR 11 MDP12,5	PVC-U SDR 21 MDP 10
40	1,96		1,96	2,49
50	3,12		3,12	3,89
63	4,98		4,98	6,30
75	7,28	8,30	7,28	8,89
90	10,43	12,01	10,43	12,95
110	15,70	18,02	15,70	19,24
125	20,20	23,76	20,20	25,03
140	25,60	29,81	25,60	31,57
180	42,13	49,26	42,13	52,51
200	52,17	60,81	52,17	64,54
250	81,95	95,90	81,95	102,15
315	130,31	151,94		162,42
400	210,54	246,02		261,45

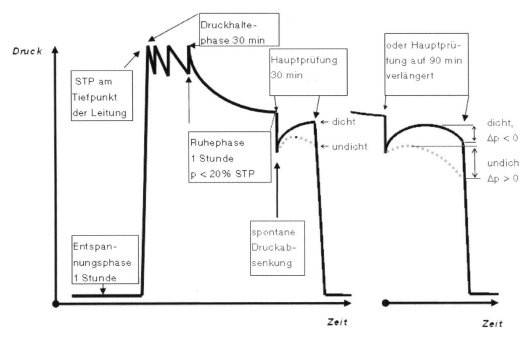

Abb. 5.123: Kontraktionsverfahren Beispiel für den Druckverlauf bei einer dichten und einer undichten PE-Druckrohrleitung (W 400–2)

Beim **Normalverfahren** für alle Rohrwerkstoffe und alle DN mit und ohne Zementmörterlauskleidung werden gleichfalls *Vorprüfung*, *Druckabfallprüfung* und *Hauptprüfung* durchgeführt.

Auf die Druckabfallprüfung sei besonders hingewiesen. Im Anschluss an die Vorprüfung, vorzugsweise aber bereits ca. 1 Stunde nach Beginn der Vorprüfung, ist eine Wassermenge ΔV zu entnehmen und zu messen, so dass sich in der Rohrleitung ein Druckabfall Δp von mindestens 0,5 bar einstellt. Bei kleinen Nennweiten und kurzen Prüfstrecken sind Druckabfälle von über 1 bar sinnvoll.

Die maximal zulässige Volumenänderung ΔV_{zul} kann nach folgender Gleichung berechnet werden:

$$\Delta V_{zul} = 0{,}1 \cdot f \cdot \frac{\pi \cdot ID^2}{4} \cdot L \tag{5.24}$$

$$\cdot \left(\frac{1}{E_W} + \frac{ID}{s} \cdot \frac{1}{E_R} \right) \cdot \Delta p$$

mit

ΔV_{zul} höchstzulässiges Wasservolumen in mL

Δp gemessene Druckabsenkung ($> 0{,}5$ bar oder 1 bar)

ID   Rohrinnendurchmesser (ohne ZM) in mm

E_W Elastizitätsmodul des Wassers (2.027 N/mm^2)

s   Wanddicke in mm

L   Länge der geprüften Strecke in m

E_R Elastizitätsmodul des Rohrwerkstoffs ($E_{Stahl} = 2{,}1 \cdot 10^5$, $E_{GGG} = 1{,}7 \cdot 10^5$ N/mm^2)

f   Ausgleichsfaktor für unvermeidliche Lufteinschlüsse, z. B. in Muffenbereichen,

f   = 1,5 für metallische, = 1,05 für Kunststoffleitungen

0,1   Faktor zum Ausgleich der verwendeten Dimensionen.

Die Leitung gilt als ausreichend entlüftet, wenn das entnommene Wasservolumen ΔV nicht größer ist als das errechnete ΔV_{zul}. Falls dieser Maximalwert überschritten wird, ist der zu prüfende Leitungsabschnitt nochmals zu entlüften.

Zu Einzelheiten, Dauer und zulässigem Druckabfall bei der Hauptprüfung wird auf W 400-2 Abschnitt 16.7.3 Tab. 8 hingewiesen.

Bei der **Wasserverlustmethode** wird im Unterschied zu der Druckverlustmethode die Wassermenge, die während der Hauptprüfung zur Erhaltung des Systemdrucks nachgepumpt wird, gemessen und aufgezeichnet; dies kann durch ständiges Nachpumpen erfolgen oder einmalig am Ende der Prüfzeit – s. *Abb. 5.124*. Die Wasserverlustmethode stellt höhere Ansprüche an die Genauigkeit der Messgeräte. Dank der Genauigkeit bei der Messung der Wasservolumen und Differenzdrücke ist sie deutlich unempfindlicher gegen Lufteinschlüsse in der Leitung als die Druckverlustmethode und deutlich unempfindlicher gegenüber dem druck- und temperaturabhängig veränderlichen Elastizitätsmodul von Kunststoffleitungen. Wenn die entsprechenden Messgeräte verfügbar sind, empfiehlt sich, die Wasserverlustmethode anzuwenden.

Die **Wasserverlustmethode für Kunststoffleitungen** verläuft analog zum Kontraktionsverfahren bei der Druckabfallmethode. Für die Innendruckprüfung von Druckrohren aus PE 80, PE 100, PE-Xa und PVC-U nach dem Kontraktionsverfahren mit der Wasserverlustmethode bei kontinuierlicher Wassermessung stehen derzeit die erforderlichen Gerätekombinationen noch nicht serienmäßig im Handel zur Verfügung. Demzufolge liegen nur wenige Erfahrungen vor. Daher wird das Verfahren im informativen Anhang E zu W 400-2 zur Erprobung in der Praxis empfohlen.

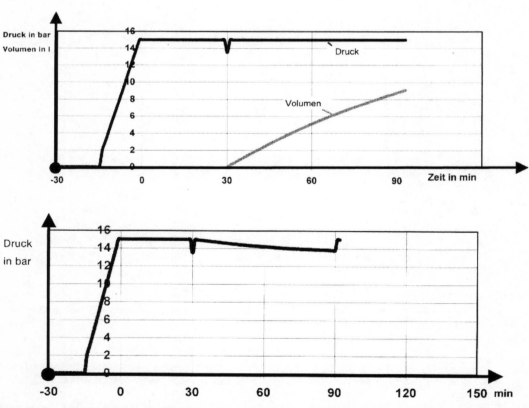

Abb. 5.124: Wasserverlustmethode: Prüfung einer Leitung mit ZM-Auskleidung; oben: bei kontinuierlicher Wassermessung, unten: bei einmaliger Wassermessung (W 400–2)

5.7.3.5 Desinfektion (W 291)

Die Reinigung und Desinfektion einer Rohrleitung ist nach der Neuverlegung und nach Reparaturen erforderlich; wichtige Voraussetzung ist, dass beim Bau bzw. der Reparatur die Verlegevorschriften (W 400-2) konsequent eingehalten worden sind. Durch intensives Spülen der Rohrleitungen mit Wasser kann auf die Verwendung von Desinfektionsmitteln häufig verzichtet werden. Gefälle-Leitungen werden von oben nach unten gespült; eine Füllung mit Desinfektionsmitteln sollte aber von unten nach oben erfolgen.

Das Spülen der Leitungen ist ggf. auch als regelmäßige Wartungsmaßnahme erforderlich – z.B. bei wenig durchflossenen Endsträngen oder überdimensionierten Leitungen. Durch DVGW-geförderte Forschungsvorhaben sind Prozessmodelle zur Aufkeimung und zur Bildung von Ablagerungen entwickelt worden, die eine gezielte Planung von Spülprogrammen ermöglichen – [Korth und Wricke, 2009]. Bei jedem Spülprozess ist zu beachten, dass kein Wasser aus der Spülstrecke in das in Betrieb befindliche Netz und zu den Verbrauchern gelangen kann.

Bei Leitungen bis DN 150 ist das Spülen mit Trinkwasser das einfachste Reinigungsverfahren. Für den Erfolg ist wesentlich, dass eine ausreichende Fließgeschwindigkeit – 2 bis 3 m/s – eingehalten wird. Je nach Leitungsquerschnitt wird der drei- bis fünffache Rohrinhalt benötigt. Bei größeren Querschnitten reicht die Leistung eines Hydranten dafür häufig nicht aus; für diese Fälle sind Entleerungen bzw. Spülauslässe mit entsprechender Vorflut einzurichten. Außerdem kann ein vorheriges Molchen oder das Einbringen eines Balles helfen, die Spülwassermenge zu verringern.

Die Spülwirkung kann durch gleichzeitig Zugabe von Luft unterstützt werden; *Abb. 5.125* zeigt das Prinzip der Luft/Wasser-Spülung. Wenn es darum geht, zugleich Ablagerungen und Inkrustierungen zu lösen, kann das Impuls-Spülverfahren eingesetzt werden. Hierbei wird die Luft des Kompressors in kurzen Perioden (Impulsen) eingeblasen, so dass große, den Rohrquerschnitt ausfüllenden Luftblasen im Spülstrom mitwandern. An den Übergangsstellen Wasser-Luft entstehen Turbulenzen, deren Scherkräfte die Ablagerungen und Inkrustierungen lösen. Der Erfolg kann am Spülwasserabfluss mit Hilfe eine Schauglases kontrolliert werden (3R international Heft 1-2/2008, ewp Heft 6/2008).

Bei neuen Druckrohrleitungen kann das Desinfektionsmittel dem zur Druckprobe verwendeten Wasser zugesetzt werden. Beim statischen Verfahren bleibt die Desinfektionslösung 12 Stunden in der Leitung; in dieser Zeit sind die im Leitungsabschnitt befindlichen Schieber und Hydranten zu betätigen, um auch diese zu desinfizieren. Beim dynamischen Verfahren wird ein Pfropfen Desinfektionslösung – gegebenenfalls zwischen zwei Gummibällen oder Molchen eingeschlossen – durch die Leitung geschickt. Dieses Verfahren empfiehlt sich vor allem bei langen Leitungen mit großer Nennweite. Nach erfolgter Desinfektion erfolgt Probenahme. Dabei wird auch die (Rest-) Konzentration des Desinfektionsmittels kontrolliert, die den im Versorgungsbereich üblichen Wert nicht überschreiten darf. Der Erfolg der Spülungs- und Desinfektionsmaßnahme in mikrobiologischer Sicht ist durch Probenahme zu kontrollieren.

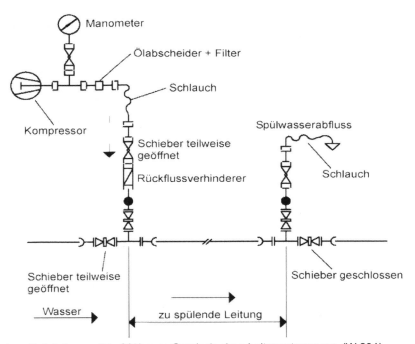

Abb. 5.125: Spülen einer Rohrleitung mit Luft/Wasser-Gemisch ohne Leitungstrennung (W 291)

Die desinfektionsmittelhaltigen Wässer sind umweltverträglich zu entsorgen. In Frage kommen Einleitung in die Kanalisation, direkte Einleitung in einen Vorfluter oder Versickerung ins Erdreich, gegebenenfalls nach entsprechender Vorbehandlung – s. *Tab. 5.23*. Die Liste

zugelassener Aufbereitungs- und Desinfektionsmittel wird nach § 11 TrinkwV (2001) vom Umweltbundesamt geführt – s. Tabelle in *Kap. 3.A.2 Trinkwasserverordnung – TrinkwV 2001*.

Tab. 5.23: Chemikalien zur Anlagendesinfektion (W 291)

Bezeichnung	Handelsform	Lagerung	Sicherheitshinweise	Anwendungskonzentration [2]		Entsorgung
				Rohrleitung	Behälter [4]	
Wasserstoffperoxid H_2O_2	wässrige Lösungen 5, 15, 30 und 35%	lichtgeschützt, kühl, Verschmutzungen vermeiden (Zersetzungsgefahr), WGK 1 [1][5]	bei Lösungen > 5% Schutzausrüstung erforderlich	150 mg/L H_2O_2	maximal 15 g/L H_2O_2	Kanalisation oder Versickerung
Kaliumpermanganat $KMnO_4$	dunkelviolette bis graue, nadelförmige Kristalle	in gut verschlossenen Metallbehältern fast unbegrenzt haltbar, WGK 2 [1]	wirkt oxidierend; konzentrierte Lösungen erfordern Hautschutz	15 mg/L $KMnO_4$	[3]	Kanalisation, Vorfluter bis zu 25 mg/L
Chlorbleichlauge Natriumhypochlorit NaOCl	wässrige Lösungen mit max. 150 g/L Chlor	lichtgeschützt und kühl, verschlossen in Auffangwanne, WGK 2 [1]	alkalisch, ätzend, giftig, Schutzausrüstung erforderlich	50 mg/L Chlor	5 g/L Chlor	mit Natriumthiosulfat reduzieren [6]
Calciumhypochlorit $Ca(OCl)_2$	Granulat oder Tabletten mit ca. 70% $Ca(OCl)_2$	kühl, trocken, verschlossen, WGK 2 [1]	Lösung reagiert alkalisch, ätzend, giftig, Schutzausrüstung erforderlich	50 mg/L Chlor	5 g/L Chlor	wie NaOCl [6]
Chlordioxid ClO_2	zwei Komponenten: Natriumchlorit und Natriumperoxodisulfat	lichtgeschützt, kühl, verschlossen; Natriumchlorit WGK 2 [1], Natriumperoxodisulfat WGK 1 [1]	wirkt oxidierend, Gas nicht einatmen; Schutzausrüstung erforderlich	6 mg/L ClO_2	0,5 g/L ClO_2	

[1] Wassergefährdungsklasse WGK 1: schwach wassergefährdend, 2: wassergefährdend, 3: stark wassergefährdend

[2] vorgeschlagener Wert

[3] aus ästhetischen Gründen nicht empfohlen

[4] Konzentration der Sprühlösung

[5] bei Lösungen > 20% gilt TRGS 515 (**T**echnische **R**egeln für **G**efahrstoffe)

[6] die Entchlorung kann auch über H_2O_2 oder Aktivkohlefilter erfolgen

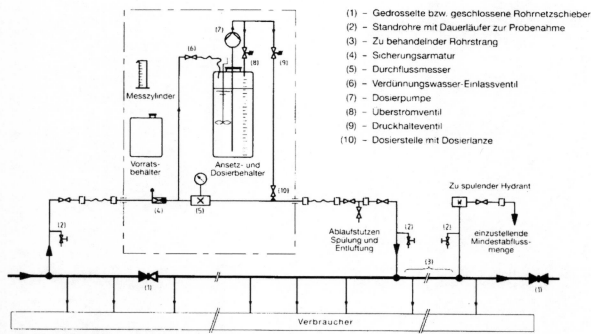

(1) – Gedrosselte bzw. geschlossene Rohrnetzschieber
(2) – Standrohre mit Dauerläufer zur Probenahme
(3) – Zu behandelnder Rohrstrang
(4) – Sicherungsarmatur
(5) – Durchflussmesser
(6) – Verdünnungswasser-Einlassventil
(7) – Dosierpumpe
(8) – Überströmventil
(9) – Druckhalteventil
(10) – Dosierstelle mit Dosierlanze

Abb. 5.126: Mobile Desinfektionsanlage (W 291)

5.7.3.6 Einmessung der Leitungen, Dokumentation

Für die ordnungsgemäße Betriebsführung von Versorgungsnetzen sind die technische Dokumentation und die Planwerke – in grafischer und numerischer Art – zu führen. Dazu gehören:

- Beschreibung der Lage und des Bestands, mit Rohrmaterialien und Einbauten,
- Information über alle Vorgänge im Rohrnetz – Befunde der Wartung und Inspektion, Schäden, Instandsetzungsmaßnahmen etc.

Voraussetzung sind – nach W 400-3 – die kontinuierliche Überwachung der Anlagen und die Aufzeichnung der Betriebszustände, also Einspeisemengen und Drücke, Wasserstände von Hochbehältern, Ausspeisemengen (Liefermengen), Wassergüteparameter an charakteristischen Punkten des Wasserverteilungssystems. In die betriebliche Dokumentation sind auch die Auswirkungen von besonderen Betriebszuständen oder -maßnahmen zu übernehmen wie Sonderspülungen, Verbrauchsspitzen, Sperrungen oder Umstellungen im Rohrnetz, Baumaßnahmen (auch solche von dritter Seite, die das Rohrnetz beeinflussen können).

Die Leitungsdokumentation ist die Grundlage für die Betriebsanweisungen und die Tätigkeit des Bereitschaftsdienstes, für Netzberechnungen, aber auch für den vermögensrechtlichen Anlagennachweis (Anlagevermögen der Bilanz).

Für Planwerke der öffentlichen Gas- und Wasserversorgung galten bisher DIN 2425–1 und GW 120 (1998), für Fernleitungen DIN 2425–3. Die Neufassung von GW 120 (2010) „Netzdokumentation in Versorgungsunternehmen" verankert die digitale Netzdokumentation nunmehr fest im DVGW-Regelwerk und löst damit DIN 2425 Teil 1 und Teil 3 (alt) ab. Ein Planwerk besteht aus Aufnahmeskizzen, Bestandsplänen und Über-

sichtsplänen; sie können in Mehrspartenplänen und in einem zentralen Leitungskataster zusammengeführt werden. Ergänzt wird das Planwerk durch alphanumerische Dokumentationen über alle das Rohrnetz betreffenden Daten. Der moderne Weg ist die Führung der Planwerke mit zugehörigen Daten in einem GDV (grafische Datenverarbeitung)-gestützten Netzinformations-System (bzw. geografischen Informationssystem GIS). Über das Vorgehen bei der Einführung eines Netzinformations-Systems informiert GW 122. GW 119 gibt Beispiele, wie sich Geschäftsprozesse durch die Einbindung von GIS-Systemen verbessern lassen.

Beispiele für Aufnahmeskizze und Bestandsplan s. *Abb. 5.127* und *Abb. 5.128*.

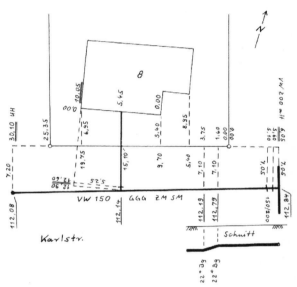

Abb. 5.127: Planwerk Aufnahmeskizze ([Wassermeister, 1998], S. 491)

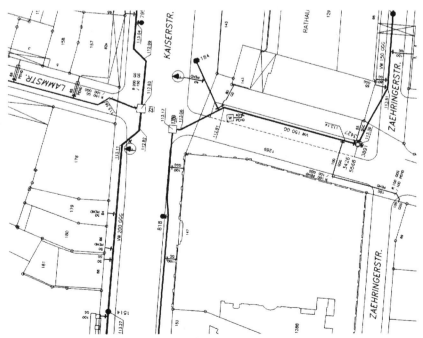

Abb. 5.128: Bestandsplanausschnitt Wasser (Originalmaßstab 1:500) ([Wassermeister, 1998], S. 493) (in dieser Darstellung um 90° gedreht)

5.7.4 Grabenlose Bauverfahren zur Neuverlegung oder Rehabilitation von Rohrleitungen

Analog zu den so genannten minimal-invasiven Operationsmethoden sind Techniken der Rohrverlegung, die nur einen geringen Eingriff in den Boden (bzw. Straßenoberfläche) erfordern, also auf die Öffnung von langen Rohrgräben weitgehend verzichten, häufig nicht nur wirtschaftlicher, sondern auch für den „Patienten" Straße, Rohrleitungsbauwerk und angrenzende Bauwerke – weniger belastend. Zu unterscheiden sind **Sanierungsmaßnahmen** für bestehende Rohrleitungen und **Neuverlegungen** (ohne Grabenaushub), die entweder in alter Trasse oder in neuer Trasse erfolgen, zusammengefasst unter den Begriffen **Relining** und **Rohrvortrieb**. Zur Erarbeitung einer Rehabilitationsstrategie und -planung s. *Kap. 5.7.5.1 Inspektion, Wartung und Instandsetzung* und W 403.

5.7.4.1 Sanierung bestehender Rohrleitungen

Vor der Entscheidung für ein Verfahren zur Sanierung bedarf es einer sorgfältigen Analyse und Bewertung, ob sich im Hinblick auf die erwartete künftige Nutzungsdauer der sanierten Leitung ein deutlicher Kostenvorteil gegenüber einer Neuverlegung ergibt. Wenn die betreffende Leitung noch ausreichende statische Festigkeit besitzt, aber der Korrosionsangriff im Rohr unterbunden werden muss, bieten sich die Zementmörtelauskleidung (bei metallischen Rohrleitungen) und die Auskleidung mit Gewebeschlauch an. Ist die Statik dagegen beispielsweise durch Außenkorrosionsangriff gefährdet, kann eine *Kunststoffleitung* (im close-fit-Verfahren – s. unten) eingezogen werden, die dann auch die statische Aufgabe übernimmt.

Zementmörtelauskleidung (nach W 343)

Als erster Schritt erfolgt eine Rohrreinigung, z. B. mit Hochdruckspülung, Molchung, Federstahl-Kratzer, zur Beseitigung von Inkrustationen und Ablagerungen, kontrolliert durch TV-Befahrung der Leitung; die Rohre müssen dabei nicht metallisch blank werden. Der Zementmörtel wird über eine Anschleudermaschine aufgebracht. Die Glättung erfolgt bei kleinen Querschnitten durch einen angehängten Glätttrichter, bei größeren durch rotierende Kellen; man kann auch ohne Nachteil auf die Glättung verzichten. Einsatzbereich DN 80 bis 3000, Baulängen (Abstand zwischen den Baugruben) 150 bis 600 m (große Längen für große DN), über DN 1800 bis 5000 m. Die Schichtdicken betragen bei kleinen Querschnitten ≥ 3 mm, zunehmend für große DN, z. B. 10 mm für > DN 1500. Nach dem Abbinden, nach 24 Stunden gründlicher Spülung und Desinfektion (W 291) kann die Leitung wieder in Betrieb gehen. Die Ausführung ist dafür qualifizierten Firmen (DVGW-Zertifizierung nach GW 302) zu übertragen. *Abb. 5.129* zeigt das Verfahrensschema. Gegenüber einer Neuverlegung lassen sich Kostenersparnisse (je nach Baulängen) von 50% und mehr ausrechnen.

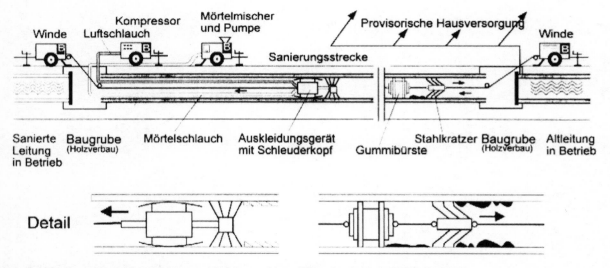

Abb. 5.129: Zementmörtelauskleidung – Verfahrensskizze ([Grombach et al., 2000], S. 1168)

Gewebeschlauch-Relining (GW 327)

Das Verfahren, bisher zunächst nur für Gasleitungen angewandt, ist inzwischen auch für Trinkwasserleitungen einsetzbar. Das verwendete Schlauchmaterial muss den Anforderungen für die Anwendung im Trinkwasserbereich (KTW-Empfehlungen [UBA, 2008], W 270) genügen. Der Liner besteht aus rundgewebten Polyester- und Nylongarnen mit einer für Trinkwasser geeigneten Beschichtung. Der Liner wird auf der Baustelle mit Epoxid- oder PU-Kleber gefüllt. Über einen Umkehrflansch wird durch Druckluft der Schlauch in die Rohrleitung eingeführt und dabei umgestülpt, so dass der Kleber nach außen kommt und sich an die Rohrleitung anlegt.

Nach Erreichen der Ziel-Baugrube wird das Schlauchende aufgefangen, der Liner verschlossen und weiter der Druck gehalten. Zweikomponenten-Kleber auf Polyurethanbasis härten in etwa 12 Stunden aus; bei warmaushärtenden Zweikomponten-Klebern auf Epoxidbasis wird Heißdampf mit 105° eingeblasen; die Aushärtung benötigt 5 Stunden, gefolgt von einer mehrstündigen Abkühlphase. Nach zwei Tagen ist die Leitung wieder betriebsbereit. Bei Verwendung eines speziellen Zweikomponenten-Klebers und Aushärtung durch UV-Bestrahlung kann der Prozess auf wenige Stunden verkürzt werden (demonstriert bei Wasser Berlin 2009; Oldenburger Rohrleitungsforum 2010, iro Schriftenreihe Bd. 34, S. 414). Für die Herstellung der Anschlüsse können Fräsroboter eingesetzt werden. Wichtig sind die sorgfältige Reinigung der Leitung und die Beseitigung von Hindernissen. Einsatzgrenzen DN 80 bis 600 im Verteilungsnetz, DN 200 bis 1000 in Transportleitungen, je nach Nennweite bis zu mehreren 100 m Baulänge. Die hohe Belastbarkeit des Schlauches gewährt Dichtheit im Allgemeinen auch im Rohrbruchfall.

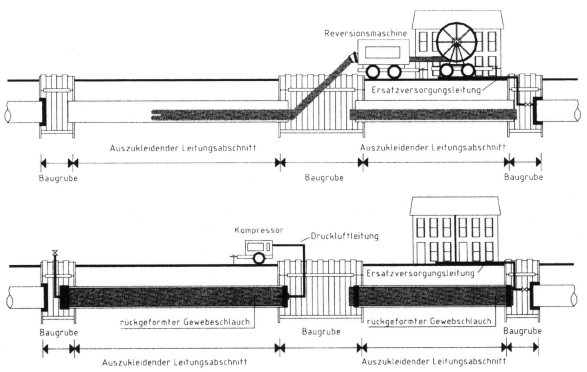

Abb. 5.130: Gewebeschlauchrelining – oben: Einziehen, unten Aufblasen und Aushärtung des Gewebeschlauchs ([Roscher et al., 2009] S. 160)

5.7.4.2 Neues Rohr in alter Trasse

Wenn die Standfestigkeit des alten Rohres in Frage steht, zugleich aber eine Verringerung des Rohrquerschnitts in Kauf genommen werden kann, lässt sich – nach erfolgter Rohrreinigung und Kalibrierung – ein Inliner-Rohr in das alte Rohr einziehen. Bewährt hat sich dafür vor allem PE-HD (high density), bei großen Querschnitten auch GFK – s. *Kap. 5.8.7.4 GFK*. Gleichfalls kommen Stahlrohre und Duktilguss-Rohre in Frage, was allerdings eine wesentliche Verringerung des Durchflussquerschnittes bedeutet. PE-Rohre werden außerhalb der Baugrube zum Rohrstrang verschweißt, bei Stahlrohren erfolgt dies in der Baugrube; Gussrohre werden in der Baugrube mit längskraftschlüssigen Verbindungen (GW 368) zum Strang zusammengesteckt. Anwendung für DN 80 bis 1200 mit Einziehlängen bis zu mehreren 100 m bei geradliniger Trasse. Der Ringraum zwischen Altrohr und Inlinerrohr kann mit Dämmer verpresst werden, womit das neue Rohr zur statischen Unterstützung des alten Rohres herangezogen wird. Während des Verpressungsprozesses wird das neue Rohr mit Wasser gefüllt, damit es nicht aufschwimmt. Verfahrensskizzen s. *Abb. 5.131*. Zu Anforderungen, Gütesicherung und Prüfung s. GW 320-Teil 1 „PE-Relining mit Ringraum" und Teil 2 „PE-Relining ohne Ringraum"

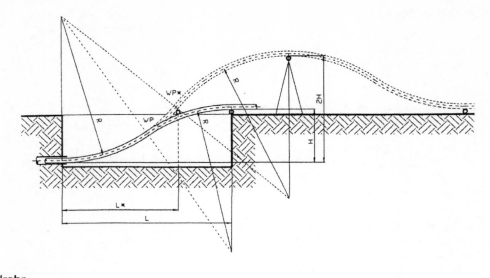

a) Stahlrohr
b) Dukt. Gussrohr

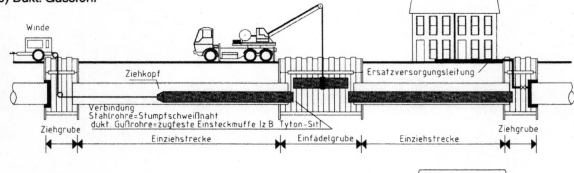

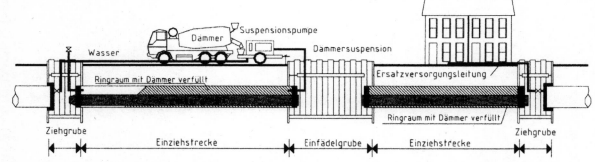

Abb. 5.131: Rohrstrang-Relining – oben: Einziehen eines PE-Rohres (nach GW 320), Mitte: Einziehen eines Stahlrohres oder Duktilguss-Rohres; unten: Ringraumverfüllung mit Dämmer ([Roscher et al., 2009], S. 169 und 174)

Der Verlust an Durchfluss-Querschnitt wird wesentlich reduziert mit den Verfahren des Swagelining und U-Lining.

Swagelining

Das Inlinerrohr (PE-HD) wird mit einem etwas größeren Außendurchmesser als der Innendurchmesser des Altrohres ausgewählt. Das Inlinerrohr wird mit Heißluft auf 70°C erwärmt und mechanisch um etwa 10% des Durchmessers verkleinert (roll down). Nach dem Einziehen nimmt das Inlinerrohr allmählich den alten Durchmesser wieder an und legt sich dabei mit Druck gegen das Altrohr. Hausanschlüsse werden mit Anbohrschellen und Anbohrsätteln an die Leitung angeschlossen. Anwendungsbereich DN 100 bis 1200 bis zu mehreren hundert Metern bei geradliniger Trasse.

U-Liner

Hierbei wird das Inlinerrohr (PE-HD) auf thermo-mechanischem Weg in U-Form gedrückt und so auf die Baustelle gebracht. Nach dem Einziehen wird die Leitung unter Druck mit Dampf beschickt, um die ursprüngliche Form des Rohres zurückzugewinnen (memory effect). Bei richtiger Wahl des Durchmessers legt sich das Inlinerrohr fest an das Altrohr an. Anwendungsbereich DN 100 – 400 bis zu mehreren hundert Metern bei geradliniger Trasse. Hausanschlüsse und Abzweigungen müssen in Zwischenbaugruben gesondert angeschlossen werden.

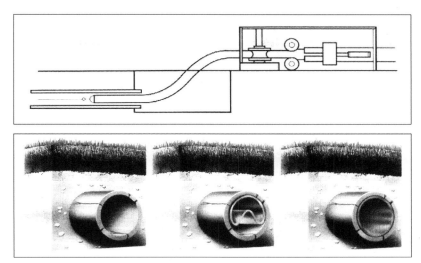

Abb. 5.132: Relining mit PE-HD-Rohren: Oben: Rolldown-Verfahren. Unten: U-Liner ([Grombach et al., 2000], S. 1173 und Preussag Rohrsanierung)

Berstlining (GW 323)

Das Verfahren wird seit Jahren praktiziert zur Erneuerung von Gas-, Wasser- und Abwasserrohren. Hierbei kann der Querschnitt gegenüber der Altleitung sogar vergrößert werden. Da die alte Leitung entfernt wird, ist eine Reinigung nicht erforderlich. Ein Verdrängungskörper, ausgestattet mit Brechkellen an der Spitze für das Zertrümmern (für Grauguss) bzw. Zerschneiden (Stahl) der Altleitung, wird durch ein Zugseil bzw. Zuggestänge auf der Trasse der Altleitung vorangetrieben. Der Vortrieb erfolgt dynamisch durch eine modifizierte Erdrakete/Rohrramme (vorwiegend für stark verdichtete und steinige Böden) oder statisch (bei gut verdrängbaren homogenen Böden. Die Stücke der Altleitung werden durch den Raketenmantel ins Erdreich verdrängt – *Abb. 5.133*.

Zugleich mit dem Vortrieb wird ein um eine Dimension größeres PVC- oder PE-Schutzrohr als das geplante neue Rohr mit eingezogen. Anschließend wird der neue PE-Strang in das Schutzrohr eingezogen. Das Produktenrohr kann auch unmittelbar eingezogen werden, wenn es eine entsprechende Umhüllung aufweist, die gegen die Scherben des Altrohres unempfindlich ist, z. B. ein Stahl- oder Duktilguss-Rohr mit ZM-Mörtelaußenschutz oder PE 100 mit funktionaler Außenschutzschicht – s. *Kap. 5.8.7.2 PE* – oder PE-Xa. Auf den gebührenden Abstand zu bestehenden Einbauten ist zu achten. Hausanschlüsse sind vor Beginn der Arbeiten in offener Baugrube abzutrennen. Leistungsbereich Nennweiten bis DN 1000, Einziehlängen bis ca. 200 m.

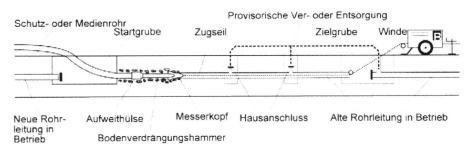

Abb. 5.133: Verfahrensskizze Berstlining (Brochier) ([Grombach et al., 2000], S. 1177)

Press-Zieh-Verfahren (GW 322-1 und -2)

Das Verfahren wurde in Berlin entwickelt (Berliner Wasserbetriebe und Fa. Karl Weiss), primär zur Auswechslung von Graugussrohren. Eine in der Baugrube installierte Zugmaschine wird mit Hilfe eines Ankerstabes an das alte und das neue Rohrmaterial angekoppelt. Beim Zurückziehen des Stabes werden die alten Rohre auf einen Spaltkeil in der Zielbaugrube gepresst und geborsten. Die neue Leitung wird in der Rohrbaugrube laufend angekoppelt. In Frage kommen Duktilguss-, PE-HD- oder Stahlrohre. Einsatzgrenzen DN 80 bis 200, mit Zusatzausrüstung bis DN 600 bis zu 150 m

(bei Verwendung von Zwischenbaugruben) bei geradliniger Trasse (hydros-PLUS- bzw. hydros-STAR-Verfahren) – s. *Abb. 5.134*. An jedem Hausanschluss oder Abzweig wird eine Zwischenbaugrube angeordnet. Wenn der Boden nicht (vorübergehend) standfest ist, darf das neue Rohr keine Verdickungen (Muffen) aufweisen. Zu Anforderungen, Gütesicherung und Prüfung wird auf GW 322-1 verwiesen. Wird zunächst nur ein Hilfsrohr eingezogen, erfolgt der Einzug der neuen Versorgungsleitung in einem zweiten Arbeitsgang. Das Neurohr wird an das Hilfsrohr angekoppelt. Durch Zurückziehen des Hilfsrohrs wird das Neurohr eingezogen. Dabei kann durch einen Aufweitkegel ein gegenüber dem Altrohr vergrößerter Durchmesser gewählt werden. Zu Anforderungen, Gütesicherung und Prüfung wird auf GW 322 Teil 1 „Press-Zieh-Verfahren" und Teil 2 „Hilfsrohrverfahren" verwiesen.

Für Hausanschlussleitungen stehen PE-Relining mit Ringraum, Press-Ziehverfahren, Schneid-Zieh-Verfahren, Dynamisches Auswechselverfahren, Innendruckgestütztes Aufwickelverfahren und Berstlining zur Verfügun Eine Übersicht über die grabenlosen Bausweisen für Wasseranschlussleitungen gibt GW 325.

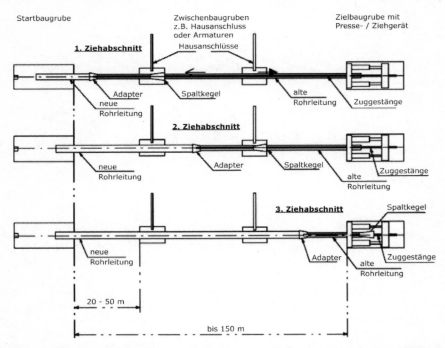

Abb. 5.134a) Press-Zieh-Verfahren zur Verlegung von Versorgungsleitungen, schematische Darstellung (GW 322-1)

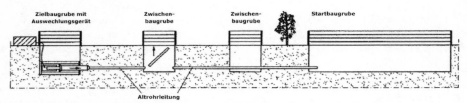

Heraustrennen von Altrohrleitungsabschnitten in Zwischenbaugruben

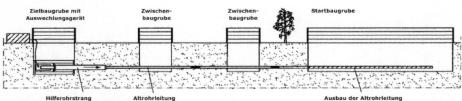

Durchpressen mit Übergangsstücken

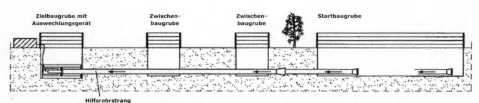

Einzug der Neurohre aus der Startbaugrube

Abb. 5.134b) Press-Zieh-Verfahren zur Verlegung von Versorgungsleitungen, Hilfsrohrverfahren, schematische Darstellung (GW 322-2)

Abb. 5.134: Press-Zieh-Verfahren zur Verlegung von Versorgungsleitungen

Überbohrverfahren (GW 304)

Eine vorhandene Rohrleitung wird ggf. gemeinsam mit dem umgebenden Boden abgebaut, wobei sich der Bohrkopf an der vorhandenen Leitung ausrichtet. Das abgebaute Material wird zerkleinert und mit Schnecken, pneumatisch oder hydraulisch abgefördert. $d_a \leq 800$, Vortriebslänge ≤ 80 m. In wasserführenden Böden sind Zusatzmaßnahmen erforderlich.

5.7.4.3 Neues Rohr in neuer Trasse – Rohrvortrieb (GW 304)

Es werden unterschieden die **nichtsteuerbaren Verfahren** – s. *Tab. 5.24* – und die **steuerbaren Verfahren** – s. *Tab. 5.25*.

Bei den nichtsteuerbaren Verfahren wird die Zielgenauigkeit durch Unregelmäßigkeiten und Einlagerungen im Baugrund beeinflusst; dadurch wird vor allem die Reichweite begrenzt. Schäden benachbarter Anlagen sind zu vermeiden. Bei den Verfahren mit geschlossenem Rohr findet eine Bodenverdrängung statt; bei zu geringer Überdeckung besteht die Gefahr des Bodenaufbruchs; deshalb sind diese Verfahren auch auf kleinere Durchmesser beschränkt, können dafür aber auch im Grundwasser angewendet werden. Bei größeren DN wird mit offenem Rohr gearbeitet; der im eingeschobenen Rohr befindliche Erdkern wird hinterher herausgedrückt oder herausgespült. Im Grundwasser ist eine Wasserhaltung erforderlich.

Tab. 5.24: Rohrvortrieb – nichtsteuerbare Verfahren (GW 304)

Verfahren	Erfahrungswerte für den Anwendungsbereich		
	Rohraußendurchmesser d_a (mm)	Vortriebslänge (m)	Mindestüberdeckung (mm)
Bodenverdrängungshammer	≤ 200	≤ 25	$10 \cdot d_a$
Horizontalramme/-presse mit geschlossenem Rohr	≤ 150	≤ 20	$10 \cdot d_a$
Horizontal-Pressanlage mit Aufweitungsteil	≤ 100	≤ 15	$10 \cdot d_a$
Horizontalramme/-presse mit offenem Rohr	≤ 2.000	≤ 80	$1,5 \cdot d_a$ mind. 1,0 m
Horizontal-Pressbohrgerät bis $d_a = 800$ mm	≤ 1.600	≤ 80 $d_a[mm]/10$	$1,5 \cdot d_a$ mind. 0,8 m

Bodenverdrängungshammer: Verdrängen des Bodens bei selbsttätigem Vortrieb des Bodenverdrängungshammers durch Druckluft oder Hydraulik. Die Verrohrung erfolgt entweder im gleichen Arbeitsgang oder bei ausreichend standfestem Boden durch anschließendes Einschieben oder Einziehen, wobei eine Schrumpfung des aufgefahrenen Querschnitts von 5–15% zu beachten ist.

Geeignet im trockenen oder erdfeuchten, gemischtkörnigen und verdrängungsfähigen Lockergestein, vorrangig für Hausanschlüsse. Bis zu einem Außendurchmesser $d_a = 63$ mm ist das Verfahren auch gesteuert durchführbar. Für den Einbau von (Gas- und) Wasseranschlussleitungen ist GW 325 anzuwenden.

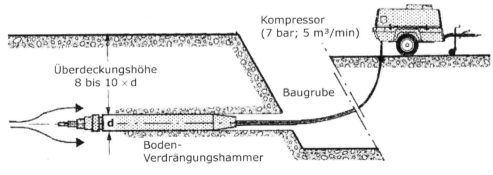

Abb. 5.135: Bodenverdrängungshammer ([Köhler, 1997], S. 115)

Horizontalramme/-presse mit geschlossenem Rohr: Ein Stahlrohrstrang (Mantel- oder Produktrohr) wird mit Hilfe von Ramm- oder Pressenergie vorgetrieben. Der Boden wird durch das vordere geschlossene Rohrende verdrängt.

Bei der Bemessung der Rohre für den Vortrieb im Rammverfahren müssen die zusätzlichen dynamischen Lasten berücksichtigt werden. Produktrohre mit Zementmörtelauskleidung dürfen nicht im Rammverfahren eingebaut werden.

Horizontal-Pressanlage mit Aufweitungsteil: Durch Einpressen eines Pilotgestänges wird der Boden verdrängt. Nach Erreichen der Zielgrube wird das Gestänge mit einem konischen Ziehkopf oder einem Bodenverdrängungshammer und dieser mit den anschließenden Mantel- oder Produktrohren verbunden. Dann wird der gesamte Strang zurückgezogen. Das Verfahren wird im verdrängungsfähigen Lockergestein angewendet.

Für den Einbau von Hausanschlussleitungen s. GW 325.

Horizontalramme/-presse mit offenem Rohr: Ein vorne offener Stahlrohrstrang (Mantel- oder Produktrohr) wird mit Hilfe von Rammenergie oder (seltener und bei kurzen Längen) Pressenergie vorgetrieben. Der in das Rohr eintretende Erdkern wird nach beendetem Vortrieb hydraulisch herausgedrückt, herausgespült oder mechanisch herausgebohrt. Das Herausdrücken mittels Druckluft ist nur bis zu einem Rohrinnendurchmesser von 500 mm unter Beachtung entsprechender Sicherheitsmaßnahmen zulässig. Produktrohre mit Zementmörtelauskleidung dürfen nicht im Rammverfahren eingebaut werden.

In stark aufquellenden plastischen Böden ist die Anwendung bedingt, in Festgesteinen nicht möglich.

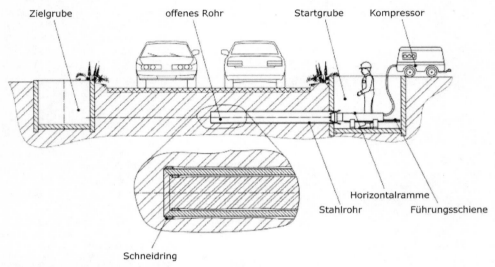

Abb. 5.136: Horizontalramme/-presse mit offenem Rohr (GW 304)

Horizontal-Pressbohrgerät: Vortrieb eines Mantel- oder Produktrohrstranges aus Stahl mit Hilfe einer Pressstation bei gleichzeitigem mechanischem Abbau des Bodens an der Ortsbrust mittels eines Bohrkopfes und Förderung des Bohrgutes mit Förderschnecken. Der Antrieb des Bohrkopfes und der Förderschnecken befindet sich in der Start-Baugrube. Die Wahl des Bohrkopfes richtet sich nach den Baugrundverhältnissen. Als Bohrkopf kann auch ein so genannter Imlochhammer eingesetzt werden. In wasserführenden Böden sind Zusatzmaßnahmen, z. B. Grundwasserabsenkungen, erforderlich.

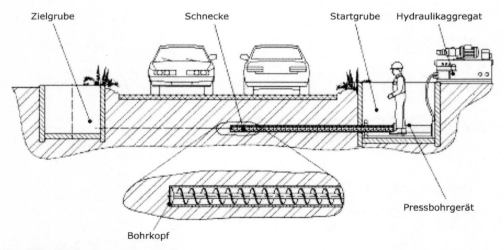

Abb. 5.137: Horizontal-Pressbohrverfahren (GW 304)

Tab. 5.25:   Rohrvortrieb – steuerbare Verfahren (GW 304)

Verfahren	Erfahrungswerte für den Anwendungsbereich	
	Rohraußendurchmesser OD (mm)	Vortriebslänge (m)
Mikrotunnelbau	1.000 und größere DN	verfahrensabhängig
Pilotrohr-Vortrieb mit Bodenverdrängung - mit Bodenentnahme	100 bis 1.200 350 bis 1.200	60 bis 100
Horizontal Directional Drilling (HDD-Verfahren)	≤ 1.500	≤ 1.500
Bemannte steuerbare Verfahren: Schild-Rohrvortrieb	1.500 bis 4.500	500 bis 800

Mikrotunnelbau: Vortrieb von Produkt- oder Mantelrohr bei kontinuierlichem Bodenabbau an der Ortsbrust. Abhängig von Bodenart und Grundwasserstand wird die Ortsbrust mechanisch, durch Flüssigkeit oder Erddruck gestützt. Die erforderliche Vortriebskraft wird über eine Presseinrichtung in der Startgrube und ggf. über Zwischenpressstationen aufgebracht. Der Rohrstrang folgt der Presseinrichtung. Die Vermessung erfolgt in der Regel mit Lasertechnik. Richtungsänderungen werden durch einen hydraulisch schwenkbaren Steuerkopf aufgeführt.

Zur Bodenförderung werden eingesetzt:
- Schneckenförderung: die Förderschnecke liegt in einem Hilfsrohr. d_a = 350 bis 1100 mm, Vortriebslänge 80–100 m je nach d_a,
- Spülförderung: hydraulische Förderung; Abtrennung des abgebauten Bodens mit Absetzbecken, Sieb, Zyklon. d_a = 350 bis 2500 mm, Vortriebslänge 80 bis 600 m je nach d_a, bei Einsatz eines Druckluftschildes d_a = 1960 bis 4500 mm, Vortriebslänge 500 bis 800 m,
- Dickstoffpumpen-Förderung: Schneckenförderer in der Abbaukammer, Weitertransport mit Dickstoffpumpe. d_a = 1500 bis 4500 mm, Vortriebslänge 500 bis 800 m je nach d_a.

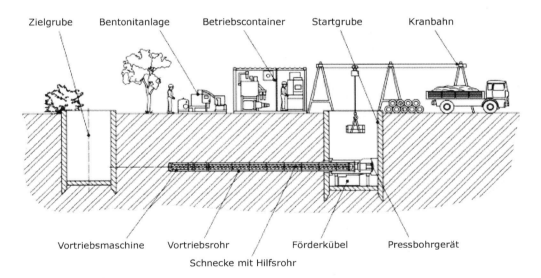

Abb. 5.138: Mikrotunnelbau mit Schneckenförderung (GW 304)

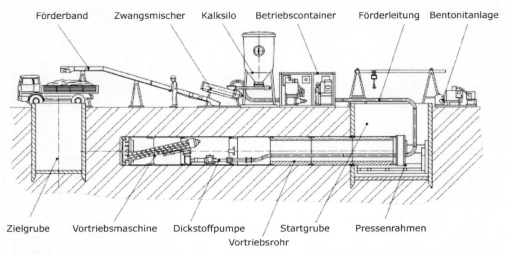

Abb. 5.139: Mikrotunnelbau mit Dickstoffpumpenförderung und (optionaler) Bodennachbehandlung (GW 304)

Pilotrohr-Vortrieb: Vortrieb eines Pilotrohrstranges durch Bodenverdrängung oder -entnahme. Die Vermessung erfolgt in der Systemachse durch Theodolit mit elektronischer Kamera oder mit einem Laser. Richtungsänderungen werden durch Drehung des Pilotstranges von der Startbaugrube aus vorgenommen. Nachfolgender Vortrieb von Mantel- oder Produktrohren mittels Aufweitung durch Bodenverdrängung oder -entnahme bei gleichzeitigem Herauspressen oder Herausziehen der Pilotrohre. Größere Außendurchmesser erfordern eine Aufweitung durch Bodenverdrängung oder Bodenaufweitung in einem oder mehreren Arbeitsgängen.

HDD-Verfahren – Horizontal Directional Drilling (GW 321): Bei diesem Verfahren wird zunächst ein Pilotrohrstrang bodenentnehmend/bodenverdrängend gesteuert vorgetrieben. Der Abbau des Bodens erfolgt hydromechanisch durch einen Düsenkopf (der im Bohrkopf angeordnete Bohrlochmotor wird mit Bentonitsuspension angetrieben) oder mechanisch durch einen Bohrlochmotor mit Bohrmeißel. Das Pilotbohrgestänge ist aus hochfestem Material und wird aus Einzelrohren zusammengeschraubt. Es leitet die Bohr-

spülung zu den Düsen des Bohrkopfes. Die Ortung des Bohrkopfes erfolgt nach dem Sender-Empfänger-Prinzip. Richtungsänderungen werden durch die Steuerfläche des Düsenkopfs oder das dem Bohrlochmotor nachgeschaltete Winkelstück vorgenommen. Die Aufweitung der Pilotbohrung durch Räumer bzw. Aufweitungskopf erfolgt in einem oder mehreren Arbeitsgängen. Abschließend wird der Rohrstrang in die Bohrung eingezogen, ggf. auch im Zuge der letzten Aufweitung. Der Austrag des abgebauten Bodens und die Stützung des Bohrloches erfolgen bei allen Arbeitsvorgängen durch die Bohrspülung. Die Anwendung ist in Locker- und Festgestein möglich. Einschränkungen ergeben sich in rolligen Kiesen ohne bindige Anteile.

Eine geologisch-geotechnische Erkundung der Trasse durch Bohrungen im 50m-Abstand ist zu empfehlen.

Zur Qualitätssicherung beim HDD-Verfahren (Qualifikationsnachweise für die Baufirma nach GW 301/302) mit Hinweisen auf die maßgebenden Regelwerke (VOB-C DIN 18319 Rohrvortriebsarbeiten u.a.) informiert bbr 03/2009, S. 40.

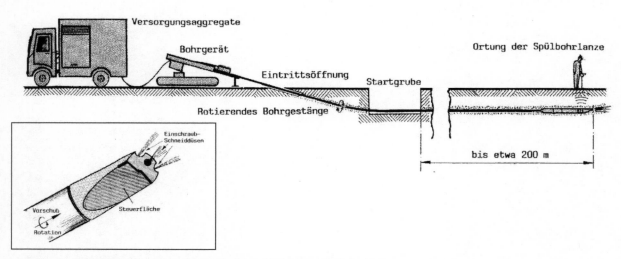

Abb. 5.140: Spülbohrverfahren, links Spülbohrkopf ([Köhler, 1995], S. 116)

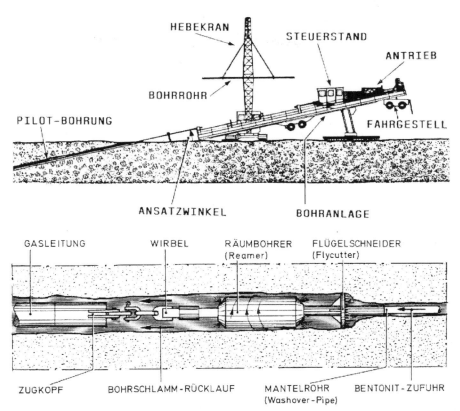

Abb. 5.141: Anlage für die gesteuerte horizontale Bohrung zum Einbau eines Stahlrohrdükers. unten: Erweiterungsbohrung durch Zurückziehen des Mantelrohres ([Köhler, 1995], S. 124)

Schild-Rohrvortrieb (GW 304): Vortrieb von Mantel- oder Produktrohren bei gleichzeitigem Bodenabbau an der mechanisch und flüssigkeitsgestützten Ortsbrust durch einen Bohrkopf. Man unterscheidet Vortriebsmaschinen mit teilflächigem (Teilschnittmaschinen) und mit vollflächigem Abbau (Vollschnittmaschinen); kennzeichnendes Merkmal ist die Art des Schildes (offen/geschlossen) und der Ortbruststützung. Bei geschlossener Ortsbrust lässt sich in der Abbaukammer ein unter Druck stehendes Stützmedium (Suspension oder Erdbrei) einsetzen. Im Grundwasser ist die Anordnung von Druckluftschleusen möglich. Die Vermessung erfolgt mit einem Laserstrahl. Richtungsänderungen werden durch einen hydraulisch verschwenkbaren Bohrkopf ausgeführt. Die Bodenförderung erfolgt kontinuierlich, in der Regel auf hydraulischem Wege. Der Antrieb des Bohrkopfes befindet sich im Vortriebsschild.

An die Rohre und ihren Außenschutz sind besondere Anforderungen zu stellen. Die Außenflächen werden durch die Einzieh- bzw. Pressvorgänge stark beansprucht. Die statische Berechnung erfolgt nach GW 312. Beim Unterqueren von Bahnanlagen und öffentlichen Straßen sind die Bedingungen der Deutschen Bahn bzw. des Straßenbaulastträgers zu beachten. Für jede dieser Kreuzungen ist ein formeller Vertrag abzuschließen.

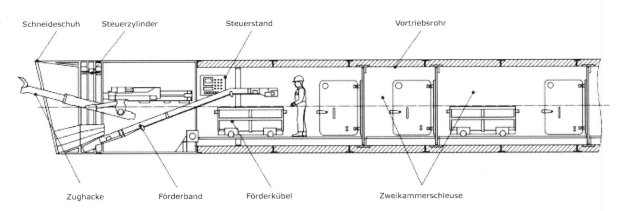

Abb. 5.142: Schildvortrieb: Beispiel Schild (offen) mit teilflächigem Abbau ohne Stützung unter Druckluftbeaufschlagung der Ortsbrust (GW 304)

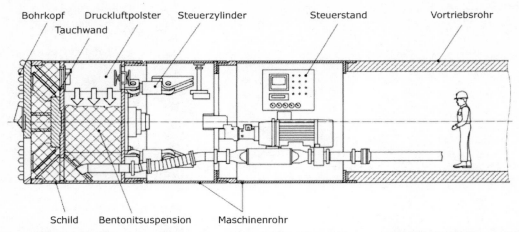

Abb. 5.143: Schildvortrieb: Beispiel Schild (geschlossen) mit vollflächigem Abbau und Flüssigkeitstützung und Druckluft-polster (Mixschild) (GW 304)

Fräs- und Pflugverfahren (GW 324): Außerhalb von Ortschaften stehen bei entsprechenden Bodenverhältnissen die Verfahren Grabenfräsen und Einpflügen zur Verfügung.

Radgeführte Fräsen können für Tiefen bis 1,40 m und schmale Gräben bis 40 cm Breite auch im städtischen Bereich eingesetzt werden; problematisch sind dabei immer die zu erwartenden zahlreichen Leitungsquerungen (s. GWF Wasser · Abwasser Heft 1/2009 S. 34–35).

Beim Fräsverfahren wird der Boden durch ein Fräswerkzeug (Kette oder Rad) gelöst, zerkleinert und gefördert. Er wird seitlich entlang des Grabens abgelagert oder abgefahren. Der Rohrstrang wird in der Regel außerhalb des Grabens montiert und auf der entstandenen Grabensohle abgelegt. Verfüllen und Verdichten (mit Einschränkung) können von einer zweiten Maschineneinheit übernommen werden. Der Bodenaushub wird in der Regel für die Hauptverfüllung verwendet.

Im Allgemeinen wird der Graben nicht betreten; in diesem Fall kann die Grabenbreite auf das technisch notwendige Maß (Rohraußendurchmesser, ggf. Einbaukasten) begrenzt werden. Es werden die Verfahren ohne bzw. mit Einbaukasten unterschieden. Das Fräswerkzeug wird auf die unterschiedlichen Bodenklassen nach DIN 18300 abgestimmt. Radgeführte Fräsen schaffen Verlegetiefen bis 1,40 m und schmale Gräben bis 40 cm Breite; kettengeführte Fräsen ermöglichen Gräben bis zu 6 m Tiefe und einer Breite bis zu 6 m, allerdings nur in der freien Fläche. Bei Bodenklasse 7 (Fels) können mit Felsrad Gräben von 10 und 20 cm Breite hergestellt werden [Hoch et al., 2009]. Durch Steuerungssysteme (Laser, GPS) kann die Grabenlage (Hochpunkte, Tiefpunkte, Gefälle) genauer vorgegeben werden.

Beim Verfahren ohne Einbaukasten können praktisch alle Rohrmaterialien eingesetzt werden (längskraftschlüssig bzw. geschweißt), Grabenbreite 20–80 cm abhängig vom Rohraußendurchmesser und des Maschinentechnik; Einbautiefe bis zu 4 m. Grundwasser erschwert die Arbeiten.

Beim Fräsverfahren mit Einbaukasten fräst die Fräs- und Einbaueinheit den Graben und legt den Rohrstrang über Rohrführung und Einbaukasten auf die Grabensohle ab. Die Verfüll- und Verdichtungseinheit bringt Bettungsmaterial für die Seitenverfüllung und Abdeckung ein und verfüllt und verdichtet den übrigen Graben lagenweise.

Rohrwerkstoffe PE 80, PE 100, PE-Xa bis ca. $d_a = 355$ mm, im Rohrstrang geschweißt.

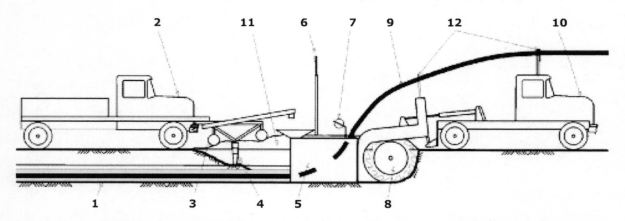

Abb. 5.144: Fräsverfahren mit Einbaukasten; 1 – Leitungszone, 2 – Verfüll- und Verdichtungseinheit, 3 – Axialschnecken, 4 – Verdichtungsgerät, 5 – Einbaukasten mit Einfülltrichter für Bettungsmaterial, 6 – Laserempfangskopf, 7 – Trassenwarnband, 8 – Fräsrad (alternativ Fräskette), 9 – Rohrstrang, 10 – Fräs- und Einbaueinheit, 11 – Bodenaushub, 12 – Rohrführung

Beim **Pflugverfahren** wird der Boden durch ein Pflugschwert statisch (mit konstanter Kraft) oder dynamisch (mit Vibration) verdrängt, geeignet insbesondere für gemischtkörnige Böden mit abgestuftem Kornaufbau. Beim Vibrationspflug ist die Verdrängungskraft geringer; die Frequenz kann an die Bodenart angepasst werden; man kommt mit einer Maschineneinheit aus.

Das statische Verfahren benötigt zwei Maschineneinheiten; die Pflugeinheit wird vom Zugfahrzeug mit Seilrolle nachgezogen. Der Rohrstrang wird entweder über einen Einbaukasten auf die Sohle des geöffneten Schlitzes abgelegt, wobei im begrenzten Umfang Bettungsmaterial, jedoch nur wenig unterhalb des Rohrstrangs, eingebracht werden kann. Oder der Rohrstrang wird in den durch einen Verdrängungskörper aufgeweiteten Hohlraum eingezogen

Einsatzbereich sind ländliche Gebiete, auch Wasserschutzgebiete, Moore; Wasserstand ist unkritisch.

Rohrwerkstoffe PE 80, PE 100 und PE-Xa bis etwa $d_a =$ 225 mm, stranggeschweißt bzw. Ringbundware, Einbautiefe bis 1,90 m.

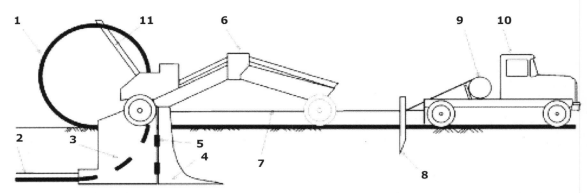

Abb. 5.145: Darstellung für ein statisches Pflugverfahren (seilgezogener Pflug) (GW 324); 1 – Rohrstrang, 2 – Trassenwarnband, 3 – Einbaukasten, 4 – Pflugschwert, 5 – Gelenkverbindung Einbaukasten-Pflugschwert, 6 – statischer Pflug, 7 – Zugseil, 8 – Stützschild, 9 – Seilwinde, 10 – Zugfahrzeug, 11 – Rohrführung

Beim dynamischen Pflug (Vibrationspflug) gelten dieselben Hinweise; aber Rohr-Durchmesser bis etwa $d_a =$ 160 mm, Einbautiefe bis 1,50 m.

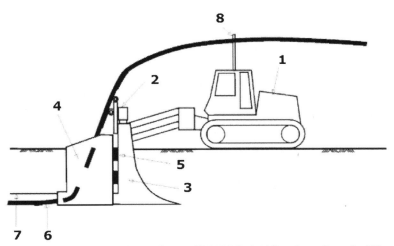

Abb. 5.146: Darstellung für das dynamische Pflugverfahren (GW 324); 1 – Vibrationspflug, 2 – Vibrator, 3 – Pflugschwert, 4 – Einbaukasten, 5 – Gelenkverbindung Einbaukasten-Pflugschwert, 6 – Rohrstrang, 7 – Trassenwarnband, 8 – Rohrführung

Das Nachziehpflugverfahren erlaubt neben den genannten PE-Werkstoffen die Verwendung von Stahlrohren (stumpfgeschweißt), Gussrohren (mit längskraftschlüssigen Verbindungen) oder GFK-Rohren (längskraftschlüssig) bis $d_a = 300$ mm, Einbautiefe bis 1,80 m.

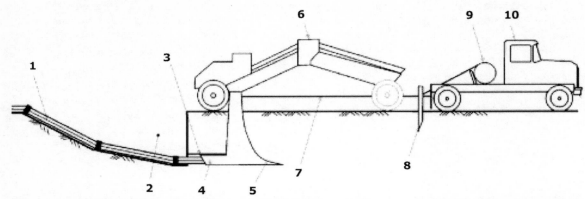

Abb. 5.147: Darstellung für das Nachziehpflugverfahren (GW 324); 1 – Rohrstrang, 2 – Startgrube, 3 – Trassenwarnband, 4 – Aufweitkörper, 5 – Pflugschwert, 6 – Nachziehpflug, 7 – Zugseil, 8 – Stützschild, 9 – Seilwinde, 10 – Zugfahrzeug

Die mit der Ausführung der Arbeiten beauftragten Unternehmen müssen die erforderliche Befähigung besitzen und dem Auftraggeber nachweisen. Die Befähigung für Fräs- bzw. Pflugverfahren gilt z.B. als nachgewiesen, wenn das Unternehmen ein DVGW-Zertifikat nach GW 301 bzw. GW 302 in der Zusatzgruppe GN 4 (Fräsen) bzw. GN 5 (Pflügen) hat.

Eine Zusammenstellung der grabenlosen Verfahren zur Rehabilitation und Erneuerung von Rohrleitungen zeigt *Abb. 5.148*.

Die in den letzten Jahren zu beobachtende rasche Entwicklung der grabenlosen Rohrleitungsbauverfahren ist nicht zuletzt durch die möglichen Kosteneinsparungen gegenüber der konventionellen Verlegung im begehba-

ren Rohrgraben verursacht. Anteilig machen bei der konventionellen Verlegung die Erdarbeiten mit Wegebefestigung meist mehr als 70% der Kosten aus (vgl. *Abb. 5.118*). Wenn der Baugrund die Verwendung der modernen Technik zulässt, lassen sich je nach den örtlichen Gegebenheiten und den angewendeten Verfahren insgesamt 20 bis 40% der Kosten einer konventionellen Verlegung einsparen. Im konkreten Fall müssen Vergleichsangebote den tatsächlich zu erwartenden Kostenaufwand zeigen. An der Qualität des Rohrmaterials zu sparen, zahlt sich in keinem Falle aus; die grabenlosen Verfahren beanspruchen das Rohrmaterial in besonderem Maße, da in den meisten Fällen eine einwandfreie Sandbettung nicht hergestellt werden kann.

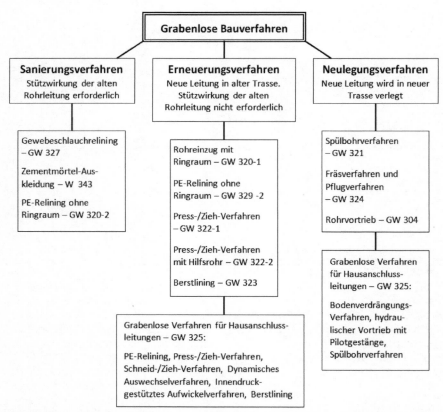

Abb. 5.148: Grabenlose Bauverfahren (Regelwerksreihe GW 320 ff, W 343 und GW 304) – nach W 403

5.7.5 Instandhaltung von Rohrleitungen und Rohrnetzen

5.7.5.1 Inspektion, Wartung und Instandsetzung

Instandhaltung umfasst nach DIN 31051 **Inspektion, Wartung** und **Instandsetzung/Verbesserung**. Eine Übersicht gibt *Abb. 5.149*; sie ordnet zugleich die im *Kap. 5.7.4 Grabenlose Bauverfahren zur Neuverlegung oder Rehabilitation von Rohrleitungen* gezeigten Verfahren zur Rehabilitierung und Erneuerung von Rohrleitungen ein. In betriebswirtschaftlicher Sicht ist die Instandhaltung ein Teil des Betriebsaufwands. Im DVGW-Regelwerk W 409 werden die Positionen Betrieb und Instandhaltung des Rohrnetzes unter dem Begriff „Operative Netzkosten" zusammengefasst.

Die Instandhaltungsstrategien
* Ereignisorientierte Instandhaltung oder Ausfall-Strategie,
* Vorbeugende und intervallorientierte Instandhaltung oder Präventivstrategie,
* Vorbeugende und zustandsorientierte Instandhaltung oder Inspektionsstrategie

(s. *Kap. 5.5.6 Instandhaltung von Pumpwerken (W 614)*) sind grundsätzlich auch auf Rohrleitungen und Rohrnetze übertragbar. Feste Instandhaltungszeiten sind für Rohrnetze nicht möglich, da diese ständig verfügbar sein müssen. Die unterirdischen Anlagen entziehen sich anders als Maschinen einer ständigen direkten Kontrolle – abgesehen von den Informationen, die kontinuierlich durch Messgeräte (Druck, Durchfluss) geliefert werden.

So ergibt sich der Zustand einer Rohrleitung und eines Rohrnetzes als Mosaik aus Messwerten, Kontrollarbeiten, (zufälligen oder gezielten) Aufgrabungen, Schadensfällen (Schadensstatistik, s. W 402). Die Beseitigung von Schäden bei Auftreten ohne systematische Überwachung (Reparaturmentalität) sollte der Vergangenheit angehören. Nur die **zustandsorientierte Instandhaltungsstrategie** garantiert effektiven und wirtschaftlichen Mitteleinsatz. Voraussetzung ist eine zeitnah geführte Rohrnetzdatei mit Zuordnung und Dokumentation aller Ereignisse und Maßnahmen als Bestandteil eines Betriebsinformationssystems.

Eine Übersicht über die technische Nutzungsdauer zeigt *Abb. 5.150*.

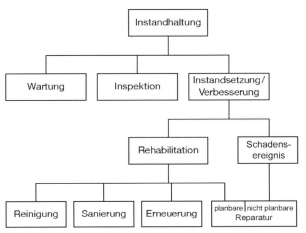

Abb. 5.149: Bestandteile der Instandhaltung (W 400-3)

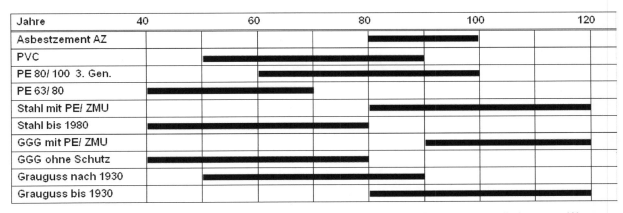

Abb. 5.150: Werkstoffbezogene Spannweiten der technischen Nutzungsdauer (H. Schlicht: Instandhaltung von Wasserverteilungsanlagen, bbr 12/2006 S. 19)

Die Spannweite der Daten in *Abb. 5.150* zeigt, dass das Alter einer Leitung kein verlässlicher Maßstab ist für die jeweils noch verfügbare Lebensdauer eines Rohrnetzabschnitts. Zudem lässt eine statistische Übersicht, die sich auf die Vergangenheit bezieht, nur bedingt Aussagen über die künftige Lebensdauer von neu verlegten Leitungen zu. Ordnungsgemäß neu verlegte Rohrleitungen aus Duktilguss mit hochwertigem Innen- und Außenschutz, gleichfalls entsprechend geschützte Stahlrohre (ggf. mit kathodischem Schutz) lassen wohl eine höhere Lebensdauer erwarten als die bislang (vor allem bei kleineren Querschnitten) verlegten Kunst-

stoffleitungen der ersten und zweiten Generation. Die neue Generation von PE-Rohren (PE 80 (bimodal), PE 100 und PE-Xa) kann durchaus mit der Nutzungsdauer von duktilem Guss gleichziehen – hier stehen die mehrjährigen Erfahrungen natürlich noch aus. Einwandfreie qualitätsgeprüfte Rohre, korrekt für den Verwendungszweck ausgewählt und einwandfrei verlegt, lassen durchaus eine Nutzungsdauer von 100 Jahren erwarten. Korrosivität des Bodens und unzureichender Korrosionsschutz, bindiger Boden mit wechselnden Wassergehalten, Beeinträchtigung der Rohrstatik z.B. durch benachbarte Aufgrabungen, Fehler oder Nachlässigkeiten bei der Rohrauswahl und -verlegung verkürzen allerdings maßgeblich die eigentlich zu erwartende Lebensdauer. Erhöhte Schadensraten (s. *Tab. 5.7*) sind der Anlass, eine Rehabilitations- und Erneuerungsstrategie zu entwickeln.

Erst eine sorgfältig geführte Rohrnetzdatei und -dokumentation lässt Rückschlüsse auf den tatsächlichen Zustand zu und ermöglicht, die zu erwartende Nutzungsdauer des Netzes abzuschätzen. Die Bewertung des Netzes im Anlagevermögen (Bilanz) muss gleichfalls einbeziehen, ob und in welchen Umfang eine systematische Instandhaltung betrieben wird. Eine Rehabilitations- bzw. Erneuerungsrate von beispielsweise 1% der verlegten Leitungslängen pro Jahr unterstellt eine 100-jährige Nutzungsdauer, was allenfalls bei neu und nach dem Stand der Technik verlegten Leitungen gerechtfertigt ist. Raten, die längerfristig deutlich unter 1,25% (entsprechend 80 Jahren mittlerer Lebensdauer) liegen, lassen meist einen langsamen aber stetigen Verzehr des Anlagevermögens vermuten!

Es bietet sich an, die Rehabilitationsstrategie für das Versorgungsnetz zu verbinden mit einer Optimierung der Leitungsdurchmesser; dazu bedarf es der hydraulischen Nachrechnung des Netzes im Vergleich mit einem theoretisch zu entwickelnden „Bestnetz" (vgl. [Otillinger et al., 2008]). *„Das beste Netz ist das Netz, das unter Beachtung der Ausfallrisiken und der Versorgungssicherheit mit dem geringsten Aufwand aus dem vorhandenen Ist-Netz entwickelt werden und alle hydraulischen Forderungen erfüllen kann. – Die Umwandlung des Ist-Netzes in das Best-Netz dauert wenigstens 40–60 Jahre!"* [Ahrens, 2010].

Ziele, Organisation und Verfahren der **Inspektion** sind in W 392 „Rohrnetzinspektion und Wasserverluste – Maßnahmen, Verfahren und Bewertungen" zusammengestellt. Die **laufende Überwachung** betrifft die Aufzeichnung und Auswertung aller Messwerte (Druck, Durchfluss). Die **planmäßige Inspektion** betrifft

- Zugänglichkeit der Leitungen, Auffindbarkeit der Armaturen,
- Dichtheit; hierzu gehört die regelmäßige Überprüfung des Netzes auf Wasserverluste,
- Funktionsfähigkeit und Betriebszustand der Armaturen, Mess- und Regelanlagen und zugehörigen Betriebsanlagen (Schächte, Stollen),
- Trinkwassergüte im Rohrnetz.

Die Häufigkeit der planmäßigen Inspektion wird von der Bedeutung der Anlagenteile für den laufenden Betrieb sowie von Betriebserfahrungen und Schadensereignissen bestimmt.

Besondere Inspektionen erfolgen bei begründetem Verdacht auf Störungen oder Schäden, Fremdbaumaßnahmen, Beschwerden (z. B. seitens der Kunden).

Die **Wartung** dient der unmittelbaren Erhaltung des Betriebszustandes, der Betriebssicherheit der Anlagenteile sowie der Erhaltung der Wassergüte auf dem Transportweg.

Instandsetzungsmaßnahmen werden ausgelöst als unmittelbare Folge der Inspektions- und Wartungsarbeiten und als selbstverständliche Folge von Störungen und Schadensereignissen. Einen maßgeblichen Teil stellt dabei die Erneuerung bzw. Sanierung von Rohrleitungs- oder Rohrnetzabschnitten dar im Sinne vorbeugender Instandhaltung. Diese Maßnahmen sind mittelfristig zu planen auf der Basis der Schadensstatistik bzw. einer Schwachstellenanalyse des Netzes – s. W 403 „Entscheidungshilfen für die Rehabilitation von Wasserrohrnetzen".

Alle Maßnahmen der Inspektion, Wartung und Instandsetzung sind zu dokumentieren.

Die Aufgaben der Instandhaltung der Wasserverteilungsanlagen eines Versorgungsunternehmens sind dem Rohrnetzbetrieb – *Abb. 5.151* – zugeordnet. Für den laufenden Betrieb ist ein schnell reagierender Entstörungsdienst erforderlich – nicht zuletzt als Serviceleistung des Unternehmens gegenüber den Wasserkunden – s. *Abb. 5.152*.

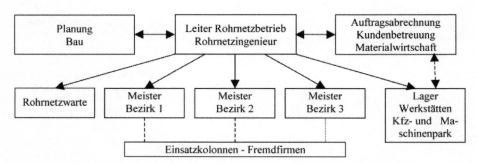

Abb. 5.151: Beispiel für die Organisation eines Rohrnetzbetriebs ([DVGW Bd. 2, 1999], S. 357)

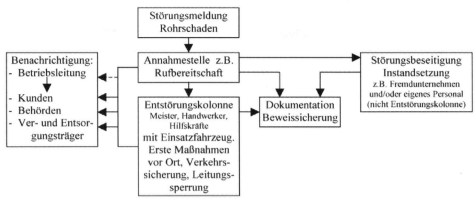

Abb. 5.152: Beispiel für den Einsatz des Entstörungsdienstes bei einem Rohrschaden ([DVGW Bd. 2, 1999], S. 361)

Wartungs- und Instandsetzungsmaßnahmen erfordern die zeitweilige Außerbetriebnahme von Rohrnetzteilen. Die betroffenen Kunden/Nutzer sind frühzeitig von geplanten Unterbrechungen der Wasserversorgung zu informieren (s. AVBWasserV, Satzungen, Wasserlieferungsverträge), bei Rohrbrüchen und unerwarteten Störungen so schnell wie möglich. Man beginnt mit dem Schließen der größten Armaturen und endet mit den kleineren, um Druckstöße zu vermeiden. Die Wiederinbetriebnahme erfolgt in umgekehrter Reihenfolge. Entleerte Leitungen sind vor dem Wiederfüllen zu spülen und ggf. zu desinfizieren. Auf ein langsames Füllen der Rohrleitung mit vollständiger Entlüftung ist zu achten. – Stillgelegte Leitungen sind an den Endpunkten zu verschließen.

Die Aufgaben der Inspektion und Wartung von Wasserverteilungsanlagen können auch Fremdfirmen übertragen werden. Die dazu nötige Qualifikation dieser Firmen richtet sich nach W 491-1. W 491-2 enthält einen Schulungsplan für die Fachkräfte.

Wird die Versorgung für längere Zeit unterbrochen, ist für eine Ersatzversorgung und ggf. Bevorratung durch den Kunden zu sorgen (mobile Ersatzeinrichtungen mit Standrohren und Zapfstellen, Anschluss der betroffenen Häuser durch Notversorgungsleitungen aus PE oder Schnellkupplungsrohre aus Stahl oder Aluminium, Schlauchleitungen – sie müssen für Trinkwasser zugelassen sein). Zu Planung und Bau einer Ersatzversorgung s. W 400-1 bzw. -2.

5.7.5.2 Wasserverluste in Trinkwasser-Rohrnetzen (W 392)

Scheinbare und echte Wasserverluste: Die Differenz zwischen der gemessenen Wasserabgabe ab Werk und der Summe aller Zählerablesungen einschließlich der pauschal abgeschätzten Mengen (z. B. für Feuerwehr, Straßenreinigung, Rohrnetzspülung, Bewässerung öffentlicher Anlagen) wird zwar als Wasserverluste Q_V bezeichnet, setzt sich aber zusammen aus

- **scheinbaren Verlusten Q_{VS}** – Zählerabweichungen, Schleichverluste (vgl. *Kap. 5.6 Wassermengen- und Wasserdurchfluss-Messung*), Wasserdiebstahl – und
- **realen Verlusten Q_{VR}** – Undichtheiten in Zubringerleitungen, Behältern, Rohrnetz, Hausanschlussleitungen.

Verluste in den Hausinstallationen liegen hinter dem Wasserzähler, werden also bei der Ablesung der Zähler als Verbrauch erfasst. Der im Schrifttum verwendete Begriff „nicht in Rechnung gestellte Wasserabgabe" = „non accounted for water" umfasst $Q_{VS} + Q_{VR}$ und die oben genannten pauschal abgeschätzten, nicht in Rechnung gestellten Mengen.

Zur Erfassung der Verluste ist eine möglichst genaue Erfassung der Rohrnetzeinspeisung Q_N und der Rohrnetzabgabe Q_A sowie eine auf Erfahrung beruhende Abschätzung der scheinbaren Verluste Q_{VS} erforderlich. Zum Vergleich spezieller Q_{VR}-Werte ist der Prozentsatz der Rohrnetzeinspeisung wenig geeignet, da wenige Großabnehmer das Bild maßgeblich bestimmen können. Besser eignet sich das Verhältnis der Verluste zur Rohrnetzlänge L_N:

$$q_{VR} = \frac{Q_{VR} \ [m^3/a]}{8760 \ [h/a] \cdot L_N \ [m]} \quad \left[\frac{m^3}{h \cdot km}\right]$$

Die Höhe der realen Verluste Q_{VR} wird bestimmt von
- Länge des Rohrnetzes L_N und der Hausanschlussdichte HA/km Rohrnetzlänge,
- Versorgungsdruck,
- Infrastruktur des Netzes: Rohrmaterialien, Korrosionsschutz, Einbauteilen, Verlegetiefe, Verlegequalität, **Qualität der Instandhaltung,**
- Bodenart: Korrosivität des Bodens (nimmt zu von nichtbindigen zu bindigen Böden) – s. GW 9, Bewegungsvorgänge (bindige Böden sind empfindlich bei wechselndem Wassergehalt), Erkennbarkeit von Leckstellen (schwierig in Grobkies und klüftigem Fels).

Zu den Einflussfaktoren und der Höhe der Wasserverluste wird auf *Kap. 5.1.5 Wasserverluste* verwiesen. Hohe Wasserverluste im Sinne der *Tab. 5.8* nach W 392 sollten für das Versorgungsunternehmen Anlass für besondere Maßnahmen der Verlustreduzierung sein.

Die Verringerung von Wasserverlusten durch Leckstellen
- spart teures Trinkwasser,
- vermindert die hygienische Gefährdung des Trinkwasser (durch Leckstellen geht nicht nur Trinkwasser verloren; bei Druckabfall kann gleichfalls Wasser von außen in die Leitungen eindringen),

- gibt wichtige Informationen über den Zustand des Netzes und hilft damit, falsch terminierte Erneuerungs-Investitionen zu vermeiden.

Wasserverlustkontrolle: Das Rohrnetz wird in gut abgrenzbare und über jeweils wenige Einspeisestellen gut kontrollierbare Bezirke aufgeteilt – zwischen etwa 4–30 km Rohrleitungslänge. Die Messungen erfolgen durch stationäre und mobile Durchflussstationen.

Der **Nachtmindestverbrauch**, bestimmt durch kontinuierliche Messung, lässt verlässlich auf Verlustmengen schließen:

$$Q_{\text{Verlust}} = Q_{\text{minimaler Zufluss}} - Q_{\text{Verbrauch}},$$

wobei der Anteil der Restverbrauchsmenge $Q_{\text{Verbrauch}}$ in den Nachstunden etwa nach folgendem Richtwert abschätzbar ist:

$$Q_{\text{Verbrauch}} = 0,4 \text{ bis } 0,8 \text{ m}^3/\text{h} = 7 \text{ bis } 14 \text{ L/min je } 1.000 \text{ Einwohner.}$$

Die sog. **Nullverbrauchsmessung** wird bestimmt über 20 min bei geschlossenen Absperrschiebern bei gleichzeitiger Überwachung des Druckes. Sie weist unmittelbar auf Leckstellen hin.

Die **elektroakustische Wasserlecksuche** hat in der letzten Zeit wesentliche technologische Fortschritte gemacht – s. *Abb. 5.153*.

Für Sonderfälle kommt die Differenzdruckmessung mit Suchmolch und Farbtest in Betracht.

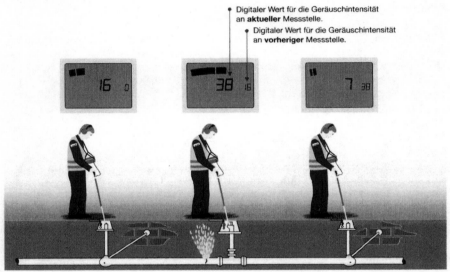

Abb. 5.153a) direktes Abhorchen durch Abgreifen des Körperschalls an Armaturen.

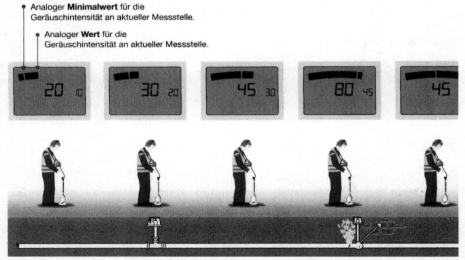

Abb. 5.153b) indirektes Abhorchen: der austretende Wasserstrahl des Lecks versetzt das Erdreich in Schwingung, die als Bodenschall wahrgenommen werden kann. Bei Kunststoffrohren, die den Schall schlecht übertragen, kann das Mikrophon in die Wassersäule eines Hydranten eingeführt werden; die Schallübertragung erfolgt über den Wasserkörper.

Abb. 5.153: Elektroakustische Wasserlecksuche. (AQUAPHON®, Hermann Sewerin GmbH)

Die besten Ergebnisse werden mit dem **Korrelations-Messverfahren** erreicht (*Abb. 5.154.*). Beim **Korrelations-Messverfahren** werden von zwei Messpunkten beidseitig des vermuteten Lecks Schallsignale abgenommen, durch einen Rechner verglichen, d. h. durch Zeitverschiebung zur Deckung gebracht. Durch entsprechende Filter lassen sich Störgeräusche in gewissem Umfang ausblenden.

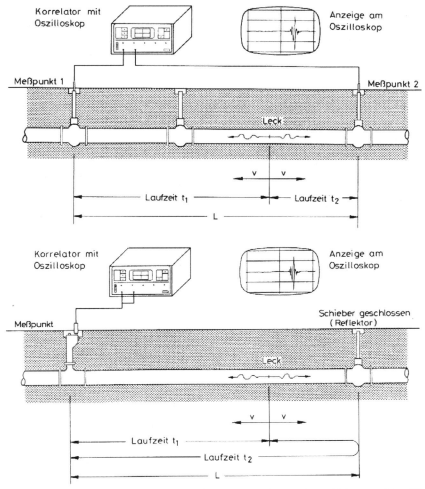

Abb. 5.154: Korrelationsmessung – ([Netzmeister, 2008], S. 399-400) oben: mit zwei Messpunkten (Kreuzkorrelation), unten: mit einem Messpunkt (Autokorrelation)

Die Kreuzkorrelation sei im Folgenden erläutert. Aus der Laufzeitdifferenz des Störgeräuschs von den beiden Messpunkten 1 und 2 ergibt sich die Entfernung der Leckstelle vom Messpunkt 1. Die Laufzeitdifferenz $\Delta t = t_1 - t_2$ errechnet der Korrelator. Zur Lokalisierung der Leckstelle muss diese sich zwischen den Messpunkten befinden.

$$c_w = \frac{\Delta x}{\Delta t} = \frac{2x - L}{t_{max}}, \text{ daraus: } x = (L + c_w \cdot t_{max})\,/2.$$

L = Messtrecke zwischen den Messaufnehmern Messpunkte 1 und 2

x = Entfernung vom Messpunkt 1 zur Leckstelle

c_w = Schallausbreitungsgeschwindigkeit

Δx = Laufwegdifferenz = x – (L – x) = 2x – L

$\Delta t = t_1 - t_2$ = Laufzeitdifferenz erreicht ihr Maximum bei t_{max} (errechnet der Korrelator)

Die Schallausbreitungsgeschwindigkeit lässt sich gesondert ermitteln, indem man z. B. durch einen in der Nähe der Messpunkte geöffneten Hydranten eine der Entfernung nach genau bekannte Schallquelle schafft und die Gleichung nach c_w auflöst. Liegt diese Schallquelle außerhalb der Messpunkte 1 und 2, lautet die Laufwegdifferenz x – (L + x) = L, demnach

$$c_w = L\,/\,t_{max}.$$

Bei langen Transportleitungen mit hohen Betriebsdrücken lassen sich von den Schaltzentralen aus die Druckwellen, die von einem Leck ausgehen, messtechnisch erfassen; in analoger Weise wird dann auf die Position der Leckstelle geschlossen.

5.7.6 Rückbau von Anlagen der Wasserverteilung – Kapazitätsanpassung

In manchen Regionen Deutschlands – vorrangig in den neuen Bundesländern – hat der Rückgang der Bevölkerungszahlen einen wesentlichen Rückgang des Wasserbedarfs ausgelöst. Dies betrifft in stärkerem Maße die städtischen Versorgungsgebiete, aber auch den ländlichen Raum.

Die Versorgungsanlagen erweisen sich als überdimensioniert, da sie für Leistungen ausgelegt worden sind, die inzwischen 50% und mehr über dem aktuellen oder künftigen Bedarf liegen. Dies hat zum einen erhebliche wirtschaftliche Folgen für das WVU, da die Vorhaltung der Anlagen meistens mehr als 80% der Kosten verursacht, die dann durch Kubikmeter-bezogene Wasserpreise bezahlt werden sollen. Zum anderen ergeben sich im Verteilungsnetz gering oder kaum mehr durchflossene Leitungsstrecken, was erheblich Qualitätsprobleme durch Stagnation verursachen kann, denen man nur bedingt durch häufigeres Spülen begegnen kann.

Die wirtschaftliche Basis wird dann nur durch systematischen Rückbau wiedergewonnen. Der Rückbau muss aber bei Wohn- und Industriegebieten beginnen – und zwar von außen nach innen! – und muss außerdem mit dem Rückbau der Infrastruktur koordiniert werden. Die tendenziellen Auswirkungen von Anpassungs- und Rückbaumaßnahmen durch Rückgang des Wasserbedarfs zeigt *Tab. 5.26*; sie sind in chronologischer Folge mit zunehmender Kostenwirksamkeit aufgelistet.

Tab. 5.26: Anpassungs- und Rückbaumaßnahmen wegen Rückgangs des Wasserbedarfs (W 400-3)

Maßnahmen	tendenzielle Auswirkung auf	
	Betriebs-kosten	Investitions-kosten
1 Systematisierung der Netzspülung	↑	↔
2 Sanierung von Leitungen	↓	↑
3 Erneuerung von Leitungen mit Querschnittsreduzierung	↔	↑
4 Änderung von Druckzonen	↔	↔
5 Stilllegung/ Abtrennung von Leitungen	↓	↔
6 Stilllegung von Bauwerken	↓	↑
7 Abriss von Bauwerken, Rückbau der Infrastruktur	↓	↑

↑ Kostenanstieg ↓ Kostenverminderung ↔ kostenneutral

5.8 Rohre für Wassertransport und -verteilung

5.8.1 Historischer Rückblick

3500 v. Chr.	Tonrohre in Syrien
2700 v. Chr.	400 m Kupferrohrleitung aus getriebenen Blechen, 47 mm Durchmesser, ägyptische Tempelanlage König Sahuré
Röm. Reich	gemauerte Kanäle; Blei-, Holz- und Ton-Rohre
170 v. Chr.	Madradag-Leitung (Ton) nach Pergamon, Siphonleitung mit 20 bar Druck (Blei)
um 100 n. Chr.	Frontinus, Curator Aquarum: Lehrbuch der Wasserversorgung „De Aquaeductu Urbis Romae"

Seit dem Römischen Reich gibt es über das Mittelalter hinweg keine technische Weiterentwicklung mehr. Erhalten sind aus zahlreichen mittelalterlichen Stadtkernen Rohre aus aufgebohrten Holzstämmen, die mit eingeschlagenen Metallringen, teilweise mit zusätzlicher Manschette, verbunden waren und bis in die Neuzeit genutzt wurden.

In der Zeit der Renaissance und besonders des Barock statteten die Fürsten und Adeligen die Parks um ihre Schlösser mit aufwändigen Wasserspielen aus; dies begann in Italien und wanderte dann über Frankreich auch nach Deutschland. Künstler, die zugleich Ingenieure waren wie Filippo Brunelleschi (1377–1446) oder Leonardo da Vinci (1452–1519), griffen dabei auf die römische Technik zurück und entwickelten sie weiter.

Der Eisenguss beginnt um 1400.

1455	Gussrohr von Schloss Dillenburg – 1 m lang, 40 mm Durchmesser
1562	Gussrohre Bad Langensalza /Thüringen für die Versorgung des Jacobi- und Ratsbrunnens, 1000 m, 111 bis 146 mm Durchmesser, handgefertigt
1664–1668	Flanschen-Gussrohre Durchmesser 350–500 mm der Wasserspiele im Schlosspark zu Versailles, Gesamtlänge 24 km
1713	Gussrohrleitung der Wasserkünste im Park des Schlosses Wilhelmshöhe, Kassel
18. Jh.	Stahlrohre aus Blechen feuergeschweißt oder mit Falz- und Nietverbindungen
1817	Soleleitung von Reichenhall nach Berchtesgaden: erste Hochdruck-Gussrohrleitung bis 43 bar, Flanschenrohre, Durchmesser 109 mm

Die moderne Rohrleitungstechnik beginnt Mitte des 19. Jahrhunderts: Voraussetzungen waren druckfeste und dauerhafte Rohre und eine leistungsfähige Fördertechnik, die zuerst für die Wasserhaltung im Bergbau entwickelt wurden (Dampfmaschine mit Kolbenpumpe).

1875　DVGW und VDI: erste Normalientabelle für Gussrohre, veröffentlicht 1882

1886　Mannesmann: nahtloses Stahlrohr

1913　Asbestzement-Druckrohr (von Mazza/Italien), ab 1930 bis etwa 1990 auch in Deutschland eingesetzt, ab 1995 Herstellung und Verwendung verboten

20er Jahre　Stahlbetonrohr, 1923 erste Spannbeton-Rohrleitung (Züblin) 6,4 km in Gausbach

1926　Schleuder-Gießtechnik löst den Grauguss in liegenden oder stehenden Sandformen ab. Graugussrohre mit Stemmmuffen (Hanf mit Blei verstemmt) werden bis in die 40er Jahre genutzt, mit Schraubmuffen bis Ende der 60er Jahre.

1935　PVC-Rohr, Einsatz in der Wasserverteilung ab 1956, ab 1968 Aufnahme der hygienischen Prüfung;
1. Generation PE-Rohr (PE 63) ab 1960;
2. Generation PE-HD (PE 80) ab 1980; 3. Generation PE 80 (bimodal polymerisiert) und PE 100 ab 1990, PE 100 VRC ab 2005

1956　Erfindung des duktilen Gusses. Ab etwa 1965 lösen Rohre aus duktilem Guss GGG die Rohre aus Grauguss GG ab; ab 1979 PE- und Faserzement-Umhüllung als Regelaußenschutz für St und GGG, ab 1958 Zementmörtelauskleidung als Innenschutz

1958–1978　DVGW-Rohrleitungsstudie

1993　DVGW-gütegesichertes Rohr aus vernetztem PE (PE-X)

1995　Verbot der Neuverlegung von AZ-Rohren

1996　gütegesicherte GFK-Rohre

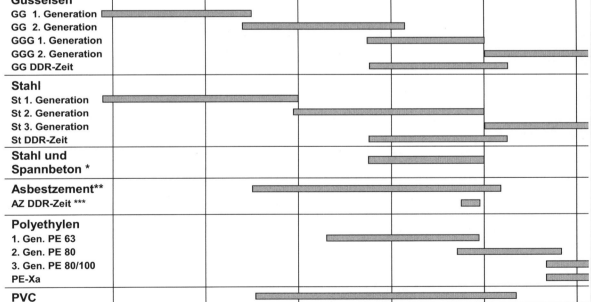

* keine Produktion in Deutschland mehr　　** Anwendungsverbot　　*** Einsatz kurzfaseriger Asbestfasern
GG 1. Gen. Grauguss in Sand geformt, 2. Gen. im Schleudergießverfahren; GGG 1. Gen. Duktiler Schleuderguss mit Bitumenlack, 2. Gen. mit PE-und Faserzement-Umhüllung; Stahl 1. Gen. ohne Korrosionsschutz, 2. Gen. mit unzureichendem Korrosionsschutz, 3. Gen. mit ausreichendem Korrosionsschutz (PE- und FZ-Umhüllung)

Abb. 5.155: Zeitliche Entwicklung des Rohrmaterialbestandes (nach Roscher, in [DVGW Nr. 67, 2002])

5.8.2 Rohrwerkstoffe

Das Rohrnetz der öffentlichen Wasserversorgung in Deutschland umfasste 1991 ca. 375.000 km (alte Bundesländer) + 95.000 km (neue Bundesländer) = 470.000 km. Die etwa 12,3 Millionen Hausanschlüsse ergeben eine Leitungslänge von 140.000 km. Die eingesetzten Rohrmaterialien sind Guss (Grauguss, Duktiler Guss) > 50%, Kunststoff (PVC und PE) 30%, zementgebundene Werkstoffe (vorrangig Asbestzement) 10% und Stahl 5%. Die BGW-Statistik nennt folgende Rohrnetzlängen für 2006 (Repräsentanz 1166 Wasserversorgungsunternehmen, die für rd. 72% der von der öffentlichen Wasserversorgung an Letztverbraucher abgegebenen Wassermenge stehen): 291.667 km (alte Bundesländer) und 93.918 km (neue Bundesländer), zusammen also 385.585 km..

Durch den fortlaufenden Prozess der Erneuerung ist der Anteil des Sprödbruch gefährdeten Graugusses stark zurückgegangen, gleichfalls der Anteil des Stahls (Stahlrohre ohne ausreichenden Korrosionsschutz wurden in der DDR vielfach eingesetzt); Asbestzement-Rohre dürfen seit 1995 nicht mehr neu verlegt werden. Unterstrichen wird dies durch die Ergebnisse der DVGW-Schadenstatistik (DVGW Wasser-Information Nr. 67 für die Jahre 1997-1999, fortgeschrieben bis 2004 [ewp 10/2006)]). Die zeitliche Entwicklung des Rohrmaterialbestandes zeigt *Abb. 5.155*, die Entwicklung der Schadensraten zeigen *Abb. 5.156* und *Abb. 5.157*.

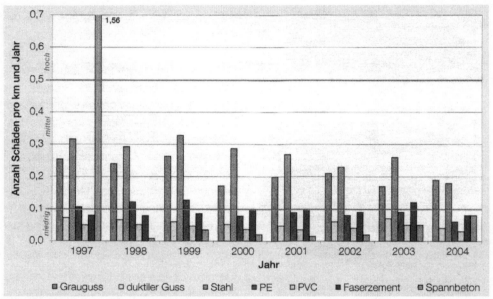

Abb. 5.156: Schadensraten bei den Versorgungsleitungen nach Materialarten 1997-2004 (DVGW Schadensstatistik, ewp 10/2006) – Der „Ausreißer" 1997 betrifft den singulären Fall eines WVU in Thüringen.

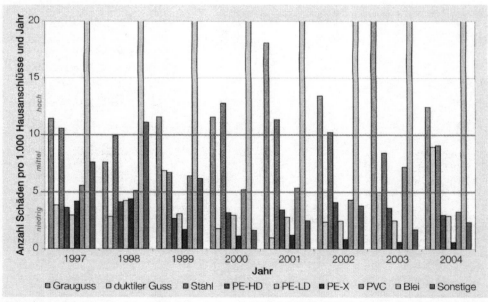

Abb. 5.157: Schadensraten bei Hausanschlussleitungen von 1997-2004 (DVGW Schadensstatistik, ewp 10/2006)

Aus der DVGW Wasser-Information Nr. 58 (09/99) „Kostensenkungspotentiale in der Wasserversorgung" [DVGW Nr. 58, 1999] lässt sich am Beispiel von 7 Unternehmen ableiten, wie sich die Rohrwerkstoffe bei Neuverlegungen auf die Rohrquerschnitte verteilen (*Abb. 5.158*) und wie weit die Kosten bei der Erstellung der Leitungen zwischen verschiedenen Unternehmen streuen können (*Abb. 5.159*).

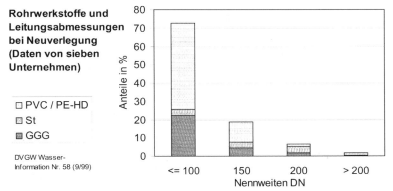

Abb. 5.158: Rohrwerkstoffe und Leitungsabmessungen (DVGW Wasser-Information Nr. 58 [DVGW Nr. 58, 1999])

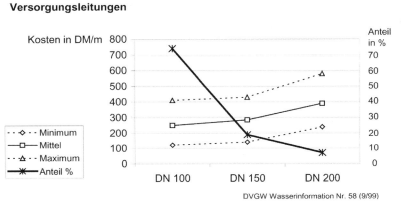

Abb. 5.159: Nennweite und Streubreite der Kosten von Versorgungsleitungen (DVGW Wasser-Information Nr. 58 [DVGW Nr. 58, 1999])

Rohrwerkstoffe stehen in Konkurrenz. Den idealen Werkstoff gibt es nicht. Die Auswahl ist nach den Anforderungen zu treffen, die an die Rohrleitung unter den gegebenen örtlichen Verhältnissen zu stellen sind. Kriterien sind:

- Medium: Wird Trinkwasser (im üblichen Härtebereich) oder wird Rohwasser (mit möglicher Werkstoff-Unverträglichkeit, Innenkorrosion) transportiert?
- Betriebsdruck, Druckstöße, Durchfluss, Spitzendurchfluss, Schwankungen.
- Leitungstyp: Transportleitung, Verteilleitung, Hausanschluss-Leitung; Querschnitte; Verlegung im Straßenraum oder über Land.
- Einbau in offener Baugrube oder in grabenloser Verlegung (Vortrieb, Einpflügen) oder in maschinellen Anlagen (z. B. Pumpwerk).
- Bodenarten (Sand, Kies, Fels – s. DIN 18196 Erd- und Grundbau – Bodenklassifikation für bautechnische Zwecke und VOB-C DIN 18300), besondere Einbaubedingungen z. B. Bergsenkungsgebiet, Steilhang, Dükerleitung, Brückenleitung, korrosive oder chemisch verunreinigte Böden, mögliche elektrochemische Belas-

tung: Dies bestimmt auch den erforderlichen Außen-Korrosionsschutz. Zur Beurteilung der Korrosionswahrscheinlichkeit in Böden siehe DIN EN 12502-1 und -2.
- Flexibilität der Leitung und der Verbindungen: Abwinkelbarkeit und Flexibilität in den Muffen, Verlegung in Kurven, Längskraftschlüssigkeit, lösbare Verbindungen, Möglichkeit nachträglicher Herstellung von Anschlüssen und Abzweigen.
- Betriebskosten und Instandhaltungsaufwand über die Nutzungsdauer.

Grundsätzlich sind, soweit verfügbar, typgeprüfte und zertifizierte Rohre (DVGW-Prüfzeichen) zu verwenden; die Prüfungen müssen das System, also Rohr und zugehörige Verbindungen, einschließen. Nichtmetallische Werkstoffe, die in Kontakt mit Trinkwasser kommen (dies schließt auch Rohr-Umhüllungen ein, da sie gegebenenfalls angebohrt werden), müssen den hygienischen Anforderungen nach den KTW-Empfehlungen [UBA, 2008] und W 347 entsprechen und gemäß W 270 mikrobiologisch unbedenklich sein. Kunststoffe, Kunststoff-Zusätze (z. B. zum Zement) und Elastomere (z. B. für Dichtungen) müssen gemäß Lebensmittelrecht auf der Positivliste stehen.

Technische Daten der wesentlichen Rohrwerkstoffe sind in *Tab. 5.27* zusammengestellt.

Tab. 5.27: Eigenschaften von Rohrwerkstoffen für Trinkwasserleitungen – Mittelwerte bzw. Mindestwerte (≥) (Hersteller-angaben)

	Grauguss GG	Duktiler Guss GGG	Stahl L235 [1]	PVC-U	PE 80	PE 100	GFK	Spannbeton
Dichte 1.000 [kg/m³]	7,15	7,05	7,7	1,38	> 0,93	> 0,95	1,7–2,2	2,5
Zugfestigkeit [N/mm²] [2]	180–265	≥ 420	350–450	55	21	25	0,04 / 0,08 [3]	8,8
Bruchdehnung [%]	0,2	≥ 10 bzw. ≥ 7 [4]	25	> 30	> 800	> 600		< 0,2
Streckgrenze [N/mm²]	(0,2% Dehngr.)	≥ 300	235	55 [5]	21 [5]	25 [5]		
E-Modul [N/mm²]	$2,1 \cdot 10^5$	$1,7 \cdot 10^5$	$2,1 \cdot 10^5$	3.000 / 1.750 [6]	800 / 150 [6]	1000 / 200 [6]	7.000–15.000	$3,9 \cdot 10^4$
Druckfestigkeit [N/mm]	710–1.060	bis 980	340–440	etwa 80	etwa 10	etwa 12		78
spez. elektr. Widerstand [Ω/cm]	$7–15 \cdot 10^{-5}$	$5–7 \cdot 10^{-5}$	$1,8 \cdot 10^{-5}$	10^{15}	$> 10^{13}$	$> 10^{13}$	$> 10^{13}$	3.000–3.500
Wärmeleitfähigkeit [W/(m K)]	47	35	55	0,15	0,40	0,38	0,19–0,25	1,5
thermische Längenaus-dehnung [1/K]	$1–1,4 \cdot 10^{-5}$	$1 \cdot 10^{-5}$	$1,1 \cdot 10^{-5}$	$8 \cdot 10^{-5}$	$18 \cdot 10^{-5}$	$18 \cdot 10^{-5}$	2 bis $3 \cdot 10^{-5}$	$1,1–1,2 \cdot 10^{-5}$

[1] frühere Bezeichnung St 37, mit Zementmörtelauskleidung

[2] nicht Zeitstandsfestigkeit!

[3] Ringsteifigkeit S_R für die Nennsteifigkeiten SN 5000 bzw. 10000

[4] für GGG-Rohre DN >1000

[5] bei Dauerbeanspruchung keine ausgeprägte Streckgrenze

[6] erste Zahl Kurzzeitwert, zweite Zahl Langzeitwert (Kriechmodul)

5.8.3 Stahlrohre

Maßgebende Normen und Regelwerke:

DIN EN 10224 Rohre und Fittings aus unlegierten Stählen für den Transport wässriger Flüssigkeiten einschließlich Trink-wasser – Technische Lieferbedingungen

DIN 2460 Stahlrohre und Formstücke für Wasserleitungen

DIN 2880 Anwendung von Zementmörtelaus-kleidungen für Gussrohre, Stahlrohre und Formstücke

GW 340 FZM-Ummantelungen zum mechanischen Schutz von Stahlrohren und -formstücken mit Polyolefin-Umhüllung

GW 350 Schweißverbindungen an Rohrleitungen aus Stahl in der Gas- und Wasserversorgung – Herstellung, Prüfung und Bewertung

VP 637 Geschweißte Stahlrohre und Stahlformteile für die Wasserversorgung – Anforderungen und Prüfungen

DIN EN 681-1 bis 4 Elastomer-Dichtungen – Werkstoff-Anforderungen für Rohrleitungs-Dichtungen für Anwendungen in der Wasserversorgung und Entwässerung

Stahlrohre für Trinkwasserleitungen werden zumeist in der Qualität L 235 (frühere Bezeichnung St 37) verlegt; höhere Festigkeiten auf Anfrage. Bis DN 500 sind nahtlose Rohre und geschweißte Rohre, ab DN 600 nur geschweißte Rohre lieferbar. Für Trinkwasserleitungen werden im Allgemeinen nur geschweißte Rohre eingesetzt (Qualitätsanforderungsstufe B mit Grundwerkstoff $R_{t0,5} \leq 360$ N/mm² – s. GW 350).

Als *Innenschutz* hat sich Zementmörtel durchgesetzt (W 346 und 347, DIN 2880). Eine *Außenumhüllung* nur mit Bitumen oder Bitumen auf Zinkschicht genügt den üblichen Beanspruchungen im Rohrgraben nicht. Standard ist die PE-Umhüllung (DIN 30670) mit dreifachem Schichtaufbau: Epoxidprimer, PE-Kleber als Haftvermittler, ca. 2 mm PE-Schicht – extrudiert oder gewickelt. Für hohe mechanische Beanspruchungen steht eine Faserzement-Umhüllung (GW 340) auf Polyolefin-Umhüllung zur Verfügung. Stahlrohre können außerdem kathodisch geschützt werden (s. GW 10 und GW 12); bei Transportleitungen ist dies Stand der Technik. Die Längsleitfähigkeit des geschweißten Stahlrohres ist Voraussetzung für den kathodischen Schutz. Vorsicht ist geboten bei Parallelführung mit elektrischen Bahnen.

Die Stumpfschweißverbindung ist die Regelverbindung für Stahlrohrleitungen; ab DN 700 ist eine Gegenschweißung der Fugen von innen möglich. Die offene Fuge der ZM-Innenauskleidung heilt von selbst zu; bei Großrohren kann sie von Hand nachgearbeitet werden. Die Außenumhüllung ist an den Verbindungen nachzu-isolieren – beispielsweise durch Schrumpfschlauch.

Als weitere Verbindungen stehen die Überschieb-Schweißmuffe, die Einsteckschweißverbindung und die Flanschverbindung zur Verfügung, die letzte bevorzugt im Anlagenbau. Für den städtischen Raum wird auch ein Stahl-Steckmuffenrohr mit Einzellängen zwischen 6 und 14 m angeboten. Mit der Muffentechnik ist das Stahlrohr voll kompatibel mit dem Gussrohr und Gussrohr-Formstücken. Gewindeverbindungen werden bis DN 50 eingesetzt, beispielsweise für verzinkte Stahlrohre der Hausinstallation.

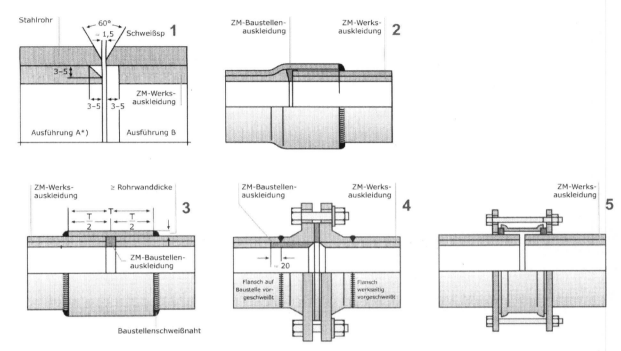

Abb. 5.160: Schweiß- und Flanschverbindungen für Stahlrohre (Mannesmann TubeSystems); 1 – Stumpfschweißverbindung mit ZM bis zum Rohrende (* für die Ausführung A empfiehlt sich eine Dicke der ZM-Auskleidung von mindestens 8 mm); 2 – Einsteck-Schweißverbindung; 3 – Überschieb-Schweißverbindung; 4 – Flanschverbindung; 5 – Rohrkupplung

5.8.4 Gussrohre

Maßgebende Normen und Regelwerke:

DIN EN 545	Rohre, Formstücke; Zubehörteile aus duktilem Gusseisen und ihre Verbindungen für Wasserleitungen; Anforderungen und Prüfverfahren,
DIN EN 14628	Rohre, Formstücke und Zubehörteile aus duktilem Gusseisen – Polyethylenumhüllung von Rohren – Anforderungen und Prüfverfahren
DIN 28601 – 28603	Rohre und Formstücke aus duktilem Gusseisen – Schraubmuffen-Verbindungen; bzw. Stopfbuchsenmuffen-Verbindungen; bzw. Steckmuffen-Verbindungen
GW 368	Längskraftschlüssige Muffenverbindungen für Rohre, Formstücke und Armaturen aus duktilem Gusseisen oder Stahl
Zementmörtelauskleidung und Dichtungen	s. *Kap. 5.8.3 Stahlrohre*

Die Gussrohre und ihre Verbindungen sind DVGW-zertifiziert:

Das Graugussrohr ist seit 500 Jahren im Einsatz und wurde früher liegend in zweiteiligen Sandformen, später in stehenden Sandformen gegossen. 1926 wurde das erste Gussrohr im Schleuderguss gefertigt. Formstücke werden weiterhin in Sandformen gegossen. Etwa ab 1960 hat sich der duktile Guss durchgesetzt. Im Grauguss GG ist der Graphit in Lamellenform verteilt; die Kerbwirkung der Lamellen begründet das sprödbrüchige Verhalten. Ein Zusatz von Magnesium in der Schmelze erlaubt die Ausbildung des Graphits in Kugelform; dies gibt dem duktilen Guss GGG die erhöhte Bruchdehnung bei hoher Festigkeit. Allerdings ist dabei die Korrosions-Unempfindlichkeit des Graugusses verloren gegangen; duktiler Guss muss wie Stahl geschützt werden.

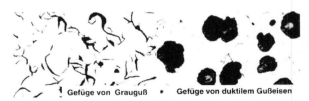

Abb. 5.161: Gefüge von Grauguss und duktilem Guss (Halberg)

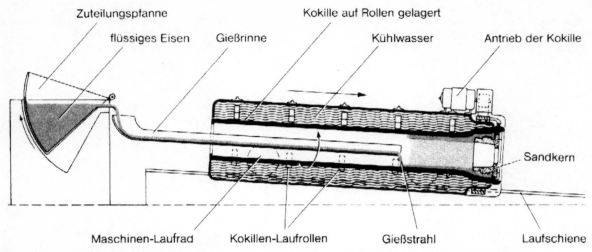

Abb. 5.162: Schleudergießmaschine für Rohre aus duktilem Gusseisen ([Wassermeister, 1998], S. 179)

Wenn die Rohre die Gießmaschine verlassen haben, folgt nach kurzer Abkühlung eine thermische Nachbehandlung bei 900 bis 950 °C. Sie erhalten im Allgemeinen eine Spritzverzinkung und – im Standardprogramm – eine Bitumendeckbeschichtung. Für Einsatzbereiche wie aggressive Böden (die im innerstädtischen Bereich eigentlich immer zu erwarten sind) wird zusätzlich zur Spritzverzinkung eine Polyethylenumhüllung (1,8 bis 3 mm) oder Polyurethanbeschichtung aufgebracht. Seit 2003 bietet die Gussrohrindustrie auch eine Zink-Aluminium-Beschichtung mit zusätzlicher Epoxid-Deckbeschichtung an. Für besondere Anforderungen – z.B. grabenlose Bauverfahren, Verzicht auf Sandbettung – steht eine Faserzementumhüllung (FZM) > 5 mm zur Verfügung. Als Innenschutz wird im Regelfall eine Zementmörtel-Auskleidung (DIN 2880) aufgeschleudert. ZM-Auskleidung und Verzinkung haben zugleich die Wirkung eines aktiven und eines passiven Korrosionsschutzes. Wird die Zinkschicht unterbrochen, wirkt sie als Anode gegenüber dem ungeschützten Metall. Der Zementmörtel wird vom Wasser durchfeuchtet. Auf der Metalloberfläche entsteht durch das gelöste $Ca(OH)_2$ eine hohe Alkalität (pH 12) und passiviert das Eisen; Verletzungen heilen im Betrieb von selbst zu.

Gussrohre werden für Trinkwasserleitungen im Regelfall nach der Normenreihe K10 verwendet:

Wandstärke s = K (0,5 + 0,001 DN).

Die DIN EN 545 (Neufassung 2010) erlaubt seit 2002 den Herstellern, die Rohre statt nach den bisherigen K-Klassen auch nach so genannten Druckklassen einzuteilen. Die Klasse C 40 weist einen zulässigen Bauteilbetriebsdruck PFA mit dreifacher Sicherheit gegen Bersten von mindestens 40 bar aus; dies gilt bei nicht längskraftschlüssigen Verbindungen. Für den Fall der Anwendung längskraftschlüssiger Verbindungen muss der Hersteller angeben, welche zulässigen Betriebsdrücke in welcher Druckklasse dann möglich sind. Die Druckklassen werden wie folgt berechnet:

$$PFA = 20 \cdot e_{min} \cdot R_m / (d \cdot S_F) \qquad (5.25)$$

mit

PFA	höchster hydrostatischer Druck, dem ein Rohrleitungsteil im Dauerbetrieb standhält in bar (1 bar = 0,1 MPa)
e_{min}	Mindestrohrwanddicke in Millimeter
d	mittlerer Rohrdurchmesser in Millimeter
R_m	Mindestzugfestigkeit von duktilem Gusseisen in Megapascal (R_m = 420 MPa)
S_F	Sicherheitsfaktor von 3

Im Allgemeinen wird die Druckklasse C 40 für Trinkwasserleitungen von PN 10 oder PN 16 (gleichwertig mit der Klasse K 9) anzusehen sein. [Halter und Mischo, 2010].

Die Rohre werden für DN 40 und 50 in 3 m-Längen, darüber in 6 m-, ab DN 700 auch 8 m-, für DN 1200 – 2000 in 8 m-Längen geliefert.

Als Rohrverbindung ist die früher verwendete Stemm-Muffenverbindung (Hanfdichtung mit Blei verstemmt) völlig verdrängt worden. Standard ist heute die Steckmuffe:

TYTON für DN 80 – 1400, STANDARD für DN 1600 – 2000, Schraubmuffen für DN 40 und 50.

Diese Verbindungen sind nicht längskraftschlüssig. Durch in die Dichtung eingelegte Edelstahlkeile wird die TYTON-Verbindung zur längskraftschlüssigen TYTON-SIT-Verbindung (DN 80 – 300). Die Muffenverbindungen TIS-K und NOVO-SIT (DN 100 – 600) und TKF (DN 700 – 1400) weisen eine von der Dichtungskammer getrennte Haltekammer auf. Es werden außerdem Universal-Muffenrohre mit Doppelkammer angeboten, die für verschiedene Systeme einsetzbar sind.

Flanschverbindungen kommen eigentlich nur für den Anlagenbau in Frage; die Flansche werden bereits bei der Rohrherstellung angegossen oder per Plasmaschweißung angeschweißt (DN 40 – 1800; DN 40 – 600 auch für PN 16, 25 und 40 verfügbar).

Bei den Dichtungen hat sich der Werkstoff Gummi durchgesetzt; bei der Muffenverbindung werden Weichteil (Dichtungssegment) und Hartteil (Haltesegment) zusammenvulkanisiert.

Gusseisen mit Kugelgraphit GGG ist grundsätzlich auch schweißbar; allerdings können die besonderen Anforderungen im Allgemeinen nur im Herstellerwerk beachtet werden.

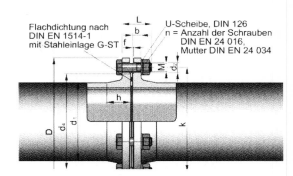

Abb. 5.163: Gussrohr-Flanschenverbindung PN 10 (Werkbild Halberger Hütte)

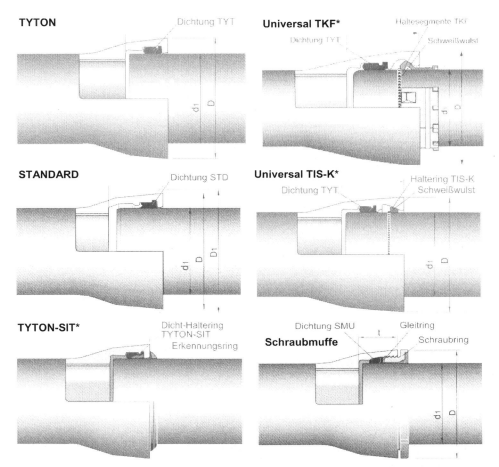

Abb. 5.164: Rohrverbindungen beim Gussrohr (Werkbilder Halberger Hütte) *) längskraftschlüssig; Universal TKF und BLS (Buderus Lock System) folgen dem gleichen Bauprinzip

Zur weiten Verbreitung der Gussrohre im Wasser-Verteilungsbereich hat auch das große Programm an genormten Formstücken beigetragen – *Abb. 5.165*. Zum Korrosionsschutz der Gussformstücke kommt gleichfalls Zementmörtel zum Einsatz, der manuell oder maschinell aufgetragen wird, wobei sich allerdings Schwundrisse ergeben können. Gut bewährt hat sich die Innenemaillierung. Emails sind silikatische Gläser. Das Rohstoffgemenge aus Quarz, Feldspat, Borax, Soda, Pottasche, Aluminiumoxid, Zirkon- oder Titanoxid wird bei rd. 1.200°C geschmolzen; die Masse wird bei 760 bis 800°C mit einer Schichtdicke von 0,15–0,6 mm eingebrannt. Die Innenemaillierung wird gleichfalls für Armaturen aus Gusseisen eingesetzt.

Vorteile des Gussrohres: Die besonderen Stärken des Gussrohres GGG liegen in der hohen, dem Stahlrohr vergleichbaren Festigkeit und Belastbarkeit. Die Vielseitigkeit der Muffenverbindungen macht es für Transportleitungen bis etwa DN 300 und vor allem für städtische Verteilnetze besonders geeignet – vorrangig in offener Baugrube mit Sandbettung. Bei zusätzlicher FZM-Umhüllung kann die Sandbettung entfallen. Nach DIN EN 545 bemessene Rohre können bei Erdverlegung nach W 400-2 ohne Spannungsnachweis eingesetzt werden, wenn die in DIN EN 545 Anhang F angegebenen Überdeckungshöhen eingehalten werden.

Type	Kurzzeichen	Symbol	DN-Bereich	Norm
Flanschmuffenstück nicht überschiebbar	E	⊢⊂	40 – 2000	EN 545
Flanschmuffenstück überschiebbar	EU	⊢⊂	40 – 2000	EN 545
Überschiebmuffe	U	 ⊐⊏	40 – 2000	EN 545
Doppelmuffenbogen				
90°	MMQ	 ⊤⊤	40 – 300 350 – 1200	EN 545 Werksnorm
45°	MMK 45	 ⊐⊤⊂	40 – 2000	EN 545
30°	MMK 30	 ⊤⊂	80 – 1400	DIN 28 627
22°	MMK 22	 ⊐⊂	40 – 2000	EN 545
11°	MMK 11	 ⊐⊂	40 – 2000	EN 545
Doppelmuffenstück – mit Flanschstutzen	MMA	 ⊐⊥⊂	40 – 2000	EN 545
– mit Muffenstutzen	MMB	 ⊐⊥⊂	40 – 300 350 – 1200	EN 545 Werksnorm
Doppelmuffen-übergangsstück	MMR	 ⊐▷⊂	40 – 2000	EN 545
Muffenstück mit Einsteckstutzen	MI	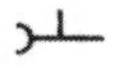 ⊐⊥	80 – 200	E DIN 28 631

Abb. 5.165: Muffenformstücke aus duktilem Gusseisen ([Grombach et al., 2000], S. 1064)

5.8.5   Spannbeton-Rohre

Schlaffbewehrte Betonrohre werden für Druckleitungen von 10 bar und mehr nicht eingesetzt. Sie haben ihren Platz für niedrige Drücke (bis 0,3 bar) und Freispiegelleitungen (z. B. in der Kanalisation) oder als Schutz- und Mantelrohre beim Rohrvortrieb. Sie werden als Rüttel-, Walz- oder Schleuderbetonrohre DN 250 – 4000 und größer hergestellt; maßgebende Normen sind DIN EN 639 – 641 (12/94).

Spannbeton-Druckrohre sind in großem Maße für Fernleitungen mit großen Querschnitten bei nicht zu hohen Drücken eingesetzt worden (DN 2500 bis 3400).

Maßgebende Normen:

DIN EN 642 (12/94)   Spannbetondruckrohre mit und ohne Blechmantel einschließlich Rohrverbindungen, Formstücke und besondere Anforderungen an Spannstahl für Rohre (erfasst sind DN 500 – 4000)

W 341 (7/90)   Rohre aus Spannbeton und Stahlbeton in der Trinkwasserversorgung

Es wird Beton mit dichtem Gefüge mit Normenzement, gegebenenfalls mit erhöhtem Widerstand gegen Sulfat eingesetzt, Spanndrähte St 140/160 bis 160/180 (Streckgrenze/ Bruchgrenze). Die Norm unterscheidet:

- Spannbetondruckrohre mit Blechmantel: Sie verfügen über einen geschweißten Blechmantel, ein Kernrohr, bestehend aus einer Betonauskleidung auf der Innenseite des Blechmantels, oder ein Kernrohr mit eingebettetem Blechmantel; darauf erfolgt eine Beschichtung mit Mörtel oder Beton. – Diese Rohre sind in Deutschland nicht eingesetzt worden.

- Spannbetondruckrohre ohne Blechmantel, zweischalig: Sie bestehen aus einem Betonkernrohr, stahlbewehrt oder in Längsrichtung vorgespannt. Die Ringvorspannung erfolgt mit hochfestem Spannstahl, der um die Außenfläche des Kernrohres in einer oder mehreren Lagen gewickelt wird; darauf erfolgt eine Beschichtung mit Mörtel oder Beton.

- Spannbetondruckrohre ohne Blechmantel, einschalig: ein in Längsrichtung vorgespanntes Betonrohr, in einem Arbeitsgang hergestellt, wobei die Ringvorspannung mittels eines Bewehrungskorbes aus hochfestem Stahldraht erfolgt, der in die Rohrwand eingebettet und nach dem Betonieren durch hydraulische Dehnung auf eine vorgegebene Spannung vorgespannt wird, solange der Beton noch frisch ist.

Bei den Rohren ohne Blechmantel ist eine Längsvorspannung erforderlich, ausreichend, um übermäßige Zugspannungen zu vermeiden, die im Kernrohr aufgrund der Ringvorspannung und Längsbiegung während Transport, Anheben und Verlegung entstehen. Die Mindestbetondeckung der Stahls im Kernrohr beträgt 15 mm – ausgenommen an den Stirnflächen.

Für alle drei Typen ist eine selbstzentrierende Rohrverbindung vorgeschrieben, die unter allen Betriebsbedingungen wasserdicht ist.

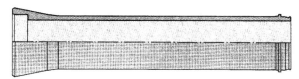

Abb. 5.166: Spannbetonrohr mit Ring- und Längsvorspannung (W 341)

Rollringdichtung

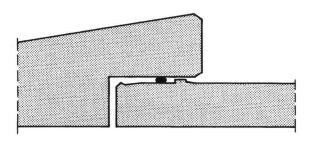

Gleitringdichtung

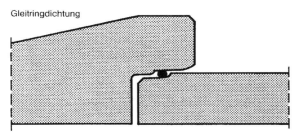

Abb. 5.167: Spannbetonrohr mit Rollringdichtung (oben) und Gleitringdichtung (unten) (W 341)

Eine Außenumhüllung kann auf Bitumen-, Kunstharz- oder PE-Basis erfolgen. Ein Innenschutz ist entbehrlich, soweit nicht aggressive Rohwässer zu transportieren sind. Ein Innenschutz auf Kunststoffbasis muss den hygienischen Anforderungen (KTW-Empfehlungen und W 270) entsprechen.

Die gebräuchliche Rohrverbindung ist die Glockenmuffe mit Rollgummidichtung oder Gleitringdichtung. Die Dichtwirkung entsteht durch den Anpressdruck und den Wasserdruck. Kritisch ist dabei die bei Betonkonstruktionen nur begrenzt zu sichernde Maßhaltigkeit der Rohre. Undichtheiten im Betrieb führen zur allmählichen Ausspülung des Betons in der Muffe. Für Pressrohre (Rohrvorpressung) werden Stahlüberschiebringe eingesetzt, um einen gleichbleibenden Durchmesser von Rohr und Verbindung herzustellen. Die Verbindungen sind nicht längskraftschlüssig. Kurven werden unter Ausnutzung der Abwinkelbarkeit in den Muffen durchfahren; Krümmer und Abzweige werden mit Blechmantelrohren oder aus Stahl gefertigt.

Vorteile des Spannbetonrohres sind die lange Nutzungsdauer und die hohe Beständigkeit gegen korrosive Angriffe von innen und außen, eine hohe Beulsicherheit; die Bemessung kann nach den jeweiligen Belastungsverhältnissen erfolgen.

Nachteilig sind das hohe Gewicht, keine längskraftschlüssigen Verbindungen, hohe Anforderungen an den Einbau, komplizierte Einbindungen und Reparaturen. Die Preisentwicklung bei Stahl- und Gussrohren hat die Spannbetonrohre weitgehend vom Markt verdrängt; sie werden zurzeit in Deutschland nicht mehr hergestellt.

5.8.6 Faserzement-Rohre

Mit Asbestfasern (Magnesiumhydrosilikat, Faserlänge etwa 0,1 µm, Zugfestigkeit bis 2,2 kN/mm^2) bewehrte Betondruckrohre haben in den 60er Jahren einen vergleichsweise hohen Marktanteil erreicht: AZ-Rohre sind beständig, chemisch und bakteriologisch unempfindlich, hydraulisch glatt und lassen sich spanabhebend bearbeiten. Der in der Rohrmaterial-Statistik aufgeführte Anteil von rd. 10% zementgebundene Werkstoffe betrifft vorrangig diese Rohre. Nachdem erkannt wurde, dass Asbestfasern, die als Staub eingeatmet werden, ein hohes karzinogenes Potenzial haben, ist schließlich zum Ende 1993 die Herstellung, zum Ende 1994 die Verwendung (Einbau, Reparatur und Ersatz) verboten worden. Arbeiten mit Asbesterzeugnissen sind nach der Technischen Regel für Gefahrstoffe TRGS 519 auszuführen (Staub vermeiden, Abfälle nass halten – Asbestzement ist allerdings kein Sondermüll) – s. dazu DVGW-Hinweis W 396 „Abbruch-, Sanierungs- und Instandhaltungsarbeiten an AZ-Wasserrohrleitungen". Die orale Aufnahme von Asbestfasern stellt keine Gefahr dar; deshalb können in Betrieb befindliche AZ-Druckrohre weiter genutzt werden. Der Transport kalkaggressiver Wässer verbietet sich natürlich.

Faserzementrohre sind nach DIN EN 512 – Faserzementprodukte – Druckrohre und Verbindungen – genormt; die Fasern schließen Chrysotil-Asbest und andere Fasern ein; letztere haben sich allerdings für Druckrohre der Trinkwasserversorgung nicht als ausreichend stabil erwiesen. Eine Ersatzrolle können GFK-Rohre (s. *Kap. 5.8.7.4 GFK*) übernehmen, zumal diese mit denselben Verbindungen (REKA-Kupplung) verlegt werden.

5.8.7 Kunststoffrohre

Für Trinkwasserleitungen werden eingesetzt:
- PVC – Polyvinylchlorid, in den Qualitäten:
  PVC-U = weichmacherfrei
  PVC-O = PVC-orientiert, d.h. biaxial verstreckt
- PE: Polyethylen als PE-HD (high density = PE hart) und als vernetztes PE-Xa,
- UP-GF: glasfaser(GF)-verstärkter Kunststoff (K) aus ungesättigten (U) Polyesterharzen (P) und Füllstoffen, meist mit GFK bezeichnet.
- Polybutylen PB, Polypropylen PP-H und PP-R, Polyoxymethylen POM und chloriertes Polyvinylchlorid PVC-C werden nur für die Hausinstallation angeboten.

Alle genannten Werkstoffe, die für Trinkwasserrohre eingesetzt werden, müssen in hygienischer, organoleptischer und toxikologischer Hinsicht die jeweiligen Bestimmungen des Lebensmittel-, Bedarfsgegenstände- und Futtermittel-Gesetzbuchs LFGB erfüllen sowie die KTW-Empfehlungen [UBA, 2008] und die Anforderungen nach W 270 (vgl. GW 335 A1 – A3).

5.8.7.1 PVC-U

Maßgebende Normen:

GW 335-A1   Kunststoff-Rohrleitungssysteme in der Wasserverteilung; Anforderungen und Prüfungen. Teil A1: Rohre und daraus gefertigte Formstücke aus PVC-U

DIN EN 1452   Kunststoff-Rohrleitungssysteme für die Wasserversorgung

        T 1 – 5: weichmacherfreies Polyvinylchlorid (PVC-U)

DIN 8061   Rohre aus weichmacherfreiem Polyvinylchlorid; Allgemeine Qualitätsanforderungen

DIN 8062   --; Maße

VP 654   Rohre aus PVC-O für die Wasserverteilung

PVC ist in hohem Maße beständig gegen chemischen Angriff und bedarf keines Korrosionsschutzes. Bei niedrigen Temperaturen wird das Material allerdings spröde. Einfache Verlegung durch elastisch gedichtete Steckmuffenverbindungen, geringes Gewicht

(1.400 kg/m^3), hydraulisch glattes Rohr. Auf sorgfältige Bettung in steinfreiem Sand ist zu achten.

Die Rohre werden mit glatten Enden (G), angeformten Klebmuffen (K) oder angeformten Steckmuffen (S) geliefert; Farbe für Trinkwasserrohre RAL 7011 eisengrau. Üblich ist die Verlegung mit Steckmuffen; Klebeverbindungen sind bei niedrigen Temperaturen auf der Baustelle nicht zuverlässig herzustellen, unterhalb von 5 °C nicht mehr möglich. Formstücke (Bögen, U-Stücke) sind im Angebot.

Neu auf dem Markt sind PVC-O-Rohre: durch biaxiale Verstreckung in Längs- und Umfangsrichtung entsteht eine laminare Struktur im Rohrwerkstoff und bewirkt damit eine höhere Festigkeit (höherer Betriebsdruck, geringere Rissbildung und Rissausbreitung). Bei entsprechenden Temperaturen bildet sich die Verstreckung zurück, was aber in der Wasserverteilung bei unterirdischer Verlegung nicht zu befürchten ist. Die Rohre entsprechen im Wesentlichen den Anforderungen nach GW 335-A1; abweichende Anforderungen sind in der Prüfgrundlage VP 654 enthalten. Die Rohre sind cremeweiß eingefärbt mit drei schmalen blauen Streifen. Rohre aus PVC-O werden auch mit angeformten Steckmuffen gefertigt; sie können mit Formstücken aus PVC-U und Gusseisen kombiniert werden.

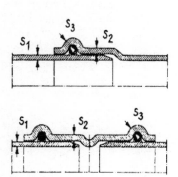 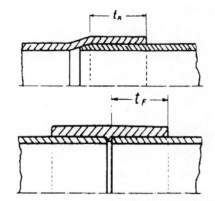

Abb. 5.168: Einsteckmuffe (links) und Klebemuffe (rechts) für PVC-Rohre ([Mutschmann und Stimmelmayr, 2007], S. 539)

PVC-Rohre werden für PN 10 von DN 50 bis 400, für PN 16 von DN 10 bis 300 geliefert. Die Kennzeichnung bezieht sich auf den Außendurchmesser und die Wanddicke bzw. deren Verhältnis SDR (standard dimension ratio) – z. B. 90 × 4,3 entspr. SDR 21. Der Wanddickenberechnung liegt zugrunde:

Mindestzugspannung von 25 N/mm^2 bei Dauerbelastung durch Nenndruck PN bei 20 °C über 50 Jahre ($= 4{,}4 \cdot 10^5$ h); mit Sicherheitsfaktor S = 2,5 ergibt sich $\sigma_{zul} = 10$ N/mm^2. Die Rohre werden bei 20 °C und 60 °C mit erhöhter Prüfspannung und verkürzter Belastungsdauer geprüft – s. GW 335-A1. Die Prüfanforderungen betreffen den Werkstoff (Materialeigenschaften einschl. hygienischer Unbedenklichkeit nach KTW und W 270) und die Eigenschaften des fertigen Rohres (Beschaffenheit, Farbe, Maße, Festigkeit, Schlagversuche, Veränderung nach Warmlagerung, Zeitstand-Innendruck). Die Rohre sind DVGW-zertifiziert.

Die Wanddicke berechnet sich nach der Kesselformel; sie lautet, bezogen auf den Außendurchmesser d_a (bzw. OD gemäß EN 805 und W 400–2):

$$s = \frac{d_a \cdot p}{2 \cdot (\sigma_{zul} + p)} \quad \text{bzw.} \quad \sigma_{zul} = \frac{d_a - 2s}{2s} \qquad (5.26)$$

mit

   s   Wanddicke in mm
   d_a Außendurchmesser in mm
   p   Innendruck N/mm^2 (1 N/mm^2 = 10 bar)
   σ_{zul} 10 N/mm^2 Bezugsspannung

dargestellt für das oben genannte Rohr:

$$\sigma_{zul} = 1 \cdot 81{,}4/\, 8{,}6 = 9{,}5 \; (< 10 \text{ N/mm}^2).$$

Hinweis: die Kesselformel ist korrekt für den Innendurchmesser d_i abgeleitet: $p \cdot d_i = \sigma \cdot 2s$. Wird statt d_i der mittlere Durchmesser $d_m = d_a - s$ eingesetzt, lautet die Formel

$$s = \frac{d_a \cdot p}{2\sigma + p}$$

Wird σ in N/mm^2, p in bar angegeben, ergibt sich:

$$s = \frac{d_a \cdot p}{20\sigma + p}$$

In dieser (nicht dimensionsechten) Form wird die Formel in der Literatur meistens dargestellt.

Wird das Durchmesser/Wanddicken-Verhältnis $SDR = d_a/s$ eingeführt, ergibt sich:

$$SDR = 2 \cdot \left(\frac{\sigma}{s \cdot p} + 1 \right),$$

bzw. gerechnet über d_m mit p in bar

$$SDR = \frac{20\sigma + p}{p}$$

Chlorierte Werkstoffe bieten hinsichtlich ihrer Beständigkeit in der Umwelt einen hohen Nutzwert. Allerdings sind sie auch umweltpolitisch bedenklich: Bei der Abfallverbrennung wird Salzsäure freigesetzt. Die Verwendung von PVC-Rohren in der Trinkwasserverteilung ist wohl auch aus diesem Grunde rückläufig zugunsten von PE-Rohren.

5.8.7.2 PE

Maßgebende Normen:

GW 335-A2	Kunststoff – Rohrleitungssysteme in der Gas- und Wasserverteilung;
	Anforderungen und Prüfungen. Teil A2: Rohre aus PE 80 und PE 100
GW 335-B2	(wie oben) Teil B2: Formstücke aus PE 80 und PE 100
GW 335-B3	(wie oben) Teil B3: Klemmverbinder aus Kunststoff (in Vorbereitung)
DIN EN 12201	Kunststoff – Rohrleitungssysteme für die Wasserversorgung –
	Polyethylen (PE) –T. 1–5
DIN 8074	Rohre aus Polyethylen (PE); Maße
DIN 8075	Rohre aus Polyethylen (PE) PE 63, PE 80, PE 100 –
	Allgemeine Güteanforderungen, Prüfungen
DIN 8076	Druckrohrleitungen aus thermoplastischen Kunststoffen – Klemmverbinder aus Metallen und Kunststoffen für Rohre aus Polyethylen (PE) – Allgemeine Güteanforderungen und Prüfung
VP 609	Klemmverbinder aus Kunststoffen zum Verbinden von PE-Rohren in der Wasserverteilung

PE-LD (low density = PE-weich) ist für Trinkwasserleitungen nicht (mehr) gebräuchlich; PE-MD (mittlere Dichte) wird für die Hausinstallation angeboten; in der Wasserverteilung wird nur PE-HD (high density = PE-hart) eingesetzt. Herstellung der Rohre: PE-Granulat – nur Neumaterial, kein Recyclat – wird durch die elektrisch beheizte Ringdüse einer Schneckenpresse endlos extrudiert.

Der Rohrwerkstoff der ersten Generation PE 63 ist seit 1980 durch PE 80 abgelöst worden; ab 1990 wird die dritte Generation, nämlich durch ein bimodales Polymerisationsverfahren erzeugtes Polyethylen als PE 80 und PE 100 angeboten. Die Zahlenwerte beziehen sich auf die Mindestfestigkeit (LCL = 97,5% untere Vertrauensgrenze – lower confidence limit, abgerundet MRS = minimum required strength) bei $20^{\circ}C$ über 50 Jahre mit 6,3 bzw. 8,0 bzw. 10,0 N/mm^2 (früher 63 bzw. 80 bzw. 100 kp/cm^2). Zur Umrechnung: N/mm^2 = MPa = 10^6 N/m^2). Als Prüfspannung für 1000 h ist der halbe Wert vereinbart, d.h. für PE 80 und 100 gilt 4 bzw. 5 N/mm^2. Eine Entwicklung der letzten Jahre ist PE 100 RC oder VRC (resistant bzw. ery resistant to cracks = hoher Widerstand gegen langsamen Rissfortschritt), besonders geeignet für erhöhte Beanspruchungen, wie sie z.B. bei grabenlosen Bauverfahren auftreten.

Der Weltmarkt für PE-HD-Rohre wird für 2008 auf 4 Mio. t – Europa 1,3 Mio. t – geschätzt mit kräftig steigender Tendenz; dies bezieht sich auf die bimodalen Werkstoffe, monomodales PE 80 wird wohl allmählich vom Markt verschwinden (Wiesbadener Kunststoffrohrtage 2010).

Den Kunststoffen wie PVC und PE ist gemeinsam, dass die Zeitstandfestigkeit unter Belastung (Innendruck) allmählich abnimmt, beschleunigt bei höheren Temperaturen – s. *Abb. 5.169*. Dieses Verhalten wird bei der Prüfung der Rohre genutzt: Durch erhöhte Temperatur und erhöhte Spannung wird die Prüfzeit verkürzt, das Ergebnis auf 50 Jahre Standzeit extrapoliert – s. *Tab. 5.28*. Im Zeitstandsdiagramm *Abb. 5.169* ist zu erkennen, dass für PE 100 kein (duktiles) Versagen des Werkstoffs bei 20°C Prüftemperatur mehr festgestellt werden kann.

Tab. 5.28: Prüfspannungen beim Zeitstand-Innendruck-Versuch (GW 335-A2 und B2)

Werkstofftyp	Prüftemperatur [°C]	Prüfspannung σ_o [N/mm^2] bei einer Mindeststandzeit	
		t = 1.000 h	t = 165 h
PE 80	80	4	4,5
PE 100	80	5	5,4

Der vorher für Kunststoffrohre vereinbarte Sicherheitsfaktor S = 1,6 ist 1997 aufgrund einer Vereinbarung im zuständigen CEN-Ausschuss auf 1,25 abgemindert worden. Die Rohre werden für einen statischen Innendruck bemessen von – je nachdem – 10 bis 20 bar, bezogen auf eine Normtemperatur von 20°C unter Berücksichtigung der extrapolierten Zeitstandskurven, so dass der Sicherheitsbeiwert von 1,25 selbst nach 50 Jahren Nutzung mindestens zu erwarten ist.

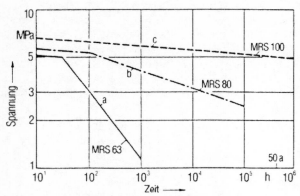

Abb. 5.169: Zeitstand-Diagramm der PE-Rohrtypen a) der ersten, b) der zweiten und c) der dritten Generation ([Henke, 1996], in bbr 47 (1996), S. 21)

PE-Rohre werden – in gleicher Weise wie PVC-Rohre – mit dem Außendurchmesser und der Wanddicke sowie deren Verhältnis SDR gekennzeichnet, z. B. 125 × 11,4 SDR 11 (entspr. DN 100).

Entsprechend dem SDR-Wert werden die PE-Rohre in Rohrreihen unterteilt. Durch die Abminderung des S-Faktors wird z. B. die Rohrreihe 5 für PE 80 (SDR 11) statt für PN 10 nunmehr bis zu PN 12,5 einsetzbar – s. *Tab. 5.29* – gerechnet mit der *Formel 5.26* ff. – s. *Kap. 5.A.5 Anlage zu Kapitel 5.8*

Tab. 5.29: Zulässige Betriebsdrücke für Trinkwasserleitungen aus PE 80 und PE 100 ([Henke, 1996], in bbr 47 (1996), S. 21)

Werkstofftyp	SDR	Rohrreihe	zulässiger Betriebsdruck
PE 80	7,4	6	20 bar
	11	5	12,5 bar
PE 100	11	5	16 bar
	17	–	10 bar[*)

*) aus Stabilitätsgründen nur für DN ≥ 63 mm

Der Prüfdruck für die Rohrreihe PE 100 SDR 17 ist allerdings auf 12 bar beschränkt, so dass diese Rohre im Verteilungsnetz eigentlich nicht einsetzbar sind; hier kann aber auf die Reihe SDR 11 zurückgegriffen werden.

PE-Rohre sind leicht – Dichte 0,9 bis 1,0 – und biegsam; Lieferlängen sind 5, 6 und 10 m in geraden Längen, Ringbunde bis DN 125 ca. 100 m, bei kleineren DN auf Stahltrommeln bis 2.000 m. Angeboten werden DN 20 bis 350. Die Rohre für Trinkwasserleitungen sind wie folgt eingefärbt:

PE 80: RAL 9004 schwarz mit hellblauen Streifen, PE 100: RAL 5005 königsblau (bei Gasleitungen wird analog die Farbe Gelb verwendet).

Prüfanforderungen betreffen den Werkstoff (Schmelzindex, Trockenverlust, Homogenität, Dichte, Farbe, Witterungsbeständigkeit, thermische Stabilität, Schweißeignung, Risswachstum) und das fertige Rohr (Beschaffenheit, Maße, Farbe, Veränderung nach Warmlagerung, Festigkeitseigenschaften beim Zeitstand-Innendruckversuch, Schmelzindex, Reißdehnung, hygienische Unbedenklichkeit). Für die neuen hochspannungsriss-beständigen PE-Werkstoffe (PE-VRC) ist als Ergänzung zum bestehenden Normenwerk die PAS (Publicly Available Specification) 1075 veröffentlicht worden (PAS 1075: Rohre aus Polyethylen für alternative Verlegetechniken – Abmessungen, technische Anforderungen und Prüfung, April 2009). Dort werden die besonderen Anforderungen definiert und die geeigneten Prüfverfahren angegeben, die vor allem die hohe Spannungsriss-Beständigkeit verlässlich nachweisen sollen. Unterschieden werden drei Typen:

- Typ 1: Einschichtige Vollwandrohre aus PE 100-RC
- Typ 2: Rohre mit maßlich integrierten Schutzschichten aus PE 100-RC
- Typ 3: Rohre aus PE 100-RC mit äußerem Schutzmantel – z.B. aus PP.

Typ 1 und 2 kommen beispielsweise für eine offene Verlegung ohne Sandbett, für Einpflügen und Fräsen in Frage; für Spülbohrverlegung und Berstlining ist Typ 3 vorzuziehen.

Die Rohre sind DVGW-zertifiziert.

Verbindungstechnik

PE-Rohre sind schweißbar (DVS-Richtlinien des Deutschen Verbands für Schweißtechnik). Die Rohrverbindungen werden im Allgemeinen durch Heizelement-Stumpfschweißen für eine Verlegung im Strang, vor allem bei größeren Querschnitten hergestellt – *Abb. 5.170*; die Rohrleitungsbauunternehmen müssen geprüfte Schweißer vorhalten. Elektroschweißfittings bzw. Elektroschweißmuffen sind für d_a = 20 bis 900 verfügbar – *Abb. 5.171*. Bis DN 50 werden metallische Klemmverschraubungen verwendet. Der Einsatz von Klemmverbindern aus Kunststoff ist zunächst auf Dimensionen bis d_a = 160 mm beschränkt (bei Gasleitungen dürfen nur Klemmverbinder mit Stützhülsen eingesetzt werden. – s. *Abb. 5.172*). Steckverbinder, die auch für PE 100-RC Rohre in Frage kommen, sind seit 2009 auf dem Markt; ein Formteilprogramm wird für d_a = 90 bis 225 und bis 16 bar angeboten – *Abb. 5.173*. Die im Bereich der Hausinstallation bewährte Pressverbindungstechnik steht bis d_a = 63 auch für erdverlegte Leitungen zur Verfügung (Geopress, VIEGA).

Für den Anlagenbau sind Flanschverbindungen verfügbar (ab DN 50). Formstücke werden aus PE, anderen Kunststoffen sowie aus Temperguss und Kupfer (für kleinere Querschnitte) sowie duktilem Gusseisen geliefert.

210°C ± 10°C

fertige Verbindung

Die Stirnflächen werden plan gehobelt, dann bei 200 – 220°C durch das Heizelement unter Druck angewärmt. Die Fügeflächen werden abgelöst, das Heizelement herausgeschwenkt und die Rohre unter Druck zusammengeführt.

FRIATEC / Georg Fischer

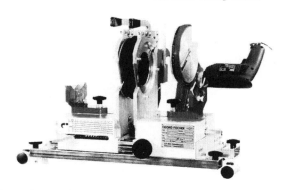

Abb. 5.170: PE-Rohrverbindungen – Heizelement-Stumpfschweißen

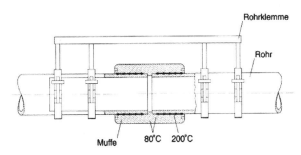

Abb. 5.171: PE-Rohrverbindungen: Elektro-Schweißfitting bzw. PE-Großmuffe. Die Schweißfittings sind mit integrierten Widerstandsdrähten ausgerüstet, mit denen die Innenseite der Muffe und die Außenseite des Rohres auf Schweißtemperatur gebracht werden. Die Außenarmierung des Fittings verhindert dessen Ausdehnung während der Schweißung. (FRIATEC)

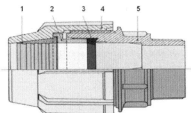

1 Fittingskörper (PP)
2 Überwurfmutter (PP)
3 Lippendichtring (NBR)
4 Druckring (PP)
5 Klemmring (POM)

Abb. 5.172: PE-Rohrverbindungen: Klemmverbinder aus Messing. (Georg Fischer)

Klemmfitting POLY 16 Plus für PE-Rohre – d75 bis d110 – Dichtsystem aus Druckring und Federdichtung   (Georg Fischer)

Steckverbinder REINOGrip für PE-Rohre, besonders auch für PE 100-RC und PE-X. Federnd gelagerte Segmente sichern gegen Ausziehen des Rohres; Abdichtung durch Lippendichtung.   (Reinert-Ritz GmbH)

Abb. 5.173: PE-Rohrverbindungen: Klemmfitting/Klemmverbinder und Steckkupplungen/Steckverbinder für PE-Rohre

Vor- und Nachteile des PE-Rohres: leichtes Gewicht, Korrosionsbeständigkeit, hydraulisch glatte Innenfläche; bei Kurven werden keine Formstücke benötigt. PE-Rohre müssen sorgfältig in steinfreien Sand gebettet werden, da spitze Steine Spannungsrisse auslösen können. Gegenüber Ölen und Fetten ist PE empfindlich. Benzin und leichtflüchtige Lösemittel können durch die Rohrwand diffundieren. Die große Wärmeausdehnung ist vor allem beim Anlagenbau zu beachten.

Neuentwicklungen erhöhen die Vielseitigkeit der PE-Rohre. Für Hochdruckleitungen bis 100 bar werden RTP-Rohre (Reinforced PE) angeboten: die Rohre weisen eine faserverstärkte Schicht auf; es handelt sich also um „Composite-Rohre". Neu auf dem Markt ist ein dreischichtig aufgebautes Hochdruckrohr; Innenschicht PE 100 RC, die Mittelschicht aus "verstreck-tem" PE 100 sorgt für die erhöhte Druckfestigkeit, Außenschicht PE 100; als Wasserrohr bis 32 bar geeignet; Verbindung durch Schweißmuffe oder Pressverbindung (HexelOne®, egeplast).

Rohre mit funktionalen Schutzschichten erweitern den Einsatzbereich des PE-Rohres:

- Widerstand gegen äußere Beanspruchungen (Kerbeintrag) und Rissfortpflanzung,
- Widerstand gegen äußere Zusatzbelastungen – Punktlasten,
- Widerstand gegen Diffusion.

Die Schutzschichten können additiv aufgebracht werden oder in integrierter Form durch Co-Extrusion oder Verschweißung. Außenschichten erlauben den Verzicht auf steinfreie Bettung und die Verwendung für grabenlose Bauweisen und Relining. Die Außenschichten können aus co-extrudiertem PP (z.B. ProFuse, UPONOR), aus PE100 RC (z.B. RC^{plus}, egeplast) oder beidem bestehen, die Rohre können insgesamt aus PE100 RC oder VRC (resistant to crack growth, oder very resistant ..) gefertigt sein, eine innen durch Co-Extrusion aufgebrachte VRC-Schicht sichert gegen die Rissausbreitung bei Punktlasten (RAUPROTECT, Rehau). Eingelegte Aluminiumbänder erleichtern die Ortung (SLM-DCT, egeplast), eingelegte Aluminiumfolie macht das Rohr diffusionsdicht (SLA Barrier Pipe, egeplast), wird die Folie elektrisch leitend ausgeführt, ermöglicht sie eine permanente Lecküberwachung (3L Leak Control, egeplast).

Eine Einstufung in drei Risikoklassen soll die Auswahl erleichtern (WAVIN) – s. *Tab. 5.30*.

Bei den kleineren Querschnitten – Versorgungsleitungen und Hausanschlüsse – hat das PE-Rohr inzwischen Marktführung erreicht. Aufgrund der technischen Entwicklung finden inzwischen auch Querschnitte $d_a > 225$ zunehmend Akzeptanz. Die Vorteile der Sonderqualitäten kommen aus Preisgründen vor allem bei besonders kritischen Einsatzbereichen zum Tragen.

Tab. 5.30: PE-Rohre mit Schutzeigenschaften – Klassifizierung (WAVIN, 3R international Heft 7/2007)

Beanspruchungsbereich	Low	Middle	High
Rohraufbau (Wavin)	Einschicht	Zweischicht	Dreischicht
Schutzeigenschaften	Nein	Ja	Ja
Verlegeverfahren	**Offene Verlegung**	**Pflügen, Fräsen, Relining, sandbettfreie Verlegung**	**Berstlining, Horizontal-Spülbohrverfahren**
Sandeinbettung nötig	ja	nein	nein
Bewegung im Boden	keine	keine	ja
Produkt	PE Classic	SafeTech RC^n	TS^{DOQ}
Material	PE 80 / 100	PE 100, PE 100 RC	PE 100, PE 100 RC
Schmelzindexgruppe	005/010	003/005	003/005
Nennweiten [mm]	D_a 32 bis 630	D_a 90 bis 450	D_a 32 bis 450
SDR	11 bis 17,6	11 bis 17	11 bis 17
Medien	Abwasserdruck-Ltg. Trinkwasser, Gas	Abwasserdruck-Ltg. Trinkwasser, (Gas)	Abwasserdruck-Ltg. Trinkwasser, Gas
Lieferung in	6, 12, 20 m und 100 m Ringbund	12 m und 100 m Ringbund	12 m und 100 m Ringbund

5.8.7.3 PE-X

Rohre aus vernetztem Polyethylen (Pe-X) sind seit den 70er Jahren in der Gebäudetechnik im Einsatz; ab 1990 haben sie auch Einzug in die Gas- und Wasserverteilung (erdverlegt) gefunden. Unterschieden wird PE-Xa (Peroxid-vernetztes PE) und PE-Xb (Silan-vernetztes PE) sowie PE-Xc (Strahlen-vernetztes PE). Für Trinkwasser sind Rohre des Werkstofftyps PE-Xa verfügbar.

Maßgebende Normen:

DIN 16892   Rohre aus vernetztem Polyethylen hoher Dichte (PE-X); Allgemeine Güteanforderungen, Prüfung

DIN 16893   Rohre aus vernetztem Polyethylen hoher Dichte (PE-X); Maße

GW 335-A3   Kunststoff-Rohrleitungssysteme in der Gas- und Wasserverteilung; Anforderungen und Prüfungen. Teil A3: Rohre aus PE-Xa

Die bei vernetztem Polyyehylen gegenüber PE 80 und PE 100 gegebene größere Unempfindlichkeit gegen Riefen erlaubt den Einsatz auch in Mischböden und zum Einziehen z. B. von Hausanschluss-Leitungen in kiesigen Böden (scharfkantige Steine müssen auch bei PE-X vermieden werden). Wegen des gegenüber PE deutlich höheren Preises beschränkt sich der Einsatz auf kleinere Querschnitte.

Die geforderte Langzeit-Standfestigkeit MSR für Innendruck beträgt für Trinkwasserrohre für eine Standzeit von 50 Jahren bei 20°C MRS $\geq$ 9,5 MPa. Als Sicherheitsfaktor gilt S = 1,25 (wie bei PE). Die Prüfung erfolgt bei 80°C mit 4 N/mm^2 (entspr. halbem Wert von MSR) über 1.000 Stunden. Das sog. langsame Risswachstum wird am fertigen Rohr bei 80°C mit 9,2 bar über 5.000 h geprüft (gilt für SDR 11). PE-Xa-Rohre werden in 2 SDR-Reihen angeboten:

SDR 7,4 geeignet bis 20 bar, SDR 11 geeignet bis 12,5 bar (also vergleichbar mit PE 80).

Die Rohre werden in geraden Längen, als Ringbund- oder Trommelware geliefert, Einfärbung RAL 5012 hell blau (oder naturfarben mit aufextrudierter PE-Schicht in RAL 5012). Prüfanforderungen betreffen den Werkstoff und das fertige Rohr (vergleichbare Tests wie bei PE, zuzüglich Prüfung des Vernetzungsgrades). Die Rohre sind DVGW-zertifiziert.

PE-Xa-Rohre sind schweißbar (Heizwendelschweißen); sie sind auch mit PE 80- und PE 100- Rohrleitungsteilen verschweißbar; die Stumpfschweißung wird noch nicht empfohlen. Die Heizwendelschweißung (HM) ist die Regelverbindung im erdüberdeckten Rohrleitungsbau. Ansonsten kommen dieselben Formstücke und mechanischen Rohrverbindungen wie für PE 80 und 100 (Klemm- und Steckverbinder, geprüft nach VP 609, Werkstoffübergangsverbinder nach VP 600) zum Einsatz.

Die Bezeichnung erfolgt entsprechend PVC und PE durch Angabe des Außendurchmessers, der Wanddicke und deren Verhältnis SDR – z. B.
SDR 11 – 110 $\times$ 10,0 oder SDR 7,4 – 110 $\times$ 15,1.

5.8.7.4 GFK

Glasfaserverstärkte Kunststoffrohre sind seit 1953 in USA bekannt. Der Einsatz in Deutschland ist wegen des notwendigen Nachweises, dass die hygienischen Anforderungen erfüllt werden, erst mit der Gütesicherung über VP 615 (1996) möglich geworden.

Maßgebende Normen:

DIN EN 1796   Kunststoff-Rohrleitungssysteme für die Wasserversorgung mit oder ohne Druck; Glasfaserverstärkte duroplastische Kunststoffe (GFK) auf der Basis von Polyesterharz (UP)

DIN 16868   Rohre aus glasfaserverstärktem Polyesterharz (UP-GF); gewickelt, gefüllt.

Teil 1 – Maße, Teil 2 – Allgemeine Güteanforderungen, Prüfung

DIN 16869   --; geschleudert, gefüllt. Teil 1 – Maße,

Teil 2 – Allgemeine Güteanforderungen, Prüfung

VP 615   Druckrohre, Formstücke und Rohrverbindungen aus glasfaserverstärktem Polyesterharz (UP-GF) für Trinkwasserleitungen

(wird durch GW 335 – A5 abgelöst)

Der Aufbau der Rohre ist bei beiden Herstellungsprozessen (gewickelt oder geschleudert) grundsätzlich gleich: Ungesättigten Polyesterharzen (Duroplast) werden zur Vermittlung der notwendigen Festigkeit Fasern aus alkalifreiem Aluminium-Bor-Silikat-Glas und Füllstoffe (gewaschener, getrockneter Quarzsand oder Calciumcarbonat) beigegeben – *Abb. 5.174.*

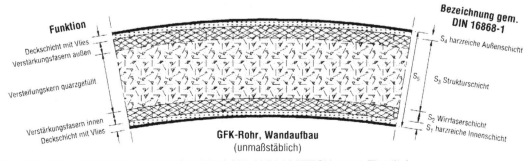

Abb. 5.174: GFK-Rohr, Wandaufbau (unmaßstäblich) (Werkbild AMITECH, vorm.Flowtite)

Zwei Herstellungsverfahren sind eingeführt:

- *Wickeln* auf einen festen Dorn oder im Drostholm-Verfahren – der Dorn besteht hierbei aus einem Endlosband aus Edelstahl (40 mm Breite), in Spiralform auf Stoß gelegt; am Ende wird das Band abgezogen und läuft durch das Innere zurück, so dass Rohre beliebiger Länge gefertigt werden können (z.B. AMITECH www.amitech-germany.de).

- *Schleudern* in einer Rohrform (z.B. HOBAS www.hobas.com). Seit 2008 bietet HOBAS auch Wickelrohre an.

Beim Wickeln werden die Schichten nacheinander aufgebracht – s. *Abb. 5.175*: harzreiche Innenschicht s_1 mit Vliesverstärkung 0,5–1,5 mm, Sperrschicht s_2 aus Wirrfaserlaminat (35% Faseranteil) $\geq$ 1,5 mm, Strukturschicht s_3 aus Harz, Glasfaser (Roving-Lagen tangential oder in Kreuzwickelstruktur) und Füllstoff (variabel gemäß Durchmesser, Druckstufe, Steifigkeitsklasse), äußere Schicht s_4 harzreich 0,5 mm (Reinharz oder vliesverstärkt). Nach dem Wickeln erfolgt die Härtung in einer Temperkammer, bevor das Rohr den Dorn verlässt. Bei diesem Verfahren ist – bestimmt durch den Wickeldorn – der Innendurchmesser kalibriert. Fertigung DN 300–3200.

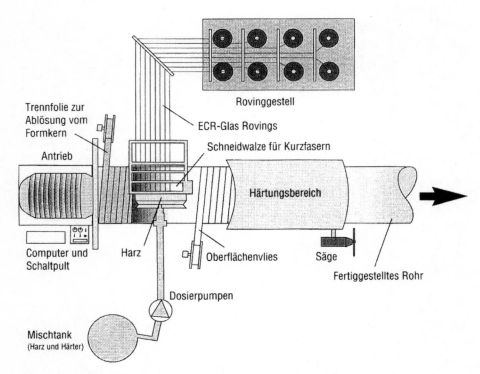

Abb. 5.175: GFK-Rohre: Fertigungsschema Wickelmaschine (Werkbild AMITECH)

Beim Schleudern werden Harz, Wirrfaser-Roving und Quarzsand in eine 6 m lange Form über Lanzen eindosiert. Die Verteilung und anschließende Verdichtung erfolgen durch Zentrifugalkraft in der sich drehenden Rohrform – steigend auf 30 bis 50 bar, wobei die Füllmassen auch die eingeschlossenen Luftblasen freigeben. Technisch bedingt sind bei geschleuderten Rohren die Außendurchmesser kalibriert. Der Wandaufbau ist analog der gewickelten Rohre. Fertigung DN 300 – 1600 (Trinkwasser).

Bögen werden als Segmentbögen aus Rohrabschnitten zusammengesetzt und mit Laminat-Verbindungen verbunden; bis DN 500 gibt es im Wickelverfahren in einem Stück hergestellte Bögen. Abzweige werden auf das ausgeschnittene Rohr auflaminiert.

Für Rohre nach Drostholm- und Schleuderverfahren (mit geraden Enden) bieten sich die flexible Überschiebmuffe aus GFK mit Elastomerdichtung – DC-Kupplung bis DN 400 und die FWC-Kupplung mit Lippendichtung für $\geq$ DN 500, die REKA-Kupplung für DN 100 – 2400 an. Durch Einlegen eines Verriegelungsstabs wird die Verbindung längskraftschlüssig.

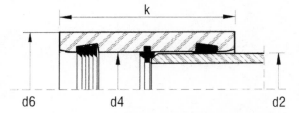

Abb. 5.176: REKA-Kupplung für GFK-Druckrohre DN 100 – DN 2400 (Werkbild AMITECH)

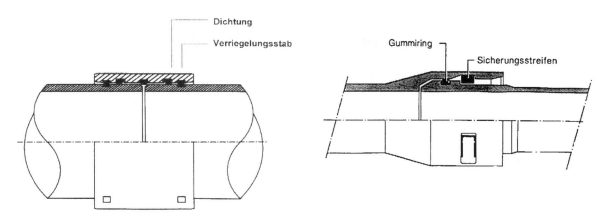

Abb. 5.177: Zugfeste Verbindung: DCL-Kupplung (links), Steckmuffenverbindung (rechts) ([DVGW, 1999], S. 88–89)

Beim Wickelverfahren über feststehenden Dorn lassen sich Muffen anformen, die gleichfalls längskraftschlüssig herstellbar sind. Muffenverbindungen können auch unlösbar mit Laminat verklebt werden. Flanschverbindungen können mit Los- und Festflanschen geliefert werden – in GFK, Edelstahl, Stahl verzinkt, Stahl kunststoffbeschichtet.

Die Prüfungen betreffen das Rohmaterial (Harz, Textilglasrovings, Füllstoffe), die Dichtungen und das fertige Rohr mit Formstücken (Maßhaltigkeit, Wandaufbau, Oberfläche, Kurzzeit-Ringsteifigkeit, Verformbarkeit bei Scheiteldruckbelastung, Festigkeit im Zugversuch – auch für Laminat-Verbindungen – und Umfangszugfestigkeit bei Innendruck, Langzeitfestigkeit und Dichtheit der Rohrverbindungen u. a.). GFK-Rohre sind DVGW-zertifiziert.

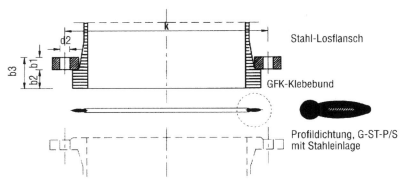

Abb. 5.178: GFK-Rohre: Flanschverbindung mit Losflansch (Werkbild AMITECH)

Die Rohre sind durch ihre Steifigkeit gekennzeichnet; für Trinkwasser-Druckrohre kommen nur die Nennsteifigkeiten SN 5000 und 10000 in Betracht; DN 100 – 250 sollten nur in SN 10000 verlegt werden; für größere Querschnitte kommt bei guten Bettungsbedingungen – auch für Inliner-Rohre – auch SN 5000 in Frage. Die geforderte Ringsteifigkeit S_R beträgt 0,04 N/mm² für SN 5000, 0,08 N/mm² für SN 10000 und wird über den Scheiteldruckversuch nachgewiesen:

$$S_R = \frac{E}{12} \cdot \left(\frac{s}{r_m}\right)^3 = \frac{0,1548 \cdot F_S}{0,03 \cdot (d_a - s) \cdot L} \qquad (5.27)$$

mit

S_R Ringsteifigkeit in N/mm²
E Ringbiegeelastizitätsmodul in N/mm²
F_S Scheiteldruckbelastung in N
L Rohrlänge in mm
d_a Außendurchmesser in mm
s Wanddicke in mm
r_m mittlerer Rohrradius

Hinter dem Term $s^3/12$ verbirgt sich das längenbezogene Flächenträgheitsmoment I (mm⁴/mm) für den rechteckigen Rohrquerschnitt. Im Kurzzeit-Innendruckversuch müssen die Rohre dem Innendruck von 4 PN standhalten; der Wert ist aus Langzeitversuchen mit Extrapolation auf 50 Jahre mit einem Sicherheitsfaktor 1,8 entwickelt worden. Die Verformbarkeiten (Dehnung) bei Kurz- und Langzeitversuchen sind gleichfalls in der Prüfung nachzuweisen.

Vorteile des GFK-Rohres liegen im leichten Rohrmaterial – gerade auch bei großen Querschnitten, Korrosions-Unempfindlichkeit, in der Klasse SN 10000 auch für schwierige Bettungsverhältnisse geeignet; durch verschiedene Verbindungen und Formstücke günstige Verlegungsmöglichkeit; geeignet für Rohr-Relining.

5.9 Armaturen für Wassertransport und -verteilung

5.9.1 Historischer Rückblick

2500 v. Chr.   Kupferleitungen und Absperrventile des Königs Sahuré bei Abusir. Die Ventile besaßen Bleistöpsel zum Verschließen von Beckenöffnungen.

um 250 v. Chr.   baut Ktesibios eine Wasserorgel. Die Windsteuerung hat wahrscheinlich zum Namen „Ventil" (lat. ventus = Wind) geführt.

Antike   Zapfhähne – zunächst meist mit zylindrischem Verschlusskörper, sind häufiger beschrieben.

1471–1528   Albrecht Dürer: Badeszene zeigt Wasserständer mit Auslaufhahn.

1530   Leonardo da Vinci zeichnet Kegelventile.

1736–1819   James Watt – er benutzt Steuerhähne für seine Dampfmaschine.

Die Rohrnetze des 19. Jahrhunderts (Grauguss-Rohre) benötigten druckfeste Absperrorgane:

1822   Schieber von Graff/Philadelphia

1848   Englisches Patent auf ein Zapfventil (Llewellin und Hemmins)

1871   Kastenschieber (mit Weichmetalldichtung)

5.9.2 Armaturentypen und Einsatzbereiche, Technische Regeln

Armaturen sind Ausrüstungsteile von Rohrleitungsanlagen (lat. armare = ausrüsten). Sie dienen zum Absperren oder zum Regeln des Durchflusses, zur Druckregelung, zur Verhinderung von Rückfluss, zum Trennen und Verbinden von Anlagenteilen, zur Be- und Entlüftung und schließlich zur Entnahme von Wasser. Allen gemeinsam ist ein zwischen AUF und ZU beweglicher Absperrkörper.

Zu den **Absperrarmaturen** gehören Schieber, Klappen und Hähne; Absperr-Ventile werden eher im Anlagenbau und in der Hausinstallation eingesetzt. **Regelnde Funktion** haben Druckminderventile, Ringkolbenventile, Ventile zur Regelung des Wasserstandes. **Spezielle Aufgaben** erfüllen Be- und Entlüftungsventile, Sicherheitsventile, Rückflussverhinderer, Rohrbruchsicherungen und Hydranten. Eine Übersicht über die Grundbauarten gibt *Abb. 5.180*.

Der DVGW erhebt seit 1997 im Rahmen der Rohrschadensstatistik auch die Schäden an Armaturen – s. *Abb. 5.179*. Erkennbar ist, dass Hydranten höhere Schadensraten zeigen, bedingt wohl durch die relativ häufige Nutzung; dagegen zeigt sich bei den Schiebern und Klappen eine stetige Abnahme der Schadensraten, was auf die allmählich sich auswirkende Verwendung moderner Armaturen mit hoher Lebensdauer zurückgeführt werden kann.

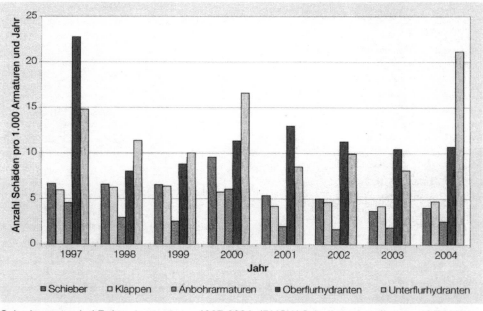

Abb. 5.179: Schadensraten bei Rohrnetzarmaturen 1997-2004 (DVGW-Schadensstatistik, ewp 10/2006)

Maßgebende Normen und Regelwerke (Auswahl):

DVGW-Regelwerk:

W 400–1 Technische Regeln Wasserverteilungsanlagen (TRWV),

Teil 1 Planung (insbesondere Kap. 16)

W 331 Auswahl, Einbau und Betrieb von Hydranten

W 332 Auswahl, Einbau und Betrieb von metallischen Absperrarmaturen in Wasserverteilungsanlagen

W 333 Anbohrarmaturen und Anbohrvorgang in der Wasserversorgung

W 334 Be- und Entlüften von Trinkwasserleitungen

W 335 Druck-, Durchfluss- und Niveauregelung in Wassertransport und -vertei-
lung

W 336 Wasseranbohrarmaturen; Anforderungen und Prüfungen

W 363 Prüf-
grundlage Absperrarmaturen, Rückflussverhinderer, Be-/Entlüftungsventile und Regelarmaturen aus metallenen Werkstoffen für
Trinkwasserversorgungsanlagen –
Anforderungen und Prüfungen

W 364 Prüf-
grundlage Absperrarmaturen aus Polyethylen
(PE 80 und PE 100) für Trinkwasserverteilungsanlagen – Anforderungen
und Prüfungen

GW 336 Erdeinbaugarnituren – Teil 1: Standardisierung der Schnittstellen zwischen
erdverlegten Armaturen und Einbaugarnituren, Teil 2: Anforderungen und
Prüfungen

DIN und DIN EN:

DIN EN 1074 Armaturen für die Wasserversorgung
– Anforderungen an die Gebrauchstauglichkeit und deren Prüfung;

T.1 Allgemeine Anforderungen,

T.2 Absperrarmaturen,

T.3 Rückflussverhinderer,

T.4 Be- und Entlüftungsventile mit
Schwimmkörper,

T.5 Regelarmaturen,

T.6 Hydranten

Zu produktbezogenen DIN-Normen siehe die aufgelis-
teten DVGW-Arbeitsblätter. Keine Bauartnormen liegen vor für Ringkolbenventile, Druckminderer, Rohrbruchsicherungen und sonstige Armaturenkombinationen.

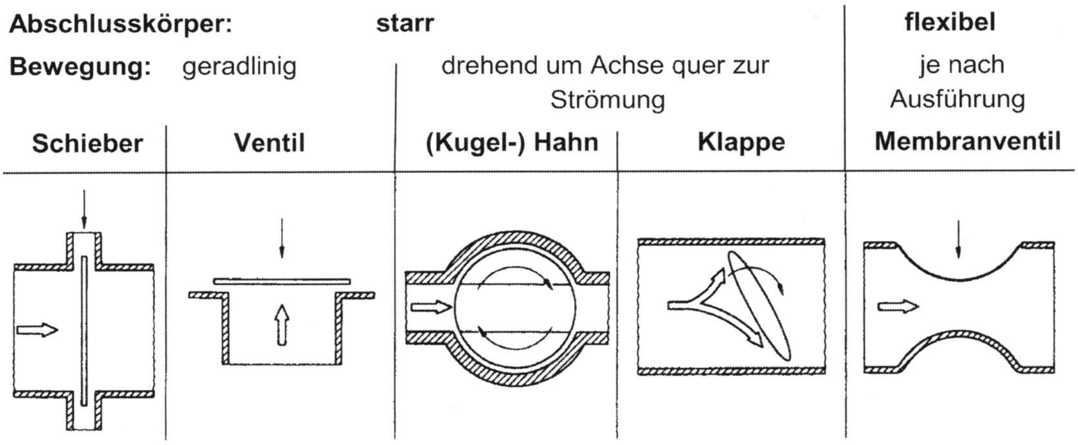

Abschlusskörper:		starr			flexibel
Bewegung:	geradlinig	drehend um Achse quer zur Strömung			je nach Ausführung
Schieber	Ventil	(Kugel-) Hahn	Klappe		Membranventil

Abb. 5.180: Grundbauarten von Absperrarmaturen (W 332, Ausgabe 9/2000)

An Armaturen, die in erdüberdeckte Rohrleitungen eingebaut werden, sind grundlegende Anforderungen zu stellen (s. W 400–1):

Dauerhaftigkeit: Bei der Auswahl der Bauteile (Rohre, Rohrleitungsteile und Armaturen) ist eine gesicherte Mindestnutzungsdauer von 50 Jahren zu fordern (W 400-1 Abschn. 4). Aus diesem Grunde sind nur Armaturen auszuwählen, die ein DIN/DVGW-Prüfzeichen tragen. Jede Armatur muss auch nach vielen Betriebsjahren – auch wenn sie längere Zeit nicht betätigt wurde – einwandfrei öffnen und dicht schließen. Dabei möge beachtet werden, dass die Beschaffungskosten für Armaturen die Gesamtwirtschaftlichkeit einer Leitung kaum beeinflussen.

Aufgrund technischer Entwicklungen der letzten Jahre sind diese Anforderungen heute erfüllbar:

- duktiler Guss statt Grauguss für die Gehäuse,
- Weichdichtungen, die langfristig ihre Elastizität behalten und zugleich die hygienischen Anforderungen erfüllen, anstelle metallischer Dichtungen,
- O-Ring-Dichtung anstelle der Stopfbuchse für die Spindeldurchführung,
- gerollte anstatt geschnittener Gewinde,
- Antriebsspindeln aus nichtrostendem Stahl,
- dauerhafte Innen- und Außenbeschichtungen (Email und EP-Pulverlacke).

Als Werkstoff hat sich für den Bereich Wassertransport und -verteilung der duktile Guss (GGG) durchgesetzt. Armaturen aus PE sind speziell für PE-Leitungen entwickelt worden – z. B. Anbohrarmaturen. Stahlgussarmaturen finden Einsatz bei Querschnitten größer DN 500, auch als Einschweiß-Armaturen in Stahl-Transportleitungen.

Druckstufen: Armaturen müssen in allen Teilen für den jeweils maßgebenden Systembetriebsdruck DP geeignet sein. Für Trinkwassernetze ist die Verwendung von Armaturen für MDP < 10 bar nicht zulässig.

Werkstoff der Dichtelemente: Im Regelfall sind Absperrarmaturen mit elastisch wirkenden Dichtelementen (Elastomeren) auszuwählen.

Statische Festigkeit: Beim festen Einbau in Rohrleitungen (Flanschverbindungen) lässt sich die Übertragung von Längs- und Biegespannungen auf die Armaturengehäuse nicht ausschließen. Die Gehäuse sind also auf Innendruck und Biegespannungen auszulegen; die Armaturen müssen auch unter solcher Beanspruchung noch einwandfrei schließen.

Korrosionsschutz: Als Innen- und Außenbeschichtung haben sich die Emaillierung (nach DIN 3475) und die EP-Pulverlack-Beschichtung (nach DIN 3476) durchgesetzt. Die Emaillierung wird durch Schmelzen von überwiegend Silikaten, Boraten und metallischen Haftoxiden bei Temperaturen von etwa 750–850 °C auf die Metalloberfläche aufgebracht. Das EP-Pulver (ein Duroplast) wird auf der sorgfältig gereinigten (gesandstrahlten) Metalloberfläche bei 180–220 °C aufgeschmolzen. Stand der Technik ist bei beiden Verfahren, dass Innen- und Außenschutz in einem Arbeitsgang aufgebracht werden. Als Außenschutz kommen außerdem andere Polymer-Beschichtungen (z. B. Polyurethan) und Emaillierung (nach DIN 30677 T.1+2) in Betracht. Die Verbindungen sind gegebenenfalls vor Ort nachzuisolieren

Nach dem **Einsatzzweck** unterscheidet man:

Absperrarmaturen: Sie müssen eine Leitung gegen den Nenndruck in beiden Richtungen vollständig absperren und öffnen. In Fern- und Transportleitungen gliedern sie die Leitungen in Teilstrecken (< 1 bis 3,5 km), in Verteilungsnetzen erlauben sie, einzelne Maschen für Reparatur und Wartung abzutrennen (vgl. *Kap. 5.7 Trassierung und Verlegung von Rohrleitungen*). Bis DN 200, z. T. bis DN 400, werden im Allgemeinen Schieber, bei größeren Nennweiten und Drücken über 10 bar Klappen eingesetzt. Die preislich aufwändigen Kugelhähne bieten Vorteile in Pumpendruckleitungen und in Messstrecken. Sie haben praktisch keine Strömungsverluste und zugleich ein günstiges Drosselverhalten.

Stell- und Regelarmaturen: Sie werden meist in teilgeöffneter Form betrieben. Zweck ist die Erzeugung einer Verlusthöhe zur Einstellung von Volumenstrom, Druck oder Niveau (Wasserspiegel). Sie müssen für einen kavitationsfreien Dauerbetrieb geeignet sein. Druck- und Niveauregler werden entweder direkt angesteuert (durch den Druck hinter der Armatur oder den Wasserstand) oder indirekt über Regler, gegebenenfalls ist ein elektrischer Antrieb erforderlich. Für kleinere Querschnitte (z. B. in der Haustechnik) werden Teller- oder Kolbenventile, bei größeren Querschnitten und Durchflüssen Ringkolbenventile eingesetzt.

Rohrbruchsicherungen: Sie sollen bei einem Rohrbruch die Leitung sicher absperren, um das Ausfließen größerer Wassermengen zu verhindern. Einsatzort ist das Wasserwerk, die Transportleitung (vor allem in Fall- und Steigleitungen, vgl. *Abb. 5.101*), der Hochbehälter, selten das Verteilungsnetz. Ausgelöst werden sie durch Unterschreiten eines festgelegten Drucks, durch Überschreiten eines festgelegten Durchflusses oder einer Durchflussdifferenz zwischen zwei bestimmten Punkten. Das Schließen soll im Allgemeinen ohne Fremdenergie erfolgen können; bewährt sind Fallgewichtsantriebe mit Ölbremse (um Druckschläge zu mindern). Eingesetzt werden Klappen, Ringkolbenventile und Kugelventile.

Rückflussverhinderer: Sie sollen eine Umkehr der Strömungsrichtung verhindern, z. B. in Pumpen-Druckleitungen und Zuleitungen zu Wasserbehältern. Das Schließen wird durch die Strömung selbst ausgelöst. Diese Aufgabe muss sehr zuverlässig erfüllt werden, z. B. muss eine Teilentleerung der Druckleitung vermieden werden, desgleichen eine kurzzeitige Rückströmung, um ein Oszillieren des Wassers in der Druckleitung zu verhindern. Durch die Wahl von Armaturen mit entsprechendem Schließverhalten (gedrosselter Schließvorgang) sind mögliche Druckschläge zu begrenzen. Bauarten sind Rückschlagklappen sowie Membran-, Düsen- und Ringkolbenventile.

Be- und Entlüftungsarmaturen: Im Wasser gelöste Luft gast bei steigender Temperatur und abnehmendem Druck aus und sammelt sich an geodätischen und hydraulischen Hochpunkten der Leitungen. Die Luft muss dort selbsttätig abgeführt werden, um Druckverluste und Druckstöße zu verhindern. Eine Belüftung ist erforderlich, um Unterdruck bei Entleerung der Leitung oder Rohrbrüchen zu vermeiden. Dies ist insbesondere bei Transportleitungen von Bedeutung (vgl. *Abb. 5.101*), seltener im Verteilungsnetz, da hier eine Entlüftung über die Hausanschlüsse bzw. über Hydranten möglich ist. Handbetätigte Entlüftungsventile werden hinter Streckenschiebern angeordnet, um eine einwandfreies Füllen der Leitungen zu ermöglichen.

Entleerungen und Spülauslässe: Sie sind für betriebliche Maßnahmen der Wasserwerke erforderlich. Tiefpunkte von Leitungen und Netzen müssen über Entleerungsmöglichkeiten verfügen. Bis zu DN 400 ist dies im Rohrnetz meist über Hydranten möglich; für größere Nennweiten sollten spezielle Entleerungen vorgesehen werden, die eine schadlose Abführung des Wassers ermöglichen.

Anbohrarmaturen: Sie erlauben den Anschluss von Hausanschluss-Leitungen (HA) an Versorgungsleitungen während des Betriebs; d. h. die Versorgungsleitung muss dazu nicht entleert werden.

Hydranten im Rohrnetz: Sie sind für Feuerlöschzwecke und Betriebswasserentnahmen der Wasserwerke erforderlich, vorwiegend zum Spülen wenig durchflossener Leitungen – z. B. der Endstränge. Sie können zur Entlüftung von Leitungen, zur Druckabsenkung aus betrieblichen Gründen und zum Aufbau von Ersatzversorgungen herangezogen werden (vgl. W 400-3 Abschn. 7.6.5). Unterflurhydranten werden in DN 80 angeboten; für exponierte Gebäude sind die leichter auffindbaren, aber durch den Straßenverkehr gefährdeten Überflurhydranten DN 100 oder 150 vorzuziehen.

5.9.3 Bauarten

5.9.3.1 Absperrschieber (W 332)

Der Absperrschieber ist seit über 130 Jahren die meistverwendete Absperrarmatur. Der Schieber gibt in Offenstellung den Rohrquerschnitt völlig frei; damit sind die Strömungsverluste gering ($\zeta_i = 0,06$ für DN ab 100 mm); die Leitung kann mit einem Reinigungsmolch durchfahren werden. Bis zu DN 400 und MDP 10 bar hat sich die Weichdichtung gegenüber der metallischen Dichtung durchgesetzt. Stand der Technik ist, dass Elastomere inzwischen die Anforderungen nach W 270 (mikrobiologische Unbedenklichkeit) und nach DIN EN 1074 (2500 Lastspiele) gemeinsam erfüllen. Diese Schieber weisen keinen „Schiebersack" mehr auf, der Anlass zu Ablagerungen bietet. Üblich ist die innenliegende Spindel (das Handrad behält beim Öffnen seine Position bei). Schieber sind nicht als Drosselorgane geeignet.

Das Aufsatzteil, das den Absperrkörper in Offenstellung aufnimmt, benötigt Bauhöhe über der Rohrleitungen. Aus diesem Grunde werden ab DN 250 heute meistens Absperrklappen eingesetzt.

Die Verbindung zur Rohrleitung wird heute meist als Muffenverbindung ausgeführt. Im Anlagenbau, auch in zugänglichen Schächten, d. h. überall dort, wo ein Ausbau ohne Aufnehmen der Rohrleitung in Frage kommt, ist die Flanschverbindung im Vorteil. In Stahlleitungen und in PE-Leitungen stehen Einschweißverbindungen zur Verfügung.

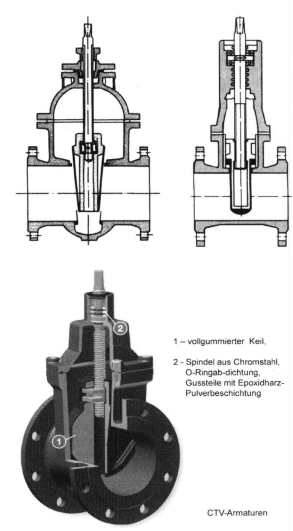

1 – vollgummierter Keil,

2 - Spindel aus Chromstahl, O-Ringab-dichtung, Gussteile mit Epoxidharz-Pulverbeschichtung

CTV-Armaturen

Abb. 5.181: Metallisch dichtender Schieber (oben links) und weich dichtender Schieber (oben rechts) [Netzmeister, 2008] mit Beispiel für weichdichtenden Schieber (unten)

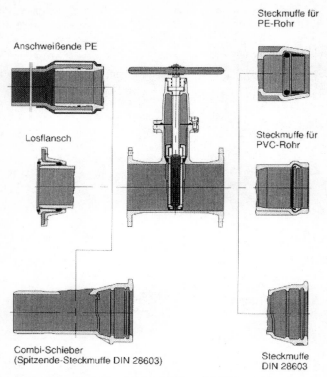

Steckmuffe für
PE-Rohr

Anschweißende PE

Steckmuffe für
PVC-Rohr

Losflansch

Combi-Schieber
(Spitzende-Steckmuffe DIN 28603)

Steckmuffe
DIN 28603

Abb. 5.182: Anschlussformen für Schieber [Hoch und Kuhl, 2002 und 2008]

170
+50/–80

RD
(Rohrdeckung)

GL
(Gestängelänge)

GA
(Gestängeansatzpunkt)

Abb. 5.183: Absperrarmatur mit Bedienungsstange: die Verbindung von Armatur und Schlüsselstange ist seit 2006 standardisiert (GW 336). Abschließbare Straßenkappe (Ru-Tec).

5.9.3.2 Absperrklappen (W 332)

Absperrklappen werden seit den 50er Jahren gebaut. Nach Lage der Antriebsachse unterscheidet man zentrische, exzentrische und doppelexzentrische Lagerung. Die exzentrische Lagerung vermeidet, dass die Achse die Ringdichtung durchstößt; die doppelte Exzentrizität erlaubt durch die neben der Drehbewegung erfolgende Relativbewegung eine höhere Flächenpressung der Dichtung, was vor allem für die metallische Dichtung bei hohen Drücken von Bedeutung ist. Zentrisch gelagerte Klappen haben den Vorteil der kurzen Baulänge; sie werden z.B. als Zwischen- und Anflanschklappen geliefert. Für die Regelausführungen der Absperrklappen hat sich die Elastomerdichtung durchgesetzt.

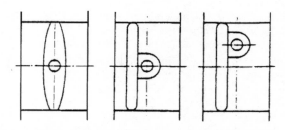

Abb. 5.184: Absperrklappe, zentrisch, exzentrisch und doppelexzentrisch gelagert (W 332)

Klappen sind nicht molchbar. Der Druckverlustbeiwert beträgt bei hydraulisch günstigen Konstruktionen nur $\zeta_i = 0,25$, bei konventioneller Bauart = 0,6. Sie weisen ein fast lineares Schließgesetz auf, sind allerdings zur Durchflussregelung nur bedingt geeignet. In der Regel wird die Flanschverbindung verwendet. Der Antrieb erfolgt bei kleineren Durchmessern durch ein oben aufgesetztes Getriebe; bei größeren Durchmessern wird das Getriebe seitlich angeordnet, was zu einer niedrigen Bauhöhe führt.

 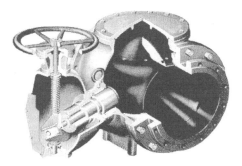

Abb. 5.185: Exzentrisch gelagerte Absperrklappe (links), Kugelhahn (rechts) [Hoch und Kuhl, 2002 und 2008])

5.9.3.3 Kugelhähne

Der Kugelhahn ist wegen seiner anspruchsvollen Konstruktion die teuerste Absperrarmatur. Vorteile sind: rasches Öffnen und Schließen, völlige Freigabe des Rohrquerschnitts ($\zeta_i = 0,02 - 0,08$, kleine Werte für große Durchmesser), geeignet für hohe Durchflussgeschwindigkeiten (10 – 15 m/s) und Betriebsdrücke (100 bar). Bewährt haben sich ein zweiteiliges Gussgehäuse und doppeltexzentrische Lagerung der Antriebswelle. Die Exzentrizität ermöglicht, dass der Schließkörper beim Öffnen schon nach 5° Drehung aus dem Sitz gehoben wird; das Kugelküken weist in Offenstellung einen freien Abstand zum Gehäuse auf, so entsteht auch in Zwischenstellung ein ruhiges Strömungsverhalten. Die Verbindung erfolgt durch Schraubflansche. Der Antrieb erfolgt über Getriebe mechanisch, elektrisch, pneumatisch oder hydraulisch.

5.9.3.4 Ventile

Ventile in der Bauart von Teller- oder Kolbenventilen eignen sich in der Wasserverteilung vor allem zur Regelung von Durchfluss, Druck oder Niveau (W 335) – s. *Abb. 5.189*. Direkt gesteuerte federbelastete Druckreduzierventile sind für DN 50 – 200 und MDP 10 bis 15 geeignet; bei Druckdifferenzen > 3 bar besteht Kavitationsgefahr. Beim vorgesteuerten Ventil sind höhere Druckdifferenzen und Durchflussgeschwindigkeiten (bis 4 m/s) möglich. Bei diesem Ventil steuert der Hinterdruck den Druck in der Membrankammer, die ihrerseits den Teller/Kolben des Hauptventils öffnet und schließt. Dies ermöglicht ein wesentlich genaueres Regelverhalten als beim direkt gesteuerten Ventil. Für hydraulisch (mit Druckwasser) fernbediente Absperrorgane werden gerne Membranventile gewählt.

In Leitungen DN 100 bis 1400 haben sich Ringkolbenventile bewährt; der Ringkolben wird dabei in Strömungsrichtung verschoben und gibt den Querschnitt ringförmig frei ($\zeta_i = 1,0$ bis 2,0); der Kolben ist dadurch entlastet, die Antriebskräfte für das Getriebe sind relativ gering. Für DN 50 bis 150 sind Schlitzbuchsen eingebaut, die eine Geräuschentwicklung beim Drosselvorgang verhindern.

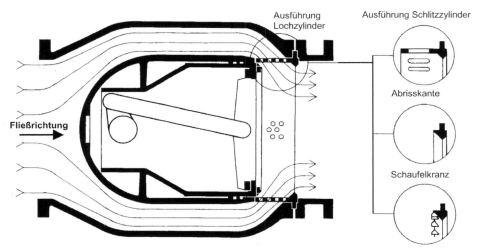

Abb. 5.186: Ringkolbenventil (W 332)

5.9.3.5 Anbohrarmaturen (W 333 und W 336)

Sie dienen zum Anschluss von Hausanschlüssen an Versorgungsleitungen während des Betriebs der Leitung. Für alle gängigen Rohrmaterialien sind Anbohrarmaturen verfügbar, metallische vorwiegend für metallische Rohrwerkstoffe, Sonderformen auch für Kunststoffleitungen; Anbohrarmaturen (AA) aus Kunststoff sind nur für Kunststoffleitungen geeignet. AA bestehen aus zwei Teilen: dem Anschlussstück mit integrierter oder nachträglich einzubauender Betriebsabsperrung und dem Haltestück für die Befestigung an der Versorgungsleitung, die mit Halteband oder

Halbschale erfolgt; bei Stahlrohren wird eine Aufschweißarmatur angeboten.

Beim Anbohren – seitlich oder von oben – werden die Bohrspäne durch den Innendruck nach außen gespült. Der Abgang zum Hausanschluss kann in Richtung oder seitlich zur Anbohrrichtung erfolgen. Die Dichtung zwischen Anschlussstück und Versorgungsleitung ist Bestandteil der Anbohrarmatur; auf die Elastomerqualität und den richtigen Sitz der Dichtung ist besonders zu achten. Nähere Hinweise s. W 333, zu Anforderungen und Prüfungen s. W 336.

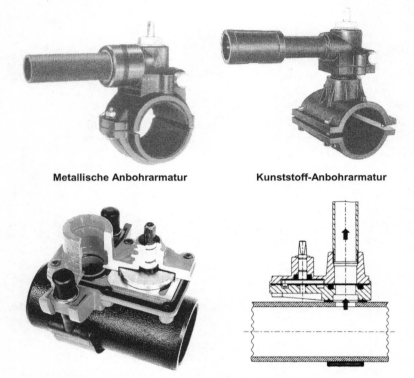

Metallische Anbohrarmatur   **Kunststoff-Anbohrarmatur**

Anbohrarmatur mit Betriebsabsperrung (Werkbild Hawlinger)

Abb. 5.187: Anbohrarmaturen ([Hoch und Kuhl, 2002 und 2008] und [DVGW Bd. 2, 1999], S. 256/7)

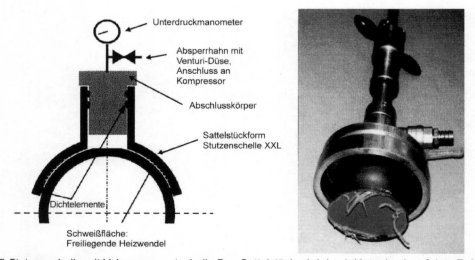

Abb. 5.188: PE-Stutzenschelle mit Vakuumspanntechnik. Das Sattelstück wird durch Unterdruck auf dem Rohr festgehalten; so erfolgt die Heizwendel-Schweißung. Dann wird der Abschlusskörper durch den Bohraufsatz ersetzt. Die ausgeschnittene Kalotte wird mit dem Bohraufsatz ausgebaut; anschließend Anschluss der abzweigenden Leitung – bis d225 mm auch an große Rohrdurchmesser (FRIATEC AG, 3R intern. 4/2007)

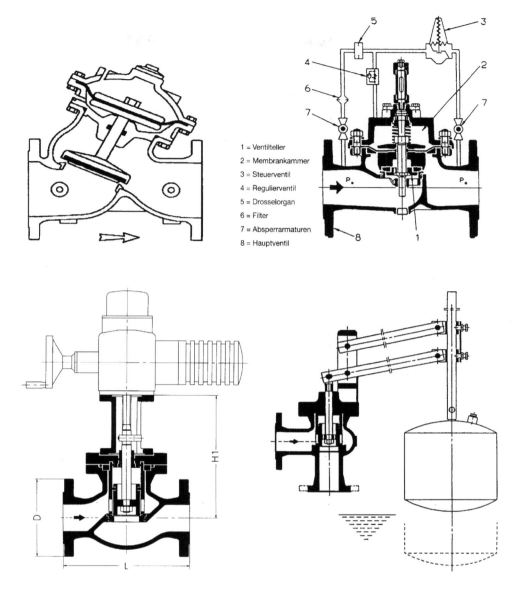

1 = Ventilteller
2 = Membrankammer
3 = Steuerventil
4 = Regulierventil
5 = Drosselorgan
6 = Filter
7 = Absperrarmaturen
8 = Hauptventil

Abb. 5.189: Membrangesteuertes Regelventil – Vorgesteuertes Druckminderventil – Kolbenventil mit Elektroantrieb – Kolbenventil mit Schwimmersteuerung (W 335)

5.9.3.6 Hydranten (W 331)

Unterschieden werden Unterflur- und Überflurhydranten (DIN EN 14339 und 14384, zu Auswahl, Einbau und Betrieb s. W 331, zu Anforderungen und Prüfungen s. VP 325). Das eigentliche Hydrantengehäuse nimmt im unteren Teil den Absperrkörper (Ventil, Kegel, Kugel) auf; die Absperrung kann mit oder gegen die Strömung erfolgen und wird einfach oder doppelt ausgeführt. Letzte Bauart erlaubt bei vollem Leitungsdruck die Auswechslung des Ventilgestänges. Über dem Abschlussorgan liegt eine Entleerungsöffnung, die beim Schließen des Hydranten freigegeben wird und ein Entleeren des Restwassers in den Untergrund ermöglicht. Liegt der Standort im Grundwasserbereich, kommt eine selbsttätige Entleerung nicht in Frage; die Restwassermengen müssen aus dem Hydranten durch Auspumpen entfernt werden. Bei geteilter Bauweise ist das ganze Gehäuse unter Druck auswechselbar. Unterflurhydranten stehen nur in DN 80 zur Verfügung; zur Wasserentnahme ist ein Standrohr aufzusetzen, das gegebenenfalls mit einem Wasserzähler ausgerüstet ist. Überflurhydranten (angeboten mit DN 100 und DN 150 für hohe Leistungen) haben entweder freiliegende Abgänge oder einen Fallmantel, der die Abgänge abdeckt. Wegen der Gefahr, durch Fahrzeuge umgefahren zu werden, haben sie eine Sollbruchstelle; damit wird unkontrolliertes Ausströmen des Wassers vermieden.

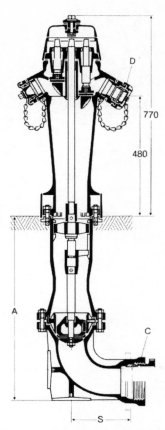

Abb. 5.191: Überflurhydrant nach Schweizer Norm (Werkbild von Roll AG, [Grombach et al., 2000], S. 1098)

Hydranten werden grundsätzlich auf oder unmittelbar neben die Versorgungsleitung gesetzt; bei Kunststoffleitungen wird aus statischen Gründen der seitliche Anbau mit Fußkrümmer empfohlen. Werden die Hydranten seitlich verzogen, z. B. in den Gehweg, so muss ein Hausanschluss dahinter liegen, um einen nicht durchflossenen Leitungsabschnitt zu vermeiden. Bei Transport- und Versorgungsleitungen größerer Nennweite wird der Hydrant seitlich verschleppt eingebaut, wobei ggf. eine zusätzliche Armatur zwischen Leitung und Hydrant eingebaut wird. Die Verschleppung schafft sonst einen zu großen nicht durchströmten Totraum, in dem das Wasser stagniert; die Absperrarmatur erlaubt die Wartung des Hydranten ohne Betriebsunterbrechung der Leitung.

Hydranten werden zweckmäßigerweise im Straßenraum, aber weder mitten in der Fahrbahn noch in Parkstreifen angeordnet, um eine leichte Erreichbarkeit zu sichern; bewährt ist der Kreuzungsbereich innerhalb des 5 m-Streifens – s. *Abb. 5.107*.

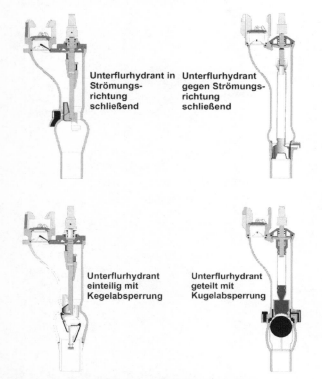

Abb. 5.190: Unterflurhydranten mit Doppelabsperrung (unten) und Einfachabsperrung (oben) [Hoch und Kuhl, 2002 und 2008])

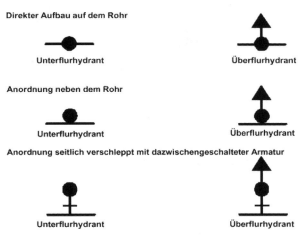

Abb. 5.192: Anordnung von Hydranten an der Versorgungsleitung (W 331)

5.9.3.7 Be- und Entlüfter (W 334)

Handbetätigte Be- und Entlüftungsarmaturen – meist Ventile – werden neben Absperrschiebern zur Entlüftung beim Füllen oder Entleeren eines Leitungsabschnitts eingebaut. In Transportleitungen kommen selbsttätig wirkende Be- und Entlüftungsarmaturen zum Einsatz. Sie erfüllen dort vor allem die Aufgabe, das einwandfreie Füllen und Entleeren der Leitung zu ermöglichen und Luftansammlungen zu vermeiden, die zu Druckverlusten und Druckschlägen führen können. Unterschieden werden Ventile mit Schwimmkörper als Einkammer- oder Doppelkammerventil, federbelastete Tellerventile, vorgesteuerte Kolbenventile.

Die Bemessung muss den im konkreten Einsatzfall vorliegenden Aufgaben/Funktionen Rechnung tragen – es wird auf *Abb. 5.101* verwiesen (W 303):

- A – Entlüftung großer Luftmengen beim Füllen der Leitung (diskontinuierlich – tritt an allen Punkten BEV1 bis 5 auf)
- B – Belüften beim Entleeren der Leitung (diskontinuierlich – BEV1, 2, 3, (4), 5)
- C – Entlüften der Rohrleitung bei innerem Überdruck (kontinuierlich – BEV1 bis 5)
- D – Be- **und** Entlüften im Störfall, z.B. bei Pumpenausfall (diskontinuierlich – BEV1 bis 5)
- E – Belüften der Rohrleitung im Störfall, z.B. im Rohrbruchfall (diskontinuierlich BEV1 bis 3 und BEV5)

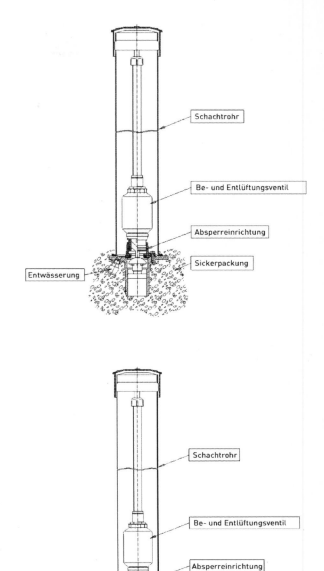

Abb. 5.193: Be- und Entlüftungsgarnitur, geeignet für den direkten Erdeinbau unter einer Straßenkappe (W 334)

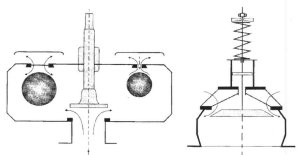

Abb. 5.194: Doppelkammerventil mit Schwimmkörper für Aufgaben A, B und C; bei Unterdruck werden beide Querschnitte freigegeben (links). Federbelastetes Tellerventil, geeignet für das automatische Belüften mit großen Luftmengen (rechts) (W 334)

5.9.3.8 Rückflussverhinderer (W 332)

Sie sollen bei Umkehr der Fließrichtung die Leitung sperren. Die verschiedenen Bauarten zeigt *Abb. 5.195*. Der Antrieb erfolgt mit Fallgewicht selbsttätig oder fremdgesteuert (was meist unnötig aufwendig ist).

Bei Klappen hat sich am besten ein stark exzentrisch gelagerter Klappenteller mit großem Schließgewicht und metallischer Dichtung bewährt. Zur Vermeidung von Druckschlägen ist gegebenenfalls eine Schließbremse (Öldruck-Zylinder) vorzusehen. Bei belasteten Rückschlagklappen ist der Druckverlustbeiwert sehr hoch ($\zeta_i = 5 - 10$), bei unbelasteten Klappen liegt ζ_i bei 0,8. Rückflussverhinderer sind in jeden Hausanschluss hinter der Hauptabsperrung einzubauen – s. *Kap. 6 Trinkwasser-Installationen*).

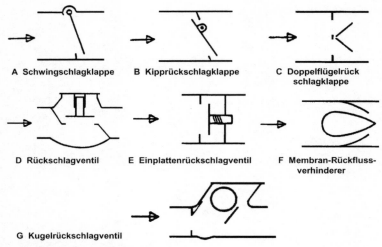

Abb. 5.195: Bauarten von Rückflussverhinderern (W 332)

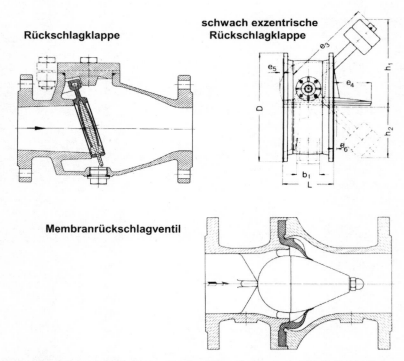

Abb. 5.196: Rückflussverhinderer Erhard, VAG, Mannesmann ([Grombach et al., 2000], S. 1101)

5.9.3.9 Rohrbruchsicherung

Eine Rohrbruchsicherung (ohne elektrischen Antrieb) umfasst folgende Teile:

Absperrarma-
tur: je nach Nennweite, Druckstufe, Durchflussmenge und Anlage als Absperrklappe, Kugelhahn oder Ringkolbenventil

Fallgewichts-
antrieb: zum Schließen der Armatur ohne fremde Energie

Hubbremse: Hydraulikzylinder zum Steuern der Schließbewegung und zum Wieder-öffnen der Armatur

Auslösevor-
richtung: Membransystem (Druck-, Kraft-wandler) zum Lösen der Verriege-lung des Fallgewichtes

Wirkdruckge-
ber: Staurohrgarnitur oder Drucksonde, Messblende, Venturi zur Überwa-chung des Durchflusses und zur Im-pulsabgabe an die Auslösevorrich-tung.

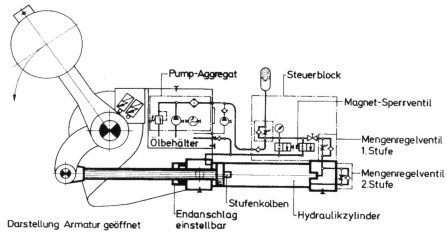

Abb. 5.197: Rohrbruchsicherung – Steuereinheit [Hoch und Kuhl, 2002 und 2008]

5.9.4 Verbindungen für Armaturen

Armaturen, die im Rohrnetz eingebaut werden, werden heute in der Regel für Steckmuffenverbindung und für Flanschverbindung angeboten.

Die Flanschverbindung erlaubt ein Auswechseln der Armatur, ohne dass die Leitung dafür aufgenommen werden muss. Mit der technischen Entwicklung moderner Armaturen (vgl. *Abb. 5.198*) wird die Nutzungs-dauer der Leitung annähernd erreicht; damit tritt die Forderung der Auswechselbarkeit hinter dem Kriterium wirtschaftlicher Verlegung zurück.

Den Vergleich zwischen Flansch- und Muffenverbin-dung zeigen *Abb. 5.199* und *Tab. 5.31*.

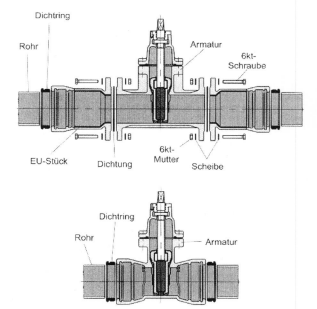

Abb. 5.199: Montageaufwand bei Flansch und Muffe [Hoch und Kuhl, 2002 und 2008]

Abb. 5.198: Absperrschieber mit BAIO-Muffenverbindung [Hoch und Kuhl, 2002 und 2008]

Flanschverbindungen werden eher im Anlagenbau gewählt und für Sonderarmaturen, die meistens in begehbaren Schächten angeordnet werden – z. B. Rohrbelüfter und -entlüfter.

Für den Einbau von Stahlguss-Armaturen in Stahlleitungen sind Schweißverbindungen verfügbar. PE-Armaturen können in PE-Leitungen mit Heizwendel-Stumpf- oder Spiegelschweißung eingebaut werden – *Abb. 5.200*.

Für kleinere Querschnitte (Hausanschluss, Haustechnik) stehen bei Kunststoffleitungen auch die Klemmverbindung, bei metallischen Rohren die Schraubverbindung zur Verfügung. Die Muffenverbindungen, die bei Rohrleitungen aus duktilem Guss GGG angeboten werden, sind auch für die Armaturen verfügbar: TYTON (nicht längskraftschlüssig); NYTON-SIT, NOVO-SIT und BAIO (längskraftschlüssig). NOVO-GRIP dient zum Anschluss von Armaturen mit NOVO-SIT-Muffen an Kunststoffrohre.

Abb. 5.200: PE-Einschweißschieber [Hoch und Kuhl, 2002 und 2008]

Tab. 5.31: Vor- und Nachteile der Muffen- und Flanschverbindung

	Muffenverbindung	Flanschverbindung
Vorteile	• keine Korrosion an Verbindungsteilen, einfache Nachumhüllung (soweit erforderlich) • keine Formstücke für Einbau • einfache und schnelle Montage • bewegliche, spannungsfreie, abwinkelbare Verbindung • auf Wunsch längskraftschlüssig	• längskraftschlüssige Verbindung • bei Verwendung von NIRO-Schrauben und -Muttern leicht demontierbar • Setzmöglichkeit für Steckscheiben • verfügbar für alle Rohrwerkstoffe
Nachteile	• keine Demontierbarkeit im Leitungsverbund • nicht für alle Rohrwerkstoffe verfügbar	• biegesteife Verbindung • kein spannungsfreier Einbau, deshalb mögliche Undichtheiten im Flansch • Korrosionsanfälligkeit von Schrauben und Muttern (außer NIRO), schlechte Nachumhüllungsmöglichkeit • Formstücke zur Montage erforderlich • zeitaufwändige Montage

Vergleich: zur Montage eines Abzweigs (T-Stück) mit 3 Schiebern sind bei NOVO-SIT-Verbindungen 19 Einzelteile, bei Flanschverbindungen 124 Einzelteile erforderlich.

5.A Anlagen

5.A.1 Anlage zu Kapitel 5.3

h,x – Diagramm der feuchten Luft

Zustände und Zustandsänderungen der feuchten Luft lassen sich anschaulich im h,x-Diagramm nach *Mollier* darstellen:

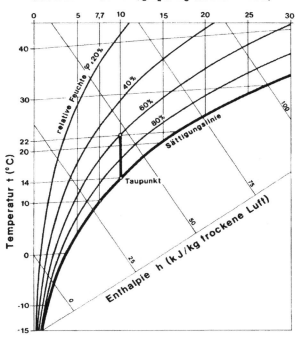

absolute Feuchte (g H₂O/ kg trockene Luft)

Aufgetragen ist der Wärmeinhalt der Luft (die Enthalpie h) über dem Wasserdampfgehalt (absolute Feuchte x). Die Sättigungsgrenze hat im Diagramm einen gekrümmten Verlauf; links davon ist die Luft ungesättigt. Die relative Feuchte lässt sich an den eingetragenen Kurven ablesen.

Beispiel:

Bei einem Anfangszustand von 22 °C und $\phi = 60\%$ relative Feuchte beträgt die absolute Feuchte 10 g H₂O/kg trockene Luft. Bei Abkühlung (senkrechte Linie nach unten) erhöht sich die relative Feuchte, bis im Taupunkt von 14 °C die Sättigungslinie erreicht wird. Bei weiterer Abkühlung auf 10 °C verschiebt sich der Luftzustand entlang der Sättigungslinie bis zu einer absoluten Feuchte von 7,6 H₂O/kg trockene Luft. Die Differenz von 2,4 g/kg wird als Tauwasser abgeschieden – entsprechend rd. 3 g Wasser/m³ Luft.

DVGW Lehr- und Handbuch Wasserversorgung Bd. 3: Maschinelle und elektrische Anlagen in Wasserwerken, S. 240 f. R. Oldenbourg Verlag München 1995.

5.A.2 Anlage zu Kapitel 5.4

Energiesatz am Rohr-Element – Ableitung der Bernoulli-Gleichung

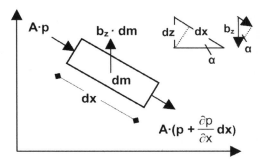

Flüssigkeits-Scheibchen im Rohrquerschnitt A:

$$dm = \underline{\rho \cdot A \cdot dx}$$

Schwerkraft $dm \cdot b_z = -\rho \cdot A \cdot dx \cdot g$

in Strömungsrichtung x:

$$dm \cdot b_z \cdot \sin\alpha = \underline{-A \cdot \rho \cdot g \cdot dx \cdot \frac{dz}{dx}}$$

Resultierender Druck zwischen oberer und unterer Begrenzungsfläche:

$$A \cdot \left[p - \left(p + \frac{\partial p}{\partial x} \cdot dx \right) \right] = \underline{-A \cdot \frac{\partial p}{\partial x} \cdot dx}$$

Beschleunigung in Strömungsrichtung:

$$b_x = \frac{dv}{dt} = \frac{\partial v}{\partial x} \cdot \frac{dx}{dt} + \frac{\partial v}{\partial t} \quad \text{mit} \quad \frac{dx}{dt} = v$$

Summe der Kräfte = 0:

$$A\rho g dx \cdot \frac{\partial z}{\partial x} + A \cdot \frac{\partial p}{\partial x} \cdot dx + A\rho dx \cdot \left(\frac{\partial v}{\partial x} \cdot v + \frac{\partial v}{\partial t} \right) = 0$$

$$\underset{\text{Schwerkraft}}{} + \underset{\substack{\text{resultieren-}\\ \text{der Druck}}}{} + \underset{\substack{\text{Masse} \cdot \text{Beschleuni-}\\ \text{gung}}}{} = 0$$

Im stationären Fall gilt $\frac{\partial v}{\partial t} = 0$; nach Division durch $\rho \cdot A \cdot g \cdot dx$ ergibt sich:

$$\frac{\partial z}{\partial x} + \frac{1}{\rho g} \cdot \frac{\partial p}{\partial x} + \frac{\partial v}{\partial x} \cdot \frac{v}{g} = 0 \text{ ; integriert:}$$

$$z \quad + \quad \frac{p}{\rho g} \quad + \quad \frac{v^2}{2g} \quad = \quad C \,[m]$$

$$\underset{\substack{\text{geodäti-}\\ \text{sche Höhe}}}{} + \underset{\substack{\text{Druck-}\\ \text{höhe}}}{} + \underset{\substack{\text{Geschwindig-}\\ \text{keitshöhe}}}{} = \underset{\substack{\text{Gesamt-}\\ \text{Energiehöhe}}}{}$$

Dies ist die nach Bernoulli benannte Gleichung.

Kräfte am Krümmer

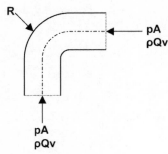

$v = 2,5$ m/s

$d = 500$ mm $= 0,5$ m

$p = 8$ bar $= 8 \cdot 10^5$ N /m^2

$A = 0,5^2 \, \pi \, /4 = 0,196$ m^2

Druckkräfte $\mathbf{p} \cdot \mathbf{A} = \mathbf{157.000}$ N

$$\text{Impuls } \rho \cdot \mathbf{Q} \cdot \mathbf{v} = \rho \cdot v^2 \cdot A$$
$$= 1000 \cdot 2,5^2 \cdot 0,196$$
$$= \mathbf{1225} \text{ N}$$

(in diesem Beispiel also < 1% der Druckkräfte).

$$\Sigma = \mathbf{158,2} \text{ kN}$$

Die Resultie-
rende **R** ergibt
sich zu: $R = 158 \cdot \sqrt{2} = \mathbf{223}$ kN

$$\text{Die Geschwindigkeitshöhe } \frac{v^2}{2g} = \frac{6,25}{2 \cdot 9,81}$$

$$= 0,32 \text{ m WS}$$

ist gleichfalls vernachlässigbar; sie hat für die Kräfte am Krümmer ohnehin keine Bedeutung.

Beispielrechnung zur Vereinfachung des Netzplans

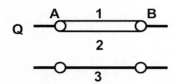

1. Welche Leitung 3 ($d_3 = ?$) ersetzt die Rohre 1 und 2 (d_1, d_2)?
2. Wie verteilt sich der Durchfluss $Q = Q_3$ auf die Rohre 1 und 2?

Hydraulische Bedingung für beide Fälle: gleicher Druckverlust zwischen A und B:

$$p_i = \bar{\lambda} \cdot l_i \cdot Q_1^2 / d_1^5 = (\bar{\lambda} \cdot l_i \cdot Q_2^2 / d_2^5)$$
$$= \bar{\lambda} \cdot l_i \cdot 2Q_3^2 / d_3^5$$

und: $Q_1 + Q_2 = Q_3$

$$Q_1 = \cdot (d_1/d_3)^{5/2}$$
$$+ \; Q_2 = \cdot (d_2/d_3)^{5/2}$$
$$\overline{Q_3 = \cdot [(d_1/d_3)^{5/2} + (d_2/d_3)^{5/2}]}$$

führt auf $d_3^{5/2} = d_1^{5/2} + d_2^{5/2}$

Beispiele:

a) $d_1 = 100$, $d_2 = 100 \rightarrow d_3 = 132$ mm
b) $d_1 = 200$, $d_2 = 100 \rightarrow d_3 = 213$ mm
c) $d_1 = 400$, $d_2 = 100 \rightarrow d_3 = 405$ mm

Nur im dritten Fall lässt sich das kleinere Rohr vernachlässigen.

Ist Frage 1) beantwortet, ergibt sich für Frage 2):

	Q_1	Q_2	
a)	0,5	0,5	
b)	0,85	0,15	$\} \cdot Q_3$
c)	0,97	0,03	

5.A.3   Anlage zu Kapitel 5.5

Ermittlung des wirtschaftlichsten Durchmessers einer Transportleitung

(nach Köhler: Handbuch Wasserversorgung und Abwassertechnik, Bd. 3, 1989)

Es soll der wirtschaftlichste Durchmesser einer 2000 m langen Leitung zwischen einem Pumpwerk und einem Hochbehälter ermittelt werden.

Das Pumpwerk liegt auf Höhe 50 m über NN, der Hochbehälter auf 120 m über NN. Förderleistung der Pumpenanlage 20 L/s mit einer Jahresförderung von 500.000 m^3. Dabei ist berücksichtigt, dass in verbrauchsschwachen Zeiten die Pumpenanlage zeitweise abgeschaltet wird. Wirkungsgrad der Pumpenanlage $\eta = 0,7$.

Für die Energiekosten wird ein einheitlicher Tarif von 0,18 DM/kWh angenommen. Der Kapitaldienst umfasst die jährliche Abschreibung und Verzinsung der Anlagenkosten; sie werden mit gleichbleibend 10% pro Jahr angenommen.

Die Leitungskosten betragen:

DN 100   250,- DM/m
DN 150   290,- DM/m
DN 200   350,- DM/m
DN 300   540,- DM/m

Es wird als Betriebsrauheit $k = 1,0$ mm angenommen; dies entspricht etwa der Situation, wenn die Leitung durch das Netz hindurch den Behälter als Gegenbehälter beschickt.

Berechnung:

Förderleistung: 20 L/s $= 20 \cdot 3,6 = 72$ m^3/h; das entspricht 500.000 / 72 = 6950 h/a bzw. im Mittel 500.000 / (365 · 72) = 19 h/d Laufzeit der Pumpenanlage.

Förderhöhe $H = H_{geo} + h_R$ (geodätischer Höhenunterschied + Druckverluste), berechnet am Beispiel für die Leitung DN 100:

Aus der Tabelle III des DVGW-W 302 (siehe *Tab. 7.3*) ergibt sich für DN 100 bei $k = 1,0$ mm : $H_R = 126$ m/km

$H = (120 - 50) + 126 \cdot 10^{-3} \cdot 2000 = 231$ m.

Die Energiekosten betragen (nach *Kap. 5.5.2.3 Förderhöhe, Energieverbrauch*):

$$\text{Leistung } P = \frac{20 \cdot 321}{102 \cdot 0,7} = 90 \text{ kW};$$

in 1 Stunde werden $90 \cdot 0,18 = 16,20$ DM für eine Förderung von 72 m^3 verbraucht, also bezogen auf den Kubikmeter geförderten Wassers:

$16,20 / 72 = \mathbf{0,225}$ **DM/m^3** .

In analoger Weise ergeben sich die Werte für die anderen Rohrdurchmesser.

		DN 100	DN 150	DN 200	DN 300
Kapitaldienst					
Leitungskosten	DM	500.000	580.000	700.000	1.080.000
Kapitaldienst 10% /a	DM	50.000	58.000	70.000	108.000
Kapitaldienst	DM / m^3	0,100	0,116	0,140	0,216
Energiekosten					
Förderhöhe	m	321	99	76	71
Pumpenleistung	kW	90	28	21	20
Energiekosten	DM / m^3	0,225	0,070	0,053	0,050
Gesamtkosten					
Kapitaldienst	DM / m^3	0,100	0,116	0,140	0,216
Energiekosten	DM / m^3	0,225	0,070	0,053	0,050
Summe	DM / m^3	0,325	**0,186**	0,193	0,226

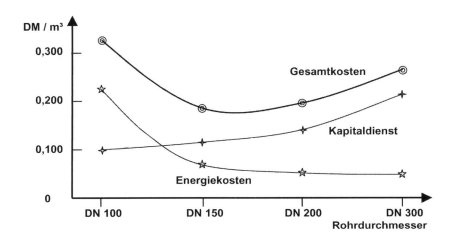

5.A.4 Anlage zu Kapitel 5.7

Druckabfallprüfung
Ermittlung der Rohr-Kenngröße a

$\Delta V_{zul} = 1,5 \cdot a \cdot \Delta p \cdot L$

$\Delta V = 1) \; \Delta V_{Wasser} + 2) \; \Delta V_{Rohr}$

  L = Rohrlänge,
  V = Volumen,
  p = Druck

1) Wasser:

$$\frac{\Delta V}{V} = \frac{\Delta p}{E_W} \qquad \Delta V = \frac{\pi d^2}{4} \cdot \frac{\Delta p}{E_W} \cdot L$$

mit
  $E_W = 2,03 \cdot 10^3$ N/mm^2 (bei 10°C);
  d = Durchmesser [mm],
  s = Wandstärke [mm]

2) Rohr:

Umfang $U = \pi \cdot d$;
Umfangsspannung $\sigma = p \cdot d /(2 \cdot s)$ [N/mm^2]

$$V = \frac{\pi d^2}{4} \cdot L = \frac{U^2}{4\pi} \cdot L;$$

$$dV = \frac{2U\,dU}{4\pi} \cdot L = \frac{U\,dU}{2\pi} \cdot L;$$

$$\Delta V = \frac{1}{2\pi} \cdot U \cdot \Delta U \cdot L$$

Dehnung des Umfangs: $\Delta U/U = \sigma/E_R$:

$$\Delta V = \frac{1}{2\pi} \cdot U^2 \cdot \frac{\sigma}{E_R} \cdot L = \frac{\pi d^2}{4} \cdot \frac{d}{E_R \cdot s} \cdot \Delta p \cdot L$$

1) + 2):

$$\Delta V = \frac{\pi \cdot d^2}{4} \cdot \left(\frac{1}{E_W} + \frac{1}{E_R} \cdot \frac{d}{s} \right) \cdot \Delta p \cdot L$$

ohne Einrechnung einer Längsdehnung der in Längsrichtung eingespannten Rohrleitung.

Beispiel Gussrohrleitung (GGG) K 10

d = 600 mm, s = 11 mm, $E_R = 1,7 \cdot 10^5$ N/mm^2 führt auf

a = 230 mm^4/N;

mit ΔV in cm^3, p in bar und L in m eingesetzt, ergibt sich **a = 23 cm^3/(bar · m)**

(zur Umrechnung: 1 bar = 10^5 N /m^2 = 10^{-1} N /mm^2)

5.A.5 Anlage zu Kapitel 5.8

Festigkeit von PE-Rohren

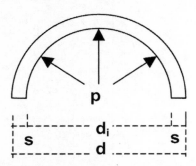

Die Wanddicke von Kunststoffrohren (PE und PVC) wird nach der Kesselformel berechnet.

Kesselformel: $\sigma = \dfrac{p \cdot d_i}{2s}$

p = Innendruck

d = Nenn- und Außendurchmesser

(bei Kunststoffrohren üblich)

s = Wanddicke

σ = Spannung in der Rohrwand

Die Längsspannung unter Innendruck p beträgt – annähernd – die Hälfte.

Die Zahlenwerte PE 80 oder PE 100 beziehen sich auf die Mindestfestigkeit LCL = 97,5% untere Vertrauensgrenze (lower confidence limit), abgerundet MRS (minimum required strength) bei 20 °C über 50 Jahre mit 8,0 bzw. 10,0 N/mm^2 (früher 80 bzw. 100 kp/cm^2). MRS = Zeitstandfestigkeit σ_{Zeit}.

Zur Umrechnung: N/mm^2 = MPa = 10^6 N/m^2.

Die zulässige Spannung beträgt $\sigma_{zul} = \sigma_{Zeit}/S$
[S = Sicherheitsfaktor]

Aus der Kesselformel ergibt sich, bezogen auf den Außendurchmesser d:

$$\sigma_{zul} = p \cdot \frac{d - 2s}{2s} \text{ und daraus}$$

$$s = \frac{p \cdot d}{2(\sigma_{zul} + p)} \text{ und}$$

$$p = \frac{\sigma_{zul} \cdot 2s}{d - 2s}.$$

Rohrreihe PE 80 – SDR 11,0

SDR = Wanddickenverhältnis d/s – z. B. $180 \cdot 16,4$

Für PE 80 gilt eine Zeitstandfestigkeit von 8,0 N/mm^2. Die Prüfspannung beträgt 50%, nämlich 4,0 N/mm^2 bei 80 °C über 1000 h.

Im Rahmen der Eigenüberwachung gilt: 4,6 N/mm^2 über 165 h.

Bis 1997 galt der Sicherheitsfaktor S = 1,6; dies führt auf einen zulässigen Druck:

$$p = \frac{8,0/1,6 \cdot 2 \cdot 16,4}{180 - 32,8} = 1,1 \text{ N/mm}^2 \approx 10 \text{ bar}.$$

Seit 1997 hat man sich in der europäischen Normung (CEN) auf den „Design-Faktor" 1,25 geeinigt; die vorstehende Formel führt dann zu:

1,4 N/mm^2; das Rohr ist für **12,5 bar** zugelassen.

Rohrreihe PE 100 – SDR 17,0, z. B. $180 \cdot 10,7$; mit S = 1,25 ergibt sich

$$p = \frac{10,0/1,25 \cdot 21,4}{180 - 21,4} = 1,1 \text{ N/mm}^2 \approx 10 \text{ bar};$$

Prüfspannung 5,0 N/mm^2 bei 80 °C über 1000 h, bzw. 5,5 N/mm^2 über 165 h.

6 Trinkwasser-Installationen

Prof. Dr.-Ing. W. Merkel

6.1 Historischer Rückblick

Es war ein langer Weg vom Ziehbrunnen bis zur zentralen Wasserversorgung, die sich vor rund 150 Jahren allmählich in den Städten durchsetzte; in ländlichen Regionen dauerte es z. T. noch weitere 100 Jahre, bis Zapfstellen im Haus eingerichtet wurden – zunächst im Erdgeschoss, dann in jedem Stockwerk im Treppenhaus und erst zuletzt auch in den Wohnungen. Häufig wurde dabei die Anschlussleitung nur zu einem Speichertank im Dachboden geführt; die Zapfstellen im Haus wurden von dort versorgt (Niederdrucksystem). Der Dachtank ist noch heute in England weit verbreitet, vor allem aber in Entwicklungsländern, wo die Vorratshaltung wegen der Unzuverlässigkeit der zentralen Wasserversorgung durchaus ihren Sinn hat.

Heute erscheint die aufwändige Kalt- und Warmwasserversorgung in Küchen und Bädern, eingeschlossen der Betrieb von Wasch- und Geschirrspülmaschinen und von Privat-Schwimmbecken eine zivilisatorische Selbstverständlichkeit. Die weit verzweigten Installationssysteme in den Häusern, deren Zapfstellen zum Teil nur selten genutzt werden, haben allerdings auch qualitative Risiken (z. B. durch Stagnation) mit sich gebracht. Dem Kundenservice der Wasserversorgungsunternehmen ist bekannt, dass Beschwerden über Qualitätsbeeinträchtigungen im Trinkwasser in den meisten Fällen ihre Ursache in der Hausinstallation haben – falsches Material, Mängel der Installation oder des Betriebs, Fehlanschlüsse, Wasserbehandlungsanlagen, Regenwasseranlagen o.ä.

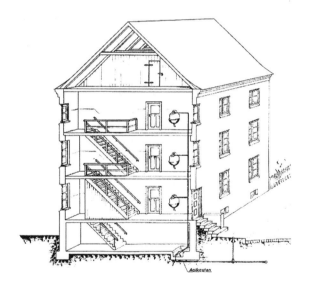 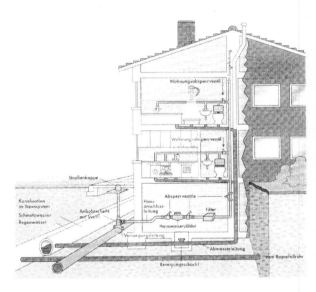

Abb. 6.1: Hausinstallation um 1880 und heute ([DVGW Bd. 4, 2000], S. 4 und [Boger et al., 2002])

6.2 Gesetzliche Vorschriften und Technische Regeln

Trinkwasseranlagen (in Grundstücken und Gebäuden) beginnen an der Anschlussvorrichtung, also wo die Hausanschlussleitung an die Versorgungsleitung des öffentlichen Netzes angeschlossen ist, zumeist also an der Anbohrarmatur – s. *Abb. 6.2*, bei Eigen- bzw. Einzelwasserversorgungen beginnen sie hinter der Wassergewinnungs- oder Aufbereitungsanlage.

§ 4 Abs. 3 AVB WasserV

„Das Wasserversorgungsunternehmen ist verpflichtet, das Wasser unter dem Druck zu liefern, der für eine einwandfreie Deckung des üblichen Bedarfs in dem betreffenden Versorgungsgebiet erforderlich ist."

Was dies technisch bedeutet, ist in *Kap. 5.2 Anordnung der Wasserversorgungsanlagen* ausgeführt – s. *Tab. 5.9* und *Tab. 5.11*.

Die unmittelbare Verantwortung des öffentlichen Wasserversorgungsunternehmens (WVU) für die Qualität des Trinkwassers endet an der Übergabestelle zur Hausinstallation, üblicherweise an der Hauptabsperreinrichtung am Wasserzähler.

§ 12 Abs.1 AVBWasserV

„Für die ordnungsgemäße Errichtung, Erweiterung, Änderung und Unterhaltung der Anlage hinter dem Hausanschluss mit Ausnahme der Messeinrichtungen des Wasserversorgungsunternehmens ist der Anschlussnehmer verantwortlich."

Dem WVU obliegen aber einige wichtige Pflichten nach AVBWasserV (vgl. *Kap. 1.3 Bund*): Er hat das Installateurverzeichnis (§ 12 Abs. 2) zu führen. Das WVU ist berechtigt, aber nicht verpflichtet, die Hausinstallationen zu kontrollieren. Wenn ihm Sicherheitsmängel bekannt werden, hat es den Kunden darauf aufmerksam zu machen und kann deren Beseitigung verlangen (§ 14 Abs.1); bei Gefährdung der Sicherheit kann sogar der Anschluss oder die Versorgung verweigert werden (§ 14 Abs.2). Nach § 21 TrinkwV obliegen dem WVU gegenüber dem Verbraucher Informationspflichten über die Qualität des Wassers, über die verwendeten Aufbereitungsstoffe und über Angaben, die für die Auswahl geeigneter Materialien für die Hausinstallation nach den allgemein anerkannten Regeln der Technik erforderlich sind. Da der private Wasserkunde üblicherweise nicht als fachkundig gilt und sich schon deshalb für Einrichtung und wesentliche bauliche Veränderungen in der Hausinstallation qualifizierter Installationsbetriebe bedienen wird (was ihm auch nachdrücklich zu empfehlen ist), sind die vorgenannten Informationen vor allem an die Installateure zu richten. Zur Führung des Installateurverzeichnisses und Sicherung der regelmäßigen Information der Installateure wird kleinen WVU die Kooperation mit anderen Unternehmen, z. B. der Anschluss an den Installateur-Ausschuss des WVU in der nächsten größeren Stadt empfohlen.

Der Hausanschluss besteht aus der Verbindung des Verteilungsnetzes – Hausanschlussleitung – mit der Kundenanlage; er endet mit der Hauptabsperrvorrichtung. Hausanschlüsse gehören nach § 10 (3) AVBWasserV zu den Betriebsanlagen des Wasserversorgungsunternehmens und stehen vorbehaltlich abweichender Vereinbarung in dessen Eigentum. Sie werden auch von diesem hergestellt und unterhalten bzw. in seinem Auftrag durch Nachunternehmer; die Kosten dafür trägt in der Regel der Anschlussnehmer.

Der Anschlussnehmer/Inhaber der Trinkwasseranlage hat seinerseits Pflichten nach AVBWasserV gegenüber dem WVU zu erfüllen. Wenn er aus dieser Anlage Wasser an Verbraucher (z. B. Mieter) abgibt, ist er selbst der Betreiber einer Wasserversorgungsanlage nach § 3 Ziff. 2c TrinkwV und unterliegt damit direkt der Trinkwasserverordnung. Die dort festgesetzten Grenzwerte sind lt. § 8 Ziff. 1 einzuhalten *„am Austritt aus denjenigen Zapfstellen, die der Entnahme von Wasser für den menschlichen Gebrauch dienen."*

Der Begriff „Trinkwasser" im Sinne der DIN 1988 geht dabei weiter als in der Trinkwasserverordnung; er schließt erwärmtes Trinkwasser (Warmwasser) mit ein. Eine Erwärmung des Trinkwassers über 25 °C hinaus führt zu keiner Veränderung der Lebensmitteleigenschaft des Trinkwassers, wenn die Bestimmungen der DIN 1988 eingehalten werden. Nur dadurch ist es zulässig, dass kaltes und erwärmtes Trinkwasser z. B. in Entnahmearmaturen zusammengeführt und gemischt werden.

So wendet sich die Vorschrift des § 17 (1) TrinkwV, wonach bei Planung, Bau und Betrieb der Versorgungsanlagen die allgemein anerkannten Regeln der Technik einzuhalten sind, auch an den Hausbesitzer als „Anschlussnehmer/Inhaber der Trinkwasseranlage". Er ist also dafür verantwortlich, dass durch normgerechte Errichtung (durch einen eingetragenen Installateur) und normgerechten Betrieb die Wassergüte bis zum Zapfventil gewährleistet bleibt. Umgekehrt dürfen von der Installation keine störenden Rückwirkungen auf Einrichtungen des WVU oder Dritter oder Rückwirkungen auf die Güte des Trinkwassers ausgehen (§ 15 Abs. 1 AVBWasserV).

Maßgebend für Planung, Errichtung, Änderung, Instandhaltung und Betrieb von Trinkwasseranlagen in Gebäuden und auf Grundstücken sind die „Technischen Regeln für Trinkwasser-Installationen (TRWI) DIN 1988 Teile 1–8". Seit 1989 wird an der europäischen Harmonisierung der technischen Regeln gearbeitet. Inzwischen liegen vor EN 806-1 bis 4; Teil 5 ist als Entwurf veröffentlicht. Mit einem ersten Abschluss der Arbeiten an der EN 806 ist für das Jahr 2011 zu rechnen. Der Teil 4 der DIN 1988 „Schutz des Trinkwassers, Erhaltung der Trinkwassergüte" ist Gegenstand einer eigenen europäischen Norm EN 1717, die aber nach Konzept und Struktur weitgehend der DIN 1988-4 folgt; DIN EN 1717 enthält eine nationale Ergänzung im Anhang und gilt zurzeit noch parallel neben DIN 1988-4. Die Gebäudearmaturen einschließlich der Sicherungsarmaturen sind inzwischen weitgehend durch europäische Normen abgedeckt. Die Sanitärarmaturen werden durch EN 200, 817 und 1111 erfasst; der DVGW konnte durchsetzen, dass diese über integrierte Sicherungseinrichtungen verfügen müssen, d.h. zukünftig eigensicher sind.

DVGW und DIN Deutsches Institut für Normung haben vereinbart, dass bis zum Erscheinen aller Teile der EN 806 als DIN EN (Ziel 2011) die DIN 1988 ihre Gültigkeit behält, um für Planer und Betreiber der Installationen Rechtssicherheit zu wahren. Das DVGW-TK „Hausinstallation" hat die Aufgabe der kritischen Begleitung und technischen Anpassung der DIN 1988 übernommen. Es ist geplant, die DIN-EN-Normen gemeinsam in einem TRWI-Kompendium zu veröffentlichen; in Abschnitten erfolgt ein übersichtlicher „Zusammenschnitt" der entsprechenden Teile der europäischen und nationalen Normen unter Einbeziehung der relevanten Teile des DVGW-Regelwerks. Das Kompendium wird fünf Teile umfassen: 1 – Allgemeines, 2 – Planung, 3 – Berechnung, 4 – Installation, 5 – Betrieb und Wartung – vergleichbar mit dem DVGW-Arbeitsblatt W 400 (Teile 1 bis 3), mit dem die DIN EN 805 in Deutschland umgesetzt worden ist [Klümper und Klaus, 2009]. Außerdem sei auf die VOB-C – DIN 18381 „Allgemeine technische Vertragsbedingungen für Bauleistungen (ATV) – Gas-, Wasser- und Entwässerungsanlagen innerhalb von Gebäuden" verwiesen.

Zur Information über wichtige Veränderungen in der Technik der Hausinstallation gegenüber der DIN 1988 (von 1988) siehe [Boger et al., 2002].

6.3 Aufgaben der Trinkwasser-installation – Systeme

Der Weg von der öffentlichen Versorgungsleitung führt über die Anbohrarmatur mit Absperrschieber, Anschlussleitung und Hauseinführung in den Hausanschlussraum.

Grundsätzlich sollte bei Neubauten ein Hausanschlussraum vorgesehen werden, in dem alle Versorgungsleitungen einmünden. Mit einer Mehr-Sparten-Hauseinführung, d.h. heißt der Zusammenfassung der Leitungen für Gas, Wasser, Strom, Telekommunikation und Fernsehen, ggf. alternativ Fernwärme können erhebliche Kosten eingespart werden – s. *Abb. 6.4*. Bei großen Grundstücken ist auch ein Zählerschacht oder Zählerschrank an der Grundstücksgrenze möglich. Weiter geht es über Hauptabsperrarmatur, Wasserzähler, Absperrarmatur mit Entleerung und (inzwischen meistens dort eingesteckten) Rückflussverhinderer zu den Steigleitungen im Haus. Bei durchgehend metallenen Versorgungsleitungen wird direkt hinter der Hauseinführung ein Isolierstück eingebaut. Die gesamte Inneninstallation ist über eine Potentialausgleichschiene nach DIN 18015-1 zu erden. Die Dimensionierung der Hauswasserzähler richtet sich nach *Tab. 5.19* (W 406).

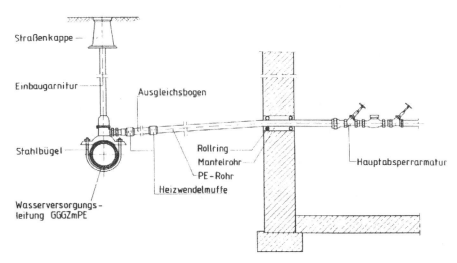

Abb. 6.2:   Bestandteile des Hausanschlusses ([DVGW Bd. 2, 1999], S. 285)

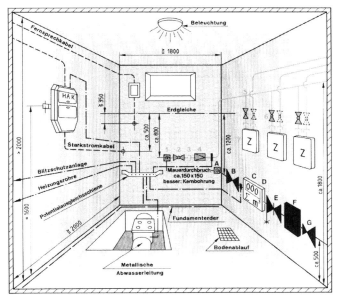

Wasser-Installation
A - Hausanschlussleitung
B - Hauptabsperrarmatur
C - Wasserzähler (WZ)
D - WZ-Anschlussbügel
E - Absperrventil/Rückfluss-
      verhinderer mit Prüfein-
      richtung und Entleerung
F - Feinfilter
G - Druckminderer, falls
      p > 5 bar

Gas
1 - Hausanschlussleitung
2 - Hauptabsperreinrichtung
3 - lösbare Verbindung
4 - Haus-Druckregler
5 - Z-Anschlussformstück
6 - Absperreinrichung
7 - Gaszähler Z

Abb. 6.3:   Hausanschlussraum in Anlehnung an DIN 18012 (GEW Köln)

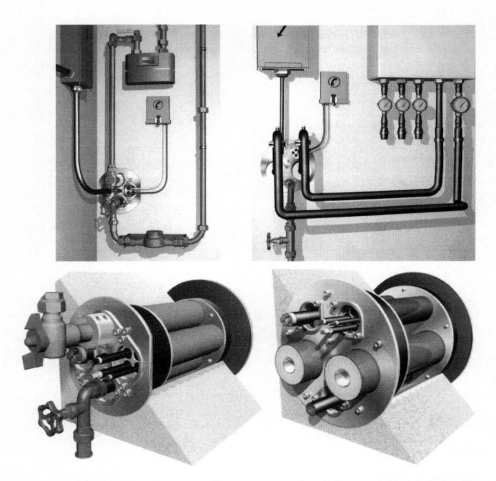

Abb. 6.4:   Mehr-Sparten-Hauseinführung – Kernbohrung DN 300; links: für Gas, Wasser, Strom, Telekommunikation und Kabelfernsehen; rechts: für Fernwärme, Wasser, Strom, Telekommunikation und Kabelfernsehen (DOYMA GmbH & Co, Oyten)

Im Regelfall erfolgt in Deutschland eine Versorgung unter Netzdruck – s. *Abb. 6.5* links; dies ist die Installation Typ A „Geschlossenes System" nach DIN 1988-20. Ein Systembild mit den genormten Symbolen zeigt *Abb. 6.6*. Niederdruckversorgungen – s. *Abb. 6.5* rechts – sind noch in England und in südeuropäischen Ländern zu finden. Die dort üblichen Speichertanks – meist im Dachboden angeordnet – sind allerdings we-

gen der Stagnation des Wassers bedenklich, zumal die nötige Überwachung meist fehlt. Speicherbehälter als Tiefbehälter mit eigener Pumpanlage sind allerdings erforderlich, wenn eine Eigenversorgungsanlage besteht. Die Einspeisung aus der öffentlichen Versorgung muss durch freien Auslauf in den Behälter sicher von der Eigenanlage getrennt sein.

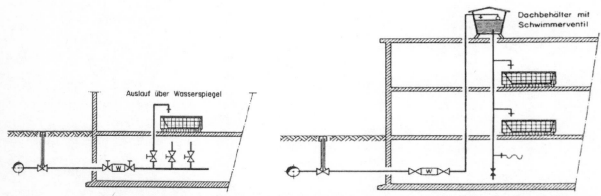

Abb. 6.5:   links: Hausinstallation unter Versorgungsdruck der öffentlichen Wasserversorgung; rechts: Niederdruckversorgung mit Dachbehälter ([Grombach et al., 2000], S. 1142)

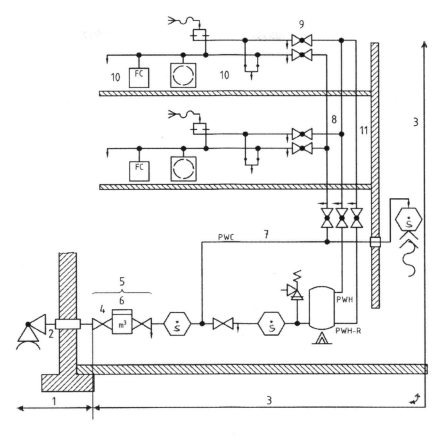

1 – Anschlussleitung
2 – Eintrittsstelle
3 – Verbrauchsleitungen
4 – Hauptabsperrarmatur
5 – Wasserzähleranlage
6 – Wasserzähler
PWC – Trinkwasserleitung kalt
S – Sicherungseinrichtungen nach DIN EN 1717

7 – Sammelzuleitung
8 – Steigleitungen
9 – Stockwerksleitung
10 – Einzelzuleitung
11 – Zirkulationsleitung PWH-C
      mit Rücklaufleitung R
PWH – Trinkwasserleitung warm

Abb. 6.6:   Prinzipdarstellung für die Hausinstallation – geschlossenes System (DIN 1988-20)

6.4   Bauteile der Hausinstallation – Grundanforderungen

Alle mit dem Trinkwasser in Berührung kommenden Anlagenteile sind Bedarfsgegenstände im Sinne des Lebensmittel- und Bedarfsgegenstände-Gesetzes. Kunststoffe und andere nicht metallische Materialien müssen den KTW-Empfehlungen des Umweltbundesamts [UBA, 2008] genügen sowie den Anforderungen des DVGW-Arbeitsblattes W 270 entsprechen. Soweit die Produktnormen eine Konformitätskennzeichnung (fremdüberwachte Gütesicherung) vorsehen, sind ausschließlich entsprechend gekennzeichnete Produkte zu verwenden (DVGW-Prüfzeichen). Auf dem europäischen Markt sind inzwischen Rohre mit CE-Kennzeichnung zu erhalten; dieses schließt aber nicht wie das DVGW-Prüfzeichen die hygienische Eignung nach KTW und W 270 ein.

6.4.1   Rohre und Rohrverbindungen

Rohre und Rohrverbindungen und sonstige Bauteile müssen für einen **Betriebsdruck** von 10 bar und für eine fiktive Lebensdauer von 50 Jahren ausgelegt sein. Trinkwassererwärmer mit einer Nenndruckstufe von PN 6 sind zulässig. Ist von Seiten des Versorgungsnetzes eine Ruhedruck > 5 bar zu erwarten, ist hinter dem Wasserzähler ein Druckminderer einzubauen. Dies ist in Wohngebäuden außerdem aus Schallschutzgründen erforderlich, um die Strömungsgeräusche in den Drosselarmaturen zu begrenzen. Die Betriebsbedingungen sind in Abhängigkeit von der Temperatur wie folgt festgelegt – *Tab. 6.1.*

Tab. 6.1: Betriebsbedingungen für Rohre und Rohrverbindungen (DIN 1988 TRWI-2, geändert 1993)

	Betriebsdruck [bar]	Temperatur [°C]	Betriebsstunden [h] im Jahr
Kaltwasser [1]	0 bis 10 schwankend	bis 25	8.760
Warmwasser [2]	0 bis 10 schwankend	bis 60 bis 85	8.710 50

[1] Bezugstemperatur für die Zeitstandsfestigkeit: 20 °C. Für die Bemessung von Kunststoffrohren in der Trinkwasser-Installation ... ist der 50–Jahres-Wert der Vergleichsspannung der jeweiligen Zeitstandskurve, abgemindert mit dem in der Grundnorm enthaltenen Sicherheitsfaktor anzuwenden.

[2] Bezugstemperatur für die Zeitstandsfestigkeit: 70 °C. Für die Bemessung von Kunststoffrohren in der Trinkwasser-Hausinstallation (kalt- und warmgehende Rohre) ist der 50-Jahreswert der Vergleichsspannung der jeweiligen Zeitstandkurve abgemindert mit dem in der Grundnorm enthaltenen Sicherheitsfaktor bzw. Mindestsicherheitsfaktor > 1,5 anzuwenden. ...

Die Betriebsbedingungen für Rohrsysteme werden sich mit DIN 1988-20 voraussichtlich wie folgt ändern:
- Auslegungstemperatur 70°C für 49 Jahre,
- Maximale Temperatur 80°C für 1 Jahr ,
- Typischer Anwendungsbereich in der Warmwasserversorgung 70°C,
- Temperatur für Fehlfunktion 95°C für 100 h (gilt auch Werkstoffe, Bauteile und Apparate für erwärmtes Trinkwasser.

An den Zapfstellen sollten wegen Verbrühungsschutz 45 °C nicht überschritten werden. In Hotels und Krankenhäusern sind daher thermostatgeregelte Mischarmaturen zu empfehlen. Um eine mögliche Vermehrung von Legionella-Keimen zu vermeiden, soll die Temperatur am Ausgang des Warmwasserbereiters 60 °C betragen und im Warmwassernetz nicht mehr als 5 °C abfallen; höhere Temperaturen sind unnötige Energieverschwendung und lassen vermehrt die Wasserhärte ausfallen.

Druckstoß: Die Summe aus Ruhedruck und Druckstoß darf den zulässigen Betriebsdruck nicht überschreiten. Der maximale positive Druckstoß beträgt 2 bar, der negative Druckstoß ist auf < 50% des sich einstellenden Fließdrucks begrenzt.

Rohrwerkstoffe

Als Rohrwerkstoffe stehen neben den metallischen Werkstoffen Kupfer, Edelstahl, (verzinkter Stahl), eine große Auswahl von Kunststoffen und Verbundrohren (Kunststoff mit Metall, z.B. Aluminium) zur Verfügung. Zu Werkstoffspezifikationen s. DIN EN 806-4 Anhang A. DIN 1988-20 Anhang A informiert außerdem über Werkstoffe, Verbindungstechnik und zugehörige technische Regeln.

Kupferrohre, auch innen verzinnt, nach DIN EN 1057 und GW 392. Verbindungstechnik nach GW 2: Kapillarlötfittings aus Kupfer und Kupferlegierungen nach EN 1254–1 und 5, Klemmverbindungen nach EN 1254–2, Steckverbinder aus Metall und Pressverbindungen nach W 534; Schweißverbindungen und lösbare Verbindungen (zulässig ab 28 × 1,5 mm) durch Klemmringverschraubungen, Rohrkupplungen und Flanschverbindungen. In der Hausinstallation haben sich die Pressverbindungen weitgehend durchgesetzt. Verlängerungen (Rohrverbinder) mit Innen- oder Außengewinde s. GW 393. Lote und Flussmittel zum Löten (Weich- und Hartlöten) unterliegen bestimmten Anforderungen (GW 7) hinsichtlich der Legierungszusammensetzung bzw. der Ausspülbarkeit und hygienischen Unbedenklichkeit (DVGW-Zeichen). – Einsatzbedingungen s. *Kap. 6.9 Korrosion, Steinbildung, Trinkwasserbehandlungsanlagen*.

Verzinkte Stahlrohre nach DIN EN 10255 und 10240, Verbindung vorzugsweise mit verzinkten Tempergussfittings mit Gewinde. Die Rohre sind problematisch bezüglich Korrosionsgefährdung bei Mischinstallationen (s. *Kap. 6.9 Korrosion, Steinbildung, Trinkwasserbehandlungsanlagen*); im Warmwasserbereich sind sie nicht geeignet. Neuinstallationen werden praktisch nicht mehr mit verzinkten Stahlrohren ausgeführt.

Rohre aus nichtrostenden Stählen (GW 541): Zugelassene Werkstoffe sind im Wesentlichen Cr-NiMo-Stähle mit den Werkstoffnummern 1.4401, 1.4521 u.am. Die Regelverbindung ist der Pressfitting; mit Gewinde-Übergangsstücken werden Armaturen angeschlossen. Weitere Verbindungen sind Klemm- oder mechanische Fittings aus nichtrostendem Stahl, Kupfer oder Kupferlegierungen. Löten ist wegen hoher Korrosionswahrscheinlichkeit nicht erlaubt.

Kunststoffe – nur für Kaltwasseranlagen:
PVC-U (weichmacherfreies PVC),
PE-HD und PE-MD (Polyethylen hoher und mittlerer Dichte),
POM (Polyoxymethylen);

Kunststoffe – für Warm- und Kaltwasseranlagen:
PE-RT (PE erhöhter Temperaturbeständigkeit)
PE-X (vernetztes Polyethylen), **PB** (Polybutylen),
PP-R (Propylen, Copolymer),
PVC-C (chloriertes Polyvinylchlorid).

s. dazu W 544 „Kunststoffrohre in der Trinkwasser-Installation; Anforderungen und Prüfungen" mit Hinweisen auf die jeweiligen Produktnormen.

Die gebräuchlichen Verbindungsarten für Kunststoff-Installationssysteme (s. W 534) sind Klemmen, Stecken, Pressen, Schweißen (nur für PE, PP und PB) und Kleben (nur für PVC). Press- und Klemm- und Steckverbindungen wirken mechanisch; die Abdichtung erfolgt meist über Elastomerdichtungen. Die Klemmverbinder sind meist aus metallischen Werkstoffen; sie werden inzwischen auch aus Kunststoffen angeboten. Für die Pressverbindung wird ein Spezialwerkzeug benötigt. Schweißverbindungen sind z. B. gut geeignet für PB und PP-R; üblich sind das Heizelement-Muffenschweißen (HEM) und das Heizwendelschweißen (HW). Das PVC-C-Rohr ist über Muffenformstücke klebbar.

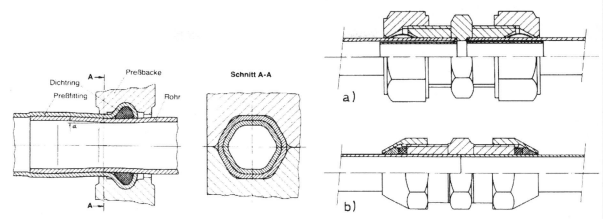

Abb. 6.7:   links: Pressfittingsverbindung, Pressbacken angesetzt rechts: a) metallisch, b) weichdichtende Klemmverbinder für Kupferrohre ([DVGW Bd. 4, 2000], S. 107, 109)

Eine besondere Entwicklung stellen **Verbundrohre** dar, bestehend aus einem Trägerrohr aus Aluminium mit Kunststoffaußen- und Kunststoffinnenrohr. Vorteile sind geringere Wärmedehnung, größere Formstabilität, Biegefähigkeit, geringere Wanddicken (W 542). Neu auf dem Markt ist ein Verbundrohr, dessen dünnwandiges Kernrohr aus Kupfer mit einer festhaftenden Ummantelung aus PE-RT versehen ist; dadurch werden gegenüber dem üblichen Kupferrohr 50% Gewicht gespart und zugleich eine hohe Flexibilität erreicht (Cuprotherm CTX, Wieland/Ulm) – s. DVGW-Prüfgrundlage VP 652. Das gleiche Bauprinzip liegt dem dünnwandigen Rohr aus nicht rostendem Stahl mit festhaftendem Kunststoffmantel zugrunde – VP 653. Diese Rohre sind kalt biegbar; eine Verlegung ohne Formstücke für Richtungsänderungen ist möglich.

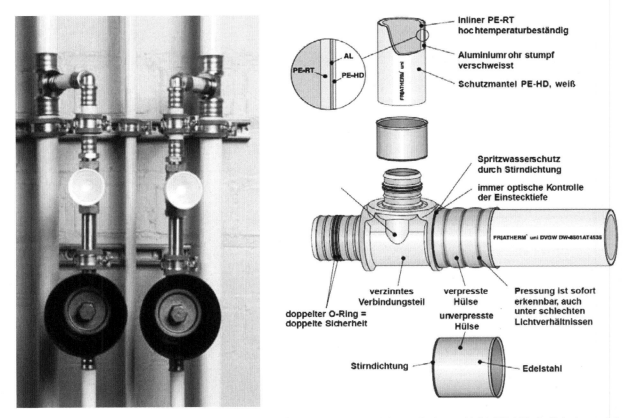

Abb. 6.8:   Trinkwasserinstallation mit Verbundrohr – PE-RT innen, Aluminiumzwischenschicht, PE-HD als Schutzmantel, Verbindung mit Pressfitting (FRIATHERM uni®)

Um in die etwas unübersichtliche Angebotspalette der Verbindungstechnik für die verschiedenen Rohrmaterialien Ordnung zu bringen, hat der DVGW das Arbeitsblatt W 534 „Rohrverbinder und -verbindungen in der Trinkwasser-Installation" herausgegeben. Danach sind alle derzeit verfügbaren Bauarten prüfbar.

Bleileitungen sind seit der Ausgabe der DIN 2000 von 1973 für Trinkwasser nicht mehr zulässig. In einigen städtischen Versorgungsgebieten – Mietshäuser um die Jahrhundertwende 1900 – sind noch Blei-Innenleitungen zu finden, in Ausnahmefällen auch noch Hausanschlussleitungen. In Bleileitungen werden bei Stagnation die Grenzwerte für Blei grundsätzlich überschritten; es kommt nur ein Austausch in Frage. Für eine Übergangszeit kann durch die Dosierung von Orthophosphat die Bleilöslichkeit etwas herabgesetzt werden.

Bei der **Verlegung von Innenleitungen** ist zu beachten:
- Leitungen nicht an anderen Leitungen befestigen,
- Rohrschellen und Befestigungselemente auf das Rohrmaterial abstimmen; bei nicht zugfesten Verbindungen geeignete Festpunkte schaffen; Schallübertragung vom Rohr auf die Wände und Decken durch Polsterung vermeiden,
- bei Kunststoffrohren auf Längenänderung bei Erwärmung achten; es dürfen durch die Längenänderung keine Bewegungen ausgelöst werden, die zum Beispiel Steckverbindungen drehend beanspruchen,
- Aussparungen dürfen die Statik des Bauwerks nicht gefährden (DIN 1053–1); für Steig- und Stockwerksleitungen empfiehlt sich die Vorwandinstallation oder die Verlegung in Schächten.

6.4.2 Armaturen

Zu den Armaturen für die Hausinstallation gehören
- Leitungsarmaturen zum Sperren bzw. Drosseln des Durchflusses,
- Entnahmearmaturen zur Entnahme von kaltem oder erwärmtem Trinkwasser sowie zur Mischung und Regulierung,
- **Sicherungsarmaturen**: Rückflussverhinderer, Rohrunterbrecher, Rohrbelüfter, Armaturenkombination, Rohrtrenner (Systemtrenner) – sie dienen dem Schutz des Trinkwassers gegen Rückfließen – s. *Kap. 6.6 Schutz des Trinkwassers, Erhaltung der Trinkwassergüte*,
- **Sicherheitsarmaturen**: Sie schützen gegen unzulässigen Druck oder zu hohe Temperatur.

Eine Übersicht über die verschiedenen Bauarten und Einsatzzwecke geben die Arbeitsblätter W 570 Armaturen für die Trinkwasser-Installation, Anforderungen und Prüfungen, Teil 1: Gebäudearmaturen, Teil 2: Sicherungsarmaturen und W 574: Sanitärarmaturen als Entnahmearmaturen für Trinkwasserinstallationen; Anforderungen und Prüfungen. Dort sind auch die jeweils geltenden Produktnormen aufgeführt.

Armaturen für die Hausinstallation werden meist aus Kupfer-Zink- (Messing) oder Kupfer-Zink-Zinn-Legierungen gefertigt, einige Bauarten inzwischen auch aus Kunststoffen. Die Legierungen enthalten in Spuren auch andere Metallionen; diese sind nach DIN 50930-6 begrenzt. Nickelüberzüge sind auf trinkwasserberührten Flächen nicht zulässig. Die Verchromung von Sanitärarmaturen ist auf die Außenseite beschränkt. Armaturen sind ebenfalls für einen Betriebsdruck von 10 bar zu bemessen und unterliegen denselben hygienischen Ansprüchen wie die Rohre und Rohrleitungsteile (KTW-Empfehlungen, W 270).

Leitungsarmaturen (DIN EN 1213) sollen druckverlustarm sein. So sind Schrägsitzventile den Geradsitzventilen vorzuziehen, nach DIN 1988–2 sind letztere nur in Stockwerksleitungen bei ausreichendem Druck einzusetzen. Alternativ stehen als druckverlustarme Armaturen Kolbenschieber (DIN 3500 und DIN 3546-1) und Kugelhähne zur Verfügung. Kugelhähne sind nicht als Auslaufarmaturen einzusetzen, da sie bei raschem Schließen (auf/zu mit 90° Drehung) Druckstöße auslösen; sie lassen sich als Absperrarmaturen für Wartungsarbeiten verwenden. Hausanschlussarmaturen werden inzwischen auch in bleifreiem Messing angeboten (EWE, Braunschweig).

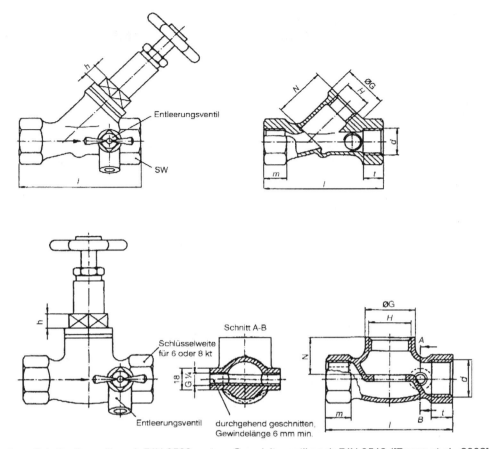

Abb. 6.9:   oben: Schrägsitzventil nach DIN 3502, unten: Geradsitzventil nach DIN 3512 ([Boger et al., 2002], S. 33)

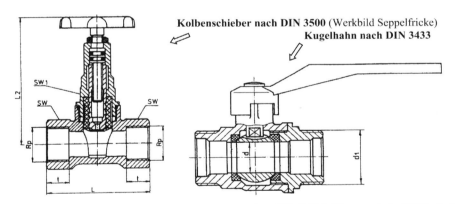

Abb. 6.10:   Kolbenschieber nach DIN 3500 und Kugelhahn nach DIN EN 13828 ([Boger et al., 2002], S. 35)

Als **Entnahmearmaturen** haben sich Ventilbauarten durchgesetzt. Die Sanitärarmaturen müssen den jeweils zutreffenden Produktnormen entsprechen, z.B. DIN-EN 200, 817, 1111; sie müssen gegen Rückfließen und Rücksaugen nach DIN-EN 1717 geschützt sein – s. DIN EN 806-4, Abschn. 4.8). Die früher übliche Elastomerdichtung im Ventilsitz ist inzwischen weitgehend durch geschliffene Keramikscheiben abgelöst worden. Sanitär- und Küchenarmaturen unterliegen hohen Dauerbeanspruchungen; Gebrauchstauglichkeit und lange Standzeit sind deshalb wichtig. Beim Drosseln des Vo-

lumenstroms in der Armatur – der Betriebsdruck wird auf Atmosphärendruck herabgesetzt – entstehen Geräusche. In Wohnhäusern sind die Schallschutzbestimmungen einzuhalten; die Armaturen werden bei 6 bar Vordruck geprüft. Liegt von Seiten der Anschlussleitung ein Ruhedruck > 5 bar vor, ist hinter der Wasserzähleranlage ein Druckminderer anzuordnen.

Zu Funktion und Bauart der **Sicherungs- und Sicherheits-Armaturen** s. *Kap. 6.6 Schutz des Trinkwassers, Erhaltung der Trinkwassergüte.*

6.4.3 Apparate, Trinkwassererwärmer

Alle Geräte, Behälter, Maschinen, die zum Anschluss an die Installation bestimmt sind, müssen eigensicher ausgeführt sein (DVGW-Prüfzeichen), d. h. sie dürfen keinen Rückfluss verunreinigten Wassers bei Druckabfall zulassen – s. *Kap. 6.6 Schutz des Trinkwassers, Erhaltung der Trinkwassergüte*. W 540 formuliert die Anforderungen und Prüfungen für eigensichere Apparate zum Anschluss an die Trinkwasser-Installation (ausgenommen sind Apparate, für die es bereits produktspezifische Prüfanforderungen im DVGW-Regelwerk gibt).

Trinkwassererwärmer (W 517): Es gilt das Prinzip, dass Warmwasser „erwärmtes Trinkwasser" ist, d. h. abgesehen von der Temperatur alle Anforderungen erfüllen muss, die für Trinkwasser gelten – s. *Kap. 6.6 Schutz des Trinkwassers, Erhaltung der Trinkwassergüte*. Sie sind mit Rückflussverhinderer und Sicherheitsventil gegen Überdruck zu sichern. Es ist zulässig, Trinkwassererwärmer mit Prüfdruck PN 6 bar einzubauen – auf den Einbau eines Druckminderers am Hausanschluss ist ggf. zu achten.

Unterschieden werden zentrale und dezentrale Anlagen, letztere werden als offene und als geschlossene Systeme angeboten. **Zentrale** Anlagen versorgen über eine gemeinsames Leitungsnetz alle Entnahmestellen eines Gebäudes (seltener: mehrerer Gebäude). Sie sind grundsätzlich als geschlossene Systeme ausgelegt, stehen also unter dem Druck des Versorgungsnetzes. Sie bieten den Vorteil des größeren Komforts. Das Verteilsystem ist sorgfältig zu isolieren; Rücklaufleitungen (Zirkulationsleitungen) sorgen für die rasche Verfügbarkeit des warmen Wassers an den Zapfstellen. Um eine mögliche Vermehrung von Legionella-Keimen zu vermeiden, soll die Temperatur am Ausgang des Warmwasserbereiters 60 °C betragen und im Warmwassernetz nicht mehr als 5 °C abfallen; höhere Temperaturen sind unnötige Energieverschwendung und lassen vermehrt die Wasserhärte ausfallen – s. W 551. Die Beheizung erfolgt entweder direkt über Brennstoff, elektrisch oder andere Energiequellen oder indirekt über Wärmetauscherflächen durch das Heißwasser der Zentral- oder Fernheizung.

Bei **dezentralen** Anlagen erfolgt die Erwärmung in unmittelbarer Nähe der Entnahmestellen. Üblich sind elektrisch oder mit Gas beheizte Durchlauferhitzer (sie stehen unter Netzdruck, zählen also zu den **geschlossenen** Anlagen) oder **offene** drucklose Speicher, bekannt als „Kochend-Wasser-Geräte". Bei den offenen Geräten ist auf die richtige Anordnung der Auslauf-Armaturen zu achten, da sich im Speicher kein Druck aufbauen darf.

Wasserzähler: s. *Kap. 5.6 Wassermengen- und Wasserdurchfluss-Messung*.

Anlagen zur Behandlung von Trinkwasser (Filter, Dosiergeräte und Ionentauscher): s. *Kap. 6.9 Korrosion, Steinbildung, Trinkwasserbehandlungsanlagen*.

6.4.4 Prüfung – Spülung – Inbetriebnahme

Nach Fertigstellung der Leitungsanlagen wird die Anlage mit Trinkwasser aus dem Versorgungsnetz gefüllt. Der Feinfilter hinter dem Wasserzähler sollte dann bereits funktionsfähig sein, um den Eintrag von Fremdstoffen (z. B. Rostpartikel aus den Versorgungsleitungen) auszuschließen; sie können bei metallischen Werkstoffen der Auslöser für Korrosion sein. Die Anlage ist dabei sorgfältig zu entlüften.

Es folgt die Dichtheitsprüfung; sie sollte vorgenommen werden, ehe die Installation hinter Putz, Fliesen und Verkleidungen verschwindet. Der Prüfdruck beträgt 1,5 × Betriebsdruck, also = 15 bar. Achtung: Warmwassergeräte sind abzutrennen! Bei Kunststoffleitungen tritt unter Druck eine zeitverzögerte Dehnung ein. Tab. 8 DIN EN 806-4 beschreibt die Prüfverfahren, die entsprechend den eingesetzten Rohrwerkstoffen auszuwählen sind.

Sodann ist die Leitungsanlage sorgfältig zu spülen, um Fremdkörper, Flussmittel (vom Löten), Hanf, Sand, Metallspäne o.ä. sicher zu entfernen. Gespült wird mit Wasser oder mit Wasser-Luft-Gemisch; empfohlen wird eine intermittierende Spülung mit Luft-Wasser-Gemisch – möglichst von oben nach unten; Druckimpulse verstärken die Wirkung – s. dazu DIN EN 806-4, Abschn. 6.2. Eine Desinfektion der Anlagen ist in Einfamilienhäusern oder nach kleineren Reparaturen meist entbehrlich.

Einwandfreie Installation, Druckprobe und Spülung gehören zu den vertragsgemäßen Leistungen des Installateurs (Einhaltung der anerkannten Regeln der Technik gemäß TrinkwV und AVBWasserV).

6.5 Ermittlung der Rohrdurchmesser

Die Berechnung und Dimensionierung der Trinkwasserinstallation erfolgt gemäß DIN 1988/TRWI-3; ein Berechnungsbeispiel gibt [Boger et al., 2002]. DIN EN 806-3 stellt ein vereinfachtes Verfahren vor. Hier wird nur das prinzipielle Vorgehen beschrieben.

An jeder Entnahmestelle ist der Mindest-Entnahme-Durchfluss sicherzustellen. Auf eine druckverlustarme Installation ist zu achten; die Leitungen sollen aber auch nicht überdimensioniert werden, um zu lange Verweilzeiten des Wassers zu vermeiden. Fließgeschwindigkeiten im Allgemeinen < 2 m/s; dies vermeidet unnötige Geräusche und Überbeanspruchung an scharfen Krümmungen.

Für jede Entnahmestelle wird der so genannte Berechnungsdurchfluss $\dot{V}_R$ festgestellt. Im Strangschema – s. *Abb. 6.11* – werden die Durchflüsse aufaddiert zu $\Sigma \dot{V}_R$. Da nicht alle Entnahmestellen gleichzeitig genutzt werden, sind Abminderungen auf den maßgebenden Spitzendurchfluss $\dot{V}_S$ zulässig, die aber je nach Art der Installation zu bewerten sind – Wohngebäude, Hotels, Krankenhäuser etc., s. Tabellen 12–17 DIN 1988/TRWI-3. Für die so erhaltenen Berechnungsdurchflüsse werden die Druckverluste der Leitungen (s.

Tabellen 18–26 DIN 1988/TRWI-3) und die Einzelwiderstände (Armaturen, Abzweige, Wasserzähler, Filter etc., s. Tabellen 27 und 28) aufsummiert. Das Ergebnis ist mit dem verfügbaren Mindestdruck am Hausanschluss zu vergleichen; ggf. ist die Rechnung mit anderen Rohrdurchmessern zu wiederholen. Das Vorgehen zeigt *Abb. 6.12*.

Zirkulationsleitungen bei zentralen Warmwasserversorgungsanlagen werden nach W 553 bemessen. Die Leistung der Zirkulationspumpen ist sorgfältig auf das System abzustimmen, um überhöhte Fließgeschwindigkeiten zu vermeiden, zugleich aber die Erhaltung der Wassertemperatur an jeder Zapfstelle sicherzustellen.

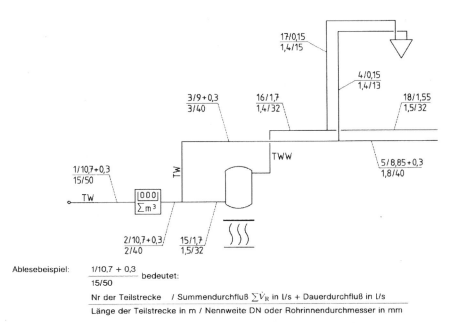

Abb. 6.11:   Strangschema: Ermittlung der Berechnungsdurchflüsse (DIN1988/TRWI-3)

Abb. 6.12:   Berechnung einer Leitungsanlage – vereinfachter Berechnungsgang (nach DIN 1988/TRWI-3)

6.6   Schutz des Trinkwassers, Erhaltung der Trinkwassergüte

„Erhaltung der Trinkwassergüte von der Wasserübergabestelle bis zum Zapfventil" ist die Grundanforderung nach DIN 1988–4 und DIN EN 1717. Mikrobiologische und chemische Veränderungen des Wassers im häuslichen Verteilungsnetz können verschiedene Ursachen haben:

- Eintrag von verunreinigtem Wasser,
- Ablagerungen in der Installation und anschließende Mobilisation,
- Aufbereitungsmaßnahmen beim Abnehmer (Nachbehandlungsgeräte),
- ungeeignete Werkstoffe, mit denen das Wasser Kontakt hat.

Es ist durch fachgerechte Installation der Trinkwasseranlage zu verhindern, dass

- verunreinigtes Wasser in die Installation eintritt oder aus angeschlossenen Geräten zurückfließt und dann entweder innerhalb der Installation an anderen Entnahmestellen austreten kann oder in das öffentliche Netz gelangt und dadurch andere Verbraucher erreicht,
- durch bauliche oder betriebliche Ursachen in einer Installation Veränderungen des Trinkwassers auftreten, die zu einer gesundheitlichen Beeinträchtigung oder Gefährdung beim Genuss des Trinkwassers führen können.

Gütebeeinträchtigungen des Wassers in der Trinkwasseranlage treten ein, wenn bei zeitweiligem Auftreten von Unterdruck im System Wasser aus angeschlossenen Apparaten zurückgesaugt wird. Apparate, die an die Trinkwasseranlage angeschlossen sind, müssen entweder „eigensicher" ausgeführt sein oder ihr Anschluss muss rücksaugsicher ausgeführt werden. *Abb. 6.13* zeigt eigensichere und gefährliche Zapfstellen.

Darüber hinaus wird durch die Kombination eines Rückflussverhinderers, der unmittelbar hinter dem Wasserzähler angeordnet ist, und von Rohrbe- und -entlüftern am oberen Ende jeden Steigstrangs das Auftreten von Unterdruck in der Hausinstallation weitgehend verhindert – *Abb. 6.14*. Da sich eigensichere Geräte und Armaturen weitgehend durchgesetzt haben, kann in neuen Installationen auf den Rohrbelüfter verzichtet werden (vgl. DIN 1988-400); deren Betriebsfähigkeit steht ohnehin nach mehreren Jahren in Frage. Der Rückflussverhinderer hinter dem Wasserzähler ist aber inzwischen europäischer Standard.

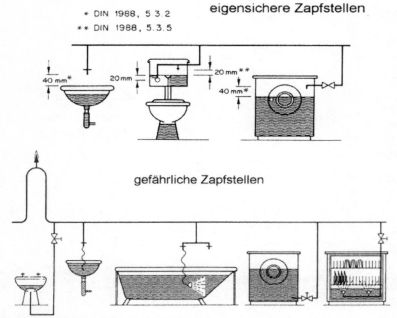

Abb. 6.13: Eigensichere und gefährliche Zapfstellen ([Grombach et al., 2000], S. 1142)

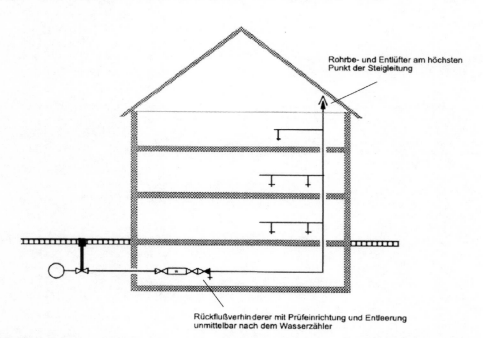

Abb. 6.14: Rückflussverhinderer und Rohrbe- und -entlüfter zur Absicherung der Hausinstallation ([Grombach et al., 2000], S. 1143)

Eine direkte Verbindung der Trinkwasseranlage (Hausinstallation) mit Nichttrinkwasseranlagen und Eigenwasserversorgungsanlagen ist unzulässig (DIN 2000 Ziff. 6.10). Trinkwasser darf aus dem öffentlichen Versorgungsnetz nur über einen freien Auslauf in die Hausanlage eingespeist werden, was entweder über einen Hochbehälter erfolgt oder über einen Tiefbehälter, der dann natürlich über eine Pumpe verfügen muss – *Abb. 6.15*.

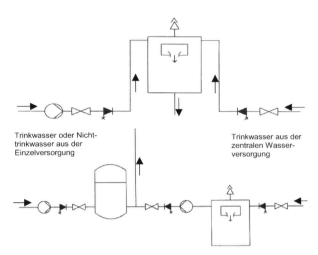

Trinkwasser oder Nichttrinkwasser aus der Einzelversorgung

Trinkwasser aus der zentralen Wasserversorgung

Abb. 6.15: Mittelbare Verbindung über Hochbehälter oder Tiefbehälter (DIN 1988/TRWI-4)

Typisches Beispiel einer Nichttrinkwasseranlage ist eine Regenwasseranlage. Die Zuspeisung von Trinkwasser (zu Zeiten mangelnder Niederschläge) darf selbstverständlich nur über freien Auslauf erfolgen – s. *Kap. 6.10 Regenwasser- und Grauwasseranlagen.*

In Übereinstimmung mit DIN 1988/TRWI-4 sind in DIN EN 1717 fünf Gefahrenklassen (Kategorien) festgelegt worden, die den Maßstab der Absicherung für Apparate in der TW-Installation bestimmen (etwas vereinfacht):

Kategorie 1: Wasser für den menschlichen Gebrauch bei direkter Entnahme aus einer TW-Installation ohne Gefährdung der Gesundheit oder Beeinträchtigungen z.B. des Geschmacks, des Geruches oder der Farbe – z. B. vorübergehende Trübung durch Luftbläschen.

Kategorie 2: Flüssigkeiten ohne Gesundheitsgefährdung, mit Veränderung in Geschmack, Geruch, Farbe oder Temperatur, für den menschlichen Gebrauch geeignet – z. B. Kaffee, stagnierendes oder erwärmtes Trinkwasser.

Kategorie 3: Flüssigkeiten, die eine Gesundheitsgefährdung durch Anwesenheit von weniger giftigen Stoffen darstellen – z. B. Ethylenglykol, Kupfersulfatlösung, Heizungswasser ohne Zusatzstoffe oder mit Zusatzstoffen nach Klasse 3.

Kategorie 4: Flüssigkeiten, die eine Gesundheitsgefährdung durch Anwesenheit von giftigen, besonders giftigen, radioaktiven, mutagenen oder kanzerogenen Stoffen darstellen – Lebensgefahr!

(LD 50–Wert bei Ratten oral $\leq$ 200 mg/kg Körpergewicht, inhalativ $\leq$ 2 mg/L Luft in vier Stunden) – z. B. Lindan, Parathion (Insektizide), Hydrazin.

Kategorie 5: Flüssigkeiten, die eine Gesundheitsgefährdung durch die mögliche Anwesenheit von Erregern übertragbarer Krankheiten darstellen – Verseuchung, Lebensgefahr! – z. B. Hepatitisviren, Salmonellen. Auch Dachablaufwasser ist hier einzuordnen, da es in der Regel durch Vogelkot verunreinigt ist.

Zu den rein atmosphärisch wirkenden **Sicherungseinrichtungen** ohne bewegliche Teile zählen:
- Freier Auslauf (*Abb. 6.15*),
- Rohrunterbrecher der Bauart A1 (*Abb. 6.17*),

zu den rein mechanisch wirkenden **Sicherungseinrichtungen**:
- Rückflussverhinderer (*Abb. 6.16*),

zu den mechanisch und atmosphärisch, d. h. mit Luftzutritt wirkenden **Sicherungseinrichtungen**:
- Rohrbelüfter/Rohrunterbrecher der Bauart A2 mit beweglichen Teilen, z. B. Membran,
- Armaturenkombinationen,
- Rohrtrenner/Systemtrenner (*Abb. 6.17*).

Sicherungsarmaturen (mit Ausnahme der Gruppen A, B und E – s. *Tab. 6.2*) werden nach W 570-2 geprüft. Zu Typ BA „Systemtrenner mit kontrollierter Mitteldruckzone" s. *twin* Nr. 02 (9/2008), zu Rückflussverhinderern RV und Kombinationen aus RV und Absperrventilen *twin* Nr. 03 (10/2008).

Tab. 6.2: DIN EN 1717 teilt die Sicherungsarmaturen in acht Gruppen ein

Gruppe	Sicherungseinrichtung	dazu gehören (Bezeichnung)
A	Freier Auslauf	AA: ungehinderter freier Auslauf,
		AB: mit nicht kreis-förmigem Überlauf,
		AC: mit belüftetem Tauchrohr,
		AD: mit Injektor,
		AF: mit kreisförmigem Auslauf,
		AG: Überlauf mit Unterdruckprüfung bestätigt
B	Kontrollierte Trennung und Belüftung	BA: Rohrtrenner mit kontrollierter Mitteldruckzone
C	Rohrunterbrecher	CA: Rohrtrenner mit unterschiedlichen, nicht kontrollierbaren Druckzonen
D	Atmosphärische Belüftung	DA: Rohrbelüfter in Durchgangsform,
		DB: Typ A2 mit beweglichen Teilen,
		DC: Typ A1 mit ständiger Verbindung zur Atmosphäre
E	Rückflussverhinderer RV	EA: kontrollierbarer RV,
		EB: nicht kontrollierbarer RV (nur für bestimmten häuslichen Gebrauch),
		EC: kontrollierbarer Doppel-RV,
		ED: nicht kontrollierbarer Doppel-RV
G	Rohrtrenner	GA: druck-, aber nicht durchflussgesteuert,
		GB: druck- und durchflussgesteuert
H	Belüftungseinrichtungen für Schlauchanschlüsse SchA	HA: SchA mit RV,
		HB: Rohrbelüfter für SchA,
		HC: Automatischer Umsteller,
		HD: Rohrbelüfter kombiniert mit Rückflussverhinderer
L	Druckbeaufschlagter Belüfter, bei Unterdruck öffnend	LA: druckbeaufschlagter Belüfter,
		LB: kombiniert mit nachgeschaltetem RV

Der Rohrtrenner oder Systemtrenner besteht im Prinzip aus zwei hintereinander geschalteten Rückflussverhinderern, die durch eine belüftbare Mittelzone getrennt sind. In vielen Fällen kann der Systemtrenner den freien Auslauf ersetzen, nicht allerdings zur Verbindung von Einzel-/Eigenversorgungsanlagen oder Regenwasseranlagen mit dem öffentlichen Versorgungsnetz. Die verschiedenen Einbauarten EA 1, 2 und 3 nach DIN 1988–4 entsprechen GA, GB und BA nach DIN EN 1717: GA ist druck- aber nicht durchflussgesteuert, GB ist druck- und durchflussgesteuert, BA besitzt eine druckkontrollierte Mittelzone.

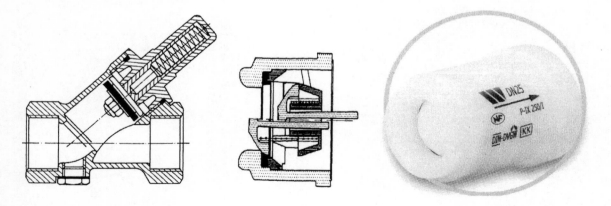

Abb. 6.16: Rückflussverhinderer zur Gesamtabsicherung der Hausinstallation – Mitte und rechts: zum Einstecken in die Hauptabsperrarmatur ([Boger et al., 2002], Werkbild Watts MTR)

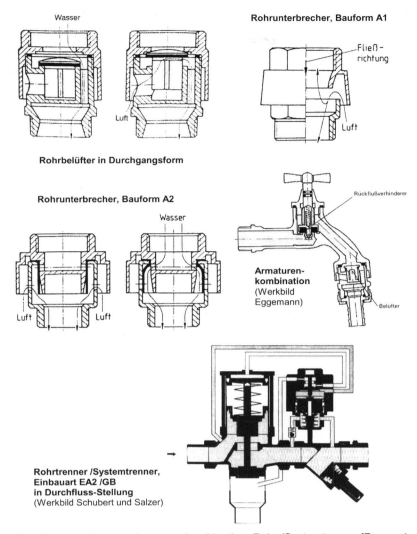

Abb. 6.17: Rohrbelüfter, Rohrunterbrecher, Armaturenkombination, Rohr-/Systemtrenner [Boger et al., 2002]

Aus den 5 Gefahrenklassen und den verfügbaren Sicherungseinrichtungen ergibt sich eine Matrix, die den verschiedenen Apparaten die entsprechenden Sicherungseinrichtungen zuordnet – s. *Abb. 6.18*.

Nr	Entnahmestelle, Apparat	1 freier Auslauf	2 Rohrunterbrecher A1	3 Rohrtrenner EA3	4 Rohrunterbrecher A2	5 Rohrtrenner EA2	6 Rohrschleife	7 Rohrtrenner EA1	8 Sicherungskombination	9 Rückflußverhinderer	10 Rohrbelüfter
1	Aktivkohlefilter bei chemischen Apparaten	●	●	●	●	●	●	–	–	–	–
2	Bade- und Duschwanne mit Schlauchbrause a) im häuslichen Bereich, auch Hotels u. ä.	●	●	●	●	●	●	●	●	–	–
	b) in Krankenhäusern, Pflegeheimen u. ä.	●	●	●	●	–	–	–	–	–	–
3	Badewanneneinlauf unterhalb des Wannenrandes a) im häuslichen Bereich, auch Hotels u. ä.	●	●	●	●	–	–	–	–	–	–
	b) in Krankenhäusern, Pflegeheimen u. ä.	●	●	–	–	–	–	–	–	–	–

Abb. 6.18: Beispiele für Sicherungseinrichtungen bei bestimmungsgemäßer Benutzung der Entnahmestellen – Auszug aus DIN 1988/TRWI-4, Tab. 1

Bei den Sicherungseinrichtungen zum Schutz des Trinkwassers wird von der Annahme ausgegangen, dass zwei oder mehr Schadensereignisse gleichzeitig auftreten können, d.h. dass z.B. das Versagen eines Bauteils mit einem Unterdruck im Netz zeitlich zusammenfallen kann. Während solche Fälle bei den Kategorien 1 bis 3 zwar recht unangenehm sein mögen, sind aber bei den Kategorien 4 und 5 akute Gesundheitsgefährdungen gegeben. So sind folgende Grundsätze zu beachten:

- Zur Absicherung der Kategorien 1 und 2 reicht eine einfache mechanische oder atmosphärische Absicherung in der Regel aus – Rohrbelüfter **oder** Rückflussverhinderer;

- bei Kategorie 3 können zwei nach unterschiedlichen Wirkungsprinzipien arbeitende oder kombinierte Systeme verwendet werden – Rückflussverhinderer **und** Rohrbelüfter als Sicherungskombination;

- bei Kategorie 4 sind nur solche Sicherungseinrichtungen zu verwenden, die nach mehreren unterschiedlichen Wirkungsprinzipien arbeiten, sich selbst überwachen und deren Funktion regelmäßig auf einfache Weise überprüft werden kann;

- bei Kategorie 5 sind Sicherungseinrichtungen ungeeignet, die bewegliche mechanische Teile enthalten.

Beispielhaft sei ergänzt, dass die Schlauchbrause an der Badewanne im häuslichen Bereich mit einer Sicherungskombination, bestehend aus Rückflussverhinderer und Rohrbelüfter, abgesichert werden kann, während die gleiche Einrichtung im nicht häuslichen Bereich mindestens mit einem Rohrunterbrecher der Bauform

A2 abzusichern ist, weil auch Badewasser der Kategorie 5 zuzuordnen ist.

Im häuslichen Bereich müssen die Sicherungseinrichtungen Bestandteil der Entnahmearmaturen bzw. Apparate sein. So genannte „eigensichere" Geräte – wie z. B. Spülkästen, Waschmaschinen, Geschirrspülmaschinen – sind mit DVGW-Zeichen gekennzeichnet und dürfen damit unmittelbar an das Versorgungsnetz angeschlossen werden. Darüber hinaus fordert DIN 1988/TRWI-4 grundsätzlich den Einbau der Sammelsicherung, bestehend aus

- Rückflussverhinderer an der Basis der Steigleitung,

- Rohrbelüfter am höchsten Punkt jeder Steigleitung – vgl. *Abb. 6.14* und *Abb. 6.16*, bei Neuanlagen kann auf den Rohrbelüfter verzichtet werden,

- Einbindung der Stockwerksleitungen 300 mm oberhalb des höchstmöglichen Wasserspiegels der jeweils nachgeordneten Installation – damit wird ein Überheben von verunreinigtem Trinkwasser über mehrere Stockwerke verhindert.

Dies ist eine zusätzliche Vorsorge für den Fall des Selbsteinbaus beispielsweise von ungesicherten Badewannen-Füllbatterien mit Schlauchbrause aus dem Baumarkt.

Erwärmtes Trinkwasser zählt zur Kategorie 2, stellt also kein gesundheitliches Risiko dar. Eine Rücksaugung ist allerdings unerwünscht – ein Rückflussverhinderer genügt. Damit geschlossene Trinkwassererwärmer bei Erwärmung nicht unter Überdruck geraten, ist ein **Sicherheitsventil** anzuordnen (s. DIN 1988/TRWI-2, Abschn. 4.3.4).

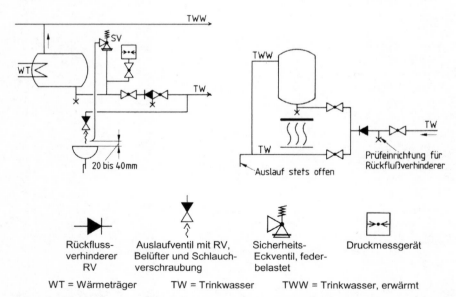

WT = Wärmeträger   TW = Trinkwasser   TWW = Trinkwasser, erwärmt

Abb. 6.19: links: Anordnung von Sicherheitsventil und Trinkwassererwärmer in einem Raum rechts: offener Trinkwassererwärmer, unmittelbar beheizt – über 10 L Inhalt (DIN 1988/TRWI-2)

Bei der Auslegung und im Betrieb der TW-Erwärmungsanlagen (TW-Erwärmer und Warmwasserleitungen) ist – vor allem in öffentlichen Gebäuden wie Krankenhäusern oder Hotels – gemäß W 551 und 553 folgendes zu beachten: Im Hinblick auf die mögliche Vermehrung von Legionella-Keimen sind systematische Temperaturunterschreitungen von 60°C nicht zulässig. Bei Kleinanlagen sollten Betriebstemperaturen unter 50°C vermieden werden. Zirkulationsleitungen sind so zu planen und zu betreiben, dass im System die Temperatur nicht mehr als 5 K abfällt. Ein Betrieb mit abgesenkter Temperatur – z. B. über Nacht für die Dauer von 8 von 24 Stunden – ist zulässig, wenn ansonsten einwandfreie hygienische Verhältnisse vorliegen.

In öffentlichen Gebäuden sind nach TrinkwV periodische Untersuchungen auf Legionellen in zentralen Erwärmungsanlagen vorgeschrieben. Zu den hygienisch-mikrobiologischen Untersuchungen s. DIN 1988-20 Anhang B. Maßnahmen zur Sanierung von Trinkwassererwärmungsanlagen beschreibt Anhang C.

Korrosionsschäden bei mittelbar beheizten Trinkwassererwärmern stellen ein Risiko dar, wenn das Heizwasser ins Trinkwasser übertreten kann. Im Normalfall genügt die Installation eines Trinkwassererwärmers Ausführung B (korrosionsbeständige Werkstoffe bzw. korrosionsbeständigen Auskleidungen); ist bei einer Fernwärmeversorgung der Zusatz von Hydrazin zu erwarten, bedarf es der Ausführungsart D (Zwischenmedium-Wärmeübertrager).

Stagnation: Trinkwasser ist ein Lebensmittel und nicht unbegrenzt haltbar. Stagnation des Wassers in der Trinkwasser-Installation (z. B. selten genutzte Zapfstellen, Urlaubsabwesenheit, nicht benutzte Wohnungen) gefährdet die Trinkwasser-Qualität; es können sich gelöste oder suspendierte Stoffe aus dem Rohrleitungsmaterial anreichern und – dies gilt vor allem bei erhöhter Temperatur – ein Bakterienwachstum eintreten. Grundsätzlich sollte man Stagnationswasser vor der Verwendung des Trinkwassers ablaufen lassen; bei wesentlich über 4 Wochen hinausgehender Stagnation kann eine Rohrspülung erforderlich werden. Lange Zeit ungenutzte Abschnitte der Inneninstallation sollten abgesperrt und entleert werden.

Äußere Einflüsse: Anlagen der Trinkwasserinstallation sind selbstverständlich auch gegen extern bedingte Verunreinigungen zu schützen, Risiken möglicher externer Einflüsse sind zu vermeiden. So sind Trinkwasserleitungen nicht durch Fäkaliengruben, Abwasserkanäle u.ä. zu führen; ein Abstand von mindestens 0,20 m zu Grundstücksentwässerungsanlagen ist einzuhalten; bei Unterschreiten von 1 m Abstand dürfen sie nicht tiefer als die Kanäle liegen. Spül- und Entleerungseinrichtungen sind gegen von außen eindringendes Wasser zu sichern. Atmosphärische Belüftungseinrichtungen dürfen nicht in Räumen installiert werden, in denen schädliche Gase oder Dämpfe auftreten können.

Betrieb der Anlagen: Der laufende Betrieb hat maßgeblichen Einfluss auf die Erhaltung der Wassergüte in der Installation. DIN 1988/TRWI-8 gibt Hinweise zu Inbetriebnahme, Betriebsunterbrechungen, Wiederinbetriebnahme, Schäden und Störungen, Änderungen und Erweiterungen; die Hinweise für die Instandhaltung umfassen auch beispielhaft einen Inspektions- und Wartungsplan. Hinsichtlich der technischen Geräte (z.B. Trinkwassererwärmer, Druckerhöhungsanlagen) und zugehöriger Sicherungseinrichtungen empfiehlt sich, Wartungsverträge mit qualifizierten Fachfirmen abzuschließen.

6.7 Druckerhöhungsanlagen DEA und Druckminderung (DIN 1988/TRWI-5)

Eine Druckerhöhungsanlage ist erforderlich, wenn der Mindestversorgungsdruck der Versorgungsleitung für die Versorgung der oberen Stockwerke eines Hauses nicht ausreicht – zum üblichen Versorgungsdruck s. *Kap. 5.2 Anordnung der Wasserversorgungsanlagen* (*Tab. 5.9* und *Abb. 5.11*), wenn also p_{minV} kleiner ist als die Summe aus

Δp_{geo} aus geodätischem Höhenunterschied

+ Mindestfließdruck an der hydraulisch ungünstigsten (höchstgelegenen) Verbrauchsstelle p_{minFl}

+ Summe der Druckverluste aus Rohrreibung und Einzelwiderständen $\Sigma (L \cdot R + Z)$

+ Wasserzählerwiderstand Δp_{WZ}

+ Apparatewiderstände wie Filter, Dosiergerät Δp_{Ap}.

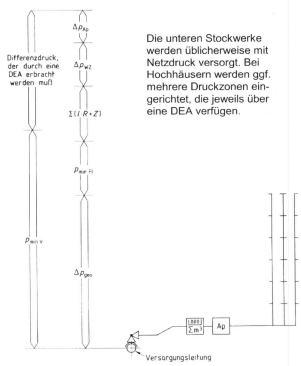

Die unteren Stockwerke werden üblicherweise mit Netzdruck versorgt. Bei Hochhäusern werden ggf. mehrere Druckzonen eingerichtet, die jeweils über eine DEA verfügen.

Abb. 6.20: Darstellung der Druck-Verhältnisse bei einer Druckerhöhungsanlage (DIN 1988/TRWI-5)

Auf der Zulaufseite der DEA ist ein Druckbehälter anzuordnen, wenn sich durch das Ein- und Ausschalten der Pumpen unzulässige Geschwindigkeits- und Druckänderungen in der Anschlussleitung ergeben. Auf der Druckseite sind Druckbehälter entbehrlich, wenn die Pumpen druck- oder durchflussabhängig gesteuert werden, ohne störende Druckstöße zu erzeugen. Dabei können auch drehzahlgeregelte Pumpen verwendet werden. Vgl. *Abb. 5.76.*

Druckminderer sind unmittelbar hinter der Wasserzähleranlage – im Regelfall in der Kaltwasserleitung – anzuordnen, wenn der Ruhedruck aus dem Versorgungsnetz 5 bar überschreitet. Damit werden die Drosselgeräusche an Entnahmearmaturen begrenzt. In Wohngebäuden müssen diese Armaturen auf Schallerzeugung geprüft werden, was bei 6 bar Vordruck erfolgt. Darüber hinaus sind Trinkwassererwärmer häufig nur für PN 6 bar ausgelegt. Bei Feuerlöschleitungen sind zweckmäßigerweise Druckminderer zu vermeiden.

6.8 Feuerlösch- und Brandschutzanlagen (DIN 1988/TRWI-6)

Feuerlösch- und Brandschutzanlagen werden (erfreulicherweise) selten gebraucht, müssen aber im Brandfall eine hohe Leistung erbringen. Die erforderlichen Rohrdurchmesser gehen meist wesentlich über die Querschnitte hinaus, die für die Trinkwasserversorgung gebraucht werden. Mangelhaft oder gar nicht durchflossene Leitungen stellen aber für die Wasserqualität ein Risiko dar und sind deshalb zu vermeiden. Löschwasserleitungen müssen aus Brandschutzgründen immer aus metallischen Werkstoffen bestehen; bei Stagnation können also hohe Metallionen-Konzentrationen auftreten. Die hier beschriebene Problematik betrifft nur größere Gebäude; Wohnhäuser bis zu drei oder vier Stockwerken werden von der Feuerwehr über den nächsten Hydranten gut erreicht. Der Zusammenhang von Grund- und Objektschutz nach W 405 ist in *Kap. 5.1.3 Löschwasserbedarf* dargestellt.

DIN 1988/TRWI-6 sieht vor, dass nur dann keine gesonderten Feuerlöschleitungen erforderlich sind, wenn der für die Trinkwasserversorgung vorgesehene Durchfluss größer ist als für den Brandschutz erforderlich ist. So genannte nasse Feuerlöschleitungen, die also ständig mit Wasser gefüllt sind, sind unzulässig. Vorzusehen sind bei den fraglichen Gebäuden Nass/Trocken-Anlagen oder unter bestimmten Umständen trockene Steigleitungen, in die die Feuerwehr von der Außenseite des Gebäudes her Löschwasser einspeist. Wandhydranten, die an die Trinkwasser-Steigleitungen angeschlossen sind, sind für die Nutzung in Selbsthilfe gedacht; sie werden mit Rückflussverhinderer und Rohrbelüfter ausgestattet. Zur Systematik der Verbindung bzw. der Entkopplung von Trinkwasser- und Feuerlöschleitungen s. [Kuhlmann und Winter, 2009] und DIN 14462.

Das Beispiel einer Nass/Trocken-Anlage zeigt *Abb. 6.21.* Die Füllung der Leitung erfolgt im Brandfall über eine Füll- und Entleerungsstation, die fernbetätigt die Füllung und Wiederentleerung vornimmt. Sprinkleranlagen werden in gleicher Weise angeschlossen. Die vom Wasserversorgungsunternehmen erwartete Leistung im Brandfall lässt sich wesentlich reduzieren – und damit auch die Vorhaltekosten –, wenn Wasserspeicher verfügbar sind. Beispielsweise lässt sich in einem das Schwimmbad in diesem Sinne nutzen; wenn es im obersten Stockwerk untergebracht ist, steht zugleich der notwendige Druck zur Versorgung von Sprinkleranlagen zur Verfügung. Hydrantenanlagen in Grundstücken dürfen nur dann an die Trinkwasserleitung angeschlossen werden, wenn eine ausreichende Wassererneuerung sicher gestellt ist; man führt dazu die Hausanschlussleitung auf dem Umweg über die Hydrantenstandorte ins Haus.

Zur Auslegung von Feuerlöscheinrichtungen – Schlauchanschlüsse, Leitungen, Füll- und Entleerungsstationen wird auf die Normenreihe DIN 14461, 14462 und 14463 verwiesen.

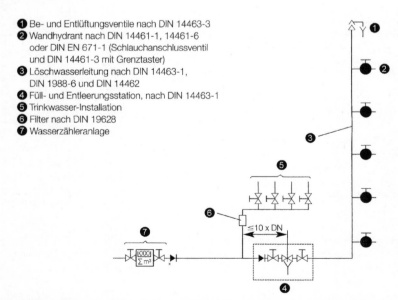

❶ Be- und Entlüftungsventile nach DIN 14463-3
❷ Wandhydrant nach DIN 14461-1, 14461-6 oder DIN EN 671-1 (Schlauchanschlussventil und DIN 14461-3 mit Grenztaster)
❸ Löschwasserleitung nach DIN 14463-1, DIN 1988-6 und DIN 14462
❹ Füll- und Entleerungsstation, nach DIN 14463-1
❺ Trinkwasser-Installation
❻ Filter nach DIN 19628
❼ Wasserzähleranlage

Abb. 6.21: Nass/Trocken-Anlage; die Trinkwasser-Entnahme erfolgt unmittelbar vor der Füll und Entleerungs-Station (DIN 14462)

6.9 Korrosion, Steinbildung, Trinkwasserbehandlungsanlagen

Zwischen Wasser und Werkstoff besteht eine Wechselwirkung; bei metallenen Werkstoffen spricht man üblicherweise von Korrosion: Der Werkstoff wird angegriffen, ggf. bilden sich Deckschichten, die den weiteren Angriff bremsen; Metallionen und Korrosionsprodukte gehen ins Wasser über und beeinträchtigen seine Qualität. Die Wechselwirkungen mit dem Wasser treten grundsätzlich bei jedem Werkstoff auf; der Begriff der Korrosion ist als dementsprechend zu erweitern.

Korrosionsprozesse stellen sehr komplexe System dar; Einflüsse sind:
- Wasserbeschaffenheit,
- Art und Qualität des Werkstoffs,
- Installationsbedingungen,
- Inbetriebnahme,
- Betriebsbedingungen.

Die Vermeidung von Schäden durch Innenkorrosion und Außenkorrosion beginnt mit einer korrosionsschutzgerechten Anlagenplanung.

Der umgekehrte Prozess stellt die Steinbildung dar, verursacht durch Wässer, die kalkabscheidend sind (also nicht im Kalk-Kohlensäure-Gleichgewicht stehen), und durch (harte) Wässer, bei denen durch Erwärmung die Kohlensäure ausgetrieben wird. Die Kalkabscheidung ist fast ausschließlich ein Problem der Warmwassersysteme.

Hinweise zur „Vermeidung von Korrosionsschäden und Steinbildung" (so der Titel) gibt DIN 1988/TRWI-7. Der sozusagen „europäisch harmonisierte Stand des Wissens" ist in der Normenreihe DIN EN 12502 T.1-5 niedergelegt und durch DIN 1988-7 in nationale Handlungsanweisungen umgesetzt. DIN 50930 Teil 6 beschreibt die Einsatzbereiche von Werkstoffen in Kontakt mit Trinkwasser.

Einige Grundregeln lassen sich aus den genannten Regelwerken ableiten:
- In warmgehenden Systemen ist auf die Verwendung von Rohren aus verzinktem Stahl zu verzichten. Soweit entsprechende Kaltwassersysteme bestehen, müssen die Rohre vom unedleren zum edleren Material verlegt werden, also kein Kupfer oder Edelstahl hinter verzinktem Stahl. Wenn edleres und unedleres Material aneinanderstoßen, besteht die Gefahr der Kontaktkorrosion, insbesondere bei Wässern mit höherer Leitfähigkeit (Salzgehalt).
- Zur Beurteilung der wasserseitigen Einflussgrößen wird auf die Analysenparameter (Kenngrößen) in DIN 50930–6 verwiesen; die Daten sind üblicherweise vom WVU zu erhalten: Temperatur, pH-Wert, pH-Wert der Calcitsättigung, elektrische Leitfähigkeit, $K_{S4,3}$ und $K_{B8,2}$, Summe Erdalkalien, Calcium, Magnesium, Natrium, Kalium, Chlorid, Nitrat, Sulfat, organischer Kohlenstoff TOC, Aluminium, Sauerstoff, u. U. Phosphor- und Siliciumverbindungen.

- Grundsätzlich sind zertifizierte Werkstoffe (DVGW-Prüfzeichen) einzusetzen; die Verbindungstechnik gehört zum Rohr!
- Kupferrohre können ohne Weiteres eingesetzt werden, wenn pH ≥ 7,4 oder wenn bei 7,0 ≤ pH < 7,4 der TOC ≤ 1,5 mg/L. Die Verbindungen sind nach GW 2 herzustellen, Lote und Flussmittel müssen den Anforderungen in GW 7 genügen. Die Kombination von Edelstahl und Kupferlegierungen (einschl. der Armaturen) ist unproblematisch. Für innenverzinntes Kupfer bestehen keine Anwendungsbeschränkungen.
- Kunststoffmaterialien müssen die Systemprüfung (DVGW-Prüfzeichen) nachweisen; wesentlich ist bei Kunststoffen die Prüfung nach den KTW-Empfehlungen [UBA, 2008] und nach W 270.
- Bleileitungen und bleihaltige Werkstoffe (z. B. Lote) sind für Trinkwasseranlagen unzulässig.

Fittings für metallische Rohre sollen aus dem gleichen Werkstoff bestehen. Für Kunststoffleitungen werden die üblichen Verbinder aus Cu-Sn-Zn- oder Cu-Zn-Legierungen eingesetzt. Die gleichen Legierungen stehen für die Armaturen zur Verfügung. Detaillierte Aussagen sind in DIN 1988/TRWI-7 und DIN 50930-6 zu finden.

Bei Lagerung, Transport und Einbau der Anlagenteile (Rohre, Fittings, Armaturen etc.) auf der Baustelle ist sorgfältig darauf zu achten, dass keine Verunreinigungen eingetragen werden, vor allem nicht solche, die nicht einwandfrei durch die Spülung der Anlage entfernt werden können.

Treten Korrosionsschäden auf oder sind sie zu befürchten, kann der Einsatz von **Trinkwasserbehandlungsanlagen** geprüft werden. Grundsätzlich sind solche Anlagen entbehrlich bei Trinkwasserinstallationen, die an die öffentliche Wasserversorgung angeschlossen sind, wenn zugleich auf die Wasserqualität abgestimmte zertifizierte Bauteile verwendet werden. Bei Kleinanlagen (Einzel- oder Eigenversorgungsanlagen), bei denen die Qualität nach TrinkwV nicht ohne Weiteres sichergestellt ist, kann eine Aufbereitung sinnvoll sein. Zu beachten ist auch dort, dass nur zugelassene Zusatzstoffe eingesetzt werden und das Trinkwasser nach der Aufbereitung den Anforderungen der TrinkwV genügt.

Der Einbau eines **Feinfilters** nach DIN EN 13443-1 und -2 bzw. DIN 19628 unmittelbar hinter der Wasserzähleranlage ist bei einer Hausanlage aus metallenen Werkstoffen unbedingt erforderlich; bei Kunststoffmaterialien wird er empfohlen. Der Filter muss funktionsfähig bereits vor der ersten Befüllung der Anlage montiert sein. Eine regelmäßige Wartung ist vorzusehen. Dabei wird der Filtereinsatz ausgewechselt (< 6 Monate) oder eine Rückspülung ausgelöst, was aber sinnvoller Weise automatisch stattfinden sollte.

Zu den Anlagen zur Behandlung von Trinkwasser zählen **Dosiergeräte** (DIN 19635) und **Ionentauscher** (DIN 19636). Zu ihrem Einsatz hat der DVGW festgestellt (Wasser-Info Nr. 17):

„Wegen der fortschreitenden Technisierung der Haushalte wird Trinkwasser zunehmend auch für technische Zwecke genutzt. In diesen Fällen kann eine Behandlung des Trinkwassers sinnvoll sein. Dafür werden Filter, Dosiergeräte und Enthärtungsanlagen eingesetzt. Damit sie entsprechend ihrem Zweck und ohne nachteilige Nebenwirkungen arbeiten,

- *muss ihr Einsatz auf die Wasserqualität und die Werkstoffe abgestimmt sein; eine Rücksprache mit dem zuständigen Wasserversorgungsunternehmen ist zu empfehlen;*
- *muss die Behandlung möglichst auf den eigentlichen Verwendungszweck begrenzt werden (beispielsweise nur auf die Warmwasserinstallation);*
- *dürfen nur Apparate mit DIN/DVGW-Prüfzeichen eingebaut werden, wenn auf zusätzliche Sicherungsarmaturen nach DIN 1988–4 verzichtet werden soll;*
- *muss der Einbau durch ein in das Installateurverzeichnis eines WVU eingetragenes Installationsunternehmen (VIU) erfolgen;*
- *muss die Anlage sorgfältig und regelmäßig nach DIN 1988–8 gewartet werden."*

Dosiergeräte geben Phosphate, Silikate, alkalisierende Stoffe und Mischungen davon mengenproportional dem Trinkwasser zu. Für die Geräte ist die Einhaltung der Dosiergrenzen nachzuweisen:

Phosphate: min 1 mg/L, max 5 mg/L P_2O_5;

Silikate: min 6 mg/L, max 40 mg/L SiO_2.

Der Zweck ist im Allgemeinen eine Stabilisierung der Härte. Dies ist aber nur bis 60 °C wirksam. Im Kaltwasser ist eine Dosierung von Zusatzstoffen im Allgemeinen nicht zweckmäßig. In jedem Falle sollte die Leitung zur Küche (Trinkwasser zur Lebensmittelzubereitung) ausgespart bleiben.

Enthärtungsanlagen arbeiten nach dem Prinzip des Ionenaustauschs. Bei Haushaltsgeräten werden die Calcium-Ionen (Härtebildner) im Regelfall gegen Natriumionen ausgetauscht, die vom Austauscherharz ins Trinkwasser übergehen. Die Regenerierung erfolgt mit einer Kochsalzlösung. Aus ernährungsphysiologischen Gründen ist die Erhöhung des Natriumgehalts im Trinkwasser nicht erwünscht; der Grenzwert von 200 mg/L Na der TrinkwV ist einzuhalten. Eine vollständige Enthärtung ist nicht wünschenswert; weiches Wasser wird leicht metallaggressiv. Aus diesem Grunde wird nur ein Teilstrom des Wassers enthärtet und mit dem Hauptstrom verschnitten. Ziel ist, 1,5 mol/m^3 Ca (entsprechend etwa 8,5 °dH = mittlerer Härtebereich nach Waschmittelgesetz) nicht zu unterschreiten.

Austauscherharze neigen zur Verkeimung. Dies lässt sich vermeiden, wenn durch eine kleine Elektrolysezelle bei jeder Regeneration aus dem Kochsalz eine geringe Menge Chlor freigesetzt wird; die chlorhaltige Regenerierungslösung desinfiziert das Harz, wenn ausreichend Kontaktzeit gegeben ist. (Nachweis der Desinfektion und der Sparbesalzung durch DVGW-Prüfzeichen).

Der Einbau der Austauscher sollte sich auf die Warmwasseranlage beschränken; eventuell ist der Einsatz für das Füllwasser von Schwimmbecken sinnvoll. Meistens empfiehlt sich dann eine zusätzliche Dosierung von Phosphat/Silikat zur Stabilisierung des Wassers.

Für **physikalische Geräte**, die die Härte durch Magnete oder Elektroden im Wasser stabilisieren sollen, ist in den vergangenen 30 Jahren trotz zahlreicher Reihenuntersuchungen der Nachweis des Verfahrenserfolgs nicht gelungen. Neue Techniken sind inzwischen auf dem Markt, die auch ein DVGW-Prüfzeichen erhalten konnten. Solche Geräte, die durch Bildung von Kristallkeimen des Calciumkarbonats ihre Wirkung entfalten sollen, werden nach W 510 und 512 geprüft. Grundsätzlich ist der Verbraucher gut beraten, sich das Zertifikat vorlegen und eine Erfolgsgarantie ausstellen zu lassen.

6.10 Regenwasser- und Grauwasseranlagen

Die Substitution von Trinkwasser im häuslichen Bereich durch Regenwasser (im Regelfall Dachablauf-Wasser) oder die Wiederverwendung gering verunreinigten Abwassers (z. B. von Duschen und Bädern, sog. Grauwasser) für nachgeordnete Zwecke wird kontrovers diskutiert – ökologische, wirtschaftliche und hygienische Argumente werden ausgetauscht. Festzuhalten ist aufgrund belastbarer Untersuchungen:

- Das Wasserdargebot im wasserwirtschaftlich begünstigten Mitteleuropa gibt keinen Anlass, im häuslichen Bereich solche Anlagen einzusetzen (die Wiederaufbereitung und -verwendung von Betriebswasser in der Industrie steht hier nicht zur Debatte);
- eine nennenswerte Entlastung der Wasserressourcen ist nicht zu erreichen;
- ein wirtschaftlicher Betrieb ist (nach korrekter Kostenrechnung) nicht zu erreichen;
- hygienische Risiken sind nicht mit wünschenswerter Sicherheit auszuschließen;
- für das WVU entsteht durch solche Anlagen ein wirtschaftlicher Nachteil: die Jahresabgabe vermindert sich, die vorzuhaltende Spitzenleistung bleibt aber unverändert, da bei längerer Trockenheit der Regenwasserspeicher leer laufen; korrekter Weise müsste dies der Tarif berücksichtigen;
- Abwassermenge und Schmutzfracht bleiben gleich, soweit nicht Abwasser im Garten versickert wird.

Die Verwendung von Regenwasser (von Dach- oder Hofflächen) zur Gartenbewässerung ist dagegen im Regelfall durchaus zu empfehlen.

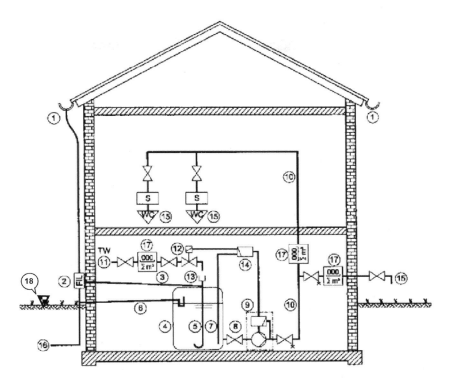

1	Dachrinne / Fallrohr	10	Betriebswasser-Verteilung
2	Filter	11	Trinkwasser-Leitung
3	Zuleitung	12	Magnetventil
4	Regenwasser-Speicher	13	Freier Auslauf gemäß DIN 1988-4
5	Beruhigter Zulauf	14	Anlagensteuerung
6	Überlauf mit Geruchsverschluss	15	Entnahmestelle
7	Wasserstandserfassung	16	Versickerungsanlage oder Kanalisation
8	Saugleitung		
9	Druckerhöhungsanlage	17	Wasserzähler
		18	Rückstauebene - falls nicht anders angegeben

Abb. 6.22: Aufbau einer Regenwasseranlage mit innen liegendem Speicher

Wenn allerdings solche Anlagen eingerichtet werden, müssen sie technisch einwandfrei sein. Hierzu führt W 555 aus:

„Die Anlagen müssen so geplant, gebaut und betrieben werden, dass Rückwirkungen auf das Trinkwasser der öffentlichen und häuslichen Wasserversorgung jederzeit ausgeschlossen sind:

- *keine Verbindung von Trink- und Betriebswasser,*

- *eindeutige Kennzeichnung aller Entnahmestellen für Betriebswasser und deren Sicherung vor unbefugter Nutzung,*

- *Bau von Regenwassernutzungsanlagen durch anerkannte Fachfirmen (die Nachspeiseeinrichtungen für Trinkwasser der öffentlichen Versorgung dürfen nur von zugelassenen Vertragsinstallateuren eingebaut werden),*

- *jederzeit verfügbare Anlagendokumentation sowie Betriebs- und Wartungsanleitungen,*

- *Information der zuständigen Gesundheitsbehörde und des Wasserversorgungsunternehmens über die Inbetriebnahme, den Betrieb und die Außerbetriebnahme von Anlagen,*

- *regelmäßige Inspektion und Wartung der Anlagen (Wartungsvertrag),*

- *die genutzte Betriebswasser- und nachgespeiste Trinkwassermenge ist ggf. mengenmäßig zu erfassen,*

- *Information von Mietern und sonstigen Nutzern über Anlagen und den Umgang mit Betriebswasser.*

Regenwasseranlagen – erst recht die Grauwasseranlagen – sind also installationstechnisch den Eigenwasserversorgungsanlagen gleichzustellen. Eine direkte Verbindung mit der öffentlichen Wasserversorgung ist unzulässig; auch Rohrtrenner erfüllen den Sicherheitsanspruch nicht. Regenwasser (Dachablaufwasser) ist meist mikrobiologisch verunreinigt (Vogelkot), was durch einfache Filtration nicht zu beseitigen ist. Der Anschluss (Trinkwassernachspeisung) darf nur über freien Auslauf erfolgen – s. *Abb. 6.15.*

Wenn der Sammelbehälter der Regenwasseranlage unter der Rückstauebene liegt, muss ein möglicher Rückstau aus dem Straßenkanal durch eine Hebeanlage gesichert werden, deren Druckleitung über eine Rohrschleife verfügt, die über die Rückstauebene hinausgeht – s. *Abb. 6.23*.

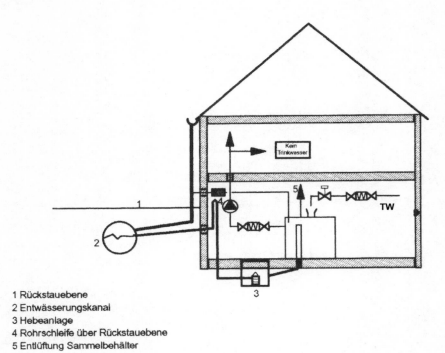

1 Rückstauebene
2 Entwässerungskanal
3 Hebeanlage
4 Rohrschleife über Rückstauebene
5 Entlüftung Sammelbehälter

Abb. 6.23: Anschluss der Regenwasseranlage an die Hebeanlage. Die Trinkwasser-Nachspeisung muss rückstaufrei installiert sein. ([DVGW Bd. 4, 2000], S. 457)

6.A   Ausgewählte Informationen des DVGW zur Trinkwasser-Installation (twin)

Information des DVGW zur Trinkwasser-Installation

Überwachung der Trinkwasserbeschaffenheit in der Trinkwasser-Installation

(Die genannten §§ beziehen sich auf den Text der TrinkwV 2001, gültig ab dem 1. Januar 2003 in Umsetzung der EG-Richtlinie 98/83/EG)

Anforderungen der Trinkwasserverordnung

Für die Parameter Blei, Kupfer und Nickel gilt nicht der einzelne Analysenwert, sondern der Wert, der einer durchschnittlichen Wasseraufnahme durch den Verbraucher entspricht.

Zur Bewertung des Einflusses von Werkstoffen der Trinkwasser-Installation auf das Trinkwasser gelten an der Entnahmestelle die Grenzwerte für die chemischen Parameter, „deren Konzentration im Verteilungsnetz einschließlich der Hausinstallation ansteigen kann" (Anlage 2 Teil II zu § 6 Absatz 2).

Die Trinkwasserverordnung enthält Hinweise für Bau und Betrieb von Trinkwasser-Installationen:

* Für Neuanlagen gilt, dass die Werkstoffauswahl nach den anerkannten Regeln der Technik (§ 17 Absatz 1) zu erfolgen hat. Dieses sind die in der DIN 50930-6 festgelegten Einsatzbereiche. Werden diese eingehalten, kann davon ausgegangen werden, dass die Grenzwerte der Trinkwasserverordnung für Blei, Kupfer und Nickel nicht überschritten werden.
* Für Anlagen, aus denen Wasser für die Öffentlichkeit bereitgestellt wird (§ 18 Absatz 3), ist eine Überwachung durch Entnahme und Untersuchung von Wasserproben (§19 Absatz 7) vorgeschrieben.

Ist anzunehmen, dass bei privaten Trinkwasser-Installationen (Installationen, in denen Trinkwasser nicht für die Öffentlichkeit bereitgestellt wird), die festgesetzten Anforderungen nicht eingehalten werden, können Untersuchungen angeordnet werden (§§ 18 Absatz 1 und 20 Absatz 3).

Probenahmeverfahren

Solange ein harmonisiertes Verfahren noch nicht existiert, kann zur Orientierung als nationale Regelung DIN 50931-1 dienen. Für neue Installationen hat sich dieses Verfahren für die Festlegung der Einsatzbereiche von Werkstoffen in Abhängigkeit von der Wasserbeschaffenheit bewährt. Das Verfahren ist für Routineuntersuchungen zu zeitintensiv und damit zu aufwändig.

Bis zu einer europäisch harmonisierten Regelung empfiehlt der DVGW in Anlehnung an DIN 50931-1 folgende Vorgehensweise:

1. Bewertung der Wasseranalyse

Anhand der Wasseranalyse (§ 21) des Wasserversorgungsunternehmens werden die Einsatzbereiche der Werkstoffe nach DIN 50930-6 überprüft.

2. Einhaltung der Anforderungen

Werden die Einsatzbereiche für die entsprechenden Rohrleitungswerkstoffe erfüllt, entspricht die Werkstoffauswahl den anerkannten Regeln der Technik. Eine weitere Untersuchung ist nicht erforderlich, d.h. die Anforderungen der Trinkwasserverordnung gelten als erfüllt.

3. Nichteinhaltung der Anforderungen nach DIN 50930-6

Werden vorstehende Bedingungen nicht erfüllt, ist die Einhaltung der Grenzwerte der TrinkwV durch eine Wasseruntersuchung nachzuweisen.

Hierzu sind Wasserproben (ca. 500 ml) nach einer Stagnationsdauer von vier Stunden zu entnehmen (Probenahme durch zertifizierte Personen, § 15 Absatz 4). Die Proben sollten an mindestens drei verschiedenen Tagen an der Entnahmestelle entnommen werden, an der üblicherweise Trinkwasser für die Zubereitung von Speisen und Getränken verwendet wird. Bewertet wird der arithmetische Mittelwert. Wenn dieser Wert kleiner als der Grenzwert ist (Anlage 2 Teil II zu § 6 Absatz 2), so gilt die Anforderung der Trinkwasserverordnung als erfüllt.

Ist dagegen der Wert größer als der Grenzwert, so ist zu besorgen, dass die Anforderungen der Trinkwasserverordnung nicht erfüllt werden.

Maßnahmen des Inhabers der Trinkwasser-Installation zur Einhaltung der Grenzwerte können sein:

– Sanierung

Austausch der Installation oder Teilen davon, z.B. bei Blei. Es ist ein Sanierungskonzept mit entsprechenden Übergangsfristen erforderlich (§ 9). Während dieses Zeitraumes kann eine Aufbereitung des Wassers (z.B. Dosierung von Inhibitoren) angeordnet werden (§ 20 Absatz 3).

– Aufbereitungsmaßnahmen

Falls durch Wasseraufbereitung der Grenzwert dauerhaft unterschritten wird, können diese Maßnahmen zentral oder dezentral durchgeführt werden.

In Zweifelsfällen sind zur Klärung Wasseruntersuchungen entsprechend DIN 50931-1 auf die Parameter der Anlage 2 Teil II durchzuführen.

Stand Februar 2003

Information des DVGW zur Trinkwasser-Installation

Wasserbehandlung in Trinkwasser-Installationen (Teil I) – mechanisch wirkende Filter und Ionenaustauscher

Trinkwasser der öffentlichen Wasserversorger entspricht den Anforderungen der Trinkwasserverordnung. Die Notwendigkeit einer zusätzlichen Trinkwasserbehandlung aus gesundheitlich-hygienischen Gründen besteht daher nicht. Zum Schutz der Trinkwasser-Installation (= „Hausinstallation") oder zur Verbesserung der technischen Gebrauchseigenschaften kann eine Trinkwasserbehandlung sinnvoll, bzw. erforderlich sein.

Anlagen zur Trinkwasserbehandlung sind Bestandteil der Trinkwasser-Installation (in die sie eingebaut werden). Für mechanische Filter, Enthärtungsanlagen, Dosiergeräte und Kalkschutzgeräte enthält das DVGW-Regelwerk Normen, die den sicheren Betrieb entsprechend den anerkannten Regeln der Technik gewährleisten. Bei Fragen zur Wasserbeschaffenheit (z.B. zur Wasserhärte) kann das Versorgungsunternehmen Auskunft geben. In die Trinkwasser-Installation dürfen nur Geräte eingebaut werden, die den anerkannten Regeln der Technik entsprechen. Geräte, die mit dem DVGW-Prüfzeichen ausgestattet sind, erfüllen diese Vorgaben. Der weitere Text gibt einen Überblick über die Produktpalette der zur Verfügung stehenden Anlagentypen. Im vorliegenden Teil I werden mechanisch wirkende Filter und Ionenaustauscher beschrieben. Im Teil II werden Membranfiltrationsanlagen, Dosieranlagen und Kalkschutzgeräte näher erläutert.

Mechanisch wirkende Filter

Der Eintrag von Partikeln in die Trinkwasser-Installation kann zu Funktions- oder hygienischen Beeinträchtigungen führen. Zum Schutz der Trinkwasser-Installation ist daher nach DIN 1988 bereits bei Neuinstallationen der Einbau eines mechanisch wirkenden Filters erforderlich.

Die Durchlassweiten der Filter müssen gemäß DIN EN 13443-1 zwischen 80 und 120 μm liegen. Für diese Festlegung wurden sowohl Anforderungen des Korrosionsschutzes als auch hygienische Anforderungen berücksichtigt.

Nachdruck und Vervielfältigung nur im Originaltext, nicht auszugsweise gestattet.

Es wird unterschieden in Filter mit austauschbaren Filter-Einsätzen (nicht rückspülbare Filter) und rückspülbare Filter. Mechanisch wirkende Filter müssen aus hygienischen und betriebstechnischen Gründen regelmäßig gewartet werden. Rückspülbare Filter sind spätestens alle 2 Monate rückzuspülen, bei nicht rückspülbaren Filtern (Kerzenfilter) ist nach spätestens 6 Monaten der Filtereinsatz auszutauschen.

Enthärtungsanlagen (Kationenaustauscher)

Enthärtungsanlagen werden in der Trinkwasser-Installation zur Enthärtung bzw. Teilenthärtung des Trinkwassers eingesetzt. Eine Enthärtung kann in Versorgungsgebieten mit harten Wässern von Vorteil sein, wenn beim Betrieb von technischen Geräten und Installationen Störungen zu erwarten sind. Dies betrifft beispielsweise mögliche Inkrustierungen in Warmwasser-Installationen in Verbindung mit einem erhöhten Energieverbrauch, erhöhte Kalkausfällung an den Armaturen, den erhöhten Verbrauch von Waschmitteln und die Bildung von Kalkschlamm.

Unter der Gesamthärte des Wassers versteht man die Summe des Gehaltes an Calcium und Magnesium („Erdalkali-Ionen"). Sie wird in Millimol/Liter [mmol/L] oder häufig noch in der gebräuchlichen Form „deutscher Härtegrad" [°dH] angegeben. Die nachfolgende Tabelle zeigt die Härtebereiche, die gemäß Waschmittelgesetz unterschieden werden.

Härte [mmol/L]	Härte [°dH]	Härtebereich
0 – 1,3	0 – 7	1
1,3 – 2,5	7 – 14	2
2,5 – 3,8	14 – 21	3
> 3,8	> 21	4

Tabelle I.1: Härtebereiche gemäß Waschmittelgesetz

Stand Februar 2004

Rückspülfilter

Quelle: Grünbeck

Quelle: Sasserath

Quelle: Judo

Quelle: BWT

Quelle: Honeywell

Bei der Enthärtung mit Ionenaustauschern werden die im Trinkwasser enthaltenen Härtebildner Calcium- und Magnesiumionen gegen Natriumionen ausgetauscht. Dies geschieht mittels eines mit Natriumionen beladenen Harzes. Bei diesen Anlagen wird über eine Verschneideeinrichtung das zunächst erzeugte, vollenthärtete Wasser mit einem Teilstrom harten Wassers auf die gewünschte Härte eingestellt. Die Enthärtung des Wassers um 1 °dH benötigt pro Liter 8,2 mg Natriumionen, d.h. mit der Abnahme der Härtebildner wird gleichzeitig der Natriumgehalt im Trinkwasser erhöht. Für Natriumionen schreibt die Trinkwasserverordnung einen Grenzwert von 200 mg/L vor. Unter Berücksichtigung des bereits vorhandenen Natriumgehaltes darf das Trinkwasser daher nur bis zum Erreichen des o.g. Grenzwertes für Natrium enthärtet werden.

Die technischen Anforderungen an Ionenaustauscher sind in der DIN 19636 festgelegt. Wesentliche Zielsetzungen sind hierbei die hygienische Sicherheit hinsichtlich der Verkeimung der Anlagen und die Minimierung des für die Regenerierung erforderlichen Salzverbrauches (Sparbesalzung). Die Verringerung der Wasserhärte ermöglicht einen geringeren Verbrauch an Wasch- und Spülmittel. Durch die Vermeidung von Kalkablagerungen verringert sich außerdem der Energieverbrauch. Enthärtungsanlagen sind bei Wässern des Härtebereiches 1 und 2 nicht erforderlich. Einsatzzwecke können bei technischen Anwendungen gegeben sein, bei denen vollenthärtetes Wasser benötigt wird. Hinweise zu Härtebereich 3 und 4 siehe Tabelle II.1 (Teil 2).

Gemäß DIN 1988-2 dürfen nur Enthärtungsanlagen mit DIN/DVGW Prüfzeichen in die Trinkwasser-Installation eingebaut werden. Für diese Anlagen sind nach DIN 1988-4 bzw. DIN EN 1717 keine zusätzlichen Sicherungseinrichtungen erforderlich. Weiterhin müssen Enthärtungsanlagen nach DIN 19636 gebaut und geprüft werden. Hier sind u.a. folgende Anforderungen zu erfüllen:

- Desinfektion der Austauscherharze bei jeder Regeneration
- Die Anlagen dürfen nur mit „Sparbesalzung" betrieben werden
- Druckverlust bei Nenndurchfluss max. 0,8 bar
- PN 10 (die unter Wasserdruck stehenden Geräteteile sind für mindestens 10 bar zu bemessen)
- Der volumen- oder härteabhängigen Steuerung ist eine Zeitsteuerung überlagert (4 Tage).

Angaben zur Dimensionierung sind nach DIN 1988-2 vorgegeben. Enthärtungsanlagen sind nach DIN 1988-8, insbesondere bezogen auf den Salzverbrauch, regelmäßig zu überwachen. Eine Wartung ist jährlich durchzuführen.

Information des DVGW zur Trinkwasser-Installation

Wasserbehandlung in Trinkwasser-Installationen (Teil II) – Membranfiltrationsanlagen, Dosieranlagen und Kalkschutzgeräte

Trinkwasser der öffentlichen Wasserversorger entspricht den Anforderungen der Trinkwasserverordnung. Die Notwendigkeit einer zusätzlichen Trinkwasserbehandlung aus gesundheitlich-hygienischen Gründen besteht daher nicht. Zum Schutz der Trinkwasser-Installation (= „Hausinstallation") oder zur Verbesserung der technischen Gebrauchseigenschaften kann eine Trinkwasserbehandlung sinnvoll, bzw. erforderlich sein.

Anlagen zur Trinkwasserbehandlung sind Bestandteil der Hausinstallation (in die sie eingebaut werden). Für mechanische Filter, Enthärtungsanlagen, Dosiergeräte und Kalkschutzgeräte enthält das DVGW-Regelwerk Normen, die den sicheren Betrieb entsprechend den anerkannten Regeln der Technik gewährleisten. Der weitere Text gibt einen Überblick über die Produktpalette der zur Verfügung stehenden Anlagentypen. Im vorliegenden Teil II werden Membranfiltrationsanlagen, Dosieranlagen und Kalkschutzgeräte beschrieben. Im Teil I werden mechanisch wirkende Filter und Ionenaustauscher näher erläutert.

Membranfiltrationsanlagen

Nanofiltrationsanlagen können zur Teilenthärtung von Trinkwasser eingesetzt werden.

Auf Grund der Membraneigenschaften werden selektiv die Härtebildner und Sulfate aus dem Wasser mit hohem Wirkungsgrad durch Filtration entfernt. Die Verringerung der Wasserhärte erfolgt dabei bis in den Härtebereich 2. Neben der Verringerung der Wasserhärte sind bei Membranfiltrationsanlagen die Verbesserung der korrosionschemischen Eigenschaften des Wassers und der chemalienfreie Betrieb der Anlage zu nennen.

Die Prüfungen für Membranfiltrationsanlagen werden in Anlehnung an die DIN 19636 durchgeführt. Bei ihnen ist die Funktionstüchtigkeit und Eigensicherheit nachgewiesen.

Dosiergeräte

Die Dosierung von Chemikalien zum Trinkwasser kann nach einer Enthärtung oder als Korrosionsschutzmaßnahme bei Rostwasserbildung oder erhöhter Schwermetallabgabe innerhalb der Trinkwasser-Installation erforderlich sein. Außerdem können Härtebildner durch Zusatz von phosphat- und silikathaltigen Mineralstoffen so stabilisiert werden, dass sie auch bei Erwärmung für einen gewissen Zeitraum in Lösung bleiben. Art und Zusatzmenge der zugelassenen Dosiermittel sind in der im Bundesgesundheitsblatt veröffentlichten Liste der Aufbereitungsstoffe und Desinfektionsverfahren gemäß § 11, Abs. 1 der Trinkwasserverordnung 2001 angegeben. Dosiert werden sie in Abhängigkeit von der Wasserqualität und vom Rohrleitungswerkstoff in Form von Flüssigkeitskonzentraten.

Calcium mg/L	Härtebereich	Maßnahmen bei T)60 °C	Maßnahmen bei T > 60 °C
< 80	1 und 2	Keine	Stabilisierung empfohlen
80 – 120	3	Keine oder Stabilisierung oder Enthärtung	Stabilisierung oder Enthärtung oder Kalkschutz
> 120	4	Stabilisierung oder Enthärtung oder Kalkschutz	Stabilisierung oder Enthärtung oder Kalkschutz

Tabelle II.1: Wasserbehandlungsmaßnahmen zur Vermeidung von Steinbildung, vgl. DIN 1988/7

Orthophosphate haben auf Grund ihrer Verbesserung der Deckschichtbildung eine gute Korrosionsschutzwirkung. Dies gilt insbesondere bei eisengebundenen Werkstoffen. Polyphosphate werden primär zur Stabilisierung der im Wasser gelösten Karbonathärtebestandteile eingesetzt, um bei zunehmender Wassererwärmung deren Ausscheiden als Wasserstein zu verzögern. Bei Zusatz von silikathaltigen Produkten erfolgt zusätzlich eine pH-Wert-Erhöhung. Mischungen aus Ortho- und Polyphosphaten

Stand März 2004

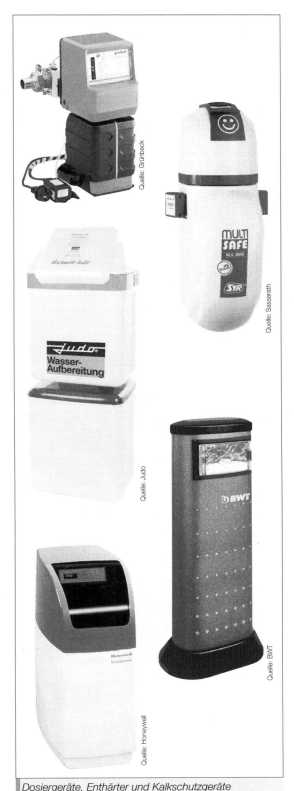

Dosiergeräte, Enthärter und Kalkschutzgeräte

sowie aus Phosphaten und Silikaten werden vor allem dann eingesetzt, wenn kaltwasserseitig die Rostwasserbildung verhindert und gleichzeitig warmwasserseitig eine Steinbildung vermieden werden soll. Solche Kombinationspräparate haben sich als besonders wirksam erwiesen. Die Dosierung von alkalisierenden Mitteln zur Verringerung der Schwermetallabgaben kann gegebenenfalls zweckmäßig sein. Die Dosierung der Zusatzstoffe erfolgt mengenproportional mit Hilfe eines Kontaktwasserzählers. Für die Auswahl der Zusatzstoffe bzw. Zusatzstoffkombinationen und die Ermittlung der Zusatzmengen sind entsprechende Fachkenntnisse erforderlich.

Die Anforderungen und Prüfungen an Dosiergeräte sind in DIN 19635 genannt. Derartige Dosieranlagen ermöglichen eine exakte Dosierung kleinster Mengen an Mineralstoffen. Dosieranlagen sind regelmäßig zu überprüfen und jährlich zu warten. Für Anlagen mit DVGW-Prüfzeichen ist beim Anschluss an die Trinkwasser-Installation keine zusätzliche Sicherungseinrichtung erforderlich.

Kalkschutzgeräte

Die Prüfungen auf Wirksamkeit und Gebrauchstauglichkeit von Kalkschutzgeräten erfolgt nach den DVGW-Arbeitsblättern W 510 und W 512 und wird durch das DVGW-Prüfzeichen belegt.

Kalkschutzgeräte können eingesetzt werden, um die Steinbildung im behandelten Wasser wirksam zu verringern. Im Gegensatz zur Enthärtung und Dosierung werden dem Trinkwasser keine Hilfsstoffe (z.B. Regeneriersalz, Phosphate) zugesetzt oder Inhaltsstoffe entnommen. D.h. die Zusammensetzung des Trinkwassers bleibt bei Kalkschutzgeräten unverändert. Die derzeit am Markt vorhandenen Geräte arbeiten nach dem Prinzip der Impfkristallbildung. Die Schutzwirkung wird mittels vom Gerät erzeugter, mikroskopisch kleiner Impfkristalle erzielt. Diese besitzen eine sehr große Oberfläche und begünstigen dadurch die Anlagerung von Härtebildnern. Im so behandelten Wasser lagert sich Kalk bevorzugt auf den Impfkristallen und nicht an Heizwendeln, Rohrinnenwandungen oder anderen wasserberührten Flächen ab. Eine Enthärtung findet bei Kalkschutzgeräten nicht statt. Die Härtebildner werden mittels der Impfkristalle lediglich stabilisiert und verbleiben im Wasser.

twin _Nr. 01_

Information des DVGW zur Trinkwasser-Installation

Quelle: DVGW

Schläuche und Schlauchleitungen – Anforderungen in der Praxis

Schläuche und Schlauchleitungen haben als Bauteil in den heutigen Trinkwasser-Installationen eine große Bedeutung. In der derzeit gültigen Trinkwasserverordnung (TrinkwV 2001) ist festgelegt, dass der Qualitätsanspruch an das Trinkwasser bis zur Entnahmestelle beim Verbraucher gilt. Daher kommt der Werkstoffauswahl in der Trinkwasser-Installation für die Erfüllung der Anforderungen der TrinkwV eine entscheidende Bedeutung zu.

Die Anforderungen der Trinkwasserverordnung an Materialien und Produkte sowohl in hygienischer als auch in mechanischer Hinsicht stehen seit Jahren im Fokus der Arbeitsblätter und Prüfgrundlagen des DVGW. Das DVGW-Zertifizierungszeichen wird für Produkte vergeben, die den Anforderungen des DVGW-Regelwerkes entsprechen. Das DVGW-Zertifizierungszeichen erlaubt es dem Hersteller und dem Anwender, auf einfache Art und Weise zu dokumentieren, dass das installierte Produkt den allgemein anerkannten Regeln der Technik entspricht. Entscheidend hierfür ist jedoch, dass der Anwender weiß, welche Prüfgrundlage für welche Produkte gilt. Dieses soll im Folgenden für die Schläuche und Schlauchleitungen näher ausgeführt werden.

Für Schläuche und Schlauchleitungen gibt es in der Trinkwasserverwendung zwei große Einsatzbereiche:

1.) als druckfeste flexible Schlauchleitungen für die Trinkwasser-Installation
2.) als Schläuche für den zeitlich befristeten Transport von Trinkwasser

1 Druckfeste flexible Schlauchleitungen für die Trinkwasser-Installation

Anforderungen und Prüfungen für druckfeste flexible Schlauchleitungen für die Trinkwasser-Installation sind in dem DVGW-Arbeitsblatt W 543, das im Mai 2005 erschienen ist, festgelegt. Es unterscheidet dabei zwischen drei Gruppen von Schläuchen bzw. Schlaucheinsatzgebieten.

In **Gruppe I** fallen alle Schlauchleitungen für den Anschluss von Armaturen und Apparaten für sichtbare und zugängliche Installationen **(Abb. 1)**.

Gruppe II beinhaltet Schlauchleitungen für den Anschluss von Wasch- und Geschirrspülmaschinen und Trommeltrocknern.

In die **Gruppe III** fallen alle Schlauchleitungen für unzugängliche Installationen.

In dem DVGW-Arbeitsblatt W 543 sind die unterschiedlichen mechanischen und hygienischen Prüfungen aufgeführt, die für die drei Gruppen gefordert werden **(Tab. 1)**. Diese Prüfungen können im Detail in den entsprechenden DVGW-Prüfgrundlagen nachgelesen werden und differieren je nach Anwendungsbereich.

1.1 Hygienische Anforderungen

Die hygienischen Anforderungen für Werkstoffe und Produkte unterteilen sich in zwei Prüfungen: der Prüfung nach KTW-Empfehlungen bzw. KTW-Prüfleitlinie und der Prüfung nach dem DVGW-Arbeitsblatt W 270.

In der Prüfung nach den KTW-Empfehlungen bzw. nach der neuen KTW-Prüfleitlinie des Umweltbundesamtes für organische Pro-

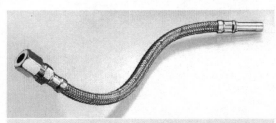

Abb. 1: Beispiel für eine druckfeste flexible Schlauchleitung für die Trinkwasser-Installation (W 543)

Quelle: DVGW

Abb. 2: Organischer Werkstoff mit starker Biofilmbildung

Quelle: Tuschewitzki

Stand März 2007   1

tw in **Nr. 01**

dukte im Kontakt mit Trinkwasser wird u. a. die Migration organischer Stoffe aus dem Produkt im Kalt-, Warm- und Heißwasser (je nach Anwendungsbereich) bestimmt. Ebenfalls werden Geruchs- und Geschmackstests und ein Test zur Chlorzehrung durchgeführt.

Schlauchleitungen der Gruppe III können als Ersatz für Rohrleitungen (unzugängliche Installationen) eingesetzt werden und müssen daher dieselben hygienischen Anforderungen (KTW-Kategorie A/Rohre) wie diese einhalten.

Schlauchleitungen der Gruppe II müssen die Anforderungen der KTW-Kategorie C (Ausrüstungsgegenstände) einhalten.

Bei den Schlauchleitungen der Gruppe I (sichtbare und zugängliche Installation) wurde schon in der UBA-Empfehlung zur Vermeidung von Kontaminationen der Hausinstallation aus dem Jahr 2002 gefordert, dass diese Schläuche die Anforderungen der KTW-Kategorie A (Rohre) einhalten müssen. Schläuche der Gruppe I führen das Trinkwasser direkt an die Entnahmestelle des Verbrauchers heran und weisen ein großes Oberflächen-zu-Volumen-Verhältnis auf, auf Grund dessen sich ein eventueller negativer Einfluss der Werkstoffe auf das Trinkwasser verstärkt auswirken kann. Da zum Zeitpunkt der UBA-Empfehlung noch kein Produkt auf dem Markt war, das die Anforderungen der KTW-Kategorie A einhalten konnte, wurde ein Übergangszeitraum bis Ende 2003 benannt, um den Herstellern genug Zeit zur Produktentwicklung einzuräumen. In der Übergangszeit brauchten Schläuche, die nicht länger als 50 Zentimeter waren, für den Einsatzbereich der Gruppe I nur die Anforderungen der KTW-Kategorie C einzuhalten. Schläuche mit einer Länge größer 50 Zentimeter mussten und müssen die Anforderungen der KTW-Kategorie A einhalten.

Mit dem DVGW-Arbeitsblatt W 543 wurde die Übergangszeit für Schläuche der Gruppe I mit einer Länge kleiner oder gleich 50 Zentimeter noch einmal bis Ende 2006 verlängert. Seit dem 1. Januar 2007 sind für einen Einsatz der Schläuche der Gruppe I die Anforderungen der KTW-Kategorie A einzuhalten.

Während in den alten KTW-Empfehlungen die Produkte in Kategorien von A bis D2 eingeteilt wurden, ist diese Einteilung in der neuen KTW-Prüfleitlinie dem EAS-System angelehnt worden. Die Einteilung der Produkte erfolgt nun in Produktgruppen, u. a. Rohre (dimensionsabhängig), Ausrüstungsgegenstände, Dichtungen, Behälter.

Die Prüfung nach dem DVGW-Arbeitsblatt W 270 ist eine Prüfung auf mikrobielle Unbedenklichkeit von Werkstoffen und Produkten zum Einsatz im Trinkwasserbereich **(Abb. 2)**. Geprüft wird, ob der Werkstoff bzw. das Produkt das Wachstum von Mikroorganismen bei Kontakt mit Trinkwasser fördert.

Zurzeit sind in der Praxis Schläuche in Gebrauch, die „nur" die Anforderungen nach KTW-Kategorie C erfüllen. Die Veröffentlichung der DVGW-Prüfgrundlagen VP 550 und VP 549 bedeutet nicht, dass diese Schläuche nun zeitnah ausgetauscht werden müssen.

Allerdings ist bei einer Neubeschaffung am Lebensende der jetzt im Gebrauch befindlichen Schläuche zu beachten, dass die neuen Schläuche die Anforderungen der Prüfgrundlagen einhalten. Dies dient dem Schutz der Trinkwasserversorgung ebenso wie dem Verbraucherschutz.

Für die metallenen Schlauchverbindungen und Schlaucharmaturen sind die Anforderungen an den Werkstoff in der DIN 50930-6 geregelt.

Quelle: DVGW

Abb. 3: Beispiele für Schläuche und Schlauchverbindungen (VP 549 und VP 550)

1.2 Mechanische und sonstige Anforderungen

Allgemein müssen die Schlauchleitungen so beschaffen sein, dass ihre Wirkungsweise und Haltbarkeit durch die bei üblichem Betrieb auftretenden mechanischen, chemischen und thermischen Beanspruchungen innerhalb der Nutzungsdauer nicht beeinträchtigt werden.

Je nach Einsatzbereich (Gruppe I, II oder III) müssen dazu unterschiedliche mechanische Anforderungen erfüllt werden (u. a. Biegebeständigkeit, Zugfestigkeit, Verhalten bei Überdruck und Druckstößen, Alterungsbeständigkeit).

Druckfeste flexible Schlauchleitungen für die Trinkwasser-Installation dürfen im Kalt- und Warmwasserbereich eingesetzt werden, wobei die Schlauchleitungen den Anforderungen von kurzfristigen Temperaturspitzen (z. B. bei der thermischen Desinfektion bei 70 °C zur Legionellenprophylaxe gemäß DVGW-Arbeitsblatt W 551) standhalten. Sie sind jedoch nicht für den Dauereinsatz im Temperaturbereich über 60 °C bestimmt!

Die DIN EN 806 Teil 2 spricht sich für eine maximale Länge von 2.000 Millimetern aus. Die DVGW-Prüfgrundlagen erlauben Schlauchleitungen der Gruppe II und III bis maximal 4.000 Millimeter.

Schläuche und Schlauchleitungen sind Produkte, die in ihren Prüfanforderungen bezüglich des Lebenserwartung deutlich von Rohrleitungen abweichen (Ausnahme: Gruppe III). Dieses sollte sich der Anwender immer vor Augen halten, damit er nicht die gesamte Trinkwasser-Installation durch eine falsche Produktauswahl schwächt.

2 Schläuche für den zeitlich befristeten Transport von Trinkwasser

Schläuche für den zeitlich befristeten Transport von Trinkwasser werden häufig zur Trinkwasserversorgung auf Volksfesten oder zur kurzfristigen Überbrückung von Rohrbrüchen in der Trinkwasserverteilung genutzt **(Abb. 3)**.

Auf Grund der Einsatzorte, die häufig unter freiem Himmel liegen, sind diese Schläuche unterschiedlichsten Belastungen ausgesetzt. Dazu zählen z. B. Überfahrt durch Fahrzeuge, Sonnenlichteinstrahlung und hohe Temperaturschwankungen.

2

*tw**i**n* Nr. 01

DVGW

Da es unter diesen Bedingungen häufig zu Schäden an den Schläuchen kommt, die durch Kürzung der Schläuche behoben werden, wurde der Begriff Schlauchleitungen geprägt. Er bezeichnet Schläuche für den temporären und mobilen Gebrauch, die an beiden Enden mit Anschlussarmaturen versehen sind.

Im Gegensatz zu den druckfesten flexiblen Schlauchleitungen in der Trinkwasser-Installation liegt die vorgesehene Lebenszeit der Schläuche für den temporären und mobilen Einsatz nicht im Bereich von 10, 20 oder 50 Jahren, sondern ist auf Grund der hohen Beanspruchungen deutlich kürzer.

Eines der kennzeichnenden Merkmale für diese Schläuche ist die Mobilität. Diese bedingt, dass die Schläuche jeweils nur für kurze Zeit mit Trinkwasser in Berührung kommen, danach austrocknen und nach einer unterschiedlich langen Lagerzeit wieder in Betrieb genommen werden, d. h. mit Trinkwasser erneut in Berührung kommen. Aus diesen Einsatzbedingungen sind unterschiedliche Anforderungen an diese Art Schläuche zu richten.

Die Anforderungen und Prüfungen für die Schlauchleitungen für den zeitlich befristeten Transport für Trinkwasser sind in den DVGW-Prüfgrundlagen VP 549 und VP 550 niedergelegt **(Tab. 1)**. Die VP 549 beschreibt die Anforderungen für die

Schläuche, die VP 550 die Anforderungen für die Schlaucharmaturen.

2.1 Hygienische Anforderungen

Die hygienischen Anforderungen für die Schläuche und Schlaucharmaturen sind in den DVGW-Prüfgrundlagen VP 549 und VP 550 ebenfalls aufgeführt. Sie unterteilen sich in zwei Prüfungen: die Prüfung nach KTW-Empfehlungen bzw. KTW-Prüfleitlinie und die Prüfung nach dem DVGW-Arbeitsblatt W 270.

Schlauchleitungen der Gruppe III können als Ersatz für Rohrleitungen (unzugängliche Installationen) eingesetzt werden und müssen daher dieselben hygienischen Anforderungen (KTW-Kategorie A/Rohre) wie diese einhalten.

Zurzeit sind in der Praxis Schläuche für den zeitlich befristeten Transport in Gebrauch, die „nur" die Anforderungen nach KTW-Kategorie C erfüllen. Die Veröffentlichung der DVGW-Prüfgrundlagen VP 550 und VP 549 bedeutet nicht, dass diese Schläuche nun zeitnah ausgetauscht werden müssen.

Allerdings ist bei einer Neubeschaffung am Lebensende der jetzt im Gebrauch befindlichen Schläuche zu beachten, dass die neu-

Tabelle 1: Auswahlmatrix für Schläuche und Schlauchleitungen				
	Gruppe I	**Gruppe II**	**Gruppe III**	**Gruppe IV**
Prüfgrundlage	DVGW W 543	DVGW W 543	DVGW W 543	DVGW VP 549 DVGW VP 550
Anwendungsbereich	Flexible Schlauchleitungen für Trinkwasser-Installationen entsprechend DIN 1988 im Gebäude	Flexible Schlauchleitungen für Trinkwasser-Installationen entsprechend DIN 1988 im Gebäude	Flexible Schlauchleitungen für Trinkwasser-Installationen entsprechend DIN 1988 im Gebäude	Zeitlich befristeter Transport von Trinkwasser in mobilen Schläuchen für Kaltwasser
	Gruppe I Für den Anschluss von Armaturen und Apparaten für sichtbare und zugängliche Installationen	Gruppe II Für den Anschluss von Wasch- und Geschirrspülmaschinen und Trommeltrocknern	Gruppe III Für unzugängliche Installationen (z. B. im Versorgungsschacht)	(z. B. Versorgung von Marktständen, Volksfesten)
Dauereinsatzbereich	Kaltwasser max. 25 °C Warmwasser max. 60 °C	Kaltwasser max. 25 °C Warmwasser max. 60 °C	Kaltwasser max. 25 °C Warmwasser max. 60 °C	Kaltwasser max. 25 °C
Baulänge	Max. 2.000 mm	standardmäßig 2.000 mm, jedoch 4.000 mm möglich	Max. 4.000 mm	unbegrenzt
Vorgesehene Betriebszeit	20 Jahre	10 Jahre	50 Jahre	Ca. 3 Jahre
Hygienische Anforderungen	DVGW W 270 KTW-A bzw. Anforderungen für Rohre	DVGW W 270 KTW-C bzw. Anforderung für Ausrüstungsgegenstände	DVGW W 270 KTW-A bzw. Anforderungen für Rohre	DVGW W 270 KTW-A bzw. Anforderungen für Rohre
Mechanische und sonstige Prüfungen (u. a.)	Biegebeständigkeit, Zugfestigkeit, Verhalten bei Überdruck und Druckstößen, Alterungsbeständigkeit etc.	Biegebeständigkeit, Zugfestigkeit, Verhalten bei Überdruck und Druckstößen, Alterungsbeständigkeit etc.	Biegebeständigkeit, Zugfestigkeit, Verhalten bei Überdruck und Druckstößen, Alterungsbeständigkeit etc.	Kältebeständigkeit, Beständigkeit gegenüber Reinigungs- und Desinfektionsmitteln (lt. Herstellerangaben), Druckbeständigkeit u. a.

Quelle: DVGW

Stand März 2007   **3**

twin Nr. 01

en Schläuche die Anforderungen der Prüfgrundlagen einhalten (KTW-Kategorie A/Rohre). Dies dient dem Schutz der Trinkwasserversorgung ebenso wie dem Verbraucherschutz.

2.2 Mechanische und sonstige Anforderungen

Die mechanischen Anforderungen an druckfeste flexible Schlauchleitungen für die Trinkwasser-Installation werden durch unterschiedliche Prüfungen (DVGW-Arbeitsblatt W 543) definiert. Diese Prüfungen sind zum großen Teil analog den Prüfanforderungen an Rohrleitungen in der Trinkwasser-Installation. Sie sind jedoch deutlich differenziert bezüglich der vorgesehenen Lebenserwartung dieser Produkte. Es werden z. B. hydraulische Eigenschaften, Warmlagerung, Zug, Überdruck, Druckstoß, Temperaturwechsel, Oberflächen usw. geprüft.

Die mechanischen Anforderungen an Schläuche für den zeitlich befristeten Transport von Trinkwasser werden durch die in den DVGW-Prüfgrundlagen VP 549 und VP 550 beschriebenen Prüfungen definiert.

Diese Prüfungsanforderungen sind deutlich geringer als die für Schlauchleitungen nach DVGW-Arbeitsblatt W 543, auf Grund der wesentlich kürzeren Lebenserwartung dieser Produkte.

2.3 Weiter gehende Anforderungen an den Umgang mit Schläuchen

Zusätzlich zu den Anforderungen an die eigentlichen Schläuche und Schlaucharmaturen sind aber auch die Betriebsweise und Behandlung der Schlauchleitungen zwischen den Einsätzen wichtig.

Schläuche für den mobilen Einsatz für den zeitlich befristeten Transport von Trinkwasser können in großen Längen genutzt werden (Jahrmarktveranstaltungen usw.). Die Schlauchleitungen sollten jedoch so kurz wie möglich eingesetzt werden und ausschließlich für die Trinkwasserversorgung genutzt werden.

Die Schläuche sollten vor Gebrauch gründlich gespült und eventuell mit dafür zugelassenen und geeigneten Mitteln desinfiziert werden. Für nähere Informationen zur Desinfektion sind die Herstellerangaben zu beachten. Nach der Desinfektion muss wiederum gründlich gespült werden, um die etwaigen vorhandenen Desinfektionsmittelreste auszuspülen.

Bei dem Anschluss und Betrieb der Schläuche ist auf größtmögliche Sauberkeit zu achten, dies bezieht sich gleichermaßen auch auf Anschlusskupplungen, Armaturen etc., die ebenso wie die Schläuche nur zur Trinkwasserversorgung genutzt werden dürfen.

Zum ordnungsgemäßen Betrieb gehört unter anderem die tägliche Kontrolle der Schläuche und Anschlussstellen, um eventuelle Beeinträchtigungen im Betrieb sofort beheben zu können **(Abb. 4)**. Es ist darauf zu achten, dass die Schlauchkupplungen und Anschlüsse im Betrieb möglichst hygienisch liegen (nicht in Pfützen oder Schmutz).

Während Stagnationsphasen (z. B. über Nacht) ist die Gefahr einer Verkeimung des Trinkwassers auf Grund des geringen Durchmessers der Schläuche und der zum Teil hohen Temperaturschwankungen gegeben. Deshalb sollte die Verweilzeit des Trinkwassers in den Schläuchen möglichst kurz gehalten werden; die Schläuche und Leitungen sollten an die tatsächlich

Quelle: Tuschewitzki

Abb. 4: Notwasserversorgung mit Schläuchen

benötigte Trinkwassermenge angepasst sein (kleiner Querschnitt, kurze Verbindungswege). Ein steter Durchfluss der Leitungen ist anzustreben.

Bei der Außerbetriebnahme sollten die mobilen Schläuche gründlich gespült werden. Eventuell ist auch hier eine Desinfektion durchzuführen. Dann sollten sie vollständig entleert und hygienisch einwandfrei gelagert werden. Dabei ist darauf zu achten, dass eine Kontamination ausgeschlossen ist.

Literatur:

Verordnung über die Qualität von Wasser für den menschlichen Gebrauch (Trinkwasserverordnung – TrinkwV 2001); Artikel 1 der Verordnung zur Novellierung der Trinkwasserverordnung vom 21. Mai 2001 (BGBl 2001 Teil I, Nr. 24 S. 959), geändert durch Artikel 263 der Verordnung vom 25.11.2003 (BGBl. I S. 2304).

Leitlinie des Umweltbundesamtes zur veränderten Durchführung der KTW-Prüfungen bis zur Gültigkeit des Europäischen Akzeptanzsystems für Bauprodukte in Kontakt mit Trinkwasser (EAS)" (kurz: „KTW-Prüfleitlinie").

KTW-Empfehlungen, Gesundheitliche Beurteilung von Kunststoffen und anderen nichtmetallischen Werkstoffen im Rahmen des Lebensmittel- und Bedarfsgegenständegesetzes für den Trinkwasserbereich (Kunststoff-Trinkwasser-KTW-Empfehlung), Nr. 1 BGesBl. 20 vom 07. Januar 1977, Nr. 5 BGesBl. 28 vom 20. und Nr. 6 BGesBl. 30 vom 5. Mai 1987.

DIN 1988, Technische Regeln für Trinkwasser-Installationen.

DIN EN 806 Teil 2, Technische Regeln für Trinkwasser-Installationen - Teil 2: Planung.

DVGW W 270 (A), Vermehrung von Mikroorganismen auf Werkstoffen für den Trinkwasserbereich – Prüfung und Bewertung.

DVGW W 543 (A), Druckfeste flexible Schlauchleitungen für Trinkwasser-Installationen; Anforderungen und Prüfungen.

DVGW VP 549, Schläuche für den zeitlich befristeten Transport von Trinkwasser – Anforderungen und Prüfungen.

DVGW VP 550; Schlaucharmaturen für Schläuche für den zeitlich befristeten Transport von Trinkwasser – Anforderungen und Prüfungen.

Impressum

DVGW Deutsche Vereinigung des Gas- und Wasserfaches e.V.
Josef-Wirmer-Str. 1-3, 53123 Bonn
Download als pdf unter: www.dvgw.de

4

 Nr. 02

Information des DVGW zur Trinkwasser-Installation

Funktionsprüfung und Wartung von Systemtrennern Bauart B Typ A in der Trinkwasser-Installation

Der Einbau von Sicherungsarmaturen zum Schutz des Trinkwassers ist in der DIN EN 1717 geregelt. Um jederzeit die Funktion dieser Sicherungsarmaturen zu gewährleisten, sind regelmäßige Funktionsprüfungen und Wartungen der eingebauten Sicherungsarmaturen vorgeschrieben. Die Wartung ist durch geschulte Vertragsinstallateure durchzuführen. Nachfolgend sind Anforderungen an die Funktionsprüfung an Systemtrenner der Bauart B Typ A nach DIN EN 12729 festgelegt. Außerdem sind die vom Hersteller der Sicherungsarmatur beigefügten Einbau- und Wartungsvorschriften zu beachten.

Die Funktions- und Wartungsprüfung ist 1x jährlich durchzuführen. Grundsätzliches zum Thema Wartung von Bauteilen in der Trinkwasser-Installation ist in DIN 1988-8 geregelt.

Funktionsprinzip eines Systemtrenners BA

Ein Systemtrenner BA besteht aus drei hintereinander angeordneten Kammern, wobei unter normalen Betriebsbedingungen, in Fließrichtung gesehen, ein Druckgefälle von einer zur anderen Kammer besteht (Abb. 1).

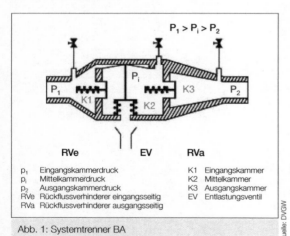

$P_1 > P_i > P_2$

p_1	Eingangskammerdruck
p_i	Mittelkammerdruck
p_2	Ausgangskammerdruck
RVe	Rückflussverhinderer eingangsseitig
RVa	Rückflussverhinderer ausgangsseitig

K1	Eingangskammer
K2	Mittelkammer
K3	Ausgangskammer
EV	Entlastungsventil

Abb. 1: Systemtrenner BA

Quelle: DVGW

Die Mittelkammer (K2) wird zur Eingangskammer (K1) hin durch den eingangsseitigen Rückflussverhinderer (RVe) und zur Ausgangskammer (K3) hin durch den ausgangsseitigen Rückflussverhinderer (RVa) begrenzt. Die Mittelkammer (K2) besitzt eine Ventilöffnung zur Atmosphäre, die durch das differenzdruckgesteuerte Entlastungsventil

(EV) verschlossen ist. Die am eingangsseitigen Rückflussverhinderer (RVe) anstehende Druckdifferenz zwischen Eingangsdruck (p_1) und Mittelkammerdruck (p_i) dient als Steuerdruck für das Entlastungsventil (EV). Der ausgangsseitige Rückflussverhinderer (RVa) hat keinen Einfluss auf die Sicherungsfunktion des Systemtrenners; er verhindert lediglich das Entleeren der nachgeschalteten Rohrleitung.

Im Störfall, das heißt beim Unterschreiten eines vorgegebenen Mindestdifferenzdruckes, z. B. durch Druckabfall auf der Eingangsseite (K1) oder durch Druckanstieg in der Mittelkammer (K2), öffnet sich das Entlastungsventil (EV) und belüftet diese. Das Gleiche geschieht, wenn Rückdruck und gleichzeitig eine Undichtheit des ausgangsseitigen Rückflussverhinderers auftritt.

Funktionsprüfung

Vor der Funktionsprüfung sind vorgeschaltete Schmutzfänger oder Filter zu reinigen. Undichtheit und Ablagerungen am Entlastungsventil sind nicht zulässig.

Prüfung des Öffnungsbeginns und des Schließens des Entlastungsventils (EV)

Das Entlastungsventil (EV) muss bei einem Differenzdruck zwischen Eingangsdruckzone (p_1) und Mitteldruckzone (p_i) über 140

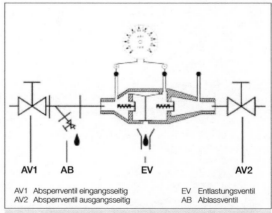

AV1	Absperrventil eingangsseitig	EV	Entlastungsventil
AV2	Absperrventil ausgangsseitig	AB	Ablassventil

Abb. 2: Differenzdruckmessung zwischen Eingangskammer (K1) und Mittelkammer (K2)

Quelle: DVGW

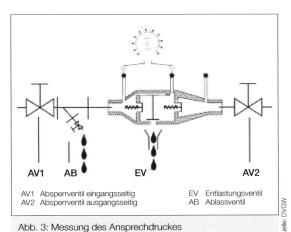

AV1 Absperrventil eingangsseitig EV Entlastungsventil
AV2 Absperrventil ausgangsseitig AB Ablassventil

Abb. 3: Messung des Ansprechdruckes

Quelle: DVGW

mbar beginnen zu öffnen (tropfenweise Austritt von Wasser am Entlastungsventil).

Druckaufnehmer auf Druckentnahmestellen zwischen Eingangskammer (K1) und Mittelkammer (K2) montieren und entlüften (Abb. 1).

Das Absperrventil (AV2) schließen, Absperrventil (AV1) schließen, Eingangsdruck (p_1) am Ablassventil (AB) langsam absenken, bis am Entlastungsventil (EV) tropfenweise Wasser austritt und Ablassventil (AB) sofort wieder schließen (Abb. 2). Differenzdruck p ablesen und notieren. Das Entlastungsventil (EV) muss wieder völlig dicht schließen.

offen lassen, am Manometer steht kein Druck mehr an (p = 0), Ablassventil (AB) wieder schließen.

Dichtheit des ausgangsseitigen Rückflussverhinderers

Bei geschlossenem eingangsseitigem Absperrventil (AV1) und druckloser Mittelkammer (K2) darf kein Wasser aus der Mittelkammer (K2) austreten.

Beobachten, ob aus Entlastungsventil (EV) Wasseraustritt festzustellen ist. Falls nicht, Absperrventil ausgangsseitig (AV2) öffnen, es darf weiterhin kein Wasseraustritt über die Mittelkammer (K2) erfolgen.

Nach dieser Funktionsprüfung ist das Absperrventil eingangsseitig (AV1) zu öffnen und ausgangsseitig eine Entnahmestelle zu öffnen, um den Systemtrenner zu spülen und zu entlüften. Der Systemtrenner ist optisch auf Dichtheit zu überprüfen (kein Wasseraustritt am Entlastungsventil (EV)).

Wartung

Werden bei der Funktionsprüfung Mängel/Abweichungen festgestellt, sind die Wartungsanleitungen der Hersteller zu beachten und defekte Teile ggf. auszutauschen. Die Funktionsprüfung ist danach zu wiederholen.

Dokumentation

Die ordnungsgemäße Durchführung der Prüfung und Wartung wird in einem Kontrollbericht dokumentiert (als Beispiel siehe

Nr.	Funktion	Anforderung	erfüllt	nicht erfüllt
1	Dichtheit und äußerer Zustand	kein Wasseraustritt, keine Ablagerungen speziell am Entlastungsventil		
2	Prüfung des Öffnungsbeginns des Entlastungsventils	Wasseraustritt bei p > 140 mbar		
3	Prüfung der Dichtheit des Entlastungsventils nach Wasseraustritt	Entlastungsventil schließt dicht ab		
4	Prüfung der Entlüftung der Mitteldruckzone auf Atmosphärendruck	Mittelkammer völlig entleert p = 0		
5	Dichtheit des ausgangsseitigen RV	kein Wasseraustritt am Entlastungsventil zu erkennen		
6	Endkontrolle unter Betriebsbedingungen	kein Wasseraustritt zu erkennen		

Tabelle 1: Prüfprotokoll

Abb. 4: Anhänger für Prüfnachweise am Systemtrenner BA

Quelle: DVGW

Prüfung der Entlüftung der Mitteldruckzone (K2) auf Atmosphärendruck bei eingangsseitigem Druckabfall

Das Entlastungsventil (EV) muss die Mitteldruckzone (K2) zur Atmosphäre öffnen, bevor der Differenzdruck zwischen Eingangsdruckzone (K1) und Mitteldruckzone (K2) von 140 mbar erreicht ist.

Ablassventil (AB) langsam wieder öffnen, bis tropfenweise Wasser austritt und beobachten, wann Mittelkammer (K2) komplett öffnet (Abb. 3). Differenzdruck p ablesen und notieren. Ablassventil (AB)

Tabelle 1). Auf dem am Systemtrenner befestigten Anhänger (Abb. 4) sind das Prüfdatum und die Unterschrift des Prüfers zu bestätigen.

Impressum

DVGW Deutsche Vereinigung des Gas- und Wasserfaches e. V.
Josef-Wirmer-Str. 1-3, 53123 Bonn
Download als pdf unter: www.dvgw.de

Stand September 2008

Nr. 03

Information des DVGW zur Trinkwasser-Installation

Rückflussverhinderer (RV) und Kombinationen aus RV und Absperrventilen

Sicherungsarmaturen im Sinne der DIN EN 1717 und der DIN 1988-4 sind Bauteile, die zum Schutz gegen Verschmutzung des Trinkwassers durch Rücksaugen, Rückfließen oder Rückdrücken von Nichttrinkwasser eingebaut werden.

Der Gefährdungsgrad des abzusichernden Apparates, der an die Trinkwasserleitung angeschlossen werden soll, bestimmt die Art und den Einbau einer Sicherungsarmatur. Die Auswahl einer geeigneten Armatur muss nach den in der DIN EN 1717 und DIN 1988-4 festgelegten Kriterien erfolgen. Um den sicheren Betrieb der ausgewählten Armatur zu gewährleisten, sind die regelmäßige Überprüfung und Wartung der Sicherungseinrichtung sicherzustellen. Die Wartung ist durch geschultes Personal durchzuführen (siehe auch DIN 1988-8).

Der Rückflussverhinderer (RV) ist die am häufigsten verwendete Sicherungsarmatur in Trinkwasseranlagen und muss nach dem DVGW-Arbeitsblatt W 570-1 geprüft sein.

Rückflussverhinderer (RV) der Typen EA, EB, EC und ED sind für Flüssigkeiten bis einschließlich Kategorie 2 nach DIN EN 1717 (Gefahrenklasse 2 nach DIN 1988-4) einsetzbar. Er deckt ebenfalls das Risiko im häuslichen Bereich bei Entnahmestellen mit Brause an Waschbecken, Dusche und Badewanne ab (ausgenommen WC und Bidet).

Funktionsprinzip eines Rückfluss- verhinderers

Der Rückflussverhinderer ist eine kontrollierbare (EA, EC) oder nicht kontrollierbare (EB, ED) mechanische Sicherungsarmatur, versehen mit einem Schließkörper (EA, EB) oder mit zwei voneinander unabhängig wirkenden Schließkörpern (EC, ED), die jeweils den Durchfluss in nur eine Richtung erlauben. Sie öffnet automatisch, wenn der Druck auf der Zulaufseite größer als nach der Armatur ist. Bei höherem Druck nach der Armatur oder bei keinem Durchfluss schließt die Sicherungsarmatur mittels Krafteinwirkung (z. B. Feder) selbsttätig.

Einbau

Es ist zwischen Sicherungsarmatur und Sicherungseinrichtung zu unterscheiden. Die Rückflussverhinderer EA, EB, EC und ED jeweils für sich allein betrachtet stellen Sicherungsarmaturen dar (Abb. 1). Die Sicherungsarmatur mit einer vorgeschalteten Ab-

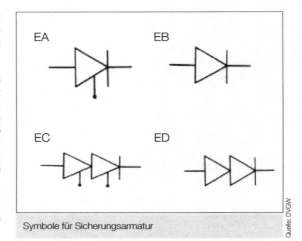

Symbole für Sicherungsarmatur

Quelle: DVGW

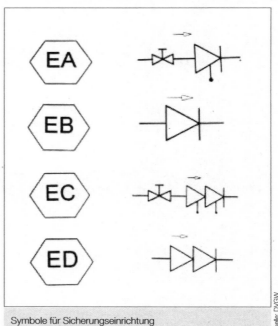

Symbole für Sicherungseinrichtung

Quelle: DVGW

DVGW

Produktbeispiele

Quelle: DVGW

sperrung stellt die Sicherungseinrichtung dar (nur EA und EC). Für EB und ED gilt: Sicherungsarmatur gleich Sicherungseinrichtung (Abb. 2).

Die Rückflussverhinderer sollen aus Gründen der Betriebssicherheit waagerecht oder in Fließrichtung senkrecht nach oben eingebaut werden. Bei Rückflussverhinderern in Schrägsitzform (z. B.: KFR- oder KRV-Ventile) soll der Einbau so vorgenommen werden, dass sich der Absperrkörper oberhalb des Dichtungssitzes befindet. Nach DIN EN 1717 müssen Rückflussverhinderer mit $\leq \varnothing$ 50 mm in jeder Lage arbeiten.

Der Einbau ist erforderlich:

- an der Übergabestelle in die Trinkwasser-Installation, d. h. hinter oder in der Wasserzähleranlage,
- im Kaltwasseranschluss von geschlossenen Trinkwassererwärmern mit einem Nennvolumen über 10 Liter,
- als Absicherung z. B. von Kaffeemaschinen und Getränkeautomaten (nur EA oder EC),
- bei Sicherungs- oder Armaturenkombinationen in Verbindung mit einem Belüfter nach DIN EN 1717,
- im häuslichen Bereich bei Entnahmestellen mit Brause an Waschbecken, Dusche und Badewanne (ausgenommen WC und Bidet),
- Großkochgeräte und Kochkessel mit automatischer Wasserfüllung.

Impressum

DVGW Deutsche Vereinigung des Gas- und Wasserfaches e. V.
Josef-Wirmer-Str. 1-3, 53123 Bonn
Download als pdf unter: www.dvgw.de

Stand Oktober 2008

 **Nr. 05**

Information des DVGW zur Trinkwasser-Installation

Desinfektion von Trinkwasser-Installationen zur Beseitigung mikrobieller Kontaminationen

Grundsatz

In Trinkwasser-Installationen, die nach den allgemein anerkannten Regeln der Technik [z. B. 1-5] geplant, gebaut, in Betrieb genommen, betrieben und gewartet werden, ist eine mikrobiologisch einwandfreie Trinkwasserqualität an der Entnahmestelle auch ohne den Einsatz von Desinfektionsmitteln möglich. Zu beachten sind insbesondere:

- bestimmungsgemäßer Betrieb (u. a. mit regelmäßiger Wasserentnahme),
- Kaltwassertemperatur nicht über 25 °C,
- Warmwassertemperatur in der gesamten Zirkulation nicht unter 55 °C.

Quelle: aboutpixel.de_© Chokee

Eine permanente, prophylaktische, chemische/elektrochemische Desinfektion von Trinkwasser in Trinkwasser-Installationen, die nach den Regeln der Technik errichtet und betrieben werden, ist weder notwendig noch sinnvoll. Eine permanente chemische Desinfektion des Trinkwassers bei gleichzeitiger Absenkung der Warmwassertemperatur mit dem Ziel einer Energieeinsparung entspricht nicht den allgemein anerkannten Regeln der Technik. Sie widerspricht außerdem dem Minimierungsgebot der Trinkwasserverordnung (TrinkwV 2001) [6].

Werden die Grenzwerte der TrinkwV 2001 für mikrobiologische Parameter oder die Richtwerte der UBA-Empfehlungen für Legionellen [7, 4] und *Pseudomonas aeruginosa* [8] überschritten, muss die mikrobielle Kontamination aus Gründen des Gesundheitsschutzes beseitigt werden. In diesen Fällen kann eine Desinfektion der Anlage oder vorübergehend eine Desinfektion des Trinkwassers bis zur technischen Sanierung der Trinkwasser-Installation erforderlich sein. Die chemische Desinfektion ist grundsätzlich nur von Fachfirmen durchzuführen.

Das Desinfektionsverfahren ist auf die in der Trinkwasser-Installation vorhandenen Werkstoffe abzustimmen. Die Desinfektion ist mit allen relevanten Begleitumständen vollständig zu dokumentieren.

In keinem Fall ersetzt eine Desinfektion die Sanierung einer Trinkwasser-Installation.

1) Desinfektion der Anlage

Die Anlagendesinfektion ist im Gegensatz zur Desinfektion des Trinkwassers eine diskontinuierliche Maßnahme, die eine Trinkwasser-Installation von der Kontaminationsstelle bis zur Entnahmestelle des Verbrauchers erfasst. Während der Desinfektion der Anlage steht dem Verbraucher kein Trinkwasser aus der Trinkwasser-Installation zur Verfügung. Gegebenenfalls muss Trinkwasser anderweitig bereitgestellt werden.

Vor Beginn einer Desinfektionsmaßnahme müssen die Ursache und die Stelle der Kontamination möglichst eindeutig ermittelt werden, wobei gegebenenfalls auch die zentrale Wasserversorgung in die Abklärung einbezogen werden muss. Die Kontaminationsstelle ist gezielt in die Sanierung einzubeziehen. Nicht desinfizierbare kontaminierte Komponenten müssen entfernt bzw. erneuert werden.

DVGW

Eine Anlagendesinfektion ist nur nachhaltig, wenn die Ursachen der Kontamination beseitigt sind. Ansonsten ist der Erfolg nur temporär. Die Anlagendesinfektion erfolgt in der Praxis thermisch oder durch den Einsatz chemischer Desinfektionsmittel. Die Wirksamkeit kann durch eine vorhergehende Spülung mit Wasser allein oder durch pulsierenden Luftzusatz erhöht werden.

Nach einer Anlagendesinfektion ist die mikrobielle Beschaffenheit des Wassers durch eine zugelassene Trinkwasseruntersuchungsstelle zu überprüfen.

a) Thermische Desinfektion der Anlage
Bei der thermischen Desinfektion zur Legionellenbekämpfung im Sinn des DVGW-Arbeitsblattes W 551 wird die Wassertemperatur so eingestellt, dass sie an allen Stellen der Trinkwasser-Installation für mindestens 3 Minuten $\geq$ 70 °C beträgt [4]. Dies ist zu prüfen und zu dokumentieren.

Eine thermische Desinfektion kann auch zur Inaktivierung anderer Mikroorganismen, z. B. *Pseudomonas aeruginosa*, gegebenenfalls mit anderen Temperaturen und Einwirkzeiten, eingesetzt werden. Bei thermischen Desinfektionen sind besondere sicherheitstechnische Aspekte, z. B. Berührungsschutz und Verbrühungsschutz, zu beachten.

b) Chemische Desinfektion der Anlage
Für die chemische Desinfektion werden bevorzugt Natriumhypochlorit, Chlordioxid und Wasserstoffperoxid verwendet. Die Anwendungskonzentrationen [9] zur Desinfektion der Anlage liegen deutlich über den zur Desinfektion des Trinkwassers nach der Trinkwasserverordnung zulässigen Konzentrationen [10]. Die erforderlichen Reaktionszeiten bzw. Einwirkzeiten können erfahrungsgemäß bis zu 24 Stunden betragen.

Eine wirksame Konzentration des Desinfektionsmittels ist an jeder Entnahmestelle nachzuweisen und zu dokumentieren. Nach Abschluss der Desinfektion ist die Anlage bis zur völligen Entfernung des Desinfektionsmittels mit Trinkwasser zu spülen [12], das den Anforderungen der Trinkwasserverordnung entspricht [9].

Da Desinfektionsmittel stark oxidierende Substanzen sind, kann es unter ungünstigen Umständen schon bei einmaliger Anwendung zu einer Schädigung der in der Trinkwasser-Installation eingesetzten Werkstoffe (Metalle, Kunststoffe und Elastomere) kommen. Gegebenenfalls sind vom Hersteller der Bauteile und dem Hersteller des Desinfektionsmittels nähere Angaben zur Beständigkeit der Komponenten einzuholen.

2) Desinfektion des Trinkwassers

Unter Berücksichtigung des Ausmaßes der Kontamination und ihrer hygienischen Bedeutung kann es aus Gründen des Gesundheitsschutzes notwendig sein, vor und/oder während einer technischen Sanierung eine kontinuierliche Desinfektion des Trinkwassers [11] vorzunehmen.

Der Betrieb einer Desinfektionsanlage bei Trinkwasser-Installationen, aus denen Trinkwasser an die Öffentlichkeit abgegeben wird, ist dem zuständigen Gesundheitsamt mitzuteilen. Die betroffenen Verbraucher sind in geeigneter Weise gemäß Trinkwasserverordnung 2001 zu informieren.

Die für eine Desinfektion des Trinkwassers zugelassenen Desinfektionsmittel und -verfahren sind in der Liste der Aufbereitungsstoffe und Desinfektionsverfahren gemäß § 11 TrinkwV 2001 aufgeführt. Die in dieser Liste aufgeführten Bedingungen (u. a. zulässige minimale und maximale Konzentrationen von Desinfektionsmitteln, Untersuchungsumfang, Untersuchungshäufigkeit, Nebenproduktkonzentrationen) müssen entsprechend der Trinkwasserverordnung an jeder Entnahmestellen der Trinkwasser-Installation eingehalten werden. Eine Desinfektionsmittelzugabe des Wasserversorgers ist zu berücksichtigen. Die Messungen müssen mindestens täglich erfolgen; die Ergebnisse sind zu protokollieren.

Planung, Bau und Inbetriebnahme der Desinfektionsanlagen sollten nur durch Fachunternehmen erfolgen. Der Betreiber ist zu unterweisen. Die Anlagen sollten in regelmäßigen Abständen gewartet werden (Wartungsverträge). Es ist darauf zu achten, dass das Desinfektionsmittel auch unter ungünstigen hydraulischen Bedingungen homogen eingemischt wird (z. B. durch Einsatz statischer Mischer).

Die Desinfektionsanlagen, insbesondere deren Mess- und Regeltechnik, müssen zu jeder Zeit sicherstellen, dass die Anforderungen der Trinkwasserverordnung eingehalten werden. Bei Überschreitung der Grenzwerte besteht trotz geringer Desinfektionsmittelkonzentration neben gesundheitlichen Risiken auch ein erhebliches Schadensrisiko für alle Bauteile einer Trinkwasser-Installation. Einmal begonnene Werkstoffveränderungen können langfristig – auch wenn die Gehalte an Desinfektionsmitteln wieder zurückgehen – zu massiven Folgeschäden führen.

Literatur:
[1] DIN 1988 Technische Regeln für Trinkwasser-Installationen (TRWI), Technische Regel des DVGW, Teile 1-8

[2] DIN EN 806 Technische Regeln für Trinkwasser-Installationen Teile 1-5, deutsche Fassungen

[3] DIN EN 1717 Schutz des Trinkwassers vor Verunreinigungen in Trinkwasser-Installationen und allgemeine Anforderungen an Sicherheitseinrichtungen zur Verhütung von Trinkwasserverunreinigungen durch Rückfließen – Technische Regel des DVGW; Deutsche Fassung EN 1717:2000

[4] DVGW W 551 (A) Trinkwassererwärmungs- und Trinkwasserleitungsanlagen; Technische Maßnahmen zur Verminderung des Legionellenwachstums; Planung, Errichtung, Betrieb und Sanierung von Trinkwasser-Installationen

[5] VDI 6023 Hygiene in Trinkwasser-Installationen – Anforderungen an Planung, Ausführung, Betrieb und Instandhaltung, Juli 2006

[6] Verordnung über die Qualität von Wasser für den menschlichen Gebrauch (Trinkwasserverordnung – TrinkwV 2001); Artikel 1 der Verordnung zur Novellierung der Trinkwasserverordnung vom 21. Mai 2001 (BGBl 2001 Teil I, Nr. 24 S. 959), geändert durch Artikel 263 der Verordnung vom 25.11.2003 (BGBl. I S. 2304).

[7] Nachweis von Legionellen in Trinkwasser und Badebeckenwasser. Empfehlung des Umweltbundesamtes nach Anhörung der Trink- und Badewasserkommission des Umweltbundesamtes; Bundesgesundheitsbl – Gesundheitsforsch – Gesundheitsschutz 2000, 43:911-915, Springer-Verlag 2000

[8] Empfehlung der Trinkwasserkommission zur Risikoeinschätzung, zum Vorkommen und zu Maßnahmen beim Nachweis von *Pseudomonas aeruginosa* in Trinkwassersystemen. Empfehlung des Umweltbundesamtes nach Anhörung der Trinkwasserkommission des Umweltbundesamtes; Bundesgesundheitsbl –Gesundheitsforsch – Gesundheitsschutz 2002, 45:187–188 Springer-Verlag 2002

[9] DVGW W 291 (A) Reinigung und Desinfektion von Wasserverteilungsanlagen

[10] Liste der Aufbereitungsstoffe und Desinfektionsverfahren gemäß § 11 Trinkwasserverordnung 2001

[11] DVGW W 290 (A) Trinkwasserdesinfektion – Einsatz- und Anforderungskriterien

[12] ZVSHK-Merkblatt Spülen, Desinfizieren und Inbetriebnahme von Trinkwasser-Installationen, Oktober 2004

Impressum

DVGW Deutsche Vereinigung des Gas- und Wasserfaches e. V.
Josef-Wirmer-Str. 1-3, 53123 Bonn
Download als pdf unter: www.dvgw.de

Stand April 2009

7 Anlagen

7.1 W 302 Hydraulische Berechnung von Rohrleitungen und Rohrnetzen – Druckverlusttafeln für Rohrdurchmesser von 40–2.000 mm

[*] Das Arbeitsblatt W 302 ist durch GW 303-1 abgelöst worden. Die betriebl. Rauheit wird dort mit k_2 bezeichnet.

Tab. 7.1: DVGW-W 302 – Tabelle I: Bezogene Druckverlusthöhe für k_i^* = 0,1 mm; ∅ – lichter Durchmesser (mm)

| Q [l/s] | ∅ 40 | | ∅ 50 | | ∅ 65 | | ∅ 80 | |
	v [m/s]	J [m/km]	v [m/s]	J [m/km]	v [m/s]	J [m/km]	v [m/s]	J [m/km]
1	0,80	24,036	0,51	7,900	0,30	2.171	0,20	0,790
1,5	1,19	51,563	0,76	16,752	0,45	4,544	0,30	1,638
2	1,59	89,186	1,02	28,749	0,60	7,726	0,40	2,766
3	2,39	194,613	1,53	62,101	0,90	16,474	0,60	5,838
4			2,04	107,883	1,21	28,374	0,80	9,982
5			2,55	166,068	1,51	43,408	0,99	15,189
6			3,06	236,645	1,81	61,568	1,19	21,452
7					2,11	82,850	1,39	28,769
8					2,41	107,251	1,59	37,137
9					2,71	134,769	1.79	46,554
10					3,01	165,403	1,99	57,021
15							2,98	125,066

| Q [l/s] | ∅ 100 | | ∅ 125 | | ∅ 150 | | ∅ 200 | |
	v [m/s]	J [m/km]	v [m/s]	J [m/km]	v [m/s]	J [m/km]	v [m/s]	J [m/km]
1	0,13	0,269	0,08	0,092	0,06	0,039		
1,5	0,19	0,553	0,12	0,188	0,08	0,079		
2	0,25	0,927	0,16	0,314	0,11	0,130		
3	0,38	1,938	0,24	0,650	0,17	0,269	0,10	0,067
4	0,51	3,289	0,33	1,096	0,23	0,450	0,13	0,112
5	0,64	4,974	0,41	1,649	0,28	0,675	0,16	0,167
6	0,76	6,992	0,49	2,307	0,34	0,941	0,19	0,231
7	0,89	9,340	0,57	3,070	0,40	1,248	022	0,306
8	1,02	12,016	0,65	3,936	0,45	1,595	0,25	0,389
9	1,15	15,020	0,73	4,905	0,51	1,983	0,29	0,482
10	1,27	18,350	0,81	5,977	0,57	2,411	0,32	0,585
15	1,91	39,893	1,22	12,865	0,85	5,148	0,48	1,233
20	2,55	69,566	1,63	22,291	1,13	8,869	0,64	2,105
30			2,44	48,723	1,70	19,242	0,95	4,509
40			3,26	85,244	2,26	33,509	1,27	7,787
50					2,83	51,663	1,59	11,933
60					3,40	73,699	1,91	16,945
70							2,23	22,821
80							2,55	29,561
90							2,86	37,164
100							3,18	45,630

Q [l/s]	⌀ 250 v [m/s]	⌀ 250 J [m/km]	⌀ 300 v [m/s]	⌀ 300 J [m/km]	⌀ 400 v [m/s]	⌀ 400 J [m/km]	⌀ 500 v [m/s]	⌀ 500 J [m/km]
4	0,08	0,038						
5	0,10	0,057						
6	0,12	0,079	0,08	0.033				
7	0,14	0,104	0,10	0,043				
8	0,16	0,132	0,11	0,055				
9	0,18	0,163	0,13	0,068				
10	0,20	0,197	0,14	0,082	0,08	0,021		
15	0,31	0,412	0,21	0,169	0,12	0.043		
20	0,41	0,698	0,28	0,286	0,16	0,072	0,10	0,025
30	0,61	1,482	0,42	0,602	0,24	0,149	0,15	0,051
40	0,81	2,543	0,57	1,027	0,32	0,250	0,20	0,085
50	1,02	3,876	0,71	1,559	0,40	0,377	0,25	0,127
60	1,22	5,481	0,85	2,198	0,48	0,529	0,31	0,177
70	1,43	7,358	0,99	2,941	0,56	0.703	0,36	0,235
80	1,63	9,504	1,13	3,790	0,64	0,902	0,41	0,301
90	1,83	11,921	1,27	4,744	0,72	1,126	0,46	0,374
100	2,04	14,607	1,41	5,802	0,80	1,372	0,51	0,454
150	3,06	32,080	2,12	12,658	1,19	2,958	0,76	0,969
200			2,83	22,117	1,59	5,130	1,02	1,671
300					2,39	11,219	1,53	3,622
400					3.18	19,633	2,04	6,304
500							2,55	9,714
600							3,06	13,850
700							3,56	18,714

Q [l/s]	⌀ 600		⌀ 700		⌀ 800		⌀ 900	
	v [m/s]	J [m/km]	v [m/s]	J [m/km]	v [m/s]	J [m/km]	v [m/s]	J [m/km]
30	0,11	0,021						
40	0,14	0,036	0,10	0,018				
50	0,18	0,052	0,13	0,026	0,10	0,013		
60	0,21	0,074	0,16	0,034	0,12	0,018	0,09	0,012
70	0,25	0,096	0.18	0,046	0,14	0,025	0,11	0,015
80	0,28	0,124	0,21	0,059	0,16	0.031	0,13	0,018
90	0,32	0,154	0,23	0,072	0,18	0,038	0,14	0,021
100	0,35	0,186	0,26	0,088	0,20	0,046	0,16	0,026
150	0,53	0.393	0,39	0,185	0,30	0,096	0,24	0,054
200	0,71	0,674	0,52	0,315	0,40	0,163	0,31	0,092
300	1,06	1,449	0,78	0,672	0,60	0,346	0,47	0,194
400	1,41	2,510	1,04	1,159	0,80	0,596	0,63	0,331
500	1,77	3,852	1,30	1,772	0,99	0,907	0,79	0,504
600	2,12	5,479	1,56	2,518	1,19	1,284	0,94	0,713
700	2,48	7,386	1,82	3,381	1,39	1,725	1,10	0,956
800	2,83	9,576	2,08	4,376	1,59	2,229	1,26	1,232
900	3,18	12.046	2.34	5,497	1,79	2,795	1,41	1,544
1000	3,54	14,798	2,60	6,745	1,99	3,427	1,57	1,890
1500			3,90	14,877	2,98	7,527	2,36	4,136
2000							3.14	7,238

Q [l/s]	⌀ 1000		⌀ 1100		⌀ 1200			
	v [m/s]	J [m/km]	v [m/s]	J [m/km]	v [m/s]	J [m/km]		
80	0,10	0,012						
90	0,11	0,013						
100	0,13	0,017	0,11	0,010				
150	0,19	0,033	0,16	0,021	0,13	0,015		
200	0,25	0,056	0,21	0,034	0,18	0,023		
300	0,38	0,116	0,32	0,074	0,27	0,048		
400	0,51	0,198	0,42	0,124	0,35	0,082		
500	0,64	0,301	0,53	0,188	0,44	0,123		
600	0,76	0,423	0,63	0,263	0,53	0,172		
700	0,89	0,565	0,74	0,351	0,62	0,229		
800	1,02	0,728	0,84	0,452	0,71	0,294		
900	1.15	0,911	0,95	0,566	0,80	0,367		
1000	1,27	1,113	1,05	0,690	0,88	0,447		
1500	1,91	2,426	1,58	1,500	1,33	0,969		
2000	2,55	4,236	2,10	2,612	1,77	1,684		
3000	3,82	9,341	3,16	5,747	2,65	3,692		
4000					3,54	6,469		

Tafel Ia: Rauheit $k_i = 0,1$ mm

vergrößerter Ausschnitt aus Tafel I
v (m/s)
Ø = lichter Durchmesser (mm)

$k_i = 0,1$ mm

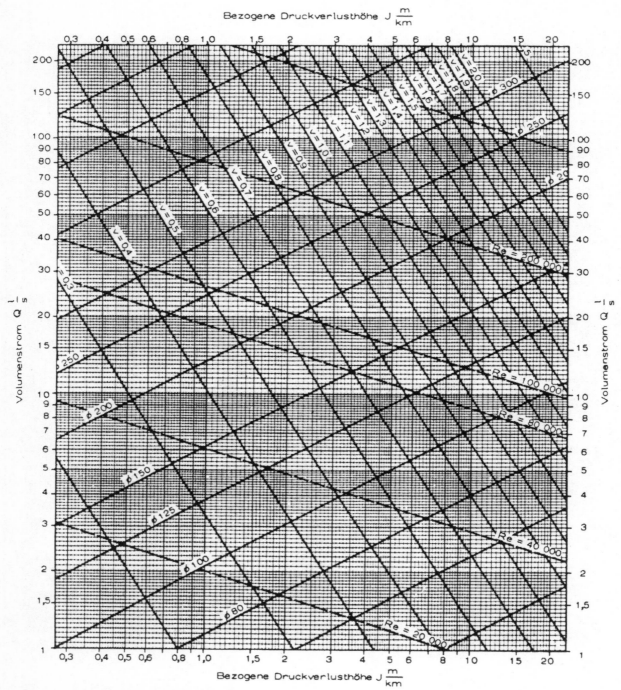

Abb. 7.1:   DVGW-W 302 – Tafel Ia: **$k_i = 0,1$ mm**

Tab. 7.2: DVGW-W 302 – Tabelle II: Bezogene Druckverlusthöhe für **k$_i$ = 0,4 mm**; ∅ – lichter Durchmesser (mm)

Q [l/s]	∅ 40 v [m/s]	∅ 40 J [m/km]	∅ 50 v [m/s]	∅ 50 J [m/km]	∅ 65 v [m/s]	∅ 65 J [m/km]	∅ 80 v [m/s]	∅ 80 J [m/km]
1	0,80	32,432	0,51	10,155	0,30	2,638	0,20	0,921
1,5	1,19	71,628	0,76	22,250	0,45	5,711	0,30	1,972
2	1,59	126,105	1,02	38,997	0,60	9,938	0,40	3,408
3	2,39	280,896	1,53	86,441	0,90	21,851	0,60	7,431
4			2,04	152,482	1,21	38,371	0,80	12,986
5			2,55	237,120	1,51	59,500	0,99	20,072
6			3.06	340,353	1,81	85,234	1,19	28,688
7					2,11	115,575	1,39	38,835
8					2.41	150,523	1,59	50,513
9					2,71	190,077	1,79	63,721
10					3,01	234,237	1,99	78,459
15							2,98	175,102

Q [l/s]	∅ 100 v [m/s]	∅ 100 J [m/km]	∅ 125 v [m/s]	∅ 125 J [m/km]	∅ 150 v [m/s]	∅ 150 J [m/km]	∅ 200 v [m/s]	∅ 200 J [m/km]
1	0,13	0,302	0,08	0,101	0,06	0,041		
1.5	0,19	0.638	0,12	0.210	0,08	0.085		
2	0,25	1,094	0,16	0,356	0,11	0,144		
3	0,38	2,359	0,24	0,759	0,17	0,304	0.10	0,073
4	0,51	4,095	0,33	1,307	0,23	0,520	0,13	0,124
5	0,64	6,301	0,41	2.001	0,28	0,791	0,16	0,187
6	0,76	8,977	0,49	2,839	0,34	1,118	0,19	0,262
7	0,89	12,123	0,57	3,821	0.40	1,501	0,22	0,350
8	1,02	15,738	0,65	4.948	0,45	1,938	0,25	0,449
9	1,15	19,822	0,73	6,219	0,51	2,431	0.29	0,562
10	1,27	24,375	0,81	7,635	0,57	2.979	0,32	0,686
15	1,91	54,182	1,22	16,876	0,85	6,546	0,48	1,489
20	2,55	95,719	1,63	29,723	1,13	11,490	0,64	2,595
30			2,44	66,229	1,70	25,509	0,95	5,715
40			3,26	117,154	2,26	45,034	1,27	10,044
50					2,83	70,064	1,59	15,582
60					3,40	100,601	1,91	22,328
70							2,23	30,283
80							2,55	39,447
90							2,86	49,819
100							3,18	61,400

Q [l/s]	∅ 250		∅ 300		∅ 400		∅ 500	
	v [m/s]	J [m/km]	v [m/s]	J [m/km]	v [m/s]	J [m/km]	v [m/s]	J [m/km]
4	0,08	0,041						
5	0,10	0,062						
6	0,12	0,086	0,08	0,035				
7	0,14	0,115	0,10	0,047				
8	0,16	0,147	0,11	0,060				
9	0,18	0,183	0,13	0,074				
10	0,20	0,223	0,14	0,090	0,08	0,023		
15	0,31	0,479	0,21	0,191	0,12	0,046		
20	0,41	0,828	0,28	0,329	0,16	0,079	0,10	0,026
30	0,61	1,809	0,42	0,712	0,24	0,167	0,15	0,056
40	0,81	3,164	0,57	1,240	0,32	0,287	0,20	0,095
50	1,02	4,892	0,71	1,910	0,40	0,441	0,25	0,144
60	1,22	6,994	0,85	2,725	0,48	0,624	0,31	0,203
70	1,43	9,470	0,99	3,682	0,56	0,841	0,36	0,271
80	1,63	12,320	1,13	4,783	0,64	1,088	0,41	0,349
90	1,83	15,543	1,27	6,028	0,72	1,367	0,46	0,438
100	2,04	19,139	1,41	7,416	0,80	1.679	0,51	0,535
150	3,06	42,726	2,12	16,504	1,19	3,709	0,76	1,175
200			2,83	29,175	1,59	6,531	1,02	2,061
300					2,39	14,552	1,53	4,570
400					3,18	25,740	2,04	8,063
500							2,55	12,539
600							3,06	18,000
700							3,56	24,442

Q [l/s]	∅ 600 v [m/s]	∅ 600 J [m/km]	∅ 700 v [m/s]	∅ 700 J [m/km]	∅ 800 v [m/s]	∅ 800 J [m/km]	∅ 900 v [m/s]	∅ 900 J [m/km]
30	0,11	0,023						
40	0,14	0,039	0,10	0,018				
50	0,18	0,057	0.13	0,028	0,10	0,015		
60	0,21	0,082	0,16	0,038	0,12	0,020	0,09	0,012
70	0,25	0,108	0,18	0,051	0,14	0,026	0,11	0,015
80	0,28	0,139	0,21	0,065	0,16	0,034	0,13	0,020
90	0,32	0,175	0,23	0,080	0,18	0,043	0,14	0,023
100	0,35	0,212	0,26	0,098	0,20	0,051	0,16	0,028
150	0,53	0,464	0,39	0,212	0,30	0,108	0,24	0,061
200	0,71	0,808	0,52	0,369	0,40	0,188	0,31	0,103
300	1,06	1,782	0,78	0,808	0,60	0,408	0,47	0,225
400	1,41	3,136	1,04	1,417	0,80	0,713	0,63	0,392
500	1,77	4,869	1,30	2,195	0.99	1,103	0,79	0,604
600	2,12	6,978	1,56	3,141	1,19	1,578	0,94	0,862
700	2,48	9,468	1,82	4,259	1,39	2,136	1.10	1,165
800	2,83	12,336	2,08	5,542	1,59	2,777	1,26	1,513
900	3,18	15,585	2,34	6,998	1,79	3,505	1,41	1,907
1000	3,54	19,210	2,60	8,621	1,99	4,314	1,57	2,346
1500			3,90	19,277	2,98	9,630	2,36	5,228
2000							3,14	9,246

Q [l/s]	∅ 1000 v [m/s]	∅ 1000 J [m/km]	∅ 1100 v [m/s]	∅ 1100 J [m/km]	∅ 1200 v [m/s]	∅ 1200 J [m/km]		
80	0,10	0,012						
90	0,11	0,015						
100	0,13	0,018	0,11	0,012				
150	0,19	0,036	0,16	0,023	0,13	0,015		
200	0,25	0,062	0,21	0,038	0,18	0,025		
300	0,38	0,132	0,32	0,082	0,27	0,054		
400	0,51	0,229	0,42	0,142	0,35	0,092		
500	0,64	0,353	0,53	0,217	0,44	0,141		
600	0,76	0,503	0,63	0,309	0,53	0,199		
700	0,89	0,677	0,74	0,416	0,62	0,268		
800	1,02	0,880	0,84	0,540	0,71	0,346		
900	1,15	1,108	0,95	0,681	0,80	0,436		
1000	1,27	1,364	1,05	0,835	0,88	0,535		
1500	1,91	3,030	1,58	1,852	1,33	1,183		
2000	2,55	5,355	2,10	3,270	1,77	2,085		
3000	3,82	11,971	3,16	7,300	2,65	4,650		
4000					3,54	8,230		

Tafel IIa: Rauheit $k_i = 0,4$ mm
vergrößerter Ausschnitt aus Tafel II
v (m/s)
Ø = lichter Durchmesser (mm)

$$k_i = 0,4 \text{ mm}$$

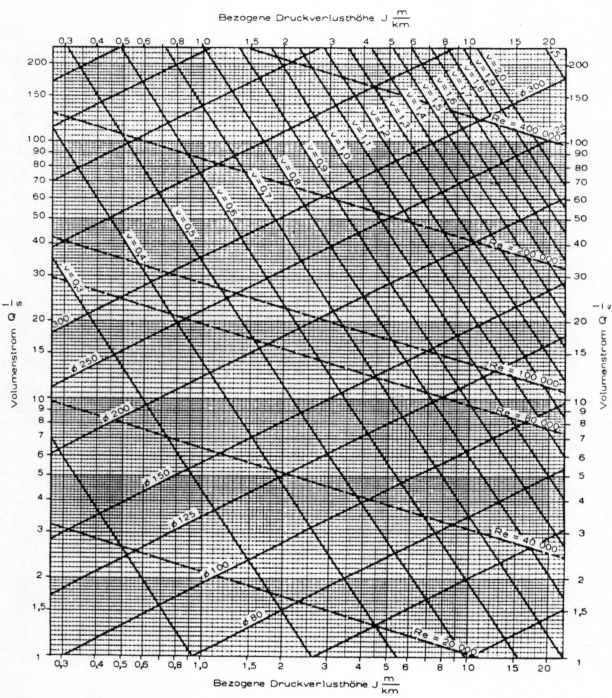

Abb. 7.2:   DVGW-W 302 – Tafel IIa: $k_i = 0,4$ mm

Tab. 7.3: DVGW-W 302 – Tabelle III: Bezogene Druckverlusthöhe für **k$_i$ = 1,0 mm**; ∅ – lichter Durchmesser (mm)

Q [l/s]	∅ 40		∅ 50		∅ 65		∅ 80	
	v [m/s]	J [m/km]	v [m/s]	J [m/km]	v [m/s]	J [m/km]	v [m/s]	J [m/km]
1	0,80	43,883	0,51	13,355	0,30	3,341	0,20	1,129
1,S	1,19	97,923	0,76	29,677	0,45	7,371	0,30	2,472
2	1,59	173,354	1,02	52,423	0,60	12,969	0,40	4,331
3	2,39	388,385	1,53	117,183	0,90	28,872	0,60	9,595
4			2,04	207,636	1,21	51,048	0,80	16,922
5			2,55	323,781	1,51	79,498	0,99	26,311
6			3,06	465,617	1,81	114,221	1,19	37,763
7					2,11	155,218	1,39	51,277
8					2,41	202,489	1,59	66,854
9					2,71	256,033	1,79	84,492
10					3,01	315,850	1,99	104,193
15							2,98	233,634

Q [l/s]	∅ 100		∅ 125		∅ 150		∅ 200	
	v [m/s]	J [m/km]	v [m/s]	J [m/km]	v [m/s]	J [m/km]	v [m/s]	J [m/km]
1	0,13	0,357	0,08	0,115	0,06	0,046		
1,5	0,19	0,773	0,12	0,245	0,08	0,097		
2	0,25	1,346	0,16	0,424	0,11	0,167		
3	0,38	2,962	0,24	0,924	0,17	0,360	0,10	0,083
4	0,51	5,203	0,33	1,615	0,23	0,626	0,13	0,143
5	0,64	8,071	0,41	2,496	0,28	0,964	0,16	0,218
6	0,76	11,564	0,49	3,568	0,34	1,374	0,19	0,309
7	0,89	15,683	0,57	4,830	0,40	1,856	0,22	0,417
8	1,02	20,428	0,65	6,282	0,45	2,411	0,25	0,539
9	1,15	25,799	0,73	7,926	0,51	3,038	0,29	0,677
10	1,27	31,795	0,81	9,759	0,57	3,737	0,32	0,831
15	1,91	71,164	1,22	21,783	0,85	8,315	0,48	1,836
20	2,55	126,177	1,63	38,567	1,13	14,697	0,64	3,233
30			2,44	86,417	1,70	32,877	0,95	7,202
40			3,26	153,308	2,26	58,269	1,27	12,738
50					2,83	90,881	1,59	19,840
60					3,40	130,711	1,91	28,510
70							2,23	38,746
80							2,55	50,549
90							2,86	63,919
100							3,18	78,856

Q [l/s]	∅ 250 v [m/s]	∅ 250 J [m/km]	∅ 300 v [m/s]	∅ 300 J [m/km]	∅ 400 v [m/s]	∅ 400 J [m/km]	∅ 500 v [m/s]	∅ 500 J [m/km]
4	0,08	0,046						
5	0,10	0,070						
6	0,12	0,099	0,08	0,039				
7	0,14	0,133	0,10	0,052				
8	0,16	0,171	0,11	0,068				
9	0,18	0,214	0,13	0,084				
10	0,20	0,262	0,14	0,103	0,08	0,025		
15	0,31	0,575	0,21	0,224	0,12	0,052		
20	0,41	1,007	0,28	0,391	0,16	0,090	0,10	0,030
30	0,61	2,233	0,42	0,863	0,24	0,196	0,15	0,064
40	0,81	3,939	0,57	1,517	0,32	0,341	0,20	0,110
50	1,02	6,126	0,71	2,355	0,40	0,527	0,25	0,167
60	1,22	8,793	0,85	3,376	0,48	0,752	0,31	0,237
70	1,43	11,941	0,99	4,580	0,56	1,018	0,36	0,320
80	1,63	15,569	1,13	5,968	0,64	1,325	0,41	0,416
90	1,83	19,678	1,27	7,538	0,72	1,617	0,46	0,524
100	2,04	24,267	1,41	9,292	0,80	2,058	0,51	0,643
150	3,06	54,418	2,12	20,808	1,19	4,591	0,76	1,429
200			2,83	36,904	1,59	8,127	1,02	2,526
300					2,39	18,207	1,53	5,645
400					3,18	32,298	2,04	10,002
500							2,55	15,596
600							3,06	22,429
700							3,56	30,499

Q [l/s]	⌀ 600		⌀ 700		⌀ 800		⌀ 900	
	v [m/s]	J [m/km]	v [m/s]	J [m/km]	v [m/s]	J [m/km]	v [m/s]	J [m/km]
30	0,11	0,026						
40	0,14	0,044	0,10	0,020				
50	0,18	0,065	0,13	0,031	0,10	0,017		
60	0,21	0,093	0,16	0,043	0,12	0,023	0,09	0,013
70	0,25	0,126	0,18	0,057	0,14	0,030	0,11	0,017
80	0,28	0,163	0,21	0,074	0,16	0,038	0,13	0,021
90	0,32	0,204	0,23	0,093	0,18	0,048	0,14	0,026
100	0,35	0,251	0,26	0,115	0,20	0,057	0,16	0,033
150	0,53	0,555	0,39	0,250	0,30	0,126	0,24	0,069
200	0,71	0,976	0,52	0,439	0,40	0,220	0,31	0,121
300	1,06	2,175	0,78	0,974	0,60	0,486	0,47	0,264
400	1,41	3,849	1,04	1,720	0,80	0,858	0,63	0,465
500	1,77	5,996	1,30	2,677	0,99	1,335	0,79	0,723
600	2,12	8,618	1,56	3,846	1,19	1,916	0,94	1,036
700	2,48	11,713	1,82	5,224	1,39	2,601	1,10	1,406
800	2,83	15,283	2,08	6,815	1,59	3,391	1,26	1,834
900	3,18	19,327	2,34	8,615	1,79	4,285	1,41	2,315
1000	3,54	23,845	2,60	10,626	1,99	5,283	1,57	2,855
1500			3,90	23,845	2,98	11,845	2,36	6,396
2000							3,14	11,344

Q [l/s]	⌀ 1000		⌀ 1100		⌀ 1200			
	v [m/s]	J [m/km]	v [m/s]	J [m/km]	v [m/s]	J [m/km]		
80	0,10	0,013						
90	0,11	0,017						
100	0,13	0,020	0,11	0,012				
150	0,19	0,041	0,16	0,026	0,13	0,017		
200	0,25	0,070	0,21	0,044	0,18	0,028		
300	0,38	0,154	0,32	0,095	0,27	0,061		
400	0,51	0,271	0,42	0,165	0,35	0,106		
500	0,64	0,419	0,53	0,256	0,44	0,163		
600	0,76	0,601	0,63	0,366	0,53	0,234		
700	0,89	0,813	0,74	0,496	0,62	0,317		
800	1,02	1,059	0,84	0,646	0,71	0,411		
900	1,15	1,338	0,95	0,814	0,80	0,519		
1000	1,27	1,648	1,05	1,004	0,88	0,638		
1500	1,91	3,688	1,58	2,244	1,33	1,426		
2000	2,55	6,540	2,10	3,975	1,77	2,524		
3000	3,82	14,671	3,16	8,913	2,65	5,657		
4000					3,54	10,038		

Tafel IIIa: Rauheit $k_i = 1,0$ mm

vergrößerter Ausschnitt aus Tafel III
v (m/s)
Ø = lichter Durchmesser (mm)

$k_i = 1,0$ mm

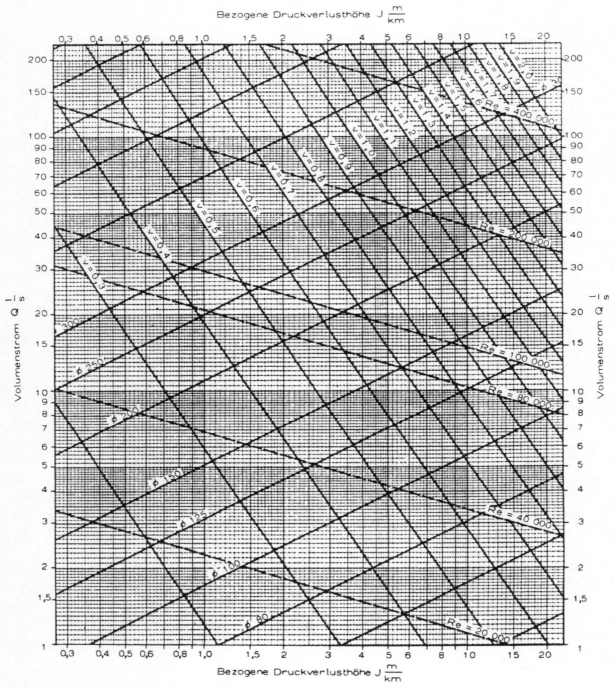

Abb. 7.3:   DVGW-W 302 – Tafel IIIa: **k_i = 1,0 mm**

7.2 Druckhöhenverluste in Rohrleitungseinbauten

(nach J. MUTSCHMANN und F. STIMMELMAYR: Taschenbuch der Wasserversorgung. F. Vieweg & Sohn Verlagsgesellschaft, Braunschweig, 14. Auflage, 2007; S. 610–614 – [Mutschmann und Stimmelmayr, 2007])

Allgemein

Der Druckhöhenverlust durch Rohrleitungseinbauten (Krümmer, Fittings, Abzweige, Armaturen etc.) ergibt sich aus den Anteilen infolge Wandrauhigkeit und infolge Strömungsbeeinflussung, zusammengefasst in der Größe h_V:

Der Druckhöhenverlust der Rohrleitungseinbauten lautet wie folgt:

$$h_v = \text{Konstante} \cdot \text{Geschwindigkeitshöhe} = \zeta \cdot \frac{v^2}{2 \cdot g}$$

Die Rohrleitungseinbauten (Schieber, Krümmer, Abzweige) werden bei der Berechnung des Rohrnetzes mit der sog. „integralen" Rauheit der geraden Leitung berücksichtigt, also im k_2-Wert der Rohre mit erfasst. Bei einem hohen Anteil an Rohrleitungseinbauten, wie z. B. in der Schieberkammer eines Wasserbehälters, im Rohrkeller der Aufbereitungsanlage und im Pumpwerk sind die Druckhöhenverluste jedoch gesondert zu berechnen. Besonders in Förderanlagen lässt sich durch die Wahl druckverlustarmer Einbauten erheblich Energie einsparen.

Im Folgenden werden für häufig vorkommende Rohrleitungseinbauten die ζ-Werte genannt.

ζ-Wert für Einlauf in eine Rohrleitung

Für den Einlauf in eine Rohrleitung mit v_2 aus einem Wasserbehälter mit $v_1 = 0$ m/s muss zunächst die Geschwindigkeitshöhe $v_2/2g$ erzeugt werden. Zusätzlich ist ein Druckhöhenverlust vorhanden, der sich aus der Ausbildung des Einlaufs in die Rohrleitung ergibt:

	ζ
trompeten- oder kegelförmiger Einlauf	0,05–0,15
gebrochene Kanten	0,25
scharfkantig	0,50

ζ-Wert für Erweiterungen

a)

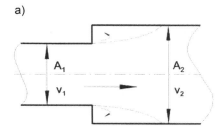

b)

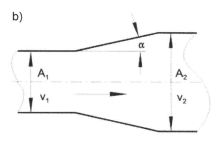

Abb. 7.4: plötzliche Erweiterung (a), allmähliche Erweiterung (b)

Plötzliche Erweiterung:

$$\zeta = (A_2/A_1 - 1)^2$$

A_2/A_1	1,00	1,25	1,50	1,75	2,00	3,00	4,00
ζ	0	0,06	0,25	0,56	1,00	4,00	9,00

Diese Werte ergeben sich auch bei Querschnittserweiterungen nach düsenförmiger Einschnürung, z. B. bei Kurz-Venturirohren.

Allmähliche Erweiterung:

Die ζ-Werte sind umso kleiner, je langgestreckter die Erweiterung, d. h. je kleiner der Winkel α ist:

$$\zeta = \eta \cdot \left(\frac{A_2}{A_1} - 1\right)^2 \tag{7.1}$$

mit

$$\eta \quad = 0 \text{ für} < 8\,° $$
$$= 1 \text{ für} \geq 30\,°$$

ζ-Wert für Verengungen

a)

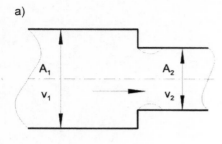

b)

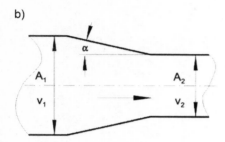

Abb. 7.5: plötzliche Verengung (a), allmähliche Verengung (b)

Plötzliche Verengung:

$\zeta = 0{,}4$ bis $0{,}5$ $(1 - A_2/A_1)$; für den Faktor 0,4 ergibt sich:

A_2/A_1	0,20	0,25	0,50	0,75	1,00
ζ	0,32	0,30	0,20	0,10	0

Allmähliche Verengung:

Durch die Senkenströmung mit starker Führung der Strömungsfäden ergeben sich niedrige Verluste:

für $2\alpha \le 8\,°$ ist $\zeta = 0$

für $2\alpha \le 20\,°$ ist $\zeta = 0{,}04$

mit ausreichender Genauigkeit anzusetzen.

ζ-Werte für Krümmer

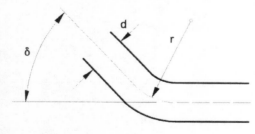

Abb. 7.6: Krümmer

Der ζ-Wert für Krümmer ist vom Verhältnis Krümmerradius zu Rohrdurchmesser r/d sowie vom Krümmerwinkel δ abhängig. Für die gebräuchlichen Krümmer werden für glatte Strömung die ζ-Werte in der folgenden Tabelle angegeben. Für raue Strömung sind die doppelten Werte anzunehmen.

δ	r/d				
	1	2	4	6	10
15 °	0,03	0,03	0,03	0,03	0,03
22,5 °	0,045	0,045	0,045	0,045	0,045
45 °	0,14	0,09	0,08	0,075	0,07
60 °	0,19	0,12	0,10	0,09	0,07
90 °	0,21	0,14	0,11	0,09	0,08

ζ-Werte für Abzweige

a)

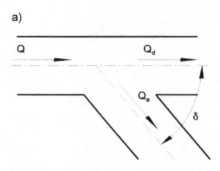

b)

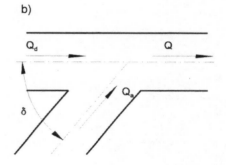

Abb. 7.7: Abzweig bei Trennung des Durchflusses (a), Abzweig bei Vereinigung des Durchflusses (b)

Der ζ-Wert ist abhängig von der Strömungsrichtung und vom Winkel δ des Abzweiges. In den folgenden beiden Tabellen sind die ζ-Werte ζ_a für die abzweigende Leitung und ζ_d für die durchlaufende Leitung angegeben.

Tab. 7.4: ζ-Werte für Abzweig bei Trennung des Durchflusses

Q_a/Q		0	0,2	0,4	0,6	0,8	1,0
$\delta = 90\,°$	ζ_a	0,95	0,88	0,89	0,95	1,10	1,28
	ζ_d	0,04	−0,08	−0,05	0,07	0,21	0,35
$\delta = 45\,°$	ζ_a	0,90	0,68	0,50	0,38	0,35	0,48
	ζ_d	0,04	−0,06	−0,04	0,07	0,20	0,33

Tab. 7.5: ζ-Werte für Abzweig bei Vereinigung des Durchflusses

Q_a/Q		0	0,2	0,4	0,6	0,8	1,0
$\delta = 90°$	ζ_a	−1,20	−0,40	0,08	0,47	0,72	0,91
	ζ_d	0,04	0,17	0,30	0,41	0,51	0,60
$\delta = 45°$	ζ_a	−0,92	−0,38	0,00	0,22	0,37	0,37
	ζ_d	0,04	0,17	0,19	0,09	−0,17	−0,54

ζ-Wert für Armaturen

Armaturen mit selbsttätigem Schließen bei v = 0 m/s (Rückschlagklappe, Hydrostop, Fußventil)

Die ζ-Werte sind abhängig von der Fließgeschwindigkeit und damit vom Öffnungswinkel der Armatur. Je kleiner die Fließgeschwindigkeit v ist, umso stärker ist die Drosselung des Durchflusses.

Tab. 7.6: ζ-Werte für Rückschlagklappen

v in m/s	DN 50	DN 200	DN 500
1	3,05	2,95	2,85
2	1,35	1,30	1,15
3	0,86	0,76	0,66

Tab. 7.7: ζ-Werte für Hydrostop

v in m/s	DN 100	DN 200	DN 300
1			
2	6	7	6
3	4	3,5	1,8

Tab. 7.8: ζ-Werte für Fußventile

v in m/s	DN 50 bis DN 80	DN 100 bis DN 350
1	4,1	3
2	3	2,25
3	2,8	2,25

Tab. 7.9: ζ-Werte für Schieber, offen

DN 100	DN 200	DN 300	DN 500
0,28	0,25	0,22	0,13

Tab. 7.10: ζ-Werte für Durchgangsventile und Freiflussventile

	DN 25	DN 50	DN 80
Durchgangsventile	4	4,5	4,8
Freiflussventile	1,7	1,0	0,8

Armaturen zum gesteuerten Schließen (Keilschieber, Schieber mit glattem Durchgang, Klappen, Hähne)

Die ζ-Werte gelten für die voll geöffnete Armatur. Die ζ-Werte für Zwischenstellungen während des Schließvorganges sind von der Charakteristik der Armatur abhängig und sehr unterschiedlich. Im Bedarfsfall sind die Werte beim Hersteller zu erfragen.

Tab. 7.11: Keilschieber, Schieber mit glattem Durchgang, Klappen, Hähne

DN	50	100	200	300	500	800
Keilschieber	0,25	0,25	0,25	0,22	0,15	
Schieber mit glattem Durchgang	0,10	0,06	0,06	0,06	0,06	
Klappe				0,25	0,25	0,25
Durchgangshahn	0,28	0,25				
Kugelhahn		0,22	0,17	0,077	0,030	

ζ-Wert für Kleinformstücke und -armaturen

Die ζ-Werte der in Anschlussleitungen und Verbrauchsleitungen (Hausinstallation) verwendeten Formstücke und Armaturen sind wegen der kleinen Krümmungsradien und wegen der Armaturengestaltung relativ hoch. Niedrige Strömungsgeschwindigkeiten verringern die Strömungsverluste und Strömungsgeräusche.

Tab. 7.12: Kleinarmaturen

DN	DN 10 / DN 15	DN 20 / DN 25	DN 32 / DN 40	DN 50
Absperrschieber	1,0	0,5	0,3	0,3
Eckventil				1,35
Schrägsitzventil	3,5	2,5	2,0	2,0
Durchgangsventil	10,0	8,5	6,0	5,0
Freiflussventil	2,0	1,7	1,3	1,0

ζ-Wert für Wasserzähler

Nach DIN 1988-3 Tab. 3 sind als maximal zulässige Druckverluste von Wasserzählern die Normwerte nach folgender Tabelle einzusetzen:

Tab. 7.13: Wasserzähler

Zählerart	Nenndurchfluss Q_n in m³/h	Druckverlust bei Q_{max} nach DIN ISO 4064-1 in mbar
Flügelradzähler	< 15	1.000
Woltmannzähler, senkrecht (WS)	≥ 15	600
Woltmannzähler, parallel (WP)	≥ 15	300

Literaturverzeichnis

Fachzeitschriften

bbr Fachmagazin für Brunnen- und Leitungsbau. wvgw Wirtschafts- und Verlagsgesellschaft Gas und Wasser mbH, Bonn

ewp DVGW energie | wasser-praxis. DVGW Deutscher Verein des Gas- und Wasserfaches e.V. ; wvgw Wirtschafts- und Verlagsgesellschaft Gas und Wasser mbH, Bonn

GWF Das Gas- und Wasserfach: GWF – Wasser ·Abwasser. Oldenbourg Industrieverlag München

KA Korrespondenz Wasser Abfall. DWA Deutsche Vereinigung für Wasserwirtschaft, Abwasser und Abfall e.V. (vormals ATV/DVWK); GFA – Gesellschaft zur Förderung der Abwassertechnik e.V., Hennef

3R 3R international. Zeitschrift für die Rohrleitungspraxis. Vulkan Verlag Essen

Wasser & Abfall (vor 2003: **Wasser & Boden**). Friedr. Vieweg & Sohn Verlagsgesellschaft mbH, Wiesbaden

J.AWWA Journal American Water Works Association, Denver/USA

Weiterführende Literatur, Nachschlagewerke – allgemein

[BDEW Wasserstatistik, lfd. Jhrg.] Bundesverband der Deutschen Energie und Wasserwirtschaft – BDEW (vormals BGW). BDEW-Wasserstatistik. WVGW (Wirtschafts- und Verlagsgesellschaft Gas und Wasser mbH), Bonn. lfd. Jhrg.

DVGW-Lehr- und Handbuch Wasserversorgung,
(R. Oldenbourg Verlag, München)

[DVGW Bd. 1, 1996] **Band 1**: Wassergewinnung und Wasserwirtschaft (1996),

[DVGW Bd. 2, 1999] **Band 2**: Wassertransport und Wasserverteilung (1999),

[DVGW Bd. 3, 1995] **Band 3**: Maschinelle und elektrische Anlagen in Wasserwerken (1995),

[DVGW Bd. 4, 2000] **Band 4**: Wasserverwendung – Trinkwasser-Installation (2000),

[DVGW Bd. 5, 1993] **Band 5**: Wasserchemie für Ingenieure (1993),

[DVGW Bd. 6, 2004] **Band 6**: Wasseraufbereitung – Grundlagen und Verfahren – mit CD-ROM 2004

DVGW Gas/Wasser Informationen
(WVGW Wirtschafts- und Verlagsgesellschaft Gas und Wasser mbH. Bonn)

[DVGW Nr. 15, 1999] DVGW Deutsche Vereinigung des Gas- und Wasserfaches e.V. Erd- und Oberflächenarbeiten bei Leitungsverlegungen. DVGW Gas/Wasser-Information. **Nr. 15**. August 1999.

[DVGW Nr. 17, 2003] DVGW Deutsche Vereinigung des Gas- und Wasserfaches e.V. Einsatz von PE 80, PE 100 und PE-Xa in der Gas- und Wasserverteilung. DVGW Gas/Wasser-Information. **Nr. 17**. Bonn. April 2003.

DVGW Wasser Informationen
(WVGW Wirtschafts- und Verlagsgesellschaft Gas und Wasser mbH. Bonn)

[DVGW Nr. 58, 1999] DVGW Deutsche Vereinigung des Gas- und Wasserfaches e.V. Kostensenkungspotentiale in der Wasserverteilung. DVGW Wasser-Information. **Nr. 58**. September 1999.

[DVGW Nr. 63, 2007] DVGW Deutsche Vereinigung des Gas- und Wasserfaches e.V. Qualitätssicherungsmaßnahmen für mikrobiologische Untersuchungen im Wasserwerkslabor. DVGW Wasser-Information. **Nr. 63**. Bonn. Juni 2007.

[DVGW Nr. 66, 2002] DVGW Deutsche Vereinigung des Gas- und Wasserfaches e.V. TrinkwV 2001 – Bedeutung der radioaktivitätsbezogenen Parameter. DVGW Wasser-Information. **Nr. 66**. Bonn. April 2002.

[DVGW Nr. 67, 2002] DVGW Deutsche Vereinigung des Gas- und Wasserfaches e.V. DVGW-Schadensstatistik Wasser Auswertungen für die Erhebungsjahre 1997–1999. DVGW Wasser-Information. **Nr. 67**. Bonn. Dezember 2002. Fortgeführt bis 2004. energie – wasser – praxis Oktober 2006.

[DVGW Nr. 68, 2005] DVGW Deutsche Vereinigung des Gas- und Wasserfaches e.V. Leitfaden Benchmarking für Wasserversorgungs- und Abwasserbeseitigungsunternehmen. DVGW Wasser-Information. **Nr. 68**. Bonn. November 2005. (zugleich DWA-Themen).

[DVGW Nr. 70, 2008] DVGW Deutsche Vereinigung des Gas- und Wasserfaches e.V. Leitfaden für Spülung, Reinigung und Desinfektion von Ultra- und Mikrofiltrationsanlagen zur Wasseraufbereitung. DVGW Wasser-Information. **Nr. 70**. Bonn. Mai 2008.

[DVGW Nr. 71, 2009] DVGW Deutsche Vereinigung des Gas- und Wasserfaches e.V. Zur Überwachung der Integrität (Intaktheit) von Membranfiltrationsanlagen. DVGW Wasser-Information. **Nr. 71**. Bonn. Januar 2009.

[DVGW Nr. 72, 2009] DVGW Deutsche Vereinigung des Gas- und Wasserfaches e.V. Nanofiltration und Umkehrosmose. DVGW Wasser-Information. **Nr. 72**. Bonn. April 2009.

[Grombach et al., 2000] P. GROMBACH, K. HABERER, G. MERKL und E. TRÜEB. Handbuch der Wasserversorgungstechnik. Oldenbourg Verlag. München. 3. Auflage. 2000.

[Mutschmann und Stimmelmayr, 2007] J. MUTSCHMANN und F. STIMMELMAYR. Taschenbuch der Wasserversorgung. Friedr. Vieweg & Sohn Verlag / GWV Fachverlage GmbH. Wiesbaden. 14. Auflage. 2007.

[Netzmeister, 2008] Rohrleitungsbauverband (Hrsg.) – B. Arenz et al. Netzmeister – Technisches Grundwissen: Gas – Wasser – Fernwärme. Oldenbourg Industrieverlag München Wien. 2. Auflage. 2008.

[StBA, aktueller Jhrg.b] Statistisches Bundesamt (StBA). www.destatis.de/jetspeed/portal/cms/ – Statistikportal. aktueller Jhrg.

[UBA, aktueller Jhrg.a] Umweltbundesamt (UBA). Daten zur Umwelt – Der Zustand der Umwelt in Deutschland, letzte Ausgabe 2009. Erich Schmidt Verlag Berlin und www.umweltbundesamt-umwelt-deutschland.de/umweltdaten. aktueller Jhrg.

[UBA, aktueller Jhrg.b] Umweltbundesamt (UBA). Liste der Aufbereitungsstoffe und Desinfektionsverfahren gemäß § 11 TrinkwV 2001. www.umweltbundesamt.de/wasser/themen/downloads/ trinkwasser/trink11.pdf. aktueller Jhrg. Die Liste wird ein- oder zweimal jährlich fortgeschrieben.

[Wassermeister, 1998] K. J. SOINÉ and A. BAUR and G.DIETZE and W. MÜLLER and D. WEIDELING. Handbuch für Wassermeister. R. Oldenbourg Verlag München Wien. 3. Auflage. 1998.

EG-Richtlinien, Gesetze, Verordnungen

Europäische Union: Richtlinien der Europäischen Gemeinschaft:

Siehe Portal zur EU: http://europa.eu/index_de.htm → Informationen, Institutionen → Dokumentationszentrum → Amtliche Dokumente, Rechtsvorschriften und Verträge

Richtlinie 89/106/EWG des Rates vom 21. Dezember 1988 zur Angleichung der Rechts- und Verwaltungsvorschriften der Mitgliedstaaten über Bauprodukte ABl. L 40 vom 11.2.1989, S. 12-26; zuletzt geändert 20/11/2003

Richtlinie 91/271/EWG des Rates vom 21. Mai 1991 über die Behandlung von kommunalem Abwasser ABl. L 135 vom 30.5.1991, S. 40-52); Konsolidierte Fassung 2008-12-11

Richtlinie 91/414/EWG des Rates vom 15. Juli 1991 über das Inverkehrbringen von Pflanzenschutzmitteln ABl. L 230 vom 19.8.1991, S. 1-32; konsolidierte Fassung 2010-06-01; zuletzt geändert Anhang 1 ab 01/09/2010

Richtlinie 91/676/EWG des Rates vom 12. Dezember 1991 zum Schutz der Gewässer vor Verunreinigung durch Nitrat aus landwirtschaftlichen Quellen ABl. L 375 vom 31.12.1991, S. 1-8); konsolidierte Fassung 2008-12-11

Richtlinie 98/8/EG des Europäischen Parlaments und des Rates vom 16. Februar 1998 über das Inverkehrbringen von Biozid-Produkten ABl. L 123 vom 24.4.1998, S. 1-63; Konsolidierte Fassung 2010-03-02

Richtlinie 98/83/EG des Rates vom 3. November 1998 über die Qualität von Wasser für den menschlichen Gebrauch ABl. L 330 vom 5.12.1998, S. 32-54; konsolidierte Fassung 2009-08-07

Richtlinie 2000/60/EG des Europäischen Parlaments und des Rates vom 23. Oktober 2000 zur Schaffung eines Ordnungsrahmens für Maßnahmen der Gemeinschaft im Bereich der Wasserpolitik ABl. L 327 vom 22.12.2000, S. 1-73; konsolidierte Fassung 2009-06-25

Richtlinie 2004/35/EG des Europäischen Parlaments und des Rates vom 21. April 2004 über Umwelthaftung zur Vermeidung und Sanierung von Umweltschäden ABl. L 143 vom 30.4.2004, S. 56-75; konsolidierte Fassung 2009-06-25

Richtlinie 2004/17/EG des Europäischen Parlaments und des Rates vom 31. März 2004 zur Koordinierung der Zuschlagserteilung durch Auftraggeber im Bereich der Wasser-, Energie- und Verkehrsversorgung sowie der Postdienste ABl. L 134 vom 30.4.2004, S. 1-113; konsolidierte Fassung 2010-01-01

Richtlinie 2004/22/EG des Europäischen Parlaments und des Rates vom 31. März 2004 über Messgeräte ABl. L 135 vom 30.4.2004, S. 1-80; konsolidierte Fassung 2009-12-01

Richtlinie 2006/11/EG des Europäischen Parlaments und des Rates vom 15. Februar 2006 betreffend die Verschmutzung infolge der Ableitung bestimmter gefährlicher Stoffe in die Gewässer der Gemeinschaft (kodifizierte Fassung) ABl. L 64 vom 4.3.2006, S. 52-59

Richtlinie 2006/118/EG des Europäischen Parlaments und des Rates vom 12. Dezember 2006 zum Schutz des Grundwassers vor Verschmutzung und Verschlechterung ABl. L 372 vom 27.12.2006, S. 19-31; konsolidierte Fassung 2007-01-16; Berichtigung ABl. L 53 vom 22.2.2007, S. 30-30 und ABl. L 139 vom 31.5.2007, S. 39-40

Richtlinie 2008/1/EG des Europäischen Parlaments und des Rates vom 15. Januar 2008 über die integrierte Vermeidung und Verminderung der Umweltverschmutzung (kodifizierte Fassung) ABl. L 24 vom 29.1.2008, S. 8-29; konsolidierte Fassung 2009-06-25

Richtlinie 2008/105/EG des Europäischen Parlaments und des Rates vom 16. Dezember 2008 über Umweltqualitätsnormen im Bereich der Wasserpolitik und zur Änderung und anschließenden Aufhebung der Richtlinien des Rates 82/176/EWG, 83/513/EWG, 84/156/EWG, 84/491/EWG und 86/280/EWG sowie zur Änderung der Richtlinie 2000/60/EG ABl. L 348 vom 24.12.2008, S. 84-97

Bundesrecht:

www.gesetze-im-internet.de → Gesetze/Verordnungen, www.juris.de, www.bundesanzeiger.de, www.bundesgesetzblatt.de, www.bundestag.de (Drucksachen, Plenarprotokolle)

Verordnung über Allgemeine Bedingungen für die Versorgung mit Wasser (**AVBWasserV**) vom 20. Juni 1980 (BGBl. I S. 750, 1067), zuletzt geändert durch die Verordnung vom 13. Januar 2010 (BGBl. I S. 10)

Gesetz zum Schutz vor schädlichen Bodenveränderungen und zur Sanierung von Altlasten (Bundes-Bodenschutzgesetz – **BBodSchG**) vom 17. März 1998 (BGBl. I S. 502), zuletzt geändert durch Artikel 3 des Gesetzes vom 9. Dezember 2004 (BGBl. I S. 3214)

Bundes-Bodenschutz- und Altlastenverordnung (**BBodSchV**) vom 12. Juli 1999 (BGBl. I S. 1554), zuletzt geändert durch Artikel 16 des Gesetzes vom 31. Juli 2009 (BGBl. I S. 2585)

Gesetz über das Meß- und Eichwesen (**Eichgesetz**) vom 11.07.1969, in der Fassung der Bekanntmachung vom 23. März 1992 (BGBl. I S. 711), zuletzt geändert durch Artikel 2 des Gesetzes vom 3. Juli 2008 (BGBl. I S. 1185)

Eichordnung (**EO**) vom 12. August 1988 (BGBl. I S. 1657), zuletzt geändert durch Artikel 3 § 14 des Gesetzes vom 13. Dezember 2007 (BGBl. I S. 2930)

Verordnung zur Umsetzung der Richtlinie 80/68/EWG des Rates vom 17. Dezember 1979 über den Schutz des Grundwassers gegen Verschmutzung durch bestimmte gefährliche Stoffe (**Grundwasserverordnung**) vom 18. März 1997 (BGBl. I S. 542)

Gesetz gegen Wettbewerbsbeschränkungen (**GWB**) vom 26.08.1998, in der Fassung der Bekanntmachung vom 15. Juli 2005 (BGBl. I S. 2114; 2009 BGBl. I S. 3850), zuletzt geändert durch Artikel 13 Absatz 21 des Gesetzes vom 25. Mai 2009 (BGBl. I S. 1102)

Verordnung über die verbrauchsabhängige Abrechnung der Heiz- und Warmwasserkosten (Verordnung über Heizkostenabrechnung – **HeizkostenV**) vom 23.02.1981, in der Fassung der Bekanntmachung vom 5. Oktober 2009 (BGBl. I S. 3250), neugefasst durch Bek. v. 5.10.2009 (BGBl. I S.3250)

Gesetz zur Verhütung und Bekämpfung von Infektionskrankheiten beim Menschen (Infektionsschutzgesetz – **IfSG**) vom 20. Juli 2000 (BGBl. I S. 1045), zuletzt durch Artikel 2a des Gesetzes vom 17. Juli 2009 (BGBl. I S. 2091) geändert

Lebensmittel-, Bedarfsgegenstände- und Futtermittelgesetzbuch (Lebensmittel- und Futtermittelgesetzbuch – **LFGB**) vom 01.09.2005, in der Fassung der Bekanntmachung vom 24. Juli 2009 (BGBl. I S. 2205), zuletzt geändert durch die Verordnung vom 3. August 2009 (BGBl. I S. 2630)

Verordnung über die Vergabe von Aufträgen im Bereich des Verkehrs, der Trinkwasserversorgung und der Energieversorgung (Sektorenverordnung – **SektVO**) vom 23. September 2009 (BGBl. I S. 3110)

Verordnung über den Schutz vor Schäden durch ionisierende Strahlen (Strahlenschutzverordnung – **StrlSchV**) vom 20. Juli 2001 (BGBl. I S. 1714; 2002 BGBl.I S. 1459), zuletzt geändert durch Artikel 2 des Gesetzes vom 29. August 2008 (BGBl. I S. 1793)

Verordnung über die Qualität von Wasser für den menschlichen Gebrauch (Trinkwasserverordnung – TrinkwV **2001**) vom 21. Mai 2001 (BGBl. I S. 959), zuletzt geändert durch Artikel 363 der Verordnung vom 31. Oktober 2006 (BGBl. I S. 2407)

Gesetz über die Vermeidung und Sanierung von Umweltschäden (Umweltschadensgesetz – **USchadG**) vom 10. Mai 2007 (BGBl. I S. 666), zuletzt geändert durch Artikel 14 des Gesetzes vom 31. Juli 2009 (BGBl. I S. 2585)

Gesetz über die Umweltverträglichkeitsprüfung (**UVPG**) vom 24. Februar 2010 (BGBl. I S. 94)

Verordnung über die Vergabe öffentlicher Aufträge (Vergabeverordnung – **VgV**) vom 09.01.2001, in der Fassung der Bekanntmachung vom 11. Februar 2003 (BGBl. I S. 169), zuletzt geändert durch Artikel 2 der Verordnung vom 23. September 2009 (BGBl. I S. 3110)

Gesetz zur Ordnung des Wasserhaushalts (Wasserhaushaltsgesetz – **WHG**) vom 27.07.1957, in der Fassung der Bekanntmachung vom 19. August 2002 BGBl.I S. 3245, zuletzt geändert durch Art. 8 des Gesetzes vom 22. Dez. 2008 BGBl.I S. 2986

Gesetz zur Ordnung des Wasserhaushalts (Wasserhaushaltsgesetz – **WHG**) vom 31. Juli 2009 (BGBl. I S. 2585)

Gesetz über die Umweltverträglichkeit von Wasch- und Reinigungsmitteln (Wasch- und Reinigungsmittelgesetz – **WRMG**) vom 29. April 2007 (BGBl. I S. 600)

Technische Regelwerke

Der **Rohrleitungsbauverband – RBV** gibt jährlich das Verzeichnis Technische Regeln im Rohrleitungsbau heraus, letzte Fassung: Technische Mitteilung Nr. 1/2010, bbr 01/2010. www.rbv-koeln.de

Technische Mitteilungen der Bundesvereinigung der Firmen im Gas- und Wasserfach – FIGAWA www.figawa.de

UV-Desinfektion in der Wasserbehandlung. bbr 10/2008

DVGW-Regelwerk

Die Arbeits-, Merk- und Hinweisblätter werden zitiert mit **GW**.. (Gas-Wasser) bzw. **W**.. (Wasser) bzw. **VP** (Vorläufige Prüfgrundlagen). Erhältlich bei: wvgw Wirtschafts- und Verlagsgesellschaft Gas und Wasser mbH, Bonn (www.dvgw.de bzw. www.wvgw.de)

GW = Gas/Wasser

Arbeitsblatt GW 2: *Verbinden von Kupferrohren für die Gas- und Trinkwasser-Installationen innerhalb von Grundstücken und Gebäude*n. Juni 2002

Arbeitsblatt GW 7: *Lote und Flussmittel zum Löten von Kupferrohren für die Gas- und Wasserinstallation.* September 2002

Arbeitsblatt GW 9: *Beurteilung der Korrosionsbelastungen von erdüberdeckten Rohrleitungen und Behältern aus unlegierten und niedrig legierten Eisenwerkstoffen in Böden.* Entwurf Juli 2010

Arbeitsblatt GW 10: *Kathodischer Korrosionsschutz (KKS) erdverlegter Lagerbehälter und Rohrleitungen aus Stahl – Inbetriebnahme und Überwachung.* Mai 2008

Arbeitsblatt GW 12: *Planung und Errichtung des kathodischen Korrosionsschutzes (KKS) für erdverlegte Lagerbehälter und Stahlrohrleitungen.* Entwurf April 2010

Geschäftsordnung GW 100: *Tätigkeit der DVGW-Fachgremien und Ausarbeitung des DVGW-Regelwerkes.* Juni 2009

Hinweis GW 119: *Verbesserung von Geschäftsprozessen durch die Einbindung von GIS-Systemen.* Januar 2002

Arbeitsblatt GW 120: *Netzdokumentation in Versorgungsunternehmen. Entwurf Juli 2009*

Hinweis GW 121: *Fernleitungen und Verteilungsnetze. Leistungsbilder für Vermessungsarbeiten.* Dezember 2005

Hinweis GW 122: *Netzinformationssysteme – GIS-Systeme als wesentlicher Bestandteil der technischen IT-Systeme zur Netzinformation.* Januar 2008

Hinweis GW 125: *Baumpflanzungen im Bereich unterirdischer Versorgungsanlagen.* März 1989.

Arbeitsblatt GW 301: *Qualifikationskriterien für Rohrleitungsbauunternehmen.* Juli 1999. Neufassung: *Unternehmen zur Errichtung, Instandsetzung und Einbindung von Rohrleitungen – Anforderungen und Prüfungen.* Entwurf Oktober 2009

Arbeitsblatt GW 302: *Qualifikationskriterien an Unternehmen für grabenlose Neulegung und Rehabilitation von nicht in Betrieb befindlichen Rohrleitungen.* September 2001

Arbeitsblatt GW 303: *Berechnung von Gas- und Wasserrohrnetzen.*

Teil 1: Hydraulische Grundlagen, Netzmodellierung und Berechnung. Oktober 2006.
Teil 2: GIS-gestützte Rohrnetzberechnung. März 2006

Arbeitsblatt GW 304: *Rohrvortrieb und verwandte Verfahren* (identisch mit DWA-A 125). Dezember 2008

Arbeitsblatt GW 310: *Widerlager aus Beton; Bemessungsgrundlagen.* Januar 2008

Merkblatt GW 312: *Statische Berechnung von Vortriebsrohren.* Entwurf Mai 2010

Arbeitsblatt GW 320 Teil 1: *Erneuerung von Gas- und Wasserrohrleitungen durch Rohreinzug oder Rohreinschub mit Ringraum.* Februar 2009

Arbeitsblatt GW 320 Teil 2: *Rehabilitation von Gas und Wasserrohrleitungen durch PE-Relining ohne Ringraum – Anforderungen, Gütesicherung und Prüfung.* Juni 2000

Arbeitsblatt GW 321: *Steuerbare horizontale Spülbohrverfahren für Gas- und Wasserrohrleitungen – Anforderungen, Gütesicherung und Prüfung.* Oktober 2003

Arbeitsblatt GW 322: *Grabenlose Auswechslung von Gas und Wasserrohrleitungen*

Teil 1: *Press-/Ziehverfahren – Anforderungen, Gütesicherung und Prüfung.* Oktober 2003
Teil 2: *Hilfsrohrverfahren – Anforderungen, Gütesicherung und Prüfung.* März 2007

Merkblatt GW 323: *Grabenlose Erneuerung von Gas und Wasserversorgungsleitungen durch Berstlining – Anforderungen, Gütesicherung und Prüfung.* Juli 2004

Arbeitsblatt GW 324: *Fräs- und Pflugverfahren für Gas- und Wasserrohrleitungen; Anforderungen, Gütesicherung und Prüfung.* August 2007

Arbeitsblatt GW 325: *Grabenlose Bauweisen für Gas- und Wasser-Anschlussleitungen; Anforderungen, Gütesicherung und Prüfung.* März 2007

Arbeitsblatt GW 327: *Auskleidung von Gas- und Wasserrohrleitungen mit einzuklebenden Gewebeschläuchen.* Entwurf Oktober 2009

Arbeitsblatt GW 335: *Kunststoff-Rohrleitungssysteme in der Gas- und Wasserverteilung; Anforderungen und Prüfungen*

Teil A1: *Rohre und daraus gefertigte Formstücke aus PVC-U für die Wasserverteilung.* Juni 2003
Teil A2: *Rohre aus PE 80 und PE 100.* November 2005
Teil A3: *Rohre aus PE-Xa.* Juni 2003
Teil B2: *Formstücke aus PE 80 und PE 100.* September 2004
Teil B3: *Mechanische Verbinder aus Kunststoffen für die Wasserverteilung.* Februar 2010

Arbeitsblatt GW 336: *Standardisierung der Schnittstellen zwischen erdverlegten Armaturen und Einbaugarnituren.* Januar 2006. Neubearbeitung: GW 336 -1: *Erdeinbaugarnituren – Teil 1: Standardisierung der Schnittstellen zwischen erdverlegten Armaturen und Einbaugarnituren. Teil 2: Anforderungen und Prüfungen.* Entwurf Juli 2009.

Arbeitsblatt GW 337: *Rohre, Formstücke und Zubehörteile aus duktilem Gusseisen für die Gas- und Wasserversorgung; Anforderungen und Prüfungen.* Entwurf Juli 2009

Arbeitsblatt GW 368: *Längskraftschlüssige Muffenverbindungen für Rohre, Formstücke und Armaturen aus duktilem Gusseisen oder Stahl.* Juni 2002.

Arbeitsblatt GW 392: *Nahtlos gezogene Rohre aus Kupfer für Gas- und Trinkwasser-Installationen und nahtlos gezogene, innen verzinnte Rohre aus Kupfer für Trinkwasser-Installationen; Anforderungen und Prüfungen.* Juli 2009

Arbeitsblatt GW 393: *Verlängerungen (Rohrverbinder) aus Kupferwerkstoffen für Gas- und Trinkwasser-Installationen; Anforderungen und Prüfungen.* Dezember 2003.

Arbeitsblatt GW 541: *Rohre aus nichtrostenden Stählen für die Gas- und Trinkwasser-Installation; Anforderungen und Prüfungen.* Oktober 2004

W = Wasser

Arbeitsblatt W 101: *Richtlinien für Trinkwasserschutzgebiete;* Teil 1: *Schutzgebiete für Grundwasser.* Juni 2006

Arbeitsblatt W 102: *Richtlinien für Trinkwasserschutzgebiete;* Teil 2: *Schutzgebiete für Talsperren.* April 2002

Arbeitsblatt W 104: *Grundsätze und Maßnahmen einer gewässerschützenden Landbewirtschaftung.* Oktober 2004

Merkblatt W 105: *Behandlung des Waldes in Wasserschutzgebieten für Trinkwassertalsperren.* März 2002

Arbeitsblatt W 107: *Aufbau und Anwendung numerischer Grundwassermodelle in Wassergewinnungsgebieten.* Juni 2004

Arbeitsblatt W 108: *Messnetze zur Überwachung der Grundwasserbeschaffenheit in Wassergewinnungsgebieten.* Dezember 2003

Arbeitsblatt W 109: *Planung, Durchführung und Auswertung von Markierungsversuchen bei der Wassergewinnung.* Dezember 2005

Merkblatt W 110: *Geophysikalische Untersuchungen in Bohrungen, Brunnen und Grundwassermessstellen –Zusammenstellung von Methoden und Anwendungen.* Juni 2005

Arbeitsblatt W 111: *Planung, Durchführung und Auswertung von Pumpversuchen bei der Wassererschließung.* März 1997

Arbeitsblatt W 112: *Entnahme von Wasserproben bei der Erschließung, Gewinnung und Überwachung von Grundwasser.* Juli 2001. Neufassung: *Grundsätze der Grundwasserprobenahme.* Entwurf Mai 2010

Merkblatt W 113: *Bestimmung des Schüttkorndurchmessers und hydrogeologischer Parameter aus der Korngrößenverteilung für den Bau von Brunnen.* März 2001

Merkblatt W 115: *Bohrungen zur Erkundung, Beobachtung und Gewinnung von Grundwasser.* Juli 2008

Merkblatt W 116: *Verwendung von Spülungszusätzen in Bohrspülungen bei Bohrarbeiten im Grundwasser.* April 1998.

Arbeitsblatt W 118: *Bemessung von Vertikalfilterbrunnen.* Juli 2005

Merkblatt W 119: *Entwickeln von Brunnen durch Entsanden – Anforderungen, Verfahren, Restsandgehalte.* Dezember 2002

Arbeitsblatt W 120: *Qualifikationsanforderungen für die Bereiche Bohrtechnik, Brunnenbau und Brunnenregenerierung.* Dezember 2005. Neufassung W 120-1: *Qualifikationsanforderungen für die Bereiche Bohrtechnik, Brunnenbau, -regenerierung, -sanierung und -rückbau.* Entwurf Juli 2010. In Vorbereitung W 120-2 für oberflächennahe Geothermie

Arbeitsblatt W 121: *Bau und Ausbau von Grundwassermessstellen.* Juli 2003

Arbeitsblatt W 122: *Abschlussbauwerke für Brunnen der Wassergewinnung.* August 1995

Arbeitsblatt W 123: *Bau und Ausbau von Vertikalfilterbrunnen.* September 2001

Arbeitsblatt W 125: *Brunnenbewirtschaftung –Betriebsführung von Wasserfassungen.* April 2004.

Arbeitsblatt W 126: *Planung, Bau und Betrieb von Anlagen zur künstlichen Grundwasseranreicherung für die Trinkwassergewinnung.* September 2007

Arbeitsblatt W 127: *Quellwassergewinnungsanlagen – Planung, Bau, Betrieb, Sanierung und Rückbau.* März 2006

Arbeitsblatt W 128: *Bau und Ausbau von Horizontalfilterbrunnen.* Juli 2008

Arbeitsblatt W 129: *Eignungsprüfung von Grundwassermessstellen.* Entwurf August 2010

Merkblatt W 130: *Brunnenregenerierung.* Oktober 2007

Arbeitsblatt W 135: *Sanierung und Rückbau von Bohrungen, Grundwassermeßstellen und Brunnen.* November 1998

Arbeitsblatt W 150: *Beweissicherung für Grundwasserentnahmen der Wasserversorgung.* Oktober 2008

Arbeitsblatt W 202: *Technische Regeln Wasseraufbereitung (TRWA) – Planung, Bau, Betrieb und Instandhaltung von Anlagen zur Trinkwasseraufbereitung.* März 2010

Arbeitsblatt W 204: *Aufbereitungsstoffe in der Trinkwasserversorgung – Regeln für Auswahl, Beschaffung und Qualitätssicherung.* Oktober 2007

Arbeitsblatt W 213: *Filtrationsverfahren zur Partikelentfernung. T. 1-6.* Juni 2005

 Teil 1: *Grundbegriffe und Grundsätze*
 Teil 2: *Beurteilung und Anwendung von gekörnten Filtermaterialien*
 Teil 3: *Schnellfiltration*
 Teil 4: *Langsamfiltration*
 Teil 5: *Membranfiltration*
 Teil 6: *Überwachung mittels Trübungs- und Partikelmessung*

Arbeitsblatt W 214: *Entsäuerung von Wasser.*

 Teil 1: *Grundsatze und Verfahren.* Dezember 2005
 Teil 2: *Planung und Betrieb von Filteranlagen.* März 2009
 Teil 3: *Planung und Betrieb von Anlagen zur Ausgasung von Kohlenstoffdioxid.* Oktober 2007
 Teil 4: *Planung und Betrieb von Dosieranlagen.* Juli 2007

Arbeitsblatt W 216: *Versorgung mit unterschiedlichen Trinkwässern.* August 2004

Merkblatt W 217: *Flockung in der Wasseraufbereitung; Teil 1: Grundlagen.* September 1987. Mit Korrektur Oktober 1988

Arbeitsblatt W 218: *Flockung in der Wasseraufbereitung – Flockungstestverfahren.* November 1998

Arbeitsblatt W 219: *Einsatz von anionischen und nichtionischen Polyacrylamiden als Flockungshilfsmittel bei der Wasseraufbereitung.* Mai 2010

Arbeitsblatt W 220: *Aluminium bei der Wasseraufbereitung.* August 1994

Arbeitsblatt W 221: *Rückstände und Nebenprodukte aus Wasseraufbereitungsanlagen –*

 Teil 1: *Grundsätze für Planung und Betrieb.* April 2010
 Teil 2: *Behandlung.* April 2010
 Teil 3: *Vermeidung, Verwertung und Beseitigung.* Februar 2000

Merkblatt W 222: *Einleiten und Einbringen von Rückständen aus Anlagen der Wasserversorgung in Abwasseranlagen.* März 2010

Arbeitsblatt W 223: *Enteisenung und Entmanganung.* Februar 2005

 Teil 1: *Grundsätze und Verfahren*
 Teil 2: *Planung und Betrieb von Filteranlagen*
 Teil 3: *Planung und Betrieb von Anlagen zur unterirdischen Aufbereitung*

Arbeitsblatt W 224: *Verfahren zur Desinfektion von Trinkwasser mit Chlordioxid.* Februar 2010

Merkblatt W 225: *Ozon in der Wasseraufbereitung.* Mai 2002

Arbeitsblatt W 229: *Verfahren zur Desinfektion von Trinkwasser mit Chlor und Hypochloriten.* Mai 2008

Arbeitsblatt W 235-1: *Zentrale Enthärtung von Wasser in der Trinkwasserversorgung – Teil 1: Grundsätze und Verfahren.* Oktober 2009

Arbeitsblatt W 239: *Entfernung organischer Stoffe bei der Trinkwasseraufbereitung durch Adsorption an Aktivkohle.* Entwurf Dezember 2009

Hinweis W 253: *Trinkwasserversorgung und Radioaktivität.* Dezember 2008

Hinweis W 255: *Radioaktivitätsbedingte Notfallsituationen.* Dezember 2008

Hinweis W 261: *Leitfaden für die Akkreditierung von Trinkwasserlaboratorien.* April 2005

Arbeitsblatt W 270: *Vermehrung von Mikroorganismen auf Werkstoffen für den Trinkwasserbereich – Prüfung und Bewertung.* November 2007

Hinweis W 271: *Tierische Organismen in Wasserversorgungsanlagen.* Februar 1997

Hinweis W 272: *Hinweis zu Methoden der Parasitenanalytik von Cryptosporidium sp. und Giardia lamblia.* August 2001

Arbeitsblatt W 290: *Trinkwasserdesinfektion – Einsatz- und Anforderungskriterien.* Februar 2005.

Arbeitsblatt W 291: *Reinigung und Desinfektion von Wasserverteilungsanlagen.* März 2000.

Arbeitsblatt W 294: *UV-Geräte zur Desinfektion in der Wasserversorgung.* Juni 2006

 Teil 1: *Anforderungen an Beschaffenheit, Funktion und Betrieb*
 Teil 2: *Prüfung von Beschaffenheit, Funktion und Desinfektionswirksamkeit*
 Teil 3: *Messfenster und Sensoren zur radiometrischen Überwachung von UV-Desinfektionsgeräten; Anforderungen, Prüfung und Kalibrierung*

Merkblatt W 296: *Vermindern oder Vermeiden der Trihalogenmethanbildung bei der Wasseraufbereitung und Trinkwasserverteilung.* Februar 2002

Arbeitsblatt W 300: *Planung, Bau, Betrieb und Instandhaltung von Wasserbehältern in der Trinkwasserversorgung.* Juni 2005

Arbeitsblatt W 302: *Hydraulische Berechnung von Rohrleitungen und Rohrnetzen; Druckverlust-Tafeln für Rohrdurchmesser von 40-2000 mm.* August 1981 (W 302 wurde ersetzt durch GW 303)

Merkblatt W 303: *Dynamische Druckänderungen in Wasserversorgungsanlagen.* Juli 2005

Merkblatt W 312: *Wasserbehälter; Maßnahmen zur Instandhaltung.* November 1993

Arbeitsblatt W 316-1: *Instandsetzung von Trinkwasserbehältern – Qualifikationskriterien für Fachunternehmen.* März 2004

Arbeitsblatt W 316-2: *Fachaufsicht und Fachpersonal für die Instandsetzung von Trinkwasserbehältern; Lehr- und Prüfungsplan.* März 2004

Merkblatt W 319: *Reinigungsmittel für Trinkwasserbehälter; Einsatz, Prüfung und Beurteilung.* Mai 1990

Prüfgrundlage W 330: *Einzuklebende Gewebeschläuche für Wasserrohrleitungen.* Entwurf Oktober 2009

Merkblatt W 331: *Auswahl, Einbau und Betrieb von Hydranten.* November 2006

Merkblatt W 332: *Auswahl, Einbau und Betrieb von metallischen Absperrarmaturen in Wasserverteilungsanlagen.* November 2006

Merkblatt W 333: *Anbohrarmaturen und Anbohrvorgang in der Wasserversorgung.* Juni 2009

Merkblatt W 334: *Be- und Entlüften von Trinkwasserleitungen.* Oktober 2007

Merkblatt W 335: *Druck-, Durchfluss- und Niveauregelung in Wassertransport und -verteilung.* September 2000

Arbeitsblatt W 336: *Wasseranbohrarmaturen; Anforderungen und Prüfungen.* Juni 2004

Arbeitsblatt W 343: *Sanierung von erdverlegten Guss- und Stahlrohrleitungen durch Zementmörtelauskleidung – Einsatzbereiche, Anforderungen, Gütesicherung und Prüfungen.* April 2005

Arbeitsblatt W 346: *Guß- und Stahlrohrleitungsteile mit Zementmörtelauskleidung – Handhabung.* August 2000

Arbeitsblatt W 347: *Hygienische Anforderungen an zementgebundene Werkstoffe im Trinkwasserbereich – Prüfung und Bewertung.* Mai 2006. Dazu Beiblatt W 347-B1: *Positivliste.* Entwurf November 2009

Arbeitsblatt W 358: *Leitungsschächte und Auslaufbauwerke.* September 2005

Prüfgrundlage W 363: *Absperrarmaturen, Rückflussverhinderer, Be-/Entlüftungsventile und Regelarmaturen aus metallenen Werkstoffen für Trinkwasserversorgungsanlagen – Anforderungen und Prüfungen.* Juni 2010

Prüfgrundlage W 364: *Absperrarmaturen aus Polyethylen (PE 80 und PE 100) für Trinkwasserverteilungsanlagen – Anforderungen und Prüfungen.* Juni 2010

Arbeitsblatt W 365: *Übergabestellen.* Dezember 2009

Arbeitsblatt W 392: *Rohrnetzinspektion und Wasserverluste – Maßnahmen, Verfahren und Bewertungen.* Mai 2003

Arbeitsblatt W 392-2: *Inspektion, Wartung und Betriebsüberwachung von Wasserverteilungsanlagen – Teil 2: Fernwasserversorgungssysteme.* Entwurf August 2010

Merkblatt W 395: *Schadenstatistik für Wasserrohrnetze.* Juli 1998; mit Anhang 4: *Formblätter zur Schadenstatistik mit Erläuterungen.* 2006

Hinweis W 396: *Abbruch-, Sanierungs- und Instandhaltungsarbeiten an AZ-Wasserrohrleitungen.* Dezember 2004

Arbeitsblatt W 400: *Technische Regeln Wasserverteilung (TRWV)*

Teil 1: *Planung von Wasserverteilungsanlagen.* Oktober 2004
Teil 2: *Bau und Prüfung von Wasserverteilungsanlagen.* September 2004
Teil 3: *Betrieb und Instandhaltung.* September 2006

Arbeitsblatt W 402: *Netz- und Schadenstatistik – Erfassung und Auswertung von Daten zur Instandhaltung von Wasserrohrnetzen.* Entwurf Oktober 2009. Ersetzt W 395.

Merkblatt W 403: *Entscheidungshilfen für die Rehabilitation von Wasserverteilungsanlagen.* April 2010

Arbeitsblatt W 405: *Bereitstellung von Löschwasser durch die öffentliche Trinkwasserversorgung.* Februar 2008

Arbeitsblatt W 406: *Volumen- und Durchflussmessung von kaltem Wasser in Druckrohrleitungen.* Dezember 2003. Neubearbeitung Entwurf Juli 2010

Merkblatt W 407: *Messung der Wasserentnahme in Wohnungen – Wohnungswasserzähler.* Juli 2001

Hinweis W 409: *Auswirkung von Bauverfahren und Bauweise auf die Wirtschaftlichkeit von Betrieb und Instandhaltung (operative Netzkosten) der Wasserverteilungsanlagen.* Januar 2007

Merkblatt W 410: *Wasserbedarf – Kennwerte und Einflussgrößen.* Dezember 2008

Arbeitsblatt W 420: *Magnetische-Induktive Durchflussmessgeräte (MID-Geräte) – Anforderungen und Prüfungen.* März 2001

Arbeitsblatt W 421: *Wasserzähler.* Entwurf Juli 2008

Arbeitsblatt W 510: *Kalkschutzgeräte zum Einsatz in Trinkwasser-Installationen; Anforderungen und Prüfungen.* April 2004

Arbeitsblatt W 512: *Verfahren zur Beurteilung der Wirksamkeit von Wasserbehandlungsanlagen zur Verminderung von Steinbildung.* September 1996

Arbeitsblatt W 517: *Trinkwassererwärmer.* Entwurf September 2009

Arbeitsblatt W 534: *Rohrverbinder und Rohrverbindungen in der Trinkwasser-Installation.* Mai 2004

Prüfgrundlage W 540: *Eigensichere Apparate zum Anschluss an die Trinkwasser-Installation – Anforderungen und Prüfungen.* Entwurf April 2010

Arbeitsblatt W 542: *Mehrschichtverbundrohre in der Trinkwasserinstallation – Anforderungen und Prüfungen.* August 2009

Arbeitsblatt W 544: *Kunststoffrohre in der Trinkwasser-Installation.* Mai 2007

Arbeitsblatt W 551: *Trinkwassererwärmungs- und Trinkwasserleitungsanlagen; technische Maßnahmen zur Verminderung des Legionellenwachstums; Planung, Errichtung, Betrieb und Sanierung von Trinkwasser-Installationen.* April 2004

Arbeitsblatt W 555: *Nutzung von Regenwasser (Dachablaufwasser) im häuslichen Bereich.* März 2002

Arbeitsblatt W 570: *Armaturen für die Trinkwasser-Installation*

Teil 1: *Anforderungen und Prüfungen für Gebäudearmaturen.* April 2007
Teil 2: *Anforderungen und Prüfungen für Sicherungsarmaturen.* Januar 2008

Arbeitsblatt W 574: *Sanitärarmaturen als Entnahmearmaturen für Trinkwasser-Installationen – Anforderungen und Prüfungen.* April 2007

Arbeitsblatt W 610: *Pumpensysteme in der Trinkwasserversorgung.* März 2010

Hinweis W 611: *Energieoptimierung und Kostensenkung in Wasserwerksanlagen.* Oktober 1996

Merkblatt W 613: *Energierückgewinnung durch Wasserkraftanlagen in der Trinkwasserversorgung.* August 1994.

Merkblatt W 614: *Instandhaltung von Förderanlagen.* Februar 2001.

Merkblatt W 615: *Hinweise zur CE-Kennzeichnung von Maschinenanlagen in der Trinkwasserversorgung.* Dezember 2009

Arbeitsblatt W 617: *Druckerhöhungsanlagen in der Trinkwasserversorgung.* November 2006

Merkblatt W 618: *Lebenszykluskosten für Förderanlagen in der Trinkwasserversorgung.* August 2007

Merkblatt W 623: *Dosieranlagen für Desinfektionsmittel bzw. Oxidationsmittel; Dosieranlagen für Chlor.* September 1991

Merkblatt W 624: *Dosieranlagen für Desinfektionsmittel und Oxidationsmittel: Dosieranlagen für Chlordioxid.* Oktober 1996

Merkblatt W 625: *Anlagen zur Erzeugung und Dosierung von Ozon.* März 1999

Merkblatt W 627: *Dosieren und Mischen in der Wasserversorgung.* März 2007

Arbeitsblatt W 630: *Elektrische Antriebe in Wasserversorgungsanlagen.* Entwurf Juli 2010

Arbeitsblatt W 645: *Überwachungs-, Mess-, Steuer- und Regeleinrichtungen in Wasserversorgungsanlagen*

Teil 1: *Messeinrichtungen.* Dezember 2007
Teil 2: *Steuern und Regeln.* Juni 2009
Teil 3: *Prozessleittechnik.* Februar 2006

Arbeitsblatt W 1000: *Anforderungen an die Qualifikation und die Organisation von Trinkwasserversorgern.* November 2005

Hinweis W 1001: *Sicherheit in der Trinkwasserversorgung – Risikomanagement im Normalbetrieb.* August 2008

Hinweis W 1002: *Sicherheit in der Trinkwasserversorgung – Organisation und Management im Krisenfall.* August 2008

Hinweis W 1010: *Leitfaden für die Erstellung eines Betriebshandbuchs für Wasserversorgungsunternehmen.* Dezember 2000

Hinweis W 1020:*Empfehlungen und Hinweise für den Fall von Grenzwertüberschreitungen und anderen Abweichungen von Anforderungen der Trinkwasserverordnung.* Januar 2003

Arbeitsblatt W 1100: *Benchmarking in der Wasserversorgung und Abwasserbeseitigung* (identisch mit DWA-M 1100). März 2008

Prüfgrundlagen VP

Prüfgrundlage VP 325:*Hydranten in der Trinkwasserverteilung; Anforderungen und Prüfungen.* Januar 2008

Prüfgrundlage VP 545: *Rohre, Formstücke und Zubehörteile aus duktilem Gusseisen für die Gas- und Wasserversorgung; Anforderungen und Prüfungen.* Juni 2004 (wird abgelöst durch GW 337)

Prüfgrundlage VP 601: *Gas- und Wasser-Hauseinführungen.* März 2007

Prüfgrundlage VP 609: *Klemmverbinder aus Kunststoffen zum Verbinden von PE-Rohren in der Wasserverteilung.* September 1995

Prüfgrundlage VP 615: *Druckrohre, Formstücke und Rohrverbindungen aus glasfaserverstärktem Polyesterharz (UP-GF) für Trinkwasserleitungen.* Juli 1996 (wird künftig durch GW 335-A5 abgelöst)

Prüfgrundlage VP 652: *Kupferrohrleitung mit fest haftendem Kunststoffmantel für die Trinkwasser-Installation.* Mai 2006

Prüfgrundlage VP 653:*Nichtrostende Stahlrohrleitung mit festhaftendem Kunststoffmantel für die Trink-wasser-Installation.* Januar 2008

Prüfgrundlage VP 654: *Rohre aus PVC-O für die Was-serverteilung.* November 2007

DWA (ATV-DVWK)-Regelwerk

erhältlich über DWA Deutsche Vereinigung für Wasser-wirtschaft, Abwasser und Abfall e.V., 53773 Hennef. www.dwa.de

Arbeitsblatt A 127: *Statische Berechnung von Abwas-serkanälen und -leitungen.* 3. Auflage August 2000, korrigierter Nachdruck April 2008

Arbeitsblatt A 142: *Abwasserkanäle und -leitungen in Wassergewinnungsgebieten.* November 2002

MerkblattM 146: *Abwasserkanäle und -leitungen in Wassergewinnungsgebieten – Hinweise und Bei-spiele.* Mai 2004

Arbeitsblatt A 400: *Grundsätze für die Erarbeitung des DWA-Regelwerkes.*6. überarbeitete Auflage Ja-nuar 2008

DIN-Normen, DIN EN Normen

erhältlich über Beuth Verlag GmbH, Burggrafenstr. 6, 10787 Berlin www.beuth.de

DIN 820-1: *Normungsarbeit - Teil 1: Grundsätze.* Mai 2009

DIN 1045-1: *Tragwerke aus Beton, Stahlbeton und Spannbeton – Teil 1: Bemessung und Konstruk-tion.* August 2008

DIN 1988: *Technische Regeln für Trinkwasser-Installationen (TRWI);* Technische Regel des DVGW

Teil 1: *Allgemeines.* Dezember 1988
Teil 2: *Planung und Ausführung; Bauteile, Appa-rate, Werkstoffe.* mit: Beiblatt 1: *Zusammenstel-lung von Normen und anderen Technischen Re-geln über Werkstoffe, Bauteile und Apparate.* Dezember 1988.
Teil 3: *Ermittlung der Rohrdurchmesser.* mit: Bei-blatt 1: *Berechnungsbeispiele.* Dezember 1988.
Teil 4: *Schutz des Trinkwassers, Erhaltung der Trinkwassergüte.* Dezember 1988
Teil 5: *Druckerhöhung und Druckminderung.* De-zember 1988
Teil 6: *Feuerlösch- und Brandschutzanlagen.* Mai 2002
Teil 7: *Vermeidung von Korrosionsschäden und Steinbildung.* Dezember 2004
Teil 8: *Betrieb der Anlagen.* Dezember 1988

Teil 20: *Installation Typ A (geschlossenes System) - Planung, Bauteile, Apparate, Werkstoffe* (teilweiser Ersatz für DIN 1988-2 und Ersatz für DIN 1988-5). Entwurf Juli 2008
Teil 400: *Schutz des Trinkwassers, Erhaltung der Trinkwassergüte* (teilweise Ersatz für DIN 1988-4). Entwurf Juli 2008
Teil 500: *Druckerhöhungsanlagen mit drehzahl-geregelten Pumpen.* Oktober 2008
Teil 60: *Feuerlösch- und Brandschutzanlagen* (Er-satz für DIN 1988-6). August 2008

DIN 2000: *Zentrale Trinkwasserversorgung - Leitsätze für Anforderungen an Trinkwasser, Planung, Bau, Betrieb und Instandhaltung der Versorgungsanlagen* - Technische Regel des DVGW. Oktober 2000

DIN 2001: *Trinkwasserversorgung aus Kleinanlagen und nicht ortsfesten Anlagen –*

Teil 1: Kleinanlagen - Leitsätze für Anforderun-gen an Trinkwasser, Planung, Bau, Betrieb und In-standhaltung der Anlagen – Technische Regel des DVGW. Mai 2007 Beiblatt 1: Beispiel für eine Checkliste zur Kontrolle der Wassergewinnungs-anlagen
Teil 2: Nicht ortsfeste Anlagen - Leitsätze für An-forderungen an Trinkwasser, Planung, Bau, Be-trieb und Instandhaltung der Anlagen – Techni-sche Regel des DVGW. April 2009

DIN 2425-1: *Planwerke für die Versorgungswirtschaft, die Wasserwirtschaft und für Fernleitungen; Rohrnetzpläne der öffentlichen Gas- und Wasser-versorgung.* August 1975

DIN 2425-3: *Planwerke für die Versorgungswirtschaft, die Wasserwirtschaft und für Fernleitungen; Pläne für Rohrfernleitungen –* Technische Regel des DVGW. Mai 1980

DIN 2880: *Anwendung von Zementmörtel-Auskleidung für Gußrohre, Stahlrohre und Formstücke.* Januar 1999

DIN 3266: *Armaturen für Trinkwasserinstallationen in Grundstücken und Gebäuden - Rohrbelüfter Bauformen D und E - Anforderungen und Prüfun-gen.* Mai 2009

DIN 3500: *Absperrarmaturen für Trinkwasserinstalla-tionen in Grundstücken und Gebäuden; Kolben-schieber PN 10.* Februar 1990

DIN 3502: *Absperrarmaturen für Trinkwasserinstalla-tionen in Grundstücken und Gebäuden - Ventile in Durchgangsform - Oberteil, schräg stehend, PN 10 (Schrägsitzventil) –* Technische Regel des DVGW. Oktober 2002

DIN 3512: *Absperrarmaturen für Trinkwasserinstalla-tionen in Grundstücken und Gebäuden - Ventile in Durchgangsform - Oberteil senkrecht stehend PN 10 (Geradsitzventil);* Technische Regel des DVGW. Oktober 2002

DIN 3546-1: *Absperrarmaturen für Trinkwasserinstallationen in Grundstücken und Gebäuden - Teil 1: Allgemeine Anforderungen und Prüfungen für handbetätigte Kolbenschieber, Absperrarmaturen für Anbohrarmaturen, Schieber und Membranarmaturen;* Technische Regel des DVGW. Oktober 2002.

Überarbeitung: *Absperrarmaturen für Trinkwasserinstallationen in Grundstücken und Gebäuden - Teil 1: Allgemeine Anforderungen und Prüfungen für handbetätigte Kolbenschieber in Sonderbauform, Schieber und Membranarmaturen.* Entwurf April 2010

DIN 4046: *Wasserversorgung; Begriffe*; Technische Regel des DVGW. September 1983

DIN 4049-1: *Hydrologie; Grundbegriffe.* Dezember 1992

DIN 4124: *Baugruben und Gräben - Böschungen, Verbau, Arbeitsraumbreiten.* Oktober 2002

DIN 4753-1: *Trinkwassererwärmer, Trinkwassererwärmungsanlagen und Speicher-Trinkwassererwärmer – Teil 1: Behälter mit einem Volumen über 1000 L.* Entwurf November 2009. (Teile 3, 4 und 5 betreffen wasserseitigen Korrosionsschutz)

DIN 4924: *Sande und Kiese für den Brunnenbau - Anforderungen und Prüfungen.* August 1998

DIN 8061: *Rohre aus weichmacherfreiem Polyvinylchlorid (PVC-U) - Allgemeine Güteanforderungen, Prüfung.* Oktober 2010

DIN 8062: *Rohre aus weichmacherfreiem Polyvinylchlorid (PVC-U) – Maße.* Oktober 2009

DIN 8074: *Rohre aus Polyethylen (PE) - PE 63, PE 80, PE 100, PE-HD – Maße.* Oktober 1999. Überarbeitung: *Rohre aus Polyethylen (PE) - PE 80, PE 100– Maße.* Entwurf Juni 2010

DIN 8075: *Rohre aus Polyethylen (PE) - PE 63, PE 80, PE 100, PE-HD - Allgemeine Güteanforderungen, Prüfungen.* August 1999. Überarbeitung: *Rohre aus Polyethylen (PE) - PE 80, PE 100 - Allgemeine Güteanforderungen, Prüfungen.* Entwurf Juni 2010

DIN 8076: *Druckrohrleitungen aus thermoplastischen Kunststoffen - Klemmverbinder aus Metallen und Kunststoffen für Rohre aus Polyethylen (PE) - Allgemeine Güteanforderungen und Prüfung.* November 2008

DIN 14462 : *Löschwassereinrichtungen - Planung und Einbau von Wandhydrantenanlagen und Löschwasserleitungen.* April 2009

DIN 16868: *Rohre aus glasfaserverstärktem Polyesterharz (UP-GF).* November 1994

Teil 1: *Gewickelt, gefüllt; Maße*
Teil 2: *Gewickelt, gefüllt; Allgemeine Güteanforderungen, Prüfung*

DIN 16869: *Rohre aus glasfaserverstärktem Polyesterharz (UP-GF), geschleudert, gefüllt.* Dezember 1995

Teil 1: *Maße*
Teil 2: *Allgemeine Güteanforderungen, Prüfung*

DIN 16893: *Rohre aus vernetztem Polyethylen hoher Dichte (PE-X) – Maße.* September 2000. Berichtigung 1 Juli 2001

DIN 18012: *Haus-Anschlusseinrichtungen – Allgemeine Planungsgrundlagen.* Mai 2008

DIN 18015-1: *Elektrische Anlagen in Wohngebäuden - Teil 1: Planungsgrundlagen.* September 2007

DIN 18196: *Erd- und Grundbau - Bodenklassifikation für bautechnische Zwecke.* Juni 2006. Änderung A1– Entwurf Juni 2006

VOB *Vergabe- und Vertragsordnung für Bauleistungen* - Teil A (DIN 1960): *Allgemeine Bestimmungen für die Vergabe von Bauleistungen.* April 2010

VOB *Vergabe- und Vertragsordnung für Bauleistungen* - Teil B (DIN 1961): *Allgemeine Vertragsbedingungen für die Ausführung von Bauleistungen.* April 2010

VOB *Vergabe- und Vertragsordnung für Bauleistungen* - Teil C: *Allgemeine Technische Vertragsbedingungen für Bauleistungen (ATV).* April 2010

DIN 18300: *Erdarbeiten.*
DIN 18301: *Bohrarbeiten*
DIN 18311: *Nassbaggerarbeiten*
DIN 18381: *Gas-, Wasser- und Entwässerungsanlagen innerhalb von Gebäuden*

DIN 19628: *Mechanisch wirkende Filter in der Trinkwasser-Installation - Anwendung von mechanisch wirkenden Filtern nach DIN EN 13443-1.* Juli 2007

DIN 19635-100: *Dosiersysteme in der Trinkwasserinstallation - Teil 100: Anforderungen zur Anwendung von Dosiersystemen nach DIN EN 14812.* Februar 2008

DIN 19636-100: *Enthärtungsanlagen (Kationenaustauscher) in der Trinkwasserinstallation - Teil 100: Anforderungen zur Anwendung von Enthärtungsanlagen nach DIN EN 14743.* Februar 2008

DIN 28601: *Rohre und Formstücke aus duktilem Gusseisen - Schraubmuffen-Verbindungen - Zusammenstellung, Muffen, Schraubringe, Dichtungen, Gleitringe.* Juni 2000

DIN 28602: *Rohre und Formstücke aus duktilem Gußeisen - Stopfbuchsenmuffen-Verbindungen - Zusammenstellung, Muffen, Stopfbuchsenring, Dichtung, Hammerschrauben und Muttern.* Mai 2000

DIN 28603: *Rohre und Formstücke aus duktilem Gusseisen - Steckmuffen-Verbindungen - Zusammenstellung, Muffen und Dichtungen.* Mai 2005

DIN 31051: *Grundlagen der Instandhaltung*. Juni 2003

DIN 38404-10: *Deutsche Einheitsverfahren zur Wasser-, Abwasser- und Schlammuntersuchung - Physikalische und physikalisch-chemische Stoffkenngrößen (Gruppe C) - Teil 10: Calcitsättigung eines Wassers (C 10)*. April 1995

DIN 50930-6: *Korrosion der Metalle - Korrosion metallischer Werkstoffe im Innern von Rohrleitungen, Behältern und Apparaten bei Korrosionsbelastung durch Wässer - Teil 6: Beeinflussung der Trinkwasserbeschaffenheit.* August 2001

DIN EN 200: *Sanitärarmaturen - Auslaufventile und Mischbatterien für Wasserversorgungssysteme vom Typ 1 und Typ 2 - Allgemeine technische Spezifikation.* Oktober 2008

DIN EN 545: *Rohre, Formstücke, Zubehörteile aus duktilem Gusseisen und ihre Verbindungen für Wasserleitungen - Anforderungen und Prüfverfahren.* Februar 2007. Überarbeitung Norm-Entwurf März 2010

DIN EN 806-1: *Technische Regeln für Trinkwasser-Installationen*

Teil 1: *Allgemeines*. Dezember 2001
Teil 2: *Planung*. Juni 2005
Teil 3: *Berechnung der Rohrinnendurchmesser - Vereinfachtes Verfahren*. Juli 2006
Teil 4: *Installation*. Juni 2010
Teil 5: *Betrieb und Wartung*. Mai 2009

DIN EN 817: *Sanitärarmaturen - Mechanisch einstellbare Mischer (PN 10) - Allgemeine technische Spezifikation.* September 2008

DIN EN 1057: *Kupfer und Kupferlegierungen - Nahtlose Rundrohre aus Kupfer für Wasser- und Gasleitungen für Sanitärinstallationen und Heizungsanlagen.* Juni 2010

DIN EN 1074: *Armaturen für die Wasserversorgung - Anforderungen an die Gebrauchstauglichkeit und deren Prüfung*

Teil 1: *Allgemeine Anforderungen*. Juli 2000.
Teil 2: *Absperrarmaturen*. Juli 2004
Teil 3: *Rückflussverhinderer*. Juli 2000
Teil 4: *Be- und Entlüftungsventile mit Schwimmkörper*. Oktober 2000
Teil 5: *Regelarmaturen*. April 2001
Teil 6: *Hydranten*. März 2009

DIN EN 1111: *Sanitärarmaturen - Thermostatische Mischer (PN 10) - Allgemeine technische Spezifikation.* August 1998

DIN EN 1213: *Gebäudearmaturen - Absperrventile aus Kupferlegierungen für Trinkwasseranlagen in Gebäuden - Prüfungen und Anforderungen.* Dezember 1999

DIN EN 1254: *Kupfer und Kupferlegierungen – Fittings.* März 1998

Teil 1: *Kapillarlötfittings für Kupferrohre (Weich- und Hartlöten).*
Teil 2: *Klemmverbindungen für Kupferrohre.*
Teil 3: *Klemmverbindungen für Kunststoffrohre.*
Teil 4: *Fittings zum Verbinden anderer Ausführungen von Rohrenden mit Kapillarlötverbindungen oder Klemmverbindungen.*
Teil 5: *Fittings mit geringer Einstecktiefe zum Verbinden mit Kupferrohren durch Kapillar-Hartlöten.*

DIN EN ISO 1452: *Kunststoff-Rohrleitungssysteme für die Wasserversorgung und für erdverlegte und nicht erdverlegte Entwässerungs- und Abwasserdruckleitungen - Weichmacherfreies Polyvinylchlorid (PVC-U).* April 2010

Teil 1: *Allgemeines*
Teil 2: *Rohre*
Teil 3: *Formstücke*
Teil 4: *Armaturen*
Teil 5: *Gebrauchstauglichkeit des Systems*

DIN EN 1717: *Schutz des Trinkwassers vor Verunreinigungen in Trinkwasser-Installationen und allgemeine Anforderungen an Sicherheitseinrichtungen zur Verhütung von Trinkwasserverunreinigungen durch Rückfließen* - Technische Regel des DVGW. Mai 2001

DIN EN 12201: *Kunststoff-Rohrleitungssysteme für die Wasserversorgung - Polyethylen (PE)*

Teil 1: *Allgemeines*. Juni 2003. Neufassung Entwurf Februar 2010
Teil 2: *Rohre*. Juni 2003. Neufassung Entwurf Februar 2010
Teil 3: *Formstücke*. Juni 2003. Neufassung Entwurf Februar 2010
Teil 4: *Armaturen*. März 2002. Neufassung Entwurf Juni 2010
Teil 5: *Gebrauchstauglichkeit des Systems*. Juni 2003. Neufassung Entwurf Februar 2010

DIN EN 12334: *Industriearmaturen - Rückflussverhinderer aus Gusseisen*. Oktober 2004

DIN EN 12502: *Korrosionsschutz metallischer Werkstoffe - Hinweise zur Abschätzung der Korrosionswahrscheinlichkeit in Wasserverteilungs- und –speichersystemen*. März 2005

Teil 1: *Allgemeines*
Teil 2: *Einflussfaktoren für Kupfer und Kupferlegierungen*
Teil 3: *Einflussfaktoren für schmelztauchverzinkte*
Teil 4: *Einflussfaktoren für nichtrostende Stähle*
Teil 5: *Einflussfaktoren für Gusseisen, unlegierte und niedriglegierte Stähle*

DIN EN 12729: *Sicherungseinrichtungen zum Schutz des Trinkwassers gegen Verschmutzung durch Rückfließen - Systemtrenner mit kontrollierbarer druckreduzierter Zone - Familie B, Typ A.* Februar 2003. Berichtigung 1: April 2009

DIN EN 12897: *Wasserversorgung - Bestimmung für mittelbar beheizte, unbelüftete (geschlossene) Speicher-Wassererwärmer.* September 2006

DIN EN 13443: *Anlagen zur Behandlung von Trinkwasser innerhalb von Gebäuden - Mechanisch wirkende Filter.*

Teil 1: Filterfeinheit 80 µm bis 150 µm - Anforderungen an Ausführung, Sicherheit und Prüfung. Dezember 2007
Teil 2: Filterfeinheit 1 µm bis unter 80 µm - Anforderungen an Ausführung, Sicherheit und Prüfung. Oktober 2007

DIN EN 13828: *Gebäudearmaturen - Handbetätigte Kugelhähne aus Kupferlegierungen und nicht rostenden Stählen für Trinkwasseranlagen in Gebäuden - Prüfungen und Anforderungen.* Dezember 2003

DIN EN 13959: *Rückflussverhinderer - DN 6 bis DN 250 - Familie E, Typ A, B, C und D.* Januar 2005

DIN EN 14154: *Wasserzähler.* Juli 2007

Teil 1: *Allgemeine Anforderungen.*
Teil 2: *Einbau und Voraussetzungen für die Verwendung*
Teil 3: *Prüfverfahren und -einrichtungen*

DIN EN 14339: *Unterflurhydranten.* Oktober 2005. Berichtigung 1: Juli 2007

DIN EN 14384: *Überflurhydranten.* Oktober 2005. Berichtigung 1: Juli 2007

DIN EN 14628: *Rohre, Formstücke und Zubehörteile aus duktilem Gusseisen - Polyethylenumhüllung von Rohren - Anforderungen und Prüfverfahren.* Januar 2006

DIN EN 14743: *Anlagen zur Behandlung von Trinkwasser innerhalb von Gebäuden - Enthärter - Anforderungen an Ausführung, Sicherheit und Prüfung.* September 2007

DIN EN 15542: *Rohre, Formstücke und Zubehör aus duktilem Gusseisen - Zementmörtelumhüllung von Rohren - Anforderungen und Prüfverfahren. Juni 2008.* Berichtigung 1: August 2008

DIN EN ISO 9308-1: *Wasserbeschaffenheit - Nachweis und Zählung von Escherichia coli und coliformen Bakterien - Teil 1: Membranfiltrationsverfahren.* Juli 2001. Berichtigung 1: Juli 2009

ISO 4064: *Durchflussmessung von Wasser in vollständig gefüllten geschlossenen Leitungen - Zähler für kaltes und warmes Trinkwasser.* Oktober 2005

Teil 1: *Spezifikationen*
Teil 2: *Einbaubedingungen*
Teil 3: *Prüfverfahren und -einrichtungen*

DIN ISO 5725-1: *Genauigkeit (Richtigkeit und Präzision) von Meßverfahren und Meßergebnissen - Teil 1: Allgemeine Grundlagen und Begriffe.* November 1997. Berichtigung 1: September 1998

DIN EN ISO/IEC 17025: *Allgemeine Anforderungen an die Kompetenz von Prüf- und Kalibrierlaborarien.* August 2005. Berichtigung 2: Mai 2007

PAS 1075 (Publicly Available Specification): *Rohre aus Polyethylen für alternative Verlegetechniken – Abmessungen, technische Anforderungen und Prüfung.* April 2009

Weiterführende Literatur – speziell

[Ahrens, 2010] J. AHRENS. Optimierung von Druckrohrnetzen und Asset-Management. Oldenburger Rohrleitungsforum 2010, iro Schriftenreihe. Bd. 34. Seite 722. 2010.

[Bartel und Krüger, 2009] H. BARTEL und W. KRÜGER. Aufbereitungsstoffe und Desinfektionsverfahren nach § 11 TrinkwV 2001 hat sich die bisherige Praxis bewährt? bbr. 03. Seite 66. 2009.

[BDEW Wasserstatistik, lfd. Jhrg.] Bundesverband der Deutschen Energie- und Wasserwirtschaft (BDEW) vormals BGW. Wasserstatistik Bundesrepublik Deutschland. wvgw Wirtschafts- und Verlagsgesellschaft Gas und Wasser mbH, Bonn. lfd. Jhrg.

[Bieske, 1992] E. BIESKE. Bohrbrunnen. R. Oldenbourg Verlag München Wien. 7. Auflage. 1992. 8. Auflage, 1998.

[Boger et al., 2002] G. A. BOGER, T. KLÜMPER et al. Praxis in der Trinkwasser-Installation. Aktuelle Erläuterungen zur DIN 1988 und den zugehörenden DVGW-Arbeitsblättern. In: DVGW-Fachbuchreihe Praxis. wvgw Wirtschafts- und Verlagsgesellschaft Gas und Wasser. Bonn. 2002.

[Botzenhart und Fischer, 2009] K. BOTZENHART und J. FISCHER. Abschätzung der Gesundheitsgefährdung durch Viren im Trinkwasser. GWF Wasser/Abwasser. 150. Seite 361. Mai 2009.

[Branchenbild, 2008] ATT, BDEW, DBVW, DVGW, DWA, VKU. Branchenbild der deutschen Wasserwirtschaft 2008. wvgw Wirtschafts- und Verlagsgesellschaft mbH Bonn (s.a. web-sites der genannten Herausgeber-Verbände). 2008.

[Castell-Exner und Treskatis, 2003] C. CASTELL-EXNER und C. TRESKATIS. Wasserversorgungswirtschaft Grundlagen, Wassergewinnung, Wassergüte, Gefährdungen, Ressourcenmanagement. Weiterbildendes Studium "Wasser und Umwelt", Bauhaus-Universität Weimar. 2003. 3. Auflage 2010.

[Derra und Kämpfer, 2008] R. DERRA und W. KÄMPFER. Zielgerichtete Vorgehensweise bei der Instandsetzung von Trinkwasserbehältern der Bodensee-Wasser-versorgung. GWF Wasser Abwasser. 149. Seite 677. 2008.

[Dt. Einheitsverfahren, lfd. Lieferung] Wasserchemische Gesellschaft, Fachgruppe in der GDCh / in Gemeinschaft mit dem Normenausschuss Wasserwesen (NAW) im DIN e.V. (eds.). Deutsche Einheitsverfahren zur Wasser-, Abwasser- und Schlamm-Untersuchung Physikalische, chemische, biologische und bakteriologische Verfahren. lfd. Lieferung. 10 Bände, Loseblattwerk in Ordner. Aktuelles Grundwerk, Lieferung 1-77, Stand: Januar 2010. Wiley-VCH, Weinheim.

[DVGW, 1984] DVGW Deutscher Verein des Gas- und Wasserfaches e.V. 125 Jahre DVGW. GWF Wasser-Abwasser. 125. Jhrg. (Hefte 6 und 7). 1984. Oldenbourg Verlag.

[DVGW, 1985a] DVGW Deutsche Vereinigung des Gas- und Wasserfaches e.V. Bartsch et al. in DVGW-Schriftenreihe Wasser Nr. 202. WVGW Wirtschafts- und Verlagsgesellschaft Gas und Wasser mbH, Bonn. 1985.

[DVGW, 1985b] DVGW Deutscher Verein des Gas- und Wasserfaches e.V. DVGW-Schriftenreihe Nr. 72. WVGW Wirtschafts- und Verlagsgesellschaft Gas und Wasser mbH. 1985.

[DVGW, 1987] DVGW Deutscher Verein des Gas- und Wasserfaches e.V. (Hrsg.). DVGW-Fortbildungskurse Wasserversorgungstechnik für Ingenieure und Naturwissenschaftler. Kurs 6: Wasseraufbereitungstechnik für Ingenieure. Nr. 206 in DVGW-Schriftenreihe Wasser. Eschborn. 1987. ZfGW-Verlag des Gas- und Wasserfaches.

[DVGW, 1999] DVGW Deutsche Vereinigung des Gas- und Wasserfaches e.V. GFK-Rohre in der Trinkwasserversorgung. Vulkan-Verlag. Essen. 1999.

[DVGW, 2002 und 2008] DVGW Deutsche Vereinigung des Gas- und Wasserfaches e.V. DVGW Kurs 2: Wassertransport und Wasserverteilung. W. Hoch und E. Kober: Planung; A. Kuhl: Bauteile und Werkstoffe; F. Stefanski: Wassermessung. 2002 und 2008.

[DVGW, 2010] DVGW Deutscher Verein des Gas- und Wasserfaches e.V. DVGW-Fortbildungskurse Nr. 3 Maschinelle und elektrische Anlagen in Wasserwerken. Juni 2010.

[Eckert und Irmscher, 2006] P. ECKERT und R. IRMSCHER. 130 years of experience with riverbank filtration in Düsseldorf, Germany. Journal of Water Supply Aqua. Vol 55 (No 6). Seite 283. 2006. IWA Publishing London.

[Elsenhans, 1998] K. ELSENHANS. Wirtschaftlichkeit der Wasserversorgung. In: 12. Trinkwasserkolloquium. Universität Stuttgart. 1998.

[Frimmel, 2009] F. FRIMMEL. Entwicklung und Zukunft der Wasserchemie. GWF Wasser Abwasser. 150. Seiten 111–117. 2009.

[Halter und Mischo, 2010] O. HALTER und M. MISCHO. Gussrohr-Innovation Teil 2. ewp. 2. Seite 18. 2010.

[Heath, 1988] R. HEATH. Einführung in die Grundwasserhydrologie. R. Oldenbourg Verlag München Wien. 1988. aus dem Amerikanischen ins Deutsche übertragen von A. Rothascher und W. Veit.

[Henke, 1996] A. HENKE. Erfassung, Darstellung, Auswertung und Weitergabe von Wassergütedaten. In: bbr Fachmagazin für Wasser- und Rohrbau. Verlagsgesellschaft Rudolf Müller GmbH & Co. KG. November 1996.

[Hoch et al., 2009] W. HOCH, T. BRUDERHOFER und R. RUTHARDT. Qualitätssicherung und Innovationen im Leitungsbau. GWF Wasser Abwasser. 150. Seite 32. 2009.

[Hoch und Kuhl, 2002 und 2008] W. HOCH, E. KOBER, A. KUHL et al. DVGW-Kurs 2: Wassertransport und Wasserverteilung. 2002 und 2008. Kursunterlagen.

[Hölting und Coldewey, 2005] B. HÖLTING und W. COLDEWEY. Hydrogeologie. Einführung in die Allgemeine und Angewandte Hydrogeologie. Elsevier Verlag. Stuttgart. 5. Auflage. 2005.

[Horlacher und Lüdecke, 2006] H.-B. HORLACHER und H.-J. LÜDECKE. Strömungsberechnung für Rohrsysteme. Computerberechnung von stationären und instationären Gas- und Flüssigkeitsströmen in Rohrsystemen. expert-Verlag Renningen. 2. Auflage. 2006.

[Kiefer und Ball, 2008] J. KIEFER und T. BALL. Beurteilung der Erzeugung von Biomasse zur energetischen Nutzung aus Sicht des Gewässerschutzes. energie | wasser-praxis. 6. Seite 36. 2008.

[Kluge et al., 2008] T. KLUGE et al. Integrierte Wasserbedarfsprognose Teil 2: Grundlagen und Methodik. GWF Wasser Abwasser. 149. Seite 764. 2008.

[Klümper und Klaus, 2009] T. KLÜMPER und B. KLAUS. Technische Regeln für die Trinkwasser-Installation Europäische Normung auf dem Gebiet der Trinkwasser-Installation und Auswirkung auf die nationale Normung. energie | wasser-praxis. Nr. 10. Seiten 26–30. 2009. wvgw Wirtschafts- und Verlagsgesellschaft Gas und Wasser mbH, Bonn.

[Köhler, 1995] R. KÖHLER. Tiefbauarbeiten für Rohrleitungen. Verlagsgesellschaft Rudolf Müller. Köln. 5. Auflage. 1995.

[Köhler, 1997] R. KÖHLER. Tiefbauarbeiten für Rohrleitungen. Verlagsgesellschaft Rudolf Müller. Köln. 6. Auflage. 1997.

[Korth und Wricke, 2009] A. KORTH und B. WRICKE. Qualitätssicherung bei der Wasserverteilung. GWF Wasser Abwasser. Jubiläumsausgabe. Seite 118. 2009.

[Kuhlmann und Winter, 2009] J. KUHLMANN und R. WINTER. Sicherung der Trinkwasserqualität in Trinkwasserinstallationen. energie |wasser-praxis. 4. Seite 34. 2009.

[Lecher et al., 2001] K. LECHER, H.-P. LÜHR und U. C. E. ZANKE. Taschenbuch der Wasserwirtschaft. Parey Verlag / Blackwell Wissenschaftsverlag. Berlin/Wien. 8. Auflage. 2001.

[Mehlhorn und Weiß, 2009] H. MEHLHORN und M. WEISS. Fernwasserversorgung und Verbundsysteme in der Wasserversorgung. GWF Wasser Abwasser. Jubiläumsausgabe. Seite 74. 2009.

[Möhle, 1989] K.-A. MÖHLE. Hydraulische Leistung von Grundwasseranreicherungsanlagen. In: DVGW-Fortbildungskurse Wasserversorgungstechnik für Ingenieure und Naturwissenschaftler. Kurs 1: Wassergewinnung. Nr. 201 in DVGW-Schriftenreihe Wasser. Seiten 16–1 – 28. WVGW Wirtschafts- und Verlagsgesellschaft Gas und Wasser mbH. Bonn. 2. Auflage. 1989.

[Mückter, 2010] H. MÜCKTER. Spurenstoffe im Wasser aus Sicht der Humanmedizin. Korrespondenz Abwasser. 57. Jhrg. (Heft 2). 2010.

[Otillinger et al., 2008] F. OTILLINGER, F. FISCHER-UHRIG und J. AHRENS. Netzerneuerung mit Köpfchen spart Geld und schafft Vorteile. 3R international. 47 (Heft 8-9). Seiten 482–491. 2008.

[Pätsch und Zullei-Seibert, 2003] B. PÄTSCH und N. ZULLEI-SEIBERT. Die Trinkwasserverordnung (2001). gwf Wasser/Abwasser. 144 Jhrg. (Heft 13). 2003.

[Roscher et al., 2009] R. ROSCHER et al. Sanierung städtischer Wasserversorgungsnetze. Verlag Bauwesen Berlin 2002. 2. Auflage: Rehabilitation von Wasserversorgungsnetzen mit CD-ROM. Huss-Medien mit Verlag Bauwesen Berlin und Vulkan-Verlag Essen. 2009.

[Roth et al., 2008] U. ROTH, W. HERBER und H. WAGNER. Die Wasserbedarfsprognose als Grundlage für den Regionalen Wasserbedarfsnachweis der Hessenwasser GmbH & Co. KG. GWF Wasser Abwasser. 149. Seite 426. 2008.

[Sacher, 2007] F. SACHER. DVGW-Kurs 5: Wasserchemie. 2007. Kursunterlagen.

[Schubert, 2000] J. SCHUBERT. Entfernung von Schwebstoffen und Mikroorganismen sowie Verminderung der Mutagenität bei der Uferfiltration. GWF Wasser, Abwasser. 141. Jhrg.. Seite 218 ff. 2000.

[Schulz, 2008] W. SCHULZ. Das deutsche Messwesen erste Erfahrungen mit der MID. energie | wasser-praxis. 6. Seite 16. 2008.

[Sichardt, 1928] W. SICHARDT. Das Fassungsvermögen von Rohrbrunnen und seine Bedeutung für die Grundwasserabsenkung, insbesondere für größere Absenkungstiefen. Springer-Verlag. Berlin. 1928.

[Sontheimer, 1979] H. SONTHEIMER. Qualitätsanforderungen an die Trinkwassergewinnung. In: DVGW Deutscher Verein des Gas- und Wasserfaches e.V. (Hrsg.): DVGW-Fortbildungskurs Wasserversorgungstechnik für Ingenieure und Naturwissenschaftler. Kurs 1 Wassergewinnung. Band 201 in DVGW-Schriftenreihe Wasser. ZfGW-Verlag des Gas- und Wasserfaches. Frankfurt am Main. 1. Auflage. 1979.

[StBA, aktueller Jhrg.a] Statistisches Bundesamt (StBA). Fachserie 19 Reihe 2.1 und 2.2: Öffentliche bzw. Nichtöffentliche Wasserversorgung und Abwasserentsorgung Stand 2007. aktueller Jhrg. http://www.destatis.de/ jetspeed/ portal/cms/.

[Stefanski, 2009a] F. STEFANSKI. Dimensionierung von Wasserzählern für Wohngebäude. GWF Wasser Abwasser. 150. Seite 52. 2009.

[Stefanski, 2009b] F. STEFANSKI. Wassermessung. GWF Wasser Abwasser. Jubiläumsausgabe. Seite 95. 2009.

[UBA, 1997] Umweltbundesamt (UBA). Anforderungen an die Aufbereitung von Oberflächenwässern zu Trinkwasser im Hinblick auf die Eliminierung von Parasiten. Bundesgesundheitsblatt 40. 1997. Mitteilung des UBA nach Anhörung der TWK des UBA.

[UBA, 2008] Umweltbundesamt (UBA). KTW-Empfehlungen Gesundheitliche Beurteilungen von Kunststoffen und anderen nichtmetallischen Werkstoffen im Rahmen des Lebensmittel- und Bedarfsgegenständegesetzes für den Trinkwasserbereich. 1. bis 6. Mitteilung Bundesgesundheitsblatt 1977-1987. Leitlinie zur hygienischen Beurteilung von organischen Materialien im Kontakt mit Trinkwasser (KTW-Leitlinie). Stand: 7. Oktober 2008. http://www.umweltbundesamt.de/ wasser/themen/downloads/trinkwasser/ pruefleitlinie.pdf

[VEWA, 2006] metropolitan Consulting Group Berlin: VEWA. Vergleich Europäischer Wasser- und Abwasserpreise. wvgw Wirtschafts- und Verlagsgesellschaft Bonn. 2006.

[WAR, 1987] Institut WAR. Neuere Erkenntnisse beim Bau und Betrieb von Vertikalfilterbrunnen. In: 12. Wassertechnisches Seminar am 14.05.1987. TH Darmstadt. Mai 1987. TH Darmstadt.

[Wasser & Boden, 1995] Wasser & Boden. Zeitschrift für Wasserwirtschaft, Bodenschutz und Abfallwirtschaft. Parey Buchverlag Berlin. Oktober 1995.

Glossar

Abbaubarkeit

1 Allgemein: („degradability"). Eigenschaft eines Stoffes, Stoffgemisches oder Abwassers, sich durch biologische (biochemische, biotische), chemische und/oder physikalische (abiotische) Prozesse in andere Stoffe (Abbauprodukte, Metaboliten) oder bei vollständiger Mineralisierung zu CO_2, H_2O und NH_3 umzuwandeln.

2 Die Abbaubarkeit ist ein wichtiger Parameter zur Beurteilung chemischer Stoffe. Man unterscheidet zwischen leicht biologisch abbaubaren Stoffen („readily biodegradable") oder nicht leicht abbaubaren Stoffen („inherently biodegradable") oder sehr schwer bis biologisch nicht abbaubaren Stoffen (refraktären). Für die Klassifizierung werden biologische Abbautests in Laboratorien durchgeführt oder auch Photoabbautests (biologische Abbaubarkeit).

Abfluss

1 Allgemein: Unter dem Einfluss der Schwerkraft auf und unter der Landoberfläche sich bewegendes Wasser.

2 Quantitativ: Wasservolumen, das einen bestimmten Querschnitt in der Zeiteinheit durchfließt und einem Einzugsgebiet zugeordnet ist. Q [m^3/s] oder [L/s] (DIN 4049, Teil 1)

3 Der Teil des Niederschlags auf der Erde, der oberirdisch in Bächen und Flüssen in die Ozeane und die abflusslosen Becken abfließt. (s. a. Wasserhaushalt)

4 Komponenten des Abflusses (u. a. für Wasserhaushaltsgleichung)
- oberirdischer Abfluss
- unterirdischer Abfluss
- Zwischenabfluss oder Interflow

5 Hydrometrie, Gewässerkundliche Hauptzahlen

Abflussganglinie

Grafische Darstellung der Abflussmenge eines Wasserlaufs als Funktion der Zeit. (Hydrograph, Abflussmengenkurve, Ganglinie)

Abflusshöhe

(auch Gebietsabfluss) Als Abflusshöhe eines oberirdischen oder unterirdischen Gewässers wird der Abfluss pro Zeiteinheit bezeichnet, der unter Annahme einer gleichmäßigen Verteilung über einer horizontalen Bezugsfläche in einem Einzugsgebiet entsteht. Sie wird in „Millimeter Wasserhöhe" angegeben und ist der Quotient aus Wasservolumen und zugehörigem Einzugsgebiet.

Abgabe

Geldleistungen, die der Bürger Kraft öffentlichen Rechts an den Staat oder sonstige Körperschaften des öffentlichen Rechts abzuführen hat. Dazu zählen Steuern und Zölle, für die der Bürger keine Gegenleistung erhält. Für Gebühren und Beiträge erhält der Bürger Gegenleistungen, z. B. für die Benutzung öffentlicher Einrichtungen.

Absetzbecken

Große Sammelbecken zur mechanischen Entfernung durch Sedimentation von ungelösten Schwebstoffen aus langsam durchfließenden Wasser in horizontaler Strömung; vertikal aufsteigende Strömung eignet sich besonders zum Abscheiden von flockigen Partikeln.

Absorption

1 allgemein: Aufnahme von Gasen, Dämpfen und Stoffpartikeln durch Flüssigkeiten oder feste Körper; auch: Aufnahme von Lichtwellen durch Moleküle

2 (absorbere lat. = verschlucken). Die Aufnahme von Gasen oder Flüssigkeiten durch eine Zelle.

3 Lösen von gasförmigen Stoffen in Wasser

Abstandsgeschwindigkeit

Die Abstandsgeschwindigkeit v_a wird durch Bestimmung der Laufzeit $t_{0,5}$ eines Tracers zwischen zwei Pegeln in der Entfernung L ermittelt; $t_{0,5}$ ist die Zeit des 50%igen Durchgangs des Tracers, bestimmt aus der Summenkurve: $v_a = L/t_{0,5}$. Die Abstandsgeschwindigkeit v_a ist das Mittel der tatsächlichen Wassergeschwindigkeit über den Flächenanteil der Poren des durchströmten Querschnitts A_p, bezogen auf den Durchfluss Q:
$$v_a = Q/A_p.$$

Adhäsion

Das durch Kräfte der Moleküle bewirkte Aneinanderhaften von festen und flüssigen Stoffen, z. B. Kreide an der Tafel oder Wasser an eingetauchten Gegenständen.

adsorbierbare organische Halogenverbindung

(AOX) Analysenverfahren, das alle adsorbierbaren organischen Halogenverbindungen erfasst; es erfasst als Summenparameter bei der Qualifizierung von Wasser Halogenverbindungen unterschiedlichen Gefährdungspotenzials.

Adsorption

(ad lat. = an; adsorbere lat. = aufnehmen). Anlagerung von Gasen oder gelösten Stoffen an der Oberfläche fester Stoffe (Adsorbens, Adsorptionsmittel) in einem Adsorber. Durch Adsorption lassen sich Schadstoffe aus Abgasen oder Flüssigkeiten entfernen.

Adsorptionsisothermen

Zusammenhang zwischen der Konzentration des zu adsorbierenden Stoffes in der Lösung (Sorptiv) und der damit im Gleichgewicht stehenden, am Feststoff (Sorbens) adsorbierten Menge des Stoffes bei konstanter Temperatur

Adsorptionswasser

Anteil des Haftwassers, der als Wasserfilm an den Kornoberflächen im Boden adsorbiert wird.

Aerosol

Kleine Tröpfchen oder Feststoffe mit einem Durchmesser von etwa 1/100 bis 1/10.000.000 mm, die aufgrund ihrer geringen Größe in einem Gasstrom oder in der Atmosphäre schweben und sehr fein zerstreut sein können. Aerosole sind lungengängig und können damit hochtoxische Stoffe in den menschlichen Körper einschleusen.

Aggregatzustand

Erscheinungsform eines Stoffes, wobei zwischen den Aggregatzuständen: fest, flüssig und gasförmig unterschieden wird.

Aktivkohle

Hochporöser reiner Kohlenstoff mit großer Oberfläche (zwischen 300 und 1100 m^2/g); wird gewonnen durch Verkokung von Holz, Steinkohle, Torf, Braunkohle, u.a., gefolgt durch eine Aktivierung mit Wasserdampf; durch partiellen Abbrand bei 700 bis 1000°C entstehen die für die Adsorptionswirkung wichtigen Mikroporen.

Aktivkohlefilter

Filter zur Reinigung von organisch belastetem Rohwasser für die Trinkwasserversorgung, von Abluft und Abwasser (dritte Reinigungsstufe), der mit Aktivkohle bestückt ist. Das dem Aktivkohlefilter zugrunde liegende physikalische Prinzip ist die Adsorption. Aktivkohle-Verfahren werden sowohl bei der weitergehenden Abwasserbehandlung (Dritte Reinigungsstufe) als auch in der Trinkwasseraufbereitung eingesetzt.

Algen

Einfach konstruierte einzellige oder vielzellige Pflanzen, die durch Photosynthese leben. Sie sind aerob und enthalten in der Regel Chlorophyll. Die meisten gedeihen in nasser Umgebung (Süß- oder Meerwasser), in Seen, Flüssen (Fluss) und feuchten Wänden.

Alkalität

Hydroxyl-Ionenkonzentration. Siehe pH-Wert.

allgemein anerkannte Regeln der Technik

s. anerkannte Regeln der Technik

alternierend

sich abwechselnd, zeitweilig mit etwas anderem wechselnd

Alterung

1   ... des Flusssystems: Hervorgerufen durch Aufstau oder Ausleitung. Ökologische Auswirkungen sind u. a. Verschlammung mit Verlust des Kieslückensystems, einseitig ausgebildete Nahrungsketten, Zunahme des Fraßdruckes, Verbuttung der Fischbestände und Eutrophierung.

2   ... von Brunnen: Zeitbedingte Prozesse, die meist aufgrund der Wasserentnahme zu einer Veränderung des hydraulischen Leistungsvermögens bzw. der Ergiebigkeit des Brunnens führen. Beispiele: Versandung, Verschleimung, Verockerung, Versinterung etc.

Altlast

Unter Altlasten versteht man ehemalige Industrie- und Gewerbestandorte, alte Kanäle oder Leitungssysteme, auch aufgegebene Deponien für kommunale oder gewerbliche Abfälle, illegale Ablagerungen, stillgelegte Aufhaldungen und Verfüllungen mit Produktionsrückständen (auch Bauschutt), von denen wegen mangelhafter oder fehlender Abdichtung eine Gefährdung für Boden und Grundwasser und damit für die menschliche Gesundheit ausgehen kann. Um mögliche Umweltschäden zu verhindern, werden Sicherungs- und Sanierungsmaßnahmen durchgeführt.

Ammonium

1   Ammonium ist das Ion NH_4^+ von Ammoniak (NH_3)

2   Anorganische Stickstoffverbindung, die u. a. beim biologischen Abbau (biologischer Abbau) organischer Stickstoffverbindungen (z. B. Eiweiße) gebildet wird. Gelangt Ammonium aus Kläranlagen, Düngemittelabschwemmungen u. a. in ein Gewässer, wird es dort unter Sauerstoffverbrauch (Sauerstoffzehrung) durch Mikroorganismen zu Nitrat oxidiert. Das in Kläranlagen gebildete Ammonium kann durch Nitrifikation und Denitrifikation weitgehend eliminiert werden. Stickstoffverbindungen fördern das Algenwachstum (Eutrophierung).

amorph

Ungeordnete Anordnung von Atomen, Ionen oder Molekülen in Festkörpern (Gegensatz: kristallin).

anerkannte Regeln der Technik

technische Festlegung, die von der Mehrheit repräsentativer Fachleute als Wiedergabe des Standes der Technik angesehen wird (s. Stand der Technik)

Anmerkung: Ein normatives Dokument zu einem technischen Gegenstand gilt zum Zeitpunkt seiner Veröffentlichung als (allgemein) anerkannte Regel der Technik, wenn es in Zusammenarbeit der betroffenen interessierten Kreise unter Einschluss eines öffentlichen Einspruchsverfahren erstellt worden ist (DIN EN 45020, DVGW-Geschäftsordnung GW 100).

Anion

Negativ geladenes Ion

Anisotropie

Richtungsabhängige Veränderung von physikalischen Kenngrößen; anisotrope Körper besitzen in verschiedenen Richtungen unterschiedliche physikalische Eigenschaften. Bsp. Sandstein: horizontale Durchlässigkeit durch seine Schichtung und Bankung meist größer als seine vertikale, d. h. Durchlässigkeit ist in einem anisotropen Körper in verschiedenen Richtung betrachtet unterschiedlich. (s. a. Isotropie)

Anlagenkennlinie

(Rohrnetzkennlinie oder Systemkennlinie oder Widerstandskennlinie) beschreibt z.B. den Zusammenhang von Druckhöhe H und Förderstrom Q einer Kreiselpumpe oder die charakteristischen Druckhöhenverluste einer durchströmten Rohrleitung (ggf. einschließlich aller Einbauten) in Abhängigkeit vom Förderstrom Q.

anorganisch

Anorganisch definiert man am besten aus dem Gegensatz von organischen Stoffen, die aus biologischer Aktivität entstehen und grundsätzlich die Elemente Kohlenstoff, Wasserstoff und Stickstoff enthalten.

Anschlussdichte

Anzahl der Anschlüsse je km Rohrnetz

anthropogen

Durch menschliche Einwirkung hervorgerufen

Approximation

Näherung(swert), angenäherte Bestimmung oder Darstellung einer unbekannten Größe oder Funktion

aquatisch

im Wasser lebend.

äquidistante Zeiträume

Zeiträume mit gleich großem Abstand

Aquifer

Aquifer wird in der angelsächsischen Literatur der Teil einer geologischen Schichtenfolge genannt, der ausreichend durchlässiges Material enthält, um signifikante Wassermengen weiterzuleiten. Die wasserungesättigte Zone ist in diesem Begriff ausdrücklich mit eingeschlossen. Daher ist der Begriff „Aquifer" in unserem Sprachgebrauch nicht ganz identisch mit dem Begriff „Grundwasserleiter", da nach DIN 4049 die gesättigte Zone (= Grundwasserleiter) von der ungesättigten Zone getrennt betrachtet werden.

Äquivalentkonzentration

Äquivalente Stoffmenge pro Liter, z. B. bezogen auf 1 Liter Lösung: mmol (eq)/L. Sie errechnet sich aus der Mol-Konzentration des Ions dividiert durch die Wertigkeit: z. B. 60 mg/L Ca^{2+} = 2,99 mmol (eq)/L.

arid

Bezeichnung für trockenes Klima, in dem die Verdunstung die Menge der Niederschläge übertrifft

artesische Quelle

Wird durch aufsteigendes (aszendentes) Grundwasser gespeist; der Druck im (gespannten) Aquifer liegt höher als die Erdoberfläche.

Aufbereitung von Wasser

Qualitative Veränderung von Wasser, um seine Beschaffenheit dem jeweiligen Verwendungszweck anzupassen, z. B. als Betriebs- oder Trinkwasser. Da Wasser bei seinem Kreislauf in der Natur in bakteriologischer, biologischer, chemischer und physikalischer Hinsicht vielfach so verändert wird, dass es häufig als Trinkwasser oder für gewerbliche Zwecke nicht brauchbar ist, muss es je nach dem Verwendungszweck aufbereitet werden.

Auflage

1   (im Verwaltungsrecht): Nebenbestimmung zur gesetzlichen Voraussetzung zur Enthüllung des Verwaltungsaktes: Bedingungen, Befristungen, Widerrufsvorbehalte und sachliche Auflagen zwecks bestimmten Tuns, Duldens, Unterlassens. Bei Nichterfüllung einer Auflage kommt nur der Zwang zur Erfüllung der Auflage(n) in Betracht; der Verwaltungsakt selbst bleibt unabhängig davon in Kraft.

2   Der wesentlichste Bestandteil von gewerbe- und immissionsschutzrechtliche Genehmigungen, wasserrechtliche Erlaubnissen und Bewilligungen. In ihnen schreibt die Behörde u. a. die Begrenzungen für Emissionen vor, wie die Anlage zu betreiben oder ein Gewässer zu benutzen ist. Wird eine Auflage nicht erfüllt, so kann das den Entzug der Genehmigung, Erlaubnis oder Bewilligung zur Folge haben; es kann ordnungs- oder strafrechtliche Verfolgung eintreten.

Auftrieb

Emporsteigen eines bewegten oder angeströmten Körpers entgegen der Schwerkraft durch Druckunterschiede.

Ausfällen

Gelöste Stoffe durch Zusätze geeigneter Substanzen aus einer Lösung ausscheiden. Ausfällen ist ein wichtiges Trennprinzip in der analytischen Chemie.

Auslastungsgrad

Auslastungsgrad z. B. einer Wasserversorgungsanlage: $a = 1/ f_d$ bzw. $1/f_h$ (f_d ist der Tagesspitzenfaktor, f_h der Stundenspitzenfaktor)

Außendurchmesser

OD (Outside Diameter) – Mittlerer Außendurchmesser des Rohrschaftes in jedem beliebigen Querschnitt (DVGW W 400-1).

Bakterien

Bakterien zählen zu den Mikroorganismen, einer Gruppe von Lebewesen, die wegen ihrer geringen Größe nur im Mikroskop sichtbar sind, da das Auflösungsvermögen des menschlichen Auges zu gering ist. Die Größe der Bakterien liegt im Allgemeinen zwischen 1–10 µm. Ihre Morphologie ist nicht so stark ausgeprägt wie bei höheren Lebewesen; sie sind meist kugel- oder stäbchenförmig, teilweise auch gekrümmt oder verdickt.

Bakterien sind an unterschiedliche Lebensräume angepasst (mit Sauerstoff = aerob, ohne Sauerstoff = anaerob), aber häufig nicht auf diese festgelegt (fakultative Anaerobier oder microaerotolerant). Sie können anorganische Substanzen zur Energiegewinnung nutzen (autotrophe Lebensweise) oder organische Substanzen (heterotrophe Lebensweise), die sie z. T. vollständig mineralisieren, also bis zu H_2O und CO_2 oxidieren (aerober Abbau). Heterotrophe Bakterien werden z.B. in Kläranlagen zum Abbau der organischen Fracht im Abwasser genutzt.

Je nach Temperaturoptimum des Wachstums werden drei Gruppen von Bakterien unterschieden:

- psychrophile Bakterien (Wachstumsoptimum unterhalb von 20°C)
- mesophile Bakterien (Wachstumsoptimum zwischen 20°C und 42°C)
- thermophile Bakterien (Wachstumsoptimum oberhalb von 40°C).

Die meisten bekannten Boden und Wasserbakterien sind mesophil (z.B. Escherichia coli, Pseudomonas, Staphylococcus).

Bakterien vermehren sich durch Zellteilung. Dies führt dazu, dass aus einer Zelle bei optimalen Bedingungen innerhalb kürzester Zeit Millionen Zellen werden können. Eine Aufkeimung wird dadurch verhindert, dass die Lebensbedingungen von Bakterien verschlechtert und dadurch ihre Vermehrung eingedämmt wird.

bakteriologische Wasseruntersuchung

1 Mikrobiologische Untersuchungsverfahren zur Feststellung, wieviele Bakterien einer Wasserprobe auf einem Nährboden bestimmter Zusammensetzung zur Vermehrung zu bringen sind (Kolonienzahl) und ob sich ggf. unter ihnen Keime aus dem Darm von Mensch und Tier befinden (z. B. Escherichia coli).

2 Die bakteriologische Wasseruntersuchung gehört zur routinemäßigen Überwachung der Trinkwasserversorgung und dient dazu, den Ausbruch bzw. die Verbreitung wasserübertragbarer Krankheiten zu vermeiden.

Baugenehmigung

Die näheren Vorschriften über die Bebauung von Grundstücken enthalten die Bauordnungen der Länder. Grundsätzlich bedürfen Errichtung, Änderung und Abbruch baulicher Anlagen der Genehmigung (Baugenehmigung) der Bauaufsichtsbehörde, ebenso die Nutzungsänderung von Gebäuden oder Räumen. Vorhaben kleineren Ausmaßes oder mit geringeren Gefährdungsmöglichkeiten sind entweder nur anzeigepflichtig oder genehmigungs- und anzeigefrei. Die Bauordnungen regeln ferner die Verantwortlichkeit der Beteiligten (Bauherr, Entwurfsverfasser, Unternehmer, Bauleiter) und das Genehmigungsverfahren, den Bauantrag und die Bauvorlagen sowie deren Behandlung durch die Bauaufsichtsbehörde, ferner Bauanzeige und Baubeginn sowie die Bauabnahme als Voraussetzung für die Ingebrauchnahme genehmigungsbedürftiger baulicher Anlagen.

Bebauungsplan

(§§ 8–10 BauGB). Verbindlicher Bauleitplan. Wird aus dem Flächennutzungsplan entwickelt. Enthält als gemeindliche Satzung rechtsverbindliche, konkrete und parzellenscharfe Festsetzungen über Art und Maß der baulichen Nutzung innerhalb des Plangebietes. Qualifizierte Bebauungspläne enthalten ferner Festsetzungen

über die örtlichen Verkehrsflächen und die überbaubaren Grundstücksflächen.

Beitrag

Unterart der öffentlichen Abgaben. Geldleistungen, die in Hinblick auf eine besondere Gegenleistung auferlegt werden dafür dass die Möglichkeit der Benutzung besonderer Einrichtungen oder die Ausnutzung besonderer Vorteile zur Verfügung gestellt wird. Beitragssätze werden nach der Benutzungsmöglichkeit gestaffelt. Ob davon Gebrauch gemacht wird, ist unerheblich. (Stichwort: Anliegerbeiträge, Erschließungsbeiträge).

Beladung

1 Bei der Adsorption die pro Masseneinheit des Sorbens aufgenommene Menge an Sorptiv.

2 Bei der Filtration die pro Massen- oder Volumeneinheit des Filtermediums aufgenommene Menge an abfiltrierten Stoffen.

Belüftung

1 Belüftung bedeutet allgemein den Gasaustausch zwischen Wasser und Luft zum Einbringen von Sauerstoff und gegebenenfalls Entfernen gelöster Gase (DIN 4046).

2 Anreicherung des Wassers oder eines Gewässers mit Luft oder reinem Sauerstoff. Belüftungsverfahren werden in Kläranlagen, bei der Trinkwasseraufbereitung (zum Beispiel zur Entfernung von gelöstem Eisen oder Mangan) und zur Unterstützung der Selbstreinigungskräfte (Selbstreinigungskraft) in Gewässern eingesetzt.

Benchmarking

Benchmarking wird als systematischer und kontinuierlicher Prozess zur Identifizierung, zum Kennenlernen und zur Übernahme erfolgreicher Instrumente, Methoden und Prozesse von Benchmarkingpartnern definiert. Erfolgreiches Benchmarking beruht auf dem Prinzip der Freiwilligkeit und Vertraulichkeit innerhalb der Vergleichsgruppe. Der Vergleich erfolgt auf der Basis gemeinsam verabredeter Kennzahlen; er bezieht sich entweder auf einzelne Prozesse (z.B. Erstellung eines Hausanschlusses) oder auf die Hauptmerkmale des Unternehmens, untergliedert in Sicherheit, Qualität, Kundenservice, Nachhaltigkeit und Wirtschaftlichkeit. s. DVGW-Merkblatt W 1100 und DWA-Merkblatt A 1100 Benchmarking in der Wasserversorgung und Abwasserbeseitigung.

Bentonit

Technisch: Lockeres Sedimentgestein, dessen Hauptminerale Semectite sind. Entsprechend seinen Eigenschaften wird Bentonit technisch als Filtermasse, zum Stabilisieren von Sanden und in wässriger Suspension als Spülmittel bei Bohrungen eingesetzt.

Benutzung der Gewässer

Begriff aus dem Wasserhaushaltsgesetz (§ 9 WHG). Dazu werden folgende Maßnahmen gezählt:

Entnehmen und Ableiten von Wasser aus oberirdischen Gewässern (oberirdisches Gewässer), Aufstauen und Absenken solcher Gewässer, Entnehmen fester Stoffe aus oberirdischen Gewässern, soweit sich dies auf die Gewässereigenschaften auswirkt, Einbringen und Einleiten von Stoffen in oberirdische Gewässer, Küstengewässer und Grundwasser, das Aufstauen, Absenken und Umleiten von Grundwasser. Weiterhin zählen dazu alle Maßnahmen, die geeignet sind, dauernd oder in einem nicht nur unerheblichen Ausmaß nachteilige Veränderungen der Wasserbeschaffenheit herbeizuführen.

Bernoulli-Gleichung

Für die hydraulische Berechnung der Druckhöhen in einen Rohrnetz wird auf den um den Druckhöhenverlust erweiterten Energiesatz – die so genannte Bernoulli-Gleichung – zurückgegriffen. Die Druckhöhe setzt sich aus folgenden Komponenten zusammen: geodätische Höhe der Rohrachse, Druckhöhe, Geschwindigkeitshöhe, Druckverlusthöhe, Gesamtenergiehöhe.

Berstlining

Das Berstlining ist ein Verfahren der grabenlosen Leitungserneuerung. Die Altleitung wird mittels eines eingeführten Berstkörpers zerstört. Die Bruchstücke des Altrohres werden dabei in das umgebende Erdreich verdrängt. In dem entstandenen Hohlraum werden im gleichen Arbeitsgang die an den Verdrängungskörper angekoppelten Rohre gleicher oder größerer Nennweite eingezogen bzw. nachgeschoben. Vgl. auch grabenlose Verlegetechnik.

Beschichtung

Beschichtung ist ein Sammelbegriff für eine oder mehrere in sich zusammenhängende, aus Beschichtungsstoffen hergestellte Schichten auf einem Untergrund.

Bestandsplan

ist die lagerichtige, aktuelle, grafische Dokumentation von Leitungsnetzen und Betriebsmitteln (z. B. Kanal, Gas, Wasser, Strom, Telekom); häufig wird dabei die ALK oder die Flurkarte als Basiskarte verwendet. Typische Maßstäbe 1:250 bis 1:500. Geführt bei Ver- und Entsorgungsunternehmen, Stadtwerken oder Tiefbauämtern. Weitere ergänzende Planwerke sind der Übersichtsplan, das Hausanschlusskataster, Störmeldungskataster, Schemapläne.

Bestandspläne sind der maßstäbliche Nachweis aller Leitungen und Betriebseinrichtungen eines Versorgungsnetzes.

beste verfügbare Technik

In der „EG-Richtlinie über integrierte Vermeidung und Verminderung der Umweltverschmutzung" (IVU-Richtlinie) findet sich folgende Definition: Der neueste Stand der Entwicklung von Tätigkeiten, Verfahren und Betriebsmethoden, die die praktische Eignung spezieller Techniken als Grundlage für Emissionsgrenzwerte angeben, um Emissionen an die Umwelt insgesamt zu vermeiden oder, sofern dies nicht möglich ist, auf ein Mindestmaß zu vermindern, ohne vorherige Festlegung auf eine spezielle Technologie oder andere Techniken. Die „beste verfügbare Technik" wird in Deutschland im Umweltrecht häufig auch mit dem „Stand der Technik" gleichgesetzt

Betriebsdruck

OP (Operating Pressure) – Innendruck, der zu einem bestimmten Zeitpunkt an einer bestimmten Stelle im Wasserversorgungssystem auftritt (DVGW W 400-1).

Betriebskosten

Betriebskosten sind Kosten, die durch den zweckbestimmten Gebrauch eines Gebäudes oder einer technischen Anlage laufend entstehen. Dazu zählen nach W 400-3 Bedienung, Beobachtung, Überwachung, Kontrolle, Dokumentation, Änderung, Steuern und Regeln, nicht aber die Instandhaltung. Betriebswirtschaftlich betrachtet zählen aber auch die Kosten für Inspektion, Wartung und Instandsetzung zum Betriebsaufwand (s.a. W 409).

Betriebspunkt

Der Betriebspunkt einer Kreiselpumpe stellt sich dort ein, wo die Förderhöhe von Pumpe und Anlage identisch sind, nämlich im Schnittpunkt der Pumpenkennlinie (H(Q)-Kennlinie) mit der Anlagenkennlinie.

Betriebsreserve

Die Betriebsreserven decken üblicherweise die zur Erfüllung der Betriebsaufgaben an Spitzentagen erforderliche Wassermenge ab. Diese Menge sollte ausreichend sein, um die Wasserabgabe auch bei kurzfristigen Störfällen auf der Zulaufseite des Behälters für die Dauer der notwendigsten Reparaturarbeiten sicherzustellen.

Betriebswasser

1 Wasser, das gewerblichen, industriellen, landwirtschaftlichen oder ähnlichen Zwecken dient, ohne dass im Allgemeinen Trinkwasserqualität verlangt wird (z.B. Kühlwasser, Lebensmittelbetriebe benötigen aber Trinkwasserqualität). Betriebswasser muss je nach Einsatzzweck bestimmte Eigenschaften haben. So darf Kesselspeisewasser nicht korrodierend wirken oder Kesselstein bilden und Bewässerungswasser muss frei von boden- und pflanzenschädigenden Stoffen sein.

2 Zur Einsparung von Trinkwasser wurden in mehreren Städten in Deutschland Ende vorigen Jahrhunderts neben den Trinkwassernetzen auch Betriebswasser-Netze eingerichtet. Aus diesen Netzen wurde Betriebswasser für industrielle und gewerbliche Zwecke, zum Bewässern öffentlicher Grünanlagen, für die Stadtreinigung und teilweise auch für private Haushalte zur Gartenbewässerung abgegeben. Das Betriebswasser wurde üblicherweise aus Flusswasser gewonnen. Inzwischen sind diese Versorgungsnetze im Bereich der Bundesrepublik aus wirtschaftlichen Gründen außer Betrieb genommen worden. In einigen Städten der Bundesrepublik wird Betriebswasser noch in besonderen Leitungen Industriebetrieben zugeführt.

3 s. a. Brauchwasser

Bewilligung

Im Wasserhaushaltsgesetz (§ 8 ff.) geregelte Verleihung eines subjektiven öffentlichen Rechts, erteilt in einem förmlichen Verfahren. Zurücknahme oder Einschränkung in der Regel nur gegen Entschädigung.

Bewirtschaftung

Auf die konkreten räumlichen und fachlichen Teilbereiche abgestimmte quantitative und qualitative Nutzung der Ressource Wasser.

Bewirtschaftungsplan

1 Der Bewirtschaftungsplan nach EU-WRRL enthält für das Einzugsgebiet eines Gewässers eine Zusammenfassung der Maßnahmen, die als erforderlich angesehen werden, um die Wasserkörper in den geforderten „guten ökologischen Zustand" bzw. bei „erheblich veränderten" und „künstlichen Wasserkörpern" ein „gutes ökologisches Potential" zu erhalten oder zu erreichen (einschließlich einem voraussichtlichen Zeitplan für die Durchführung der Maßnahmen).

2 Wasserwirtschaftliches Planungsinstrument, festgelegt im Wasserhaushaltsgesetz. Er soll die vielfältigen Inanspruchnahmen der Gewässer so aufeinander abstimmen, „dass unter Einbeziehung ökonomisch-ökologischer Gesamtzusammenhänge ein größtmöglicher Nutzen zum Wohl der Allgemeinheit erreicht wird". Im Unterschied zum wasserwirtschaftlicher Rahmenplan, der großräumig die Wassermengenwirtschaft betrachtet, stehen beim Bewirtschaftungsplan hauptsächlich das einzelne Gewässer, die hier einzuhaltenden Gütestandards (Gewässergüteklasse) sowie die dafür erforderlichen Maßnahmen im Vordergrund.

bindiger Boden

maximal 0,002 mm Korngröße, anorganisch oder organisch. B. B. ändern ihr mechanisches Verhalten stark unter dem Einfluss des Wassers. Sie quellen bei Wasseraufnahme und schwinden bei Austrocknung. Spröde im trockenen Zustand, knetbar und klebrig im feuchten. Bei großem Wassergehalt neigen sie zum Fließen (z. B. Ton, Mergel, Lehm, Löss, Schlamm). In den Berührungsflächen der Körner wirken neben Reibungskräften auch Kohäsionskräfte (Haftkräfte).

Bioakkumulation

1 Allgemein: Prozess der Anreicherung von natürlichen und anthropogenen Stoffen in einem Organismus, der zu einer Konzentrationserhöhung führt. Die Bioakkumulation ist gegeben, wenn das Verhältnis der Konzentration des Schadstoffs an oder in toten oder lebenden Strukturen zur Konzentration des Schadstoffs (in gleicher Maßeinheit) im Wasser oder in der Nahrung größer als 1 ist. Die der Anreicherung zugrundeliegenden Aufnahmewege und -prozesse werden hierbei nicht berücksichtigt. Die Fähigkeit von Organismen zur natürlichen Bioakkumulation ist eine elementare Eigenschaft.

2 Gewässer: Anreicherung von Stoffen in marinen Organismen durch Inkorporation in Gewebe und Organen oder durch Adsorption. Bei der Aufnahme von Umweltchemikalien wird je nach Quelle in Biokonzentration (aus dem Wasser) und Biomagnifikation (aus der Nahrung) unterschieden.

3 Anreicherung von Stoffen (z. B. Schwermetalle, Pflanzenschutzmittel, radioaktive Nuklide) in Organismen oder ganzen Ökosystemen.

Biozid

Biozide sind Stoffe, mit denen Schadorganismen abgeschreckt, unschädlich gemacht oder zerstört werden. Dabei können die enthaltenen Biozid-Wirkstoffe chemische Stoffe oder Mikroorganismen (Bakterien, Viren oder Pilze) sein. Als Schadorganismen werden in diesem Zusammenhang Insekten, Würmer, Nagetiere, Muscheln, Algen, Viren, Bakterien, Parasiten oder Pilze bezeichnet, die für den Menschen, seine Tätigkeiten oder für Produkte, die er verwendet oder herstellt, oder für Tiere oder die Umwelt unerwünscht oder schädlich sind.

Der Begriff Biozid steht auch – nicht ganz korrekt – für Pflanzenbehandlungs- und Schädlingsbekämpfungsmittel (PBSM), die in der Landwirtschaft und im Gartenbau gegen Schadorganismen und Wildkräuter (Unkraut) angewendet werden.

Bodenart

1 Mit der Bodenart wird die Korngrößenzusammensetzung des mineralischen Bodenmaterials (Lockergestein im geologischen Sinne) gekennzeichnet. Neben dem Grobboden (Körnung > 2 mm) differenziert man den Feinboden in Sand, Schluff und Ton.

2 Nach DIN 4022-1 „Baugrund und Grundwasser – Benennen und Beschreiben von Boden und Fels": Einheitliche Benennung und Beschreibung der Böden nach Art, Farbe und Beschaffenheit. Siehe auch DIN 18301 „Bohrarbeiten".

Bodennutzung

Bei der Bodennutzung werden in der Literatur verschiedene Ansätze vorgeschlagen, wobei zwei große „Schulen" unterschieden werden können.

Die Bodennutzung in Hinblick auf die funktionale Dimension entspricht der Beschreibung von Gebieten bezüglich ihres sozioökonomischen Zwecks: Wohn-, Industrie- oder Gewerbeflächen, land- oder forstwirtschaftliche Gebiete, Erholungs- oder Schutzgebiete usw. Verbindungen zur Bodenbedeckung sind möglich; man kann von der Bodennutzung eventuell auf die Bodenbedeckung schließen und umgekehrt. Doch oft ist die Situation komplex, wodurch die Verbindung nicht so offensichtlich ist.

Ein anderer Ansatz, der als sequentiell bezeichnet wird, wurde insbesondere für die Landwirtschaft entwickelt. Seine Definition bezieht sich auf eine Reihe von Schritten der Bodenbearbeitung, die Menschen mit der Absicht ausführen, Erzeugnisse und/oder einen Nutzen durch die Verwendung von Bodenressourcen zu erhalten.

Bodenwasserhaushalt

Die jahreszeitlich unterschiedlichen Wasserzufuhren und -verluste in einem Bodenkörper werden unter dem Begriff „Bodenwasserhaushalt" zusammengefasst. Das in einen Boden infiltrierte Niederschlagswasser sickert nur zu einem Teil dem Grundwasser zu, während der andere Teil in der wasserungesättigten Zone über dem Grundwasserniveau verbleibt. Im Falle einer Wassersättigung füllt das Wasser den gesamten verfügbaren Porenraum aus.

Bohrlochgeophysik

Die geophysikalischen Verfahren der Elektromagnetik, Magnetik und Radiometrie werden durch Messsonden in einem Bohrloch eingesetzt. Als Ergebnis erhält man einen sehr detaillierten, tiefenbezogenen Verlauf der jeweiligen Gesteins- oder Fluidparameter (elektrischer Widerstand, Suszeptibilität und Gammastrahlung) mit der Tiefe.

Brauchwasser

1 Regenwasser oder recyceltes Abwasser zum Gebrauch für Toilettenspülungen, Waschmaschine, Bewässerung (kein Trinkwasser).

2 Je nach technischem Verwendungszweck – z. B. Kühlwasser, Kesselspeisewasser, Reinigungs- und Spülzwecke – unterschiedlich aufbereitetes Rohwasser (Betriebswasser).

Brunnen

Der Brunnen ist eine technische Anlage, um Grundwasser und Uferfiltrat zu gewinnen.

Unterschieden werden Brunnen nach ihrer Herstellungsart: vertikal oder horizontal. Ein Vertikalbrunnen besteht aus einem senkrechten Rohr, das nur im Bereich einer wasserführenden Schicht gelocht oder geschlitzt und ggf. mit Kies umhüllt ist. Der Horizontalbrunnen hingegen besteht aus einem bis zur wasserführenden Schicht reichenden geschlossenem Rohr oder Schacht, an dessen Basis sternförmig angeordnete Horizontalbohrungen mit Filterrohren ausgebaut werden.

Bundes-Bodenschutzgesetz

Gesetz zum Schutz vor schädlichen Bodenveränderungen und zur Sanierung von Altlasten vom 17.03.1998; BGBl. Teil I, S. 502

Bundes-Immissionsschutzgesetz

Vollständige Bezeichnung: Gesetz zum Schutz vor schädlichen Umwelteinwirkungen durch Luftverunreinigungen, Geräusche, Erschütterungen und ähnliche Vorgänge. Schutzziel des Gesetzes ist, Menschen, Tiere, Pflanzen und andere Sachen vor schädlichen Umwelteinwirkungen und vor Gefahren, erheblichen Nachteilen und Belästigungen, die insbesondere durch den Betrieb genehmigungsbedürftiger Anlagen (genehmigungsbedürftige Anlage) herbeigeführt werden, schützen und dem Entstehen schädlicher Umwelteinwirkungen vorbeugen durch Regelungen für Errichtung, Betrieb und Überwachung von Anlage sowie der Überwachung der Luftverunreinigung im Bundesgebiet. (s.a. BImSchG)

Calcit-Sättigung

siehe Kalk-Kohlensäure-Gleichgewicht.

Carbonathärte

1 Gehalt an Hydrogencarbonaten (HCO_3^-), sofern vorhanden auch CO_3^{2-}

2 Anteil an Calcium und Magnesium, der der im Wasser vorhandenen Hydrogencarbonat-Konzentration äquivalent ist, in mmol/L

Chemograph

Chemographen umfassen mehrjährige Ganglinien ausgewählter, quellspezifisch festzulegender Qualitätsparameter, die im Quellwasser z. B. durch kontinuierlich aufzeichnende Messgeräte oder zeitlich regelmäßig gestaffelte Einzelmessungen erfasst und in Funktion der Zeit aufgetragen werden.

Cholera

Erreger ist das Stäbchenbakterium Vibrio cholerae. Dieser wird fäkaloral oder indirekt übertragen. Die Vibrionen siedeln sich im Dünndarm an. Infolge der dort massenhaften Vermehrung werden Exotoxine (Bakteriengift) frei, die zu Durchfällen und Erbrechen führen. Der Flüssigkeitsverlust ist enorm (bis zu 20 L/Tag) und führt unbehandelt zum Tod. Die letzte große Choleraepidemie in Deutschland trat 1892 in Hamburg auf. Damals wurde Trinkwasser aus der abwasserbelasteten Elbe ohne weitere Aufbereitung gewonnen. (s. Epidemie)

Chromatographie

Verfahren zur Abtrennung von Substanzen aus einem Substanzgemisch, bei dem die zwischen einer stationären und einer mobilen Phase auftretenden Verteilungsvorgänge trennend wirken, z. B. durch Filtern einer Flüssigkeit durch einen Körper von poröser, fester Beschaffenheit.

Chromatographieeffekt

Gut adsorbierbare Stoffe verdrängen schlechter adsorbierbare von den Adsorptionsplätzen in Filtern, so dass diese im Filterablauf sogar in höheren Konzentrationen als im Zulauf auftreten können.

Colibakterien

1 Darmflora der Coli-Aerogenes-Gruppe, verursachen hauptsächlich Gärungsprozesse und sind bedeutsam für Vitamin-K-Haushalt.

2 Im menschlichen und tierischen Darm lebende Bakterien. Der Nachweis von Colibakterien im Trinkwasser ist ein wichtiges Indiz dafür, dass eine Verunreinigung mit Fäkalien vorliegt und andere Krankheitskeime (pathogene Mikroorganismen) enthalten sein können.

Cryptosporidien

Parasitisch lebende tierische Einzeller, schwere Magen/Darm-Erkrankungen auslösend.

DARCY'sches Gesetz

Formelbeziehung zur Beschreibung der Proportionalität von Fließgeschwindigkeit und hydraulischem Gradient, gilt nur für relativ langsames, laminares Fließen

$$v_f = k_f \cdot I$$

v_f: Filtergeschwindigkeit [m/s oder m/d]

I: Standrohrspiegelgefälle [1]

k_f: Durchlässigkeitsbeiwert [m/s oder m/d]

Daseinsvorsorge

Ist eine kommunale Selbstverwaltungsaufgabe der Kommunen. Sie ist Recht und Pflicht der Gemeinden und Ausfluss der Selbstverwaltungsgarantie des Grundgesetzes. Konkret versteht man unter Daseinsvorsorge die Bereitstellung der Infrastruktur (Wasserversorgung, Energieversorgung, Entsorgung, Mobilität) zur Sicherung der Lebensbedingungen der Bürger.

Dekontamination

Verringerung des Schadstoffgehaltes in Böden und anderem Material, um unschädliche Restgehalte zu erreichen oder zu unterschreiten (Dekontaminationsverfahren).

Dekontaminationsverfahren

(Altlastensanierung) Die Schadstoffe werden aus den betreffenden Kompartimenten (Boden, Wasser, Luft) teilweise oder vollständig entfernt bzw. umgewandelt und ggf. einer Deponierung zugeführt.

Denitrifikation

1 Die Reduktion von Nitrat oder Nitrit zu Stickoxiden, Ammoniak und freiem Stickstoff durch bestimmte Mikroorganismen (Denitrifikanten), die in schlecht durchlüftetem Boden den in Nitrat gebundenen Sauerstoff veratmen. Ungünstig für den Pflanzenwuchs, da diesem hierdurch Nitrate entzogen werden. Stickstoffverluste durch Denitrifikanten schwanken stark je nach Boden- und Klimabedingungen und nach Anbau- bzw. Düngeintensität. Als grobe Faustzahl gelten Verluste von 20 bis 100 kg je ha und Jahr.

2 Verfahren in der biologischen Abwasserbehandlung und Trinkwasseraufbereitung, bei dem Nitrat zu freiem Sauerstoff und Stickstoff reduziert wird.

Desinfektion

Entfernen und/oder Abtöten von Mikroorganismen, insbesondere von Krankheitserregern durch physikalische oder chemische Verfahren. Physikalisch wirken z. B. UV-Bestrahlung und Erhöhung der Temperatur (Pasteurisieren, Abkochen). Chemische Desinfektionsmittel sind z. B. Chlor, Chlorverbindungen und Ozon; zur Anlagendesinfektion werden auch Kaliumpermanganat und Wasserstoffperoxid eingesetzt (DVGW W 291).

Desorption

allgemein: reversibler Prozess, Gegensatz von Adsorption oder Absorption; „löst" beispielsweise polare Substanzen von unpolaren Oberflächen.

Deuterium

Das Deuterium (D oder ^{2}H) ist das Wasserstoff-Isotop, das ein Neutron im Kern besitzt. Während Wasserstoff (H) nur ein Proton als Kern besitzt, hat Deuterium ein Proton und ein Neutron. Ein einzelnes Deuterium-Atom bezeichnet man als Deuteron.

Dichtheitsprüfung

1 Test, ob ein Rohrleitungssystem dicht ist. Die Prüfungsbedingungen sind für die verschiedenen Rohrarten in Normen vorgegeben.

2 Die Dichtheit der Wasserkammern ist neben der sachgemäßen Ausführung der Behälterinnenflächen ein wichtiges Kriterium für die mängelfreie Ausführung des Behälters. Die Prüfung der Dichtheit ist daher immer ein unverzichtbarer Teil der Bauabnahme. In der Regel wird die Prüfung vor Ausführung einer Oberflächenbehandlung am freistehenden bzw. nicht hinterfüllten Behälter durchgeführt.

Diffusion

Molekulare Stoffbewegung durch ein Medium entlang eines Stoffgradienten

DIN-Normung

Das Deutsche Institut für Normung (DIN) legt im Dialog mit den „interessierten Kreisen" Anforderungen an Produkte und Verfahrensweisen insbesondere für die technischen Bereiche fest. In Gesetzen, Verordnungen etc. wird oftmals zur Umsetzung von Vorgaben auf Normen verwiesen. – s. Norm

Dipolcharakter

Unsymmetrische Anordnung von zwei sich gegenseitig abstoßenden gleichen elektrischen Ladungen in einem Molekül, derart dass das Molekül einen elektrischen Dipol darstellt – z. B. Wasser, polare Verbindungen.

Dispersion

1 Lösung von Teilchen in einem Lösungsmittel.

2 Feine, nicht molekulare Verteilung eines Stoffes in einem anderen. Dispersionen sind möglich innerhalb des flüssigen Aggregatzustandes und zwischen verschiedenen Aggregatzuständen.

3 Disperses System, in dem die Teilchen der dispergierten Phase, d. h. des fein verteilten Stoffes (Dispergens) nicht zusammenhängen, sondern durch eine Schicht des Dispersionsmittels voneinander getrennt sind. Eine molekulare Dispersion, d. h. molekulardisperse Verteilung eines Stoffes in einem anderen, ist eine echte Lösung.

4 Vorgang bei Fließvorgängen des Grundwassers im Untergrund, bei denen infolge von Inhomogenitäten unterschiedliche Weglängen pro Zeiteinheit für transportierte Einzelteilchen und gelöste Stoffe bestehen.

Dissoziation

(dissociare lat. = trennen). Zerfall von Molekülen (meist Salze) in ihre einfacheren Bestandteile (Ionen) (z. B. $NaCl \rightarrow Na^+ + Cl^-$)

Drucklinie

Verbindungslinie der Endpunkte von grafisch aufgetragenen Drücken.

Druckrohr

muss einen definierten Betriebsdruck aushalten – im Unterschied zur Freispiegelleitung.

Druckstoß

Schnelle Druckschwankung, hervorgerufen durch kurzzeitige Veränderungen des Durchflusses (DVGW W 400-1).

Druckstufe

Sie definiert den maximal zulässigen Druck, für den ein Rohr, eine Armatur oder ein Gerät ausgelegt ist (Nenndruck) – s. W 400-1.

Druckverlust

Druckunterschied zwischen Anfang und Ende eines Rohrleitungsabschnitts oder eines Einbauteils z.B. einer Armatur.

Druckzonen

Zonen mit unterschiedlichen Energiehorizonten innerhalb eines Wasserversorgungssystems (DVGW W 400-1).

Düker

Rohrleitung, die unter einem Gewässer, Geländeeinschnitt oder tiefliegenden Hindernis verlegt wird.

Durchfluss

(discharge) Wasservolumen, das einen bestimmten Querschnitt in der Zeiteinheit durchfließt. (DIN 4044); Dimension z.B. $[m^3/s]$ oder $[L/s]$

Durchlässigkeit

Eigenschaft eines (festen) Stoffes (z.B. Wand, Membran) oder Stoffgemisches (z.B. Grundwasserträger), sich von Flüssigkeit (Wasser) oder Gasen durchströmen zu lassen.

Durchlässigkeitsbeiwert

(auch k-Wert) ist eine materialbezogene Größe, die die strukturelle Wasserdurchlässigkeit z. B. eines Bodens beschreibt. Angabe erfolgt in m/s oder m/h (siehe Permittivität, Transmissivität).

Durchlaufbehälter

Behälter liegt zwischen der Gewinnungs- bzw. Aufbereitungsanlage und dem Versorgungsgebiet (Rohrnetz).

Duroplast

Hochmolekulare Verbindungen, Polymer (syntetisch)e mit stabilen chemischen Querverbindungen. Große Festigkeit und Belastbarkeit. Nach der Formung und Vernetzung ist keine Veränderung mehr möglich.

EG-Trinkwasserrichtlinie

s. Trinkwasserrichtlinie

Eigenkontrolle

laufende Kontrolle der Produktqualität (Qualitätskontrolle) im Rahmen der Qualitätssicherung

Eigenverbrauch

Wasserverbrauch zur Spülung von Filtern und anderen Wasseraufbereitungsanlagen; für Rohrnetzspülungen, Behälterreinigung usw.

Eigenwasserversorgung

Wasserversorgung, die nicht der Allgemeinheit dient und die mit eigenen Anlagen betrieben wird.

Einleiten

1   Allgemein: Zuführen flüssiger (einschl. schlammiger) und gasförmiger Stoffe in ein Gewässer.

2   Abwasserrechtlich: Unmittelbares Verbringen von Abwasser in ein Gewässer oder in den Untergrund.

Einzelwasserversorgung

Wasserversorgung, die nur einem kleinen Verbraucherkreis dient.

Einzugsgebiet

1   (catchment area) In der Horizontalprojektion gemessenes Gebiet, aus dem Wasser einem bestimmten Ort (bspw. Brunnen) zufließt. Formelzeichen: A, Einheit: km^2

2   Für jede Stelle eines Gewässers lässt sich das Gebiet angeben, aus dem alles oberirdische Wasser dieser Stelle zufließt. Das Einzugsgebiet eines Pegels ist z. B. die Summe aller Gebiete, die dem Gewässer bis zu dieser Stelle Wasser zuführen. Für Untersuchungen des Wasserhaushaltes wird zusätzlich zwischen oberirdischem Einzugsgebiet und unterirdischem Einzugsgebiet unterschieden. Oft stimmen beide nicht überein. Extreme Unterschiede treten im Karst auf. Die Grenze des Einzugsgebietes wird durch die Wasserscheide markiert.

Elastomer

Polymer (syntetisch)e Werkstoffe, die sich nahezu ideal elastisch verhalten, d. h. bei Einwirkung einer Kraft verformt sich der Gegenstand, bei Nachlassen der Kraft nimmt er (fast) genau die Ursprungsform ein. Die bleibende Verformung (der Druck-/Zugverformungsrest) ist im Gebrauchstemperaturbereich besonders niedrig (Verwendung z. B. für Dichtungen von Rohren und Armaturen).

Elektrolyt

Ein Stoff, der in wässriger Lösung Ionen bildet

Elektronenakzeptor

Ein Atom oder Molekül, das aufgrund seiner Ladungsverhältnisse ein Elektron aufnehmen kann und dadurch oxidiert wird.

Elimination

(eliminare lat. = über die Schwelle bringen). Entfernung bestimmter Stoffe aus einem betrachteten System.

Emission

1   (lat. emittere = aussenden, ausstoßen) Die von einer Quelle (Emittent) ausgehenden Luftverunreinigungen, Boden- und Wasserverunreinigungen, Geräusche, Erschütterungen, Wärme, Strahlen und ähnliche Erscheinungen. Emissionen im Sinne des BImSchG sind die von einer Anlage ausgehenden Luftverunreinigungen, Geräusche, Erschütterungen, Licht, Wärme, Strahlen und ähnliche Erscheinungen.

2   Als Emissionen werden in die Atmosphäre freigesetzte Stoffe bezeichnet. Treibhausgas-Emissionen werden üblicherweise als Emissionsrate in t/Jahr angegeben. Emissionen können aus natürlichen (Vulkanausbrüche, Ozeane, Gewitter u. a.) oder anthropogenen (vom Menschen verursachten) Quellen stammen. Für den zusätzlichen Treibhauseffekt werden Emissionen anthropogener Quellen verantwortlich gemacht.

Emittent

Anlage, die schädliche Stoffe, Strahlen, Lärm, Gerüche und Erschütterungen in die Umgebung abgibt. Solche Anlagen können z. B. Industrie- und Gewerbebetriebe, Kraftfahrzeuge oder Heizungen sein.

endokrin

Auf das Hormonsystem von Mensch und Tier wirkende Substanzen

Entsäuerung

Als Entsäuerung wird die Anhebung des pH-Wertes bezeichnet, mit dem Ziel, die korrosionschemischen Wassereigenschaften gegenüber metallischen und zementhaltigen Werkstoffen günstig zu beeinflussen (DVGW W 214-1).

Enzyme

1   Von der lebenden Zelle gebildete katalytisch wirkende organische Verbindung (organische Verbindung), die den Stoffwechsel des Organismus steuert.

2   Fermente, Eiweißstoffe die im Organismus als Katalysatoren an fast allen chemischen Umsetzungen, d. h. den Stoffwechselvorgängen beteiligt sind, indem sie die für jede Reaktion notwendige Aktivierungsenergie herabsetzen und so eine Reaktion (zum Beispiel bei Körpertemperatur) beschleunigen oder erst ermöglichen. Viele der 700 bekannten Enzyme sind zusammengesetzte Eiweiße mit höchster Wirkungsspezifität. Enzyme haben meist systematische Namen mit der Endung -ase. Der „Vorname" gibt die Wirkung des Enzyme an (z. B. Dehydrogenasen) oder bezeichnet das Substrat, das hydrolytisch gespalten wird (z. B. Amylasen).

3   Man unterscheidet sechs Hauptklassen:
    1. Oxydoreduktasen,
    2. Transferasen,
    3. Hydrolasen,
    4. Lyasen,
    5. Isomerasen und
    6. Ligasen.

Epidemie

Seuche (s. Wasserepidemie)

Epilimnion

(epi gr. = auf; limne gr. = See). Oberflächenschicht in einem tiefen, stehenden Gewässer während der Sommerstagnation, Bereich biologischer Aktivität (Produktionszone), wird rasch erwärmt und kühlt rasch ab und unterliegt der Durchmischung infolge von Windeinwirkung.

Erlaubnis

(wasserrechtliche ~) Im Wasserhaushaltsgesetz eine vorgesehene Form der Genehmigung, die die Befugnis gewährt, ein Gewässer zu einem bestimmten Zweck in einer nach Art und Maß bestimmten Weise zu benutzen. Widerrufbarer Verwaltungsakt normalerweise mit Auflagen und Befristungen. Widerruf muss begründet sein und unterliegt gerichtlicher Nachprüfbarkeit.

Ermessen

Die Freiheit, welche von mehreren in Betracht kommenden Entscheidungen getroffen werden soll. Innerhalb des bestehenden Ermessensspielraums ist jede Entscheidung rechtmäßig und kann gerichtlich nur begrenzt überprüft werden.

Die Verwaltung kann unter Abwägung aller öffentlichen und privaten Interessen die zweckmäßigste Handlungsvariante auswählen. Der Bürger hat ein Recht auf pflichtgemäße, fehlerfreie Ausübung des Ermessens; Negativ: Ermessensmissbrauch.

Arten des Ermessens: freies Ermessen, gebundenes Ermessen

Erosion

1   Abtragungen der Erdoberfläche durch Wasser, Wind, Frost, Gravitation und Lösungsvorgänge.

2   Unter Erosion wird der Abtrag von Bodenmaterial durch den oberflächlichen Abfluss von Niederschlägen (Niederschlag) verstanden. Wenn dieses Material in Fließgewässer gelangt, tragen die darin enthaltenen Stickstoff- und Phosphor-Frachten zur Belastung des Gewässers bei.

Escherichia coli

Nach dem Arzt Escherich benannte gramnegative Bakterien im Dickdarm gesunder Menschen und Tiere, dienen der Verdauung und zersetzen Kohlenhydrate der Nahrung unter Säure- und Gasbildung. Indikator für fäkale Verunreinigungen.

Europäische Wasserrahmenrichtlinie

s. Wasserrahmenrichtlinie

eutroph

(eu gr. = gut; trophe gr. = Nahrung). Nährstoffreich, mit hoher Produktion, im Gegensatz zu nährstoffarm oligotroph.

Eutrophierung

1   Nährstoffanreicherung in einem Gewässer und damit verbundenes übermäßiges Wachstum von Wasserpflanzen (z. B. Algen, Laichkraut). Mit dem Abwasser (u. a. Rückstände von Wasch- und Reinigungsmitteln, Fäkalien), Abschwemmungen und Sickerwässern von landwirtschaftlichen Flächen (Dünger) können große Mengen Nährstoffe (vor allem Phosphat und Nitrat) in die Gewässer gelangen und das Wachstum der Wasserpflanzen beschleunigen. Durch das Absterben von Pflanzen wird bei dem anschließenden Zersetzen am Gewässergrund Sauerstoff verbraucht. Fällt der Sauerstoffgehalt des Wassers unter ein bestimmtes Mindestmaß, hört der Abbau organischer Verunreinigungen durch aerobe Bakterien auf. Bei den danach von anaeroben Bakterien verursachten Zersetzungsprozessen können sich giftige Stoffe wie Schwefelwasserstoff, Ammoniak oder Methan bilden; im Sediment gebundenes Phosphat und Nitrat wird wieder freigesetzt. Das Gewässer beginnt „umzukippen" (Fischsterben und belästigende Gerüche).

2 Zur Verminderung der Nährstoffbelastung von Gewässern werden Kläranlagen mit weitergehender Reinigung (Dritte Reinigungsstufe) ausgestattet.

Evaporation

Verdunstung von Wasser aus dem Boden und von freien Wasseroberflächen (infolge von physikalischen Ungleichgewichten). Synonym: Bodenverdunstung

Evapotranspiration

Übergang von Wasser aus der Erdoberfläche in die Atmosphäre durch Verdunstung aus Seen, Flüssen und Bodenoberflächen und durch die Verdunstungsleistung der Pflanzen (Transpiration).

Exfiltration

Austreten, Ausströmen, Entweichen

Fallhöhe

Differenz zwischen zwei Energiehöhen oder zwischen zwei Wasserspiegeln (bei Wasserkraftanlagen entspricht die Nettofallhöhe der Differenz der Energiehöhen zwischen Eintritts- und Austrittsquerschnitt der Turbine, d. h. ganz grob Differenz von Ober- und Unterwasserstand.

Fällung

Überführung löslicher Verbindungen in unlösliche durch Zusatz geeigneter Chemikalien. Das entstehende Fällungs-Produkt kann durch geeignete physikalische Verfahren (z. B. Sedimentation, Flotation, Filterung) abgeschieden werden.

Fäulnis

Ist die Zersetzung organischer Substanzen, vor allem des Eiweißes von Pflanzen und Tierleichen, bei ungenügender Luftzufuhr durch die Wirkung anaerober Bakterien und verschiedener Pilze.

Feldkapazität

Wassermenge, die ein Boden maximal in ungestörter Lagerung gegen die Schwerkraft zurückhalten kann; sie wird angegeben als Wassergehalt 2 bis 3 Tage nach voller Wassersättigung oder bei einer Wasserspannung von $pF > 1,8$ (Einheit: L/m^3 oder mm/dm).

Fermente

Synonym für Enzyme

Fernleitung

Fernleitungen sind Zubringerleitungen und Transportleitungen über große Entfernung; Zubringer- und Transportleitungen verbinden die Anlagen der Wasserversorgung – Gewinnung, Aufbereitung, Speicher, Netz – ohne direkte Verbindung zum Verbraucher. Ab 20 bis 40 km Entfernung und Querschnitten > DN 300 spricht man von Fernleitungen.

Fernwärmeversorgung

überörtliche Versorgung von Wohn- oder Industriegebieten mit Wärme über isolierte Leitungen zum Transport von Heizdampf oder Heizwasser.

Fernwasserleitung

siehe Fernwasserversorgung

Fernwasserversorgung

überörtliche Trinkwasserlieferung aus Trinkwassertalsperren, Seen oder Grundwassergewinnungsanlagen über Fernleitungssysteme. Üblicherweise wird das Wasser zur Weiterverteilung an lokale Wasserversorgungsunternehmen abgegeben.

Festgestein

Als Festgesteine werden Gesteine bezeichnet, die im verfestigten Zustand als Magmatite, Metamorphite und Sedimentgesteine vorkommen

Feststoff

(solid) Feste, ungelöste Stoffe, ausschließlich Eis. Der Feststoffgehalt wasserhaltiger Gemische wird z.B. durch Trocknung ermittelt.

Man unterscheidet je nach spezifischem Gewicht:
- Schwimmstoff
- Schwebstoffe
- Sinkstoff
- Geschiebe

Filter

Vorrichtung, in der die Filtration durchgeführt wird, einschließlich der erforderlichen Betriebseinrichtungen zur Zu- und Abführung des Wassers, zur Filterreinigung und der Einrichtungen zum Messen, Steuern und Regeln (DVGW W 213-1).

Filterdurchbruch

Verschlechterung der Filtratqualität, wenn die zu entfernenden Partikel nicht mehr hinreichend vom Filtermedium zurückgehalten werden (DVGW W 213-1).

Filterfläche

DVGW W 213-1:
a) Innere Querschnittsfläche des Filters abzüglich der Fläche von Filtereinbauten aber einschließlich der Filtermedien (z.B. Sand, Kies etc.)
b) Membranfläche, die mit dem zu behandelnden Wasser bei der Filtration in Kontakt steht (bei Membranfiltern)

Filtergeschwindigkeit

Auf die Querschnittsfläche bezogener Volumenstrom des Filters in m/h oder m/d.

Filterkuchen

Abdichtungselement an der Bohrlochwand, Belag von Feinstanteilen der sich besonders beim Bohren in Tonen aus der Bohrsuspension („Spülung") abscheidet.

Filterlaufzeit

Betriebszeit eines Filters zwischen zwei Reinigungen des Filtermediums (DVGW W 213-1).

Filtermedium

Filtrierende Schicht eines Filters.

Anmerkung: Das Filtermedium kann aus geschütteten Materialien bestehen oder es kann sich um poröse Membranen handeln (DVGW W 213-1).

Filterpresse

In Filterpressen wird durch mechanischen oder hydraulischen Druck aus wasserhaltigen Stoffgemischen (Schlämmen) über ein Filtermedium das Wasser ausgepresst und so ein stichfester Filterkuchen erzeugt mit einem Trockensubstanzgehalt von über 30%. Damit wird die Entsorgung oder Wiederverwertung der Schlämme erleichtert. Filterpressen werden dimensioniert nach dem hydraulischen Durchsatz und dem Volumen des abzutrennenden Schlammes.

Filterreinigung

Oberbegriff für die Maßnahmen zur Wiederherstellung der Filterwirksamkeit (DVGW W 213-1).

Filterrohr

Rohre aus Polymer (syntetisch)en, Beton oder Steinzeug zur Aufnahme und Weiterleitung von Grund-, Sicker- und/oder Schichtwasser, deren Rohrwandung nur soweit durchlässig ist, dass der umgebende wasserdurchlässige Boden nicht in das Rohr eindringen kann.

Filterschicht

Teil der Dränschicht, die das Ausschlämmen von Bodenteilchen infolge fließenden Wassers verhindert. Filtrierende Schicht in einem Filter (s. dort)

Filterspülung

Verfahren der Filterreinigung, bei dem das Filtermedium mit Wasser (Wasserspülung), Luft (Luftspülung) oder kombiniert mit beiden Medien (kombinierte Spülung), meist entgegen der Filtrationsrichtung, beaufschlagt wird (DVGW W 213-1).

Filterwiderstand

Druckverlust, der im Filtrationsprozess durch die Beladung des Filtermediums hervorgerufen wird (DVGW W 213-1).

Filtrat

(Filterablauf) Nach Passage des Filtermediums abfließendes Wasser (DVGW W 213-1).

Filtration

Prozess, durch den feste Substanzen aus Wasser oder Gasen abgeschieden werden, indem das Stoffgemisch durch ein poröses Medium wie z. B. Sand geleitet wird.

Fließen

Die bei Strömungsvorgängen üblicherweise vorliegende dreidimensionale Strömung lässt sich für die meisten Fälle der Rohrhydraulik auf eine eindimensionale Betrachtung reduzieren (Stromlinien). Nach DIN 4044 werden folgende Bewegungsarten des Wassers unterschieden:

- *laminares Fließen* (die Stromlinien verlaufen parallel und es findet keine Durchmischung statt; diese Bewegungsart findet nur bei sehr kleinen Fließgeschwindigkeiten statt),
- *turbulentes Fließen* (die Stromlinien verlaufen unregelmäßig und es findet eine Durchmischung statt; dies ist die übliche Bewegungsart von Wasser),
- *stationär gleichförmiges Fließen* (die Geschwindigkeit ist im betrachteten Strömungsgebiet über die betrachtete Zeit gleich groß, z. B. Durchfluss durch ein Rohr mit gleichbleibendem Durchmesser bei gleichbleibender Druckhöhe am Rohranfang und -ende),
- *stationär ungleichförmiges Fließen* (die Geschwindigkeit ist im betrachteten Strömungsgebiet an verschiedenen Stellen unterschiedlich, dort aber immer gleich groß; z. B. Durchfluss durch ein Rohr mit veränderlichem Querschnitt, aber bei gleichbleibender Druckhöhe am Rohranfang und -ende),
- *instationäres Fließen* (die Geschwindigkeit im betrachteten Strömungsgebiet ist an verschiedenen Stellen unterschiedlich und dort auch nicht gleichbleibend; z. B. Abfluss aus einem Behälter durch eine Rohrleitung bei Veränderung der Druckhöhe infolge Schwankungen der Entnahme).

Fließgeschwindigkeit

(flow velocity), Geschwindigkeit des Wassers in Fließrichtung. (DIN 4044)

Geschwindigkeit des Wassers an einem bestimmten Punkt des Gewässers, des Grundwassers, der Rohrleitung ...

Fließgewässer

In einem Gewässerbett ständig oder zeitweise fließendes natürliches oder künstliches oberirdisches Gewässer; Sammelbegriff für Bach, Fluss, Strom, Kanal, auch Wasserlauf.

Flockung

1 Einbindung von Partikeln und Mikroorganismen in Metallhydroxidflocken, welche durch pH-Änderung von gelöster in unlösliche Form überführt und abfiltriert werden.

2 Verfahren bei der Trinkwasseraufbereitung und Abwasserreinigung.

3 Dem Wasser wird ein Flockungsmittel zugesetzt, das filtrierbare oder absetzbare Flocken bildet. Es werden dabei gelöste oder sehr fein verteilte Stoffe von den Flocken eingeschlossen oder physikalisch an der Flockenoberfläche gebunden (adsorbiert).

Flockungsmittel

Stoffe, durch deren Zusatz gelöste oder sehr fein verteilte Stoffe ausgefällt und zu größeren sedimentierbaren oder abfiltrierbaren Aggregaten (Flocken) umgebildet werden.

Flotation

Verfahren zum Abtrennen von Schwebstoffen und Schwimmstoffen aus dem Wasser (Schlammkonditionierung). Es wird dabei der Auftrieb von Stoffen durch die Anlagerung feiner Luftblasen künstlich erhöht. Damit die an der Wasseroberfläche ankommenden Luftblasen nicht platzen, was ein Absinken der Schmutzteilchen nach sich ziehen würde, müssen die Luftblasen entweder sehr klein gehalten werden oder dem Wasser bestimmte Chemikalien (so genannte „Schäumer") zugegeben werden. Der aufschwimmende Schlamm wird von der Wasseroberfläche abgezogen.

fluktuierende Wassermenge

Der für die Erfüllung der Versorgungsaufgabe – Ausgleich zwischen Zulauf und Verbrauch – maßgebende Anteil des Behältervolumens; die fluktuierende Wassermenge macht etwa 80% des gesamten Speichervolumens aus.

Fluss

Ein Binnengewässer, das größtenteils an der Erdoberfläche fließt, teilweise aber auch unterirdisch fließen kann.

Flusseinzugsgebiet

siehe Einzugsgebiet

Flussgebietseinheit

Ein gemäß Artikel 3 Absatz 1 EU-WRRL als Haupteinheit für die Bewirtschaftung von Einzugsgebieten festgelegtes Land- oder Meeresgebiet, das aus einem oder mehreren benachbarten Einzugsgebieten und den ihnen zugeordneten Grundwässern (s. Grundwasser) und Küstengewässern besteht.

Förderhöhe

1 Geodätische Förderhöhe – Höhenunterschied des saugseitigen und druckseitigen Wasserspiegels einer Pumpe oder eines Pumpwerks

2 Manometrische Förderhöhe – Differenz der Druckhöhen vor und hinter einer Pumpe (mit Druckmessern – Manometern – gemessen)

Förderstrom

Volumenstrom einer Fördereinrichtung, z. B. einer Pumpe (DIN 4045); Formelzeichen: V_p oder Q; Einheit: L/s oder m^3/s

Freispiegelleitung

Rohrleitung oder Gerinne, in dem das Wasser unter Einwirkung der Schwerkraft (d. h. von selbst) von einem höher gelegenen Anfangspunkt zu einem tieferliegenden Endpunkt fließt.

Fremdüberwachung

regelmäßige Kontrolle der Produktqualität durch ein unabhängiges Prüfinstitut (s. DIN 18200); ist ein Teil der Qualitätssicherung.

Freundlich-Exponent

Exponent der Freundlich-Isotherme; beschreibt die Kinetik der Adsorption. – s. Adsorption

Freundlich-Isotherme

Empirischer Zusammenhang zwischen der Beladung von Aktivkohle und der damit im Gleichgewicht stehenden Konzentration des Sorptivs im Wasser, bezogen auf gleichbleibende Temperatur (isotherm).

Freundlich-Konstante

Konstante der Freundlich-Isotherme; sie charakterisiert die Adsorptionsfähigkeit von Stoffen

Fungizid

Mittel gegen Pilzkrankheiten an Nutzpflanzen.

Ganglinie

1 Grafische Darstellung von Werten in ihrer zeitlichen Reihenfolge (vgl. Hydrograph)

2 Grafische Darstellung der zeitlichen Änderung hydrologischer Daten, wie Abfluss, Geschwindigkeit, Sedimentfracht etc. (Der Begriff Ganglinie wird z.B. für Wasserstand und Abfluss, aber auch für den Wasserverbrauch verwendet).

Gebühr

Abgaben an öffentliche Körperschaften oder Gemeinden, auch Entgelt für Gerichte, Rechtsanwälte, Notare, zur Kostendeckung gedacht (Abwassergebühr) im Gegensatz zu Abgaben (Zölle), Steuern (Ökosteuer), Preisen = Entgelt für gewerbliche Leistungen.

Gefährdung

1 Gefährdung ist die Möglichkeit einer Schädigung, die ein Schutzgut durch die von einer Gefahrenquelle ausgehenden Einwirkungen erleiden kann.

2 Eine nach Art, Ausdehnung, Eintretenswahrscheinlichkeit und Intensität bestimmte Gefahr.

3 Ereignis oder Umstand , der ein Produkt derart negativ beeinflusst, dass dadurch unmittelbar die Gesundheit des Verbrauchers gefährdet wird. Sie kann biologischer, physikalischer oder chemischer Art sein.

Gefährdungspotenzial

Ein von einem Stoff, einer Tätigkeit oder einer Anlage ausgehendes Risiko für die Umwelt (Luft, Boden, Wasser etc.)

Gefälle

Höhendifferenz der Rohrleitungssohle in cm, bezogen auf 1 m Rohrleitung, oder als Relativangabe, z. B. 1 : 50 ~ 2 cm/m = 20 m/km. (siehe auch DIN 4044); Formelzeichen: I

Gegenbehälter

Versorgungsgebiet liegt zwischen der Gewinnungs- bzw. Aufbereitungsanlage und dem Behälter.

gehobene Erlaubnis

Eine im Wasserhaushaltsgesetz (WHG) festgeschriebene Form der Erlaubnis mit höherem Rechtsschutz, welche aber an die Bewilligung (= Gewährung eines Rechts) nicht heranreicht.

Gemeinwohl

Ein insbesondere im Enteignungsrecht benutzter Begriff auf der Grundlage der Sozialbindung des Eigentums. Auch das Planungsrecht der Gemeinden kennt das Gemeinwohl. Synonym: Wohl der Allgemeinheit

Genehmigung

In einem Verwaltungsakt die Erlaubnis eines Rechtsgeschäfts oder einer Handlung.

geogen

natürlich bedingt, ohne menschliche Einwirkung

Geringleiter

Nach Hölting (1996) werden Lockergesteine mit Korngrößen von sandigen Tonen bis zu sehr feinen Sanden als Geringleiter klassifiziert. Der Durchfluss des Wassers findet hier wesentlich langsamer statt.

Gesamthärte

Gehalt an Erdalkalien (CaO + MgO). Der Begriff Härte begründet sich auf der Reaktion mit Seife.

gesättigte Zone

Der sich an die ungesättigte Zone anschließende Bereich, in dem ausnahmslos alle zusammenhängenden Hohlräume mit Wasser gefüllt sind, wird als gesättigte Zone definiert.

Geschwindigkeitsgradient

Maß für die Relativbewegung von Teilchen bei der Flockung in $[s^{-1}]$; in einer Strömung die Veränderung der Fließgeschwindigkeit senkrecht zur Fließrichtung; der Geschwindigkeitsgradient bestimmt die innere Reibung der Flüssigkeit (s. Viskosität).

Gesetzgebungskompetenz

Zuständigkeit zum Erlass von Gesetzen (Bund, Länder).

gespannter Grundwasserleiter

Ein Grundwasserleiter, der zwischen zwei mehr oder weniger undurchlässigen Schichten (Aquitard oder Aquiclude) liegt, wird gespannter (artesischer, eng. confined) Grundwasserleiter genannt.

gespanntes Grundwasser

Die Druckfläche steigt aufgrund des hydrostatischen Druckes höher als die Grundwasseroberfläche; d. h. Grundwasserdruckfläche und -oberfläche fallen z. B. aufgrund der Überdeckung des Grundwasserleiters mit gering durchlässigen Gesteinsschichten (= Grundwasserhemmer oder Grundwassernichtleiter) nicht zusammen

Gesteinsdurchlässigkeit

Durchlässigkeit der Gesteinskörper, im Unterschied zu Kornschüttungen oder Porengrundwasserleitern

Gewässer

Nach DIN 4049 ist „Gewässer" die Bezeichnung für das in der Natur fließende oder stehende Wasser, das im Zusammenhang mit dem Wasserkreislauf steht, einschließlich Gewässerbett und Grundwasserleiter. Eine Definition der Länderarbeitsgemeinschaft Wasser schließt den Talraum mit seinem Überschwemmungsgebiet, der Aue, mit ein.

Gewässereigenschaften, Gewässerzustand, Wasserbeschaffenheit

Das Wasserhaushaltsgesetz (2009) unterscheidet wie folgt (§ 3 Nr. 7–9):

- Gewässereigenschaften: die auf die Wasserbeschaffenheit, die Wassermenge, die Gewässerökologie und die Hydromorphologie bezogenen Eigenschaften von Gewässern und Gewässerteilen;
- Gewässerzustand: die auf Wasserkörper bezogenen Gewässereigenschaften als ökologischer, chemischer oder mengenmäßiger Zustand eines Gewässers; bei als künstlich oder erheblich verändert eingestuften Gewässern tritt an die Stelle des ökologischen Zustands das ökologische Potenzial;
- Wasserbeschaffenheit: die physikalische, chemische oder biologische Beschaffenheit des Wassers eines oberirdischen Gewässers oder Küstengewässers sowie des Grundwassers.

Gewässergüte

1 Qualität von oberirdischen Gewässern. Zur Festlegung der Gewässergüte werden Parameter benötigt, die den Gewässerzustand abbilden und eine Bewertung (in Güteklassen) ermöglichen.

2 Beeinträchtigung der Gewässergüte: Über Abwässer können leicht und schwer abbaubare organische Stoffe, Nährstoffe, Metallverbindungen, Reste von Wasch- und Reinigungsmitteln, Lösemittel, Treibstoffe und andere Schadstoffe in Oberflächenwasser gelangen. Gefährdungen gehen auch vom Straßenverkehr, der direkt (z. B. durch Verbrennungsrückstände im Abfluss von Niederschlagswasser) oder indirekt (z. B. durch Unfälle mit wassergefährdenden Stoffen) die Wasserqualität (auch des Grundwassers) beeinflussen kann, und der Zersiedelung (Versiegelung) der Landschaft aus, die den Oberflächenabfluss beschleunigen.

Gewässernutzung

1 Gewässer sind ein Bestandteil des Naturhaushalts. Darüber hinaus dienen sie zahlreichen anthropogenen Nutzungen, die sich in folgende Nutzungsgruppen zusammenfassen lassen:

- Entnahmen aus den Gewässern,
- Einleitungen in die Gewässer,
- Energieerzeugung,
- Binnenschifffahrt,
- Berufsfischerei,
- Freizeit und Erholung.

2 Zu den wichtigsten Gewässernutzungsarten gehören die Trinkwasserversorgung, die Betriebswasserversorgung einschließlich Kühlwasserentnahme, die Fischerei, die Schifffahrt, die Wasserkraftnutzung, die landwirtschaftliche Nutzung, die Nutzung zu Erholungs-, Freizeit- und Gesundheitszwecken sowie die Nutzung als Vorfluter für Abwässer einschließlich Kühlwasserabläufen. Die verschiedenen Nutzungsarten führen oft zu erheblichen Interessenkonflikten, da sich zum Beispiel die gleichzeitige Nutzung eines Gewässers als Vorfluter für Abwässer und als Badegewässer ausschließen kann.

Gewässernutzungsentgelt

Viele Bundesländer haben für die Entnahme von Grundwasser und teilweise auch für Oberflächenwasser ein Gewässernutzungsentgelt eingeführt. Die Höhe und die Verwendung dieses Entgeltes ist von Land zu Land unterschiedlich.

Gewässerschutz

Umfasst alle Maßnahmen, um die Verunreinigung der natürlichen Gewässer zu vermeiden (Vorsorgeprinzip) und die natürliche Selbstreinigungskraft zu erhalten.

Gewebeschlauch-Relining

Das ursprünglich für die Sanierung von Gasleitungen entwickelte Gewebeschlauch-Relining-Verfahren ist nach Weiterentwicklung auch für die Sanierung von Trinkwasserversorgungleitungen zugelassen worden.

Der für die Sanierungsstrecke konfektionierte Gewebeschlauch wird mit einer berechneten Klebstoffmenge gefüllt und in eine Drucktrommel eingebracht. Anschließend wird diese mit der Sanierungsstrecke verflanscht, und durch Einleiten von Druckluft wird der Reversionsvorgang gestartet. Durch das Umkrempeln des Gewebeschlauches beim Einfahren in die Sanierungsstrecke gelangt der Klebstoff zwischen Rohrinnenwandung und Sanierungsschlauch. Das Verfahren ist für Rohrdurchmesser DN 100 bis DN 1000 bei Sanierungslängen von ca. 400–500 m bei kleinen Abmessungen und max. 250 m bei Rohrleitungen der Nennweite DN 1000 einsetzbar.

Giardien

Parasitisch lebende tierische Einzeller, schwere Magen/Darm-Erkrankungen auslösend.

Gleichgewichtskonstante

Konstante des Massenwirkungsgesetzes

grabenlose Verlegetechnik

Unter grabenloser Verlegetechnik (no dig) versteht man die Sanierung oder Neuverlegung einer Leitung, wobei verfahrensabhängig auf das Öffnen der Leitungszone verzichtet werden kann oder sich der Bodenaushub auf so genannte Kopflöcher reduziert. Im Abwasserbereich werden zur Sanierung üblicherweise bestehende Einstiegsschächte genutzt. Für Energie- oder Wasserversorgungsleitungen sind i. d. R. Start- und Zielbaugruben erforderlich.

Grenzwert

1 Ein Wert, der aufgrund wissenschaftlicher Erkenntnisse mit dem Ziel festgelegt wird, schädliche Auswirkungen auf die menschliche Gesundheit und/oder die Umwelt insgesamt zu vermeiden, zu verhüten oder zu verringern.

2 Konzentrationen oder Frachten von Stoffen, deren Überschreitung Schäden nach sich ziehen kann bzw. nachteilige Auswirkungen befürchten lässt. So enthält z. B. die Trinkwasserverordnung Grenzwerte für chemische Stoffe (z. B. Blei, Cadmium) und für Mikroorganismen, die nicht überschritten werden dürfen. Diese Grenzwerte werden so festgelegt, dass sie auch den Schutz so genannter Risikogruppen (z. B. Säuglinge, kranke Personen) gewährleisten und dass bei lebenslangem Genuss des Wassers keine gesundheitlichen Beeinträchtigungen zu erwarten sind.

Grundablass

Tiefste Entnahmeanlage zum Entleeren des Speicher-Nutzraumes.

Grundschutz (Löschwasserbereitstellung)

Brandschutz für das Gemeindegebiet ohne besonderes Sach- oder Personenrisiko; s. a. Objektschutz (Löschwasserbereitstellung).

Grundwasser

1 Unterirdisches Wasser, das Hohlräume der Erdrinde zusammenhängend ausfüllt und sich unter dem Einfluss der Schwerkraft bewegt. Grundwasser führende Schichten heißen Grundwasserleiter, je nach Gesteinsbeschaffenheit unterscheidet man Porengrundwasserleiter, Kluftgrundwasserleiter oder Karstgrundwasserleiter. Der Grundwasserleiter wird nach unten durch eine undurchlässige Schicht begrenzt (Sohlschicht). Mehrere solcher Schichten bilden verschiedene Grundwasserstockwerke. Die obere Begrenzung des Grundwassers heißt Grundwasseroberfläche.

2 Grundwasser ist ein Teil des natürlichen Wasserkreislaufs. Es wird durch versickernde Niederschläge (unterirdischer Abfluss, Sickerwasser) gebildet und fließt einem oberirdischen Gewässer (Vorfluter) zu oder tritt als Quelle oberirdisch aus. In Abhängigkeit von den Niederschlägen und den Vorflutverhältnissen (z. B. Hochwasser) unterliegt die Grundwasseroberfläche natürlichen Schwankungen.

3 Die grundwasserüberdeckenden Schichten und auch der Grundwasserleiter bilden ein natürliches Filtersystem, das das Grundwasser vor Verunreinigungen weitgehend schützt. Die Filterwirkung ist jedoch wesentlich abhängig von der Kornzusammensetzung und -größe. Karst-Grundwasser ist in der Regel erheblich verschmutzungsempfindlicher als Poren-Grundwasser. Die natürliche Reinigungsleistung von grundwasserüberdeckenden Schichten und Grundwasserleiter reicht aber bei massiven anthropogenen Verunreinigungen oft nicht aus. Vorbeugender Grundwasserschutz ist deshalb eine wichtige Aufgabe der Wasserwirtschaft.

Grundwasserabsenkung

Absenkung der Grundwasseroberfläche in einem Grundwasserleiter als Folge technischer (anthropogener) Maßnahmen.

Grundwasseralter

Zeit zwischen Grundwasserneubildung und der Probenentnahme – kann zwischen wenigen Tagen und mehreren Tausend Jahren betragen.

Grundwasseranreicherung

Ergänzung der natürlichen Grundwasserneubildung durch Infiltration von Grundwasser, Oberflächenwasser, Niederschlagswasser, z. B. mittels Rigolen, Sickermulden, Sickerschlitzgräben, Sickerbecken, Infiltrationsbrunnen oder Gräben.

Grundwasserdargebot

Summe aller positiven Glieder der Wasserbilanz eines Grundwasserleiters; positive Bilanzglieder sind beispielsweise die Grundwasserneubildung aus Niederschlägen (Niederschlag), aus der Zusickerung von Randzuflüssen und aus oberirdischen Gewässern.

1. Gewinnbares Grundwasserdargebot: Teil des Grundwasserdargebotes eines Grundwasserleiters, der mit technischen Mitteln entnehmbar ist.
2. Nutzbares Grundwasserdargebot: Teil des gewinnbaren Grundwasserdargebotes, der für die Wasserversorgung unter Einhaltung bestimmter Randbedingungen (Wasserwirtschaftliche und ökonomische Gesichtspunkte; naturräumliche und nutzungsspezifische Anforderungen an den Grundwasserhaushalt) genutzt werden kann.

Grundwasserdruckfläche

1 Fläche, die zueinandergehörige Wasserspiegel, z. B. in Brunnen und Grundwassermessstellen miteinander verbindet; liegt die Druckfläche höher als die Erdoberfläche, so spricht man von artesisch gespanntem Grundwasser.

2 Geometrischer Ort der Endpunkte aller Standrohrspiegelhöhen einer Grundwasseroberfläche.

Grundwasserentnahmeentgelt

Gewässernutzungsentgelt, bezogen auf die Entnahme aus dem Grundwasser.

Grundwasserleiter

Grundwasserleiter sind Gesteinskörper, die Hohlräume enthalten und damit geeignet sind, Grundwasser weiterzuleiten (DIN 4049 T3); vgl. Aquifer.

Grundwasserneubildung

Unter dem Sammelbegriff der Grundwasserneubildung wird nach DIN 4049 der Zufluss von in den Untergrund infiltriertem Wasser zum Grundwasserraum verstanden. Sie setzt sich zusammen aus der Versickerung von Niederschlägen (Niederschlag) und Oberflächenwasser sowie unterirdischem Zustrom und der Grundwasseranreicherung (Infiltration).

Grundwasserneubildungsrate

Zufluss von infiltrierendem Wasser in das Grundwasser (im allgemeinen von der ungesättigten Zone und über oberirdische Gewässer) in einem definierten unterirdischen Einzugsgebiet [$L/(s \cdot km^2)$] (auch Grundwasserneubildungsspende)

Sie ist von zahlreichen Faktoren gesteuert: Höhe, Art und Verteilung des Niederschlages, Temperatur, weitere für die Verdunstung relevante Klimafaktoren (Wind, Einstrahlung etc.), Topographie, Flächennutzung (Bewuchs, Oberflächenversiegelung), Bodenart, Grundwasserflurabstand, Zwischenabflüsse.

Grundwasseroberfläche

Obere Grenzfläche eines Grundwasserkörpers, der räumlich abgrenzbar ist (entspricht einem gesamten oder Teil eines Grundwasservorkommens).

Grundwassersohle

Untere Grenzfläche eines Grundwasserkörpers.

Grundwasserspeicher

Gesteinsschicht, die Grundwasser sammeln kann

Grundwasserspiegel

Druckmäßig ausgeglichene Grenzfläche des Grundwassers gegen den Luftdruck (z. B. messbar in Brunnen und Grundwassermessstellen). Die Verbindung der in Brunnen oder Messstellen gemessenen Grundwasserspiegeldaten ergibt die Grundwasseroberfläche.

Grundwasserstand

Höhe des Grundwasserspiegels über oder unter einem geodätischen Referenzniveau (z. B. bezogen auf die Geländeoberfläche oder auf Normal-Null).

Grundwasserstockwerk

Grundwasserleiter einschließlich seiner oberen und unteren Begrenzung als Betrachtungseinheit innerhalb der senkrechten Gliederung der Erdrinde (DIN 4049).

Grundwasserströmung

Bewegung des Grundwassers im Grundwasserleiter

guter ökologischer Zustand

Der Zustand eines entsprechenden Oberflächenwasserkörpers gemäß der Einstufung nach Anhang V, EU-WRRL. Die EU-WRRL schreibt für alle Oberflächengewässer mit einem Einzugsgebiet größer als 10 km² und für Seen, größer als 50 ha, einen „guten ökologischen Zustand" vor, der anhand biologischer Erhebungen (Makrozoobenthos, Fische, Algen und Makrophylen) zu belegen ist und nur in geringem Maße vom Referenzzustand eines vergleichbaren natürlichen Gewässers abweichen darf.

guter Zustand des Grundwassers

Der Zustand eines Grundwasserkörpers, der sich in einem zumindest „guten" mengenmäßigen und chemischen Zustand (guter mengenmäßiger Zustand, guter chemischer Zustand) befindet.

guter Zustand des Oberflächengewässers

Der Zustand eines Oberflächenwasserkörpers, der sich in einem zumindest „guten" ökologischen und chemischen Zustand (guter mengenmäßiger Zustand, guter chemischer Zustand) befindet.

Haftung

Einstehen müssen für eine Schuld gemäß eines Schuldverhältnisses.

Haftwasser

Wasser in der ungesättigten Zone, das gegen die Schwerkraft durch Adhäsion am Bodenkorn festgehalten wird.

Halbwertszeit

Zeit, in der die Aktivität eines Radionuklides infolge des radioaktiven Zerfalls um die Hälfte abnimmt: z. B.

Kalium-40	$1,3 \cdot 10^9$ Jahre
Strontium-90	28,8 Jahre
Iod-131	8 Tage
Cäsium-134	754 Tage
Cäsium-137	30 Jahre
Radium-226	1.600 Jahre
Uran-235	$7 \cdot 10^8$ Jahre

Halogene

„Salzbildner", Gruppe von nicht-metallischen Elementen Fluor, Chlor, Brom und Jod. Salzbildung mit typischen Metallen zu Fluoriden, Chloriden, Bromiden, Jodiden. (z. B. Natriumchlorid). Die Abkürzung für Halogene ist X, z. B. in AOX (adsorbierbares organisches Halogen).

halogenierte Kohlenwasserstoffe

(HKW) Sammelbezeichnung für organische Verbindung, die an ein Kohlenstoffgerüst gebundene Halogene enthalten. HKW finden u. a. als Pestizide, Lösemittel, Transformatorenöle und Kältemittel Verwendung. Viele HKW sind giftig, einige sind krebserzeugend. HKW zeichnen sich i. A. durch hohe Stabilität, gute Aufnahmefähigkeit im Fettgewebe von Lebewesen und geringe biologische Abbaubarkeit aus. Dieses bedeutet, dass sie lange in den natürlichen Kreisläufen verbleiben und sich in Organismen anreichern können.

Härte

1 Stoffmengenkonzentration an Calcium und Magnesium (Härtebildner) in mmol/L. Ebenfalls noch gebräuchlich, jedoch im Geschäftsverkehr nicht mehr zulässig, ist die Einheit °dH (Grad deutscher Härte).

2 Härte des Wassers, durch seinen Gehalt an Calcium- und Magnesiumsalzen (meist Hydrogencarbonate) bestimmte Eigenschaft des Wassers. Einem deutschen Härtegrad (1 °dH) entsprechen 10 mg Calciumoxid oder 7,19 mg Magnesiumoxid in 1 L Wasser. Seife schäumt in hartem Wasser schlecht, weil sie unlösliche Calcium- und Magnesiumsalze bildet. Warmwasser- und Heizungsanlagen erfordern weiches Wasser, da sich sonst Kesselstein (Calciumcarbonat) absetzt.

Hauptleitung

Wasserleitung mit Hauptverteilerfunktion innerhalb eines Versorgungsgebietes, üblicherweise ohne direkte Verbindung zum Verbraucher (DVGW W 400-1).

Hausanschluss

Verbindung zwischen Wasserversorgungsleitung bzw. öffentlichem Kanal und anzuschließendem Haus.

Hausbrunnen

Sind meist relativ flache Aufschlüsse der Erdoberfläche bis zum Grundwasser, aus denen für die Versorgung eines Hauses mit Hilfe von Pumpen Wasser gefördert wird.

Henry-Gesetz

Zusammenhang zwischen der Konzentration eines flüchtigen Stoffes im Wasser und dem damit im Gleichgewicht stehenden Anteil des Stoffes in der Gasphase.

Hepatitis

Entzündung der Leber (Gelbsucht)

Herbizid

1 Mittel gegen konkurrierende Gräser und Kräuter in Nutzpflanzenbeständen

2 Mittel zur Bekämpfung von Unkräutern

3 Eine Substanz oder eine Mischung von Substanzen, die Pflanzenleben zerstören. Im Allgemeinen wird dieser Begriff nur auf Herbizide angewandt, die selektiv angewandt Unkraut vertilgen.

4 Chemisches Mittel zur Abtötung von Pflanzen

heterotroph

1 Beschreibt die Ernährungsweise von Organismen, die als Energie- und Kohlenstoffquelle organische Substanzen benötigen. z. B. alle höheren Tiere, alle Pilze und die meisten Bakterien.

2 Verwendung organischer Kohlenstoffquellen für den Aufbau der eigenen Körpersubstanz

3 Ernährungsweise von Organismen bezeichnend, die ausschließlich von organischer (lebender oder toter) Materie leben (Gegensatz: autotroph).

Höchster Systembetriebsdruck

MDP (Maximum Design Pressure) – Höchster vom Betreiber festgelegter Betriebsdruck des Systems oder einer Druckzone unter Berücksichtigung zukünftiger Entwicklungen und Druckstößen. Der MDP wird als MDP_a bezeichnet, wenn für den Druckstoß ein bestimmter Wert angenommen wird. Der MDP wird als MDP_c bezeichnet, wenn der Druckstoß berechnet wird (DVGW W 400-1).

Hochwasser

1 Zustand in einem oberirdischen Gewässer, bei dem der Wasserstand oder der Durchfluss einen bestimmten Wert (Schwellenwert) erreicht oder überschritten hat.
Auf Grundlage der zeitlichen Entwicklung einer Hochwasserwelle können folgende Arten von Hochwasser unterschieden werden:
- Flusshochwasser
- Sturzfluten aus Starkregenereignissen
- Überschwemmungen aus Starkregenereignissen (im Siedlungsgebiet auch aus der Kanalisation)
- Grundwasseraustritte

2 Durch Starkregen, plötzliche Schneeschmelzen, Eisstau, selten auch Deich- oder Stauanlagenbruch oder Kombination von diesen verursachter, vorübergehender Hochstand in einem Gewässer, oftmals mit Überschwemmungen verbunden.

3 Hochwasser durch Rückstau im Entwässerungssystem: Hochwasser durch Aufstau von Regenwasser an oder in der Nähe des Ortes, an dem Regen fällt; dabei

übersteigt die Niederschlagsintensität die baulich bedingte oder natürliche Entwässerungskapazität.

4 Hochwasser im Kanalnetz: Hohe Wasserstände im Vorfluter, die Kanalrückstau oder Kanalüberschwemmung erzeugen.

Hochwasserabfluss

(HQ) Oberer Grenzwert der Abflüsse, (vgl. DIN 4049, Teil 1).

Hohlraumanteil

Speichernutzbarer Hohlraumanteil n_{sp}: Quotient aus dem Volumen der bei Höhenänderung der Grundwasseroberfläche entleerbaren oder auffüllbaren Hohlräume eines Gesteinskörpers und dessen Gesamtvolumen.

Durchflusswirksamer Hohlraumanteil n_f: Quotient aus dem Volumen der vom Grundwasser durchfließbaren Hohlräume eines Gesteinskörpers und dessen Gesamtvolumen.

humid

feucht; Bezeichnung für Klima, in dem die jährliche Niederschlagsmenge größer als die Verdunstung ist.

Huminsäuren

Dies sind wesentliche Bestandteile des Humus. Sie entstehen durch chemische und biologische Umwandlung abgestorbener Pflanzen und stellen einen wichtigen Nährstoff- und Wasserspeicher dar.

Huminstoff

Dem Humus angehörende pflanzliche und tierische Rückstände, die durch Humifizierung zu neuen Stoffen umgewandelt werden. Durch Mikroorganismen werden schwer zersetzbare Fette, Wachse, Lignine aus ihrem Zellverband freigelegt und damit in einen reaktionsfähigen Zustand versetzt. Es bilden sich während der Humifizierung dunkelgefärbte, höhermolekulare, neue Stoffe, wie Humuskohle, Humine, Huminsäuren, Fulvosäuren, Hymatomelansäuren. Von diesen sind die Huminsäuren die wichtigsten.

Humus

Im weitesten Sinne alle organischen Stoffe in und auf dem Boden, die einem ständigen Ab-, Um- und Aufbauprozess unterworfen sind und deren Menge und Beschaffenheit für die Bodenfruchtbarkeit von größter Bedeutung sind. Der mengenmäßig weitaus größte Teil dieser Substanz rührt von abgestorbenen Pflanzenteilen her und kann durch Zugaben, etwa von Stallmist oder Torf, nur zu einem kleinen Teil ersetzt werden. Humus ist eine ständige Nahrungsquelle für Mikroorganismen und wird dabei in Säuren, Enzyme und Mineralien umgewandelt.

Hydrant

bezeichnet eine Armatur im Leitungsnetz einer Wasserversorgungsanlage zur Entnahme von z. B. Löschwasser. Er dient aber auch zur Spülung, Entlüftung und Entspannung der Rohrleitung, sowie zur Errichtung von Notverbindungen mittels Schläuchen. Man unterscheidet Überflur- und Unterflurhydranten.

Hydratation

Anlagerung von Wassermolekülen an Ionen (aufgrund des Dipolcharakters des Wassers), wobei die H-OH-Bindung unversehrt bleibt.

Hydraulik

1 Lehre von der Bewegung der Flüssigkeiten

2 Teil der Strömungslehre. Im Wasserbau auch der Sammelbegriff für die verschiedenen rechnerischen Nachweise.

Hydrogeologie

Wissenschaft vom Wasser, seinen Erscheinungsformen, seiner Bewegung, seinen natürlichen Zusammenhängen und Wechselwirkungen mit den umgebenden Medien unter der Erdoberfläche.

Hydrologie

Wissenschaft vom Wasser, seinen Eigenschaften und seinen Erscheinungsformen auf der Landoberfläche sowie in Küstengewässern. ANMERKUNG: Für spezielle Teilbereiche der Hydrologie werden unterschiedliche Benennungen verwendet, z. B. Forsthydrologie, Küstenhydrologie, Stadthydrologie.

Hydrolyse

1 (hydor gr. = Wasser; lysis gr. = Lösung) Reaktion mit Wasser bzw. Spaltung chemischer Verbindungen durch Wasser.

2 Reaktion mit Wasser, manchmal bei erhöhtem Druck und Temperatur und oft bei Anwesenheit von Säuren, alkalischen oder enzymatischen Trägern. Der Prozess dient dazu, Substanzen zu zerlegen und daher zu entgiften, wie organophosphorische Verbindungen. Das Wasser selbst wird dabei auch zersetzt.

3 Die erste Stufe in der anaeroben Schlammbehandlung.

hydrophil

1 Wörtlich: wasserliebend

2 Chemisch: wasseranziehend, -aufnehmend, benetzbar

3 Biologisch: bevorzugt an nassen Standorten vorkommende Pflanzenarten

Hygiene

Gesundheitslehre und -praxis; Lehre von der Gesunderhaltung des einzelnen und der Allgemeinheit, der Vorbeugung von Krankheiten und Gesundheitsschäden wie auch der positiven Gesundheitsförderung. Durch M. von Petenkofer (1818–1901) wurde die Hygiene wissenschaftlich begründet. Unterschieden wird die private und die öffentliche Hygiene, letztere wurde zum öffentlichen Gesundheitswesen erweitert. Die drei Arbeitsbereiche der Hygiene sind:

   a) die Umwelthygiene,
   b) die Sozialhygiene und
   c) die Psychohygiene

Die Umwelthygiene umfasst die Hygiene der Luft, des Wassers und Abwassers, der Abfallstoffe, der Körperpflege, Kleidung, die Wohnungs- und Arbeitshygiene; sie erforscht den Einfluss der Umwelt auf das Krankheits- und Seuchengeschehen (Parasitologie, Bakteriologie und Virologie). Zur Hygiene gehört auch die Immunitätslehre samt den Impfungen.

Hypolimnion

1 (hypo gr. = unter; limne gr. = See). Tiefenwasserzone in Seen mit großer Wassertiefe und Sauerstoffzehrung (Zehrschicht).

2 Kalte und daher spezifisch schwere Tiefenschicht eines thermisch geschichteten Sees; Wasserschicht tiefer, stehender Gewässer unterhalb der Sprungschicht.

Immission

Schädliche Umwelteinwirkungen, die nach Art, Ausmaß oder Dauer geeignet sind, Gefahren, erhebliche Nachteile oder erhebliche Belästigungen für die Allgemeinheit oder die Nachbarschaft herbeizuführen. Immissionen sind die auf Menschen, Tiere und Pflanzen, den Boden, das Wasser, die Atmosphäre sowie Kultur- und sonstige Sachgüter bezogenen Verunreinigungen, Geräusche, Erschütterungen, Licht, Wärme, Strahlen und ähnliche Umwelteinwirkungen. Sie gehen als „Emission" von „Emittenten" aus – s. dort.

Immissionsschutz

Unter Immissionsschutz wird die Gesamtheit der Bestrebungen, Immissionen auf ein für Mensch und Umwelt langfristig verträgliches Maß zu begrenzen, zusammengefasst. Der Begriff Immissionsschutz ist eng mit der Betrachtung aus der Sicht des jeweiligen Schutzobjektes (z.B. den Menschen) verknüpft. Nachteilige Einwirkungen werden im Hinblick auf das Schutzobjekt betrachtet, und Schutzmaßnahmen unter dem Gesichtspunkt der möglichen Auswirkungen auf dieses Schutzobjekt ausgewählt.

Indikator

Ein Indikator zeigt das Erreichen oder die Veränderung eines Zustandes an.

Indikator-Farbstoffe: Stoffe, die Zustandsänderungen in chemischen Systemen durch Farbwechsel anzeigen.

Indikator-Organismen: Bezeichnung für Organismen, deren Vorkommen oder Fehlen auf bestimmte Verhältnisse im Biotop hinweisen (z. B. Flechten als Indikator für Luftverschmutzungen; Bakterien, die organische Gewässerverunreinigungen anzeigen; bacterium Coli, das auf fäkale Verunreinigungen des Wassers hinweist) (Indikatororganismus).

inert

1 (lat.). Untätig, träge, unbeteiligt.

2 Biologisch nicht abbaubar und nicht brennbar.

Infektionskrankheit

Krankheiten, die durch Haftenbleiben oder Eindringen von Mikroorganismen in einen Makroorganismus und deren Vermehrung in oder an ihm entstehen. Das klinische Bild wird durch die Pathogenität (= Fähigkeit, pathologische Zustände herbeizuführen) geprägt.

Infektionsschutzgesetz

Gesetz zur Verhütung und Bekämpfung von Infektionskrankheiten beim Menschen (IfSG) – in der Fassung der Bekanntmachung vom 20. Juli 2000 (BGBl. I S. 1045).

Infiltration

1 Bewegung von Wasser durch die Bodenoberfläche in ein poröses Medium. (Versickerung)

2 Der Prozess, bei dem Niederschlagswasser in den Boden einsickert und den Porenraum auffüllt. Ist die Bodenoberfläche wenig durchlässig, kann bei Regen nur wenig versickern, es entsteht Oberflächenabfluss. Die Infiltrationsrate gibt die Wassermenge an, die pro Zeiteinheit im Boden versickern kann.

Infiltrationsrate

Wasservolumen, das pro Zeiteinheit und Flächeneinheit über die Geländeoberfläche in die ungesättigte Bodenzone (ungesättigte Zone) eindringt, Infiltration.

Inhibitor

(inhibere lat. = bremsen) Hemmstoff.

Inliner

das beim Relining in die bestehende Rohrleitung eingezogene Rohr

Innendurchmesser

ID (Internal Diameter) – Mittlerer Innendurchmesser des Rohrschaftes in jedem beliebigen Querschnitt (DVGW W 400-1)

Insektizid

1 Pestizid, das das Insektenleben kontrollieren soll

2 Mittel zur Bekämpfung von Schadinsekten

Inspektion

1 Maßnahmen zur Feststellung und Beurteilung des Istzustandes von technischen Mitteln eines Systems (Erstellen eines Planes, Vorbereitung der Durchführung, Durchführung, Auswertung, Ableitung von Konsequenzen) (nach DIN 31051)

2 (Überprüfung) Maßnahmen zur Feststellung und Beurteilung des Istzustandes der Verteilungsanlagen (DVGW-Hinweis W 401 bzw. DVGW-Arbeitsblatt G 401)

3 Maßnahmen zur Feststellung und Beurteilung des baulichen Istzustandes sowie die Prüfung der Funktionsfähigkeit. Dabei ist besonders zu achten auf Undichtigkeiten, Abflusshindernisse, Lageabweichungen, mechanische Verschleißerscheinungen, Korrosion, Querschnittsänderungen, Rohrverbindungen und Risse.

instationär

s. Fließen

Interzeption

Der Anteil des Regens, der durch Benetzung zunächst an Pflanzen hängenbleibt und danach verdunstet (ohne dass dieser den Boden erreicht hat). Im Wald kann die Interzeption zwischen 20 und 35 Prozent des Jahresniederschlags betragen. Bei einzelnen Niederschlägen können bis zu 5 Liter Wasser pro Quadratmeter durch Benetzung festgehalten werden; bei hohen Niederschlägen ist der Verlust durch Interzeption jedoch unbedeutend.

Investition

1   Verwendung von finanziellen Mitteln zur Beschaffung von Sachvermögen (Maschinen, Vorräte), Finanzvermögen (Wertpapiere, Beteiligungen) oder immateriellem Vermögen (Patente, Lizenzen).

2   Bei der Projektkalkulation ist für den Umgang mit Investitionen entscheidend, ob sie mit den vollen Anschaffungskosten oder nur mit zeit- und vorhabensanteiligen Abschreibungskosten das Projektbudget belasten. Typische Investitionen sind Maschinen, Werkzeuge, Immobilien, Großrechner und Laborgeräte. Wenn sie mit der gesamten Anschaffungssumme das Projektbudget belasten, dann muss sie einerseits bei der Kalkulation berücksichtigt werden und andererseits sollte darauf geachtet werden, dass das Projekt in diesem Fall nicht mit weiteren Abschreibungen bestehender Anlagen belastet wird. Wenn nur die anteiligen Abschreibungen für das Projekt zu Buche schlagen, muss die notwendige Liquidität für die Anschaffung rechtzeitig gesichert sein und in der Projektkalkulation darauf geachtet werden, dass noch weitere Abschreibungskosten bestehender Anlagen hinzukommen können.

Ion

Atome oder Atomgruppen, die ein- oder mehrfach, positiv oder negativ elektrisch geladen sind; negative Ionen, Anionen, durch Aufnahme von Elektronen; positive Ionen, Kationen, durch Abgabe von Elektronen. Chemisch verhalten sich die Ionen anders als die entsprechenden Atome. In wässriger Lösung von Salzen, Säuren und Basen (Elektrolyte) sind die gelösten Teilchen z. T. in Form von Ionen vorhanden. Auch die Kristalle der festen Salze bauen sich z. T. aus Ionen auf (Ionengitter). Ionen werden durch elektrische und magnetische Felder beeinflusst. Ionenwanderung im Elektrolyten.

Ionenaktivität

Größe, die die wirksame Konzentration eines Ions in Lösung beschreibt. Entspricht dem Quotienten aus Löslichkeitskonstante und Konzentration des Ions. Je höher die Konzentration eines Ions, desto geringer erscheint seine relative, auf die Konzentration bezogene „Verfügbarkeit" für chemische oder physikalische Wechselwirkungen. Aus diesem Grunde muss bei der Betrachtung z. B. chemischer Reaktionen die Konzentration durch Einführung eines Faktors (des Aktivitätskoeffizienten) nach unten korrigiert werden. Der Aktivitätskoeffizient ist hierbei maßgeblich abhängig von der Ionenstärke.

Ionenaustauscher

Anorganische oder organische, wasserunlösliche Körper, in die Atomgruppen eingebaut sind, deren Ionen gegen andere Ionen (Anionen- bzw. Kationenaustauscher) aus-

getauscht werden können, z. B. zur Wasserenthärtung (Austauscherharze), in der Medizin (Ionensubstitution) oder Abwasserbehandlung.

Ionenstärke

Maß für den Einfluss der Ionenzusammensetzung eines Wassers auf die wirksame Konzentration (s. Aktivität).

Isotop

Atom oder Atomkern, der sich von einem anderen des gleichen chemischen Elements nur in seiner Massenzahl unterscheidet.

Isotropie

Richtungsabhängige Veränderung von physikalischen Kenngrößen; isotrope Körper besitzen in alle Richtungen die gleichen physikalischen Eigenschaften. Gegensatz: Anisotropie

Jahresgang

Der Verlauf einer umweltrelevanten Messgröße während eines Jahres.

Kalk-Kohlensäure-Gleichgewicht

Der Zustand der Calcit- bzw. Calciumcarbonat-Sättigung wird beim Wasser erreicht, wenn es bei Kontakt mit Calcit weder zur Auflösung noch zur Abscheidung von Calciumcarbonat neigt. Unterschreitet ein Wasser infolge eines Kohlensäure-Überschusses seinen eigenen pH-Wert der Calcitsättigung, wirkt es calcitlösend; Überschreitung führt dagegen zu Übersättigung (calcitabscheidend). Trinkwasser soll gemäß den Bestimmungen der Trinkwasserverordnung nicht calcitlösend sein, da sonst Werkstoffe, die kalkhaltig sind (z. B. Beton), angegriffen werden können und auch die Schutzschichtbildung auf metallischen Oberflächen verhindert wird. Deshalb besteht die Notwendigkeit, durch Entsäuerung überschüssige Kohlensäure aus calcitlösendem Trinkwasser zu entfernen

Kammerfilterpresse

Maschine zur künstlichen Entwässerung von Klärschlamm.

Je zwei mit Filtertüchern bespannte Filterplatten bilden eine Kammer, die mit Schlamm gefüllt und unter Druck gesetzt wird. Das Schlammwasser wird ausgepresst und über Entwässerungskanäle in den Platten als Filtrat abgeleitet. Nach dem Öffnen der Platten duch Auseinanderschieben fällt der entwässerte Schlamm als Filterkuchen heraus.

Kanalisation

Leitungsnetz der Entwässerung. Die Kanalisation dient der Erfassung und Ableitung von Schmutzwasser aus Haushalten, Industrie- und Gewerbebetrieben und von Niederschlagswasser. Schmutzwasser und Niederschlagswasser werden entweder getrennt (Trennsystem) oder gemeinsam (Mischsystem) abgeleitet.

kanzerogen

s. Karzinogen

kapillare Steighöhe

Die kapillare Steighöhe h_c kann als Maß für die Spannung angesehen werden, mit der das Wasser im Porenraum oberhalb der Grundwasseroberfläche gehalten wird.

Kapillarwasser

Anteil des Haftwassers, der durch Menisken, die sich an den Berührungspunkten der Feststoffpartikel bilden, im Boden gehalten wird.

Karstgebiet

Karstgebiete sind Räume mit einer spezifischer Oberflächenform und einem spezifischen Wasserhaushalt. Infolge der Klüftigkeit und Löslichkeit des Gesteins hat die unterirdische Entwässerung (Karstentwässerung) einen wesentlichen Anteil an der Gesamtentwässerung. Hauptsächlich durch Lösungsvorgänge bilden sich charakteristische ober- und unterirdische Karsterscheinungen heraus, wie Höhlen, Erdfälle, Dolinen oder Karstquellen. Die besonderen Abflussbedingungen, d. h. rasche Versickerung von Niederschlagswasser und Schmelzwasser in den Untergrund und die Lösungsvorgänge beeinflussen nicht nur die Entwicklung der Oberflächenformen, sondern auch Bodenentwicklung und Pflanzenwelt, so dass insgesamt ein eigenes Landschaftsbild, die Karstlandschaft, entsteht. Der Entwicklungsvorgang, der zur Ausbildung einer typischen Karstlandschaft führt, wird Verkarstung genannt.

Karstgrundwasserleiter

Karstgrundwasserleiter (Karstaquifere) kommen in verkarstetem Gestein vor. Einige Beispiele finden sich in Süddeutschland und auf dem Balkan. Eine besondere Art der Klüfte sind Karst-Hohlräume in den carbonatischen Gesteinen. Infolge der meist sehr verschiedenartigen chemischen Zusammensetzungen (Carbonate und häufig auch Sulfate von Calcium und Magnesium) und des dadurch bedingten ungleichmäßigen Lösevermögens des (zirkulierenden) CO_2-haltigen Wassers sind in geologischen Zeitspannen entsprechend vielgestaltig-unregelmäßige Hohlräume (Lösungshohlräume), von schmalen Klüften bis zu gewaltigen Höhlen entstanden

Karzinogen

Stoff, der bei Menschen und Tieren bösartige Geschwülste (Krebs) erzeugen kann. Karzinogene umfassen sowohl natürlich vorkommende Stoffe wie Asbest, Aflatoxin in verschimmelten Nahrungsmitteln, Methylcholantren als auch Komponenten von Zersetzungsprodukten wie Benzpyren im Zigarettenrauch und Kohleteer, Nitrosamine oder synthetische Stoffe wie Benzidin, 2-Naphthylamin, Vinylchlorid und Zinkchromat. Zur Einstufung eines Stoffes als Karzinogen dienen entweder vorliegende Erfahrungen beim Menschen oder die Ergebnisse sorgfältig durchgeführter Tierversuche. Die Liste der in der Bundesrepublik als krebserzeugend eingestuften Arbeitsstoffe enthält die Gefahrstoffverordnung.

Katalysator

Stoff, der chemische Reaktionen beschleunigt, ohne dabei selbst verbraucht zu werden.

Kavitation

1 Wird im Wasser an einer Stelle der Dampfdruck unterschritten, entstehen Dampfblasen, die bei Wiederanstieg des Druckes schlagartig kondensieren. Dadurch werden z.B. die Pumpen- und Turbinenschaufeln stark beansprucht, so dass eine poröse Oberfläche entsteht. Dieser Vorgang wird mit Kavitation bezeichnet.

2 Hohlraumbildung in schnell strömenden Flüssigkeiten, dadurch entstehen Druckunterschiede und Implosionen sind möglich.

kathodischer Korrosionsschutz

Maßnahme zur Verhinderung der Korrosion. Durch Anlegen eines Stromes an den zu schützenden Gegenstand wird dieser zur Kathode (negativ geladene Elektrode); die Korrosion erfolgt nur anodisch, d. h. an positiv geladenen Elektroden.

Kation

Kationen sind die bei der Elektrolyse zur Anode wandernden Ionen, d. h. die positiv geladenen Ionen, z. B. H^+.

Keim

1 Gebräuchliche Bezeichnung für lebensfähige Mikroorganismen aller Art.

2 Keime (im Wasser): Krankheitserregende (pathogene) Keime (z. B. Cholera-, Typhus-, Paratyphus-, Ruhrerreger) dürfen im Trinkwasser nicht enthalten sein. Die normalerweise im Darminhalt vom Menschen und Tieren sehr zahlreich vorkommenden Colibakterien (z. B. Escherichia coli) deuten beim Auftreten im Wasser auf eine fäkale Verunreinigung hin. Die kleinste in ml angegebene Wassermenge, in der Escherichia coli noch nachweisbar ist, wird als Colititer bezeichnet. In 100 ml Trinkwasser dürfen keine Escherichia coli nachweisbar sein.

Kesselformel

Zur Berechnung der Wanddicke für Zylindermäntel (oder Kugeln) mit Innendruckbelastung, unter Berücksichtigung des äußeren Mantel-(bzw. Kugel-)durchmessers, des höchstzulässigen Betriebs(über)drucks (= Berechnungsdruck), eines Festigkeitskennwerts (maßgebender Wert aus Streck- oder Dehngrenze und Zeitstandfestigkeit), der zulässigen Berechnungsspannung in den Schweißnähten, einem Zuschlag für Wanddickenunterschreitung (Herstellungstoleranz der Bleche), einem Abnutzungszuschlag (z. B. aufgrund Korrosion).

Keuper

jüngste Epoche der Triaszeit – überwiegend wenig widerstandsfähige buntgefärbte Mergel

kinematische Zähigkeit

das Verhältnis von Viskosität (dynamische Zähigkeit) zur Dichte

Klebemuffe

Diese wird nachträglich an PVC-Rohre angeformt und ermöglicht Rohrverbindungen durch spezielle Kleber (z. B. THF = Tetrahydrofuran), die das PVC anlösen.

Kluftgrundwasserleiter

Kluftgrundwasser ist Grundwasser im Festgestein, dessen durchflusswirksamer Hohlraum aus Klüften und anderen Trennfugen gebildet wird. Kluftgrundwasserleiter (Kluftaquifere) kommen in Festgesteinen vor.

Kohäsion

1 Die im Inneren eines Körpers zwischen den Atomen wirkenden Anziehungskräfte, bei festen Körpern hoch, bei flüssigen gering, bei Gasen verschwindend gering.

2 Der Zusammenhalt der Moleküle eines Körpers.

Kohlensäure

ist eine schwache Säure, die in geringen Mengen durch Lösen von Kohlenstoffdioxid in Wasser entsteht. Ihre Salze sind die Carbonate.

Kolloid

(kolla gr. = Leim). Stoff zwischen 10^{-5} bis 10^{-7} mm Durchmesser, der sich nicht mehr absetzen und daher durch Flockung in absetzbare Größen gebracht werden muss.

Kolmation

1 Selbstabdichtung eines Gewässerbettes durch Verschlammung.

2 Ablagerung von Schwebstoffen in und auf der Fließgewässersohle, bewirkt einerseits eine Reduktion der Sohlendurchlässigkeit und andererseits eine Verringerung des Porenraumes bei gleichzeitiger Verfestigung des Sohlensubstrates.

3 Abdichtung der Filterschicht eines Brunnens durch Bodenkorn oder Versinterung und Verschleimung.

Komplexbildner

anorganische oder organische Verbindungen, die Metallionen binden, so dass sich deren Verhalten (z. B. Reaktions- und Lösungseigenschaften) verändert. Komplexbildner werden verwendet, um Metalle zu binden und zu entfernen oder in Lösung zu bringen, Wasser zu enthärten, Gase zu binden, Polymerisationen auszulösen usw., z. B. können Komplexbildner schwerlösliche Verbindungen durch die Komplexbildung in leicht lösliche Verbindungen überführen. Komplexbildner werden z. B. in Düngemitteln, Wasch- und Reinigungsmitteln, im Korrosionsschutz, in der Arznei- und Lebensmittelindustrie eingesetzt.

Kompressibilität

Zusammendrückbarkeit. Reziproker Wert des Elastizitätsmoduls des Wassers.

Kondensation

1 Verdichtung von Gasen durch Abkühlung oder Druck; führt zur Wasserbildung.

2 Der Übergang vom gasförmigen Zustand zum flüssigen Zustand wird als Kondensation bezeichnet. Durch Abkühlung wird Wasserdampf zu flüssigem Wasser – in der Atmosphäre bilden sich Wolkentröpfchen. Durch die Kondensation wird die so genannte

„latente Wärme" frei. Diese führt z. B. dazu, dass feuchte Luft sich bei einer Hebung langsamer abkühlt als trockene Luft.

konkurrierende Gesetzgebung

Art. 73 und 74 GG regeln die Gesetzgebungskompetenz in der Bundesrepublik Deutschland, dass in bestimmten im Grundgesetz aufgezählten Rechtsgebieten der Bund vor den Ländern die Gesetzgebungskompetenz hat. Die Länder haben die Kompetenz, solange der Bund sie nicht wahrnimmt.

Kontamination

1 (kontaminare lat. = verunreinigen). Verschmutzung oder Verseuchung durch Schadstoffe (z. B. Biozide), Krankheitserreger (pathogene Mikroorganismen) oder radioaktive Strahlung.

2 Die durch anthropogene Einflüsse hervorgerufene, über das natürliche Verteilungsmaß hinausgehenden, im z. B. Boden angereicherten, lokalen Stoffansammlungen, die infolge chemischer, physikalischer oder biologischer Prozesse mobilisiert werden und dadurch zu einer Belastung und/oder Gefährdung der natürlichen Lebensabläufe führen.

Kontinuitätsgesetz

Gesetz zur Erhaltung der Massen bei Strömungsvorgängen.

Konvektion

Bewegungs und Austauschvorgänge innerhalb größerer Luft- oder Wassermassen

Konzentration

1 Stoffmenge oder Stoffanteile in einem bestimmten Volumen (z. B. mg/L bzw. g/m^3). Die Konzentration von Schadstoffen in einem Gewässer ist von deren Wasserführung und der transportierten Schadstoffmenge abhängig.

2 Chemie: Die Menge eines Stoffes in einem anderen.

Korndurchmesser

s. Korngröße

Kornfraktion

s. Korngrößenfraktion

Korngröße

(particle size, particle diameter) Experimentell ermittelter Durchmesser von Feststoffteilchen. ANMERKUNG: z. B. durch Siebanalyse bzw. Schlämmanalyse ermittelt. Formelzeichen: d bzw. d_k, Einheit: mm

Korngrößenfraktion

Die meisten Böden bestehen aus Mischungen verschiedener Korngrößenfraktionen, d. h. aus festen Bestandteilen mit verschiedenartiger Größe (und Form; z. B. kugelförmige Quarzkörner, blättchenförmige Tonminerale). Unter der Körnung eines Bodens versteht man die Verteilung der Anteile an Körnern mit unterschiedlicher Größe am Gesamtboden. Man unterscheidet zwischen der Skelettfraktion und der Feinerdefraktion. Die Skelettfraktion beinhaltet alle Körner mit einem Durchmesser > 2 mm. Sie umfasst die Klassen Blöcke, Steine (Abkürzung: X) und Kies (G) bzw. Grus (Größe wie Kies, aber im Gegensatz zu diesem nicht gerundet, sondern kantig). Die Feinerde wird unterschieden in die Fraktionen Sand (S; Durchmesser > 63 µm), Schluff (U; Durchmesser 2–63 µm) und Ton (T; Durchmesser < 2 µm). Innerhalb jeder Kornfraktion werden in einem weiteren Differenzierungsschritt die Stufen „Fein-(f), Mittel-(m) und Grob-(g)" unterschieden.

Korngrößenverteilung

Die Korngrößenverteilung, deren quantitative Feststellung durch besondere Analysen (DIN 18123) erfolgt, gibt die prozentualen Gewichtsanteile der in einer Bodenart vorhandenen Kornfraktionen an. Die Ergebnisse dieser Analysen (Siebanalyse bzw. Schlämmanalyse) werden als Körnungslinien (= Summenlinien) dargestellt.

Körperschaft öffentlichen Rechts

1 Körperschaften öffentlichen Rechts sind rechtsfähige Verbände oder Organisationen, die dem öffentlichen Recht unterliegen und die (hoheitliche) Aufgaben selbstverantwortlich unter staatlicher Aufsicht wahrnehmen. (Wasserversorgung ist ist steuerrechtlich eine gewerbliche Tätigkeit, kann aber von solchen Körperschaften wahrgenommen werden).

2 Juristische Personen (juristische Person) des öffentlichen Rechts, die verbandsförmig mit eigenen Mitgliedern organisiert sind (die Mitgliedschaft muss nicht freiwillig sein: Wasser- und Bodenverbände).

Korrosion

1 nennt man die von der Oberfläche (z. B. eines Werkstoffes) ausgehende Veränderung, ausgelöst durch einen chemischen, biologischen, biochemischen oder elektrochemischen Prozess

2 die allmähliche Zerstörung eines Metalls durch chemische Reaktion

3 Zu unterscheiden sind in folgende Korrosionsformen:
   • Flächenkorrosion,
   • Muldenkorrosion,
   • Lochkorrosion

Korrosionsinhibitor

Stoff, der Korrosionsvorgänge hemmt, z. B. Phosphat, Huminstoffe

Kosten

Kosten sind betriebszweckbezogener, objektiv bewerteter Güterverbrauch. Sie sind der wertmäßige Verzehr von Produktionsfaktoren zur Leistungserstellung und Leistungsverwertung. (=> pagatorischer, => wertmäßiger Kostenbegriff). Siehe auch Finanzieller Aufwand. Siehe auch Projektkostenart.

Krankheit

Krankheit ist eine medizinisch wahrnehmbare, vom Willen des Betroffenen unabhängige Störung der normalen Körperfunktionen durch krankhafte Vorgänge.

Krankheitserreger

Mit dem Trinkwasser oder Badewasser können Krankheitserreger fäkalen Ursprungs übertragen werden und in Abhängigkeit von der Erregerkonzentration und der Anzahl der betroffenen Personen zu Einzelerkrankungen oder Epidemien führen. Zu den wasserübertragbaren Infektionskrankheiten gehören neben den bakteriell verursachten, wie Cholera, Ruhr, Typhus, virale, wie Gastroenteritis, Hepatitis, auch solche durch Parasiten, wie Giardiasis und Kryptosporidiose.

Kreiselpumpe

Enthält ein oder mehrere beschaufelte Laufräder, die axial durchströmt werden und mittels Zentrifugalkraft das Wasser beschleunigen.

Kristallisationsinhibitor

Stoff, der die Kristallisation, z. B. von Calciumcarbonat, hemmt

kritische Reynolds-Zahl

Die so genannte kritische Reynolds-Zahl $Re_{krit.} = 2.320$ kennzeichnet den Übergang von der laminaren zur turbulenten Strömung; d. h. unter $Re_{krit.}$ ist keine turbulente Strömung möglich. s. a. Reynolds-Zahl

KTW-Empfehlung

(Hrsg.: Umweltbundesamt): Gesundheitliche Beurteilung von Kunststoffen und anderen nichtmetallischen Werkstoffen im Rahmen des Lebensmittel-, Bedarfsgegenstände- und Futtermittelgesetzbuch (LFGB)es für den Trinkwasserbereich.

Kunststoff

Besser Polymere. Werkstoffe makromolekularer Natur, die entweder vollsynthetisch oder durch meist chemische Behandlung von vorgebildeten natürlichen Makromolekülen hergestellt werden. In der Praxis versteht man darunter überwiegend organische Verbindungen, die durch Polymerisation, Polykondensation oder Polyaddition gewonnen werden. Der Kunststoffbereich umfasst eine große Zahl verschiedenartigster Produkte, die in Technik und täglichem Leben eine immer wichtiger werdende Rolle spielen. Zunehmend lösen sie auf vielfältigsten Gebieten herkömmliche Materialien und Werkstoffe ab. Besondere Vorteile sind u. a. ihre geringe Dichte, Beständigkeit gegen Korrosionseinflüsse sowie die günstige Verformbarkeit, die mit speziellen Verfahrenstechniken maschinell in großen Serien eine wirtschaftliche Verarbeitung gestatten.

Kurzschlussströmung

Rasches Durchdringen des Zuflusswassers bis zum Absperrbauwerk einer Talsperre oder zwischen Zulauf und Ablauf eines Wasserbehälters

laminare Strömung

Fließvorgang, bei dem sich alle Wasserteilchen in nebeneinanderliegenden Bahnen bewegen (kommt in Oberflächengewässern praktisch nicht vor, turbulente Strömung).

Länderarbeitsgemeinschaft Wasser LAWA

Arbeitsgemeinschaft der für die Wasserwirtschaft und das Wasserrecht zuständigen obersten Behörden der Bundesländer. Aufgaben und Ziele der LAWA sind u. a. der Austausch von Informationen und Erfahrungen im Interesse eines effektiven und gleichmäßigen Gesetzesvollzugs in den Ländern, die Koordinierung von Forschungs- und Entwicklungsvorhaben, die Erarbeitung von Musterentwürfen für Merkblätter der LAWA.

Landeswassergesetz

Die Wassergesetze der Länder ergänzen die Bundesregelungen des WHG durch länderspezifische Regelungen. Das am 1. März 2010 in Kraft tretende neue WHG nimmt Vorschriften auf, die bisher im Landeswasserrecht unterschiedlich verankert waren. Die Landeswassergesetze der Bundesländer sind den neuen Vorschriften anzupassen. Sie behalten weiterhin Gültigkeit, soweit sie dem neuen Bundesrecht nicht widersprechen. In stoff- oder anlagebezogenen Regelungen besteht keine Abweichungsmöglichkeit. In Landeswassergesetzen ist z. B. die Aufstellung von Abwasserbeseitigungsplänen weiterhin ein Bestandteil.

ländlicher Raum

Unter „ländlicher Raum" bzw. „ländlich strukturiertes Gebiet" werden kleine, vielfach weit auseinander liegende Ortschaften und Ortsteile verstanden. Auch große Grundstücksflächen in lockerer, offener Bebauung, Einzelgehöfte, Weiler und Streusiedlungen lassen sich unter diesen Begriff fassen. Vielfach wird auch von „nicht im Zusammenhang bebauten Gebieten" oder „Außenbereichen" gesprochen. Die Gebiete sind landwirtschaftlich strukturiert, Industrie und Gewerbe nur wenig vorhanden. Die Siedlungsdichte ist gering (< 25 Einwohner/ha Siedlungsfläche), ebenso der Anteil befestigter Flächen (< 20% der Siedlungsfläche einschließlich der Straßen und Wege).

Langsamfilter

Offene, im Betrieb ständig überstaute Filter mit gekörntem Filtermaterial und großen Oberflächen ohne fest installierte Spülvorrichtung, die mit sehr geringen Filtergeschwindigkeiten betrieben werden.
Anmerkung: Im Gegensatz zu Versickerungsbecken wird das Filtrat bei Langsamfiltern gesammelt und kontrolliert abgeleitet (DVGW W 213-1).

Laufrad

Laufräder in Kreiselpumpen werden axial angeströmt und beschleunigen das Wasser mittels Zentrifugalkraft.

Lebensmittel-, Bedarfsgegenstände- und Futtermittelgesetzbuch (LFGB)

Das LFGB von 2005 BGBl. I S. 2618 hat das Gesetz über den Verkehr mit Lebensmitteln, Tabakerzeugnissen, kosmetischen Mitteln und sonstigen Bedarfsgegenständen (LMBG) abgelöst. Zweck des Gesetzes ist es, bei Lebensmitteln, Futtermitteln, kosmetischen Mitteln und Bedarfsgegenständen den Schutz der Verbraucherinnen und Verbraucher durch Vorbeugung gegen eine oder Abwehr einer Gefahr für die menschliche Gesundheit sicherzustellen. Trinkwasser ist das wichtigste Lebensmittel.

Leckstelle

lokalisierter und klassifizierter Austritt eines Mediums aus einem (geschlossenen) System

Legionellen

Bakterien, die sich in Warmwasserkreisläufen bei Temperaturen von etwa 30 bis 45°C stark vermehren können und, wenn sie über ein Aerosol eingeatmet werden, schwer verlaufende Lungenentzündungen auslösen können (Legionellose). Warmwasser soll – aus Gründen der Energieersparnis – nicht über 60°C erwärmt werden, soll aber im Warmwassersystem nicht um mehr als 5°C abkühlen, um das Wachstum von Legionellen zu vermeiden (s. W 551).

Lehm

Eine natürliche Ablagerung, die aus den feinsten Partikeln der Verwitterung von Gestein besteht und eine fest zusammenhängende Masse bildet. Sie trocknet langsam und bleibt für eine gewisse Zeit plastisch.

leicht abbaubarer Stoff

Organischer Stoff, beispielsweise in Haushaltsabwässern, der im Wasser unter Verbrauch von Sauerstoff biologisch zu anorganischen Verbindungen (anorganische Verbindungen) abgebaut wird. Am Abbau sind Bakterien und Kleinlebewesen beteiligt.

Leitfähigkeit

1   Meist die elektrische Leitfähigkeit eines Stoffes oder einer Flüssigkeit

2   Wird als Maß für den Gesamtsalzgehalt benutzt, der in wässrigen Lösungen von der Ionenkonzentration, von der Ionenleitfähigkeit sowie der Temperatur abhängig ist.

Liberalisierung

Beseitigung von Einschränkungen des Wettbewerbs beim Austausch von Produkten oder Dienstleistungen, zum Beispiel bezüglich staatlicher Vorschriften und Kontrollen

Lignin

Komplexe aromatische Polymer (syntetisch)e, die gemeinsam mit Zellulose (Cellulose) in Pflanzen enthalten sind. Hölzernes Material, Begleitsubstanz der Zellulose, bewirkt Verfestigung der Holzstruktur.

Lippendichtung

Zur Abdichtung von Rohrverbindungen werden Gummiringe verwendet, die an der Innenseite mit einer oder mehreren Lippen versehen sind.

Lockergestein

Als Lockergesteine werden die nicht verfestigten Gesteine zusammengefasst, die nach ihrer Entstehung in Fluss-, See- und Meeresablagerungen, glaziale Bildungen, äolische Sedimente und Verwitterungsbildungen untergliedert werden.

longitudinal

längsgerichtet

Löschwasserbedarf

1 Die Gesamtwassermenge, die für den Brandschutz verfügbar sein muss

2 Planungswert für das in einer bestimmten Zeitspanne zum Brandschutz voraussichtlich benötigte Wasservolumen

3 s. a. Grundschutz (Löschwasserbereitstellung) und Objektschutz (Löschwasserbereitstellung)

Lösemittel

siehe Lösungsmittel

Löslichkeit

Maximale Menge eines Stoffes, der bei festgelegten Druck- und Temperaturbedingungen von einer definierten Menge Wasser unter Bildung einer gesättigten Lösung aufgenommen werden kann.

Lösung

1 Mischung aus einer Flüssigkeit und einem oder mehreren anderen Stoffen.

2 Projektmanagement: Prozess der aktiven Informationsaufnahme und -verarbeitung bei der Bewältigung eines Problems. Dieser Prozess beginnt mit der Wahrnehmung des Problems. Diese Problemerkenntnis bildet die Grundlage für folgende Überlegungen zum Problemtyp und zur Ableitung geeigneter Verhaltenspläne. Dieses erarbeitete Wissen wird in einer Modellbildung durch Simulation verarbeitet. Den Abschluss bildet der Entschluss für eine ausgewählte Handlung zur Lösung.

Lösungsmittel

Flüssigkeiten, die andere Stoffe lösen können, ohne sie chemisch zu verändern. Außer Wasser werden vor allem organische Verbindungen verwendet: für die industrielle Produktion, für Lacke, Druckfarben und andere Beschichtungsmittel, zum Abbeizen, Reinigen und Entfetten und eine Vielzahl weiterer Anwendungen. Die Mehrzahl der als Lösungsmittel verwendeten halogenierten Kohlenwasserstoffe sind stark gewässerschädigend. Seit einigen Jahren werden diese Stoffe häufiger im Grundwasser festgestellt. Die Ursache für solche Belastungen ist unsachgemäßer Umgang durch Industrie und Gewerbebetriebe, die halogenierte Kohlenwasserstoffe in großen Mengen als Lösungs- und Reinigungsmittel einsetzen. In Kanalisationen abgeleitete Lösungsmittel stellen eine Gefahr für Grundwasser und oberirdische Gewässer dar, da Lösungsmittel z. B. Kanalisationsrohre durchdringen und ins Grundwasser gelangen können. Daher sind beim Gebrauch von Lösungsmitteln entsprechende Dampfdiffusionssperren zu installieren.

Luftdeposition

Ablagerung von Partikeln, Schwebstoffen oder Einträge von gelösten chemischen Stoffen aus der Luft, z. B. über der Stickoxide oder Säuren aus dem „sauren Regen".

Lysimeter

sind mit gestörten oder ungestörtem Boden und Lockersediment gefüllte Behälter, wobei der Boden bewachsen oder unbewachsen sein kann. Er dient zur Erfassung und Simulation verschiedener Größen des hydrologischen Kreislaufes, z. B. Infiltration, Abfluss, Evapotranspiration, Abtransport gelöster Bodenteile durch Versickerung etc.

Massenbilanz

Die Bilanz zwischen dem Materialgewicht zu Beginn und am Ende eines Prozesses oder eines Systems.

Massenkonzentration

Masse des gelösten Stoffes in Gramm je Liter (g/L) oder Kilogramm Lösung (g/kg)

Massenprozent

Menge des gelösten Stoffes (g) pro 100 g Lösung

Massenwirkungsgesetz

Zusammenhang zwischen den im chemischen Gleichgewicht vorliegenden Konzentrationen (Aktivitäten) der Reaktionsprodukte und der Ausgangsstoffe einer chemischen Reaktion.

maximaler Stundenbedarf

Größter stündlicher Wasserbedarf am Tage des größten Wasserbedarfs (im Regelfall die Spitzenstunde des Jahres) [m/h].

maximaler Tagesbedarf

Wasserbedarf am Tag des größten Wasserbedarfs eines Jahres: Q_{max} [m/d], q_{max} [L/(E·d)].

Membran

Filterelement aus polymeren Werkstoffen, Keramik oder Metall, das die Trennung von Stoffgemischen in zwei Fraktionen, Permeat und Konzentrat, ermöglicht.

Membranfilter

Filter mit porösen Membranen als Filtermedien, die in Einheiten (Membranelemente und Module) zusammengefasst sind (DVGW W 213-1).

Membranfiltration

Die Membranfiltration ist ein Trennverfahren, das es – im Unterschied zur konventionellen Filtration – erlaubt, Teilchen bis in die Größenordnung der Kolloide bzw. bis hin zu gelösten Wasserinhaltsstoffen voneinander zu trennen. Beispiel: Das im Meerwasser gelöste Salz lässt sich durch Membranfiltration abtrennen, so dass Trinkwasser gewonnen werden kann.

Bei der Mikro-, Ultra- und Nanofiltration beruht die Trennung auf mikroporösen Schichten mit definierten Porenabmessungen. Partikel – oder auch Moleküle –, die größer als der maximale Porendurchmesser der Membran sind, werden zurückgehalten. Die Membranen der Umkehrosmose sind porenfreie Lösungs-Diffusions-Membranen. Das Lösungsmittel – in der Regel Wasser – kann durch die Membran diffundieren.

Membrantechnik

(weniger gebräuchlich: Membrantechnologie) s. Membranfiltration

Membranverfahren

1   Verfahren zur Entfernung von feinsten Partikeln bis hin zu gelösten Stoffen aus Wasser mittels eines auf einer Stützschicht aufgebrachten Filters.

2   Membranverfahren erlauben eine Feinreinigung des Wassers ohne Anwendung von Chemikalien; hierzu gehören die Umkehrosmose, Nanofiltration, Ultrafiltration und Mikrofiltration. Die Umkehrosmose wird u. a. bei der Behandlung von Deponiesickerwässern und der Meerwasserentsalzung angewandt. Die Ultrafiltration wird bei der Trennung von Emulsionen (z. B. der Abtrennung von Öl aus Reinigungsbädern) eingesetzt sowie bei der Trinkwasser-, Bade- und Schwimmbeckenwasser-Aufbereitung.

Messnetz

Gewässer: Gesamtheit von Messstellen, die einem bestimmten Zweck dienen, z. B. Niederschlagsmessnetz, Pegelnetz, Grundwasserstandsmessnetz, (Wasser-)Beschaffenheitsmessnetz.

Metabolit

1   Stoffwechselprodukt, Auf- und Abbaustufe von Stoffen, die durch Stoffwechselreaktionen entstehen.

2   Abbauprodukte von Pestizidwirkstoffen.

Metalimnion

1   (Meta gr. = zwischen; limne gr. = See). Zone stärkster Temperaturänderung (Sprungschicht) in geschichteten Gewässern

2   Temperatursprungsschicht: Wasserschicht in einem stehenden Gewässer zwischen Epilimnion und Hypolimnion mit starkem Temperaturgradienten in vertikaler Richtung.

Mikroorganismus

Mikroorganismen sind mikroskopisch kleine, einzellige Organismen (z. B. Bakterien, Blaualgen sowie ein großer Teil der Algen und Pilze). Viren zählen nicht zu den Mikroorganismen.

Mikrosiebe

Siebe mit Maschenweiten von ca. 3 μm bis 100 μm (DVGW W 213-1).

minimaler Tagesbedarf

Wasserbedarf am Tag des geringsten Wasserbedarfs eines Jahres: Q_{min} [m/d], q_{min} [L/(E·d)]

mittlerer Abfluss

Arithmetischer Mittelwert der Abflüsse eines Monats, Halbjahres, Jahres, ... (vgl. DIN 4049, Teil 1), MQ.

mittlerer Niedrigwasserabfluss

Mittlerer unterer Grenzwert der Abflüsse, (vgl. DIN 4049, Teil 1). Formelzeichen: MNQ; Einheit: m/s

mittlerer Tagesbedarf

über das Jahr gemittelter Wasserbedarf für einen Tag (Jahresbedarf /365) Q_m [m/d], q_m [L/(E·d)]

Mol-Konzentration

Molarität Gesamtvolumen (mol/L) bzw. Molarität Lösemittel (mol/kg)

Molekül

Materieteilchen, das aus zwei oder mehr gleichartigen oder ungleichartigen Atomen besteht. Die Moleküle einer chemischen Verbindung sind die kleinsten Teilcheneinheiten, die noch die wesentlichen stofflichen Eigenschaften der Verbindung besitzen.

molekulare Diffusion

Selbsttätige Durchmischung von Gasen und Flüssigkeiten infolge eines Konzentrationsgefälles, Teil der hydrodynamischen Dispersion.

Morphologie

(morphe gr. = Gestalt; logos gr. = Lehre). Gestaltlehre, Formenlehre, Bauplan von Organismen (z. B.: Gestalt von Fließgewässern und Auen).

Muffe

Wird bei Gussrohren beim Guss ausgebildet; bei Kunststoffrohren nach der Extrusion an Rohre angeformt, angeklebt oder angeschweißt und ermöglicht die Verbindung der Rohre. Man unterscheidet Klebemuffen sowie Steckmuffen und Schraubmuffen.

mutagen

Mutagene sind Stoffe, Strahlen oder Mikroorganismen mit erbgutschädigender Wirkung.

nachhaltige Entwicklung

1   Dauerhafte Gewährleistung einzelner oder mehrerer Funktionen eines Ökosystems, d. h. eine stetige und optimale Bereitstellung sämtlicher materieller und immaterieller Leistungen, ohne sich selbst zu erschöpfen.

   •   In der Landwirtschaft: Fähigkeit eines Agrarökosystems, bei Nutzung und Ausgleich der Verluste dauerhaft gleiche Leistung zu erbringen, ohne sich zu erschöpfen.

   •   In der Forstwirtschaft: Das Prinzip der dauerhaften Gewährleistung einzelner oder mehrerer Waldfunktionen. Ursprünglich v. a. auf die Holzerzeugung bezogen, erstreckt sich die Nachhaltigkeitsforderung heute zumeist auf eine stetige und optimale Bereitstellung sämtlicher materieller und immaterieller Leistungen des Waldes.

2   (sustainable development) Der Begriff stammt aus einem UN-Bericht aus dem Jahr 1987, dem Bericht der Brundtland Kommission für Umwelt und Entwicklung (Brundtland-Bericht). Hier wird unter nachhaltiger Entwicklung eine Entwicklung verstanden, „die den Bedürfnissen der heutigen Generation entspricht, ohne die Möglichkeiten künftiger Generationen zu gefährden, ihre eigenen Bedürfnisse zu befriedigen und ihren Lebensstil zu wählen". Handlungsstrategien sollen also die konkurrierenden Ziele von Öko-

logie, Ökonomie und sozialen Erfordernissen gleichermaßen berücksichtigen.

Eine nachhaltige Entwicklung soll
- die Armut in den Entwicklungsländern überwinden und
- den materiellen Wohlstand in den Industrieländern mit der Erhaltung der Natur als Lebensgrundlage in Einklang bringen.

3   s. a. UNCED-Konferenz in Rio de Janeiro, 1992, die generell für alle Entwicklungsaktivitäten forderte, dass diese dem Prinzip der Nachhaltigkeit genügen („Sustainable Development")

Nachweisgrenze

1   Ein konkreter Zahlenwert, der für ein Analyseverfahren unter Berücksichtigung des Blindwerts angibt, welcher niedrigste Wert durch die spezifische Methode hinreichend genau noch dargestellt werden kann, NWG.

2   Ausdruck für die Empfindlichkeit des angewandten Messverfahrens. Die Nachweisgrenze gibt an, welcher kleinste Erwartungswert der Anzahl der interessierenden Ereignisse mit dem angewandten Messverfahren noch nachgewiesen werden kann. Sie wird nach DIN 25482 berechnet.

Nährstoff

Die für die menschliche, tierische oder pflanzliche Ernährung notwendigen organischen oder anorganischen Stoffe, die mit der Nahrung zugeführt werden müssen.

Naturhaushalt

1   Das komplexe Wirkungsgefüge aller natürlichen Faktoren, wie Mineralien und Gesteine, Boden, Wasser, Luft, Klima, Pflanzen- und Tierwelt.

2   Bezeichnung für das Verhältnis von Energie und Bioelementen in Form von Input, internem Umsatz und Output in der Natur, in der Regel bezogen auf Ökosysteme.

Nennweite

DN – Ganzzahlige numerische Bezeichnung für den Durchmesser eines Rohrleitungsteils, die annähernd dem tatsächlichen Durchmesser in mm entspricht. Sie bezieht sich entweder auf den Innendurchmesser (DN/ID) oder auf den Außendurchmesser (DN/OD).
(Hinweis gem. Abschnitt 9.3 DIN EN 805: Die Produktnormen müssen angeben, ob sie sich auf OD oder ID beziehen) (DVGW W 400-1).

Nichtcarbonathärte

Gesamthärte abzüglich der Carbonathärte.

Niederschlag

1   Meteorologie: aus der feuchten Luft ausfallende (kondensierende) Teilchen; kann als Regen, Schnee, Graupel oder Hagel den Boden erreichen: unter 0,5 mm Nieselregen, über 0,5 mm Regen; weiter Schnee und Hagel; Tau und Reif gelten nicht als Niederschläge.
Nach Art der Entstehung unterscheidet man:
- advektiver Niederschlag, der mit Fronten einhergeht,

- konvektiver Niederschlag, der sich durch Thermik bildet, z. B. sommerliche Wärmegewitter,
- orographischer Niederschlag, der durch geländebedingte Hebung von Luftmassen erfolgt.

2   Chemie: mehr oder weniger fein verteilte Stoffe, die sich als Folge einer Reaktion in einer Lösung bilden und absetzen; besonders in der chemischen Analytik verwendet.

3   Allgemein: Der Niederschlag auf die Erdoberfläche von Partikeln, die über technische Prozesse z. B. Verbrennung in die Atmosphäre emittiert wurden.

Niederschlagswasser

Regen, Schnee oder Schneeregen.

Niedrigwasser

1   Auf der Grundlage von Messreihen je Gewässer spezifisch definierter Wert der Abflussmenge bei geringer Wasserführung.

2   (low water) Zustand in einem oberirdischen Gewässer (oberirdisches Gewässer), bei dem der Wasserstand oder der Durchfluss einen bestimmten Wert (Schwellenwert) erreicht oder unterschritten hat. ANMERKUNG: Je nach Betrachtungsweise können unterschiedliche Werte maßgebend sein.

Nitrat

Salze der Salpetersäure. Nitrat gehört zu den Hauptnährstoffen im Boden (Bildung durch Mikroorganismen aus dem Luftstickstoff oder aus stickstoffhaltigen organischen Stoffen). Nitrat kommt u. a. in Grünpflanzen vor. Problematisch können hohe Nitrat-Gehalte in pflanzlichen Nahrungsmitteln (z. B. Spinat) aus überdüngten Kulturen sein, da sich diese im Verdauungsbereich des menschlichen Körpers zu Nitrit umwandeln können und diese mit den Aminen aus eiweißhaltigen Lebensmitteln die krebsverdächtigen Nitrosamine bilden. Nitrat findet sich auch in stickstoffhaltigen Düngemitteln. Bei unsachgemäßer Anwendung in der Landwirtschaft kann Nitrat mit dem Niederschlagswasser ins Grundwasser bzw. in oberirdische Gewässer gelangen und deren Nitrat-Belastung erhöhen.

Zuviel Nitrat im Trinkwasser kann für Säuglinge wegen der teilweisen Umwandlung des Nitrats in Nitrit im Körper gefährlich werden. Nitrit kann bei Babies bis zu einem Alter von 3 Monaten Blausucht (mangelnder Sauerstoffgehalt im Blut) verursachen.

Der Grenzwert für Nitrat im Trinkwasser beträgt nach der Trinkwasserverordnung 50 mg/L.

Nitrifikation

1   Chemotrophe Oxidation des Ammoniums zum Nitrit und Nitrat.

2   Umwandlung (Oxidation) von Ammoniumverbindungen in salpetrige Säure und deren Salze (Nitrit) durch Nitritbildner (z. B. Nitrosomonas), weitere Oxidation zu Salpetersäure und deren Salze (Nitrate) durch Nitratbildner (z. B. Nitrobacter). Der Prozess ist stark sauerstoffzehrend: für je 1 mg N werden etwa 4,6 mg O_2 verbraucht. Synonym: Nitrifizierung.

Nitrit

Salze der salpetrigen Säure. Das bekannteste Nitrit ist das Natriumnitrit, das in der Fleischwarenindustrie im gesetzlich festgelegten, begrenzten Umfang zur Konservierung der roten Farbe sowie zur Verhinderung des Botulismus verwendet wird (Nitritpökelsalz). Nitrit kann unter anderem durch Reduktion aus Nitrat entstehen, zum Beispiel unter Einwirkung von reduzierenden Bakterien in pflanzlichem Material.

Nitrit ist giftig, denn es behindert den Sauerstofftransport des Blutes. Beim Menschen können als Folgen Übelkeit, Magenbeschwerden und Atemnot (Blausucht) eintreten. Gefährdet sind insbesondere Säuglinge (z. B. durch Verzehr von aufgewärmtem Gemüse aus intensiv gedüngten Kulturen, da das enthaltene Nitrat bakteriell zu Nitrit umgewandelt werden kann). Nitrit kann sich unter Umständen im Magen-Darm-Trakt des Menschen mit Aminen der Nahrung zu Nitrosaminen umwandeln. Solche Verbindungen sind stark krebsverdächtig.

Nitrosamine

Verbindungen aus Nitrit und sekundären Aminen. Vorkommen ubiquitär durch Zusammentreffen der Ausgangssubstanzen. Besondere Bedeutung in Lebensmitteln, die mit Nitrit konserviert sind. Nitrosamine sind zum Teil stark cancerogen. Entstehung spontan (pH-abhängig) oder mikrobiell; ebenso im Darmtrakt von Mensch und Tier. Ascorbinsäure (Vitamin C) verhindert Bildung; Zusammenhänge zwischen Nitratdünger und endogener NA-Entstehung in Pflanzen sind bisher nicht nachgewiesen.

Norm

Dokument, das im Konsens der interessierten Fachkreise erstellt und von einer anerkannten Institution (z.B. DIN, CEN, ISO) angenommen und veröffentlicht wurde und das für die allgemeine und wiederkehrende Anwendung Regeln, Leitlinien oder Merkmale für Tätigkeiten oder deren Ergebnisse festlegt, wobei ein optimaler Ordnungsgrad in einem gegebenen Zusammenhang angestrebt wird.

Anmerkung: Normen sollten auf den gesicherten Ergebnissen von Wissenschaft, Technik und Erfahrung basieren und auf die Förderung optimaler Vorteile für die Gesellschaft abzielen. Technische Regeln (Arbeitsblätter) der technisch-wasserwirtschaftlichen Vereine wie DVGW, DWA stehen den Normen gleich (DIN EN 45020).

Nutzungsdauer

Die Nutzungsdauer oder wirtschaftliche Lebensdauer ist die ökonomisch bedingte Zeitspanne, die ein Anlagenteil genutzt wird, bevor es erneuert oder in anderer Form ersetzt wird.

Oberflächenabfluss

Teil des Abflusses, der dem Vorfluter als Reaktion auf ein auslösendes Ereignis (Niederschlag oder Schneeschmelze) über die Bodenoberfläche unmittelbar zugeflossen ist.

Oberflächenbeschickung

Quotient aus Durchfluss und (Becken-)Oberfläche
$q_A = Q/A \ [m^3/(m^2 \cdot h) = m/h]$

Oberflächenfiltration

Filtrationsprozess, bei dem die abzufiltrierenden Partikel überwiegend auf der Oberfläche des Filtermediums zurückgehalten werden (DVGW W 213-1).

Oberflächengewässer

Stehende oder fließende Gewässer mit freier Oberfläche. Die Binnengewässer mit Ausnahme des Grundwassers sowie die Übergangsgewässer und Küstengewässer.

Oberflächenspannung

1 An der Oberfläche von Flüssigkeiten wirkende Kraft, die bestrebt ist, die von Gasen umgebene Oberfläche einen Minimalwert annehmen zu lassen; führt zur Tropfenbildung.

2 Die Arbeit, die nötig ist, um die Oberfläche einer Flüssigkeit um 1 cm² zu vergrößern, verursacht durch die Kapillarkräfte der Moleküle untereinander; für Wasser ist die Oberflächenspannung ca. $7 \cdot 10^{-6}$ J/cm², für „entspanntes" Wasser bis zu wenigen 10^{-7} J/cm². Auf der Oberflächenspannung beruht die Kapillarität (auch die Tropfenbildung und die Kugelform von Seifenblasen). Synonym: Grenzflächenspannung

Oberflächenwasser

Wasser aus oberirdischen Gewässern. Oberflächenwasser bezeichnet auch das von befestigten Oberflächen ohne Kanalisation abfließende Niederschlagswasser. Dieses ist in der Regel verschmutzt. Der Verschmutzungsgrad wächst mit der Dauer der Trockenperioden, dem Grad der Luftverschmutzung (Staub, Schwermetalle u.a.) und der Intensität der Flächennutzung.

Oberflächenwasserrichtlinie

Richtlinie des Rates über die Qualitätsanforderungen an Oberflächenwasser für die Trinkwassergewinnung, Richtlinie 75/440/EWG von 1975 – inzwischen zurückgezogen

oberirdischer Abfluss

Der oberirdische Abfluss ist das als Folge von Niederschlägen oder unterhalb von Quellen flächenhaft oder linear in natürlichen oder künstlichen Gerinnen, Bächen oder Flüssen oberirdisch abfließende Wasser.

oberirdisches Gewässer

s. Oberflächengewässer

Objektschutz (Löschwasserbereitstellung)

Löschwasserbereitstellung, die über den Grundschutz hinausgehende, objektbezogene Risiken abdeckt.

öffentliche Wasserversorgung

Die öffentliche Wasserversorgung, ein Teil der Wasserwirtschaft, fällt unter den Begriff der Daseinsvorsorge und ist Teil des durch Art. 28 (2) GG den Gemeinden gewährten Rechts zur Selbstverwaltung, in einigen Bundesländern Pflichtaufgabe der Gemeinden. Gegenstück ist eine (meist private) Eigen- bzw. Einzeltrinkwasserversorgung. Aufgabe der öffentlichen Wasserversorgungsunternehmen (Stadtwerke, Gemeindewerke, Zweckverbände) ist die Sicherstellung von für menschlichen Genuss und

Gebrauch geeignetem Wasser (Trinkwasser) in der durch die Trinkwasserverordnung vorgeschriebenen Qualität, in ausreichender Menge und mit dem notwendigen Druck.

ökologisches Gleichgewicht

Labiler Zustand der Beziehungen der belebten und unbelebten Umwelt zueinander. Er unterliegt einer bestimmten Dynamik mit unbestimmtem Ausgang. s. a. Gleichgewicht

oligotroph

Geringer Trophiegrad, d. h. nur gering mit Nährstoffen versorgt (nährstoffarm); geringe Primärproduktion.

organische Verbindung

Chemische Verbindung mit einem Kohlenstoffgrundgerüst (z. B. Eiweiß, Fette, Kohlehydrate, Alkohole aber auch halogenierte Kohlenwasserstoffe). Die organischen Verbindungen stellen zahlenmäßig den weitaus größten Teil der chemischen Verbindungen dar (Gegensatz: anorganische Verbindungen). Vor allem die schwer abbaubaren organischen Stoffe erschweren die Aufbereitung von Trinkwasser. Hohe Konzentrationen von Ligninsulfonsäuren z. B. blockieren die Aktivkohlefilter bei der Trinkwasseraufbereitung. Organische Chlorverbindungen (halogenierte Kohlenwasserstoffe), zu denen auch viele Pestizide gehören, werden in Gewässern kaum abgebaut und können daher ein Problem für die Trinkwasserversorgung darstellen.

organoleptisch

Nur mit den Sinnen zu prüfen.

Orthophosphat

(chem. nicht korrekte) Bezeichnung für gelöstes Phosphat, das ohne Säureaufschluss bestimmt werden kann.

Oxidation

1   Ursprünglich Bezeichnung für langsame, schnelle oder explosionsartig verlaufende Vereinigung von Sauerstoff mit anderen Elementen oder Verbindungen. Heute versteht man unter Oxidation den Entzug von Elektronen aus den Atomen eines Elements. Oxidationsprozesse spielen in Natur und Technik eine außerordentlich wichtige Rolle.

2   Biologie: Die Energiegewinnung durch stufenweise Oxidation energiereicher, organischer Stoffe vor allem innerhalb der Atmungskette.

Parameter

Kennzeichnende, veränderliche Größe, z. B. Temperatur, O_2-Gehalt u. a.

Parasit

Organismus, der an oder in einem anderen Organismus lebt und seine Nahrung oder andere Leistung ohne gleichwertige Gegenleistung von seinem Wirt bezieht. Verhältnis zwischen beiden heißt Parasitismus. s. a. Saprophyten, Symbiose, Giardia, Cryptosporidium

Pasteurisierung

Verfahren zur Inaktivierung von Mikroorganismen, insbesondere Krankheitserregern, oder zur Verminderung ihrer Konzentration unter einen vorgegebenen Wert durch Einwirkung erhöhter Temperaturen über eine ausreichende Zeitdauer.

pathogen

(pathos gr. = leiden; gignesthai gr. = entstehen). Krankheitserregend.

Pegel

Einrichtung zum Messen des Wasserstandes oberirdischer Gewässer (oberirdisches Gewässer). ANMERKUNG: An einem Pegel sind häufig auch Vorrichtungen zur Ermittlung anderer hydrologischer Kenngrößen (z. B. Fließgeschwindigkeit, Wassertemperatur) vorhanden.

Pestizid

1   Synonym: Pflanzenbehandlungs- und Schädlingsbekämpfungsmittel

2   Stoffe, die dazu bestimmt sind, Pflanzen und Pflanzenerzeugnisse wie z. B. Früchte und Samen vor Schadorganismen (Tiere, Pflanzen, Mikroorganismen) zu schützen oder die Lebensvorgänge von Pflanzen zu beeinflussen (Wachstumsregler), ohne ihrer Ernährung zu dienen. Als Pflanzenschutzmittel im Sinne des Pflanzenschutzmittelgesetzes gelten auch Stoffe, die dazu bestimmt sind, Flächen von Pflanzenwuchs freizumachen oder freizuhalten.

3   Pflanzenschutzmittel dürfen nicht ins Grundwasser und Trinkwasser gelangen. Seit 1989 gelten für Trinkwasser der Grenzwert von 0,1 µg/L pro Pflanzenschutzmittel-Wirkstoff bzw. von 0,5 µg/L als Summe der Pflanzenschutzmittel

Pflanzenschutzmittel

siehe Pestizid

pH-Wert

Maß für die Wasserstoffionenkonzentration und damit für die Säurekonzentration in wässrigen Lösungen (eine Säure ist ein Stoff, der in wässriger Lösung Wasserstoffionen zu bilden vermag). Der pH-Wert ist der negative dekadische Logarithmus der Wasserstoffionenkonzentration, die als mol H^+/L (identisch H^+/L) berechnet wird. Je kleiner der pH-Wert, umso saurer ist die Lösung.

Beispiel: Wasser mit einer Wasserstoffionenkonzentration von 10^{-4} mol/L bzw. 10^{-4} g/L) hat den pH-Wert 4; mit einer Wasserstoffionenkonzentration von 10^{-5} mol/L hat das Wasser den pH-Wert 5.

Reines Wasser hat den pH-Wert 7 (Neutralpunkt); bei höheren pH-Werten zeigt das Wasser basisches Verhalten (Lauge). Die pH-Wert-Skala reicht von 0 bis 14. Die Schadwirkung vieler Stoffe ist vielfach abhängig von ihrem pH-Wert.

pH-Werte häufig gebrauchter Lösungen

Bereich	Lösung	pH-Wert
sauer	n-Salzsäure	0
	Magensalzsäure	0,9–1,5
	Essig	3,1
	saures Silofutter	3–4
	saure Milch	4,4
neutral	reinstes Wasser	7
alkalisch	Blutflüssigkeit	7,36
	Darmsaft	8,3
	Seewasser	8,3
	1/10 n-Sodalösung	11,3
	Kalkwasser	12,3
	Natronlauge	14

Phosphat

Salze der Phosphorsäure. Kommen als Naturprodukte (Phosphatmineralien) an vielen Orten der Erde vor (Abbau vor allem in den USA und Gebieten der ehemaligen UdSSR). Phosphate sind wichtige Nährstoffe für Mensch (Kalziumkarbonat in den Knochen), Tier und Pflanzen. Große Mengen von Phosphaten werden mit den kommunalen Abwässern (Abwasser) und durch die Landwirtschaft (Düngemittelverluste) in die Gewässer eingetragen. Der aus Wasch- und Reinigungsmitteln stammende Anteil an Phosphaten im kommunalen Abwasser ist sehr gering, da in Waschmitteln des deutschen Marktes seit 1986 keine Phosphate mehr verwendet werden. In Reinigungsmitteln werden Phosphate, wenn überhaupt, nur in geringen Prozentteilen eingesetzt. Phosphate spielen bei der Eutrophierung der Gewässer eine besondere Rolle.

Photosynthese

1 Nutzung des Sonnenlichtes als Energiequelle für den Aufbau organischer Substanz

2 Biochemischer Vorgang in allen grünen Pflanzen. Die Pflanzenblätter nehmen Kohlendioxid (CO_2) aus der Luft auf. Mit Hilfe von Sonnenenergie wird der Kohlenstoff (C) in Zuckerverbindungen umgewandelt, der Sauerstoff (O_2) freigesetzt. Ein Teil dieses Kohlenstoffs wird in der Biomasse für längere Zeit fixiert. Aus 3,67 kg CO_2 wird 1 kg Kohlenstoff in Biomasse. 2,67 kg Sauerstoff werden freigesetzt.

phototroph

(phos gr. = Licht; trophe gr. = Nahrung) Energie aus Licht gewinnend

Phytoplankton

Pflanzliches, photoautotrophes Plankton, überwiegend bestehend aus mikroskopisch kleinen Algen und Bakterien.

Pilz

Mycophyta (Mz.), Mikroorganismus; chromatophorenlose, oft farblose Organismen, deren Vegetationskörper feinfädig (der einzelne Pilzfaden heißt Hyphe, deren Gesamtheit Mycel) ist, unverzweigt oder verzweigt einzellig oder mehrzellig (Zelle meist von Chitinmembran umgeben). Pilze leben heterotroph (saprophytetisch oder parasitisch). Unter bestimmten Bedingungen werden von einigen Arten durch räumliche Konzentration und Anordnung des Mycels makroskopische sichtbare Fruchtkörper (was man landläufig als Pilze bezeichnet) gebildet.

Planfeststellung

1 Das in zahlreichen Einzelgesetzen vorgesehene Planfeststellungsverfahren ist im Verwaltungsverfahrensgesetz VwVfG allgemein geregelt. Vertreter eines Vorhabens haben den Plan bei der zuständigen Behörde einzureichen. Diese holt die Stellungnahme der Beteiligten ein, veranlasst die Auslegung des Plans und erörtert die erhobenen Einwendungen. Die Planfeststellungsbehörde setzt dann den Plan durch Beschluss fest und stellt ihn den Beteiligten zu. Die Planfeststellung regelt alle öffentlich-rechtlichen Beziehungen zwischen der das Bauvorhaben durchführenden Behörde und den durch den Plan Betroffenen (Betroffener). Die Planfeststellung ersetzt jede nach anderen Vorschriften notwendige öffentlich-rechtliche Genehmigung („Bündelungsfunktion").

2 Bedeutende Bauvorhaben (immer im Straßenbau oder beim Ausbau eines Gewässers) dürfen nur in Angriff genommen werden, wenn der Plan vorher festgestellt wurde. Die Prozedur ist in Gesetzen (BBahnG, Straßen- und Wegegesetze (z. B. ThürStrG), WHG etc.) festgelegt. Die Planfeststellungsbehörde holt die Stellungnahme aller Beteiligten ein, veranlasst die Auslegung des Plans und stellt ihn fest. Öffentliche Bekanntmachung. Die Planfestellung ist ein Bündelungsverfahren und fasst alle Belange zusammen. Allgemein s. VwVfG.

Plankton

(planktos gr. = umhertreiben) Gesamtheit der kleinen schwebend im Wasser lebenden Tiere (Zooplankton) und Pflanzen (Phytoplankton), schweben u. a. durch Geißelbewegungen, besondere Schwebefortsätze oder Gasvakuolen. Das auf die Lichtzone angewiesene assimilierende Phytoplankton (vor allem das winzige, unter 0,05 mm große Nannoplankton) ist durchweg Nahrung des Zooplanktons und dieses wiederum für viele andere Wassertiere. 1 L Meerwasser enthält 3.000–100.000 Planktonorganismen.

Polder

Tiefliegendes Gelände, das durch Deiche vor Überflutung geschützt ist. Ursprünglich versteht man unter Polder ein von einem Deich umgebenes Stück Land, das bei Hochwasser geflutet werden kann, um die bewohnten Gebiete zu schützen.

Polyethylen

(PE) Ein Kunststoff, thermoplastisches Polymer. Wird durch Polymerisation des Ethylens nach mehreren Verfahren und z. T. mit besonderen Katalysatorsystemen hergestellt; man erhält dadurch verschiedene Polyethylensorten unterschiedlicher Eigenschaften (Polyolefine). Anwendung: Rohre und Schläuche aus Polyethylen werden für Trinkwasserleitungen und Leitungen in der Getränkeindustrie verwendet. Außerdem kommen Profile, Blas- und Spritzgussteile praktisch in allen Industriezweigen zur Anwendung.

Polymer (synthetisch)

Bezeichnung für die herkömmlichen Begriffe „Kunststoff" und „Plastik" (Plaste).

Polymerisation

1 (polys gr. = viel; meris gr. = Teil). Zusammenlagerung einfacher Moleküle zu einem Makromolekül.

2 Besondere chemische Reaktion; Vereinigung von mehreren/vielen Einzelmolekülen (Monomeren) zu langkettigen Riesenmolekülen (Polymer (syntetisch)en). Die Polymerisation kann beeinflusst werden durch Art und Menge eines Katalysators/Initiators, Temperatur, Druck, Verweilzeit, Konstruktion des Reaktors, u. a.

Polyolefin

sind Polymerisate von Olefin-Kohlenwasserstoffen, vor allem des Ethylens und Propylens. Wegen des paraffinähnlichen Aufbaus weisen die Polyolefine eine sehr hohe Chemikalienbeständigkeit auf. Dazu kommen andere Vorzüge, z. B. sehr gute elektrische Eigenschaften, geringe Wasserdampfdurchlässigkeit sowie physiologische Unbedenklichkeit. Die Polyolefine sind Thermoplaste und werden überwiegend im Extrusions- und Spritzgussverfahren sowie im Hohlkörperblasverfahren verarbeitet. Sie können durch Einwirken von Peroxiden vernetzt werden, wodurch sich eine Reihe von Eigenschaften verbessern lässt. Auch durch energiereiche Strahlung lässt sich eine Vernetzung herbeiführen (VPE).

Polyphosphat

1 Sammelbezeichnung für die Salze der Polyphosphorsäure; Natriumsalze und Ester finden Verwendung als Wasserenthärter und Waschmittelzusatz.

2 Aneinander gelagerte (polymerisierte) Phosphatmoleküle, die lange Ketten bilden und über Sauerstoffatome miteinander verbunden sind.

Polypropylen

1 Ist chemisch mit Polyethylen nah verwandt und auch von seinen Umwelt-Eigenschaften ähnlich zu bewerten.

2 Polypropylen (PP) wird aus Propylen mit Hilfe von stereospezifisch wirkenden Katalysatoren im Niederdruckverfahren gewonnen. Bedingt durch die hohe Einheitlichkeit des räumlichen Baus der Makromoleküle zeichnet sich das feste isotaktische Polymer (syntetisch) durch ein weitgehend kristallines Gefüge aus. Anwendung: Spritzgussteile, Hohlkörper und Profile werden u. a. in der Kraftfahrzeug-, Textil-, Schuh-, Elektro-, Haushaltsmaschinen- und Verpackungsindustrie eingesetzt. Beispiele: Heizsysteme in Autos, Heißwasserbereiter, Ablaufsysteme in Waschmaschinen, Armaturen und Fittings in der Hausinstallation.

Polyvinylchlorid

(PVC) Thermoplastisches Polymer, das durch Emulsions-, Suspensions- oder Massepolymerisation gewonnen wird; wichtiger Kunststoff, der durch Polymerisation von Vinylchlorid hergestellt wird.

Poren

Die Zwischenräume in einem porösen Medium, die mit Flüssigkeit oder Gas gefüllt sind.

Porengeschwindigkeit

oder effektive Geschwindigkeit: Quotient aus Filtergeschwindigkeit und dem durchflusswirksamen Hohlraumanteil.

Porengrundwasserleiter

Porengrundwasser ist Grundwasser im Locker- oder Festgestein, dessen durchflusswirksamer Hohlraum von Poren gebildet wird.

Porengrundwasserleiter (Porenaquifere) kommen vor allem in Lockergesteinen vor (Porosität ca. 30%), sie sind z. B. in Norddeutschland weit verbreitet. Sie haben ein sehr effektives Porenvolumen (Makroporosität) und ein kleines kapazitives Volumen.

Porenvolumen

Unter dem Porenvolumen wird der Rauminhalt der gesamten mit Wasser und Luft gefüllten Poren, ausgedrückt in Prozent vom Gesamtvolumen der Probe verstanden.

Die Größe des Porenvolumens ist von der Körnung, der Kornform und dem Gehalt an organischer Substanz abhängig.

Porosität

Durchlässigkeit

Protozoen

Urtiere, Einzeller, Unterreich des Tierreichs mit ca. 20.000 Arten; die meist mikroskopisch kleinen, einzelligen Tiere bestehen aus einem Zellkörper, in dem sich ein oder mehrere Zellkerne befinden; sie leben vorwiegend im Wasser, teils frei oder festsitzend, teils Kolonien bildend oder auch als Parasiten (Krankheitserreger, z. B. der Malaria, Schlafkrankheit, Amöbenruhr).

Pumpenkennlinie

Abhängigkeit Förderstrom Q und Förderhöhe H wird durch die Pumpenkennlinie beschrieben, deren Form von der Art des Laufrades abhängt.

Pumpversuch

Der Pumpversuch dient als Grundwasserleitertest zur Abschätzung der hydraulischen Auswirkungen einer Wassergewinnungsanlage auf das Grundwasservorkommen und der möglichen Ergiebigkeit eines Förderbrunnens.

Qualitätsmanagement

1 (QM) aufeinander abgestimmte Tätigkeiten zum Leiten und Lenken einer Organisation bezüglich Qualität.

2 Qualitätsmanagement ist der Oberbegriff für alle Tätigkeiten, Führungsaufgaben und Methoden, die zur Planung, Sicherung, Verbesserung und Prüfung der Qualität eines Produktes oder einer Dienstleistung gehören. Der *Project Management Body of Knowledge* PMBoK zählt zum Project Quality Management die drei Bereiche Quality Planning, Quality Assurance und Quality Control.

Qualitätsmanagement ist integraler Bestandteil der Führungsaufgabe eines Unternehmens und daher eine eigenständige Managementdisziplin. Die Deutsche Gesellschaft für Qualität (DGQ) ist als gemeinnützige Organisation Ansprechpartnerin für alle Fragen im Bereich Qualitätsmanagement.

Qualitätssicherung

1 Gesamtheit der Tätigkeiten des Qualitätsmanagements, der Qualitätsplanung, der Qualitätslenkung und der Qualitätsprüfung. Zur Qualitätssicherung gehören alle operativen Tätigkeiten, die vorbereitend, begleitend und prüfend die definierte Qualität eines Produktes oder einer Dienstleistung gewährleisten sollen.

2 (QS) Bezeichnung für die Stelle in einem Werk, die mit der Koordination und Überwachung qualitätssichernder Maßnahmen betraut ist. Zu den Zuständigkeiten der Qualitätsicherung im Werk gehört das Erkennen und Aufzeigen von Fehlern und das Überwachen der Beseitigung von Fehlern und Problemen an Produkten und Prozessen (Audit).

Quelle

Quellen sind Orte eines eng begrenzten Grundwasseraustritts. Das Grundwasser tritt nach wechselnd langem (unterirdischen) Abfluss zutage und fließt über das oberirdische Gewässer ab, in dessen Einzugsgebiet die Quelle liegt. Folgende Hauptgruppen können unterschieden werden:

- Verengungsquellen (Minderung des Abflussquerschnittes)
- Schichtquellen (Auskeilen des Grundwasserleiters)
- Stauquellen (Grundwasserleiter durch Störungen begrenzt)

radioaktiv

siehe Radioaktivität

Radioaktivität

Eigenschaft bestimmter chemischer Elemente bzw. Nuklide, sich ohne äußere Einwirkung umzuwandeln und dabei eine charakteristische Strahlung (Teilchen- oder Gammastrahlung) aus dem Atomkern auszusenden. Man unterscheidet zwischen natürlicher und künstlicher Radioaktivität.

Natürliche Radioaktivität geht von Radionukliden, die in der Natur vorkommen, aus; z. B. Blei-210, Kalium-40, Radium-226, Radon-222, Uran-238.
Künstliche Radioaktivität sind das Produkt von Kernumwandlungen in Kernreaktoren bzw. Beschleunigern, z. B. Cäsium-137, Strontium-90, Jod-131.

Radon

radioaktives Edelgas, Rn

Rahmengesetz

siehe Rahmengesetzgebung

Rahmengesetzgebung

des Bundes war bis zur Grundgesetzänderung aufgrund der Föderalismusreform 2006 in Art. 75 GG neben der ausschließlichen Gesetzgebung und der konkurrierenden Gesetzgebung z.B. für den Naturschutz und den Wasserhaushalt vorgesehen. Das Wasserhaushaltsgesetz wurde durch die Ländergesetzgebung – z.B. Landeswassergesetz – ausgefüllt und konkretisiert. Das neue WHG von 2009 gehört zur konkurrierenden Gesetzgebung.

Rauheit

1 Fließendes Wasser wird durch Reibung z. B. an der Flusssohle oder Uferböschungen gebremst. Die Rauheit der Berührungsfläche ist ein Maß für die Stärke der Reibung. Grobe Steinblöcke oder Sohlschwellen erhöhen die Rauheit der Flusssohle. Im Vorland wird das fließende Wasser durch Vegetation gebremst. Als Folge hoher Rauheit reduziert sich die mittlere Fließgeschwindigkeit. Bei gleichem Abfluss erhöht sich der Wasserstand.

2 Bei der Berechnung von Rohrleitungen und Rohrnetzen wird zwischen den folgenden Rauheitswerten nach GW 303-1 unterschieden:

- k – Rauheit allgemein
- k_s – Sandrauheit gemäß der ursprünglichen Definition von *Nikuradse*
- k_2 – betriebliche Rauheit unter Berücksichtigung aller den Druckverlust beeinflussenden Faktoren (vgl. W 400-1), auch „integrierte Rauheit" genannt.

Die Rauheit k_2 nach DVGW-Arbeitsblatt GW 303-1 kennzeichnet nicht die messbare Höhe der Rauheitserhebungen im einzelnen Rohr oder Rohrleitungsteil, sondern ist als Maß für das hydraulische Verhalten eines Rohrstrangs oder einer Rohrleitung zu verstehen.

Raumfiltration

(Tiefenfiltration) Filtrationsprozess, bei dem die Partikelabtrennung bevorzugt nicht an der Oberfläche des Filtermediums, sondern im Inneren des Filtermediums erfolgt (DVGW W 213-1).

Raumordnung

1 Zusammenfassende, überörtliche und übergeordnete Planung zur Ordnung und Entwicklung eines Raumes. Grundlage ist das Raumordnungsgesetz. Nach GG erstreckt sich die konkurrierende Gesetzgebung auf das Gebiet der Raumordnung.

2 Ist die übergeordnete über das Gebiet der kleinsten Verwaltungseinheiten hinausgehende sowie die vielfältigen Fachplanungen zusammenfassende und aufeinander abstimmende Planung. Wesentliche Bestimmung des Raumordnungsgesetzes sind die im GG formulierten Grundsätze der Raumordnung, welche für die Verwaltungen und Planungsträger unmittelbar gelten. Danach soll die räumliche Struktur der Gebiete so gestaltet werden, dass gesunde Lebens- und Arbeitsbedingungen bestehen, die wirtschaftlichen, sozialen und kulturellen Verhältnisse gesichert sind und die verkehrs- und versorgungsmäßige Aufschließung mit der angestrebten Entwicklung im Einklang steht.

Rechtsverordnung

Allgemein verbindliche Vorschrift für eine unbestimmte Vielzahl von Personen, die nicht aus förmlicher Gesetzgebung stammt sondern von Organen der vollziehenden Gewalt (Bundes-, Landesregierung, Verwaltungsbehörden, Körperschaften des öffentlichen Rechts) gesetzt wird. Gesetz im materiellen Sinne. In der Regel wird in einem Gesetz die Ermächtigung für bestimmte Behörden (Ministerium) ausgesprochen, zu bestimmten Inhalten Rechtsverordnungen zu erlassen, häufig mit der Ergänzung „mit Zustimmung des Bundesrates". Vgl. § 23 WHG.

Redoxpotential

1 Elektrisch messbares Potential entsprechend dem Anteil oxidierend/reduzierend wirkender Verbindungen.

2 Indikator zur Bestimmung des biologischen Selbstreinigungsvermögens von Gewässern.

Reduktion

Verminderung des Oxidationszustandes, Aufnahme von Elektronen. Gegensatz.: Oxidation

Reduktionsmittel

Stoff, der Elektronen abzugeben vermag. Voraussetzung ist, dass ein Stoff vorhanden ist, der die Elektronen aufnimmt (Redoxprozess).

Regeln der Technik

Regeln, die in der praktischen Anwendung ausgereift sind und anerkanntes Gedankengut der auf dem betreffenden Fachgebiet tätigen Personen geworden sind. Kurz: die herrschende Auffassung unter den technischen Praktikern. – s. Norm, anerkannte Regeln der Technik, Stand der Technik

Regenwasser

Niederschläge (Niederschlag) nehmen nicht nur Verunreinigungen aus der Luft (Saure Niederschläge), sondern auch von Oberflächen (z. B. Gebäuden, Fahrzeugen, Straßen, landwirtschaftlichen Flächen) auf und leiten diese in die Vorfluter oder ins Grundwasser. Der Regenwasser-Verschmutzung und den dadurch verursachten Umweltbelastungen wurde lange Zeit nur wenig Aufmerksamkeit geschenkt. Inzwischen hat sich die Erkenntnis durchgesetzt, dass hierdurch z. T. erhebliche Schmutzfrachten in die Gewässer gelangen, die nur durch Regenwasserbehandlungsanlagen zurückgehalten werden können.

Regenwasseranlage

Anlage zur Trinkwassereinsparung, die Wasser, an das geringere Anforderungen gestellt werden, durch gesammeltes Regenwasser ersetzt, z. B. Toilettenspülung, Waschmaschine oder Gartenbewässerung.

Regenwassernutzung

Das auf das Dach eines Hauses fallende Regenwasser wird im Fall der beabsichtigten Nutzung über die Dachrinne in einen Sammelbehälter im Boden oder im Keller des Hauses geleitet und über Pumpen, Filter und separate Versorgungsleitungen zu den Zapfstellen transportiert. Gefahrlos ist das Regenwasser bei der WC-Spülung, bei der Gartenbewässerung und beim Autowaschen zu nutzen, wodurch etwa ein Drittel des täglichen Trinkwasserverbrauchs von ca. 140 L pro Person ersetzt werden kann. Die Verwendung von Regenwasser in Waschmaschinen wird wegen der möglichen Übertragung von Verkeimungen aus dem Wasser auf die Wäsche, z. B. bei 40 Grad-Programmen, unterschiedlich beurteilt. Auf eine regelgerechte Installation ist zu achten; es muss ausgeschlossen werden, dass das Regenwasser in das Trinkwassernetz zurückgesaugt werden kann (DVGW Arbeitsblatt W 555).

Rehabilitation

Maßnahmen zur Erhaltung oder Verbesserung der Funktionsfähigkeit der Wasserverteilungsanlagen. Sie schließt alle Reinigungs-, Sanierungs- und Erneuerungsmethoden ein. (DVGW Merkblatt W 403)

Reibungswinkel

Der Neigungswinkel, bei dem eine kohäsionslose Lockermasse in Bewegung gerät, ist der Reibungswinkel.

Der Reibungswinkel ist umso größer, je eckiger die Körner des Materials sind, je dichter sie gelagert sind und je unterschiedlicher die beteiligten Korngrößen sind.

Reinigungsmittel

Zubereitungen aus Tensiden, Enthärtungsmitteln, Lösemitteln usw. für Haushaltszwecke (Küche, Bad, Geschirr) sowie industrielle Reinigung (Auto, Motoren) sowie Reinigung im Lebensmittelbereich (z. B. Getränkeflaschen).

Reinwasser

Aufbereitetes Wasser, welches dem Ziel der Aufbereitung (Trinkwasser, Betriebswasser, Prozesswasser) entspricht.

Rekultivierung

1 Allgemeiner Ausdruck für Wiederfruchtbarmachung unbewachsener Kahlflächen (Rohböden) durch Begrünung

2 Behebung nutzungsbedingter Schädigungen von Natur und Landschaft

3 Im Zuge von Maßnahmen des Hoch-, Straßen-, Wasser- und Bergbaues sowie an Materialentnahme und -ablagerungsstätten und dergleichen wird häufig die fruchtbare Bodenschicht zerstört. Unter Rekultivierung versteht man die Wiederherstellung der zerstörten Bodenschicht.

Relining

1 Sanierung defekter, erdverlegter Rohrleitungen durch Einziehen eines neuen Rohrstrangs in die alte, vorher gereinigte Strecke. Der entstehende Ringspalt wird i. d. R. mit geeigneten Materialien (z. B. Dämmer) verfüllt.

2 Allen Relining-Verfahren ist gemeinsam, dass ein zweites Rohr, der so genannte Inliner in die vorhandene Rohrleitung eingezogen wird. Das Relining-Rohr dient zur Wiederherstellung der Dichtheit, der Widerstandsfähigkeit gegen mechanische und chemische Angriffe. Ebenso kann die Tragfähigkeit wiederhergestellt bzw. erhöht werden. Den unterschiedlichen Randbedingungen entsprechend kommen verschiedene Rohrmaterialien zur Anwendung, wie z. B. Polyethylen, Glasfaserverstärkte Kunstharze, Stahl, usw.

Resistenz

1 Widerstandsfähigkeit der Organismen gegen Krankheitserreger oder sonstige schädliche Einflüsse (Hitze, Kälte, Gifte usw.). Es gibt hierbei alle Übergänge von Anfälligkeit über schwache Resistenz bis zu hoher Resistenz.

2 Wörtlich: Widerstand; die Widerstandsfähigkeit eines Lebewesens (Rasse, Sorte, Art oder Gattung) gegen schädliche Einflüsse der Umwelt (z. B. Parasiten, Infektionen, Krankheiten, Klima), bei Tier- und Pflanzenschädlingen (auch Bakterien, Viren), auch gegen angewandte Bekämpfungsmittel.

Ressource

Vorrat von Gütern materieller und ideeller Art, die in der Regel nur im begrenzten Umfang vorhanden sind. Natürliche Ressourcen werden auch als Naturgut bezeichnet.

Ressourcenkosten

Kosten für entgangene Möglichkeiten, unter denen andere Nutzungszwecke infolge einer Nutzung der Ressource über ihre natürliche Wiederherstellungs- oder Erholungsfähigkeit hinaus leiden (z. B. in Verbindung mit einer übermäßigen Grundwasserentnahme oder einer Kühlwasserentnahme und Wiedereinleitung). Darüber hinaus können Ressourcenkosten auch bei einer Verknappung des Wassers durch Verschmutzung entstehen, wenn dies eine Knappheit an Wasser mit ausreichender Qualität zur Folge hat

Reynolds-Zahl

Die Reynoldsche Zahl ermöglicht es, den Übergang von der laminaren zur turbulenten Strömung zu berechnen. In der Reynolds-Zahl werden die hydraulisch bedeutsamen Eigenschaften des strömenden Stoffs durch die kinematische Viskosität ausgedrückt. Formelzeichen: Re; Einheit: dimensionslos; s. a. kritische Reynolds-Zahl.

Ringleitung

eine ringförmig angeordnete Versorgungsleitung

Ringraum

zwischen dem Altrohr bzw. Schutzrohr und dem eingezogenen Rohr entstehender Freiraum

Rodentizide

Mittel zur Bekämpfung von Nagetieren

Rohrnetzberechnung

Berechnung der Strömungs- und Druckverhältnisse in einem Wasserverteilungsnetz für bestimmte Belastungszustände. Unterschieden wird die Vergleichsrechnung zur Ermittlung des Zustandes eines gegebenen Netzes und Planungsrechnung zur Planung baulicher oder betrieblicher Änderungen.

Rohwasser

Wasser, das einem Gewässer – Talsperre, See, Fluss, Grundwasser, Quelle – entnommen worden ist zwecks Aufbereitung zu Trinkwasser im Wasserwerk.

Ruhedruck

Ruhedruck ist der Systembetriebsdruck bei Nullverbrauch im Rohrnetz oder in einer Druckzone (DVGW W 400-1).

Salinität

1 Salzgehalt eines Wassers, im Grundwasser durch die Ionen Natrium und Chlorid bestimmt.

2 Maß für den Gehalt an gelösten Salzen in Salzwasser und Meerwasser, hauptsächlich Natriumchlorid. Einheit: g/L, g/kg

Salmonellen

schwere Magen- und Darmerkrankungen auslösende Bakterien

Sammelschacht

wasserdichter Schacht zum Sammeln des Wassers, z. B. in einer Brunnenreihe mit Entnahme über Heberleitungen

Sanierung

1 Maßnahmen mit dem Ziel, gesunde Lebens- und Umweltbedingungen zu schaffen und bereits bestehende Schäden zu beseitigen oder zu verringern (Stadt-, Naturhaushalt-, Altlasten-, Boden- und Grundwassersanierung etc.). Bezogen auf die Stadt bedeutet Sanierung die Neuordnung, Erneuerung und Umgestaltung abgegrenzter Stadtbereiche mit dem Ziel der Lösung städtebaulicher Probleme und der Verbesserung der Wohnverhältnisse, der Lebens- und Umweltbedingungen.

2 Ertüchtigung einer vorhandenen Rohrleitung mit einer nicht tragenden Auskleidung (Zementmörtel-Auskleidung, Schlauchrelining....) (DVGW-Merkblatt W 403 bzw. DVGW-Arbeitsblatt G 401)

Sättigungs-pH-Wert

Der pH-Wert eines Wassers bei Calcit-Sättigung – Oberbegriff für pH_c = Sättigungs-pH-Wert nach Reaktion mit Calciumcarbonat (Calcit) und pH_A = Sättigungs-pH-Wert nach Ausgasung von Kohlenstoffdioxid (DVGW W 214-1).

Satzung

1 Das von Selbstverwaltungskörperschaften, insbesondere Gemeinden und Kreisen, zur Regelung ihrer eigenen Angelegenheiten gesetzte Recht (z. B. Bebauungsplan, Abwassersatzung, Abfallsatzung, Baumschutzsatzung).

2 (= Statut) Oberbegriff für die schriftlich niedergelegte Grundordnung (Verfassung) eines rechtlichen Zusammenschlusses (Verein, Verband). Sie setzt Recht zur Regelung der eigenen Angelegenheiten. Öffentlich-rechtliche Körperschaften bedürfen der Genehmigung ihrer Satzung durch die Aufsichtsbehörde (Stichwort: Verbandssatzung, Gemeindeordnung, Kreisverordnung). Die Satzung ergeht aus dem Selbstverwaltungsrecht.

Sauerstoffbegasung

Belüftungsvariante, bei der anstelle von Umgebungsluft Sauerstoff in den Prozess eingebracht wird

Sauerstoffgehalt

1 Konzentration von gelöstem Sauerstoff im Wasser. Die meisten Wasserorganismen benötigen eine Mindestkonzentration von gelöstem Sauerstoff im Wasser zum Leben. Die Löslichkeit des Sauerstoffs im Wasser nimmt mit steigender Temperatur sowie mit steigendem Gehalt an gelösten Substanzen (z. B. viskositätserhöhende und oberflächenaktive Stoffe, Salze, andere gelöste Gase) ab. s. a. Sauerstoffsättigung

2 Im Trinkwasser ist der Sauerstoff in erster Linie für die Schutzschichtbildung an der Innenwand metallischer Rohrleitungen von Bedeutung (günstig sind Sauerstoffgehalte von etwa 6 mg/L).

Sauerstoffsättigung

Die Höchstmenge an gelöstem Sauerstoff, die im Wasser in Abhängigkeit von Temperatur, Druck und gelösten Stoffen enthalten sein kann. Der Sättigungswert beträgt bei 0°C 14,6 mg O_2/L und sinkt bei 20°C auf 9,1 mg O_2/L.

Sauerstoffzehrung

Sauerstoffverbrauch von Mikroorganismen beim aeroben Abbau (aerober Abbau) von organischer Substanz im Wasser innerhalb einer Zeiteinheit

Schaden

1 Im Sinne der Instandhaltung ist ein Schaden ein Zustand, der im Hinblick auf die Verwendung unzulässige Beeinträchtigung der Funktionsfähigkeit bedingt oder erwarten lässt (ATV-M 143, Teil 1).

2 Im Sinne der Instandhaltung einer Betrachtungseinheit nach Unterschreiten eines bestimmten (festzulegenden) Grenzwertes des Abnutzungsvorrats, der eine im Hinblick auf die Verwendung unzulässige Beeinträchtigung der Funktionsfähigkeit bedingt (nach DIN 31051).

3 Eine lokale unzulässige Beeinträchtigung der Funktionsfähigkeit einer Leitung oder Anlage – in der Regel mit Wasseraustritt verbunden; Schadensarten sind z.B. Bruch, Riss, Loch, undichte Verbindung, defekte Armatur. Die „Schadenstatistik" erfasst und wertet die Schäden und Schwachstellen in Wasserverteilungsanlagen aus; sie ist die Basis für eine effiziente Instandhaltungsstrategie. (DVGW-Arbeitsblatt W 402)

Schadstoff

1 Eine Substanz, die aus der anthropogenen Tätigkeit heraus entstanden ist, in die Umwelt gelangt und Ökosysteme oder Teile davon aufgrund seiner toxischen Wirkung in messbaren Umfang schädigt.

2 nach der EU-WRRL: jeder Stoff, der zu einer Verschmutzung führen kann, insbesondere Stoffe des Anhangs VIII.

Schichtung

Bildung unterschiedlicher, in sich weitgehend homogener horizontaler Zonen in einem Wasserkörper sowie das Ergebnis dieses Vorgangs. ANMERKUNG: Hauptursache für die Schichtung sind Dichteunterschiede (z. B. thermische Schichtung, chemische Schichtung).

Schlämmanalyse

Bestimmung der Korngrößenverteilung

Die Schlämmanalyse eignet sich für Korngröße 0,001 mm < d < 0,125 mm (bindige Böden).

Verschieden große Körner sinken in stehendem Wasser verschieden schnell ab. Der Zusammenhang zwischen Korngröße, Dichte und Sinkgeschwindigkeit wird durch das Gesetz von STOKES beschrieben.

Durch das je nach Korngröße unterschiedlich schnelle Absinken der Körner verändert sich zeitlich die Verteilung der Korngröße und die Verteilung der Dichte über die Höhe des Standglases. Die über die Eintauchtiefen des Aräometers bestimmten Dichten liefern die Korngrößenverteilung. Verfahren s. DIN 18123.

Schlammbehandlung

1 Aufbereitung von Schlamm zu dessen Verwertung oder Beseitigung, z. B. Schlammeindickung, Schlammstabilisierung, Konditionierung, Schlammentwässerung, Trocknung, Desinfektion, Veraschung, oder Verbrennung.

2 Alle Verfahren, die bei der Abwasserreinigung als Schlamm anfallenden Feststoffe für die Gesundheit unschädlich machen, wie Ausfaulung, Kompostierung, Pasteurisierung, Versinterung und Verbrennung (= Beseitigung).

Schlammentwässerung

Abtrennen von Schlammwasser durch natürliche Verfahren, z. B. Schlammbeete oder durch maschinelle Verfahren, z. B. Bandfilter, Filterpressen, Zentrifugen oder Vakuumfilter.

Schnellfilter

Filter, die mit Filtergeschwindigkeiten von mehreren m/h betrieben werden, deren Filtermedium aus gekörnten Materialien besteht und die mit festinstallierten Spüleinrichtungen ausgestattet sind (DVGW W 213-1).

Schutzgebiet

Schutzbedürftige Teile oder Bestandteile der Landschaft werden unter Schutz gestellt, gepflegt und vor Beeinträchtigungen geschützt. Durch die Ausweisung von Schutzgebieten sollen insbesondere der Bestand bedrohter Pflanzen- und Tiergesellschaften nachhaltig gesichert und ihre Lebensräume zu Biotopverbundsystemen (Biotopverbundnetz) entwickelt werden. Das Bundesnaturschutzgesetz – BNatSchG vom 29.07.2009 sieht folgende Instrumente vor: § 23 Naturschutzgebiete, § 24 Nationalparke, Nationale Naturmonumente, § 25 Biosphärenreservate, § 26 Landschaftsschutzgebiete, § 27 Naturparke, § 28 Naturdenkmäler, § 29 Geschützte Landschaftsbestandteile, § 30 Gesetzlich geschützte Biotope – s. Wasserschutzgebiet

Schutzziel

1 (engl.: safety criterion) Schwellenwert auf einem Kriterium der Akzeptabilität, der überschritten (unterschritten) werden muss, um ein Risiko als akzeptabel einzustufen.

2 Schutzziele sind die zu sichernden Funktionen eines Gewässers, die sowohl die anthropogenen Nutzungen als auch die ökologischen Funktionen umfassen, z. B.:
   • Entnahmen, Einleitungen
   • Fischerei, Schifffahrt
   • Erholung, Freizeit
   • Feuchtbiotop, Laichgewässer.

Über die Auswahl der Schutzziele muss eine politische Entscheidung getroffen werden.

Schwachstelle

1 Durch die Nutzung bedingte Schadensstelle oder schadensverdächtige Stelle, die mit technisch möglichen und wirtschaftlich vertretbaren Mitteln so verändert werden kann, dass Schadenshäufigkeit und/oder Schadensumfang sich verringern (nach DIN 31051)

2 Schadensanfälliges Anlagenteil im Netz, das die Funktionsfähigkeit beeinträchtigen kann. (DVGW Arbeitsblatt W 402)

Schwachstellenanalyse

Kann im Rahmen der Umweltprüfung (Öko-Audit) oder im Rahmen des Technischen Sicherheitsmanagement oder sonstiger freiwilliger Maßnahmen innerbetrieblich eingesetzt werden. Untersucht werden die Organisation, die Einhaltung rechtlicher Grundlagen und die tatsächlichen Umweltauswirkungen bzw. die technische Beschaffenheit und Betriebssicherheit der technischen Anlagen.

Schwebstoff

1 Feststoffe, die durch das Gleichgewicht der Vertikalkräfte in der Schwebe gehalten werden.

2 Feststoffe in Flüssigkeiten, die durch Fließen oder Turbulenzen in Schwebe gehalten werden.

3 Feststoffe, die im Wasser (oder in einem anderen Medium) schweben, weil sie gleiches oder nahezu gleiches spezifisches Gewicht haben.

Schwermetall

Metalle mit einer Dichte > 4,6 g/cm^3 bzw. einem spez. Gewicht > 5. Schwermetalle z. B. Chrom, Nickel, Kupfer, Zink, Cadmium, Quecksilber, Blei finden sich überall in der Umwelt. Biochemisch gehören sie z. T. zu den Spurenelementen. Einige Schwermetalle sind essentielle Pflanzennährstoffe, z. B. Kupfer, Zink, Mangan, andere sind nur als Schadstoffe bekannt, zum Beispiel Cadmium, Quecksilber, Blei. Zum Umweltproblem werden Schwermetalle, wenn sie durch Abfall, Abwasser und Abluft die Umwelt belasten.

Schwermetallverbindung

Chemische Verbindung, die Schwermetalle enthält. Einige Schwermetallverbindungen wirken giftig auf den menschlichen Organismus, z. B. Blei-, Cadmium-, Quecksilber-, Thallium- und Uransalze; einige Schwermetalle (z. B. Eisen) dienen in Form biologisch aktiver Komplexe als Enzyme für lebenswichtige Stoffwechselvorgänge.

Schwimmstoff

Feststoff, der leichter als Wasser ist und daher auf ihm schwimmt.

Sediment

Abgelagerte Wasserinhaltsstoffe in oberirdischen Gewässern.
ANMERKUNG: Man unterscheidet:
   • klastische Sedimente, die aus physikalischer Verwitterung hervorgegangen sind,
   • chemische Sedimente, die aus Lösungen infolge von Übersättigung ausgeschieden worden sind,
   • biogene Sedimente, die organischen Ursprungs sind.

Sedimentation

1 Ablagerungsprozess, der zur Bildung von Sedimenten führt.

2 Vorgang des Absetzens von Feststoffen, die schwerer als das umgebende flüssige Medium sind.

See

1 Ein stehendes Binnengewässer.

2 Einteilung nach dem Trophiegrad in
   • oligotropher See,
   • mesotropher See,
   • eutropher See und
   • polytropher See.

Selbstreinigung

1 Vorgang, bei dem organische, fäulnisfähige Verunreinigungen in einem Fließgewässer durch Mikroorganismen wie Bakterien, Pilze und Einzeller zu einfachen Stoffen abgebaut, mineralisiert oder in den natürlichen Stoffkreislauf einbezogen werden.

2 Bezeichnet das Vermögen eines Gewässers, mit Hilfe von pflanzlichen und tierischen Organismen (Saprobien) aus natürlichen Quellen stammende oder vom Menschen eingeleitete organische Stoffe abzubauen. Dabei wird Sauerstoff verbraucht. Wird z. B. mehr ungereinigtes Abwasser in ein Gewässer eingeleitet,

als Sauerstoff für den Abbau zur Verfügung steht, ist das Selbstreinigungspotential des Gewässers überschritten. Es kommt zu einem Sauerstoffmangel, höhere und niedere Lebewesen sterben ab, das Gewässer „kippt um".

SICHARDT-Geschwindigkeit

Empirisch zu bestimmende Grenzgeschwindigkeit, mit der das Grundwasser in den Brunnen einströmen darf.

$$v_{max} = \frac{\sqrt{k_f}}{15}$$

Sicherheit

Freiheit von unvertretbaren Schadensrisiken. In der Normung wird im Allgemeinen die Sicherheit von Produkten, Prozessen und Dienstleistungen im Hinblick auf die Erzielung eines optimalen Ausgleichs einer Anzahl von Faktoren betrachtet, wobei auch nicht-technische Faktoren, wie menschliches Verhalten, eingeschlossen sind und vermeidbare Schadensrisiken für Personen und Güter auf ein vertretbares Ausmaß vermindert werden. Sicherheit betrifft einerseits die Zuverlässigkeit des täglichen Betriebs der Anlagen (safety), andererseits auch die Sicherheit vor Extremereignissen wie Naturkatastrophen oder unbefugten Eingriffen (security) – s. DVGW Arbeitsblätter W 1001 und W 1002, DIN EN 45020.

Sickergalerie

Anordnung zur künstlichen Infiltration von Wasser in den Untergrund. Sie besteht aus horizontalen und vertikalen Drainagerohren, die in Kies verlegt sind. Diese werden dann mit Wasser beschickt, das durch die Drainageöffnungen in den Boden austritt.

Sickergeschwindigkeit

Die durchschnittliche Geschwindigkeit mit der Grundwasser durch die Poren fließt. Das Verhältnis der Durchflussmenge zur durchschnittlichen Porenfläche in einem Querschnitt

Sickerströmung

Strömung von Wasser durch den Boden.

Sickerwasser

1   wird das in den Untergrund versickernde grundwasserbildende Wasser (Niederschläge, Gewässer) bezeichnet. Die im Bereich des Sickerwassers vorhandenen Gesteine sind maßgeblich für die Zusammensetzung (Wasserqualität) des Grundwassers.

2   aus Deponien: Ein Teil des auf Deponien anfallenden Niederschlags versickert und durchfließt dabei die abgelagerten Abfälle. Hierbei nimmt das Sickerwasser lösliche Substanzen auf. Die Sickerwassermenge kann je nach Niederschlagsverhältnissen 0,001–0,1 L/s und Hektar Deponiefläche betragen. Aufgrund des hohen Verschmutzungsgrades des Sickerwassers muss verhindert werden, dass es ungeklärt ins Grundwasser oder in oberirdische Gewässer gelangt. Das Sickerwasser muss demgemäß durch geeignete Maßnahmen aufgefangen und in Sickerwasserreinigungsanlagen oder Kläranlagen behandelt werden.

Siebanalyse

Bestimmung der Korngrößenverteilung

Die Siebanalyse ist für Korngrößen > 0,063 mm (rollige Böden) geeignet.

Es folgt eine Trockensiebung des Erdstoffs, der zuvor bei 105°C im Trockenofen getrocknet wurde mit übereinanderstehende Sieben, gestaffelt nach Maschenweiten (z. B. 0,063; 0.125; 0,25...), s. DIN 18123. Die Rückstände werden gewogen und ins Diagramm die prozentualen Anteile an der Gesamtmasse eingetragen.

Sieblinie

zeichnerische Darstellung der Kornzusammensetzung von Sand, Kies, Zement etc., wobei zu der Weite der angewandten Prüfsiebe der Anteil der durchgefallenen Gewichtsmenge an der Gesamtmenge aufgetragen wird

Siedlungsstruktur

Gefüge der Gestaltungs-, Ordnungs- und Nutzungselemente einer Siedlung. Strukturbeschreibende Begriffe einer Siedlung oder Stadt sind u. a. Zentrum, Vorort, Quartier, etc.

Sievert

SI-Einheit der Äquivalentdosis und der effektiven Dosis radioaktiver Bestrahlung

Sinkgeschwindigkeit

1   (settling velocity) Geschwindigkeit, mit der sich Feststoffe in vertikaler Richtung bewegen (aus DIN 4044: 1980-07). Formelzeichen: v_s, Einheit: m/s

2   Absetzgeschwindigkeit eines Partikels im Wasser unter Einfluss eines Schwerefeldes in m/h oder m/s.

Sommerstagnation

Phase der thermischen Schichtung des Wasserkörpers tiefer Seen im Sommer

Sorption

Aufnahme eines Gases oder gelösten Stoffes durch einen anderen festen oder flüssigen Stoff.

Spannung

Die Kraft pro Fläche. Normalspannungen wirken rechtwinkelig auf eine Fläche, Scherspannungen wirken parallel zur Fläche.

Speicherbecken

(storage reservoir) Staubecken, das der Speicherung von Wasser dient. Nach der Ausgleichsperiode unterscheidet man Tages-, Wochen-, Saison-, Jahres- und Überjahresspeicherbecken.

Speicherkoeffizient

Das Integral des spezifischen Speicherkoeffizienten (= Änderung des gespeicherten Wasservolumens je Volumeneinheit des Grundwasserraumes bei Änderung der Standrohrspiegelhöhe um 1 m) über die Grundwassermächtigkeit. Er entspricht im ungespannten Grundwasser dem (speicher-)nutzbaren Hohlraumvolumen, bei gespanntem Grundwasser der Wasserabgabe pro Formationsvolumen, die bei Erniedrigung des Druckes um 1 m Wassersäule erfolgt. Formelzeichen: S

spezifische Drehzahl

Laufräder von Kreiselpumpen werden durch ihre spezifische Drehzahl n_q [min^{-1}] gekennzeichnet; sie bezieht sich auf ein geometrisch ähnliches einstufiges Pumpenrad mit Außendurchmesser 1 m, das 1 m^3/s auf 1 m Höhe hebt. Es gilt $n_q = n \cdot Q^{1/2} / H^{3/4}$ – s. W 610.

spezifische Wärme

Die Wärmemenge, die erforderlich ist, um die Masseneinheit 1 kg bzw. 1 g eines Stoffes um 1 Kelvin (1°C) zu erwärmen. Die spezifische Wärme hängt von Druck und Temperatur ab.

Spore

ungeschlechtliche Keim- oder Fortpflanzungszelle, oft sehr widerstandsfähig

Sprungschicht

Schicht zwischen Tiefenwasserzone und oberflächennahem Wasser, in der die Temperatur stark absinkt

Spurenelement

Mikroelemente: Stoffe, die nur in winzigen Mengen in pflanzlichen oder tierischen Organismen vorkommen, jedoch für deren Gedeihen z. T. eine große Bedeutung haben. Häufig sind sie Bestandteile von Wirkstoffen, vor allem vom Enzymen. Insgesamt sind etwa 50 derartige Elemente in Organismen nachgewiesen. Besonders wichtig sind für Tiere und Pflanzen Eisen, Kupfer, Mangan, Zink, speziell für Tiere auch Kobalt, Fluor, Jod und Selen, speziell für Pflanzen Bor und Molybdän.

Stadtwerke

siehe Wasserversorger

Stagnation

bei stehenden Gewässern Zustand stabiler Schichtung

Stand der Technik

1 Ist der Entwicklungsstand verfügbarer fortschrittlicher Verfahren, Einrichtungen oder Betriebsweisen, der die praktische Eignung einer Maßnahme zu einem bestimmten Zweck gesichert erscheinen lässt.

2 In Umweltgesetzen (vgl. Wasserhaushaltsgesetz, Bundes-Immissionsschutzgesetz, Kreislaufwirtschafts- und Abfallgesetz) der Bundesrepublik Deutschland definierte Bezeichnung für den Entwicklungsstand fortschrittlicher Verfahren, Einrichtungen und Betriebsweisen, deren praktische Eignung bei der Bekämpfung von Umweltbelastungen als gesichert erscheint. Bei der Bestimmung des Standes der Technik sind insbesondere im Betrieb erprobte Verfahren, Einrichtungen oder Betriebsweisen heranzuziehen. Maßnahmen nach dem Stand der Technik sollen den besten zur Zeit realisierbaren Schutz der Umwelt vor Schädigungen garantieren.

Stand von Wissenschaft und Technik

Im Gegensatz zum Stand der Technik bezeichnet der Stand von Wissenschaft und Technik einen technischen Entwicklungsstand, bei dem Verfahren und Einrichtungen in Versuchs- und Pilotanlagen erprobt werden, jedoch eine Umsetzung im großtechnischen Betrieb noch aussteht.

Standrohrspiegelhöhe

Summe aus der geodätischen Höhe und der Druckhöhe des Grundwassers an einem Punkt im Grundwasserkörper.

Stauhaltung

1 Künstlich erzeugte Verzögerung des Abflusses durch Querbauwerke, wie etwa Dämme, Wehranlagen usw.; Stauhaltungen dienen unterschiedlichsten Zwecken, vor allem aber der Gewinnung von elektrischer Energie; die dabei entstehenden Rückstauzonen werden als Stauräume bezeichnet; ist dieser Stauraum so groß und tief, dass stabile Schichtungen (physikalisch, chemischer Parameter) entstehen, dann spricht man auch von einem Stausee bzw. einem Speicherstau.

2 staubeeinflusster Bereich einer Staustufe

Stausee

s. Stauhaltung

Steckmuffe

Verbindungselement zwischen Rohren und Formstücken unter Verwendung von (eingelegten) Dichtringen

Stichprobe

zu einem bestimmten Zeitpunkt und/oder an einem bestimmten Ort gezogene Einzelprobe

Stickstoff

Als Hauptbestandteil der Luft in elementarer Form vorliegendes chemisches Element (ca. 78 Vol.-%); findet sich in gebundenem Zustand in Ammonium-, Nitrat-, Nitrit- und Amidverbindungen; unentbehrlicher Bestandteil aller Eiweißkörper. Wird großtechnisch über die Ammoniaksynthese aus der Luft gewonnen. Dieser Primärstickstoff ist Ausgangspunkt für die Erzeugung vieler stickstoffhaltiger Substanzen. Hauptverwendungsgebiete sind die Erzeugung stickstoffhaltiger Düngemittel, die Kunststofferzeugung und Kältemittel. Stickstoff ist der für die pflanzliche Entwicklung und pflanzliche Ertragsleistung in der Agrarproduktion wichtigste Nährstoff.

Stöchiometrie

1 (stoichein gr. = Elementarbestandteil; metrein gr. = messen). Stöchiometrie ist die Lehre von den Mengenverhältnissen bei chemischen Reaktionen.

2 Mengenmäßige Beziehung zwischen Ausgangs- und Endprodukt einer (bio)-chemischen Reaktion.

Strafrecht

Rechtsvorschriften, durch die bestimmte Handlungen und Unterlassungen mit Strafe oder mit vorbeugenden Maßnahmen bedroht werden. Das Strafrecht enthält die schärfsten staatlichen Sanktionen gegen Gesetzesverstöße.

Strahlenexposition

Einwirkung ionisierender Strahlung auf den menschlichen Körper oder seine Teile. In der Strahlenschutzverordnung sind Dosisgrenzwerte für verschiedene Bevölkerungsgruppen festgelegt. Sie wurden so festgelegt, dass das Risiko der gesundheitsschädigenden Wirkungen durch ionisierende Strahlung nicht höher als in Industriezweigen ohne Strahlenexposition ist.

Strahlenschutzverordnung

„Verordnung über den Schutz vor Schäden durch ionisierende Strahlen (StrlSchV)" vom 20. Juli 2001 (BGBl.I Nr. 38 S. 1714; 2002 S.1459; zuletzt geändert am 29. August 2008 BGBl.I S. 1793)

Strippen

In der chemischen Verfahrenstechnik das „Ausblasen" flüchtiger Stoffe aus einer wässrigen Lösung und Überführung in die Gasphase. s. a. Phosphatstripping

Strömen

Fließzustand in einem offenen Gerinne, bei dem die Fließgeschwindigkeit kleiner als die Wellenfortpflanzungsgeschwindigkeit ist. s. a. Fließwechsel

Stundenprozentwert

Der stündliche Wasserverbrauch wird in % des Tagesverbrauchs angegeben:

$st [\%] = Q_h/(0,01 \cdot Q_d)$ oder, bezogen auf den maximalen Stundenwert:

$st_{max} = Q_{hmax}/(0,01 \cdot Q_{dmax}) = f_h/f_d \cdot 4,17$

Summenparameter

Qualifizierende Merkmale, die als Ergebnisse quantitativer Analysen die gleichartigen Merkmale unterschiedlichster Substanzen beschreiben; typische Summenparameter sind z. B. DOC, AOX, BSB, CSB.

Suspension

1 Aufschwemmung feinstverteilter, nicht löslicher, fester Stoffe in einer Flüssigkeit, dem Suspensionsmittel

2 Physik: Aufschlämmung, trübe Verteilung fester Körper mit Durchmessern unter $1 \cdot 10^{-5}$ cm in Flüssigkeiten; durch Zentrifugieren abtrennbar

3 Chemie: disperses System

Systembetriebsdruck

DP (Design Pressure) – Höchster vom Betreiber festgelegter Betriebsdruck des Systems oder einer Druckzone unter Berücksichtigung zukünftiger Entwicklungen, jedoch ohne Berücksichtigung von Druckstößen (DVGW W 400-1).

Systemprüfdruck

STP (System Test Pressure) – Hydrostatischer Druck, der für die Prüfung der Unversehrtheit und Dichtheit einer neu verlegten Rohrleitung angewandt wird (DVGW W 400-1).

Tagesausgleich

Die Bewirtschaftungsform „täglicher Ausgleich" hat das Ziel, die unterschiedlichen Verläufe von Wasserabgabe und Wasserzulauf innerhalb von 24 h auszugleichen, oder – auf das nutzbare Behältervolumen bezogen – die fluktuierende Wassermenge innerhalb eines Tages vollständig zu erneuern.

Tagwasser

an der Erdoberfläche abfließendes Niederschlagswasser. s. Oberflächenwasser

Talsperre

Stauanlage, die über den Querschnitt des Wasserlaufes hinaus den ganzen Talquerschnitt absperrt. Sie besteht in der Regel aus der Hauptsperre (Absperrbauwerk mit Speicherbecken) und Vorsperren (Absperrbauwerke mit Staubecken oder Speicherbecken). s. a. DIN 19700 Teil 10

Technische Gewässeraufsicht

ist ein Teil der Aufgaben der Wasserwirtschaft und umfasst z. B. die stetige Zustandserfassung von Bächen, Flüssen, Seen und des Grundwassers.

technische Nutzungsdauer

Begrenzung der Nutzungsdauer einer Leitung aus versorgungs-, sicherheitstechnischen und bautechnischen Gründen. Sie liegt in der Regel deutlich über der betriebswirtschaftlichen Nutzungsdauer (betriebswirtschaftliche Nutzungsdauer) – s. DVGW-Arbeitsblatt W 403 bzw. DVGW-Arbeitsblatt G 401.

Teufe

Tiefe – in der Sprache des Bergmanns und des Bohrtechnikers.

Tillmans-Gleichung

Zusammenhang zwischen der Calcium- und Hydrogencarbonatkonzentration und der damit im chemischen Gleichgewicht stehenden Kohlensäurekonzentration.

Tillmans-Kurve

Grafische Darstellung der Tillmans-Gleichung unter der Bedingung $c(Ca^{2+}) = 0,5 \cdot c(HCO_3^-)$.

Titration

Ausführung einer chem. Maßanalyse (Volumetrie); Wasserprobe wird so lange mit einer Reagenzlösung genau bekannter Konzentration (Maßlösung) versetzt (titriert), bis die Reaktion zu Ende geführt ist. Der Reaktionsendpunkt wird z. B. über die pH-Wert-Änderung oder den Farbumschlag eines zugesetzten Farbindikators ermittelt. Aus dem Volumen der verbrauchten Maßlösung wird die Konzentration des Reaktionspartners ermittelt.

Toxizität

Giftigkeit von Stoffen oder Stoffgemischen

Tracer

Markierungsstoff; künstliches oder natürliches Markierungsmittel, um die Fließwege des Grundwassers verfolgen zu können.

Transmissivität

Charakterisiert die Wasserwegsamkeit eines Grundwasserleiters: $T = k_f \cdot M$ [m/s]; genauer: das Integral des (horizontal wirksamen) Durchlässigkeits-Beiwerts k_f über die Mächtigkeit M des Grundwasserleiters.

Transpiration

Wasserdampfabgabe der Pflanzen meist über die Blätter. Unterschieden wird in kutikuläre Transpiration (über die Kutikula) und stomatäre Transpiration (über die Spaltöffnungen auf der Blattunterseite).

transversal

quergerichtet

Trinkwasser

Für menschlichen Genuss und Gebrauch geeignetes Wasser, das in Gesetzen und anderen Rechtsnormen sowie einschlägigen technischen Normen festgelegte Güteeigenschaften erfüllen muss (s. Trinkwasserqualität). Trinkwasser ist das wichtigste Lebensmittel. Es kann nicht ersetzt werden. Die Grundforderungen an einwandfreies Trinkwasser sind: frei von Krankheitserregern, keine gesundheitsschädigenden Eigenschaften, keimarm, appetitlich, farblos, kühl, geruchlos, geschmacklich einwandfrei, geringer Gehalt an gelösten Stoffen (DIN 2000). Darüber hinaus darf Trinkwasser keine übermäßigen Korrosionsschäden am Leitungsnetz hervorrufen und sollte in genügender Menge mit ausreichendem Druck jederzeit zur Verfügung stehen.

Herkunft des Trinkwassers in der Bundesrepublik Deutschland (Bundesstatistik 2007):

- echtes Grund- und Quellwasser 70%
- Uferfiltrat 8%
- angereichertes Grundwasser 9%
- See- und Talsperrenwasser 12%
- Flusswasser 1%

Trinkwasseraufbereitungsanlage

Eine Anlage, in der mit physikalischen und chemischen Verfahren, ggf. unter Einschluss biologischer Prozesse, aus Rohwasser Trinkwasser hergestellt wird.

Trinkwasserbehälter

Geschlossene Speicheranlage für Trinkwasser, die Wasserkammer(n), Bedienhaus, Betriebseinrichtungen umfasst, Zugangsmöglichkeiten bietet, Betriebsreserven vorhält, für Druckstabilität sorgt und Verbrauchsschwankungen ausgleicht (DVGW W 400-1).

Trinkwassergewinnung

siehe Wassergewinnung

Trinkwassergüte

siehe Trinkwasser

Trinkwasserqualität

Die Qualität von Trinkwasser, welches den Bedingungen der Trinkwasserverordnung entspricht.

Das Trinkwasser, welches in Deutschland von öffentlichen Trinkwasserversorgern verteilt wird, muss den gesetzlichen Bestimmungen (TrinkwV) entsprechen. Maßstäbe dazu setzt DIN 2000: Leitsätze für die Anforderungen an Trinkwasser, Planung, Bau und Betrieb und Instandhaltung der Versorgungsanlagen – Technische Regel des DVGW.

Trinkwasserrichtlinie

Richtlinie 98/83/EG des Rates vom 3. November 1998 über die Qualität von Wasser für den menschlichen Gebrauch.

Trinkwasserschutzgebiet

s. Wasserschutzgebiet

Trinkwassertalsperre

Talsperre, die ausschließlich oder überwiegend der Gewinnung von Rohwasser für die Trinkwasserversorgung dient

Trinkwasseruntersuchung

Das Rohwasser sowie das Trinkwasser in Deutschland wird in bestimmten Abständen von unabhängigen Instituten bzw. von den Unternehmen selbst untersucht.

Die Häufigkeit der Untersuchungen und Verfahren regelt die Trinkwasserverordnung.

Es wird zwischen mikrobiologischen Untersuchungen und den physikalischen und chemischen Untersuchungen unterschieden.

Trinkwasserverordnung

Verordnung des Bundes, die die Beschaffenheit des Trinkwassers (Grenzwerte für die Inhaltsstoffe), die Pflichten der Wasserversorger und die Überwachung durch Gesundheitsbehörden vorschreibt. Die letzte Trinkwasserverordnung wurde am 21. Mai 2001 erlassen.

Trinkwasserversorgung

Die Versorgung der Bevölkerung mit Trinkwasser (öffentliche Wasserversorgung) ist Teil der Daseinsvorsorge und gehört damit zur Selbstverwaltungsaufgabe der Gemeinden (§ 50 WHG und Art. 28 Absatz 2 GG). Aus der Bedeutung des Trinkwassers als Lebensmittel und für die Seuchenhygiene, zugleich aus der Aufgabe des Brandschutzes ergeben sich für die öffentliche Wasserversorgung grundlegende Anforderungen hinsichtlich:

- Planung, Bau und Betrieb der technischen Anlagen,
- nachhaltiger und umweltverträglicher Nutzung der Wasserressourcen,
- Trinkwassergüte entsprechend der im gesetzlichen und technischen Regelwerk gegebenen Bestimmungen,
- Zuverlässigkeit des Service für den Kunden,
- wirtschaftlicher Betriebsführung und angemessener Preise.

(DIN 2000, TrinkwV, WHG)

Tritium

Tritium (T oder ^{3}H) ist das Wasserstoff-Isotop, das zwei Neutronen und ein Proton als Kern besitzt.

Trübung

Durch Partikel verursachte Verringerung der Durchsichtigkeit eines Wassers (siehe DVGW-Arbeitsblatt W 213-6).

turbulente Strömung

ungeordnete Strömung (im Oberflächenwasser normaler Fließvorgang); in einem Rohr bei einer Reynolds-Zahl Re > 2320 zu erwarten; s. a. laminare Strömung

Typhus

Erreger ist das Stäbchenbakterium Salmonella typhi. Die Übertragung erfolgt fäkal-oral. Typhus ist zunächst durch Benommenheit, Kopfschmerzen und anhaltendes Fieber gekennzeichnet, im späteren Verlauf treten Durchfall und Darmblutungen auf. Infektionsquelle sind nicht nur Kranke, sondern auch gesunde Dauerausscheider, die den Erreger noch Jahrzehnte nach dem Überstehen der Krankheit ausscheiden können. Mit Fäkalien verunreinigtes Grundwasser löste 1919 in Pforzheim eine Typhusepidemie aus (Epidemie).

U-Liner

PE-HD-Rohr zur Sanierung (Relining) von Rohrleitungen. Um das Einziehen in das zu sanierende Rohr zu ermöglichen, werden die Rohre im Werk in eine U-Form gefaltet. Nach erfolgtem Einzug in das Altrohr wird der U-Liner erwärmt und formt sich aufgrund des PE-eigenen Memoryeffekts in seine ursprüngliche runde Form zurück. Nach Abschluss der Sanierung liegt das Rohr close-fit in der alten Leitung, übernimmt also auch statische Aufgaben der Leitung.

Überwachung

Eine fortlaufende oder periodische Kontrolle von technischen Einrichtungen oder Handlungen bezüglich der Einhaltung technischer Regeln oder gesetzlicher Vorgaben.

ubiquitär

überall verbreitet

Uferfiltrat

Mischung von Oberflächenwasser und echtem, über versickernde Niederschläge neugebildeten Grundwasser.
Wird gebildet durch die gezielte Absenkung der Grundwasseroberfläche in Flussnähe und die dadurch künstlich angeregte Ufer- und Untergrundpassage.

Uferfiltration

Dabei wird durch eine Brunnenwasserentnahme das Gefälle der Grundwasseroberfläche zwischen dem Vorfluter und dem Grundwasserleiter künstlich verändert und damit ein kontinuierliche Aussickerung (Wasserabgabe) aus dem Vorfluter angeregt.

Umweltbundesamt

Wurde durch Gesetz vom 22. Juli 1974 (BGBl. I 1505) als selbständige Bundesoberbehörde mit Sitz in Berlin errichtet. Das UBA ist Deutschlands zentrale Umweltbehörde. Wichtige gesetzlichen Aufgaben des UBA sind vor allem:

- die wissenschaftliche Unterstützung der Bundesregierung (u. a. Bundesministerien für Umwelt, Gesundheit, Forschung, Verkehr, Bau- und Stadtentwicklung)

- der Vollzug von Umweltgesetzen (z. B. Emissionshandel, Zulassung von Chemikalien, Arznei- und Pflanzenschutzmitteln; Führung der Liste der Aufbereitungsstoffe und Desinfektionsverfahren gemäß § 11 Trinkwasserverordnung 2001)
- die Information der Öffentlichkeit zum Umweltschutz.

Das UBA ist Partner und Kontaktstelle Deutschlands zu zahlreichen internationalen Einrichtungen, wie etwa der WHO.

Umweltgesetzbuch

Das moderne Umweltrecht hat sich erst in den letzten Jahrzehnten entwickelt. Seine Wurzeln gehen zwar auf das sehr viel ältere Polizei- und Ordnungsrecht zurück; als eigenständiges Rechtsgebiet bildete es sich erst seit Anfang der 70er Jahre heraus. Die Vorschriften sind auf viele Einzelgesetze verteilt. Dies erschwert nicht nur ihr Auffinden, sondern hat auch zu Unterschieden bei Begriffsdefinitionen, bei den Regelungsansätzen und der Gewichtung einzelner Umweltbelange geführt. Ein künftiges Umweltgesetzbuch hat zum Ziel, die zentralen umweltrelevanten Vorschriften zusammenzufassen, zu harmonisieren, zu vereinfachen und das Umweltrecht weiterzuentwickeln. Die konkreten Pläne der Bundesregierung zum Erlass eines Umweltgesetzbuches sind 2009 erneut gescheitert; so sind die gesetzlichen Regelungen betr. Natur- und Landschaftsschutz, Wasserhaushaltsgesetz und Schutz vor nichtionisierender Strahlung im Jahre 2009 als Einzelgesetze verabschiedet worden.

Umwelthaftungsgesetz und Umweltschadensgesetz

Das UmweltHG von 1990 (zuletzt geändert 2007) und das USchadG von 2007 setzen die EG-Umwelthaftungs-Richtlinie 2004/35/EG um. Ersteres regelt die zivilrechtliche Haftung gegenüber Dritten für Individualschäden als Folge von Umwelteinwirkungen; letzteres findet Anwendung, soweit Rechtsvorschriften des Bundes oder der Länder die Vermeidung und Sanierung von Umweltschäden nicht näher bestimmen; es ermöglicht u.a. Umweltverbänden, Behörden im Falle von Umweltschäden zum Handeln zu zwingen.

Umweltinformationsgesetz

Das Umweltinformationsgesetz (UIG) von 2004 hat den Zweck, den rechtlichen Rahmen für den freien Zugang zu Umweltinformationen bei informationspflichtigen Stellen sowie für die Verbreitung dieser Umweltinformationen zu schaffen.

Umweltinformationsrichtlinie

Die Richtlinie 2003/4/EG über den Zugang der Öffentlichkeit zu Umweltinformationen von 2003 soll das Recht auf Zugang zu Umweltinformationen gewährleisten, die bei Behörden vorhanden sind oder für sie bereitgehalten werden; sie ersetzt die Richtline 90/313/EWG von 1990.

Umweltkosten

Kosten für Schäden an der Umwelt, Ökosystemen etc. (z. B. durch Verschlechterung der ökologischen Qualität von aquatischen Ökosystemen oder die Versalzung oder qualitative Verschlechterung von Anbauflächen).

Umweltpolitik

Die umweltbezogenen Gesamtziele und Handlungsgrundsätze einer Regierung, Organisation etc.

Umweltschutz

Schutz der Umwelt vor unvertretbaren Schädigungen durch Auswirkungen und Betriebsabläufe von Produkten, Prozessen und Dienstleistungen (DIN EN 45020).

Umweltverträglichkeitsprüfung

1 Gemäß Gesetz über die Umweltverträglichkeitsprüfung (UVPG) unselbständiger Teil verwaltungsbehördlicher Verfahren, die der Entscheidung über die Zulässigkeit von Vorhaben dienen. Die Umweltverträglichkeitsprüfung umfasst die Ermittlung, Beschreibung und Bewertung der Auswirkungen eines Vorhabens auf

- Menschen, Tiere und Pflanzen, Boden, Wasser, Luft, Klima und Landschaft, einschließlich der Wechselwirkungen,
- Kultur- und sonstige Sachgüter.

Der Umweltverträglichkeitsprüfung unterliegen bestimmte Vorhaben; sie werden in einer Anlage zum Gesetz aufgeführt.

2 Die Umweltverträglichkeitsprüfung ist in Deutschland geregelt durch das Gesetz über die Umweltverträglichkeitsprüfung von 1990 in der Fassung der Bekanntmachung vom 24. Februar 2010 (BGBl. I S. 94). Es dient u.a. der Umsetzung der UVP-Richtlinie 85/337/EWG in der Fassung der Richtlinie 2009/31/EG. Zweck dieses Gesetzes ist es sicherzustellen, dass bei bestimmten öffentlichen und privaten Vorhaben sowie bei bestimmten Plänen und Programmen zur wirksamen Umweltvorsorge nach einheitlichen Grundsätzen die Auswirkungen auf die Umwelt im Rahmen von Umweltprüfungen (Umweltverträglichkeitsprüfung und Strategische Umweltprüfung) frühzeitig und umfassend ermittelt, beschrieben und bewertet werden und die Ergebnisse der durchgeführten Umweltprüfungen a) bei allen behördlichen Entscheidungen über die Zulässigkeit von Vorhaben, b) bei der Aufstellung oder Änderung von Plänen und Programmen so früh wie möglich berücksichtigt werden.

Umweltziel

Nach der EU-WRRL: die in Artikel 4, festgelegten Ziele:
Bei oberirdischen Gewässern ist das Ziel
- Guter ökologischer und chemischer Zustand in 15 Jahren,
- gutes ökologisches Potential und guter chemischer Zustand bei so genannten erheblich veränderten oder künstlichen Gewässern in 15 Jahren und
- das Verschlechterungsverbot zu erreichen.
Beim Grundwasser gilt es, das Ziel
- Guter quantitativer und chemischer Zustand in 15 Jahren,
- die Umkehr von signifikanten Belastungstrends und
- den Schadstoffeintrag zu verhindern oder zu begrenzen zu erreichen.
s. dazu §§ 27 und 47 WHG.

Unfallverhütungsvorschrift

Unfallverhütungsvorschriften (UVV) werden von den Berufsgenossenschaften und anderen Trägern der gesetzlichen Unfallversicherung erlassen und müssen von Unternehmern und allen Beschäftigten beachtet werden.

Sie enthalten Sicherheitsanforderungen an die betrieblichen Einrichtungen (Arbeitsmittel, Anlagen, Geräte, Arbeitsplätze usw.) und verlangen Anordnungen und Maßnahmen des Unternehmers zur Unfallverhütung; für die Beschäftigten beschreiben sie Verhaltenspflichten. Sie legen arbeitsmedizinische Vorsorgeuntersuchungen fest und regeln Fragen der innerbetrieblichen Arbeitssicherheitsorganisation sowie der Ersten Hilfe.

Die Unfallversicherungträger erlassen als autonomes Recht Unfallverhütungsvorschriften über Einrichtungen, Anordnungen und Maßnahmen, welche die Unternehmer zur Verhütung von Arbeitsunfällen, Berufskrankheiten und arbeitsbedingten Gesundheitsgefahren zu treffen haben, sowie die Form der Übertragung dieser Aufgaben auf andere Personen.

Zuständig für die Unternehmen der Wasserwirtschaft ist die Berufsgenossenschaft der Gas-, Fernwärme-, und Wasserwirtschaft (BGFW) – www.bgfw.de – mit Sitz in Düsseldorf

ungesättigte Bodenzone

siehe ungesättigte Zone

ungesättigte Zone

Der unmittelbar unterhalb der Erdoberfläche beginnende Bereich oberhalb des Grundwasserspiegels enthält in seinen Hohlräumen sowohl Luft als auch Wasser und wird deshalb als ungesättigte Zone bezeichnet; vgl. gesättigte Zone.

ungespannter Grundwasserleiter

Als ungespannter Grundwasserleiter wird der oberste Aquifer bezeichnet, der nach oben durch den Wasserspiegel abgegrenzt ist.

ungespanntes, freies Grundwasser

Grundwasseroberfläche und Druckfläche fallen zusammen und liegen innerhalb des Grundwasserleiters; der Druck an der ungespannten Grundwasseroberfläche ist gleich dem Luftdruck.

Ungleichförmigkeitsgrad

Verhältnis der Korngrößen von Lockergesteinen und mineralischen Schüttgütern bei 60% und bei 10% Siebdurchgang.

unterirdischer Abfluss

Der unterirdische Abfluss ist der Grundwasserabfluss in der Erdkruste, der durch die Infiltration von Niederschlags- oder Oberflächenwasser in grundwasserleitende Gestein der Schwerkraft folgend ausgelöst wird.

Unterlauf

Teil eines Fließgewässers in der unteren Region eines Einzugsgebietes.

urban

städtisch

UVP-Richtlinie

s. Umweltverträglichkeitsprüfung

Verdunstung

Die Abscheidung von Wasser als Dampf, aufsteigend von der Wasseroberfläche oder vom Boden.
Verdunstungsarten:
- Evaporation
- Evapotranspiration
- Interzeptionsverdunstung

Vergleichsmessung

Zur Erfassung der Strömungs- und Druckverhältnisse im Netz. Dazu werden zu bestimmten Zeiten (Belastungsfall) für das Netz oder Netzbereiche Druckmessungen durchgeführt – die Druckschreiber werden meist an Hydranten angeschlossen.

Vergleichsrechnung

Die Vergleichsrechnung dient der Ermittlung der betrieblichen Rauheit k_2 im bestehenden Rohrnetz. Dabei wird die Rauheit k_2 so ermittelt, dass errechnete und gemessene Werte an den Messpunkten innerhalb einer zulässigen Abweichung übereinstimmen.

Verockerung

Bei eisenhaltigem Grundwasser kann ausfallender Eisenocker in den Wassergewinnungsanlagen zu großen Problemen führen. Im sauerstofffreien Wasser können große Mengen zweiwertiger Eisen-Ionen gelöst sein. Kommt dieses Wasser mit Sauerstoff in Kontakt, fällt dunkelbrauner Eisenocker aus. Ebenso können auch im Wasser gelöste Mangan Ionen als schwarzes Manganoxid ausfallen. Betroffen sind alle Anlagenteile wie Brunnen, Pumpen, Rohrleitungen. Der ausfallende Ocker (Verockerung) ist sehr weich und kann Filterrohre und Filterschüttungen verstopfen.

Versagung

Einem Antrag auf ein subjektives Recht kann nicht entsprochen werden, weil Rechtsgründe ihn ausschließen. Gemäß § 12 Abs. 1 WHG (Wasserhaushaltsgesetz) sind Erlaubnis und Bewilligung zu versagen, wenn schädliche, auch durch Nebenbestimmungen nicht vermeidbare oder nicht ausgleichbare Gewässerveränderungen zu erwarten sind.

Versauerung

Absenkung des pH-Werts eines Bodens durch die Bildung oder den Eintrag von Säuren.

Versickerung

Infiltration

Versickerungsanlage

Bodengebiet auf dem Abwasser in den Boden versickert wird. Die Wahl der geeigneten Versickerungsanlage hängt in erster Linie von den Verhältnissen im Untergrund und von den Platzverhältnissen auf dem Grundstück ab.
Verfahren
- Flächenversickerung
- wasserdurchlässige Verkehrsfläche
- Muldenversickerung, Grabenversickerung
- Beckenversickerung
- Rigolenversickerung
- Schachtversickerung
- Kombinierte Systeme
  Alle Anlagen zur Regenwasserversickerung lassen sich kombinieren und können so optimal an jeden Einzelfall angepasst werden.

Versorgungsdruck

Netzdruck an der Anschlussstelle

Versorgungsleitung

Wasserleitung, die die Hauptleitung mit der Wasseranschlussleitung verbindet. Ortsnetze bestehen aus Haupt-, Versorgungs- und Wasseranschlussleitungen (DVGW W 400-1).

Versorgungssicherheit

Maßnahmen zur Versorgungssicherheit dienen der Sicherstellung einer bedarfsgerechten Versorgung (z. B. mit Trinkwasser in der Wasserversorgung) hinsichtlich Menge, Qualität und Druck.

Versorgungsunternehmen

Unternehmen, die für die Versorgung mit Strom, Gas, Wasser, Fernwärme, TV und Telefon etc. zuständig sind.

Viren

1 Viren gehören zu den kleinsten Krankheitserregern. Über das Wasser können alle Viren verbreitet werden, die vom Menschen sowie höheren und niederen Tieren, Pflanzen und Bakterien terrestrischer und aquatischer Lebensformen in die Umwelt gegangen sind. Einfach gebaute Viren, die nur aus Nukleinsäure (genetischem Material) und Proteinkapsid (Eiweiß) bestehen, können in der Umwelt bis zu einem Jahr oder länger persistieren und in den Wasserkreislauf gelangen.

2 Krankheitserreger: Eine große Gruppe kleinster, sehr verschiedenartiger, eigenständiger Teilchen von kristallinen bis organischen (Bakteriophagen) makromolekularem Bau im Gesamtsystem des Zellstoffwechsels eines Lebewesens.

Viskosität

Zähigkeit, innere Reibung von Flüssigkeiten und Gasen

Vollzirkulation

Umwälzung des Oberflächen- und Tiefenwassers in Seen und Talsperren bei 4°C im Herbst und Frühjahr

Volumenprozent

Volumenteile des gelösten Stoffes in 100 Volumenteilen der Lösung.

Volumenstrom

Quotient aus dem Wasservolumen, das einen bestimmten Fließquerschnitt durchfließt, und der dazu benötigten Zeit

Vorfluter

oberirdisches Gewässer, das den Abfluss einer Fläche oder eines anderen Gewässers aufnimmt.

Vorwandinstallation

Installation der Ver- und Entsorgungsleitungen vor der Wand. Anbauten werden z. B. mit Trageschienen und Gipsplatten verkleidet. Eine Schwächung des Mauerwerks (wie bei Schlitzinstallation) wird dadurch unterbunden.

Wanddicke

Maß der Wand eines Profils, Rohres, Schlauchs, Spritzguss- oder Blasteils; u. a. durch besondere Wanddicken-Messgeräte wird die erforderliche Wanddicke auf festgelegte Toleranzen kontrolliert.

Wärmeleitfähigkeit

1 Fähigkeit eines Körpers, Wärme zu leiten. Gegensatz: Isolationsfähigkeit

2 Besteht innerhalb eines Körpers ein Temperaturunterschied, so findet ein Energietransport (Wärmeleitung) in Richtung abnehmender Temperatur statt. Die Größe des Energietransports ist abhängig von der Wärmeleitfähigkeit (Materialkonstante), dem Temperaturunterschied und der Querschnittfläche senkrecht zum Temperaturgefälle.

3 Eine durch Stärke der Wärmeleitung in einem Körper festgelegte physikalische Größe. Sie ist eine Stoffkonstante und wird gemessen in $W/(m \cdot K)$. Ein Stoff hat die Wärmeleitfähigkeit $1 \, W/(m \cdot K)$, wenn von einer Seitenfläche eines aus diesem Stoff bestehenden Würfels von 1 m Kantenlänge zur gegenüberliegenden Seite bei einer zwischen ihnen bestehenden Temperaturdifferenz von 1 Kelvin (1°C) in einer Sekunde eine Wärmemenge von 1 Joule fließt. Synonyme: Wärmeleitzahl, spezifisches Wärmeleitvermögen, thermische Leitfähigkeit

Wasch- und Reinigungsmittelgesetz

Nach dem am 1. Sept. 1975 in Kraft getretenen Gesetz (BGBl. I S. 2255), Neufassung vom 29. April 2007 (BGBl. I S. 600), können durch Rechtsverordnungen bestimmte Anforderungen an die in Wasch- und Reinigungsmitteln enthaltenen Stoffe gestellt werden. Ferner können gewässerschädigende Stoffe verboten oder beschränkt werden. Rahmenrezepturen nebst Änderungen sowie Angaben zur Umweltverträglichkeit von Wasch- und Reinigungsmittel müssen dem Umweltbundesamt mitgeteilt werden. Schließlich ist der Verbraucher von den Produzenten über gewässerschonende Verwendung der Mittel aufzuklären (z. B. durch Beschriftung der Verpackung, Angabe von Dosierungsempfehlungen und Angaben zur Ergiebigkeit).

Wasser für den menschlichen Gebrauch

Synonym für „Trinkwasser", verwendet in der EG-Richtlinie 98/83 und in der Trinkwasserverordnung (2001)

Wasseranschlussleitung

Die Wasseranschlussleitung verbindet das Verteilungsnetz (Rohrnetz) mit der Kundenanlage. Die Wasseranschlussleitung beginnt an der Abzweigstelle des Verteilungsnetzes und endet mit der Hauptabsperreinrichtung (entspricht Hauptabsperrvorrichtung nach AVBWasserV) (DVGW W 400-1).

Wasseraufbereitung

Behandlung des Wassers, um seine Beschaffenheit dem jeweiligen Verwendungszweck und bestimmten Anforderungen anzupassen.

Wasserbedarf

Planungswert des in einer Zeitspanne für die Wasserversorgung vorraussichtlich benötigten Wasservolumens.

Wasserbehörde

Behörden, in deren Verantwortung der Vollzug des Wasserhaushaltsgesetzes (Wasserhaushaltsgesetz) und der Wassergesetze der Länder (Landeswassergesetze) liegt. So gibt es in den größeren Bundesländern einen dreistufigen Verwaltungsaufbau, bestehend aus dem zuständigen Ministerium als oberster Wasserbehörde, den Regierungspräsidien als obere Wasserbehörde und den unteren Verwaltungsbehörden (Landrat/Landkreis, kreisfreie Stadt) als untere Wasserbehörde. Im Saarland und in Schleswig-Holstein gibt es nur einen zweistufigen Verwaltungsaufbau, der aus der oberen und unteren Wasserbehörde besteht. Die Länder Berlin, Bremen und Hamburg als Stadtstaaten haben wiederum eine andere Verwaltungsorganisation. Zur fachtechnischen Beratung der unteren Wasserbehörden sind Wasserwirtschaftsämter als technische Fachbehörden bestimmt. Neben den eigentlichen Wasserbehörden können für den Vollzug der Wassergesetze auch die Polizei-, die Baugenehmigungs-, die Berg-, die Gewerbe- und Planfeststellungbehörden zuständig sein.

Wasserbilanz

Bilanzierung von Niederschlag, Abfluss und Verdunstung (über die Bodenoberfläche und Pflanzenschicht).

Wasserdargebot

Wasserdargebot ist die für eine bestimmte Zeiteinheit theoretisch nutzbare Wassermenge eines oder mehrerer Wasservorkommen zur Verwendung z. B. als Trinkwasser und Betriebswasser.

Wasserdurchlässigkeit

Fähigkeit eines Geokunststoffes, Wasser oder andere Flüssigkeiten (oder Gase) normal zur Ebene (Permittivität) oder in seiner Ebene (Transmissivität) ableiten zu können. Die Prüfung erfolgt nach EN ISO 11058 (normal zur Ebene) bzw. EN ISO 12958 (in der Ebene)

Wasserentnahmeentgelt

Gewässernutzungsentgelt, durch Landesgesetz erhobene Abgabe auf den m^3 entnommenes Wasser.

Wasserepidemie

Wasserepidemien sind durch einen explosiven Ausbruch gleichartiger Erkrankungen von Personen aller Altersgruppen gekennzeichnet. In der Vorgeschichte findet sich meist ein Hinweis auf die Exposition zur kontaminierten Wasserquelle und die territoriale Ausbreitung entspricht dem Wasserversorgungsbereich. Sowohl Grundwasser als auch behandeltes Oberflächenwasser, welches aus zentralen Wasserversorgungsanlagen, Kleinst- oder Einzelanlagen bereitgestellt wird, kann an der Auslösung von Epidemien beteiligt sein, wenn eine Kontamination stattgefunden hat.

wassergefährdender Stoff

1 Chemische Stoffe sowie Stoffgemische oder deren Reaktionsprodukte, die geeignet sind, Gewässer zu verunreinigen oder sonst in ihren Eigenschaften nachteilig zu verändern.

2 Hierzu gehören u. a. Lösemittel, mineralölhaltige Rückstände, Pestizide, Schwermetalle (z. B. Cadmium, Quecksilber), Phosphate sowie halogenierte Kohlenwasserstoffe, Säuren, Laugen, PCB usw.

3 Die EG-Richtlinie 2006/11/EG betreffend die Verschmutzung infolge der Ableitung bestimmter gefährlicher Stoffe in die Gewässer der Gemeinschaft (sie hat die Gewässerschutzrichtlinie 76/464 ersetzt) hat zum Ziel die Vermeidung des Eintrags von Stoffen der Liste I (sog. schwarze Liste) und Verminderung des Eintrags von Stoffen der Liste II (sog. graue Liste) entsprechend den Erfordernissen der Gewässer. Das Umweltbundesamt unterhält eine Dokumentations- und Auskunftsstelle wassergefährdender Stoffe; dort wird der Katalog der wassergefährdenden Stoffe geführt. s. dazu auch die Richtlinie (2006/118/EG) zum Schutz des Grundwassers vor Verschmutzung und Verschlechterung, eine Tochterrichtlinie der Wasserrahmenrichtlinie.

Wassergefährdungsklasse

Aufgrund von biologischen Testverfahren und sonstiger Eigenschaften wird das Potential von Stoffen und Zubereitungen, die Eigenschaften des Wassers nachteilig zu verändern, in einem Klassifizierungsschema bewertet. Die Wassergefährdung ist in drei Klassen eingeteilt:

WGK 1 = schwach wassergefährdend

WGK 2 = wassergefährdend

WGK 3 = stark wassergefährdend

s. wassergefährdender Stoff

Wassergesetz

Wassergesetze – Sammelbezeichnung für die Vorschriften des Bundes und der Länder im Bereich des Gewässerschutzes und der Wasserwirtschaft. Hierzu gehören im Bundesrecht vor allem das Gesetz zur Ordnung des Wasserhaushalts (Wasserhaushaltsgesetz) und Wassergesetze der Länder.

Wassergewinnung

Zur Wassergewinnung wird Wasser aus Flüssen, Seen und Talsperren (Oberflächenwasser) sowie Grundwasser und Quellwasser gewonnen (Rohwasser). Zur Wassergewinnung gehören die Wasserschutzgebiete, Entnahmeeinrichtungen (an Flüssen, Seen und Talsperren), Fassungsanlagen (Brunnen, Sickergalerien, Quellen), Leitungen und zugeordnete Pumpwerke, die das Wasser zur Aufbereitung bzw. zu den Speicheranlagen bzw. Wasserverteilungsanlagen fördern.

Wassergüte

- Gewässergüte
- Trinkwassergüte

Wasserhärte

Angabe für die Beschaffenheit von Wasser, u. a. für die Auswahl und Dosierung von Waschmitteln von Bedeutung. Nach dem Wasch- und Reinigungsmittelgesetz (letzte Fassung von 2007) erfolgt die Einteilung in drei Härtebereiche. Auskunft über die jeweiligen Wasserhärtebereiche erteilen die zuständigen Wasserversorgungsunternehmen. s. a. Härte

Wasserhaushalt

1 Die biochemischen Reaktionen und damit alle Lebensprozesse laufen in der Zelle in wässriger Phase ab; entsprechend seiner Bedeutung als Lösungs- und Transportmittel für Stoffwechselprodukte und überhaupt als Trägerstoff des Lebendigen beträgt der Anteil des Wassers im Protoplasma gewöhnlich 60–80%. Störungen im Wasserhaushalt beeinflussen unmittelbar die Lebenstätigkeiten, Wasserentzug von 10–15% ist bei Wirbeltieren tödlich.

2 Die mengenmäßige Erfassung des Wasserkreislaufs, Wasserbilanz und seine Regulierung; wichtiger Teil der Wasserwirtschaft.

3 Der natürliche Wasserhaushalt eines Einzugsgebietes ist von seinen Hauptparametern Niederschlag, Verdunstung, Versickerung, Abfluss, und Rückhalt abhängig. s. a. Wasserhaushaltsgleichung

Wasserhaushaltsgesetz

Das Gesetz zur Ordnung des Wasserhaushalts – WHG – von 1957 (letzte Änderung 2008), Rahmengesetz des Bundes, enthält grundlegende Bestimmungen über wasserwirtschaftliche Maßnahmen (Wassermengen- und Wassergütewirtschaft). Der sachliche Geltungsbereich des WHG erstreckt sich auf oberirdische Gewässer (Fluss, See usw.), auf Küstengewässer und auf das Grundwasser. Es wurde abgelöst durch die Neufassung des WHG vom 06.08.2009 (BGBl. I S. 2585), das aufgrund der Novelle des Grundgesetzes von 2006 nunmehr als Gegenstand der konkurrierenden Gesetzgebung verabschiedet wurde – in Kraft getreten zum 1. März 2010. Das erklärte Ziel der Neufassung ist:

- Ersatz des geltenden Rahmenrechts des Bundes durch Vollregelungen,
- Systematisierung und Vereinheitlichung des Wasserrechts mit dem Ziel, Verständlichkeit und Praktikabilität der Wasserrechtsordnung zu verbessern,
- Umsetzung verbindlicher EG-rechtlicher Bestimmungen durch bundesweit einheitliche Rechtsvorschriften,
- Überführung von bisher im Landesrecht normierten Bereichen der Wasserwirtschaft in Bundesrecht, soweit ein Bedürfnis nach bundeseinheitlicher Regelung besteht.

Wasserhaushaltsgleichung

Mit dem Niederschlag N im betrachteten Einzugsgebiet der Größe A(E), dem Abfluss (oberirdisch als Oberflächenabfluss A(O) sowie unterirdisch als Grundwasserabfluss A(U)), der Verdunstung V und dem Rückhalt R lässt sich folgende Bilanz (so genannte Wasserhaushaltsgleichung) aufstellen:

- $N = V + A(O) + A(U) \pm R.$

- Der Rückhalt R wird positiv (+R), wenn im Einzugsgebiet Wasser zurückgehalten wird. Wird im Einzugsgebiet gespeichertes Wasser freigesetzt, wird der Rückhalt negativ (–R).

Die Gleichung wird in der Regel für ein Jahr angegeben, häufig als Mittelwert einer mehrjährigen Jahresreihe.

Wasserkreislauf

(hydrologic cycle), Ständige Folge der Zustands- und Ortsänderungen des Wassers mit den Hauptkomponenten Niederschlag, Abfluss, Verdunstung und atmosphärischer Wasserdampftransport

Wassernutzung

Nach EU-WRRL: Die Wasserdienstleistung sowie jede andere Handlung im Sinne von Artikel 5 und Anhang II, mit signifikanten Auswirkungen auf den Wasserzustand. Diese Definition gilt für die Zwecke des Artikels I und der wirtschaftlichen Analyse gemäß Artikel 5 und Anhang III Buchstabe b, EU-WRRL.

Wasserpreis

Entgelt, das für den Bezug von Trinkwasser lt. Tarif an das Wasserversorgungsunternehmen zu zahlen ist (bei öffentlich-rechtlichem Vertragsverhältnis wie z.B. bezüglich der Abwasserentsorgung spricht man von „Gebühr")

Wasserqualität

Die natürliche Beschaffenheit eines oberirdischen Gewässers wird im Wesentlichen durch geografische, geologische und biologische Faktoren bestimmt. Die meisten Gewässer im überwiegend dicht besiedelten Bundesgebiet sind durch anthropogen eingebrachte Schadstoffe belastet.

Die natürliche Beschaffenheit des Grundwassers wird durch physikalische Vorgänge, chemische Prozesse, biologische Prozesse und hydraulische Prozesse geprägt.

Die Wasserqualität des Trinkwassers wird durch Anforderungen an die mikrobiologische, chemische, physikalische und organoleptische Beschaffenheit in der Trinkwasserverordnung geregelt.

Wasserrahmenrichtlinie

Die Europäische Wasserrahmenrichtlinie (EU-WRRL), die am 22.12.2000 in Kraft trat, vereinheitlicht die Anforderungen an den Gewässerschutz in Europa. Eine große Zahl der über 20 bisherigen Richtlinien zum Gewässerschutz der EU gehen in der WRRL auf.

Wasserrecht

Gesamtheit rechtlicher Regelungen, die das Wasser als Ressource und seine Nutzung betreffen.

Wasserrechtsverfahren

Für neue Wasserrechte muss ein Wasserrechtsantrag bei der zuständigen Behörde nach dem jeweiligen Landesrecht beantragt werden. Neue Wasserrechte sind befristet.

Wasserscheide

1 Grenzlinie, von der aus das Wasser nach verschiedenen Richtungen abfließt. Die oberirdische (topografische, orografische) Wasserscheide muss nicht mit der tatsächlichen (der hydrologischen) übereinstimmen.

2 Grenze zwischen den Einzugsgebieten

Wasserschutzgebiet

Bezeichnung für das Einzugsgebiet oder Teil eines Einzugsgebietes einer Trinkwassergewinnungsanlage, das zum Schutz des Wassers besonderen Nutzungseinschränkungen unterliegt (§§ 51 und 52 WHG). Die räumliche Ausdehnung und die Nutzungseinschränkungen werden durch Rechtsverordnungen festgesetzt. Wasserschutzgebiete werden nach DVGW Arbeitsblatt W 101 bzw. W 102 in der Regel in drei Zonen gegliedert:

- I = Fassungsbereich;
- II = engere Schutzzone;
- III = weitere Schutzzone.

Diese Angaben sollen in die Bauleitpläne übernommen werden.

Wasserschutzgebietsverordnung

Rechtsverordnung zur Festsetzung eines Wasserschutzgebietes für eine Trinkwassergewinnungsanlage

Wasseruntersuchung

Untersuchungen von Trinkwasser und Abwasser nach bestimmten Verfahren. Wasseruntersuchungen werden sowohl routinemäßig als auch bei besonderen Betriebszuständen (z. B. Störungen) vorgenommen. Die Trinkwasserverordnung schreibt die Mindesthäufigkeit und die anzuwendenden Verfahren vor. Sie dienen bei Trinkwasseruntersuchungen der ersten Linie dem Schutz vor gesundheitlichen Schäden und bei Abwasseruntersuchungen der Überprüfung der Reinigungsleistung von Kläranlagen. Man unterscheidet mikrobiologische (Feststellung von Krankheitserregern) sowie physikalische und chemische Wasseruntersuchungen (Nachweis gelöster Salze und Gase, giftiger chemischer Substanzen, geschmacksverändernder Stoffe u. a.), siehe Trinkwasseruntersuchung; bakteriologische Wasseruntersuchung.

Wasserverbrauch

Ein meist durch Messung ermittelter tatsächlicher Wert des in einer bestimmten Zeitspanne abgegebenen Wasservolumens.

Wasserverlust

Die statistische Messdifferenz zwischen Bruttoabgabe in das Rohrnetz und der Wasserabgabe an die Verbraucher. Die echten Wasserverluste sind durch Lecks verlorene Wassermengen. Unechte Verluste betreffen nicht oder falsch gemessene Entnahmen. Die Verluste werden in % des in das Rohrnetz eingespeisten Volumens angegeben, besser bezogen auf die Rohrnetzlänge – Dimension $m^3/(km·h)$.

Wasserversorger

Wasserversorger beliefern ihre privaten, gewerblichen und industriellen Kunden mit Trinkwasser. In manchen Fällen wird die Industrie mit Betriebswasser versorgt.

Wasserversorgung

Alle Maßnahmen zur Gewinnung, Aufbereitung, Speicherung, Transport und Verteilung von Trinkwasser und Brauchwasser.

Wasserverteilungssystem

Teil eines Wasserversorgungssystems mit Rohrleitungen, Trinkwasserbehältern, Förderanlagen und sonstigen Einrichtungen zum Zweck der Verteilung von Wasser an die Verbraucher. Dieses System beginnt nach der Wasseraufbereitungsanlage oder, wenn keine Aufbereitung erfolgt, nach der Wassergewinnungsanlage und endet an der Übergabestelle zum Verbraucher (DVGW W 400-1).

Wasserwerk

Betriebseinheit, die aus Anlagen zur Gewinnung, Aufbereitung, Förderung und Speicherung von Wasser bestehen kann, siehe auch Trinkwasseraufbereitungsanlage

Wasserwirtschaft

Als Wasserwirtschaft wird nach DIN 4049 die zielbewusste Ordnung aller menschlichen Einwirkungen auf das ober- und unterirdische Wasser verstanden. § 1 Wasserhaushaltsgesetz gibt das politische Programm für die Wasserwirtschaft vor:

Zweck dieses Gesetzes ist es, durch eine nachhaltige Gewässerbewirtschaftung die Gewässer als Bestandteil des Naturhaushalts, als Lebensgrundlage des Menschen, als Lebensraum für Tiere und Pflanzen sowie als nutzbares Gut zu schützen.

Dazu gehört, ihre Funktions- und Leistungsfähigkeit zu erhalten und zu verbessern, sie zum Wohl der Allgemeinheit und im Einklang mit ihm auch im Interesse Einzelner zu nutzen sowie bestehende oder künftige Nutzungsmöglichkeiten insbesondere für die öffentliche Wasserversorgung zu erhalten oder zu schaffen – s. § 6 WHG. Einbezogen sind nach § 2 oberirdische Gewässer, Küstengewässer und Grundwasser. Die nachhaltige Gewässerbewirtschaftung hat ein hohes Schutzniveau für die Umwelt insgesamt zu gewährleisten.

Widerruf

Auf den Widerruf im privaten Recht (Testamente) und Strafrecht soll hier nicht weiter eingegangen werden. Im Verwaltungsrecht kann durch den Widerruf ein rechtswidriger Verwaltungsakt (auch wenn er „unanfechtbar" geworden ist) ganz oder teilweise zurückgenommen werden, u. U. mit Einschränkungen: Ein begünstigender Verwaltungsakt kann auch widerrufen werden, wenn der Widerruf durch Rechtsvorschriften zugelassen oder im Verwaltungsakt schon vorgesehen war, etwa wenn der Begünstigte eine Auflage nicht oder nicht fristgerecht eingehalten hat. Nachträglich aufgetretene Tatsachen oder die Änderung von Rechtsvorschriften können auch einen Widerruf bewirken. Schwere Nachteile für das Gemeinwohl können auch herangezogen werden. Im Wasserrecht ist der mögliche Widerruf der wesentliche Unterschied zwischen Erlaubnis und Bewilligung.

Wiederverkeimung

Besiedlung von Trinkwasserleitungen und Reinwasserbehältern mit Mikroorganismen

Wirkungsgrad

Das Verhältnis der Energieabgabe zur Energieeinspeisung eines Prozesses z. B. bei Pumpen

wirtschaftliche Lebensdauer

s. Nutzungsdauer

Wirtschaftlichkeit

Das nachhaltig günstigste Verhältnis zwischen Nutzen und Kosten. Wirtschaftlichkeit ist ein Zentralbegriff der Betriebswirtschafts- und Managementlehre.

$$W = Nutzen/Kosten$$

Wirtschaftsdünger

Tierische Ausscheidungen, Stallmist, Gülle, Jauche, Kompost sowie Stroh und ähnliche Reststoffe aus der pflanzlichen Produktion, die durch Eigenbewirtschaftung im landwirtschaftlichen Betrieb selbst produziert werden.

Wohl der Allgemeinheit

s. Gemeinwohl

Xenobiotika

Fremdstoffe, die in natürlichen aquatischen Systemen nicht vorkommen

Zeitstandsfestigkeit

Auf der Grundlage von langjährigen Prüfwerten im Zeitstandverhalten und Alterungsuntersuchungen unter extremen Bedingungen lassen sich verlässliche Aussagen über die zu erwartende Lebensdauer eines Kunststoffrohres machen. Aus diesen Erfahrungswerten werden sog. Zeitstandskurven extrapoliert, die den Zusammenhang zwischen dem normierten Innendruck (Vergleichsspannung) und der Standzeit des Rohres bei verschiedenen Betriebstemperaturen darlegen (Zeitstands-Innendruckversuch).

Zementmörtelauskleidung

Die Zementmörtelauskleidung hat folgende Aufgaben:
- Aufbringen eines Innenschutzes zum Schutz von Rohren aus Eisenwerkstoffen gegen Korrosion,
- Verhinderung von Inkrustationen,
- Verbesserung der hydraulischen Eigenschaften.

zentrale Wasserversorgung

Wasserversorgung, bei der das Wasser durch ein Rohrnetz einem größeren Verbraucherkreis zugeführt wird

Zentrifuge

(Trenn-)Schleuder; ein sich in einer Kammer zwecks mechanischer Trennung von Partikel-Flüssigkeits-Gemischen mittels Zentrifugalkraft schnell drehender Rotor (Metallkörper) mit Behältnis für die Aufnahme des durch Zentrifugation zu trennenden Gemisches.

Zerfall

Die spontane Umwandlung eines Nuklides in ein anderes Nuklid oder in einen anderen Energiezustand desselben Nuklides. Jeder Zerfallsprozess hat eine bestimmte Halbwertszeit.

Zertifizierung

Verfahren, nach dem eine dritte Seite schriftlich bestätigt, dass ein Produkt, ein Prozess oder eine Dienstleistung mit festgelegten Anforderungen konform ist (DIN EN 45020).

- Konformität = Übereinstimmung
  Übereinstimmung bedeutet die Erfüllung festgelegter Anforderungen durch ein Produkt, einen Prozess oder eine Dienstleistung.
- Prüfung
  Technischer Vorgang, der aus dem Ermitteln eines oder mehrerer Merkmale eines Produktes, eines Prozesses oder einer Dienstleistung nach einem festgelegten Verfahren besteht.
- Konformitätsbewertung
  Systematische Untersuchung, inwieweit ein Produkt, ein Prozess oder eine Dienstleistung festgelegte Anforderungen erfüllt.
- Registrierung
  Verfahren, nach dem eine Stelle relevante Merkmale eines Produktes, eines Prozesses oder einer Dienstleistung oder nähere Angaben über eine Stelle oder Person in einer geeigneten, der Öffentlichkeit zugänglichen Liste angibt, z. B. DVGW-Registrierung. Die erfolgte Registrierung oder Zertifizierung kann durch ein Prüf- oder Konformitätszeichen auf dem Produkt bekundet werden.
- Konformitätszeichen (im Sinne der Zertifizierung)
  Geschütztes Zeichen, das nach den Regeln eines Zertifizierungssystems verwendet oder vergeben wird und das zum Ausdruck bringt, dass Vertrauen besteht, dass das betreffende Produkt, der betreffende Prozess oder die betreffende Dienstleistung mit einer bestimmten Norm oder einem anderen normativen Dokument konform ist, z. B. DVGW-Prüfzeichen, DVGW-Zertifizierung.

Zirkulation

In der Limnologie versteht man unter Zirkulation die großräumige Umwälzung der Wassermasse eines Sees von der Oberfläche zur Tiefe bei Temperaturgleichheit (Homothermie) durch den Wind als Antriebsenergie.

Zisterne

Zisterne wird als Ersatzbegriff für Sammelbehälter verwendet. In der Regel in Verbindung mit Regenwassernutzungsanlagen. Zisternen werden im Boden versenkt und dienen der Bevorratung und Haltung von Wasser (Regenwasser).

Zooplankton

(zoon gr. = Tier). Tierisches Plankton. Die frei im Wasser schwebenden Tiere. Dazu zählen einzellige Urtiere (Ciliaten, Flagellaten, Rhizopoden), Kleinkrebse, Wasserflöhe, Hüpferlinge und Rädertierchen.

Zubringerleitung

(auch Transportleitung) Wasserleitung, welche Wassergewinnung(en), Wasseraufbereitungsanlage(n) Wasserbehälter und/oder Versorgungsgebiet(e) verbindet, üblicherweise ohne direkte Verbindung zum Verbraucher. Zubringerleitungen über große Entfernungen heißen Fernleitungen (DVGW W 400-1).

Zulässiger Bauteilbetriebsdruck

(PFA) – Höchster hydrostatischer Druck, bei dem ein Rohrleitungsteil im Dauerbetrieb standhält (DVGW W 400-1).

Zweckverband

Zusammenschluss von Gemeinden oder Kommunalverbänden zur gemeinsamen Erfüllung bestimmter Aufgaben (z.B. Wasserversorgung). Der Zweckverband hat den Charakter einer öffentlich-rechtlichen Körperschaft und verwaltet sich in eigener Verantwortung unter staatlicher Aufsicht. Mitgliedschaft kann freiwillig sein (eigene Wasserversorgung einer Gemeinde, die dem Zweckverband nicht beitreten will) oder durch die Rechtsaufsichts-

Stichwortverzeichnis